编　委　会

葡萄

香蕉

狝猴桃

火龙果

柑橘

无花果

杨梅

苹果

杧果

荔枝

果树栽培技术大全

全国农业技术推广服务中心 ◎ 组编

刘凤之 易千军 李莉 ◎ 主编

樱桃

中国农业出版社

北京

图书在版编目（CIP）数据

果树栽培技术大全 / 全国农业技术推广服务中心组编；刘凤之，易干军，李莉主编 . —北京：中国农业出版社，2024.6

ISBN 978 - 7 - 109 - 31719 - 2

Ⅰ.①果… Ⅱ.①全… ②刘… ③易… ④李… Ⅲ.①果树园艺 Ⅳ.①S66

中国国家版本馆 CIP 数据核字（2024）第 014188 号

中国农业出版社出版

地址：北京市朝阳区麦子店街 18 号楼

邮编：100125

责任编辑：郭 科 任安琦 李澳婷

文字编辑：郭晨茜 国 圆 谢志新

责任校对：张雯婷

印刷：北京通州皇家印刷厂

版次：2024 年 6 月第 1 版

印次：2024 年 6 月第 1 次印刷

发行：新华书店北京发行所

开本：880mm×1230mm 1/32

印张：16.5

字数：524 千字

定价：78.00 元

目 录

第一篇　落叶果树

第一章　苹果

第二章　梨

第一篇　落叶果树

第一章
苹　　果

第一节　种类和品种

一、种类

（一）原产中国苹果属植物的栽培种

原产中国苹果属植物的栽培种和杂交种共有 6 个，它们以品种群或品种的方式存在。

1. 中国苹果　别名奈，起源于中国新疆的塞威士苹果（新疆野苹果），在中国有近 2 000 年的栽培历史，是中国特有的地理亚种，有林檎、频婆、槟子、香果 4 个变种。作为经济作物栽培，中国苹果不如西洋苹果优异，但作为苹果种质资源保存，在苹果种质资源的开发、利用及研究苹果属植物的起源演化等问题上，中国苹果具有重要的科学价值。

2. 花红　别名沙果、蜜果、林檎、文林郎果、亚洲苹果，有重庆矮花红 1 个变种。本种树冠开张，叶大质薄，较光滑，果扁圆形至圆形，梗洼较深，果面无棱。花红除鲜果供食用外，还可用于加工，又可作为苹果砧木。

3. 楸子　别名海棠果、林檎、基泰伊卡。楸子类型繁多，抗寒、抗旱、抗风、耐湿且耐盐碱。楸子或用于观赏，或用作砧木，大果型的楸子供鲜食或加工，但自西洋苹果引入中国后，楸子除用作砧木嫁接苹果良种外，已无成园栽培。

4. 扁棱海棠　别名八棱海棠，属楸子的杂交种。本种抗逆性和抗病性皆强，可作为苹果的多抗性砧木，特别是抗寒力强，能耐－37℃低温。果实色鲜肉脆，鲜食、加工皆宜。

5. 西府海棠 别名海红、小果海棠、子母海棠。本种耐寒、耐热、抗旱力皆强，易结果而丰产。可作为中国苹果和花红的砧木用，嫁接亲和性良好。由于起源于杂交种，常具有亲本的特点，既具有山荆子的抗寒、耐瘠特性，又具有海棠花的观赏价值，适合庭院栽培或盆栽。

6. 海棠花 别名海棠、海红、海棠果，有粉红重瓣海棠花、白色重瓣海棠花2个变种。本种为中国历来著名的观赏植物，能适应南方和北方各种气候，河北、山东、陕西、江苏、浙江、云南等省份均有分布，海拔50～2 000m的平原和山地皆有栽培，常见于庭院栽培或盆栽。

（二）国外引进苹果属植物的栽培种

我国百余年来自国外引进的苹果栽培种仅西洋苹果1种，另有营养系砧木多种。

1. 西洋苹果 别名苹果（通称）、洋苹果、大苹果，起源于西方，与中国苹果有共祖关系，于1871年引进中国进行栽培，在生产上几乎完全取代了中国苹果。西洋苹果品种繁多，适应范围宽广，在我国栽培规模不断扩大。

2. 营养系砧木 皆属西洋苹果的营养系砧木，20世纪初由Hotton在英国东茂林试验站选出，故称东茂林（EM）砧，或简称茂林（M）砧。在我国试用较多的有M9、M26、M7，此外还有英国东茂林试验站和约翰·英斯园艺研究所在墨尔顿共同育成的抗苹果绵蚜砧木，如MM106等。

二、品种

（一）早熟品种

1. 美八 美国品种，现主产区在河北南部和山西运城。果实近圆形，平均单果重180g。果面光洁无锈，底色乳黄，着鲜红色霞。果肉黄白，肉质细脆，多汁，风味酸甜适口，香气浓，品质上等，可溶性固形物含量12.4%。果实发育期110d，比嘎拉早熟10d左右。

2. 华硕 中国农业科学院郑州果树研究所育成。果实长圆形，极大，平均单果重242g。果实底色绿黄，果面鲜红色，个别果实可达全红，优于嘎拉。果肉酸甜可口，风味浓郁，有芳香，品质上等，可溶性固形物含量12.8%。具有较好的早果性和丰产性，无采前落果，郑州地区 8 月初成熟。储藏性极好，是目前早中熟品种中最耐储藏的。

3. 鲁丽　山东省果树研究所育成，亲本为嘎拉和藤牧 1 号。果实圆锥形，高桩，平均单果重 245g，最大单果重 512g。果面全红，果肉黄色，果心小，多汁，香味浓郁，可溶性固形物含量 17.2%。果皮中厚，耐储运，大小整齐，口感脆甜，储存 30d 不绵。7 月中旬成熟。树势中庸偏强，树姿半开张，成枝力强，萌芽力弱，枝条褐色，叶片倒卵形。自花授粉，也可不配置授粉树。

4. 嘎拉　新西兰品种。果实圆锥形，稍带五棱。平均单果重 144.9g，果实底色绿黄，全面着鲜红色，有断续条纹；果面无锈，有光泽，果粉少，果点不太明显。果肉淡黄白色，肉质细脆，汁液多，酸甜适度，香气浓，品质优良，可溶性固形物含量 13.4%。常温可储藏 30d 左右。采前落果很少。

（二）中熟品种

1. 中秋王　红富士和新红星杂交培育而成。果形端正、高桩，平均单果重 410g，果实着色好，色泽鲜艳，肉质硬脆、甜香爽口，可溶性固形物含量 15%，抗病，采前不落果，在常温下可以储藏 3 个月。晋城地区 9 月中下旬成熟。

2. 金冠　美国品种，又名金帅、黄香蕉、黄元帅。果实圆锥形。平均单果重 184g，果面金黄色，阳面稍具红晕；果面粗糙，果点大。果肉黄白色，风味酸甜适度，可溶性固形物含量 14.6%，可滴定酸含量 0.52%，肉质细脆，具浓郁芳香，适合鲜食。丰产性好，树体适应性强，栽培范围广，但果实易生果锈。

3. 新红星　美国品种，元帅芽变系。果实圆锥形，果顶五棱凸起明显，端正、高桩。果个较大，平均单果重 230g 左右。果实底色黄绿，全面着浓红色，树冠内外着色均匀一致，鲜艳美观；果面光滑，有光泽，无锈，蜡质较多，果粉薄，果点较稀。果肉绿白色，肉质较细，松脆，汁多，风味酸甜，香气浓，微具涩味，品质中上，可溶性固形物含量 13.5%，可滴定酸含量 0.25%；较耐储藏。

4. 弘前富士　日本品种，目前最为早熟的富士品种之一。果实近圆形，果形端正。果个大，平均单果重 248g。果面呈条状鲜红色，果点圆形。果肉黄白色，松脆，果肉硬度 10.9～12.5kg/cm²，汁多，酸甜适中，品质佳，可溶性固形物含量16.2%。耐储性同富士。果实发育期145d左右，秦皇岛地区9月上中旬果实成熟，成熟期比富士早35～40d。

5. 信浓甜 日本品种，由津轻和富士杂交选育而成。果个大，平均单果重380g。果面鲜红色，有光泽，果肉脆甜且汁液多，风味甜美，可溶性固形物含量15%，可滴定酸含量0.3%，去皮硬度9.8kg/cm²。成熟期较早，9月中旬可采摘，可延长采收期到10月中旬，口感更好。耐储藏，室温可储藏两个月以上，但蜡质层较厚，储藏期果面容易泛油。无生理落果现象，套袋后着色好，枝干、果实均高抗轮纹病。

(三) 晚熟品种

1. 烟富8号 烟台现代果业科学研究院从富士系列芽变品种中选育出的红色优良品种。果实长圆形，高桩，端正；果个大，平均单果重315g。果实着色好，全面浓红，艳丽。上色速度快，不用铺反光膜。果肉淡黄色，可溶性固形物含量14%，平均硬度9.2kg/cm²，以短果枝结果为主，有腋花芽结果习性，易成花结果。果台枝的抽生能力和连续结果能力较强，可连续结果2年的占45.7%，大小年结果现象轻。在烟台地区10月下旬果实成熟。

2. 王林 日本品种。果实椭圆形或卵圆形，平均单果重196.8g。底色为黄绿色或绿黄色，阳面略有红晕；果面较光滑，果点大而明显。果肉乳白色，肉质细脆，果肉硬度8.1kg/cm²，风味酸甜适度，有香气，汁液多，品质优，鲜食性状好，可溶性固形物含量12.8%，可滴定酸含量0.27%。果实发育期155d左右。

3. 秦脆 西北农林科技大学选育品种，以长富2号和蜜脆杂交育成。果实圆柱形，平均单果重268g。果点小，果皮薄，果面光洁、蜡质厚，底色浅绿，套袋果着红条纹，不套袋果深红。果心小；果肉淡黄色，有香气，质地脆，果实去皮硬度6.70kg/cm²，汁液多，可溶性固形物含量14.8%，总糖含量12.6%，酸含量0.26%。在陕西洛川10月上旬成熟，生育期170d，无采前落果现象。果实耐储藏，0～2℃可储藏8个月以上。抗褐斑病能力强，早果性优，丰产性较好。适合早采，易感染苦痘病。

4. 维纳斯黄金 日本品种。果实长圆形，平均单果重247g。套袋后果面金黄色，果肉黄色，果肉硬，甜味浓，有特殊芳香，果汁多，品质好，平均可溶性固形物含量15.06%。采收期与富士大致相同，10月中旬后达到可食采摘期，11月上旬采收风味浓郁。

5. 瑞雪　西北农林科技大学选育，以秦富1号和粉红女士杂交选育而成。果实圆柱形，果形高桩、端正，平均单果重296g。果实底色黄绿，阳面偶有少量红晕，果面洁净。果肉硬脆、细，酸味适度，汁液多，香气浓，口感好，可溶性固形物含量16.0%。10月中旬成熟。室温下可储藏6个月。

6. 瑞香红　西北农林科技大学选育，以秦富1号和粉红女士杂交育成。果实长圆柱形，果形端正、高桩，果实大小中等、整齐，平均单果重197.3g。果实底色黄绿，盖色鲜红，全面着色；果皮光滑，有光泽，果点小，数量中等，蜡质少，果粉薄。果肉黄白色，肉质细脆，果实硬度8.24kg/cm^2，汁液多，风味酸甜，香气浓郁，品质佳，可溶性固形物含量16.1%。在渭北中部地区10月下旬成熟。适应性和抗性强，可免套袋栽培，耐储藏。

7. 阿珍富士　新西兰选育的富士浓红芽变品种，2016年引进我国。果形端正，平均单果重200~300g。套袋、不套袋均易着色，套袋果面为浓红型片红，果面光滑，果点小。果肉甜脆爽口，多汁，可溶性固形物含量14.5%左右。10月中下旬成熟。普通冷藏可储存到翌年3月。

第二节　建园和栽植

一、建园

（一）园地选择

建立苹果园，首先应选择土层深厚、肥沃疏松、保墒性强、排水良好、酸碱度适宜的地块。以土层厚度80cm以上，土壤孔隙中空气的含氧量15%以上，土壤pH 5.5~6.5，地下水位1.5m以下，土壤有机质含量1%以上，地势平坦，有良好的排灌条件为宜。为让苹果树上山下滩，改良山区可挖大定植穴，河滩地可抽沙换土。选址土壤以肥沃的壤土和沙壤土为宜。其次，应根据苹果品种对气候条件的适应能力选择适宜的生长发育环境。如温度、光照、水分等。再次，选址要考虑地形、地势、坡度、坡向的影响。最后，果园应集中连片，便于管理；交通便利，附近有储果场及设备。还应有果园防护林，避开重茬地，躲避城市近郊污水及有害气体的危害。

(二)园地规划设计

园地规划设计主要包括水利系统配置、栽植小区划分、防护林设置以及道路、房屋的建设等。

1. 水利系统配置　水是建立苹果园首先要考虑的问题，要根据水源条件设置好水利系统。有水源的地方要合理利用，节约用水；无水源的地方要设法引水入园，拦蓄雨水，做到能排能灌，并尽量少占土地面积。

2. 栽植小区划分　为了便于管理，可根据地形、地势以及土地面积确定栽植小区。一般平原地每 $1\sim2hm^2$ 为一个栽植小区，主栽品种 $2\sim3$ 个；小区之间设有田间道，主道宽 $8\sim15m$，支道宽 $3\sim4m$。山地要根据地形、地势进行合理规划。

3. 防护林设置　防护林能够降低风速、防风固沙、调节温度与湿度、保持水土，从而改善生态环境，保护果树，使其正常生长发育。因此，建立苹果园时要搞好防风林设置工作。一般每隔 $200m$ 左右设置一条主林带，方向与主风向垂直，宽度 $20\sim30m$，株距 $1\sim2m$，行距 $2\sim3m$；在与主林带垂直的方向上，每隔 $400\sim500m$ 设置一条副林带，宽度 $5m$ 左右。小面积的果园可以仅在外围迎风面设一条 $3\sim5m$ 宽的林带。

二、栽植

(一)栽植密度与方式

栽植密度应依据立地条件、品种类型、管理水平等综合考虑。土层深厚的平原地，栽植密度宜小；山区和河滩地土壤瘠薄，栽植密度宜大；乔砧树栽植密度小，短枝型品种及矮化砧树栽植密度宜大；管理水平高，肥水条件好，树体发育健壮且生长量大，栽植密度宜小。近年来实行密植栽培，乔砧树的株行距一般为 $（3\sim4）m\times5m$，短枝型品种或矮化砧树的株行距一般为 $（2\sim3）m\times4m$。适当加大密度可提高早期产量，增加经济效益。

(二)授粉树配置

1. 授粉树选择　授粉品种应与主栽品种授粉亲和力强，最好能相互授粉。授粉品种应花粉量大，与主栽品种花期一致，二者树体长势、树冠类型要基本相似。授粉品种果品质量较好，经济价值高（表 $1-1$）。

表1-1　苹果品种的适宜授粉组合

主栽品种	授粉品种
富士系	元帅系、王林、千秋、金冠、嘎拉
短枝富士	首红、新红星、金矮生
乔纳金系	王林、富士、嘎拉、元帅系
王林	嘎拉、富士、千秋
元帅系短枝型	金矮生、短枝富士
嘎拉	富士、金冠等
藤牧1号	嘎拉、新红星等

2. 授粉树配置比例　主栽品种与授粉品种的比例一般为（4～5）∶1，授粉树缺乏时，至少能保证（8～10）∶1。应根据昆虫的活动范围、授粉树花粉量大小而定，一般距离主栽品种不超过40～50m，花粉量小的要更近一些。

3. 授粉树的配置方式　生产中可采用两种方式：一种是成行栽植，每隔4～5行配置一行授粉品种，便于田间操作；另一种是梅花形或间隔式，按照（4～5）∶1的比例，在周围4～5株主栽品种间配置1株授粉品种。如果两个品种互为授粉树时，可采用各品种2～4行相间对等排列方式。另外，要注意多倍体品种，如新乔纳金、陆奥、世界一、北斗等，因其自身花粉发芽率低，配置授粉树时最好选配2个品种，以便相互传粉。

（三）栽植方法

1. 挖定植穴（沟）　在规划的园地上用仪器和测绳打点，确定定植穴（沟）的位置。按定植点挖宽1.0m、深0.8m的定植穴。宽行密植的可挖定植沟。在挖定植穴（沟）时，要把表土（熟土）和底土（生土）各放一边。挖好后每穴（沟）用50kg有机肥加0.2kg氮肥和0.5kg磷肥与表土混匀，填入穴（沟）中，之后填入底土，随填土随压实，填至距地面20cm为止。

2. 栽植　将劈裂的根剪去，较粗的断根剪成平茬，然后用清水浸泡或用磷肥泥浆蘸根。磷肥泥浆配制方法：过磷酸钙1.5kg，水50kg，黄土5kg，腐熟牛粪2.5kg，充分搅匀即可。栽植时要纵横对齐，按株行距定好苗位。苗木放正后，填入表土，并轻提苗干，使根系自然舒展，与土壤密接，随即填土踏实，填土至稍低于地面为止，整理好树盘，灌足底水，待水渗下后，封土保墒。栽植深度要适当，让根颈稍高于地面，待穴（沟）内灌水沉实、土面下陷后，根颈与地面相平为度。栽植过深，树不发旺；栽植过浅，容易倒伏。

（四）栽后管理

1. 定干除萌 春季定干高度一般为 70～90cm。苗木发芽后，及时除去萌蘖。个别出现下芽抽条旺长现象，可进行摘心，以免影响上部新梢的生长。萌芽前在苗木的适当部位采用目伤法，刺激抽生长枝，以满足整形要求。

2. 保墒 有灌溉条件的苹果园，一般栽后灌水 3～5 次。旱地果园，冬季要做好树盘积雪、春季刨园、松土保墒、整修树盘等工作。夏秋用杂草、绿肥覆盖保墒。

栽后覆膜能提高地温，保持土壤水分，确保苗木成活，缩短缓苗期，加速幼树生长。密植成行的果园可成行整株覆盖，中密度以下的，可单株覆盖。覆盖前先将树盘耙平，成行覆盖宽度一般为 1.0m 左右；单株覆盖的面积为 1m² 左右。

3. 套袋防虫 为了防止苗木抽干和金龟子等害虫对幼芽的危害，可对树苗套塑料薄膜袋。袋宽 10cm、长 60cm 左右。要用韧厚的塑料膜做成的袋，以免大风刮碎。苗木发芽后，根据气温高低和芽生长情况，适时打开上部的袋口放风，以免袋内温度过高，灼伤嫩梢，放风几天后将袋拆除。

4. 补苗 幼苗发芽展叶后，随时检查成活情况。地上部抽干的，可剪至正常处，促进新梢抽发。生长季发现死苗，可于翌年春季用假植苗补齐，以保持幼龄苹果园的整齐度。

5. 埋土防寒 在冬季寒冷区，秋植苗应在封冻前压弯苗木，埋土防寒，防止抽条，翌年春季发芽前撤除埋土，扶正苗木。

第三节 土肥水管理

一、土壤管理

（一）扩穴

幼树定植几年后，每年或隔年向外深翻扩大栽植穴，直到全园株行间全部翻遍为止。这种方式用工量少，深翻的范围小，但需 3～4 次才能完成全园深翻，且伤根较多。也可采用隔行深翻，即隔 1 行深翻 1 行，分 2 次完成，每次只伤一侧根系，对果树影响较小，这种行间深翻便于机械作业。或全园深翻，即将栽植穴以外的土壤一次深翻完毕。全园深翻范围大，只伤一次根，翻后便于平整园地和耕作，但用功量多。

深翻注意与施肥、灌水相结合。施用有机肥以增加土壤腐殖质含量，促进团粒结构的形成，变生土为熟土。在墒情不好的干旱地区，深翻一定结合灌水，防止干旱、冻害等现象的发生。深翻时，表土与底土分别堆放，表土回填时，应填在根系分布层。有黏土层的要深翻打破黏土层，并把沙土和黏土拌均匀后回填。尽量少伤根、断根，特别是 1cm 以上较粗大的根，不可断根过多，对粗大的根宜剪平断口，回填后要浇水，使根与土密接。深翻方式视果树具体情况而定，小树、幼树根系少，一次深翻伤根不多，影响不大，成年树、大树根系分布范围大，以隔行或对边开沟方式较为适宜。山地果园深翻要注意保持水土，沙地果园要注意防风固沙。

（二）改土

结合客土法和增施有机肥深翻改土。对果园土壤进行合理深翻，能使土壤熟化、疏松多孔，增加土壤的透气性，有利于根系向垂直和水平方向生长，扩大根系的吸收面积，增加土壤保蓄水分的能力。土壤结构差的重黏土、重沙土和沙砾土，进行"客土掺和"，即重黏土掺沙土、沙土掺黏土、塘泥，沙砾土捡去大砾石掺塘泥或黏土。再结合多施有机肥和合理间作，就可改良成良好的土壤。

（三）翻耕

1. 秋季深翻 通常在果实采收前后结合秋施基肥进行。此时树体地上部分生长较慢或基本停止，养分开始回流和积累，又值根系再次生长高峰期，根系伤口易愈合，易发新根。深翻结合灌水，使土粒与根系迅速密接，利于根系生长；深翻还有利于土壤风化和积雪保墒。因此，秋季是果园深翻较好的时期。

温馨提示

在干旱无浇水条件的地区，根系易受旱害和冻害，地上枝芽易枯干，不宜进行秋季深翻。

2. 春季深翻　应在土壤解冻后及早进行。此时地上部分尚处于休眠状态，而根系刚开始活动，深翻后伤根易愈合和再生。从水分季节变化规律看，春季化冻后，土壤水分向上移动，土质疏松，操作省工。我国北方地区多春旱，翻后需及时浇水，早春多风地区，蒸发量大，深翻过程中应及时覆土，保护根系。风大、干旱缺水和寒冷地区，不宜春季深翻。

3. 冬季深翻　宜入冬后至土壤封冻前进行。冬季深翻后要及时填土，以防冻根；如墒情不好，应及时灌水，防止露风伤根；如果冬季雨雪稀少，翌年宜及早春灌。北方寒冷地区冬季不宜深翻。

4. 深翻深度　以比果树根系集中分布层稍深为度，且还应考虑土壤结构、质地、树龄等。如山地土层薄，下部为半风化的岩石，或耕层下有砾石层或黏土层，深翻深度一般为80～100cm；如果土层深厚，质地为沙质壤土，则深度可适当浅些。

(四) 间作

幼龄果园、实行宽行密植未交接封行的果园均可实行间作。实行合理间作不但不会影响果树生长，而且可以防止杂草丛生，避免土地资源的浪费，提高幼树期的土地利用率，增加果园的经济效益。间作要选择适宜间作作物，以选对果树根系影响较小、避开果树需能关键期的作物为宜。豆科作物如花生、大豆、绿豆等根系具有根瘤菌，能够把空气中的氮气转化为作物可以吸收利用的氮素，从而具有培肥地力的作用，是果园首选的间作作物。另外，甘薯、西瓜、草莓、葱、蒜等也可用于间作，但要加强土壤施肥和灌水，这些作物间作后不但不妨碍果树生长，而且由于提高了土壤肥力，反而促进其生长。茎秆较高的作物如小麦、玉米、棉花、黄烟、谷子等作物根系分布范围深广，吸肥吸水能力强，与果树争水争肥矛盾突出，并且地上部由于茎秆较高，影响果园通风透光，极大地妨碍果树生长，经济上得不偿失，因此应严禁选择这类作物进行间作。

（温）（馨）（提）（示）

应当注意的是，间作时要留足树盘，定植当年可留出1m宽的树盘，随树冠逐年扩大，树盘也要扩大，树盘的面积不小于树冠的投影面积，树盘内不能种植间作作物。总之，间作要以不妨碍果树生长为前提。

（五）其他措施

1. 果园生草　果园生草能够改良土壤结构，提高土壤有机质含量和土壤肥力，调节地温；能改善果园生态环境，形成良好的果园生态系统，为天敌提供生存繁殖条件，有利于生物防治；能有效保持水土，涵养水分、富集水分，尤其是山坡地、河滩沙荒地，效果更突出；能抑制杂草生长，减少用工。果园生草适合在年降水量500mm，最好在800mm以上的地区或有良好灌溉条件的地区采用。幼树期即可进行生草栽培；高密度果园宜覆草。果园生草有人工种植和自然生草两种方式，又可全园生草、行间生草等。

草种以白三叶草、紫花苜蓿、田菁等豆科类为好，另外，还有黑麦草、百脉根、百喜草、草木樨、大花野豌豆（毛苕子）、小冠花、早熟禾、羊胡子草等。

播种时间多为春、秋季。春播一般在3月中下旬至4月，气温稳定在15℃以上时进行。秋季播种一般从8月中旬开始，到9月中旬结束。草种用量：白三叶、紫花苜蓿、田菁等，每667m² 用0.5～1.5kg，黑麦草每667m² 用2.0～3.0kg。

自然生草是根据果园内自然长出的各种草，将有益的草保留，将有害草及时拔除，选留几种适于当地自然条件的草种形成草坪。这是一种省时省力的生草方法。

2. 果园覆盖

（1）覆草。覆草前，应先浇足水，按每667m² 10～15kg的数量施用尿素，以防脱氮，并满足微生物分解有机质时对氮的需要。

覆草一年四季均可，以春、夏季最好。全园覆草，每667m² 用草量宜在1 500kg左右；树盘覆草用草量1 000kg左右。厚度宜为10～20cm。覆草应连年进行，3～4年后可在冬季深刨一次，深度15cm左右，将地表已腐烂的杂草翻入地下，然后加施新鲜杂草继续覆盖。

（2）覆盖地膜。覆膜前需先追施肥料，地面必须先整细、整平。在干旱、寒冷、多风地区以早春（3月中下旬至4月上旬）土壤解冻后覆盖为宜。夏季进入高温季节时，注意在地膜上覆盖一些草秸等，以防根际土温过高，一般以不超过30℃为宜。

（3）覆盖反光膜。覆盖反光膜主要目的是增加树冠内膛光照度，促进果实着色，改善果实外观品质，提高果实商品性。苹果园覆盖反光膜至少应在采收前 20d 以上进行。

二、施肥管理

(一) 基肥

1. 时期 秋施基肥是苹果园最重要的一次施肥,基肥可缓慢地分解释放出养分,供给果树各项生命活动之所需。基肥以有机肥为主,配合施入速效化肥。有机肥和磷肥可一次施入,速效氮肥施入全年施用量的 50%～60%,速效钾肥易淋失可留作追肥用,缺铁、缺锌的果园铁肥和锌肥可在施基肥时一次施入。苹果树定植时每株应施基肥 20～25kg,定植后每年施一次基肥,1～2 年生时每公顷施 30 t 优质有机肥,3～4 年生树每公顷施 37.5～45 t,进入盛果期后应加大基肥施用量,按每千克果 2kg 肥的标准施入优质有机肥。基肥施用量一般占全年施用量的 70%左右。施基肥的时间应在早秋,即中熟品种如元帅系在采果后立即施入,晚熟品种如红富士可带果施入基肥。早秋施基肥正值苹果树根系秋季发根高峰,因此断根后易愈合,并在断根部位促发大量新根(主要是吸收根),翌年春季秋根可直接萌生出新根,发生早,根量大,对早春的萌芽、展叶、开花、坐果、抽枝有利,使春梢生长加快,早长早停,利于花芽形成。此时施入基肥根系可很快吸收利用,对提高叶片光合作用、增加储藏营养有重要作用。早秋施基肥后经过晚秋、冬季和早春漫长时间的腐熟分解,肥效在翌年春季苹果需肥最多的营养临界期得到最大限度的发挥。

2. 施基肥的方法 可沿树冠投影外沿开环状沟或条沟,沟宽 50cm 左右,深度 50～60cm,然后把有机肥、土、化肥混合施入。深翻扩穴的果园可结合深翻施入基肥,但不宜施得过深。基肥浅施可利于吸收根的发生,利于早成花结果,同时基肥分解时释放出二氧化碳,增强叶片光合作用。密植果园根系分布浅且集中,可在离树干 1m 的地方开放射状沟 5～6 条,深 30cm 左右,近树干的一头稍浅,树冠外围较深,施入基肥后应立即灌水沉实,使土和根紧密结合在一起,以利于肥料的分解和利用。

(二) 追肥

1. 追肥时期 苹果树需肥时期与各器官建成的时期相吻合,一般可分为 4 次追肥。

（1）芽前肥。在萌芽前1～2周进行。此期是苹果树的氮素营养临界期，应以氮肥为主，施用量占全年氮肥施用量的20%。

（2）花后肥。时期为5月底至6月初。此时苹果树中、短枝停长，花芽开始分化，树体储藏营养消耗殆尽，叶片由发叶初期的浅黄绿色转为深绿色，开始完全依靠当年叶片制造的同化养分，是全年碳素营养临界期，此期追肥对花芽分化及幼果生长十分有利。以氮、磷、钾复合肥为好，氮肥占全年施入总量的20%，钾肥占60%。

（3）催果肥。时期为7～8月，此时叶片光合效能最强，果实生长迅速，是决定果实大小及当年产量的关键时期，因此追肥能明显提高产量。追肥可用三元素复合肥，氮肥占全年施用量的10%，钾肥占40%。

（4）采后肥。果实采收后结合施基肥进行，对于迅速恢复叶功能、增加树体储藏营养十分有利。

2. 追肥方法　追肥时可采用放射状沟施或环状沟施，也可多点穴施。追肥宜浅，深度应在20cm左右，施在根系集中分布区。在保肥保水能力差的沙滩地、山坡丘陵地，注意追肥时应少量多次。

3. 根外追肥　注意根据根外追肥的目的和时期，选择好肥料种类和浓度（表1-2）。要在温度较低（18～25℃最适）、蒸发量小的情况下喷施，以保持肥液的湿润状态，延长叶片的吸收时间，增加叶片吸收量。喷施叶背面，有利于提高肥效；掌握好浓度，避免肥害的发生。根外追肥不能代替土壤施肥。

表1-2　根外追肥肥料种类、适宜浓度及效果

种　类	浓　度	时　期	效　果
尿素	0.3%～0.5%	开花到采果前	提高坐果率，促进生长发育
硫酸铵	0.1%～0.2%	开花到采果前	提高坐果率，促进生长发育
过磷酸钙	1.0%～3.0%（浸出液）	新梢停止生长	有利于花芽分化，提高果实质量
氯化钾	0.3%～0.5%	生理落果后，采收前	有利于花芽分化，提高果实质量
硫酸钾	0.3%～0.5%	生理落果后，采收前	有利于花芽分化，提高果实质量
磷酸二氢钾	0.2%～0.3%	生理落果后，采收前	有利于花芽分化，提高果实质量

（续）

种　类	浓　度	时　期	效　果
硼酸	0.1%～0.3%	盛花期	提高坐果率
硼砂	0.2%～0.5% 加生石灰适量	5～6月	防缩果病
柠檬酸铁	0.05%～0.1%	生长季	防缺铁黄叶病

三、水分管理

（一）灌水

灌水时期应根据降雨、土壤缺水情况及果树需水规律而定。我国北方苹果产区果园灌水应掌握"春灌、夏排、秋稍旱、冬灌越冬保安全"的原则。春季土壤解冻之后、果树发芽之前浇一遍水可促进根系对肥料的吸收，有利于开花、坐果以及新梢、果实的生长。另外，果树秋末冬初施完基肥后可紧接着灌一遍透水，即封冻水，对于加速肥料分解，保证果树安全越冬，防止冻害和抽条极有作用。除冬、春两季灌水外，夏季和秋季的灌水应根据土壤干旱状况灵活掌握，5月底至6月初正值苹果树花芽分化临界期，此时适度干旱会促使花芽分化，而灌水过多会影响花芽分化，减少花芽分化数量。秋季特别是果实采收前应禁止灌水，以提高果实含糖量和增进果实着色。

一次灌水的量不宜太多，以湿透根系分布层为度。具体来讲，应根据树龄、树势、灌水时期及果园土壤类型灵活掌握。幼树、长势旺盛的树灌水量宜少，以抑制其旺长，促进成花；老弱树、结果多的树适当多灌，以促进其生长；春季萌芽前的春灌和秋后冻水的灌水量宜大，其他几次灌水量宜小。

（二）灌水方法

1. 大水漫灌　向整个果园里放水浇灌。这种灌水方法不但浪费水而且容易破坏土壤结构，灌水量偏大，灌水初期往往造成积涝现象，最好不要采用。

2. 树盘灌　这是目前我国果园普遍采用的灌水方法，灌水量比大水漫灌小，但也易破坏土壤结构，沿树盘灌溉还容易传播根系病害。

3. 沟灌　即顺地势每隔 1m 左右挖宽 40～60cm、深 20～30cm 的沟，通过沟向果园灌水，利用渗透的方法渗透至整个果园。这种灌水方法用水量较少，不容易传播病害，不破坏土壤结构，是目前较好的灌水方法。

（三）排涝

土壤中水分含量过多易发生涝害，造成土壤中空气含量太少，根系处于缺氧窒息状态，功能下降，吸肥吸水能力受阻，轻者叶片光合作用下降，重者造成烂根，甚至出现死树现象。苹果树较为耐涝，但从土壤水分管理的要求来看必须坚持排水。果园应开挖排水沟，尤其在地势低洼和容易积涝的果园，要做到旱能浇、涝能排。

（四）滴灌节水技术

滴灌是滴水灌溉的简称，是将水加压，有压水通过输水管输送，并利用安装在末级管道（称为毛管）上的滴头将输水管内的有压水流消能，使水一滴一滴地滴入土中，使土壤保持湿润状态，该种灌水方法灌水效果最好，提高了水分利用率，节约用水，有利于苹果生长发育，方便、准确、省工，可改善果园生态环境，还可结合灌水施肥（施药），对水质也有较高的要求。

1. 滴灌的方式　围绕树干设置滴头，每一个滴头滴出的水在土壤中形成一个洋葱头状湿润区，紧靠滴头的土壤含水量达到饱和，随即向周围扩散。一条具有许多均匀分布滴头的滴灌带会形成链状湿土区，果树从链状湿土区获取所需的水分、养分。

滴灌分为地下滴灌和地表滴灌。地表滴灌是通过安装在地上的滴头灌溉作物根系附近的土壤。地下滴灌是将毛管和滴水器埋入地表下20～30cm 处，灌溉水从灌水器渗出湿润土壤。这种灌水方式可以减缓毛管和灌水器的老化，防止丢失，方便田间作业。但存在一旦灌水器堵塞，不便查找堵塞处和清洗的问题。滴灌水离开滴头时压力为零，只有重力作用于土壤表面，对土壤冲击力较小。滴灌不同于传统的地面灌溉或喷灌要将土壤全部表面灌水，而是只湿润作物根系附近的局部土壤。采用滴灌灌溉果树，其灌水所湿润土壤面积占比只有 15%～30%，因此比较省水。

2. 滴灌系统的组成　滴灌系统主要由首部枢纽、管路和滴头三部分组成。

（1）首部枢纽。包括水泵（及动力机）、过滤器、控制与测量仪表等。其作用是抽水、调节供水压力与供水量、进行水的过滤等。

（2）管路。包括干管、支管、毛管以及必要的调节设备（如压力表、闸阀、流量调节器等）。其作用是将加压水均匀地输送到滴头。

（3）滴头。安装在塑料毛管上，或是与毛管成一体，形成滴灌带，其作用是使水流经过微小的孔道，形成能量损失，减小其压力，使水以点滴的方式滴入土壤中。滴头通常放在土壤表面，亦可以浅埋保护。

另外，有的滴灌系统还有肥料罐，装有浓缩营养液，用管子直接连接在控制首部的过滤器前面。

温馨提示

（1）滴灌系统对水质的要求极严，要求水中不含泥沙、杂质、藻类及化学沉淀物，否则容易堵塞。

（2）滴灌限制根系发展。

（3）当在含盐量高的土壤上进行滴灌或是利用咸水滴灌时，盐分会积累在湿润区边缘，这些盐分可能会引起盐害。

第四节　花果管理

一、保花、保果

1. 人工授粉

（1）花药采集。选择适宜的授粉品种，采集含苞待放的铃铛花带回室内。采花时注意不要影响授粉树的产量，可按疏花的要求进行。采花量根据授粉面积来定，每 10kg 鲜花能出 1kg 鲜花药；每 5kg 鲜花药在阴干后能出 1kg 干花粉，可供 2～3hm² 果园授粉用。

采回的鲜花应立即取花药。方法：将两花相对，互相揉搓，把花药接在光滑的纸上，去除花丝、花瓣等杂物，准备取粉。大面积授粉可采用花粉机制粉。

（2）取粉方法。

① 阴干取粉。将花药均匀摊在光滑洁净的纸上，放在相对湿度 60%～80%、温度 20～25℃的通风房间内，经 2d 左右花药即可自行开

裂，散出黄色的花粉。

② 火炕增温取粉。在火炕上垫上厚纸板等物，放上光滑洁净的纸，纸上平放一温度计，将花药均匀摊在上面，保持温度在 22～25℃。一般 1d 左右即可。

③ 温箱取粉。找一纸箱（或木箱等），箱底铺一张光洁的纸板或报纸，平放温度计，摊上花药，上面悬挂一个 60～100W 的灯泡，调整灯泡高度，使箱底温度保持 22～25℃，经 24 h 左右即可。干燥好的花粉连同花药壳一起收集在干燥的玻璃瓶中，放在阴凉干燥的地方备用。

（3）授粉方法。苹果花开放当天授粉坐果率最高，因此，要在初花期，即全树约有 25% 的花开放时就抓紧开始授粉。授粉要在 9:00～16:00 进行。同时，要注意分期授粉，一般于初花期和盛花期授粉 2 次效果比较好。

① 点授。用旧报纸卷成铅笔状的硬纸棒，一端磨细成削好的铅笔样，用来蘸取花粉，也可以用毛笔或橡皮头。将花粉装在干净的小玻璃瓶中。授粉时将蘸有花粉的纸棒向初开的花心轻轻一点就行。一次蘸粉可点 3～5 朵花。一般每花序授 1～2 朵。

② 撒粉。将花粉混合 50 倍的滑石粉或甘薯面，装在两层纱布袋中，绑在长杆上，在树冠上方轻轻晃动，使花粉均匀落下。

③ 液体喷粉。将花粉过筛，去除花药壳等杂物，每千克水加花粉 2g、糖 50g、尿素 3g、硼砂 2g，配成悬浮液，用超低量喷雾器喷雾。每株结果树喷洒量为 0.15～0.25kg，一般要求在全树花朵开放 60% 左右时喷洒为好，并要喷洒均匀周到。注意悬浮液要随配随用。

2. 花期放蜂 苹果园花期放蜂，可以大大提高授粉工效，而且可避免人工授粉对时间掌握不准、对树梢及内膛操作不便等弊端。

生产中花期放蜂主要释放蜜蜂和壁蜂。

（1）蜜蜂授粉。蜜蜂授粉是我国苹果园中长期采用的方法。一般情况下，每箱蜂可以保证 0.5～0.7hm² 果园授粉。中华蜜蜂较耐低温，授粉工作时间长，比意大利蜜蜂授粉效率高，注意在开花前 2～3d 将蜂放入果园，使蜜蜂熟悉果园环境，另外放蜂果园花期及花前不要喷用农药，以免引起蜜蜂中毒，造成损失。

（2）壁蜂授粉。目前我国苹果主产区如山东的胶东地区，已大面积推广壁蜂授粉，现初步明确专门为果树授粉的壁蜂有 5 种：紫壁蜂、凹唇壁蜂、角额壁蜂、叉壁蜂和壮壁蜂，其中凹唇壁蜂和角额壁蜂在苹果上应用较多。

① 巢管和巢箱。巢管主要采用芦苇管，内径为 6.0～6.8mm。选择适宜内径的芦带苇锯成 16～18cm 长的芦苇管，一端留节，一端开口，管口应不留毛刺，芦苇管无虫孔。将管口染成红、绿、黄、白 4 种颜色，各颜色比例为 20：15：10：5。然后将芦苇管每 50 支用细绳、细铁丝等捆成一捆备用。

巢箱主要有 3 种：硬纸箱包裹一层塑料薄膜改制而成、木板钉成的木质巢箱和砖石砌成的永久性巢箱。3 种巢箱体积均为 20cm×26cm×20cm，5 面封闭，1 面开口，留檐长度不少于 10cm。巢管排列时先在巢箱底部放 3 捆，其上放一硬纸板，并超出巢管 1～2cm，在硬纸板上再放 3 捆巢管，上面再放一硬纸板，在巢箱上部的两个内侧面用石块或木条将纸板和巢捆固定在巢箱中，巢箱内侧顶部与巢捆间留一空隙，供放蜂时安放蜂茧盒之用。

在释放壁蜂前，设置好巢箱。巢箱场地选择在背风向阳处，要有活动空间，巢口向南，每隔 20m 放一个，每 667m² 放巢箱 1.5 个，巢箱距地面 40～50cm，巢箱上盖防雨板，要超出巢箱口 10cm。在巢箱附近 1～2m 远处挖一个长 40cm、宽 30cm、深 30cm 的土坑，然后铺上塑料布，再装上一半土、一半水，并经常保持坑内半水半泥状态，给壁蜂采泥封茧用。为解决花粉不足的问题，可在巢箱周围栽一些萝卜等蜜源植物。

② 放蜂时间和方法。将购回的蜂茧装入罐头瓶里，用纱布和橡皮筋将瓶口封紧，放在冰箱中保持 0～4℃保存。释放前 5～7d 从 4℃调到 8℃。在苹果树开花前 3～4d，将蜂茧从冰箱中取出，装在带有 3 个孔眼的小纸盒里（长 6.5cm 大小，可用小药品盒），每盒放 60 头蜂茧，放在巢箱内的巢捆上。放蜂 8～9d 后检查蜂茧，对没有破茧的成虫要在茧突部位割一个小口以帮助出茧。另外，在放蜂期要防止蚂蚁、鸟雀等天敌危害，防止雨水浸湿蜂巢，并禁止喷农药。

③ 巢管保存。在壁蜂停止活动 1 周后，收回有蜂茧的巢管，将巢管捆好，挂在通风无污染的空房横梁上，以防鼠、鸟雀和螨等危害。于 12 月初剥巢取茧，然后每 500 个蜂茧装入一个罐头瓶中进行常温保存。春节后放入冰箱中 0～4℃保存。

壁蜂的授粉能力是普通蜜蜂的 70～80 倍，每 667m² 果园仅需 60～80 头即可满足需要。果园放蜂要注意花期及花前不要喷用农药，以免引起蜂中毒，造成不必要的损失。

3. 花期喷施微肥　苹果花期喷施微肥，可增加花期营养，提高坐果率。苹果的生理落果主要是因树体储藏的营养不足造成的，因此，在加强土壤施肥的基础上，应在早春树上补充适量的速效氮肥，如花期和幼果期各喷 1 次 0.3％尿素，或花期喷 2 次 0.3％硼砂混加 0.3％尿素；花后喷 0.05～0.1mg/L 细胞分裂素（6-BA）。

4. 调控枝势

（1）环剥或环割。春季开花前至花后 10d，在旺枝、徒长枝基部环剥、环割，上部生长过旺的树在第一层主枝以上的中心干上环剥，旺长新梢摘心，集中养分供应，不仅可以提高坐果率，还可以增大果个。

（2）花前复剪。在早春苹果芽萌动至花期前进行，用于调整花量。当苹果树小年时，冬季修剪花芽难以识别，进行复剪，既可以不误剪花芽，又可疏除无用枝条；当冬季剪留花芽过多时，需要进行复剪，可减少营养消耗，提高坐果率和果实品质。复剪时，可以去弱留强、去直留斜，兼起更新结果枝组的作用，复剪对调整大小年树更为重要。

二、疏花、疏果

疏花在花序分离期到初花期进行；疏果在盛花后 1 周开始，以谢花后 25～30d 疏完果为宜，疏果的适宜时期有 20d 左右。疏果过早，由于果实太小，疏果技术很难掌握；疏果过晚，又起不到疏果的效果。

1. 以花定果法　疏花要于花序分离期开始，至开花前完成，越早越好，一次完成。按每 20～25cm 留 1 个花序，多余花序全部疏除。疏花时要先上后下，先里后外，先去掉弱枝花、腋花和顶花，多留短枝花。然后疏除每花序的边花，只留中心花，小型果可多留 1 朵边花。

采用以花定果法，必须具有健壮的树势和饱满的花芽，冬季要进行细致修剪，剪除弱枝、弱花芽，选留壮枝、饱满芽；另外，果园内授粉树数量要充足，配备要合理，同时必须进行人工辅助授粉，以确保坐果。

2. 间距疏果法　疏果需在谢花后 10d 开始，20d 内完成。这样不但能节省大量营养，促进幼果发育和枝叶生长，提高果品产量和质量，而且有利于花芽分化和形成，做到优质、丰产、稳产，同时，严格控制留果量，防止过量结果。

根据品种、树势和栽培条件，合理确定留果间距和留果量。大果型苹果品种如元帅系、红富士系等每隔 20～25cm 留 1 个果台，每果台只留 1 个中心果，壮树壮枝每 20cm 留 1 个果，弱树弱枝每 25cm 留 1 个果，小果型品种每果台可留 2 个果，其余全部疏掉。疏果时要首先去掉小果、病虫果和畸形果，留大果、好果。

疏花疏果要因树制宜，对于授粉条件好、坐果率高的苹果园，可以采用先疏花后定果的方法，即按照留果标准，选留壮枝花序以后把多余花序全部疏除，坐果后再定果；对于授粉条件差、坐果率较低的果园，可以采用一次性疏果定果的方法。如果前期疏花疏果时留量过大，要进行后期疏果。

三、果实套袋

苹果套袋栽培尽管增加了人力、物力和财力，但却是生产高档苹果行之有效的措施之一；另外，套袋可避免果实直接与农药接触，防止污染，减少农残，对生产绿色果品具有重要的现实意义。

（一）果实袋的选择

1. 果实袋的种类　苹果果实袋的种类很多，如按照果实袋的层数可以分为单层袋、双层袋和三层袋；按照果实袋的大小可分为大袋和小袋；按照涂布的药剂不同可分为防虫袋、杀菌袋和防虫杀菌袋等；按照捆扎丝的位置可分横丝袋和竖丝袋两种；按照袋口形状可分为平口袋、凹形口袋及 V 形口袋等。

袋的遮光性愈强，其促进着色的效果愈显著，双层纸袋一般比单层纸袋遮光性强，故促进着色的效果要好于单层袋，防病虫及降低果实农药残留量的效果也好于单层袋，但制袋成本较高，一般为单层纸袋的 2 倍左右。我国苹果有袋栽培中，所用纸袋多为双层袋和单层袋两种类型。三层纸袋套袋效果更佳，但成本高，日本有的果农用三层袋，我国果农极少应用。

（1）双层袋。主要由两个袋组合而成，外袋是双色纸，外侧主要是灰色、绿色、蓝色 3 种颜色，内侧为黑色。这样一来，外袋起到隔绝阳光的作用，果皮内叶绿素的合成在生长期即被抑制，套在袋内的果实果皮叶绿素含量极低；内袋由农药处理过的蜡纸制成，主要有绿色、红色和蓝色3种。我国大多数省份采用的双层袋，外袋外侧灰色、内侧黑色，内袋红色，但台湾地区所用的双层袋，外袋外侧灰色、内侧黑色，内袋黑色。

（2）单层袋。生产中应用种类有外侧银灰色、内侧黑色单层袋；外侧灰色、内侧黑色单层袋（复合纸袋）；木浆纸原色单层袋；黄色涂蜡单层袋。除商品果袋外，果农自己制作的果实袋，套袋效果也不错，制作时应该用全木浆纸，这种纸机械强度较高，可避免使用过程中纸袋破损现象的发生，不建议使用草浆纸等。

2. 果实袋的合理选用 苹果套袋生产中，应依据品种、立地条件等因素选用果实袋。

（1）依品种选择。黄色和绿色苹果品种不需着色，这类苹果品种套袋的主要目的是促使果面光洁和降低果实中农药残留量，宜选用单层袋。此类苹果品种以金帅为代表，为防除金帅果锈，套袋是最有效的措施之一。我国主要选用原色木浆纸袋和复合型单层袋；日本选用 PK-5号、牛皮纸小袋和千曲黑 2-8。

较易着色的红色苹果品种，如嘎拉、新红星、新乔纳金等主要采用单层袋，如复合型纸袋和原色木浆纸袋；较难着色的红色苹果品种，如红将军、红富士、乔纳金等，主要采用双层袋。

（2）依立地条件选择。气候条件如光照、昼夜温差、降水等对套袋后的效果有很大影响，因此，不同的气候条件，即使同一品种所应用的果实袋类型也应有所差别。

如较难上色的红富士苹果在海拔高、温差大、光照强的地区，为节省套袋费用，可以选用单层袋，其促进着色的效果也不错，而在海洋性气候或内陆温差较小的地区，宜采用双层袋。

高温多雨地区宜选用通气性良好的果实袋，以防止袋内高温、高湿而诱发水锈；高温少雨的地区宜采用反光性强的纸袋，而不宜采用涂蜡纸袋，以期最大限度地避免日灼现象的发生；在西北黄土高原和西南高原等高海拔地区，一般苹果品种极易上色，有时会出现着色过浓的现象，为此可套单层袋解决。

（二）套袋时期与方法

1. 套袋时期 依据苹果品种和套袋的目的不同，套袋时期也不同。一般苹果在花期由于授粉、受精不良或因花的质量差，以及树体营养问题等，存在一个生理落果过程，所以，套袋的时期过早，不能保证每个袋内生长成一个果实，假若套在袋内的果实脱落过多，不仅造成纸袋和人工的浪费，还会影响果树产量。因此，苹果的套袋时期应在生理落果后结合疏果进行，如中晚熟红色品种（红富士、新乔纳金、新红星等），于6月初进行，一直可延续至7月初。

由于黄绿色品种果锈发生期在落花后10～40d，为防止产生果锈或为使果点变浅，应在果锈发生前即在落花后10d左右套袋。如金帅苹果落花后10d内套袋几乎无果锈发生。另外，为防止浪费果实袋，金帅在落花后10～40d、没有完成生理落果前可套小纸袋，只要此间套上的小袋不破碎，果锈可基本得到控制，待小袋撑裂再套大袋，则效果更好，且可以保持果面光洁。

2. 套袋方法　选定幼果后，手托纸袋，先撑开袋口或用嘴吹，使袋底两角的通风放水孔张开，袋体膨起；手执袋口下3cm左右处，袋口向上或袋口向下，套上果实，然后从袋口两侧依次折叠袋口于切口处，将捆扎丝反转90°，扎紧袋口于折叠处，让幼果处于袋体中央处，不要将捆扎丝缠在果柄上。

温馨提示

套袋时应注意两点：①套袋时的用力方向始终向上，以免拉掉幼果；②袋口要扎紧，以免纸袋让风吹掉。

（三）套袋树的管理

1. 提高套袋果含糖量　套袋苹果园应更加重视肥水管理，尤其是肥料的施用。由于苹果套袋后果实含糖量下降，应增加磷、钾肥的施用量。果实套袋后由于纸袋的独特作用效果，致使果实含糖量有所下降且易发生缺素症，如套袋苹果极易发生缺钙症。套袋苹果园施肥量、肥料种类、施肥方法等方面都应当有别于无袋栽培的苹果园，因此，套袋苹果园施肥量应大于无袋果园，同时加大微量元素肥料的施用量。在肥料种类上也应有所改变，即做到配方施肥，相应减少氮素化肥用量，增加磷、钾肥用量，氮、磷、钾比例应以1:0.5:1为好。

2. 套袋苹果树体指标　覆盖率宜在75%左右；每667m²枝量为10万～12万条（冬剪后7万～9万条）；中短枝占90%左右，其中一类短枝占总短枝量的 40%以上，优质花枝率 25%～30%；花芽分化率 30%左右，冬剪后花芽与叶芽比为 1∶（3～4），每 667m² 花芽留量 1.2 万～1.5 万个；盛果期树树冠周围新梢长度 35～40cm，幼龄树 50cm 左右。

苹果套袋栽培是一种高度集约化、规范化的栽培方式，树体不宜过高，一般要求大冠树树高在 3.5m 以下，中冠树在 3.0m 以下，小冠树在 2.5m 以下。丰产树形主要采用小冠疏层形、纺锤形、改良纺锤形及二层开心形等；冬季修剪是在落叶后至萌芽前进行的一次细致修剪，主要调整树体结构、复壮结果枝组、理顺从属关系、保障树体的通风透光。

在花前复剪、人工授粉、合理疏花疏果节省大量养分的基础上，要使树体负载合理，以提高果品质量，保持树势，保证丰产、稳产，防止大小年结果。另外注意防止套袋后出现的特殊病虫害，如苦痘病、日灼、水锈、康氏粉蚧、玉米象等。

（四）摘袋时期与方法

1. 摘袋时期　摘袋时期应依据不同苹果品种，不同立地条件、气候特点等因素来确定。红色品种新红星、新乔纳金在海洋性气候、内陆果区，一般于采收前 15～20d 摘袋；在冷凉地区或温差大的地区，采收前 10～15d 摘袋比较适宜；在套袋防止果色过浓的地区，可在采收前 7～10d 摘袋。

较难上色的红色品种红富士、乔纳金等，在海洋性气候、内陆果区，采收前 30d 摘袋；在冷凉地区或温差大的地区采收前 20～25d 摘袋为宜。

黄绿色品种，在采收时连同纸袋一起摘下，或采收前 5～7d 摘袋。

不同季节的日照强度和长度不一样，苹果各品种摘袋时期也不一样。日照强度大、时间长和晴日多的地区或季节，摘袋时间可距采收期近一些；反之，则应早一些除袋。除袋时，最好选择阴天或多云天气进行。若在晴天摘袋，为使果实由暗光逐步过渡至散射光，在同一天内，应于 10∶00～12∶00 去除树冠东部和北部的果实袋，14∶00～16∶00 去除树冠西部、南部的果实袋，这样可减少因光照剧变而引起日灼的发生。

2. 摘袋方法　摘除双层袋时先去掉外层袋，内层袋一般在摘除外层袋后 5～7d 摘除，但应在阴天或晴天的 10∶00～14∶00 进行，而不宜选在早晨、傍晚。选在中午摘除内层袋，是因为此时果皮表面的温度与大气温度几乎相等或略高于大气温度，所以不至于产生较大的温差，可以避免日灼的发生。此外，若遇连阴雨天气，摘除内层袋的时间应推迟，以免摘袋后果皮表面再形成叶绿素。

摘除单层袋时，首先打开袋底放风或将纸袋撕成长条，3～5d 后除袋。

（五）摘袋后的管理

1. 秋剪　树冠内相对光照量以 20％～30％ 为宜，为达到这个标准，就要进行秋季修剪，以使各处枝条都可受到良好的光照。在果实着色期内，即在除袋后，清除树冠内徒长枝，疏间外围竞争枝以及骨干枝背上直立旺梢，是解决光照不足的重要手段。

2. 摘叶　用剪子将叶片剪除，仅留叶柄即可。其目的主要是增强果实受光程度。以摘除果台基部叶为主，也应适当摘除果实附近新梢基部到中部的叶片，以增加果实的直接受光程度，有效增进果实着色。

3. 转果、垫果　转果的目的是使果实的阴面也能获得阳光的直射而使果面全面着色。转果在除袋后 1 周左右进行一次，共转 2～3 次。对于下垂果，因为没有可使转过的果实固定的地方，可用透明胶带连接在附近合适枝上固定住。转果时应注意切勿用力过猛，以免扭落果实。垫果主要是防止果面与枝、叶摩擦而受损。

4. 铺反光膜　反光膜是指涂上银粉，具有反光作用的塑料膜。铺反光膜主要是使果实萼洼部位和树冠下部及树冠北部的果实也能受光，从而增加全红果率。反光膜铺设时间，以内层袋摘除后 1 周左右即采收前 20d 铺完。铺设反光膜之前，进行第一次摘叶，并疏除徒长枝等，以增加透光率。铺设方法是顺行间方向整平树盘，在树盘的中外部铺设两幅，膜外缘与树冠外缘对齐，再用装有土沙、石块或砖块的塑料袋多点压实，防止被风卷起和刮破，每 667m² 铺设反光膜面积约 500m² 左右。

第五节　整形修剪

一、树形

目前苹果生产中主要采用小冠疏层形、自由纺锤形和改良纺锤形等

3 种树形。

（一）小冠疏层形

干高 40～50cm，树高 3.0m 左右；全树共有主枝 5～6 个；第一层有 3 个主枝，可以互相邻接或临近，开张角度 60°～70°，每一主枝上相对应两侧各配备 1～2 个侧枝，无副侧枝；第二层 1～2 个主枝，方位插在一层主枝空间，开角 50°～60°，其上直接着生中、小型结果枝组；第三层 1 个主枝，其上着生小型枝组。该种树形树冠呈扁圆形，骨干枝级次少，光照良好，立体结果，枝势稳定。

（二）纺锤形

1. 细长纺锤形（也称水杉形）　干高 50～60cm，树高 2.5～3.0m，冠径 1.5～2.0m，中心干直立，在中心干上按 15～20cm 的间距，着生 15～20 个主枝，不分层次，均呈插空排列，水平单轴延伸，各主枝长势相似，下部略长，上部略短，树顶部呈锐角，主枝上无侧枝，直接着生中、小型结果枝组，整个树冠呈细长纺锤形。

2. 自由纺锤形（也称雪松形）　与细长纺锤形相比，冠幅略大，干高 60～70cm，树高 3.0m 左右，冠幅 2.0～3.0m，全树 12～15 个主枝，上部、下部略短，中部略长，主枝在中心干上平均间距 20cm 左右，向四周均匀排列水平延伸，同向生长主枝的上下距离以 50～60cm 为宜。主枝上无侧枝，直接着生中、小型结果枝组，树冠紧凑丰满，呈纺锤形。

3. 改良纺锤形　由三年生以上的幼树在小冠疏层形的基础上改造而成，其结构特点是干高 50cm 左右，中心干直立，在中心干上着生 10～12 个主枝，基本按平均 20cm 左右的间隔向四周均匀排列，不分层次，主枝角度接近水平，下层主枝长 1～2m，向上依次递减，主枝上无侧枝，而是直接着生结果枝组，树冠紧凑呈纺锤状。与小冠疏层形相比，结果早、产量高、质量好。

改造技术方法：

（1）疏枝。即疏除树干底部的裙枝，抬高树干，缩小树冠，疏掉中上部过密的大枝，打开层距，解决光照问题，平衡树势，疏除或压缩位置不当的侧枝。对保留的大枝外围疏去长枝条，保持单轴延伸，防止齐头并进。

（2）以侧代主，以辅代主。当主枝过粗（超过中心干 1/2）且生长过旺时，可选用最下部的一个侧枝代替主枝，将原头去掉。如无侧枝代替，则可就近选用上方的辅枝代替主枝，将原主枝锯掉。

（3）落头开心，控制树高。当树体高度超过行距时，应在中心干上方选择一个方向部位适宜的主枝代替原头进行落头开心，降低树冠高度。当中心干过粗、落头枝过细时，应先疏除落头枝以上的发育枝，限制主心干加粗生长，待落头枝粗度接近或超过中心干的1/2时进行落头。落头枝对面留"跟枝"，以防干腐和腐烂病发生。

（4）开张角度。对保留下来的小枝采用埋、别、拉、撑等措施，将角度开张到80°～90°，以削弱顶端优势，缓和生长势。开张角度宜在秋季8～9月进行。

（三）疏散分层形

疏散分层形又称主干疏层形，干高60～80cm，冠高3.0m、冠径4m左右，成形后树高4m以上。一般有5～7个主枝，在中心干上分2～3层排列，第一层3个，第二层2个，第三层1～2个。每层间距80～100cm，同一层3个主枝之间的角度为120°。每个主枝上配备2～3个侧枝。为了改善光照条件和限制树高，成年后应在树顶部落头开心，并减少层次。多用于稀植的大、中冠树形。

二、控冠指标

能否控制好树冠，是矮化密植栽培成败的关键。为此，在整形修剪过程中，应严格控制树冠，以达到群体密、个体稀的目的。单株枝量不宜过多，有主无侧简化修剪。

（1）控制主枝和枝组的粗度，保持中心干的绝对优势。在整形修剪过程中，自始至终要控制主枝和中心干粗度及枝组与主枝粗度的比例，主枝的粗度不能超过中心干的50%。枝组的粗度不能超过主枝的30%。超过时，应加以控制，以防分枝加粗过快削弱中心干优势，导致树冠扩展迅速，达不到永久密植的目的。

（2）限制枝量。盛果期的果园生长季节每667m² 枝量保持在10万条左右为宜，长、中、短枝（包括叶丛枝）的比例保持在1：1：10，优质短枝（具4片大叶）占短枝总量的45%左右。新梢长度40cm左右。

冬剪时每667m² 留枝量以7万条左右为宜。将单株留枝数均匀地分布到各主枝上，当枝量不足时，应轻剪多留；细枝、短枝多打头；长枝多缓放。当枝量够用时，应维持其恒量，当枝量超过时，应回缩和疏枝，以减少枝量。

（3）控制树冠体积。冠幅等于或略大于株距；冠间距为行距的1/4；树高为行距的3/4，覆盖率维持在75%左右。

（4）控制结果枝组的大小，主枝上无大型侧枝，背上无大型直立枝组，而是直接着生中、小型结果枝组。枝组要求壮、稳、细、匀，芽体充实饱满。

（5）控制群体整齐度。果园群体整齐度是指在同一园片内，果树株高和冠径的整齐程度，以及高、中、低、无产树（包括空株）所占的百分比。丰产园内树冠整齐度应达到70%以上，高产树占80%以上，低产树和无产树应控制在5%以下。

三、修剪技术要点

（一）修剪时期和作用

不同品种、不同生长情况等，有不同的修剪时期。苹果一年中的修剪时期，可分为休眠期修剪（冬剪）和生长期修剪（夏剪）。生长期修剪可分为春季修剪、夏季修剪和秋季修剪。为提高修剪效果，除冬季修剪外还应重视生长期修剪，尤其对生长旺盛的幼树的修剪。

1. 冬剪 亦称休眠期修剪。果树落叶至翌年春季萌芽前（冬季生长停止的时期）这一段时间即休眠期，进行的修剪称为冬剪或休眠期修剪。在生产上这是重要的修剪时期。一是落叶后树冠内便于辨认和操作；二是这个时期修剪，果树的营养损失少。另外，果园土壤管理上，不论是生草或种植间作作物，以冬剪影响最小。

2. 夏剪 除冬剪的时间外，由春季至秋末的修剪均称夏剪，又称带叶修剪。夏剪可调节光照、果实负载量、枝梢密度，夏剪更准确一些，也较合理。夏季修剪是现代果树生产最重要的修剪时期。

（二）修剪方法和运用

苹果主要修剪方法有短截、疏枝、缓放、回缩、刻伤等。

1. 短截 对一年生枝条剪去一部分，留下一部分称为短截。按短截的程度，一般可分为轻短截、中短截、重短截、极重短截和抬剪5种。

（1）轻短截。只剪去枝条的顶端部分，剪口下留半饱满芽。由于剪口部位的芽不充实，从而削弱了顶端优势，芽的萌发率提高，且萌发的中、短枝较多，有缓和树势、促进花芽形成的作用。

（2）中短截。在枝条中部剪截，剪口下留饱满芽。中短截的枝条，是将顶端优势下移，加强了剪口以下芽的活力，故成枝力高，生长势强。中短截常见于骨干枝的延长段，用于扩大树冠和培养大、中型枝组。

（3）重短截。在枝条的下部，剪去枝条的大部分，剪口下留枝条基部的次饱满芽。由于剪去的芽多，使枝势集中到剪口芽，可以促使剪口下抽生1~2个旺枝，常用于更新枝条。

（4）极重短截。在枝条基部轮痕处剪，剪口下留芽鳞痕。由于此处的芽不饱满，故剪后一般只能萌发1~2个中庸枝，起到降低枝位和削弱枝势的作用。

（5）抬剪。在枝条基部留短桩剪，俗称抬剪，可促使基部瘪芽或副芽抽生1~2个短枝，有利于培养结果枝组。

2. 回缩　回缩也称缩剪，一般是在多年生枝或枝组上进行。对多年生枝或枝组回缩，主要用于改变枝条角度，增强局部或整体更新，削弱局部枝条生长量，增强局部枝条生长势，增加枝条密度，对弱树可起到促进成花的作用，对量大的枝条可起到减少营养消耗、提高坐果率的作用。

3. 疏剪　疏剪是指把一个一年生枝或多年生枝，从基部剪掉或锯掉。疏剪给母枝留下伤口，故对剪口以上的芽或枝有削弱作用；反之，对母枝剪口以下的枝有促进作用。疏枝可改善通风透光条件，改善树冠内部或下部枝条养分的积累。在某种情况下，可以减少营养消耗，集中营养，促进花芽形成，特别是对生长强旺的植株或品种，疏剪比短截更有利于花芽形成。

4. 缓放　亦称长放，是指对一年生枝不剪，任其自然生长。缓放一般多在幼旺树辅养枝上应用。一般较长营养枝的顶芽常发育不完善，可相对削弱顶端优势，促进萌芽力的提高。缓放极易形成叶丛枝和短枝，为早果、丰产、稳产打下良好基础，但对直立枝、竞争枝和徒长枝的缓放应结合拉枝进行，以控制顶端优势，达到缓势促花芽之目的。

5. 复剪　复剪在花前进行，是冬季修剪的一种补充措施，主要用于调整花芽数量。当苹果树小年时，冬季修剪时花芽难以识别，进行复剪，既可以不误剪花芽，又可疏除无用枝条；当冬季剪留花芽过多时进行复剪，可节约营养，提高坐果率和果实品质。

6. 刻芽 亦称目伤。即在芽上方 0.5cm 左右处，用刀或钢锯条横拉一道，深达木质部，其作用主要是促进芽的萌发，增加中、短枝比例。刻芽时间以萌芽前 20d 为宜。

7. 捋枝与拿梢

（1）捋枝。一般是在春季萌芽前树液流动后，对较直立的中庸枝进行软化成花而采取的一项措施。方法是将拇指压在枝条上，使枝条有一定弯度，从基部向尖端渐次捋出；另一法是拇指和食指捏住枝条中上部，将枝头向下，首先从枝基部弯曲依次向上推拿。捋枝可有效地提高枝条萌芽力，促发中、短枝，促进花芽形成。

（2）拿梢。即用手握住当年生新梢，拇指向下慢慢压低，食指和中指上托，弯折时以能感到木质部轻轻断裂为止。树冠内直立生长的强旺梢、竞争梢，有空间需要保留时，可在 7～8 月进行拿梢。对生长较粗、生长势过强的应连续拿梢数次，使新梢呈平斜状态生长。拿梢作用效果同捋枝。

8. 环剥与环割 环剥即环状剥皮，就是将枝干上的皮层剥去一环的措施。环割即环状割伤，是在枝干上横割一道或数道深至木质部的圆环刀口。环剥、环割破坏了树体上、下部正常的营养交流。根的生长暂时停止，最后根的吸收力减弱。同时阻止养分向下运输，能暂时增加环剥、环割口以上部位糖分的积累，并使生长素含量下降，从而抑制当年新梢营养生长，促进生殖生长，有利于花芽形成和提高坐果率。根据环剥与环割的作用和目的，可于春、夏进行两次。第一次是春季开花前至花后 10d 进行环剥、环割，可抑制新梢生长和提高坐果率；第二次是在 5 月下旬至 6 月中下旬进行环剥、环割，可抑制营养生长和促进花芽分化。此期进行环剥、环割效果最佳，对某些成花较困难的元帅系品种有特效。

温 馨 提 示

环剥、环割注意事项：

（1）环剥、环割应在较旺主枝及辅养枝上进行。主干环剥削弱树势过重，应依树势慎用。

（2）环剥宽度一般为被处理枝干处直径的 1/10 为宜。剥口过宽，伤口不能及时愈合，影响太大，严重抑制树体或枝条的生长势，甚至出现死亡；剥口过窄愈合过快，达不到预期效果。

（3）环剥不宜过深过浅，过深伤至木质部，破坏形成层薄壁细胞，不利于愈合；过浅韧皮部残留，效果不明显。

（4）元帅系品种对环剥、环割较为敏感，稍不慎易出现死株现象，应注意不可太重，提倡主枝环剥。

（5）环剥后不宜触及形成层，为防止雨水冲刷，也可将剥口用塑料布包扎或用牛皮纸、报纸等粘贴，以利于愈合。

另外，在环剥前后，应补加追肥或根外施肥，使树体局部的营养处于较高水平，否则肥水跟不上，树势过弱，成花率低，且花芽质量差。

四、不同年龄期树的修剪

（一）幼树期

幼树期生长特点是树冠小、枝叶量少，生长势旺盛，发育枝多，枝条生长量一般在 1m 以上，树冠开始迅速扩大，并形成少量花芽。这一时期修剪主要任务是促进树体生长发育，增加枝叶量，选好主枝，开张主枝角度，加快树形形成，培养结果枝组，并充分利用辅养枝，为幼树早果、丰产创造条件。以促为主，长留缓放，多截少疏，扩大树冠，并重视夏季修剪。

幼树期修剪，前 3 年尽量一枝不疏，多利用辅养枝结果，尤其是下垂枝，并促生中、短枝，尽早形成花芽并结果，有空间的树继续扩大树冠。幼树主要靠辅养枝结果，采用压枝、缓放、别枝、曲枝、疏枝、环剥、刻芽等方法，让辅养枝早成花结果。随着幼树的生长，树冠不断扩大，辅养枝也由小变大。修剪时，可去强留弱，去直立留平斜，去大留小，多缓放少短截，多留结果枝，尽量使其多结果。当树冠达到合理大小时，对辅养枝加以控制，主要是不让其影响骨干枝的生长发育结果，不能影响冠内枝组生长，要根据不同部位及其周围情况进行促控修剪。

如控制第一、二层间着生在中央领导干上的辅养枝的长势，以避免影响第一层主枝的正常生长，同时，控制主枝背上、延长枝附近临时枝的长势，使其长势不过强。

（二）初果期

初果期树生长特点是树势健壮，新梢生长旺盛，枝条粗壮直立，枝条年生长量仍然较大，枝叶量迅速增长，树冠骨架基本形成但树冠仍继续扩大，结果部位逐渐增加，产量提高。该期修剪的主要任务：首先继续培养各级骨干枝，扩大树冠，选留第三层主枝和第一、二层主枝的侧枝；调整主、侧枝的角度和间距，控制、改造和利用辅养枝结果，完成整形任务；其次打开光路，解决树冠内通风透光问题；再次，培养好结果枝组，调整枝组密度，把结果部位逐渐移到骨干枝和其他永久枝上。特别是矮化密植园，树体已经长大，枝间开始交接，必须解决好光照问题。解决光照的方法有减少外围发育枝，处理层间辅养枝，解决好侧光；落头开心，解决好上部光照问题；疏除部分密挤的裙枝，解决好下部光照问题。

在解决光照的同时，努力培养好结果枝组，做好结果部位的过渡和转移。培养结果枝组的方法：逐步回缩成花结果的临时枝，培养大、中型结果枝组；把临时留下的主、侧枝以外的高级次分枝缩剪成大型枝组；骨干枝、延长枝附近的中长枝、中长果枝截顶去花，培养中、小型结果枝组；骨干枝上的长枝拉平缓放，成花结果后回缩，形成中型结果枝组；具腋花芽的长枝，结果后回缩形成中型结果枝组；长势中庸的枝，成花结果后回缩；长势旺的枝要慢缩，长势弱的枝要重缩，花多的要早缩、重缩，花少的要轻缩、晚缩。要冬夏结合培养结果枝组，这样枝组形成快，早成花结果。结果的大枝组，要选留带头的营养枝，并在枝组内选留及保持 1/3 的营养枝、辅养枝组本身，同时作为预备结果枝，使枝组不断更新复壮。

温馨提示

初果期树势刚开始稳定，产量正大幅度增加，修剪应稳妥，若修剪过重，就会促使树势过旺，造成产量下降。但又必须及时处理辅养枝，在培养结果枝组的同时，打开光路，完成结果部位的过渡和转移。

（三）盛果期

苹果树进入盛果期，树势已逐渐缓和，树冠骨架基本牢固，树姿逐渐开张，发育枝与中、长果枝逐年减少，短果枝数量增多，结果量剧增，后期长势随结果量的增加而减弱，内膛小枝不断枯衰，往往出现树冠郁闭、通风透光不良以及大小年结果等现象。此期修剪任务是调节生长与结果的关系，维持健壮的树势，保持丰产、稳产，延长盛果期年限。修剪上要改善树冠内的光照，促发营养枝，控制花果数量，复壮结果枝组，及时疏弱留壮，抑前促后，更新复壮，保持枝组的健壮和高产、稳产，做到见长短截，以提高坐果率，增大果个。

1. 平衡树势，控制骨干枝　果园的覆盖率宜为75%，密植果园行间至少保留0.8m的作业道。修剪时外围枝不再短截，同时应避免外围疏枝过多，要多用拉枝、拿枝的方法处理枝头，让其保持优势又不过旺。对中央领导干的修剪，要保持树体不超过所要求高度，可对原中央领导干轻剪缓放多结果，疏除竞争枝。对主枝的修剪，旺主枝前端的竞争旺枝可疏除或重短截，减少外围枝，延长枝戴帽修剪，缓和树势，促进内膛枝生长势，解决光照问题，对弱主枝注意抬高枝头，减少主枝前端花芽量，以恢复其生长势，此时中心干落头，抑上促下。

2. 调整辅养枝，保持树冠通风透光　密植园保留下来的辅养枝应逐步缩剪或疏除，给永久性骨干枝让路。层间大枝应首先疏除，以保持良好的通风透光条件。

3. 更新结果枝组，稳定结果能力　强旺结果枝组，旺枝、直立徒长枝比例大，中、短枝少，成花也少，修剪时，要调整枝组生长势，增加中、短枝和结果枝的数量。中庸枝组的修剪，应看花修剪，采取抑顶促花、中枝带头的方法，抑制枝组的先端优势，促使下部枝条的花芽量增加。衰弱枝组，旺条少，花芽量大，生长势弱，修剪时应留壮枝、壮芽回缩，以更新其生长结果能力。

4. 精细修剪，克服大小年　大年轻剪营养枝，重剪果枝，掌握好二轻、三重、二破、一缓。即轻剪树冠外围枝和结果枝组上的营养枝，少疏多留；对年年延伸的细长枝和细弱的果枝以及需要去除的大枝，进行重回缩或一次疏除；破除一部分中、长果枝的顶花芽，以花换花；破除长枝的顶叶芽，以利于花芽的形成；缓放中、短营养枝，增加小年的花芽量。

小年轻剪结果枝，重剪营养枝。掌握好二轻、三重、一截、一更。二轻，即轻剪大枝（能暂时不去的尽量保留，等大年疏除），花枝或疑似花枝全部留下；三重是适当地疏除和回缩较多的外围枝，密集的弱枝组以及竞争、徒长、直立的强旺枝条；一截是中截一部分长枝和中枝，抑制花芽形成，减少大年花量；一更是更新复壮一部分结果多年的枝组。在冬剪的基础上，于花前对非花枝进行回缩或疏除。

（四）衰老期

苹果进入衰老期，枝条生长势减弱，树势衰弱，骨干枝延长枝生长缓慢，生长量小，树冠体积缩小，内膛枝组易枯死，结果部位明显外移，产量显著降低，骨干枝基部多萌发徒长枝。这一时期修剪的主要任务是更新复壮，恢复树冠，延长结果寿命。

宜提早进行更新复壮，在主、侧枝前部，选角度小、生长旺的枝条代替原头；树已衰老，骨干枝先端枯顶焦梢时，更应及早进行更新。对树势衰弱、发枝少而花芽多的衰老树，应重截弱枝，促发新枝，并对抽生的新枝留壮芽，短截促分枝，疏除过多的花芽，减少树体负载量；对树冠已不完整的衰老树，应充分利用徒长枝，以增强树势，防止树冠残缺不全；对无中心干且上部枝条较少的衰老树，最好选择上层主枝基部的徒长枝或直立枝进行培养，增加结果面积。对衰老树上的结果枝组应精细修剪，促发新枝，更新复壮，提高结果能力；对内膛细弱枝组，应先养壮，后回缩；尽量疏除周围有新枝的弱枝组。衰老树的修剪，要结合土肥水的管理和严格的疏花疏果，控制负载量，再加上细致修剪，更新复壮，以期达到延长结果年限的目的。

（五）盛果期纺锤形树形的修剪方法

1. 对个体结构的处理　主要看对树体结构的调整是否有利于个体生长，是否通风、透光和充分利用生长空间。

（1）树冠上小下大，上部主枝的长度为下部主枝的 1/3～1/2。

（2）骨干枝分布均匀，充分利用各个空间，主枝枝头之间的距离应在 80cm 以上。

（3）骨干枝数目不宜过多，一般掌握在 8～12 个。

（4）同一方向重叠的骨干枝，其垂直距离应在 60cm 以上。

（5）中心干要保持生长优势，根据行距的大小确定适宜的株高（株高为行距的 3/4），并及时落头或拉平开心。

（6）根据枝轴比（0.3～0.5）的要求，保持各级分枝与主轴具有良好的从属关系。

（7）利用拉、撑、别等方法开张骨干枝角度，使骨干枝角度保持80°～90°。

（8）若骨干枝之间出现不平衡，则要从留枝量、角度、留花量三个方面进行调整。

2. 对枝头的处理　主要看是否有利于充分扩大结果空间，调整骨干枝的生长势，维持生殖生长与营养生长的平衡，及时解决树冠的通风透光问题。

（1）若需要抑前促后，保持骨干枝生长优势，可采用清头修剪，保持单轴延伸，疏除1～3个竞争枝。

（2）若先端生长无空间，则适当回缩或利用背上枝抬高枝头角度。

（3）疏除枝头附近过大、过密的枝组，适当控制背上枝组，以保持枝头生长优势，改善内膛光照条件。

3. 对枝组的处理　主要看对结果枝组的处理是否有利于高产、稳产和达到立体结果。

（1）骨干枝两侧的枝组分布均匀，有远有近，尽量扩大结果空间。

（2）背上枝组从严控制，高度一般不超过20cm，不留大型枝组。

（3）背下结过果的衰弱枝组，及时回缩或疏除。

（4）过密枝组必须疏除，中、小型枝组一般可按15～20cm的间距保留。

4. 对背上直立枝的处理　主要看对背上枝的处理是否有利于节省养分和解决光照问题。

（1）若无生长空间则可以从基部疏除。

（2）若有生长空间可先拉平再缓放。

（3）虽有空间但枝条过长，可先重短截，然后疏枝缓放。

（4）也可当带头枝用。

（六）防止密植苹果园早衰

园片过密，树过旺，郁闭严重，极易导致树体早衰，主要表现为树体上下、内外势差过大，内膛枝细，芽秕，叶片黄薄，枯死现象严重，叶片早落，结果部位严重外移，内膛果少、质差、色淡、无味，最后缩短经济年限，导致密植失控。因此必须注意及早解决，其方法有：

（1）调整根系。通过设置营养穴、营养带，局部调整根系环境，调节根系类型及分布，调整根系活力及其养分供应，延缓根系早衰，复壮树势。

（2）平衡冠内部位的势差。通过开张树冠，缓外养内，控上促下，调节枝类组成和分布，以平衡各部位的生长势。

（3）通过人工手术（刻芽、环割与环剥）和局部化学药剂控制，以及根外多次追肥，抑强促弱，防止早衰。

（4）合理调整负荷，平衡分配营养，并注意防止枝叶病虫害发生。

五、密植园修剪技术

密植苹果园的整形修剪应本着"三个为主"和"三个结合"的原则进行。"三个为主"即以小冠形为主；以疏剪、甩放为主；以夏剪为主。"三个结合"即控冠与丰产、稳产结合；夏、冬修剪结合；疏缓、回缩结合。

（一）按改良纺锤形树形改造修剪

方法是留基部三主枝，将着生于中心干中上部过粗、过旺枝疏除，保留生长中庸枝作为结果枝轴。树顶部中央领导干留一斜生或直立枝带头，保持中心干优势，中心干上的细弱辅养枝尽量保留，拉平缓放。对留下的基部主枝，少截、多缓，疏除竞争枝、过密枝，控制其生长势。当年萌发的背上新梢，采用摘心、扭梢等方法，培养成小枝组结果，中心干上的辅养枝秋季拉枝培养成主枝轴。最终培养成为基部具有三主枝，中上部具有 5 个以上的轮生结果枝轴的改良纺锤形树形。该树形通风透光，有利于立体结果，提高果实品质。

（二）间移或间伐

1. 间移　以幼树期进行为好。可在第二年春季发芽前隔株或隔行进行移栽，移栽时要尽量确保根系完整，并对移栽树进行较重的回缩修剪。移栽要施足肥、浇足水，保持适宜的土壤温度。

2. 间伐　对树龄较大不易移栽的树进行间伐。为了减少间伐后的减产幅度，对间伐株可采用逐年疏间或回缩主枝和辅养枝的方法。为永久枝让路的压缩修剪方法，有利于永久枝的通风透光，提高光合作用。同时，对留下的永久株也要进行改造。先疏除直立旺枝、密挤枝及竞争枝。对冗长的结果枝选壮枝、壮芽回缩，对于连年延伸且又偏弱的单轴枝组，无发展空间的可疏除，有发展空间的可留壮芽回缩。疏除骨干枝下部的裙枝。对于内膛、骨干枝背下连年延伸不成花的小弱枝组等无效枝宜疏除。夏剪注意拉枝开角。生长势强结果少的枝或树，可在轻剪缓放的基础上，进行主枝、主干环剥，以利于成花，以果压冠，防止出现郁闭现象。

六、放任树修剪技术

（一）上强下弱与下强上弱树修剪

1. 上强下弱 中央领导干年年留壮枝、壮芽短截，枝势强，上升过快，致使二至三年生树就出现上强现象；第一层短截过重或疏枝过多，枝叶量少，加粗生长缓慢，限制枝势和扩展树冠。另外，中心干中上部出现过多大的旺枝，一层主枝开张角度过大，亦影响一层枝长势而出现上强下弱现象。

此类树一般情况下疏除中心干中上部的过密、过旺枝，留中庸枝当头，其余枝拉平缓放，同时对其骨干枝背上的直立旺枝尽量疏除。对下层主枝延长头采用中截法，多短截其两侧分枝，尽快增加枝量，增强生长势。

2. 下强上弱 中央领导干年年留弱枝、弱芽当头，上层主枝枝势弱，下层主枝长势强且粗大，势必造成下强；基部三主枝长势强且并生，易造成中干"掐脖"现象，影响中央领导干的生长。抑下促上，对下层主枝选弱枝当头，尽量疏除旺枝，并开张骨干枝角度，环剥促花，抑制树冠下层主枝的生长势，采用夏季修剪促进花芽的形成，让第一层主枝多结果。适当疏除上层主枝过密枝，第二、三层主枝和中央领导干采用多短截的办法，加快增加枝叶量，控制花果量，增强其长势。

（二）弱树的修剪

苹果弱树主要表现在枝条年生长量小，内膛壮枝少，弱枝多，总枝叶量少；开花多，坐果少，产量低，果实品质差，易出现大小年现象。造成苹果树生长势衰弱的主要原因是土肥水管理不当；结果过多，负载量过大，病虫害严重；连年轻剪长放，未及时回缩更新。对于此类树，除加强土肥水管理及病虫害防治外，修剪调节亦是重要措施之一。

对衰弱树的修剪，首先要掌握好修剪量，修剪量过轻、过重时，都易引起树势衰弱；其次，修剪方法应适当，修剪时，应适当加重一年生枝短截程度，注意保留、利用壮枝和壮芽；去弱留强，去平斜枝留直立枝；旺枝和徒长枝短截回缩，促其萌发强旺新梢，利用徒长枝换头或培养新的结果枝组，减少花芽数量；重新破顶去花芽，疏除骨干枝中上部特别是延长枝上的花芽。

利用好潜伏芽。对于潜伏芽寿命长的品种，缩剪可收到良好的效果。衰弱树冬剪时，以缩剪为主，缩剪的程度可较重，以促发新梢，恢复树势；衰弱较重的侧分枝可重回缩，使结果部位降低到基部或后部；对生长势较弱的中、长果枝，回缩不宜过急，应轻度短截，使其坐果率高，果个大，品质好。

（三）低产旺长树修剪促花技术

该类树的特点是枝条旺长，花芽不足，产量太低。修剪的关键在于调整营养生长与生殖生长的关系，促进成花。主要措施是开张骨干枝角度，拉平辅养枝，缓和树势；冬剪除疏去过密枝、徒长枝、竞争枝外要轻剪长放并开张枝条角度，缓和枝势，促进成花；春季萌芽时修剪，可削弱树势促发中短枝以利成花；冬剪和夏剪结合，冬剪调整骨架结构，夏剪缓势促花。

（四）化学药剂控冠促花

1. 多效唑（PP_{333}）的应用技术

（1）树干包扎。于 5 月底至 6 月初，在主干上部按 5～10cm 的间距环割两圈，以割透皮层为度。两环中间如有粗皮时，可剥去老粗皮，以露白为度，然后贴上 6～8 层的卫生纸，外用塑料薄膜包扎严密，用注射器将 15% 多效唑 20 倍液，注在卫生纸上，以湿透湿匀为度。

（2）土施。秋施基肥掺入多效唑，或在春季发芽前在树冠投影边缘处，随水开沟施入，每平方米树冠投影用纯品 0.3～0.5g。

2. 喷丁酰肼（B_9）加乙烯利 对于幼旺树，在春梢长度达 30cm 以上或秋梢旺长始期，喷洒 1.5～2.0g/L 丁酰肼加 0.5g/L 乙烯利混合液，抑制旺长促进成花。

第六节 病虫害防治

一、主要病害及防治

（一）腐烂病

1. 症状 腐烂病为真菌病害，主要危害结果树的枝干，管理不善的幼树和苗木也可发病。症状有溃疡型和枝枯型两种，以溃疡型为主。发病初期受害部位组织松软，红褐色，呈水渍状；以后病皮容易剥离，常流出黄褐色的汁液，烂皮呈鲜红褐色，有酒糟味；后期病斑干缩下陷，变成黑褐色，边缘清晰明显。枝枯型腐烂病多发生在衰弱树和小枝条上，病斑扩展迅速，形状不规则，边缘不清晰，很快包围整个枝条，造成枝条枯死。

2. 防治方法

（1）加强栽培管理，增强树势，提高树体的抗病能力，这是防治腐烂病的根本措施。同时要搞好果园卫生，彻底清理果园中的枯枝、病果。5～7月重刮皮，刮去粗老树皮，露出新鲜组织，发现病斑彻底清除。

（2）刮治或涂治。刮治是指将病斑连同周围 0.5～1.0cm 健康组织刮净，深达木质部，边缘刮成立茬，然后涂抹腐必清 3～5 倍液，或轮纹净 5～10 倍液、5％辛菌胺 50 倍液，以及果树愈合剂原液等药剂，防止病斑复发；涂治是指在病斑及周围 0.5～1.0cm 健康组织上纵向划道，间隔 5mm，然后涂抹药剂。

（3）化学防治。早春果树发芽前，对全树枝干周密喷洒3～5波美度石硫合剂，或腐必清 50～70 倍液、5％辛菌胺 200 倍液，可有效地铲除病原。

（二）苹果干腐病

1. 症状　苹果干腐病又称胴腐病，为真菌病害，主要危害苹果树主干、小枝和果实。幼树受害多在嫁接部位附近形成暗褐色至黑褐色病斑，后沿树干向上扩大，严重时可致幼树枯死，被害部密生许多小黑点（分生孢子器）。大树发病，多在枝干上散生表面湿润、不规则的暗褐色病斑，病部溢出褐色黏液。随病斑不断扩大，被害部成为明显凹陷的黑褐色干斑，病部形成很多黑色的小粒点。病健交界处往往裂开，病皮翘起。该病多发生在枝干的一侧，形成凹陷的条状斑，严重时病斑连成一片，导致整个枝干干缩枯死。果实多在成熟期和储藏期发病，受害初期产生黄褐色小斑，后逐渐扩大成同心轮纹状病斑，条件适宜几天内可使全果腐烂。

2. 防治方法

（1）培育无病苗。嫁接后保护伤口，减少病菌侵染机会；苗木在出圃和运输过程中避免机械损伤和失水。苗木定植时避免深栽，缩短缓苗时间。

（2）加强栽培管理，增强树势。改良土壤，提高土壤保水能力，果园要注意蓄水保墒；旱季及时灌溉，雨季注意防涝；冬季来临之前应及时涂白，防止冻害和日灼；及时防治枝干害虫，避免造成各种机械伤口。

（3）化学防治。有伤口的树可涂 1％硫酸铜等药剂保护，促进愈合。果树发芽前要喷药防治，可用 4％农抗 120 水剂 30～50 倍液，或 3～5 波美度石硫合剂等；5～6 月喷 2 次 1∶2∶（200～240）波尔多液或 50％多菌灵 600 倍液。

（4）刮除病斑。病部刮治后，要用药剂如 45％石硫合剂晶体 30 倍液等消毒保护；当枝干病害严重时，可在生长季进行重刮皮，以铲除树体所带病菌。

（三）苹果轮纹病

1. 症状 苹果轮纹病又称粗皮病，属真菌病害，危害苹果树枝干和果实。枝干受害后，以皮孔为中心，形成直径 3～20mm 的红褐色病斑，质地坚硬，中心呈瘤状突出，边缘发生龟裂，病组织翘起呈马鞍状。果实受害多在成熟期和储藏期发病。初期以皮孔为中心形成水渍状褐色斑点，以后逐渐扩展成圆形的同心轮纹状红褐色病斑，最终导致全果腐烂。

2. 防治方法

（1）加强栽培管理，提高树体抗病能力。春季发芽前，彻底刮除枝干上的粗皮病瘤，刮后涂抹腐必清等；发芽前用石硫合剂等喷枝干；生长季重刮皮，清除病组织，减少病菌初侵染源；实行果实套袋。

（2）化学防治。一般从苹果落花后开始直到 9 月，结合防治其他病害，每隔 15d 左右喷药一次。常用药剂及浓度：50％多菌灵可湿性粉剂 600 倍液，或 1∶2∶240 波尔多液，或 30％碱式硫酸铜悬浮剂 300～500 倍液，或 80％代森锰锌可湿性粉剂 800 倍液，或 70％甲基硫菌灵可湿性粉剂 800 倍液，或 50％异菌脲可湿性粉剂 1 000～1 500 倍液等。幼果期温度低、湿度大时，不要使用铜制剂，以免产生锈斑。

（四）苦痘病

1. 症状 由果实缺失钙引起的生理病害。果实发病初期，先由果皮下的果肉发生病变，果面呈现稍凹陷、色较暗的病斑。病斑下果肉呈海绵化的褐色斑点，病部果肉逐渐干缩呈蜂窝状，表皮坏死，呈凹陷褐色病斑。多发生在果顶部位。是苹果套袋栽培中主要病害之一。

2. 防治方法 ①在缺钙严重的园片，应补充钙肥或于花后3～4周内连续喷洒2次氨基酸钙400倍液，可明显降低苦痘病的发生。②加强肥水管理，增施有机肥，防止过量施用氮肥。生长期在5～6月喷施氯化钙或硝酸钙（0.5%～1.0%）1～2次。适时采收、储藏，防止温度过高，可减轻病害。

（五）根部病害

1. 症状 根部病害是苹果白绢病、白纹羽病、紫纹羽病、圆斑根腐病、根朽病的通称。这些病害是由病菌侵染引起的侵染性烂根，也有的是由冻害、水涝、土壤酸度偏高等引起的生理性烂根。侵害后，地上部均表现生长衰弱，叶小色黄，徒长枝不直立，先端逐渐枯死，以致最后全株死亡。

2. 防治方法

（1）农业防治。加强土肥水管理，合理施用有机肥，增强树体长势，提高抗病能力，改良土壤，雨季注意防涝，及时中耕除草，合理灌溉，合理负载，防止大小年结果；选用无病苗木，搞好苗木消毒，定植前，将有病苗木根部浸入五氯酚钠500倍液中或撒石灰粉消毒；苹果树发病前期或为了预防根部病害，可将基部主根附近的土扒开，使根暴露在外，从春季开始到落叶为止；或重茬果园树穴换土，新土中掺入石硫合剂。

（2）化学防治。当发现白绢病时，先将根颈部病斑彻底刮除，用1%硫酸铜液进行伤口消毒，晾根10d左右，再浇灌五氯酚钠300倍液10kg消毒伤口；发现白纹羽病、紫纹羽病或根朽病，将霉烂根剪除，再浇药液。常用药剂有50%克菌丹可湿性粉剂500倍液，或50%多菌灵或70%甲基硫菌灵可湿性粉剂800倍液，或五氯酚钠250～300倍液，或50%苯菌灵可湿性粉剂800倍液。

（六）日灼病

1. 症状 果实日灼病是由温度过高而引起的生理性病害，与干旱和高温关系密切。夏季温度过高时，由于水分供应不足，影响蒸腾作用，使树体体温难以调节，造成果实表面局部温度过高而遭到灼伤，从而形成日灼病。因此，干旱失水和高温致使局部组织死亡是造成日灼病发生的重要原因。套袋苹果的日灼主要发生在果实的向阳面，初期果实阳面叶绿素减少，局部变白，继而在果面出现水渍状的浅褐色或黑色斑块，以后病斑扩大形成黑褐色凹陷，随之干枯甚至开裂，发病处易受病菌的侵染而引起果实腐烂。日灼病是苹果套袋栽培生产中主要病害之一。

2. 防治方法

（1）农业防治。加强肥水管理，合理施肥、灌水，可促进树体健壮生长。高温干旱不能及时灌溉时，避免土壤追肥，更不能过量追施速效化肥，以防土壤胶体浓度升高，影响根系吸水。浇水条件差的果园，应覆盖保墒。

（2）合理套袋。叶面喷洒磷酸二氢钾及其他光合微肥等，可提高叶片质量，促进有机物的合成、运输和转化，增强套袋果实的抗病性。干旱年份的特殊措施：推迟套袋时间，避开初夏高温；套袋前后浇足水，漏水果园应每7～10d浇一遍水，以降低地温，改善果实供水状况；有条件的果园，12:00～14:00时进行喷雾降温；树冠上部和枝干背上暴露面大的果实不套袋。避免套劣质袋和塑膜袋。

（七）苹果炭疽病

1. 症状　苹果炭疽病为真菌病害，主要危害果实，也是储藏期主要病害。初期表现为淡褐色小圆斑，病斑扩大后，病部稍下陷，呈漏斗状深入果心，果肉变褐色，味苦，从病部中心向外形成轮纹状排列的黑色小粒点。如遇雨季或天气潮湿，黑点处可溢出粉红色黏液，即分生孢子团。

2. 防治方法

（1）农业防治。加强栽培管理，增施有机肥，中耕除草。雨季及时排水，及时夏剪，改善通风透光条件，降低果园湿度。苹果园周围不要栽植刺槐树作为防风林。休眠期彻底剪除病弱枝、病僵果、干枯枝等，集中烧毁，减少初侵染源。

（2）化学防治。发芽前喷洒铲除剂，消灭枝条上越冬病菌，药剂可选用5波美度石硫合剂，或2%农抗120水剂100～200倍液，或40%氟硅唑乳油2000倍液。谢花后2～3周，每隔半月喷一次杀菌剂。可选用50%多菌灵可湿性粉剂600倍液，或70%甲基硫菌灵可湿性粉剂800倍液，或80%代森锰锌可湿性粉剂800倍液，或50%异菌脲可湿性粉剂1 000～1 500倍液。进入雨季后可与石灰倍量式波尔多液200倍液交替使用。

（八）苹果霉心病

1. 症状　苹果霉心病又称心腐病、果腐病、红腐病，该病只危害果实，其显著的特征是果实心室霉变、腐烂，长有粉红色霉状物或青绿色、黑褐色霉层，果实外观常表现正常。受害较重的果实易提前落果。储藏期果实胴部可出现水渍状、褐色、形状不规则的湿腐斑块，斑块彼此相连成片，最后全果腐烂，果肉味极苦。

2. 防治方法

（1）农业防治。加强田园管理，剪除枯死枝、病僵果，清除落地果，合理修剪，使树冠通风、透光。储藏期间应加强管理，经常检查，以减少损失。

（2）化学防治。发芽前喷洒5波美度石硫合剂或五氯酚钠200倍液。对发病较重的园片，于花前、谢花及花后10d各喷一次杀菌剂。药剂可选用70%甲基硫菌灵可湿性粉剂800倍液，或50%多菌灵可湿性粉剂600倍液，或50%异菌脲可湿性粉剂1 000～1 500倍液，或80%代森锰锌可湿性粉剂800倍液，或25%三唑酮可湿性粉剂1 000～1 500倍液。

（九）苹果斑点落叶病

1. 症状　苹果斑点落叶病为真菌病害，主要危害叶片，也可危害枝条和果实。在叶片上产生褐色圆形斑点，直径2～3mm，病斑周围常有紫红色晕圈，有的病斑可扩大到5～6mm，呈深褐色，有的数个病斑融合，形状不规则。空气潮湿时，病斑正面中央和背面均可产生墨绿色至黑褐色霉状物（病菌的分生孢子梗和分生孢子）。有的病斑脱落，叶片穿孔。幼叶发病严重时，扭曲变形，干枯，易脱落。果实受害，果面上产生直径2～5mm的褐色斑点，周围有红晕，有时数个病斑连成片，边缘不清晰，果实上的病斑一般仅局限在表皮。

2. 防治方法

（1）农业防治。加强肥水管理，增强树势，提高抗病能力。休眠期剪除病枝、清扫落叶，集中烧毁。

（2）化学防治。发芽前结合防治其他病害喷洒5波美度石硫合剂或2%农抗120水剂100～200倍液等铲除剂。花后7～10d开始，每隔10～15d喷洒一次杀菌剂，有效杀菌剂有50%异菌脲可湿性粉剂1 000～1 500

倍液，或50％腐霉利可湿性粉剂1 500倍液，或10％多抗霉素可湿性粉剂1 000~1 200倍液，或1.5％~3％多抗霉素可湿性粉剂300~500倍液，或80％代森锰锌可湿性粉剂800倍液。药剂宜与波尔多液交替使用。春梢生长期为药剂保护的重点时期，应适当缩短喷药间隔期。

（十）苹果白粉病

1. 症状 苹果白粉病为真菌病害，主要危害嫩梢、叶片，也危害芽、花及幼果。叶片受害，其上生一层绒状菌丝层，后布满全叶，上生一层白粉，即分生孢子梗和分生孢子。嫩梢受害，生长受抑制，节间缩短，其上叶片变狭长、硬脆，叶缘上卷，最后变褐色，后期在嫩茎及叶腋间生出很多密集的黑色小粒点。花受害后变畸形，不能正常坐果。幼果受害，上生一层白粉，形成锈斑，生长受阻，后期形成裂口。

2. 防治方法

（1）农业防治。结合冬剪，剪除病枝、病芽，春季发现病梢应及时修剪并集中烧毁。

（2）化学防治。发芽前喷5波美度石硫合剂。发病重的园片，花前、花后各喷一次杀菌剂，药剂可选用70％甲基硫菌灵可湿性粉剂800倍液，或25％三唑酮可湿性粉剂1 000~1 500倍液，或15％烯唑醇可湿性粉剂3 000倍液。

（十一）锈果病

1. 症状 锈果病又称花脸病，为真菌病害。症状主要表现在果实上，某些品种的幼树及成龄树的枝叶上也表现出症状。果实上的症状主要类型有锈果型、花脸型、锈果-花脸复合型、绿点型。

（1）锈果型。锈果型是主要的症状类型。常见于富士、国光等品种上，在落花后1个月左右从萼洼处开始出现淡绿色水渍状病斑，然后向梗洼处扩展，形成放射状的5条木栓化铁锈色病斑。若把病果横切，可见5条斑纹正与心室相对。在果实成长过程中，因果皮细胞木栓化，果皮逐渐龟裂，甚至造成果实畸形。有时果面锈斑不明显，而产生许多深入果肉的纵横裂纹，裂纹处稍凹陷，病果易萎缩脱落，不能食用。

（2）花脸型。果实在着色前无明显变化，着色后果面散生许多近圆形的黄绿色斑块；成熟后表现为红绿相间的"花脸"状。着色部分突起，不着色部分稍凹陷，果面略显凹凸不平状。

（3）锈果-花脸复合型。病果着色前，在萼洼附近出现锈斑；着色后，在未发生锈斑的果面或锈斑周围产生不着色的斑块，呈"花脸"状。

（4）绿点型。果实着色后，在果面散生一些明显的稍凹陷的深绿色小晕点，晕点边缘不整齐，近似"花脸"，也有个别病果顶部呈锈斑状。

2. 防治方法

（1）植物检疫。加强检疫，禁止在疫区内繁殖苗木或外调繁殖材料。

（2）农业防治。选用无病毒苗木，种子繁殖可以基本保证砧木无病毒；嫁接时应选择多年无病的树为接穗的母树；嫁接后要经常检查，一旦发现病苗及时拔除烧毁。新建果园发现病株要及时挖除。避免与梨树和其他寄生植物混栽。修剪时工具严格消毒等都可以有效控制该病的发生。

（3）化学防治。于初夏在病树树冠下面东、西、南、北各挖一个坑，各坑寻找粗度 0.5～1.0cm 的根，将根切断后插在已装好四环素或土霉素、链霉素、灰黄霉素 150～200mg/kg 的药液瓶里，然后封口埋土，有明显防效。

（十二）疫腐病

1. 症状　苹果疫腐病是恶疫霉菌引起的果实病害，恶疫霉菌还可侵染苹果的根颈部位和枝干，引起根颈和枝干树皮腐烂，最后导致整株死亡。根颈部位受害称为颈腐病，枝干受害因病斑能环绕枝干一周，所以称为环腐病。发病初期，果面产生边缘不清晰、不规则的淡褐色病斑。病斑多发生在萼洼、梗洼附近，发病快，扩展迅速。5～6d 即可发展到全部果面，果面颜色、果肉亦随之变深，变为深褐色，病果多脱落，有弹性，落地保持原形，不软腐。

2. 防治方法

（1）农业防治。疏除下围裙枝，撑吊下部大枝，抬高结果部位，改善近地面的通风透光条件。

（2）化学防治。发病前用药剂处理土壤。可选用甲霜灵、疫霜灵、乙膦铝、辛菌胺，这些药剂在2d内能使土壤中的恶疫霉失去活性，完全抑制孢子囊和卵孢子的产生。也可用于喷洒近地面的果实，因这些药剂具有保护和内吸作用，不仅能阻止病菌侵入，还能抑制侵入不久的病菌不扩展，使之不致病。

二、主要害虫及防治

(一) 山楂叶螨

1. 危害特点　山楂叶螨 (*Tetranychus viennensis*) 又名山楂红蜘蛛，主要危害梨、苹果、山楂、樱桃、桃等。以成、若螨群集叶片背面刺吸危害，叶片表面出现黄色失绿斑点。严重时，山楂叶螨在叶片上吐丝结网，引起焦枯和脱落。冬型雌成螨为鲜红色；夏型雌成螨初蜕皮时为红色，后渐变深红色。

2. 防治方法

(1) 农业防治。结合果树冬季修剪，认真细致地刮除枝干上的老翘皮，并耕翻树盘，可消灭越冬雌成螨。

(2) 生物防治。保护利用天敌是控制叶螨的有效途径之一。保护利用的有效途径是减少广谱性高毒农药的使用，选用选择性强的农药，尽量减少喷药次数。有条件的果园还可以引进释放扑食螨等天敌。

(3) 化学防治。药剂防治关键时期在越冬雌成螨出蛰期及第一代卵和若螨期。药剂可选用50%硫悬浮剂200～400倍液，或20%螨死净悬浮剂2 000～2 500倍液，或5%噻螨酮乳油2 000倍液，或15%哒螨灵乳油2 000～2 500倍液，或25%三唑锡可湿性粉剂1 500倍液。喷药要细致周到。

(二) 苹果全爪螨

1. 危害特点　苹果全爪螨 (*Panonychus ulmi*) 又名苹果叶螨、苹果红蜘蛛。叶片被害初期，先出现灰白色斑点，继而叶片全为苍灰色。

2. 防治方法　①在越冬卵量多的苹果园，防治苹果全爪螨可在苹果花序分离期进行，此时越冬卵已孵化，可喷洒95%机油乳剂200倍液或15%哒螨灵乳油2 500倍液。②苹果谢花后7～10d即第一代卵和幼若螨期，园内又有山楂叶螨，可选用20%螨死净悬浮剂2 500倍液或5%噻螨酮乳油1 500～2 000倍液防治。③6～7月苹果全爪螨大发生期，每叶4～5头，天敌与害螨比小于1∶50时，选用15%哒螨灵乳油2 500倍液，或25%三唑锡可湿性粉剂1 500倍液，或73%克螨特乳油2 500倍液，有效控制期15～20d。

(三) 二斑叶螨

1. 危害特点　二斑叶螨 (*Tetranychus urticae*) 又名二点叶螨、白

蜘蛛。可危害樱桃、桃、杏、苹果、草莓、梨等多种果树，还可危害多种蔬菜和花卉。以成、若螨刺吸叶片，被害叶表面出现失绿斑点，逐渐扩大呈灰白色或枯黄色细斑。螨口密度大时，被害叶片上结满丝网，叶片干枯脱落。雌成螨椭圆形，灰绿色或深绿色，体背两侧各有1个明显的褐斑。

2. 防治方法

（1）农业防治。及时清除果园杂草，并将锄下的杂草深埋或带出果园，降低害螨基数。

（2）生物防治。在果园种植紫花苜蓿或三叶草，能够蓄积大量害螨的天敌，可有效控制害螨发生。

（3）化学防治。在害螨发生期，可选择以下农药进行喷洒防治：1.8%阿维菌素乳油3 000～4 000倍液，或5%霸螨灵乳油2 500倍液，或10%浏阳霉素乳油1 000倍液，或25%三唑锡可湿性粉剂1 500倍液。喷药要均匀周到。

（四）金纹细蛾

1. 危害特点 金纹细蛾（*Lithocolletis ringoniella*）以幼虫从叶背潜入皮下取食叶肉，使下表皮与叶肉分离，从叶正面看，虫斑筛孔状。被害严重的，一张叶片有数个虫斑，造成提早落叶。

2. 防治方法

（1）农业防治。彻底清扫落叶，消灭越冬蛹，减少虫源。刨除树冠下萌蘖，使苹果展叶前越冬代成虫找不到寄主产卵。

（2）化学防治。5月下旬至6月上旬，第二代卵和初龄幼虫发生期，树上喷25%灭幼脲悬浮剂1 500～2 000倍液，或20%杀铃脲悬浮剂6 000～8 000倍液，或1.8%阿维菌素乳油4 000～5 000倍液，或2.5%三氟氯氰菊酯乳油2 500倍液。

（五）桃小食心虫

1. 危害特点 桃小食心虫（*Carposina nipponensis*）简称桃小，俗称豆沙馅或串皮干。主要危害苹果、梨、桃、山楂等果树。桃小食心虫危害苹果树，幼虫蛀果后2d左右，果面上流出透明的水珠状果胶，俗称"流眼泪"，随之胶汁变白干硬，幼虫蛀入果后，果肉被食成中空，虫粪满果，形成"豆沙馅"，早期危害影响果实生长，果面凹凸不平，俗称"猴头果"。

2. 防治方法

（1）地面防治。越冬代幼虫出土初盛期和盛期，及时地面撒药，每667m² 用 3%～5%辛硫磷颗粒剂 3kg 左右，或于树冠下喷洒 50%辛硫磷乳油 200 倍液，或 50%二嗪磷乳油 400～500 倍液，隔15～20d 再喷洒一次。或用 4%敌·马粉剂，每株结果树用 0.25～0.40kg 撒于树盘内。

（2）清除虫源。及时清理堆果场地和果品库房，于 5 月中下旬喷洒辛硫磷，以杀灭脱果入土越冬幼虫；在第一代幼虫危害期，及时摘除被害果及拣拾落地虫果，集中消灭。

（3）根颈周围压土。桃小食心虫出土前，在根颈周围压土或覆盖地膜，可阻隔桃小食心虫越冬幼虫出土。

（4）化学防治。当卵果率达 1%以上时，进行树上药剂防治。常用药剂有 20%甲氰菊酯乳油 2 500 倍液，或 2.5%溴氰菊酯乳油 3 000 倍液，或 20%氰戊菊酯乳油 3 000 倍液，或 48%毒死蜱乳油 1 000～1 500 倍液，或 25%灭幼脲悬浮剂 1 500～2 000 倍液。

（六）康氏粉蚧

1. 危害特点　康氏粉蚧（*Pseudococcus comstocki*）属同翅目粉蚧科。食性很杂，危害苹果、梨等多种植物的幼芽、嫩枝和果实，其成虫和若虫均以刺吸式口器吸食汁液。

2. 防治方法

（1）物理防治。冬春季刮除树皮，集中烧毁，或在晚秋雌成虫产卵之前结合防治其他潜伏在枝干越冬的害虫，进行束草等诱杀，翌春孵化前将草束等取下烧毁。

（2）化学防治。早春喷施轻柴油乳剂或 3～5 波美度石硫合剂，在各代若虫孵化期特别是套袋前，喷洒 50%杀螟硫磷乳油 800～1 000 倍液，或 20%氰戊菊酯乳油 2 500 倍液有良好效果。

（3）生物防治。康氏粉蚧天敌种类较多，如草蛉及多种瓢虫等，这些天敌可抑制康氏粉蚧的危害，在防治上应考虑少用或不用广谱性杀虫药剂，尽可能选用对天敌杀伤作用较小的选择性药剂。

（七）绣线菊蚜

1. 危害特点　绣线菊蚜（*Aphis citricola*）又名苹果黄蚜。主要危害新梢嫩叶，被害叶向叶背弯曲横卷，影响新梢的生长发育，对苹果幼树影响较大。

2. 防治方法

（1）消灭越冬虫源。苹果萌芽前后，彻底刮除老皮，剪除有蚜枝条，集中烧毁。发芽前结合防治其他害虫可喷 95％机油乳剂 80～100 倍液，杀死越冬蚜虫。

（2）保护天敌。绣线菊蚜的天敌有草蛉、瓢虫等数十种，要注意保护利用。结合夏剪，及时剪除被害枝条，集中烧毁。

（3）化学防治。5～6 月是蚜虫猖獗危害期，亦是防治的关键期。常用药剂及浓度为 10％吡虫啉可湿性粉剂 3 000 倍液，或 20％氰戊菊酯乳油 2 500 倍液，或 3％啶虫脒乳油 2 500 倍液等。

（八）苹果绵蚜

1. 危害特点　苹果绵蚜（*Eriosoma lanigerum*）为国内外检疫对象。群集在剪锯口、病虫伤疤、主干枝裂缝、枝条叶腋及裸露地表根际等处寄生危害。被害部位多形成肿瘤，覆盖一层白色绵状物。受害的树体弱、结果少，严重时影响苹果的产量和质量。

2. 防治方法

（1）植物检疫。加强检疫，严禁从疫区调运苗木和接穗，防止苹果绵蚜传入非疫区。

（2）农业防治。苹果落叶后、发芽前，彻底刨除根蘖，刮除剪锯口、病虫伤疤、粗老翘皮处越冬绵蚜。

（3）生物防治。苹果绵蚜小蜂是主要天敌。7～8 月小蜂寄生高峰期尽量少喷药。

（4）化学防治。5 月上中旬、9～10 月两次发生高峰期进行重点防治。药剂可选用 40％蚜灭多乳油 1 000～1 500 倍液或 48％毒死蜱乳油 1 000～1 500 倍液。

（九）美国白蛾

1. 危害特点　美国白蛾（*Hlyphantria cunea*）又名秋幕毛虫，以幼虫吐丝结成网幕，数百头群集在网内危害叶片，仅剩下表皮和部分叶脉，幼虫五龄后爬出网幕，分散危害，严重的把叶片吃光。

2. 防治方法

（1）植物检疫。美国白蛾是国内外检疫对象，在防治上要特别注意。要严格检疫，严禁从疫区引进苗木。发现幼虫危害，剪除网幕，集中烧毁。

（2）化学防治。幼虫四龄前可选喷90%敌百虫800倍液，或50%杀螟硫磷乳油1 000倍液等，或2.5%溴氰菊酯乳油2 500倍液，或4.5%高效氯氰菊酯乳油2 000倍液等防治。

（十）桑天牛

1. 危害特点　桑天牛（*Apriona germari*）成虫危害嫩枝、皮和叶，幼虫在枝干的皮下和木质部蛀食，隔一定距离向外蛀一通气排粪孔，隧道内无粪屑。

2. 防治方法　①桑天牛成虫有假死性，早晨或雨后摇动树干将其震落在地面后杀死。②在成虫产卵及幼虫孵化初期（7~8月），用小刀割破枝干，将产卵槽内卵及初孵幼虫杀死。结合修剪剪除虫枝集中处理。③树干涂白，防止成虫产卵。在成虫大量羽化前（6月上中旬）进行树干涂白。配方：5kg石灰、0.5kg硫黄、20kg水混合搅拌均匀。④熏杀幼虫。幼虫危害期，见有新粪排出时，将磷化铝毒签放入新鲜排粪孔内，然后用黏泥把上下排粪孔堵住。

（十一）玉米象

1. 危害症状　玉米象（*Sitophilus zeamais*）属鞘翅目象甲科，别名米牛、铁嘴，分布较广。果实被害后表面出现伤口，伤口少的仅几个，多的十几处以上，果面呈麻子脸状；伤处面积，大的直径1cm以上，小的0.1cm，虫口深2~5mm，形成凹陷圆斑，果肉变褐，木栓化，早期危害后可使整个果实呈现畸形。

2. 防治方法　由于玉米象的活动是在一个固定的环境中，外界对其影响很小，因此在防治上比较容易。首先套袋苹果园尽量不要覆盖麦秸，麦垛也尽量远离套袋苹果园；观察玉米象活动，一旦发现，及时喷洒48%毒死蜱乳油1 000~1 500倍液或其他杀虫剂，杀灭成虫，否则入袋危害便难以防治。

第七节　果实采收、分级和包装

一、果实采收

（一）采前准备

苹果果实采收期是否适宜，将影响果品的产量、品质和耐储性及运输损耗。科学的包装是果实商品化、标准化的重要措施之一。为了顺利地进行采收，应提前做好各项工作：全面调查，准确估产和判断果实质量，为采收提供依据；计划采果劳力；准备好采果用的工具，如采果袋或采果篓、凳或采果梯、塑料周转箱等。

（二）果实成熟指标

苹果果实充分发育、形态上达到本品种应有特征时，根据运输、储藏和消费市场要求进行适期采收。

1. 依果实的成熟度　一般认为适期采收的成熟度为果个充分长成，果实底色由绿转为黄绿色，果面呈现该品种特有的颜色，果肉坚密不软，具有一定风味，种子变褐，果梗离层产生，采摘容易。

2. 依果实的生长期　同果区同一品种从盛花期至成熟期果实生长发育的天数是相对稳定的。据研究，中熟品种如新红星的成熟期为盛花后 $140\sim150d$，首红为盛花后 $133\sim143d$；晚熟品种红富士为盛花后 $170\sim180d$。

3. 依果实的用途　一般采后直接销售或短期储藏的果实，宜在食用成熟度采收，作为长期储藏或远距离运输的果实，宜在接近成熟时采收。气调储藏的果实较冷藏果实采收略早，冷藏果实较普通储藏略早。

4. 依果肉硬度　红星苹果适宜采收时的果肉硬度为 $7.7\sim8.2kg/cm^2$。果实采收时的果肉硬度与储藏期限呈正相关，如红星苹果在果肉硬度为 $7.7kg/cm^2$ 时采收可储放 5 个月，在 $6.8kg/cm^2$ 时可存放 3 个月，在 $5.9kg/cm^2$ 时则只能储放 1 个月。适期采收者储藏期长，品质降低程度低。

（三）采收方法

有些苹果品种果实的成熟期常常不一致，为了提高果实品质，可以根据果实的成熟度，分期选采成熟度合适的果实。如套袋红星苹果分期采收有利于增进树冠内膛果实着色，也有利于增加果实的单果重和提高果实可溶性固形物含量。山东胶东果区对套袋红富士苹果习惯分 $2\sim3$ 批采收，只要达到较佳色泽就采。分期采收特别是第一、二批采收时，要注意避免采收操作碰落果实，尽量减少损失。

温馨提示

采果要保证果实完整无损，特别是套袋苹果果皮嫩，采摘时更应注意。同时要防止折断果枝，以保证来年丰产丰收。

采收人员必须剪短指甲或戴上手套，树下应铺一塑料薄膜；采收为人工手采，严禁粗放采摘，并防止拉掉果柄；采收时应先下后上，先外后内，且多用梯凳，避免脚踩踏枝干碰落芽叶，以保护枝组；手掌将果实向上轻轻托起或用拇指轻压果柄离层，使其脱离；采下果实后，将过长果柄剪除一部分，避免刺伤果实，再用网套包裹果实，以避免挤压伤；盛放果实的篮子或果筐等内侧用棉质布或帆布等柔软物内衬。采收袋用帆布制成，上端有背带，下端易开口，果实采满袋后打开下部袋口，集中放入田间包装箱。田间包装容器根据流通途径不同，可分别选用纸箱、散装箱、小木箱或塑料周转箱等。

二、果实分级

苹果果实分级就是根据果实的大小、色泽、形状、成熟度、病虫害等情况，按照国家规定的分级标准，进行严格的挑选分级。在进行大量果实分级时，目前国内外已采用分级机。发达国家利用光电原理由计算机控制进行果实分级，实现了分级自动化。

三、包装

一般包装容器必须坚固、干燥、卫生、无不良气味，内外两面无钉头、尖刺等，应对果实具有完全的保护性能，包装材料及标志所用胶水无毒性。

1. 包装容器

（1）纸箱。用瓦楞纸板制成。底部尺寸为 60cm×40cm 或 50cm×40cm，总容量不超过 20kg；瓦楞纸重量不低于 $180g/cm^2$，两面箱板纸不低于 $500g/cm^2$，抗压强度不低于 600kg；纸箱两侧各打 4 个孔。

（2）散装箱（木制）。底面尺寸 80cm×120cm 或 100cm×120cm，外部高度 75cm，内高 60cm，盛果量 400～500kg，箱底开不少于箱底面积 15% 的孔洞。

（3）钙塑瓦楞箱。以聚烯烃酯为材料，以碳酸钙为填充料，加入适量助剂，经加工制成钙塑瓦楞板，再按果箱规格制成的果品包装箱。具有较好的隔热、隔潮性能及抗压力强的特点。

2. 包装纸选择　包装纸应具有既可当衬垫物以减少果实的机械损伤和果实间磨损，又能降低温度变幅，减少水分蒸发和病害的相互感染等优点。一般可采用质地柔韧、无孔眼、无异味、干净的油光纸等，纸张大小应依果实大小而定。

3. 包果方法　首先取一张包果纸放在手上，然后将果梗朝上平放入纸的中央，随后将一角包裹在果梗处，再将两角包上，向前一滚即可。也可用网套包裹果实。

4. 装箱、标志　装外运销售箱，每个果实用柔软、洁净、有韧性、大小适宜的网套套上，分层装箱，每箱用两个托盘，使果实在托盘内只能略微移动。装满后用胶带封好。封好的苹果箱应打上标志，标明品名、品种、等级、产地、净重、发货人、包装日期，字迹应清晰端正，颜色不易脱落。

四、运输

包装后的苹果，如果不能立即销售，要尽可能快地置于冷藏条件下。在运输过程中，装车、卸车一定要轻拿轻放，避免摔、压、碰、挤，最好采用冷链运输。

第二章
梨

第一节　种类和品种

一、种类

梨为蔷薇科（Rosaceae）梨属（*Pyrus*）植物，共有 30 多个种，从栽培上划分为两大栽培种类群，即西方梨和东方梨。西方梨或称欧洲梨，也称西洋梨，起源于地中海和高加索地区，除主栽于欧洲和北美洲外，也是南美洲、非洲和大洋洲生产栽培的主要种类。东方梨也称亚洲梨，起源于中国，包括砂梨、白梨、秋子梨、新疆梨、川梨及野生的褐梨、杜梨、豆梨等原始种，主要栽培于中国、日本、韩国等亚洲国家。

（一）东方梨主要种类

1. 秋子梨　乔木，高达 10～15m。生长旺盛，发枝力强，老枝灰黄或黄褐色。叶多大型，广卵圆或卵圆形，基部圆或心形，叶缘锯齿芒状直出。花轴短。果多近球形，暗绿色，果柄短，萼宿存，经后熟可食，抗寒力强。

2. 白梨　乔木，高 8～13m。嫩枝较粗，有白色密生茸毛。嫩叶紫红色，密生白色茸毛，叶大，卵圆形，基部广圆或广楔或截形，叶缘锯齿尖锐有芒，向内合，叶柄长。果倒卵形至长圆形，果皮黄色，果柄长，子房 4～5 室，果肉多数细脆、味甜。多数优良品种属于本种。

3. 砂梨　乔木，高 7～12m。发枝少，枝多直立，嫩枝、幼叶有灰白色茸毛，二年生枝紫褐色或暗褐色。叶片大，长卵圆形，叶缘锯齿尖锐有芒，略向内合，叶基圆或近心形。花一般较大。果多圆形，果皮褐色，杂交种砂梨有绿皮的，萼脱落，子房 5 室，肉脆、味甜、石细胞略多。

4. 西洋梨 乔木，高6～8m。枝多直立，小枝无毛有光泽。叶小，卵圆或椭圆形，革质平展，全缘或钝锯齿，柄细长略短。栽培品种果多葫芦形、坛形。萼宿存，多数需要后熟才可食，肉软腻易溶，味美香甜，可加工，不耐储藏。

5. 杜梨 乔木，高10m左右。枝常有刺，嫩枝密生短白茸毛。叶面光滑，背面多短毛，叶片菱形或卵圆形，叶缘有粗锯齿。花小，花期晚。果球形，直径0.5～1.0cm，褐色，萼脱落，子房2～3室。抗旱、寒、涝、碱、盐性均较强，分布广，类型多，为我国普遍应用的砧木。

6. 新疆梨 乔木，为西洋梨与白梨的自然杂交种，高6～9m。小枝紫褐色，无毛。叶卵圆或椭圆形。果卵圆至倒卵圆形，果柄先端肥大，较长，萼宿存，果肉石细胞多。西北现有香蕉梨、花长把梨、克兹二介、可克二介等栽培品种和半栽品种句句梨等。

7. 麻梨 乔木，高8～10m。嫩枝有褐色茸毛，二年生枝紫褐色。叶卵圆至长卵圆形，具细锯齿，向内合。果小，直径1.5～2.2cm，球形或倒卵形，色深褐，多宿萼，子房3～4室。产华中、西北各地，为西北常用砧木。

8. 木梨 乔木，高8～10m。嫩枝无毛或稀茸毛。叶卵圆或长卵圆形，叶基圆，实生树叶缘多钝锯齿，叶无毛。果直径1.0～1.5cm，小球形或椭圆形，褐色。抗赤星病。为西北常用砧木。

9. 豆梨 乔木，高5～8m。新梢褐色无毛。叶阔卵圆或卵圆形，叶缘细钝锯齿，叶展后即无毛。果球形，直径1cm左右，深褐色，萼脱落，子房2～3室。为我国中南部通用砧木，适应温暖、湿润、多雨、酸性土壤地区。

10. 褐梨 乔木，高5～8m。嫩枝有白色茸毛，二年生枝褐色。果椭圆形或球形，褐色，子房3～4室，萼脱落，果实汁多、肉绵，北京、河北东北部山区有用作砧木。在西北、河北尚有部分栽培品种，果小、丰产、抗风。需后熟方可食，如吊蛋梨、糖梨、麦梨等20多个品种。

（二）世界梨主要种类

世界梨树栽培的主要种类如表2-1所示。

表 2-1　世界梨树栽培的主要种类

种群	种名	学名	原产地	用途	特点
欧洲种群	西洋梨	*P. communis*	西欧、东南欧、亚洲西部	栽培	适应性较广，较抗寒
	高加索梨	*P. caucasica*	东南欧	砧木	
	雪梨	*P. nivalis*	西欧、中欧、南欧	砧木	
	心形梨	*P. cordata*	法国、西班牙	砧木	
地中海种群	扁桃形梨	*P. amygdaliformis*	土耳其、希腊、塞尔维亚	砧木	树势弱，不耐旱、黏，矿质吸收力弱，稍耐寒，抗病
	胡颓子梨	*P. elaeagrifolia*	突尼斯、叙利亚、利比亚	砧木	适应性广
	叙利亚利	*P. syriaca*	摩洛哥	砧木	耐冬季温暖
	马摩仑梨	*P. mamorensis*	阿尔及利亚	砧木	适应较广，抗病虫
	朗吉普梨	*P. longipes*	摩洛哥	砧木	耐冬季温暖、旱、酸、沙
	哈比纳梨	*P. gharbiana*			
中亚种群	柳叶梨	*P. salicifolia*	伊朗北部、俄罗斯南部	砧木	适应性广
	雷格梨	*P. regelii*	阿富汗	砧木	耐寒、酸，抗病、虫
	川梨	*P. pashia*	中国、巴基斯坦、印度、尼泊尔	栽培、砧木	耐温、湿、酸，抗病
东亚种群	砂梨	*P. pyrifolia*	中国、朝鲜、日本	栽培	
	甘肃梨	*P. kansuensis*	中国西北部	砧木	耐寒、抗病
	秋子梨	*P. ussriensis*	中国、朝鲜、俄罗斯	栽培、砧木	耐寒
	中国豆梨	*P. calleryana*	中国中南部	砧木	耐温、湿、酸
	河北梨	*P. hopeiensis*	中国河北	砧木	适应本地区
	新疆梨	*P. sinkiangensis*	中国新疆、甘肃、青海	栽培、砧木	耐寒、旱
	麻梨	*P. serrulata*	中国中、南、西部	砧木	耐寒、温、湿
	滇梨	*P. pseudopashia*	中国云南、贵州	砧木	
	杏叶梨	*P. axmeniacaefolia*	中国新疆西北	栽培、砧木	耐寒、旱
	木梨	*P. xerophila*	中国陕西、甘肃、青海	砧木	耐旱、寒
	白梨	*P. bretschneideri*	中国中北部	栽培	
	褐梨	*P. phaeocarpa*	中国中北部	砧木	适应本地区
	杜梨	*P. betulaefolia*	中国北、中、东北部	砧木	适应性强
	朝鲜豆梨	*P. dimorphopylla*	朝鲜	砧木	抗逆、抗病虫，矮化，产量低
	日本豆梨	*P. dimorphopylla*	日本	砧木	抗病虫
	日本青梨	*P. hondoensis*	日本	砧木	耐寒，稍抗病虫
	楔叶豆梨	*P. koehmei*	中国南部（包括台湾地区）	砧木	耐温、湿，抗病虫

二、品种

梨品种资源十分丰富，据不完全统计全世界有 2 000 多个，我国有 1 200 余个。现就传统优良品种、优良新品种和新引进品种简介如下：

1. 秋子梨系统

（1）南果梨。主要分布在辽宁鞍山、海城和辽阳，吉林、内蒙古及西北的部分地区也有栽培。果实较小，平均单果重 45g。果形为近圆形或扁圆形。果皮黄绿色，阳面有红晕。采收即可食用，脆甜多汁。储藏 15～20d 后果肉变软，易溶于口，汁多味甜，香气浓，石细胞少，品质上。鞍山 9 月上中旬成熟，一般可储存 1～3 月。栽后 4～5 年结果，丰产，20 年生树每年株产 300～350kg。成年树以 3～5 年生枝上的短果枝结果为主，结果当年果台抽生极短副梢，形成短果枝群。腋花芽也能大量结果。抗寒力强，高接树在－37℃时无冻害，适于冷凉及较寒冷地区栽培。对土壤及栽培条件要求不严，抗风力、抗黑星病能力强。

（2）京白梨。又名北京白梨。原产北京附近，主要分布于北京、河北昌黎一带，辽宁、吉林、内蒙古也有分布。果实中小，平均单果重 93g。果形为扁圆形。果梗基部的果肉常有微突起。黄绿色，成熟后黄色。果皮薄而光滑，果点小、褐色、较稀。果梗细长，多弯向一方。果肉黄白色，采时嫩脆，后熟后变软，汁多，味甜，有香气，果心中大，石细胞少，品质上。北京 8 月中下旬采收，能储存 20d 左右。栽后 6 年结果。主要在 3～4 年生枝上的中、短果枝结果，少数果台副梢当年能形成花芽，腋花芽也能结果，有隔年结果现象。适于辽宁西部及北京一带的冷凉地区栽培，抗寒力强，新疆伊犁－36℃低温下表现良好，抗旱、抗风力均较强。

2. 白梨系统

（1）鸭梨。原产河北，分布较广，北自辽宁，南至湖南、广东均有栽培，以河北泊头、魏县，山东阳信、禹城，辽宁北镇较多。日本也有栽培。果实中大，单果重 150～200g。果形为倒卵形。果梗基部肉质，果肉呈鸭头状突起。果皮黄绿色，储藏后呈黄色。皮薄，近梗部有锈斑，微有蜡质，果梗先端常弯向一方。脱萼，萼洼深广。果肉白色，肉质细脆，汁多味甜，有香气，石细胞少，品质上。9 月中下旬成熟，可储存至翌年 2～3 月。栽植后 2～4 年开始结果，10 年可大量结果，盛果期间以 3～5 年生枝上的短果枝结果为主。产量高而稳定。适应性广，宜在干燥、冷凉地区栽培，较抗旱，对肥水要求较高，否则味淡而易早衰，喜沙壤土，抗寒力中等，抗病虫力较差。

（2）酥梨。又名砀山酥梨、砀山梨，原产安徽砀山。分布于华北、西北、黄河故道地区。以白皮酥、金盖酥较好。果实大，平均单果重270g。果形为近圆柱形。果皮黄绿色，储存后黄色。果皮光滑，果点小而密。果肉白色，肉质稍粗，但酥脆爽口，汁多味甜，有香气，果心小，品质上。9 月上旬成熟，稍耐储藏。栽后 3～4 年结果，较丰产、稳产，株产可达 500kg。以短果枝结果为主，中、长果枝及腋花芽结果少。果台可抽生 1～2 个副梢，很少形成短果群，连续结果能力弱，结果部位易外移。较抗寒，适于较冷凉地区栽培，抗旱、耐涝性也较强，抗腐烂病、黑星病能力较强，受食心虫和黄粉虫危害较重。

（3）茌梨。原产山东茌平，分布于北方各省份。果实大，单果重220～280g。果形不整齐，梗洼处常具突起。果皮绿色，储存后变黄，微带绿色。果点较大，深褐色，粗糙。果肉细脆，汁多，味浓甜，有微香，品质极上。9 月中下旬成熟，可储存至翌年 1～2 月。栽植后 4～6 年结果，以短果枝结果为主，腋花芽及中、长果枝结果能力很强，采前落果较重，寿命长，200 年以上大树仍能良好结果。适于较冷凉地区栽培，喜沙壤土。抗寒力较弱，−22℃时枝条有冻害，−27℃时树冠冻死。不耐旱、涝，抗药力差，抗风力较弱，对栽培条件要求较高。

（4）雪花梨。原产河北中南部，以河北赵县栽培最多，山东、辽宁、山西、江苏也有分布。果实大，平均单果重 300g。果形为长卵圆或长椭圆形。果皮绿黄色，细而光滑，有蜡质，储藏后变鲜黄色。果点褐色，较小而密，分布均匀。脱萼。果肉白色，脆而多汁，有微香，味甜，品质上。9 月上中旬成熟，耐储运，可储存至翌年 2～3 月。栽植后 2～4 年结果，较丰产。以短果枝结果为主，中、长果枝及腋花芽结果能力较强。短果枝寿命较短，连续结果能力差，结果部位易外移。喜肥沃、深厚沙壤土，要求肥水充足。抗病虫力较强，抗寒、抗旱力也较强，抗风力较差，抗药力也较差。

（5）秋白梨。又名白梨（辽宁绥中、北镇），原产河北北部。主要分布在辽宁绥中、义县、北镇，河北昌黎、抚宁等地。果实中大，平均单果重 150g。果形为长圆或椭圆形。果皮黄色，有蜡质光泽，皮较厚。果点小而密，脱萼。果肉白色，质细而脆，汁多，味浓甜，无香气，果心小。9月末成熟，极耐储藏，可储存至翌年5～6月。栽植后6～7年结果，15年时进入盛果期。结果部位主要在2～9年生枝上的各类结果枝上，以短果枝结果为主，大树腋花芽也能结果，果台枝连续结果能力较差，结果部位易外移。适应性较广，耐旱，抗寒力强，适于山地栽培，抗风力、抗病虫力较差。

(6) 库尔勒香梨。原产新疆南部，以库尔勒地区较著名，北方各省已引种栽培。果实小，平均单果重80～100g，最大可达174g。果形为倒卵圆形或纺锤形。果皮黄绿色，阳面有暗红色晕。果面光滑，果点小而不明显。脱萼或宿存。皮薄，果肉白色，质脆，汁多，味浓甜，香气浓郁，品质上。9月下旬成熟，可储存至翌年4月。栽植后3年结果，7年丰产，以短果枝结果为主，腋花芽、长果枝结果力也很强。适应性广，沙壤土、黏重土均能适应。抗寒力较强，最低温度不低于−20℃地区可获丰产，−22℃时部分花芽受冻，−30℃受冻严重。耐旱，抗病虫力强，抗风力较差。1969年选出芽变单系沙01号，果实较大，平均单果重达150g。

(7) 苹果梨。分布于辽宁、甘肃、宁夏、山西、内蒙古、新疆、西藏等地。朝鲜也有引种。果实大，平均单果重250g，最大可达600g。果形为不规则扁圆形。果皮黄绿色，阳面有红晕，外形似苹果。果肉白色，果心小，肉质细脆，汁多，甜酸适度，微带香气，品质中上。9月下旬至10月上旬成熟，耐储藏，可储存至翌年5～6月。栽植后3年结果，早期丰产，大树能连年丰产。抗寒力强，能耐−36℃低温，适于冷凉地区栽培。喜深厚沙质壤土。抗旱、耐涝力强，抗风、抗病虫、抗药力较差。

(8) 冬果梨。主产于甘肃兰州，西北、华北各省份有栽培。果实中大，平均单果重157g。果形为倒卵形。果皮黄色，薄而光滑，果点小而密。脱萼或部分宿存。果肉白色，肉质细脆，汁多，味酸甜，品质中上。10月上旬成熟，可储存至翌年5～6月，储后可提高风味。栽后3～4年结果，20年达盛果期，丰产。适应性较强，耐旱、抗盐力也较强，抗寒、抗虫、抗风力较差。

(9) 玉露香。山西省农业科学院果树研究所以库尔勒香梨为母本，雪花梨为父本杂交育成。中熟。果实近圆形，平均单果重236.8g。果面光洁细腻具蜡质。果皮绿黄色,阳面着红晕或暗红色纵向条纹。果肉白色,肉质酥脆,汁液特多,石细胞极少,果心小,味甜可口,品质极上,可溶性固形物含量13.5%左右。果实耐储藏。郑州地区8月下旬成熟,在自然土窑洞内可储藏4~6个月,恒温冷库可储藏6~8个月。

3. 砂梨系统

(1)苍溪梨。又名苍溪雪梨或施家梨,原产四川苍溪,四川栽培较多,陕西、湖北有少量栽培。果实大,单果重300~500g。果形为长卵圆形或葫芦形。果皮黄褐色,有灰褐色斑点,果点大,较稀。梗细长,脱萼。果肉白色,质脆,汁多味甜,果心小,品质中上。8月下旬至9月上旬成熟,可储存至翌年1~2月。栽植后3~4年结果,较丰产,以短果枝结果为主,长果枝、腋花芽结果能力弱。适合温暖湿润地区栽培,宜密植。抗风、抗病虫力较弱。

(2)晚三吉。为日本晚熟品种,长江中下游两岸地区栽培较多,现青海民和、河北遵化、山东威海等地栽培表现亦好。平均单果重196g,在江苏一般为250g以上。果形为卵圆或略扁圆形。宿萼,果皮褐色。果肉白色,质致密、细脆,汁多味甜。10月上旬成熟,耐储藏。耐旱、涝,较耐寒,较抗黑星病,易感轮纹病、黑斑病,对肥水要求高。要留壮花芽结果,控制坐果数,否则果小,树易早衰。

(3)秋月。日本农林水产省果树试验场用162-29(新高×丰水)×幸水杂交选育而成。晚熟。果实扁圆形,果形端正,果实整齐度极高。果个大,平均单果重400g。果皮棕褐色,果色纯正。果肉白色,肉质酥脆,汁液多,石细胞少,口感香甜,品质上等,可溶性固形物含量14.5%左右;果心小,可食率95%以上。果实耐储藏。郑州地区9月上旬成熟。秋月梨适合在我国中东部及长江流域地区推广种植。

4. 西洋梨系统

(1)巴梨。又名香蕉梨(河南)、秋洋梨(大连)。原产英国,系自然实生种。分布于我国南北各省份,主要分布在山东胶东半岛、辽宁大连地区。果实较大,平均单果重250g。果形为粗颈葫芦形,果面凹凸不平。果皮黄色,阳面有红晕。果肉乳黄白色,经7~10d后熟,肉质柔软,易溶,汁多,味浓甜,有芳香气,品质极上。8月末至9月上旬成熟。不耐储藏,一般仅能存放20d左右,冷库储放可达4个月。栽植后2~5年结果,丰产、稳产。以短果枝和短果枝群结果,中、长果枝结果较少，腋花芽也能结果。一般果枝可连续结果5～6年。适应性较广，喜温暖气候及沙壤土，在冲积土上生长发育良好，也能适应山地及黏重黄土。抗寒力弱，仅耐－20℃低温，－25℃时冻害严重。抗病力弱。

（2）伏茄梨。又名白来发（石家庄）、伏洋梨（烟台、牟平）。原产法国，系自然实生苗。我国各地均有栽培，以山东烟台、牟平、威海，河南郑州较多。果实较小，单果重60～80g。果形为细葫芦形。果皮黄绿色，阳面有红晕。果肉乳白色，成熟时脆甜，经3～5d后熟后肉质柔软，易溶，汁多味甜，品质上。6月下旬至7月上旬成熟。结果较早，产量稳定，以短果枝结果为主。适应性广，沙壤土、黏黄土均能良好生长。对栽培条件要求不严。抗寒力、抗病虫力较强。

5. 早酥（苹果梨×身不知）　中国农业科学院果树研究所育成。我国北方各省份均有栽培。果大，单果重200～250g。果形为倒卵形，顶部突出，常具明显棱沟。果皮绿黄色。果肉白色，质细、酥脆，汁多，味甜而爽口，品质中上。8月中旬成熟，不耐储藏。栽植后4年结果，丰产性强，13年后株产75kg。适应性广，抗寒力略逊于苹果梨，抗黑星病、食心虫，对白粉病抵抗力差。

6. 锦丰（苹果梨×茌梨）　中国农业科学院果树研究所育成。我国北方各省份均有栽培。果大，平均单果重230g。果形为不整齐扁圆形或圆球形。果皮黄绿色。果点大而显。果肉细、稍脆，汁多，味酸甜，微香，品质上。9月下旬成熟，耐储藏，可储存至翌年5月。储后果皮转黄色，有蜡质光泽，风味更佳。栽植后4～5年结果，丰产。以短果枝结果为主，中、长果枝及腋花芽均有结果能力。抗寒力强，但不及苹果梨，适合冷凉地区栽培。喜深厚沙壤土。抗黑星病能力较强，但受梨小食心虫和黄粉虫危害较重。

7. 晋酥梨（鸭梨×金梨）　山西省农业科学院果树研究所育成。果大，单果重200～250g。果形为不整齐椭圆形。果皮黄绿色，皮薄，洁净，蜡质明显。果肉白色，质细而脆，汁多，有香气，果心小，甜酸适度，品质中上。9月中下旬成熟，可储存至翌年3～4月。栽植后3～4年结果，较丰产。以短果枝结果为主，腋花芽也能正常结果。适应性较强，较抗寒，抗寒力强于酥梨、茌梨和雪花梨，较抗旱、抗黑星病，受食心虫危害较重。

8. 黄金梨　韩国于 1984 年用新高与二十世纪杂交育成。该品种果实近圆形，果形端正，果个整齐。平均单果重 430g 左右，最大可达500g 以上。果皮乳黄色，细薄而光洁，具半透明感。果肉白色，肉质细嫩，石细胞极少，甜而清爽，果汁多，果心小，可溶性固形物含量13.5%～15.0%。果实 9 月中旬成熟，常温下储藏期为 30～40d，在气调库内储藏期可达 6 个月以上。该品种生长势强，树姿较开张，树体小而紧凑，适应性强，抗黑斑病和黑星病，结果早，丰产性好。因雄蕊退化，花粉量极少，所以需配置两种授粉树。

第二节　建园和栽植

一、建园

（一）园地选择

梨树的抗逆性强，较耐旱、耐涝和耐盐碱（含盐量不能超过 0.3%），适应性较广，对土质要求不严，沙地、山地和丘陵地均可栽培，以土层深厚、排水良好、较肥沃的沙壤土为宜。

梨树开花期较早，有些地区易遭晚霜冻害，选择园地时应注意避开遭受霜害的地方建园。

（二）土壤改良

1. 沙土和黏土地改良　沙地压黏土、黏土掺沙土可起到疏松土壤、增厚土层、改良土壤、增强蓄水保肥能力的作用，是沙地、黏土地土壤改良的一项有效措施。增施有机肥也是沙地、黏土地改良的有效措施，有利于幼树的生长发育。

2. 盐碱地土壤改良　盐碱地通过引淡水洗盐、修筑台田、种植绿肥作物、地面覆盖、中耕、增施有机肥等措施，能够有效改善土壤的理化特性，减轻盐碱地土壤对幼树的危害。

二、栽植

（一）栽植密度及要求

定植的株行距：大中冠品种（大部分秋子梨、秋白梨、鸭梨、茌梨、酥梨等），株行距以（3～4）m×（5～6）m 为宜。矮化密植和小冠品种株行距（1～2）m×（4～5）m。山地和瘠薄地还可适当密植。

栽植用苗木质量应符合标准要求，最好用大苗。北方栽植时间一般在早春顶凌栽植，栽植前一定要做好土壤改良（如种植绿肥作物、深翻改土、水土保持）和灌排工程建设、防护林营造等工作。定植穴或定植沟应提前挖好，深60～80cm，宽80cm。定植方法可因地制宜。干旱少水地区可采用早栽、深坑浅栽、灌足底水后覆膜等方法。盐碱地应采用开沟修建台田、筑墩栽植方法以提高栽植成活率。

（二）授粉品种配置

梨多数品种属异花授粉、异花结实。建园时除主栽品种外，必须配置适宜的授粉品种（表2-2）。

表2-2　梨主栽品种和适宜授粉品种配置

主栽品种	适宜授粉品种
鸭　梨	雪花梨、锦丰梨、茌梨、胎黄梨、早酥梨
雪花梨	鸭梨、茌梨、锦丰梨、黄县长把梨
早酥梨	锦丰梨、鸭梨、雪花梨、苹果梨
茌　梨	鸭梨、栖霞大香梨、莱阳香水梨、苹果梨
秋白梨	鸭梨、雪花梨、香水梨、花盖梨、南果梨
苹果梨	锦丰梨、朝鲜洋梨、早酥梨、南果梨、茌梨
黄金梨	大果水晶、黄冠梨、丰水、幸水
黄冠梨	早酥梨、中梨1号、雪花梨
大果水晶	黄金梨、丰水、皇冠
中梨1号	皇冠、早酥、鸭梨

（三）梨园高接换优

1. 高接时期　梨树高接一般采用硬枝嫁接，嫁接在树体萌芽前后进行，嫁接用的接穗一定要在休眠期采集，并于低温处保湿储藏，务使接穗上的芽不萌发。夏季采用普通芽接法，于7月中旬至8月中旬进行。

2. 高接树的处理　根据树体大小，对骨干枝进行接前修剪，尽量保持原树体骨干枝的分布，保持改接后的树冠圆满和各级之间的从属关系，一般中央领导干截留在2m以内。骨干枝枝头接口的直径以2～4cm为宜，侧枝或大枝组的接口直径以1～3cm为宜。同侧枝组间距

50～60cm。如果原树体结构或骨干枝分布不合理，在高接前进行树体改造，使之形成合理的结构。

中央领导干上的辅养枝，高接时可保留1～2个。侧枝或枝组接口距枝轴应为5～15cm。目前，高接时将树体改造成开心形的为多。

3. 嫁接

（1）接穗处理。春季嫁接用的接穗，一般保留1～2芽，接穗剪截后应用蜡封以保持湿度。在接穗珍贵时，每穗可仅用2芽，嫁接时随接随剪取，但在接前需将整个接穗的基部浸于水中充分吸水。

（2）嫁接方法。硬枝高接的方法有插皮接、皮下腹接、切接、腹接、劈接、带木质部芽接。接口绑缚质量是高接成活的关键。河北省高接梨树时，接穗留2芽，接口用薄膜绑缚，接穗的顶端以一层薄膜套严，接口处绑紧，使接口不漏风，接穗成活后新芽能顶破薄膜，不影响生长。

（3）高接换头数量。每株树上接头的数量与树体大小、树体结构有关，一般5～10年生树，接头数15～45个，盛果期大树，接头数45～120个。

4. 接后管理

（1）除萌蘖。高接成活的砧树上萌生的原品种的枝条应及时抹除，未成活接穗附近留1～2个萌蘖枝作为补接用。

（2）补接。未成活的接头要采用芽接或枝接方法进行补接。

（3）绑立支柱。当接芽新梢长到40～50cm时，应绑立支柱，以防风折或机械、人为碰折。

（4）加强管理。除骨干枝延长新梢外，其他新梢应在长到30cm左右时摘心，促使快成形、早结果。

第三节　土肥水管理

一、土壤管理

（一）深翻与耕翻

深翻可加深根系分布层，使根系向土壤深层发展，减少上浮根，提高抗旱能力和吸收能力，对复壮树势、提高产量和质量有显著效果。生产上常采用隔行深翻法，2～3年通翻全园，深翻可采用环状沟扩穴。深翻以秋季落叶前完成为好，有利于根系愈合和新根发生。深翻沟宽

50～60cm，深 60～80cm，深翻结合施基肥效果更好。

土壤耕翻以落叶前后进行为宜，耕翻深度 10～20cm。耕翻后不耙以利于土壤风化和冬季积雪，盐碱地耕翻有防止返盐的作用，并有利于防止越冬害虫危害。

(二) 果园覆盖

覆盖能减少水分蒸发，抑制杂草生长，增加土壤有机质含量，保持土壤疏松透气，使果树根系生长期长，吸收根量增多，叶片光合作用增强，树势增强，果实品质得到改善。覆盖物可选用玉米秸秆、麦秸和杂草等，覆盖时间在 5 月上旬灌足水后，通常采用树盘内覆盖的方式，厚度 15～20cm，覆盖第三年秋末将覆盖物翻于地下，翌年重新覆盖。旱地梨园缺乏覆盖物时也可采用薄膜覆盖法。

(三) 中耕除草

年降水量较少的梨区多采用清耕法。树盘内应保持疏松无草，劳力不足时可采用化学除草剂除草。每次灌水或降雨后均应进行中耕，以防地面板结，影响土壤墒情和土壤通透性。雨季过后至采收前可不再进行中耕而使地面生草，以利于吸收多余水分和养分，提高果实质量。

(四) 客土和改土

过沙和过黏的土壤都不利于梨树生长，均应进行土壤改良。沙土地可以土压沙或起沙换土，提高土壤肥力；黏土地可掺沙或炉灰，提高土壤通气性。改良土壤对提高产量和果品质量均有明显效果。

(五) 果园生草

在树盘以外行间播种豆科或禾本科等草种，生草后土壤不耕锄，能减轻土壤冲刷，增加土壤有机质含量，改善土壤理化性状，提高土壤肥力，提高果实品质。梨园适合种植的草种有三叶草、黑麦草、紫云英、大豆、苕子等。生草梨园要加强水肥管理，于豆科草开花期和禾本科草长到 30cm 时进行刈割，割下的草覆盖在树盘上。

在梨园土壤管理方面，最好的形式是行内覆盖行间生草法。

二、施肥管理

1. 基肥　秋施基肥，断根早、发根多，肥效较好，而从多年改土、壮树的效果来看，仍以采后施肥为好。土壤封冻前和早春土壤解冻后及早施基肥亦可。早施基肥能保证春季树体有足够的营养供生长结果之需。基肥可用条沟深施、放射沟状撒施或全园撒施，磷肥最好结合基肥施入，施肥后应及时灌水。

2. 追肥 一般梨树每年追肥 3 次，第一次在萌芽至开花前，以氮肥为主，占全年用量的 30% 左右；第二次在幼果膨大期（疏果结束至套袋完成），氮、磷、钾肥配合，氮肥用量占全年用量的 40% 左右，钾肥用量占 50%～60%，磷肥全部施入（如果基肥未施用磷肥）；第三次于 7 月末施用，氮、钾肥配合。每次追肥后一定结合灌水，以利于根系吸收。追肥的次数和数量要结合基肥用量、树势、花量、果实负载情况综合考虑，如基肥充足、树势强壮，追肥次数和用量均可相应减少。

3. 叶面喷肥 在叶片生长 25d 以后至采收前，结合防治病虫害，可掺入尿素、硼砂、磷酸二氢钾等叶面肥进行喷施，能增强叶片的光合作用。

三、水分管理

梨是需水量较多的树种，对水的反应亦比较敏感。我国北方梨区，干旱是主要矛盾之一。春夏干旱，对梨树生长结实影响极大；秋季干旱易引起早落叶；冬季少雪严寒，树易受冻害。据研究测定，梨树每生产 1kg 干物质，需水 300～500kg；生产果实 30 t/hm²，全年需水 360～600 t，相当于 360～600mm 降水量。凡降水不足的地区和出现干旱时均应及时灌水，并加强保墒工作。

传统的灌水方法有沟灌、畦灌、盘灌、穴灌等。近年来，许多先进的灌溉技术在梨树上推广应用，如喷灌、滴灌、微喷灌和渗灌等。漫灌耗水量大，易使肥料流失，盐碱地易引起返碱。早春漫灌可降低地温，对萌芽开花不利。有条件的地区应改用喷灌、滴灌，或者采用开沟渗灌。盐碱地宜浅灌，不宜深灌和大水漫灌。

梨树的主要灌水时期为萌芽至开花前、花后、果实膨大期、采后和土壤封冻前。特别是果实发育期，如土壤含水量不足应及时灌溉。

位于低洼地、碱地、河谷地及湖滩、海滩地上的梨园，地下水位较高，雨季易涝，应建立好排水工程体系，做到能灌能排，保证雨季排涝顺畅。

第四节　花果管理

一、授粉期管理

（一）采粉制粉

花粉在适宜授粉品种上采为宜，也可以应用多个品种的混合花粉。采花时间以大蕾期为宜，即在开花前 1～2d 采集花蕾，此时花粉已充分成熟。过早采花，花粉粒不成熟，发芽率低；过晚采花，花朵一旦开放不利于脱取花药。脱下花药后，将花药均匀摊在光滑的纸上，置于 25℃室内，经 24 h 阴干，花粉散出。

筛出的花粉，按花粉与填充剂（干燥淀粉或滑石粉）比例为 1：(5～7)混合后装入瓶中，盖口防潮，备用。花粉比例过大时花粉直感表现明显。干燥的花粉如当年不用，应装入试管密封，放入干燥器，置于 2～8℃低温、避光环境下，第二年仍可使用。

（二）人工授粉

梨花柱头接受花粉的最适期为开花的当天和第二天，以后渐次减弱，开花 4d 以后授粉能力大大降低。

1. 点授法　授粉器可用毛笔、纸棒、带橡皮的铅笔、香烟嘴、软鸡毛等制作。花量大的树，间隔 20cm 点授 1 个花序，每花序点授边花 1～2 朵。

2. 掸授法　在竹竿上绑一草把，外包白毛巾呈掸子状，于盛花期在授粉品种和主栽品种之间交替滚动，可达到授粉目的，最好在盛花期掸授 2 次。此法简单易行、速度快，适于品种搭配合理的梨园。

3. 液体喷雾授粉法　在 10kg 水中加入花粉 20g、尿素 30g、砂糖 500g、硼砂 10g，用超低容量喷雾器喷洒，为防止花粉发芽，配好后在 2 h 内喷完。

花期在梨园中放养蜜蜂和角额壁蜂有良好的授粉效果。

二、霜冻预防

华北部分地区梨树的开花期多在终霜期以前，生产上常因花期霜冻造成减产。预防霜冻的方法有：

1. 加强综合栽培管理　通过加强综合栽培管理，增强树势，提高树体的营养水平，以增强自身抵御霜冻的能力。

2. 延迟发芽，避开霜冻　早春灌水、发芽前灌水或发芽前树冠喷水，以及树冠喷白（10％石灰液），均可延迟开花3～5d。

3. 改善梨园小气候　熏烟法，熏烟材料以柴草锯末为好，当凌晨气温下降到－2℃时，点燃烟堆；吹风法，利用大型吹风机增强空气流动，吹散冷空气和阻止冷空气下沉。

三、疏花疏果

疏花应从冬季修剪留花芽时开始。花芽量过多时，应疏弱留壮，少留腋花芽。花芽萌动至盛花期均可继续疏花，主要疏除发育不良、开花晚及过密的花序，疏去花序后的果台副梢可在当年形成花芽。凡是留用的花序，应留基部1～2朵花，疏去其余的花，以节省养分。留花力求分布均匀，内膛、外围可少留；树冠中部应多留；叶多而大的壮枝多留，弱枝少留；光照良好的区域多留，阴暗部位少留。

在花期过后7～10d，未授粉的花落掉，即可开始疏果。一般在5月上旬开始，最好在25d内疏完，要一次疏果到位。疏果的标准应因树因地而异，疏果的原则是树势壮、土壤肥力水平较高者可多留，反之要少留。具体操作可参考以下疏果方法：

（一）果实负载量法

据单果重算出单株留果数量，然后再加上10％～15％保险系数。

例如鸭梨计划生产果实45 000kg/hm²，可留果270 000个左右。然后平均到每株所需果数，再根据树体大小和树势进行调整。

（二）叶果比法

盛果期梨树，中、大果型品种30～35个叶片留1个果，小果型品种25个叶片留1个果。

（三）枝果比法

即枝条与果实数量之比。枝果比是从叶果比衍生出来的，应用起来较叶果比简化实用。一般枝果比为（3.5～4.0）：1。

（四）果实间距法

果实间距法更为直观、实用。中、大型果每序均留单果，果实间距为25～30cm。

疏果和留果均应严格按操作规程进行。具体要求：中、大型果每花序留基部第一和第二位果；留果形长、萼端突出的果，疏去球形果、歪形果和小果；留枝条下方位和侧方位的果，疏去枝条背上的果；留有果台枝的果，疏去无果台枝的果。

（五）化学疏花疏果

近年来生长调节剂用于疏花疏果的研究很多。日本使用 2-亚氨挂苄基-3-羟基-1,4-萘醌药剂，自基部第一朵花开放起 1～2d 喷 5～10mg/kg 溶液，效果很好；3d 以后要增加浓度；进入结果时期，要 100mg/kg 以上浓度才有效。有时有的品种要用 500mg/kg 的浓度。对二十世纪、八幸、菊水等都有效，对新水、新雪无效。北京农业大学用 400mg/kg 萘乙酸钠溶液于盛花期喷洒鸭梨，150～300mg/kg 萘乙酰胺溶液于盛花后 10～30d 喷洒鸭梨均有较好的疏果作用，对洋梨亦有效果。用 20mg/kg 萘乙酸溶液于盛花后 14d 内喷洒，用 400mg/kg 乙烯利溶液于花蕾现红起到盛花期之间喷洒，都有良好效果，疏除量接近应疏标准，果大、品质好，无不良反应。壮树多喷，弱树少喷，外围多喷，内膛少喷。河北农业大学研究结果认为，于鸭梨盛花期喷 20mg/kg 萘乙酸溶液疏果效果达到人工疏果水平，萼片宿存率比高浓度的低；如初花期喷，萼片宿存多，影响品质。用 0.5 波美度石硫合剂于盛花期喷，或 0.3 波美度石硫合剂于初花期喷，疏除效果好。

四、果实套袋

（一）果袋选择

河北农业大学鸭梨课题组对 10 种果实袋进行连续多年的对比研究，结果表明，从纸袋对果实品质的影响、成本造价等方面综合考虑，生产上以使用全木浆黄色单层袋和内层为黑色、外层为黄色双层纸袋为宜。

（二）套袋时期

果实套袋宜在疏果后至果点锈斑出现前进行。套袋早晚对果品外观质量影响较大，过晚果点变大、锈斑面积增大；过早影响幼果膨大。套袋开始时间以盛花后 25d 左右为宜，持续 25～30d 套完。

（三）套袋方法

选定梨果后，先撑开袋口，托起带底，用手或吹气令袋体膨胀，使袋底两角的通气放水口张开，然后手执袋口下 2～3cm 处套上果实，从中间向两侧依次按折扇的方式折叠袋口，然后于袋口下方 2cm 处将袋口绑紧，果实袋应捆绑在果柄上部，使果实在袋内悬空，防止袋纸贴近果皮而造成磨伤或日灼。绑口时切勿把袋口绑成喇叭口状，以免害虫入袋和过多的药液流入袋内污染果面。

（四）套袋树的管理

套袋栽培不同于一般栽培模式，在整形修剪、施肥、花果管理、病虫害防治等方面均需加强管理，如控制树高在 3.0～3.5m，控制枝量，配方施肥，精细疏花疏果，严格进行病虫害防治。套袋前喷洒杀虫、杀菌剂，1 次喷药可套袋 3～5d，要分期用药、分期套袋，以免将害虫套入果袋内。套袋结束后要立即喷洒杀虫剂，主治黄粉虫、康氏粉蚧和梨木虱，果实生长期内要间隔 15d 左右用药。

五、适期采收

采收时期早晚对梨果的外观和内在品质、产量及耐藏性都有很大影响。采收过早，果个尚未充分膨大，物质积累过程尚未完成，不但产量低，而且果实品质差，同时由于果皮发育不完善，易失水皱皮；采收过晚，果实过度成熟，易造成大量落果，储藏过程中品质衰退也较快。过早、过晚采收都可能使某些生理病害加重发生。

适期采收就是在果实进入成熟阶段后，根据果实采后的用途，在适当的成熟度采收，易达到最好的效果。梨果的成熟度大致可分为 3 种：

（1）可采成熟度。此时果实的物质积累过程已基本完成，开始出现本品种固有的色泽和风味，果实体积和重量不再明显增长。此时果肉较硬，食用品质较差，但储藏性良好，适于长期储藏或远销外地。

（2）实用成熟度。此时果内积累的物质已适度转化，呈现本品种固有的风味，果肉也适度变软，食用品质最好，但耐储性有所下降。适用于及时上市销售、加工或短期储藏。

（3）生理成熟度。此时种子已充分成熟，果肉明显变软，食用品质明显降低，果实开始自然脱落，除用于采集种子外，不适用于其他用途。

第五节　整形修剪

一、梨树主要树形

我国梨区成年大树多采用主干疏层形，近年来为适应密植栽培和优质生产，树形发生了较大变化，目前生产上常用的树形如下：

（一）多主枝开心形

适合（3～4）m×（5～6）m 密度的梨园。干高 60cm，主干上配备 4～5 个主枝，主枝开张角度 50°～60°，其上直接着生中小枝组和短果枝群，无中心干，树高 3.0m 左右。该树形光照好，骨架牢固，丰产，易管理。

（二）单层一心形

适合（4～5）m×（6～7）m 密度的梨园。干高 60cm，具有明显的中心干，在中心干的下部错落着生一层主枝，主枝 3～4 个，层内距 50～60cm，主枝与中心干夹角 55°～65°，每个主枝上着生 2 个侧枝，其余为中小枝组。在中心干上不再培养主枝，而是每隔 40～50cm 配置一个大型枝组，树高 3.5m。该树形是原疏散分层形的改良树形，主从分明，适合做大树改造的树形。

（三）Y 形

适合（1～2）m×（4～5）m 密度的梨园。干高 40cm，主干上着生伸向行间的两大主枝，主枝基角 40°～50°，腰角 55°～60°，梢角 75°～85°，每个主枝上直接着生中、小型枝组和短果枝群，树高控制在 2.5m 左右。该树形成形快，结果早，有利于管理和提高果品质量。

（四）棚网架树形

适合（4～5）m×（6～7）m 密度的梨园。干高 50～60cm，主干上着生 4 个主枝，主枝向四角伸展，基角 50°，腰角 70°，主枝上直接着生枝组，引缚于网架上。棚网距地面 2.0m 左右，网线构成 50cm×50cm 网格。棚网架栽培，树冠扩展快、成形早、早期叶面积总量大，枝条利用率高，树势稳定，树冠内光照条件良好，生产出的果实个大均匀，品质好，但架材成本较高。

二、整形

（1）梨树树体顶端优势明显，极性强，对修剪敏感。整形期间尽量轻剪，勿修剪过重造成旺长。梨的成枝力弱，发枝少，开张角度小，因此主枝上发生长枝少，枝的密度小。在整形修剪一开始，就要注意开张枝条的角度，不使骨干枝单轴延伸过快，通过刻芽增加枝量。

（2）由于梨树先端优势特强，发枝少，开张角度小，枝条间生长势差异较大，因此中心干及主枝的延长枝常生长过强、上升及延伸过快，容易形成树冠抱合，上强下弱，主枝间、主侧枝间易失去平衡，对侧枝如不特别注意培养，甚至不能形成理想的侧枝；容易前旺后弱，前密后空。修剪时要控制中心干上升过快，放缓长势，控制上强。对主枝要使基角开张，一般可在50°以上。对日本梨等发枝特少的品种，主枝开张角度不宜小于60°或更大，以增加发枝，否则很容易在主枝上形成脱节现象，只发生较多的短果枝及短果枝群，侧生枝条既少又弱，这样的树产量

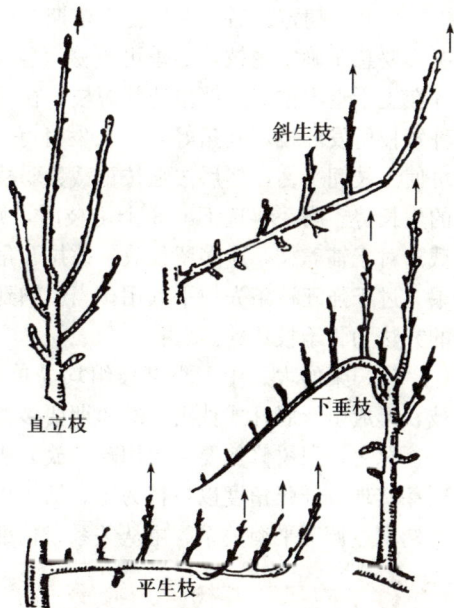

梨树的极性表现（箭头表示极性部位）
（仿郗荣庭，《河北经济林》）

低，易衰老。在梨树整形中使基角开张以后，每年还要注意梢角开张，如梢头上翘，则易前强后弱，使内膛光秃加快。为了多发枝，短截时，应在饱满芽前1～2个弱芽上剪截，这样可发生较多的长枝，且长势均匀，后部发生的短枝亦较壮。

（3）梨成枝力弱，对发生的长枝要尽量利用，以扩大早期枝叶量，争取早期丰产。特别对发枝很少的一些日本梨及鸭梨品种等要少疏枝，对发生的强枝尽量设法利用，通过改变方向、位置、长势，使其长成有用的枝。如直立旺枝，可采取长放结果，结果后即开张下垂转弱，再回缩利用或强拉使其平斜生长。对主枝背上发生的旺枝，可通过夏季摘心、扭梢，改变生长姿态加以利用。总之要多发枝、少疏枝、多利用。

（4）尽早注意主枝中后部枝组的培养，多培养背斜侧大、中枝组，控制主、侧枝先端延伸速度，防止结果后下部空虚无枝。保留下来的长枝实行长放，使之转化结果。

（5）梨树定植后第一年为缓苗期，往往发枝很少，亦很弱。这种情况不要急于确定主枝，冬季可不修剪，或者对所发的弱枝去顶芽留放，并在主干上方位好的部位选壮短枝，在短枝上方目伤，使明年发枝，这种短枝所发的枝，基角好，生长发育好。对留下的弱枝，仅去掉顶芽，可使主枝间平衡，然后按强枝重截、弱枝轻截的办法平衡留用主枝之间的生长势。当一年选不出 3 个主枝时，则对留下的主枝进行略偏重短截。对于辅养枝，应多留长放，撑拉开角，增加枝叶，使早成形、早结果。过于强旺枝条先拉平利用，当影响到骨干枝生长时，用缩、截、疏的方法为骨干枝让路。

（6）梨的大、中、小型枝组均易单轴延伸，所以应尽量使其多发枝，形成扇形展开式枝组，幼树期要多留早培养。

总之，梨树修剪要多采用疏、放方法，少短截、回缩。增加枝量靠刻芽实现，开张角度以拉枝为主。幼树尽量增大枝叶量，修剪宜轻；盛果期重点调节平衡关系、主从关系，精细修剪结果枝组。

三、不同年龄梨树整形修剪

（一）幼年树

幼年树时期包括幼树整形期和初果期，该时期树的修剪原则是以整形为主，兼顾结果，冬季修剪与夏季修剪相结合，使多形成枝叶，促进树冠扩大，提早成形和结果。

（1）除骨干枝的延长枝、大型枝组领头枝进行适度短截外，冠内多留枝、多长放，使留用的枝条尽快转化结果。当冠内枝条变密零乱后，根据骨干枝的安排，逐步选留大、中枝组，小枝组随大、中枝组的配置见缝插针留用，逐步疏删不必要的枝。对于留用的枝条，可分四类区别对待：第一类枝，对骨干枝延长枝生长有影响，要进行重剪，发枝后再进行长放，不能在骨干枝头附近直接长放；第二类枝，处于骨干枝的侧面，呈斜生状态，发展空间较大，可进行中截或轻截，促发分枝，培养成大型或中型枝组；第三类枝，处于骨干枝背上优势部位，直立强壮，有空间时压倒、压平长放，结果后视情况再进行改造，徒长性枝要疏除；第四类枝，为中庸枝、弱枝，一般均长放，促成花，早结果；处于大空间部位，需填补空间时，可以在该枝条上部深度刻伤，促使其转化成长枝。

（2）在骨干枝的背上，幼年期只留小型枝组，枝轴长控制在25cm以下，不留大型和中型枝组，如果势力转移，背上枝组转旺时，要及时进行夏剪或冬剪，剪时疏间强枝，留平斜弱枝。

（3）梨树成花容易，一般枝条长放后都能成花，所以在幼树期还需适当控制结果量，增加枝叶量，保证树冠扩展，使树冠内部形成丰满的枝组。进入结果期后，对树冠内长枝要区别对待，有长放、有短截，使每年在冠内形成一定量的长枝，长枝应占全树总枝量的1/15左右。如发生的长枝少，说明修剪量轻，需增加短截数量，如发生的长枝量大，说明修剪过重，需减少短截量，多留枝长放，目的是保证树体健壮，为盛果期丰产打下良好基础。

（二）盛果期树

盛果期树修剪的原则是调整树势，维持良好的平衡关系和主从关系，及时更新枝组，保持适宜枝量和枝果比例，使结果部位年轻，结果能力强，改善冠内光照条件，确保梨果的高品质。修剪应注意以下几点：

1. 骨干枝修剪 维持骨干枝单轴延伸的生长方向和生长势，调整延长枝角度，对逐渐减弱的骨干枝延长枝适度短截。利用交替控制法解决株间枝头搭接问题。

2. 结果枝组修剪 结果枝组内结果枝数和挂果量要适当并留足预备枝，中、大型结果枝组应壮枝壮芽当头，年年发出新枝。枝组间要应有缩有放，错落有致。内膛枝组多截，外围枝组多疏枝少截，以确保内膛枝组能得到充足光照，维持较强的生长和结果能力。内膛发生的强壮新梢可先放后截或先截再放，培养成新结果枝组代替老枝组。利用回缩法及时更新细弱枝组。

3. 短果枝群的修剪 以短果枝群结果为主的品种，盛果期应进行精细修剪。每个短果枝群中以不超过5个短果枝为宜，其中留2个结果，2~3个做预备枝，破顶芽。修剪应去弱留强、去平留斜、去远留近。

4. 徒长枝修剪 骨干枝背上发出的徒长枝，有空间时利用夏剪摘心或长放、压平等方法培养成枝组，无空间则疏除。

四、树体改造

生产优质梨必须控制产量，要控制过高的产量，首先要减少枝量，在此基础上确定合理留果量。此外，果实套袋、人工授粉、病虫害防治、果实采收等都需低冠条件更便于操作。因此，有必要调整树体结构以适应新的栽培方式。树体改造研究结果表明，20多年生大冠稀植树，可通过降低树高、减少中上部大枝量，改造成单层一心形或双层半圆形，树高控制在3.5m左右；10多年生树，栽植密度为3m×5m或4m×6m的梨园，可将中央领导干形改造成多主枝开心形。盛果期产量控制在37 500～45 000kg/hm²。

第三章
桃

第一节　种类和品种

一、种类

　　桃在植物学上属于蔷薇科（Rosaceae）桃属（*Amygdalus*）桃亚属。桃亚属共有 6 个种，即桃、山桃、光核桃、新疆桃、甘肃桃、陕甘山桃。

　　1. 桃　桃（*Amygdalus persica*）又名毛桃、普通桃。果实圆形，果面有毛。冬芽密被毛，叶片椭圆披针形，其侧脉未达叶缘即结合成网状，叶缘锯齿较密。核大，长扁圆形，表面有沟纹。本种栽培品种最多、分布最广，也是我国南北方栽培桃的主要砧木。桃有 3 个变种：

　　（1）蟠桃。蟠桃（*A. persica* var. *compressa*）果实扁平形，果顶处平或凹陷，核小而圆。品种较多，分有毛与无毛 2 种类型。

　　（2）油桃。油桃（*A. persica* var. *nectarina*）又称光桃、李光桃。果皮光滑无毛，果形圆或扁圆。

　　（3）寿星桃。寿星桃（*A. persica* var. *densa*）树体矮小，约为普通桃树的 1/3。有红花、粉红花、白花 3 种类型。一般作观赏用，可作桃的矮化砧木或矮化育种原始材料。

　　2. 山桃　山桃（*A. davidiana*）产于我国华北、西北山岳地带。小乔木，树干表皮光滑，枝细长。果实圆形，成熟时干裂，不能食用。核圆形，表面有沟纹、点纹。耐寒、耐旱性强。有红花、白花 2 种类型。山桃是我国北方主要的桃树砧木类型。

　　3. 光核桃　光核桃（*A. mira*）野生分布于西藏高原及四川等地。乔木，枝细长，小枝绿色。花白色，单生或 2 朵齐出。果近球形，稍小。核卵形，扁而光滑。果可食用或制干。

4. 新疆桃 新疆桃（*A. ferganensis*）产于中亚。叶片侧脉直出至叶缘时不结成网状。核表面有沟纹。广泛分布于南疆、北疆、东疆各地，多数甜仁桃属于此类。

5. 甘肃桃 甘肃桃（*A. kansuen*）产于陕甘地区。冬芽无毛，叶片卵圆披针形，叶缘锯齿较稀。核表面有沟纹，无点纹。花柱高于雌蕊。

6. 陕甘山桃 陕甘山桃（*A. potaninii*）产于西北地区。叶基部圆形，锯齿圆钝。核椭圆形。

二、品种

目前全世界桃的栽培品种有 4 000 多个，我国各地主栽的品种与品系有 1 000 个左右。生产上依果实发育期的长短不同，将桃品种分为早熟品种、中熟品种、晚熟品种。生产上已推广的品种有：

（一）早熟品种

果实发育期不足 100d 的品种属早熟品种。

1. 黄水蜜 果实椭圆形；果面底色金黄、着色鲜红，果皮厚，易剥皮；平均单果重 200g，最大单果重可达 280g；果肉亮黄色，硬溶质，汁多，味甜，香气浓郁；离核；有花粉；丰产；在河南郑州地区 6 月 25 日左右成熟。

植株长势旺盛，树姿开张，萌芽力、成枝力均强。盛果期各类果枝均能结果。复花芽占 58.3%，花芽的起始节位低。大花型，花粉多，成花容易。

2. 春艳 露地栽培，在山东栖霞 6 月 20 日左右果实成熟，果实发育期 95d 左右。果实平顶、近圆形，缝合线较深，两半部基本对称，平均单果重 130g，最大单果重 280g。果面底色为乳白至乳黄色，色泽鲜红。果肉乳白色，可溶性固形物含量 11% 左右，纤维少、汁液多，粘核，风味甜、桃香味浓郁。

该品种极易形成花芽，花粉多，早产、丰产，生产上应注意疏花疏果，加强早期肥水管理和磷、钾肥的施用。需冷量低，是理想的促成栽培和露地栽培早熟品种之一。

3. 早魁蜜 由江苏省农业科学院园艺研究所育成的蟠桃鲜食新品种，在江苏南京地区果实于 7 月初成熟。

该品种树势强健，树姿较开张，复花芽多，有花粉，花粉量多，以中、长果枝结果为主，丰产性好。平均单果重 130g，最大单果重为 180g。果形扁平，果皮底色乳黄色，果面有玫瑰红晕。肉质柔软多汁，风味浓甜，有香气，可溶性固形物含量 12％～15％。

（二）中熟品种

果实发育期为 100～120d 的品种属中熟品种。

1. 豫甜　由河南农业大学育成的鲜食加工兼用品种。果实发育期 100d 左右，在河南郑州地区果实于 7 月中旬成熟。

该品种树势健壮，树姿半开张，长枝多而粗壮，以中、长果枝结果为主，复花芽多，有花粉，花粉量多，丰产。平均单果重 180g，最大单果重 865g。果实近圆形，果皮底色黄白色，缝合线两侧及阳面着鲜红色晕，果皮易剥离。粘核，果肉乳白色，肉质硬溶，可溶性固形物含量 12％～14％，食味浓甜，品质上等，六成熟即脆甜可食。果皮较厚，耐贮运性强。

2. 中油蟠 1 号　由中国农业科学院郑州果树研究所选育的油蟠桃鲜食品种。果实发育期 120d 左右，在河南郑州地区果实于 7 月底成熟。

该品种树势中庸，树姿较开张，各类果枝均能结果，复花芽居多，有花粉，花粉量大，丰产性好。平均单果重 90g。果实扁平，果皮光滑无毛，果顶扁平凹入，果皮底色浅绿白色，果顶有红色斑点或晕，外观美。粘核，果肉乳白色，肉质硬溶，汁液中等，风味浓甜，可溶性固形物含量 15％～17％。在多雨年份有裂果现象。

3. 中油蟠 9 号　中国农业科学院郑州果树研究所培育。中熟油蟠桃，大果型，平均单果重 200g，大果 350g；果形扁平，果肉黄色硬溶质，肉质致密，风味浓甜，品质上，可溶性固形物含量 15％，粘核。丰产，耐储运。郑州地区 7 月上旬成熟。

4. 风味太后　中国农业科学院郑州果树研究所选育。中熟油蟠桃，单果重 110g 左右。果实扁平形，果顶凹入，外观金黄，几乎不着色，精致美观。果肉金黄色，硬溶质，风味甜香，品质极上，可溶性固形物含量 16％～18％，粘核。有花粉，极丰产。郑州地区 7 月中下旬成熟，果实发育期 105d 左右。风味太后是特色精品油蟠桃，是高档礼品首选。适合淮河以北干旱半干旱地区栽培

（三）晚熟品种

果实发育期 120d 以上属晚熟品种。

1. 秋蜜红　由河南农业大学育成的晚熟鲜食新品种，2013年通过国家审定。果实发育期155d左右，在河南郑州地区果实于9月上中旬成熟。

该品种植株长势中庸，树姿开张，以中、长果枝结果为主，复花芽多，小花型，有花粉，花粉量多，自花授粉结实率高，丰产性好。平均单果重336g，最大单果重438g。果实近圆形，果皮底色黄白色，全面着鲜红到紫红色晕，整个果面红白相衬，观感鲜艳，是晚熟品种所少见的，果皮可剥离。粘核，果肉乳白色，肉质硬溶，可溶性固形物含量15%～18%，果汁黏稠似蜜，风味浓甜，品质极上。果皮厚，耐贮运。

2. 秦王　果实圆球形，果个特大，平均单果重205g，最大单果重650g。底色白，阳面玫瑰色并有不明晰条纹。在陕西关中地区，秦王桃3月中旬萌芽，4月上旬开花，8月上中旬果实成熟，果实生育期130d左右。

该品系树势强健，树姿半开张，一年生枝褐红色，粗壮，长果枝节间长2.0～2.5cm，叶为宽披针形，较大，平展，浅绿色，叶缘钝锯齿状。花蔷薇型，花瓣较大，粉红色，有花粉，能自花结实。

3. 京艳　由北京市农林科学院林业果树研究所培育的鲜食与罐藏加工兼用品种。果实发育期120d左右，在郑州地区果实于7月底至8月初成熟。

该品种树势较旺盛，树姿开张，各类果枝均能结果，复花芽多，有花粉，花粉量多，极丰产。平均单果重160g，最大单果重210g。果实近圆形，果皮底色黄绿色，近全面着稀薄的鲜红或深红色点状晕，果皮易剥离。粘核，果肉白色，肉质致密，完全成熟后柔软多汁，风味甜，有香气，品质上等，罐藏性优良。

第二节　建园和栽植

桃是多年生经济作物，一经栽植就会在原地生长20年以上，所以园地的选择、果园规划、品种的选择都十分重要。

一、建园

（一）园地选择

桃在海拔400m以下的地区，无论是平原还是坡地、河滩、丘陵、山地，均可种植。但以土层深厚、沙质壤土、水源方便、自然排水流畅、交通方便的地区建园最好。土质黏重地、低洼地、重盐碱地不宜建园。

（二）果园规划

园地规划包括小区规划，防护林的营造，桃园内的道路和排灌系统规划。小区规划应考虑地形，使区内小气候大体一致和便于运输，平地桃园小区面积以 1.7～2.0hm² 为好，山坡地以 0.5～1.0hm² 为宜。桃园道路的设置应便于栽培管理、输送肥料、喷洒农药以及采收和运送果实。桃园的排灌系统包括排水和灌水两部分，要做到旱能浇、涝能排。如果用井水灌溉，每 6.7hm² 要有 1～2 口井，有条件的桃园可建立喷灌和滴灌系统，以节约用水和改善桃园的微环境。

建园应注意的问题

桃园的园址不同，存在的主要问题不同，建园时应根据具体情况做好相应的工作。

1. 在河滩地建园　在河滩地建园时因桃树不耐涝，要求常年地下水位在 1.5m 以下，高出 1m 时应采取高畦或台田种植，增加土层的深度，并要开挖排水沟。

2. 在平地、丘陵地建园　平地、丘陵的表土下有板结的黏盘层或僵石层，建园前应先深翻打通；漏水、漏肥的粗沙地，应进行客土改良或挖槽填施秸秆、土杂肥。

3. 在山地建园　在山地建园者应选背风的缓坡地栽植。坡度在 30°以下，土层深厚，排水良好，阳光充足，宜生长。东、西、南、北坡均宜种植。南坡阳光充足，土壤温、湿度变化大，可以提高果实品质；北坡保水保肥能力较强，果实成熟略迟。但干旱地区的西坡和西南坡易引起日灼病。在山地、丘陵地栽植桃，土壤易被冲刷，使土壤理化性质恶化，肥力降低，严重的还会导致塌方，常造成桃根部裸露，影响生长和结果，因此必须修筑梯田。修筑梯田可以减少水土流失，便于农事操作，提高劳动效率，加厚土层，使土壤疏松，有利于根系发育。

梯田的阶面大多筑成水平式。修筑时沿山坡自上而下，每隔一定距离按水平线将坡面破开，铺成平面，就成为梯田。梯面的宽窄根据坡度大小而定。坡度大，梯田要窄；坡度小，梯面要宽。在开面时，将土壤表土和底土分开，修筑梯壁时按原来的土壤层次填上土壤。梯壁最好用山石筑成。在梯面的内侧挖一条排水沟，以防雨水过多冲坏梯壁，并在梯田两侧挖排水沟，引水流入山下。

4. 在大风地段建园 农谚说："迎风李，背风桃。"说明在迎风的地方不宜栽种桃。大风是栽培桃的大害，花期风大减少昆虫活动，影响授粉，从而影响坐果率；果实膨大期风大，造成落果而影响产量。因此，在风大的地方建园要营造防护林。防风林带的有效距离一般为树高的 20 倍左右，因此每隔 200～300m 就应栽植不同行数的防风林带。果园外围的迎风面应有主林带，一般 6～8 行，最少 4 行。果园面积较小，可在果园外围迎风面栽几行即可。林带要高、中、矮树种相配合。靠近桃树的内缘宜栽灌木，外缘可栽易成活、好管理、生长比较迅速，不易传染病虫害的阔叶树。如果在山地种桃，应选背风的坡向建园。

5. 老桃园地 老桃园土壤中残留有腐烂根系，容易传播根部病害。土壤中还含有扁桃苷（在水解时产生氢氰酸和苯甲醛），能杀死新根，抑制根系生长，造成新栽桃树根系生长缓慢，且易患干腐病、流胶病和根癌病，往往表现为生长弱，甚至有死树的现象。所以栽植桃不宜重茬。如果一定要在老桃园定植，应注意除尽残根，深耕并多施有机肥，并种植绿肥、瓜菜和豆科作物进行土壤改良，相隔 2～3 年再栽植桃为宜，忌连作。

二、栽植

（一）品种选择

栽植桃，必须充分了解市场，掌握动向，因地制宜，合理安排品种，扬长避短，发挥优势；切不可不加分析，别人种什么自己就种什么，盲目跟从，造成不必要的经济损失。一般应注意以下几点：

1. 适地适树，因地制宜 尽管桃树的适应性强，但具体到某一个地区的自然条件，品种间的适应性是不同的。因此，建园时要根据品种特性和当地的自然条件，选择适合当地的品种，做到"适地适树"，只有这样才能发挥优良品种的特性，产生最大的经济效益。

2. 早、中、晚熟品种配套　桃果不耐贮运，鲜果采收后 3～5d 得不到及时处理就会腐烂，因此栽种时无论鲜食还是加工品种，栽培面积大时要注意早、中、晚熟品种配套，其比例一般为 4∶3∶3。这样一方面可以延长果实的供应期，另一方面又可避免成熟期过分集中，人力、物力紧张而影响果实的采摘质量和销售。但同一果园内的品种不宜过多，一般 3～4 个最好。

3. 关注市场需求　应根据各地市场的需求情况选择品种，尤其要注意发展市场上缺少的断档品种。比如在城市郊区可发展一些极早熟和极晚熟品种，调节城市市场供应；在农村则应发展 6 月底至 7 月初成熟的品种，满足农民麦收后走亲访友时的市场需要。外销的桃果也需要考虑外销市场的需求时期和需求量。

4. 考虑市场的远近　根据当地交通条件选择品种。交通条件好，距离销售市场近的可选择水蜜桃品种；距离较远的可选择肉硬、耐贮运的品种。

5. 适宜授粉品种的搭配　桃的大多数品种是两性花，可以自花结实，但若能和其他同期开花的优良品种配合栽种，则可明显提高果实的产量和质量。尤其是无花粉的品种如砂子早生、仓方早生、秋硕等，必须配置 30%～50% 的授粉树。授粉树必须与主栽品种花期一致，亲和力强，花期长，花粉多，与主栽品种有同等的经济价值，并且要求授粉树在全园中分布均匀。

（二）栽植方式

桃树栽植方式很多，常用的有以下几种：

1. 长方形栽植　行距大于株距，植株成长方形排列，是目前生产上广泛应用的一种良好的栽植方式。其优点是通风透光好，便于行间管理，有利于田间作物的生长。

2. 正方形栽植　正方形栽植是行距和株距相等，植株呈正方形排列。其优点是果园内光照分布均匀，通风透光较好，有利于树冠的发展，便于纵横交叉耕作。缺点是不便于间作和管理，密植情况下容易出现果园郁闭。

3. 宽行密株栽植　宽行密株栽植就是行距特宽、株距特窄，是长方形栽植的一种演变形式，适于密植栽培。一般行距宽 3～5m，株距窄至 1～2m。其优点是用"密株不密行"解决桃园的通风透光问题，并有利于果园管理和果园间作，是目前新果区种植桃树的一种较好的方式。

4. 等高线栽植 山地果园一般用等高线栽植法。每层梯田上栽植 2 行桃树，株距 4m 或 3m 均可。

（三）栽植密度

桃树的芽具有早熟性，一年分枝次数很多，树冠增长很快，加上其喜光性很强，若想提高产量，应适当密植，但不可过度。过度密植的情况下树冠内外郁闭，光照不良，会使树冠中下部的结果枝大量枯死，产量很快下降，即使初期产量可以提高，但多果实小、品质差，缺乏市场竞争力，因此桃树栽植密度不能过大。

1. 一般桃园的栽植密度 在土、肥、水较好的平原，一般每 $667m^2$ 栽 33～37 株（株行距 4m×5m 或 3m×6m）；在土地瘠薄的丘陵、山地每 $667m^2$ 可栽 55～67 株（株行距 3m×4m 或 2m×5m）。

2. 高密桃园的栽植密度 如果进行高密栽培，应利用矮化砧木或生长抑制剂多效唑进行控制，并选择适于密植的树形，每 $667m^2$ 可以栽植 111～222 株（株行距 2m×3m 或 1m×3m）。

3. 计划密植 就是先密植后稀植的桃园。这种桃园在定植的时候，要确定永久株和临时株（加密株），等到树冠相接、果园郁闭时，伐除临时株。这种栽培方式，既可获得早期丰产，又能避免密植桃园后期郁闭而带来的副作用。

目前国内桃计划密植建园时一般采用 2m×2m、3m×2m 和 3m×3m 的株行距，并确定出临时株和永久株。栽培过程中对永久株按照已定的树形进行正常修剪；对临时株则应采取一切技术措施控制树冠，促使其早结果、早丰产，修剪时不考虑树形，为永久株让路。随着树龄的增长，树体的扩大，当树冠搭接时，要逐年回缩临时株，使它不影响永久株的生长，到不宜再回缩时可将临时株伐除，以保证永久株长期生长结果。桃树一般是在第五个生长季节的果实采收后伐除临时株，伐除后就成了 2m×4m、3m×4m 和 3m×6m 的株行距。

（四）定植时间

春、秋两季均是栽植桃的季节。北方桃的定植时期多数选在土壤完全解冻到树木萌芽前的春季。由于冬季寒冷，秋季定植后还要培土防寒，严寒和干燥影响幼树成活。春季定植，定植后马上进入生长季节，有利于树体成活和生长。我国南方地区大多在秋季落叶后至地面冻结前定植。秋季定植挖苗时造成的根部伤口当年可愈合，并能很快发生新根。来年春季及时生长，成活率高，生长良好。

（五）芽苗的栽植要点

栽植芽苗要达到1年成形、2年见果、3年投产的目的，必须掌握以下栽植要点：

1. 挖大坑、施足基肥 如铅笔般粗细的芽苗，想要在当年长成幼树（树高 1.5m，冠幅 1.5m，干高 20cm 处直径 3cm 左右，主枝 3 个，侧枝 6 个，长度 30cm 以上的枝条 40 个，部分枝条上形成花芽），没有很好的土肥条件是不行的，因此要求定植前 1～2 个月挖好定植坑，坑大小为 1m³ 或 80cm³。挖坑时表土与心土要分开堆放。定植前先将表土填入坑里，再将心土与有机肥 25～35kg、过磷酸钙 1kg 混合搅拌均匀后回填到坑里，充分踏实。土壤质地不好的应尽量换入好土，土壤过黏的可混入适量细沙，纯沙地可混入适量黏土。

2. 先浇水，后栽苗 坑土填满踏实后充分灌水，渗透，使坑土进一步沉实，这样可以避免先栽苗后浇水造成的苗木下陷、接芽埋没土中的现象，并使底墒充足，引诱根系向深处伸展，对保证芽苗的成活和旺长有积极的作用。

3. 浅栽苗，立即剪砧 栽植穴灌水后下陷的深度若在 30cm 左右，即可将坑土做成馒头形，将苗木直接放入，为防止萌芽后风将芽条吹劈，接芽应在迎风面，并使根系全部展开，封土栽植。若陷坑深度不够，可用锹适当加深，但切记根系入土深度宜浅不宜深。苗木的根颈部分（苗木根系与地上部分的交界处）应和地面平齐。第一次封土后要充分踏实，使根系和土壤充分密接，再浇少量水，第二次封土、踏实。

4. 芽苗定植后的管理 春季芽苗栽植后即可剪除接芽以上的砧木。剪口的位置在接芽上方 0.5cm 左右处。留桩过高会影响愈合，形成干橛；留桩过低，会使接芽干枯而死。也可先在接芽上方 2cm 处剪去砧木，待接芽萌发成芽条后，再进行二次剪砧，既保证了接芽萌发，又保证了伤口的愈合。如果秋冬栽种，剪砧后应封土堆防干、防冻。翌年春季除去土堆，促进发芽。整个栽植过程应严格，避免碰落接芽。

（六）成苗的栽植和管理

成苗栽植前的挖坑、施肥、灌水、定植的方法与芽苗栽植基本一样。桃成苗定植后，应立即定干。一般保留干高60cm进行剪截，在剪口下20cm的整形带中若有分枝，可以用作主枝的予以保留，并短截至饱满芽处，令其生长形成新的树形。

第三节 土肥水管理

一、土壤管理

（一）扩穴

每年秋冬季节对桃树进行深翻扩穴，采取放射沟的方法，在离树0.5m处开深0.6m、宽0.5m的放射沟，在挖出的土壤中可混入土杂肥，当天回填后灌足水，每隔3～4年对全园深翻一遍。

（二）压土

压土的方法是把土块均匀分布全园，经晾晒打碎，通过耕作把原先的土壤与后来压入的土壤逐步混合起来。压土厚度要适宜，过薄效果不明显，太厚通气不良，对桃树根系生长不利，一般压土厚度为5～10cm，经3～4年再压一次。压土在我国南北方均可采用，具有增厚土层、保护根系、增加营养、改良土壤结构等作用，因水土流失而使耕作层变浅、根系裸露的桃园，压土效果则更显著。压土最好在冬季进行，这样不仅可起到冬季覆盖提高土温的作用，而且土壤经风化沉实的时间较长，便于第二年耕作。压土工作要连年进行，土质黏重的应压含沙质较多的疏松肥土，含沙质多的可培塘泥、河泥等较黏重的肥土。

（三）深翻

深翻可熟化桃园土壤，是桃树增产的基本措施。桃园深翻结合施肥可以改善土壤的通气性和透水性，能调节土壤温度，促进微生物活动，从而使土壤的理化性质得到根本改善，促使土壤团粒结构的形成，提高土壤肥力。同时，深翻难免会切断一部分根系，等于对根系进行了修剪，可以增生须根，扩大总根量，增大吸收地下养分的总面积，明显促进桃树的生长发育，使果大、质优，连年丰产。因此，桃园一定要进行深翻改良土壤的工作。深翻的方法有：

1. 逐年扩穴 栽后第二年原来的定植穴已布满根群，根系再向外扩展已受到影响，因此应在树冠外缘逐年挖深、宽各 40cm 的环状沟。在沙石地桃园还需进行挖沙石换土的工作。

2. 行间、株间深翻 土壤黏重的桃园，宜在行间、株间进行深翻，深度 60cm 左右，并可结合施肥进行。

3. 全园深翻 对密植桃园和大树桃园，可结合施肥进行全园深翻。其深度一般是从树冠下开始，由里向外逐渐加深。靠近树周围宜浅，约 10cm，树冠周围可深些，20～30cm，行间可深至 40cm。

桃园深翻、扩穴一年四季均可进行，一般 9～10 月结合秋施基肥进行较好。此时地上部分生长已减缓，养分开始积累，深翻施肥后正是秋季根系生长的高峰，伤口愈合快，并能很快生出许多新根，再结合冬灌，使根系与土壤密接，有利于翌春根系生长。

（四）间作

幼龄桃园行内有一定的空地，为了充分利用土地和光能，可播种一些间作物来增加收入，但间作物栽种应注意以下几点：

1. 间作物的选择 桃园间作物一般可选用绿肥、豆类、花生、薯类、草莓等矮秆作物。蔓性作物如黄瓜、丝瓜不宜作为间作物，以防止藤蔓缠绕果树。高秆的玉米、高粱也不能作为间作物，因为它们生长速度快、植株高大，影响桃树的通风透光。蔬菜也不宜间作，尤其是秋菜对桃树的影响大，因为进入秋季桃需要控水，以防后期旺长消耗营养，而秋菜此时正值需水之际，两者之间的矛盾不好解决。此外，选择间作物时还应考虑病虫害，如棉花可招致蚜虫、红蜘蛛危害；番茄、黄瓜在沙地能使根结线虫加重，均不宜作为间作物。

2. 树盘处理 无论间作哪种作物，都必须留出树盘，间作带应距离树冠地面垂直投影外围 33.3cm 以上，防止间作物影响桃树形的形成。

3. 施肥管理 间作物也要吸收肥料，因此桃园间作之后，要加强肥水供应，避免间作物和桃争夺养分。

4. 间作年限 间作年限以不影响桃生长为原则，行间大的桃园间作的时间可长些。

（五）其他措施

1. 中耕除草 中耕除草又称清耕法，适用于平地成龄树桃园。生长季节，通常在灌水或降雨后，当土壤不黏时及时进行中耕除草，可以使土壤疏松通气，防止板结，保持墒情，有利于土壤微生物的活动和桃树根系的生长，有利于难溶养分的分解，从而提高土壤的肥力。中耕除草，在一定时间内可控制杂草的生长，减少杂草对土壤养分和水分的消耗，减少某些病虫害的发生。因此，生长季节桃园要进行中耕除草。

中耕深度随生长季节而异。早春灌水后中耕宜深些，达8～10cm，并把土壤整理细碎，以利保墒。硬核期应进行浅耕除草，约5cm深，尽量不伤及新根。雨季（7～8月）只需除草，不必松土，以利雨后园中径流的水分和土壤水分蒸发。晚秋在大部分品种采收后中耕，也可适当加深，以便松土、通气，促进根系秋季生长，恢复树势和贮藏养分。

2. 覆草　适合山地与干旱地区应用。幼龄桃园树盘下覆草、成龄桃园全园覆草（杂草、麦秸等），覆草厚度20cm左右，可抑制杂草的生长，减少水分蒸发，提高土壤湿度；覆草腐烂后可增加土壤有机质，改善土壤团粒结构，提高土壤肥力，并能调节地温，早春可提高地温1.8～2.6℃，夏季可使地表温度下降6.2℃，有利于桃树生长。以后逐年加厚10cm，4～5年后耕翻，重新覆盖。在土壤水分较少的山地、干旱地区覆草，具有良好的保水效果；在盐碱地还可以防治或减轻土壤盐渍化。多年长期的覆盖，使土壤表层温度、湿度较适宜，有利于桃根系生长。

但是覆草也有如下缺点：

（1）覆盖使桃树根系集中于表土层，抗旱、抗寒能力下降，一旦中断覆盖即对果树不利，因此应有意识进行深施肥，引诱根系向下生长。

（2）覆盖物易隐藏病虫害，增加病虫害的防治难度，要注意树冠下的杀菌消毒。

3. 清耕覆盖　春季桃园进行中耕除草，保持清耕，后期种植绿肥作物。山地、平原均可应用。这种方法可以保证桃生长前期水分和养分的供应；既可防止杂草生长，又可消耗土壤中多余的水分；既避免了绿肥与桃树争夺水分和养分的矛盾，又可增加土壤有机质的含量，改良土壤结构，提高土壤肥力。

4. 生草法　树盘内进行中耕除草，株行间种草或自然生长杂草。适合山地桃园应用。这种方法既可以防止山地水土流失，又有利于增加土壤中有机质的含量，改良土壤结构，提高土壤肥力。

二、施肥管理

（一）施肥方法

施肥方法直接影响施肥效果。正确的施肥方法是将有限的肥料施到果树吸收根分布最多的地方而又不伤大根，从而最大限度地发挥肥效。桃园常用的施肥方法有以下几种：

（1）环状沟施肥法。就是在树冠的外缘挖环状沟。沟宽 40cm，沟深要视主要吸收根分布深度而定，一般为 20～50cm。基肥可以较深，追肥适宜较浅。将肥料施入沟中与土壤拌匀后覆土。这种方法多用于幼树。

（2）猪槽式施肥法。就是将环状沟中断为 2～4 个猪槽式的沟，每次施肥最好更换挖沟位置。这种方法比环状沟施肥法省工、省肥，也少伤根。

（3）放射沟施肥法。在树冠下距主干一定距离的地方开始，以主干为中心向外呈放射状挖沟 3～5 条，沟宽 30～40cm，沟深 15～40cm（近干处较浅，离干渐远渐深），沟长视树冠大小而定，以沟的外端超过树冠在地面的垂直投影为好。施入的肥料与土壤拌匀后覆土。每次施肥放射沟的位置要错开。这种方法适合成年树。优点是伤根少，施肥面积也较大。

（4）条沟施肥法。在桃树行间或株间开沟施肥。沟宽 50～60cm，沟深 40～50cm，施入的肥料与土壤拌匀后覆土。注意每年行间、株间轮换位置，使不同部位根部逐年都得到肥料。

（5）全园撒施。将肥料均匀撒在园内，再用人力或畜力翻入土壤。此方法用于密植园或根系已布满全园的成年桃园。优点是施肥的面积大而均匀，省工；缺点是容易将根系引向表层土壤。

（二）基肥

实践证明冬季农闲施基肥没有秋施基肥效果好。因为秋季（9～10月）地温较高，有利于肥料的腐烂分解；秋季正值桃树根系的第二次生长高峰，因施肥受伤的根容易愈合，并能发生新根；秋季根的吸收能力强，可促进当年的光合作用，增加树体的营养贮备量，有利于花芽发育充实，并为翌年春季发芽、新梢生长、开花坐果提供物质基础。此外，秋施基肥比冬施基肥肥效发挥早。因此，秋施比冬施更能减缓翌年新梢的长势，避免新梢旺长和果实发育的矛盾，减少生理落果。

基肥一般以迟效性有机肥为主。这类肥料含有丰富的有机物质，营养成分比较全面。施用有机肥料不仅可以为桃的生长发育提供丰富的养分，还有利于改善土壤的胶体性质和土壤结构，增加透气性，促进有益微生物的活动，增强土壤的保肥蓄水能力，增加土壤可吸收态矿质元素的数量。实践证明，多施有机肥是提高果实风味品质的重要措施。常用的有机肥有厩肥、堆肥、人粪尿、禽粪、饼肥、秸秆等，并且配合施用适量的氮、磷、钾化学肥料，尤其是磷肥与有机肥混合腐熟后施用，肥效比单一施用磷肥或有机肥更好。

（三）追肥

追肥应在桃树需要补充营养的关键时期施入，一般每年桃园追肥2～3次。具体的追肥次数和时期根据品种、产量、树势来定。追肥一般以速效性肥为主。

1. 追肥时期　桃树需要补充营养的关键时期如下：

（1）萌芽前追肥。春季化冻后施入，以速效氮肥为主，主要是针对树势较弱、产量很高的大树，补充上年树体贮藏营养的不足，促进根系和新梢的前期生长，保证开花和授粉受精的营养需要，提高坐果率。

（2）开花后追肥。落花后进行，以速效氮肥为主，配合磷、钾肥。主要是补充花期对营养的消耗，促进新梢和幼果的生长，减少落果，有利于极早熟品种的果实膨大。树势旺的可不施。

（3）硬核期追肥。果实硬核期开始施入（河南中部地区为5月中下旬）。此时正是花芽分化前期，需要大量营养，是全年最关键的一次追肥，应以钾肥为主，配以氮、磷。对早熟品种来说，这次追肥可以促进果实膨大。

（4）采前肥。又称催果肥，中、晚熟品种在果实采前的15～20d追肥，氮、磷、钾肥结合，促进果实膨大，提高果实品质。

（5）采后肥。又称"月子肥"。主要是针对中、晚熟品种或弱树，而幼旺树不宜施采后肥。在果实采后追施，应以氮肥为主，配合磷肥，用以补充树体营养消耗，增强叶片光合作用和秋季物质的积累。

2. 叶面喷肥　叶面喷肥又称根外追肥，就是把肥料配成水溶液，用喷雾器直接喷到叶片上，直接供叶片吸收利用的追肥方法。肥料通过叶片表面气孔进入叶内，然后被运送到树体的各个器官，喷后15min至

2 h即可被叶片吸收利用。

(1) 叶面喷肥的特点。这种追肥方法简单易行，用肥量少，发挥作用快，能及时满足树体急需，而且不受养分分配中心的影响，可避免土施磷、钾元素在土壤中被固定的损失。有时，还可将肥料与农药同时喷洒，能节省大量人力，尤其是缺水地区、缺水季节、不便施肥的山坡地、盐碱地更有使用价值。

(2) 叶面喷肥的作用。叶面喷肥可使叶片增大、增厚，增加坐果率，提高果实品质。喷氮能增强叶片的光合作用；喷磷能促进根系生长；喷钾能促进新梢和果实的生长，提高果实含糖量。

(3) 桃树叶面喷肥的常用浓度。桃树上常用的各种肥料的喷施浓度：尿素0.3%～0.4%，硫酸铵0.4%～0.5%，磷酸二铵0.5%～1%，磷酸二氢钾0.3%～0.5%，过磷酸钙0.5%～1.0%，硫酸钾0.3%～0.4%，硫酸亚铁0.2%，硼酸0.1%，硫酸锌0.1%，草木灰浸出液10%～20%。与农药混用时，请仔细阅读农药说明书。

温馨提示

　　叶面喷肥时还应注意：喷肥的浓度，幼树比成龄树的要低些；喷肥应在晴天进行，夏季中午炎热时不能喷肥，以免因气温高、蒸发快使得肥液浓缩太快而发生肥害；叶背面气孔多，为了有利于肥料的吸收和渗透，叶面喷肥时要求将叶片背面喷布均匀而周到；喷肥后15d效果明显，20d后效果逐渐下降，到25d后肥效完全消失。因此如想某个关键时期发挥作用，最好每隔15d喷1次。

三、水分管理

桃树树体的生长，土壤营养物质的吸收，光合作用的进行，有机物质的合成和运输，细胞的分裂和膨大等一系列重要的生命活动，都是在水的参与下进行的，因此，水分供应是否适宜是影响桃树生长发育、开花结果、高产稳产、果实品质的重要因素。桃树灌水的时期、次数、灌水量主要取决于降雨、土壤性质和土壤湿度及桃树不同生育期的需水情况等。

(一) 时期和作用

一年中若下列几个时期土壤含水量低，应及时灌溉。同时应注意每次土壤追肥后马上灌水。

1. 萌芽前 为保证萌芽、开花、坐果的顺利进行,要在萌芽前灌透水 1 次,并能下渗 80cm 左右。

2. 硬核期 这一时期桃树对水分十分敏感,缺水或水分过多均易引起落果。因此,如果干旱应浇 1 次过堂水,水量不宜过多。

3. 果实第二次速长期 也就是中、晚熟品种采收前 15～20d。这时正是北方的雨季,灌水应视降水量情况而定。若土壤干旱可适当轻灌,切忌灌水过多。否则,易引起果实品质下降和裂果。

4. 落叶后 桃树落叶后、土壤冻结前可灌 1 次越冬水,以满足越冬休眠期对水分的需要。但秋雨过多,土壤过黏重的不一定需要进行冬灌。灌水的时期不能固定不变,应根据桃树对水分的要求,视降水情况、土壤湿度及生产上的需要灵活掌握,确定适宜的灌溉时期。切记不可以叶片萎蔫为标准,当桃园水分降至使叶片萎蔫的程度时,桃树生长与结果已受到严重损害。

(二)方法和数量

桃园灌水应以节水、减少土壤侵蚀和提高劳动效率为原则。常用的灌溉方式如下:

1. 畦灌 平整的土地采用畦灌,做成畦埂后引水灌溉,因此法耗水量大,在水源充足、能自流灌溉的果园可用。该方法方便、省工,供水量充足,但易使土壤板结,土壤结构遭到破坏,肥料易流失。

2. 沟灌 沟灌又称条沟灌溉。在行间根据株行距大小,开一至数条深 20～25cm 的沟,也可以树为单位,绕树开环状沟,沟与水源相连,将水引入沟内,再自然下渗到根系,后封土保墒。在土地不平、水源缺乏时可用此法,较畦灌节水 50%～70%。该法省水,对土壤结构的破坏程度较轻,便于机械或畜力开沟,是我国目前广泛使用的一种灌溉形式。

3. 穴灌 穴灌又称穴贮肥水技术。在山区,特别是无保水条件、灌溉设施较差的地区,往往由于缺水导致桃树生长发育不良,影响产量和果实品质。必须推行穴灌技术。具体方法是:结合深翻改土,在树冠外围做 4～6 个直径 30cm、深 50cm 的肥水穴。捆绑直径 30cm、长 50cm 的秸秆捆,浸透水后竖于穴中,使其与地面相平。其上覆盖农膜,周围用土压实,中间开一直径 3cm 的小孔,用于以后灌水施肥。每次每穴灌水 3～5kg，水渗下后，将口封严。整个生长季节可根据天气情况灌水 4～5 次，并可结合施肥进行。在连用 2～3 年肥水穴后，可在树冠外围改变位置，用同样的方法再做穴。

4. 喷灌　喷灌就是利用机械设备把水喷射到空中，形成细小雾滴进行灌溉，这是目前先进的灌水方法。灌溉的基本原理是水在压力下通过管道，管道上按一定距离装有喷头，喷洒灌水。喷灌不会破坏土壤结构和造成水土流失，比畦灌节约用水 30％～40％。此外，夏季喷灌还可以改变桃园的小气候，更适用于不平整的土地或地形复杂的山地果园。

5. 滴灌　滴灌是将灌溉水压入树下穿行的低压塑料管道，然后送到滴头，再出滴头形成水滴或细小的水流，缓慢流向树的根部，每棵树下有滴头 2～4 个。滴灌不产生地面水层和地表径流，可防止土壤板结，保证土壤均匀湿润，保证根部土壤的透气性，并能比畦灌节水 80％～90％，比喷灌节水 30％～50％。在山区为了节省能源，可把贮水罐放在地势高的地方，利用地势高低落差形成的压力进行滴灌。尤其是栽培油桃时更应注意，油桃对水分反应敏感，常因水分分配不合理而引起裂果。久旱不雨后骤然降水，尤其在果实迅速膨大期，会发生严重的裂果现象，有时连阴雨也能引起裂果。滴灌是油桃最理想的供水方式，既节水又能均匀供给水分，可为油桃提供较为稳定的土壤和空气湿度，减轻或避免裂果。

（三）排涝

桃不耐水淹，怕涝。桃园短期积水就会造成黄叶、落叶，积水 2～3d 能将桃树淹死。因此，必须重视排水，尤其是在秋雨较多、地势较低、土壤黏重的桃园，应提前挖好排水沟，以便及时排出多余水分。桃园规划建设时要做到"沟等水"，不能"水等沟"。排水系统在建园时就应该设置，而且每年雨季到来以前进行维修，保证排水时渠道畅通。

第四节　花果管理

桃树萌芽率高、成枝力强，易成花且花量大，但不是所有的花都能结果，尤其是无花粉的品种，自花结实率低，严重影响产量。生产中如何提高坐果率是丰产、优质的前提和保证。

一、保花保果

1. 加强桃园的综合管理 提高树体营养水平，保证树体正常生长发育，促进树体储存营养，保证树体营养充分，为花芽分化打下基础；提高桃园的病虫害防治水平，保护好叶片，避免造成早期落叶；加强夏季修剪，做到冬、夏修剪相结合，改善树体的通风透光条件；多施有机肥，改善土壤理化性状。

2. 进行合理的疏花疏果 控制好树体的负载量，合理解决果实与枝叶生长、结果与花芽分化的关系。

3. 创造良好的授粉条件 配置花期相遇的授粉树，并进行人工辅助授粉和花期放蜂，提高坐果率。人工授粉技术要点：选择花粉量大的品种，取含苞待放的花蕾采集花粉，两手将花蕾纵向撕开，再用手指将花药拨在干净的纸上，捡去花瓣和花丝，将花药撒开阴干，或用 25～40W 的日光灯放在离纸 25～30cm 处将花药烤干，待花药开裂后，将散出来的花粉收集起来，放在干净且干燥的瓶内，置于冰箱内备用；授粉应分别在 40%～50% 和 80% 花盛开时分两次进行，授粉时用铅笔的橡皮头蘸取花粉，直接点授到桃花的柱头上即可；授粉时间在 9：00～16：00 为宜，但授粉后 3h 内遇雨应重授；一般长果枝点授 6～8 朵花，中果枝点授 3～4 朵花，短果枝点授 2～3 朵花。

4. 花期喷布微量元素 在桃树盛花期叶面喷施 0.3% 硼砂、0.2% 磷酸二氢钾以及其他多元素微肥。

5. 花期喷生长调节剂 在桃树初花期和盛花期各喷一次 1% 爱多收水剂 6 000 倍液，或其他植物生长调节剂。

二、疏花疏果

在一般管理的情况下，花芽形成的数量远远大于实际用量，如果无限制的结果，会导致树体负载量过大，表现出果个小、着色差、风味淡、商品率低，造成经济效益低，并且导致树体衰弱，影响下一年的产量。所以为保证连年丰产、稳产、优质和树体健壮的目标，在生产中必须合理地进行疏花疏果。

1. 疏花疏果时间 开花和坐果都要消耗一定的养分，所以疏花疏果的原则是越早越好。首先应结合冬季修剪，根据品种、树势疏除过多果枝；然后在气候比较稳定的地区，可以疏花蕾和幼果。一般是疏晚开的花、弱枝上的花、长果枝上的花和朝上花；在容易出现倒春寒、大风、干热风的地区，就要等到坐稳果后再疏。最后在硬核期结束后进行定果，过早定果有生理落果现象，不好掌握留果量。

2. 疏果方法　在落花后 15d，果实黄豆大小时开始第一次疏果。此时主要疏除畸形幼果，如双柱头果、蚜虫危害果、无叶片果枝上的果，及长、中果枝上的并生果（一个节位上有 2 个果）；第二次疏果在果实硬核期进行，疏除畸形果、病虫果、朝上果和树冠内膛弱枝上的小果。

三、果实套袋

1. 果实套袋的作用

① 防病虫害和鸟类危害。

② 减轻果实着色度，提高外观质量。

③ 促使果实成熟度均匀。

④ 缓解或减轻裂果现象。

2. 套袋时间　桃树套袋在定果后立即进行，河南郑州地区一般在 5 月下旬进行，此时蛀果害虫尚未产卵。

3. 套袋前喷药　套袋前先对全园进行一次病虫害防治，杀死果实上的虫卵和病菌；常用农药为 30％氰戊菊酯 1 500 倍液＋70％代森锰锌 800 倍液，或 2.5％溴氰菊酯 2 000 倍液＋70％甲基硫菌灵 1 000 倍液等。

4. 果袋选择　红色品种选用浅颜色的单层袋，如黄色、白色袋即可，容易裂果的油桃和有冰雹的地区，选用浅色袋直到成熟时再去袋；对着色很深的品种，可以套用深色的双层袋，到果实成熟前几天去袋，使其外观十分鲜艳。

5. 套袋操作技术　桃的果柄很短，不同于苹果和梨，所以应将袋口捏在果枝上用铅丝或铁丝一同扎紧，注意不要将叶片套进果袋中，一定要绑牢，否则刮风时会使纸袋打转，引起落果和果实磨损。

6. 套袋果实的管理　果实套袋后由于不见阳光不能进行光合作用而使风味变淡，同时由于果实的蒸腾量减少，随蒸腾液进入果实中的钙减少，果实肉质会变软，所以要加强肥水管理，除秋施基肥时每 667m² 施过磷酸钙 50kg 外，还要进行叶面喷钙。在套袋后至果实采收前，一般每隔10～15d喷一次0.3‰硝酸钙溶液。

7. 果实去袋技术 由于品种、气候和立地条件的不同，去袋的时间也不相同。一般浅色袋不用去袋，采收时将果与袋一起采下，雨水多、容易裂果和有雹灾的地区，可以采用此法。双层袋去袋时，一般品种在采收前7～10d进行，紫色品种在采收前3～4d进行。最好在阴天、多云天气、晴天的下午等光照不强时去袋，使光逐步过渡，10:00～12:00去树冠北侧的袋，17:00去树冠南侧的袋，也可把袋的下部拆开，2d后再全部去袋。

第五节 整形修剪

一、主要树形

桃树要想快速获得经济效益，唯一的途径只有增加单位面积栽植株数，目前生产中常见的密植株行距在1m×3m、2m×3m、2m×4m之间变化。不同的栽植密度确定采用不同的树形。株行距1m×3m采用细长主干形，2m×3m采用纺锤形或V形，2m×4m采用V形。现将这3种树形的基本结构及优缺点绍如下：

1. 细长主干形

（1）树体结构。由主干、中心干、结果枝三部分组成。中心干直立健壮生长，结果枝不分层次，互不交叉排列在主干上，上部果枝短些，下部果枝长些，树高2～2.5m，整个树冠呈上小下大树状。着生在中心干上的果枝粗度为0.4～0.8cm，过粗的果枝不留；果枝着生角度为45°～120°，上部果枝开张角度大些，下部小些。

（2）优点。适合密植栽培，成形快、结果早，结果枝着生在中心干上，结果部位不外移。整个树体没有寄生枝，树冠不郁闭、光照好，结构简单、整形修剪技术易掌握。所结果实基本全部见光，优质果比率高。

（3）缺点。一次性建园用苗数量多，为保证中心干直立生长，使用竹竿绑缚树干，并拉钢丝固定树干。夏季修剪季节性、时间性强，稍微管理不善就会导致树头过大。

2. 纺锤形

（1）树体结构。整个树体结构由主干、中心干、侧生枝组或小主枝、各类果枝组成。主干高30～40cm，树高2～2.5m，冠径1.5～2.5m，在中心干上自然错落着生6～10个小主枝或侧生枝组，向四方均匀分布。各主枝间距15cm左右，同方向主枝间隔30～40cm，无明显层次。主枝单轴延伸，在主枝上直接着生结果枝组或果枝，主枝与中心干的夹角为60°～80°，上部开张角度大，下部开张角度小些，整个树冠呈上小下大纺锤形。为防止与中心干竞争，主枝的粗度应控制在着生处主干粗度的1/2左右。

（2）优点。适合中密度栽培，树冠成形快，修剪量小，枝芽量多，结果早。主枝不分层排列且互不干扰，透光性好，树体立体结果产量高。树体结构简单，整形修剪技术比较容易掌握。

（3）缺点。中心干不易培养，主枝控制不及时易影响通风透光，夏季修剪不及时上部主枝易旺长，形成"大头"树冠，严重影响下部树体生长。

3. V 形

（1）树体结构。树体由主干、两个主枝、侧枝、枝组组成。主干高40～50cm，两个主枝相对伸向两边的行间，两个主枝间的夹角为40°～50°，每个主枝上着生2～3个侧枝。第一侧枝距主干35cm左右，第二侧枝距第一侧枝40cm，方位与第一侧枝相对，第三侧枝与第一侧枝方向相同，距第二侧枝60cm左右。侧枝与主枝的夹角保持在60°左右，在主、侧枝上配置结果枝组。

（2）优点。适合中密度栽培，树体结构简单，整形修剪技术易学，树体培养易掌握。树体通风透光条件好，树冠不易郁闭，果实见光度好，便于生产优质果。

（3）缺点。树体培养需3年时间，进入盛果期较迟，不易实现极早丰产。主枝开张角度不易掌握，角度小树体易旺长，角度过大背上易发徒长枝。

二、修剪

（一）修剪时期和作用

果树栽培上经常提到的"土肥水是基础，植物保护是保证，整枝修剪是调整"的农谚，形象地阐明了修剪在整个果树栽培中的地位和作用。

1. 修剪时期　桃树的修剪因时间可分为冬季修剪和夏季修剪。

（1）冬季修剪。冬季修剪是在落叶后到翌春萌芽前进行的修剪，以落叶后到严冬到来之前进行最好。休眠期树体贮藏的养分充足，地上部分修剪后枝芽的数量减少，可集中利用贮藏养分加强新梢生长。因此，冬剪对桃树幼树的整形、结果树的树势平衡等都有重要的作用。

（2）夏季修剪。夏季修剪又称生长期修剪，就是春季萌芽后到落叶前的修剪。桃树的夏季修剪，可以调节生长发育，减少无效生长，节省养分，改善光照，加强养分的合成，调节主枝角度，平衡树势，促使新梢基部花芽饱满，提高果实的产量和品质。幼树的夏季修剪，对于其早成形、早结果起决定性作用；旺长枝摘心，可以萌发二次枝，促成结果枝组；无用枝、过密枝或徒长枝在嫩梢期利用夏季修剪及早除掉，可以避免消耗养分和扰乱树形；旺长新梢可通过在木质化之前摘心、扭梢来抑制旺长，促使形成果枝。因此，桃树生长期的夏季修剪比冬季修剪的作用更大，合理、及时地夏季修剪可以减轻冬季修剪量。

2. 修剪的作用　整形和修剪是保证桃树具有合理树体结构和良好树体管理的重要措施，两者既有联系，又有区别。整形就是在幼树期间，根据果树的生长结果习性、栽培目的，通过修剪技术，把树体整理成具有一定结构、枝条分布合理、骨架又较牢固的树形。修剪就是在整形的基础上，进一步调节果树生长和结果的关系，充分利用土地和空间，合理配备枝组，达到早结果、早丰产和高产、优质、便于管理的目的，因此修剪要贯穿桃树的一生。整形和修剪的作用主要表现在以下几个方面：

（1）树冠整齐、骨架牢固。通过整形、修剪能使桃树主枝和侧枝分布均匀，着生位置和角度适当，从属关系明确，构成牢固的树冠骨架，给丰产、稳产打下良好的基础。同时，树冠整齐，树形一致，能经济利用土地和空间，有利于桃园各项作业的进行。

（2）增加果枝的数量，提高单株产量。正确的修剪能使养分集中，枝梢生长充实，促使枝梢形成花芽。同时，还可以控制结果枝的数量，使结果枝均匀分布，扩大结果面积，提高单株产量。如果桃树不进行修剪，任其生长，树冠扩大快，内膛通风透光不良，果枝容易枯死，结果部位迅速外移，内膛空虚，产量下降。

（3）平衡树势，延长盛果年限。修剪可以调节生长和结果之间的关系，延长盛果年限，防止树体早衰。根据每株桃树的生长势强弱和外界环境条件进行适当的修剪，可使各类枝条均衡发展，防止树势过强或过弱。如果树势过强，枝叶生长茂盛，大量养分和水分用于营养生长，会不利于花芽的形成，不能保证高产、稳产；如果树势过弱，花芽形成虽多，但所结的果实较小、品质差，消耗大量的养分，严重时引起树势早衰，同样不能高产、稳产。因此，合理修剪，调节结果枝和发育枝的关系，可减少或缩小大小年现象，防止树体早衰。

（4）改善通风透光条件，提高果品质量。不修剪的桃树枝条密生，树冠郁闭，通风透光不良，内膛枝条细弱，容易发生病虫害。有的果实虽无病虫，但光照差，色泽不好，品质变差。而合理的修剪能克服上述缺点，使树体充分利用光能，有利于光合作用的顺利进行，保证花芽分化良好，且可使果实发育充分，提高果实的外观品质和改善风味，保证较高的优质果率，同时保证桃园丰产、丰收。

（二）修剪方法和运用

1. 冬季修剪的手法　冬季修剪的手法有以下几种：

（1）短截。即将一年生枝剪去一部分，也就是把枝条剪短。其作用是降低发枝部位，促进分枝能力，增强新梢的长势。短截对剪口下附近几个芽抽生枝条有明显的刺激作用，短截程度越强，刺激的作用越烈。短截一般用于各级骨干枝延长枝的修剪、枝组的培养和结果枝的修剪。短截只对枝条局部起作用，但对一个枝条的整体和整个植株来说，有减少生长量和削弱生长势的作用。因此，对幼年树不能过多过重地进行短截修剪，否则养分难以集中，结果时间将会推迟。对老年桃树多用短截修剪，以起到促进生长的作用。

（2）疏枝。疏枝又称疏剪，就是把密生的枝条从基部剪除。疏枝能调整枝条的密度，使剩下来的枝条分布均匀，形成适宜的树冠结构。疏枝可以加强剪口下部枝条的长势，削弱伤口上部枝条的长势，具有缓和前端生长、促进后端生长、缓和整株树势的作用，对改善树冠的通风、透光条件，提早幼树结果，促进果实着色，改善风味品质均有良好效果。疏枝的主要对象是过密枝、交叉枝、病虫枝、徒长枝和干枯枝等，对整个树体来说，疏枝主要在幼树和旺树上进行。

（3）回缩。回缩是在多年生枝处短截。回缩能降低发枝部位，使结果枝组靠近骨干枝；回缩也能增强弱枝的生长势，改变枝条的延伸方向，更新结果枝组。回缩主要在老树、老干、老枝上进行。回缩老枝可以更新复壮枝组，回缩老的骨干枝和树干，可以更新树冠，从而使植株和枝组的长势得以恢复，结果年限得以延长。

（4）长放。长放就是对部分一年生枝条放任不剪。长放对枝条本身有缓和生长势的作用，但长放的枝条生长点多，翌年抽生的枝条和叶片也多，生长量容易加强，枝条容易加粗。如果控制得当，先放后缩（就是后部形成短果枝后再进行回缩），可以用来培养结果枝组；对幼年树的花枝长放可以起到保花、保果的作用；对发育枝长放能在后部形成中、短果枝；对直立性强，以中、短果枝结果为主的品种，先放后缩能促进结果；对直立性强的主枝延长枝，先放后缩可以开张角度；对侧生发育枝先放后缩可以培养水平的结果枝组。但直立性强的徒长枝和徒长性结果枝不能长放，否则，会形成"树上树"，扰乱树形。

（5）圈枝和拉枝。圈枝和拉枝是对直立的徒长枝或徒长性结果枝进行长放的特殊方法。需要培养结果枝组的部位，如果只有直立的徒长枝和徒长性结果枝可以利用时，采用圈枝和拉枝的方法，将单条长枝圈成一圈或拉成水平状态，可以改变其生长的姿态，降低生长点的高度，缓和整个枝条的长势。

2. 夏季修剪的手法　夏季修剪常用的手法有以下几种：

（1）除萌。除萌又称抹芽，就是在桃树萌芽后及时除去部分多余的芽，以调节新梢密度，控制延长枝的发枝方向，减少无用枝萌发生长所造成的养分浪费。除萌的主要对象是主枝以下树干上的萌芽、延长枝剪口下的竞争性萌芽、树冠内膛的徒长萌芽、疏除大枝后剪口周围的丛生萌芽、小枝基部两侧的并生萌芽。除萌工作如能做好，可减少以后夏季修剪的工作量，并可减少冬季修剪时因疏枝而造成的大伤口。除萌时要根据需要选留位置、角度、长势合适的芽，一般幼树对延长头要去弱留强，背上枝要去强留弱。

（2）疏枝。疏枝又称疏梢，由于新梢的旺盛生长，树冠表现郁闭时，应对树冠内膛的直立旺枝、徒长枝及树冠外围主枝延长枝附近的竞争枝和密生枝等进行疏除。做到"清头""松膛"，以改善树冠内的光照条件，避免下部枝条枯死，促进果实着色，提高果实品质，并使结果枝的花芽发育饱满。对于少数表现为三杈枝的枝条应疏除中间枝梢，降低分枝密度，使留下来的枝梢长得更好。

（3）摘心。摘心就是把枝条顶端的一小段嫩枝同数片嫩叶一起摘除。摘心能使枝条在一定的部位发生分枝，如对主枝延长枝和侧枝延长枝各在 50cm 和 30cm 处摘心，能使下部抽生可以作为侧枝和枝组的分枝。在生长后期对各类枝条摘心，能使枝条的停止生长期提早，使枝条发育充实，花芽饱满。徒长枝摘心后，当年仍能抽出较弱的枝条或结果枝。对一般不需分枝的枝条不要轻易摘心，否则分枝太多造成树冠郁闭，还会使枝条龄级变小，对枝条的充实发育和优良花芽的形成都造成不利影响。

（4）扭梢。扭梢是把直立的徒长枝和其他旺枝扭转成 90°，使其呈下垂状。桃树扭梢可将徒长枝改造或转化成结果枝。同时，也可取得改善光照的效果。扭梢的时期以新梢生长到约 30cm 长但还未木质化时为宜。扭梢部位，以在枝条基部上 5～10cm 处为宜，有的旺枝扭梢后，在扭曲处冒出新条，如不及时控制，又会形成旺条，这时应把冒出的新梢再一次扭梢。这样连续扭梢也能形成结果枝。延长枝的竞争枝、骨干枝的背上枝、短截的徒长枝和旺长枝、大伤口附近抽生的旺枝都应及时扭梢，控制旺长，使其转化为结果枝。用二次枝做延长枝开张主枝的角度、控制主枝的过分生长、促进侧枝生长时，除了被选定为延长枝的二次枝不扭梢外，原主枝延长枝及其上发生的其他二次枝可全部扭梢，使它们转化为充实的结果枝，被选留的二次枝也能长得既开张又粗壮，同时，也能促进侧枝的生长。这样做既可"控上促下"增加结果枝组，又可减少修剪量，缓和树势。

（5）摘心与扭梢结合。有的徒长枝只靠一次扭梢常不能形成理想的枝组，需先摘心后扭梢，两者结合使用，才能收到良好的效果。当新梢长到 20～30cm 时，摘掉新梢顶部嫩梢，待抽出 1～3 条二次枝，长度达到 20～30cm 时再扭梢。经这样处理，枝量多，营养分散，枝组生长势稳定。

（6）短剪新梢。短剪新梢是指对已木质化的新梢进行短截修剪。短剪的目的是促发分枝。主枝、侧枝延长枝没有来得及摘心，已超过预计长度的需按预计长度进行短剪；主枝中上部的徒长枝要将其变为中型枝组的应留 30～40cm 进行短剪；树冠稀疏处的无分枝新梢需要培养枝组的留长 20～30cm 进行短剪。短剪后可以削弱新梢的长势，使其发生分枝。

（7）剪梢。剪梢又称打强头，即将下部已生二次枝的枝条梢部剪去。其目的是除去强头，使留下来的靠近下部的分枝能够很好地形成各级骨干枝的延长枝、结果枝组或结果枝。主、侧枝延长枝达到一定长度进行摘心或短剪后会发生许多二次枝，长到30～40cm后，从中选出方向、角度合适的二次枝作为新梢的延长枝，然后剪掉延长枝基部以上所有的枝梢。徒长枝短剪后也会发出许多分枝，上部的1～2个分枝会直立生长取代原来的枝头重新旺长起来，此时应剪去最上的1～2个旺梢。剩下的2～3个下部分枝一般角度较大，长势缓和，便会形成很好的结果枝组。对于一般长势中庸的枝条，分枝集中在中部以下的可留最下的2～3个分枝，剪去上部枝梢；分枝集中在上部的，留最下1个分枝剪去所有上部枝梢。若所留分枝继续旺长再生分枝的，仍可按上述原则继续剪梢。剪梢的作用在于理顺延长枝，培养结果部位靠近骨干枝的结果枝组和结果枝，调整树冠结构，改善通风透光条件。剪梢是夏季修剪中的最重要一环，必须多次进行，才能收到快速整形、稳产高产的效果。

（8）拉枝。拉枝就是把一些直立性很强的枝用绳子向下拉成一定的角度（绳子的下端用木橛固定在地上）。拉枝的目的是加大被拉枝条的角度，降低其生长点的高度，从而控制顶端优势，缓和整个枝条的生长势，调整树形结构，改善通风透光条件，促进花芽形成，提高幼树产量。拉枝的适宜时间在新梢生长缓慢期的7～8月。拉枝的主要对象为需要开张角度的主、侧枝，准备培养改造成大型枝组的徒长枝和徒长性结果枝，临时利用其结果的徒长枝和枝条稠密处的直立枝等。拉枝时注意不要把大枝拉劈，否则劈后易流胶，不易愈合。枝条上绑绳子的部位要垫上松软的物品，以免勒伤枝条。达到目的后要把绑在树上的绳子解掉，以免拉绳长入枝条中。

三、 不同年龄期树的修剪

（一）幼树期、初果期

1～4年生幼树长势旺盛，易抽生出大量的发育枝、徒长枝、徒长性结果枝，旺枝可发生多次副梢，因此夏季修剪非常重要。此时，花芽较少，而且着生位置高，坐果率低。其修剪的任务是以整形为主。修剪原则是轻剪长放，缓和树势，尽量利用各类枝条扩大树冠，培养牢固的骨架，为以后丰产打好基础。同时，培养大、中、小型结果枝组，尽快完成整形任务，以提高早期产量。

1. 主枝的修剪　主枝延长枝的剪留长度要适宜。重剪易引起徒长，延迟结果，影响产量；轻剪会影响基部发枝，形成空节，使枝组数量不足或分配不均。一般都以适宜的枝条粗长比作为延长枝剪留大致标准。以往实践经验都以 1：（25～30）枝条粗长比作为主枝延长枝的剪留标准，意思是如果主枝延长枝基部以上 10cm 处的直径为 1cm，延长枝应留长度为 25～30cm。直径大于或小于 1cm 的按比例增减剪留长度。对于 3 个主枝不平衡的，应实行抑强扶弱，即强枝适当短截，弱枝适当长留，以逐渐平衡三大主枝的长势。延长枝的剪口芽一般不可过分强调，待剪口以下的芽发枝后，再从中选择方向、角度适宜的分枝作为新的延长枝。

2. 侧枝的修剪　侧枝延长枝的剪留长度以 1：（22～25）的粗长比为大概的标准，但还要照顾主、侧枝的从属关系，使侧枝的剪留长度短于主枝的剪留长度，通常为主枝剪留长度的 1/2～2/3。

3. 枝组的培养和修剪　在主、侧枝外围应培养大、中、小各类枝组；而在内膛，为了保持一定的光照条件，以培养中型枝组为主，一般不要培养大型枝组；在整个树冠下部，光线不好，营养失调，初期的结果枝自然下垂，容易结果，应尽量用作提高早期产量的结果部位，但结果后易衰老死亡，不宜培养为小型枝组。

（1）对可以用作培养大、中型枝组的徒长枝和徒长性结果枝有 3 种修剪方法。

① 疏去上面没有花芽或花芽非常零星的分枝，保留所有的花枝长放不剪，结果后长势缓和后，再进行适当回缩，培养成大、中型枝组。

② 把整个枝条按平别枝，使上部结果，下部长枝，结果后进行回缩，培养成大、中型枝组。

③ 无花芽的直立徒长枝可留 30cm 左右短截，翌年分枝后，再通过夏剪逐渐培养成大、中型枝组。小枝组一般都是通过单条的发育枝和长、中果枝进行适度的短截后形成的。

（2）对大、中、小型枝组的修剪。

① 对它们也要注意其延长枝的伸长方向和剪留长度，以相互插空，互不干扰为原则。

② 把枝组上的各类枝分解为不同类型的生长枝和结果枝，再按各种类型枝的修剪原则进行修剪。

4. 结果枝的修剪　结果枝中，除部分需要培养成各类结果枝组的可以短截修剪外，其余的应以轻剪长放、促使结果为原则。长果枝可将没有花芽的枝梢部分剪掉，但剪留的长度最少不得小于原来长度的 2/3，最好是长放不剪（可防止剪后分枝旺长导致落果），待其结果下垂，枝条后部发生了分枝后再进行分次回缩为枝组。中、短果枝更不必短截。但对各类果枝过密的，都应进行疏剪。幼树生长很旺，原则上应利用各类果枝大量结果，不但可以提高早期产量，而且果品质量也能得到保证，以果压树，也是缓和树势的有效方法。

5. 生长枝的修剪 生长枝中的发育枝一般都要留长 2/3 左右短截；徒长枝无分枝或分枝较高的留长 40cm 左右短截，分枝较多、较低的保留下部 3～5 个分枝缩剪；纤细枝可留基部芽进行短截；对二、三次枝上的副梢，强者留 1/3 短截，弱者留基部明显的芽短截。但不论哪种生长枝，如果分布很密或位置不当的，都予以疏除。

⬡ **注 意 事 项** ⬡

幼龄桃树修剪时应特别注意：

（1）注意剪口芽。对各种骨干枝的延长枝、生长枝、结果枝的短截修剪，都必须保证剪口下有几个饱满的叶芽，不能把剪口落在盲节上或很秕的叶芽上，也不能落在纯花芽上。否则，短截后的枝条便不能萌发抽枝，无法形成理想的延长枝或枝组。剪去顶端叶芽后的果枝上如果都是纯花芽，因无抽枝生叶能力而缺乏营养，最后将致使落果。

（2）注意夏剪。根据幼树生长旺的特点，为控制长势，防止徒长枝扰乱树形，影响其他各类果枝的良好发育，在冬季修剪的基础上，必须多次进行夏季修剪。还要特别注意拉枝，开张骨干枝的角度。

（3）注意密植桃园的特点。密植园的寿命短，要注意充分利用空间，不一味讲究树形，有空留、无空疏，做到大枝少、果枝多，以果压冠。

（二）盛果期

5～15 年生盛果期树冠已经形成，各类枝组已经配齐，树势逐渐缓和，产量高且稳定，树冠不再扩大或稍有扩大，后期内膛基部的小型枝组开始衰老和枯死，造成内膛光秃，结果部位逐渐转向大、中型枝组，并不断向上、向外转移。其修剪的任务是：前期维持树势平衡，调解生长和结果的关系，及时更新枝组，保持高产和稳产的结果能力；中、后期要控上促下，防止树冠上强下弱、内膛光秃，维持良好的树冠结构，培养新的结果枝组。

1. 主枝的修剪 盛果初期，主枝还未占领所有株行间的空间时，仍可短截延长枝使树冠继续扩大，此时主枝可按 1：（20～30）的粗长比进行短截，并在延长枝上保留花芽使其结果，以减少其发枝数目和削弱长势，不使枝头生长过旺。盛果中期以后，株行间的枝头已基本相连，这时应停止延长枝的短截，令其作为长果枝大量结果，不再延伸。若原来的枝头已经变弱，可利用靠下的徒长性结果枝、长果枝或适宜的结果枝组作为更新的枝头进行回缩修剪，并对新枝头根据长势和空间位置适当地进行长放或短截，把树冠维持在一定大小范围内。但在换头之前最好事先有计划地培养准备用于换头的枝组。主枝的角度仍应保持45°左右，以维持其领导优势。各主枝间仍应保持生长均匀，若强弱悬殊，应抑强扶弱。抑强即对强枝加大角度，多留果枝、少留强枝，增加结果，减弱长势；扶弱是对弱枝抬高角度，多留壮枝、少留果枝，减少结果，促进旺长。

2. 侧枝的修剪 盛果期，特别是盛果中期以后，树冠逐渐郁闭，果实负载量渐渐增加，侧枝会出现下部枝组衰退的上强下弱趋势，如不注意调整，结果部位外移和产量下降的速度将加快，盛果期的年限将缩短。修剪的原则是控上促下，尽量维持和促进下部枝组的生长结果能力。正常情况下，延长枝的剪留长度仍按 1：20 的粗长比进行，实际长度在 30cm 左右，如下部枝组有变弱趋势，应进行换头回缩。换头时应注意新枝角度和延长枝方向。

另外，盛果期间，侧枝与主枝回缩和长放的步调应协调一致，即主枝回缩时侧枝亦要相应回缩，以保持主、侧枝的从属关系。

3. 枝组的修剪 盛果期产量的高低和稳定的程度主要取决于枝组的多少、枝组的健壮程度及枝组配备的是否紧凑合理。这一期间除了维护已有的枝组外，还要通过修剪培养一些新的枝组。永远保持大、中、小型枝组的相互间隔，以及高低参差、插空排列的良好势态。内膛枝组的控制、维护、培养尤其重要，如果失于调整，便会出现枝组衰死、内膛空虚或徒长枝丛生、树形混乱的局面，最终导致产量很快下降。结果枝组的修剪，总的来说应以缩为主，缩、疏、短截相结合。多数枝组在延伸扩大的过程中，因为顶端优势的作用，都会出现上部枝头和分枝旺于下部的上强下弱的现象，必须适度地进行上部回缩，才能使整个枝组上结果枝生长壮实，稳定产量。但具体到生长情况不同的枝组上，缩与不缩应分别对待。对生长旺且健壮、角度和方向适宜且周围有发展空间的可以不进行回缩；但对于过高、过长、方向不适、长势衰弱的枝组必须进行回缩，以调整它们的高度、角度、方向及它们和周围枝组间的密度和相互关系。另外，对每个枝组不论是否回缩，都应有自己的枝头，组内其他分枝的高度、长度、长势都不要超过枝头。少数背上枝组也可以培养成向两侧发展的双头枝组。但这种枝组应视为两个枝组，各与其下部的分枝形成从属关系。枝组的长势不同，修剪方法也不相同。

（1）长势中庸的枝组。对于长势中庸的枝组，若周围还有发展空间，枝组下部果枝也较健壮的，可以不缩或少缩，并留壮枝带头，继续扩大枝组；若枝组周围已无空间，且本身有上强下弱的趋势，应留下部较壮的 3～4 个果枝进行回缩，维持枝组的长势，控制体积扩大，在整个枝组中要由长势中庸的分枝带头，促使下部分枝健壮生长。

（2）长势强旺的枝组。对于长势强旺的枝组，对其上面的分枝应根据去直留平（或留斜）、去强留弱（或留中）的原则剪去直立的强头，疏除部分强枝，以削弱枝组长势；对枝组直立高大、上强下弱者，可进行回缩，并换用一个角度稍大的斜生分枝带头，以削弱顶端优势，降低枝组高度，促使下部分枝转旺。在枝组中最好不留强枝，以免破坏各枝的从属关系。

（3）中型枝组。对一般体积较小的中型枝组，强壮时应轻剪长放，多留果枝；变弱时短剪回缩，减少结果。这样时放时缩，可以维持结果空间，延长结果时间。

（4）小枝组。对于小枝组，一般保留 2 个分枝。上面一枝较强，花芽较多，应该轻剪，多留花芽结果；下面一枝较弱，应留 2～3 个饱满芽短截作为预备枝，以后抽生 2 个分枝，翌年冬季修剪时，仍按一长一短的形式剪截，并对上次已经结过果的长枝进行剪除（双枝更新）。

（5）衰老的枝组。对于衰老的枝组，如果是由于结果太多所引起的，应回缩枝组，短剪果枝，减少结果，恢复长势；如果由于疏、缩过重所引起的，则应保留壮枝，轻剪长放，增加枝叶，减少结果，恢复长势；还有部分枝组不仅长势弱，并且高而长，对这类枝组应适当回缩，由壮枝带头，并在枝组后部对一部分壮枝短截，促生分枝，培养新的枝组，以后逐渐除去衰老部分，实行枝组的部分更新，过分衰弱的小枝组应该疏掉。

4. 结果枝的修剪 随着树龄的增长，不但结果枝的数量逐年增多，而且各类果枝所占的比例亦有所变化。5～6年生为盛果初期，长果枝和徒长性果枝所占的比例很高，达50％以上；7～10年生时，徒长性果枝已经很少，长、中果枝所占的比例高，一般在50％左右；11～15年生时，长、中果枝的比例逐渐下降到20％～40％，短果枝和花束状果枝的比例逐渐升高到50％左右。栽培条件好，长、中果枝的比例会相对提高。另外，以短果枝结果为主的品种，其短果枝、花束状果枝大量来临的时间越是提前，越能增加产量。

果枝的修剪，要考虑两个方面。一是全树应剪留果枝数量；二是每种果枝应剪留的长度。平均一棵盛果期桃树的优质果应维持在75kg左右，一般的优质果最小为每千克8个，75kg应为600个果实，每个果枝按平均结果2个计算，每株留300个果枝即可，最多留400个，以每667m² 栽植40株计算，应留果枝1.2万～1.6万个，加上非结果的发育枝、预备枝等0.4万个，每667m² 留枝量为2万个左右，结果枝约占80％。每种果枝剪留长度根据品种结果习性、花芽起始节位的高低、节间长短、坐果率高低、采前落果情况、果实大小和管理技术水平高低有所不同，徒长性果枝结果4个，可剪留花芽9～11节；长果枝结果3个，可剪留6～8节；中果枝结果2个，可剪留3～5节；短果枝和花束状果枝最多结果1个，不加短剪，过密时进行疏剪。以中、长果枝结果为主的品种，在盛果期形成的短果枝和花束状果枝多不能结果，一般都要疏去，如果发生很多，说明树势已经很弱，应用加强肥水和适当增加修剪强度相结合的方法增强树势，单靠修剪不能解决问题。

5. 选留预备枝 桃树进入盛果期后，生殖生长大大超过营养生长，满树都是果枝，生长枝很少，如不进行适当调节，便会缩短盛果期，加速衰老期的来临。为了解决这个问题，可在冬剪时选择一部分枝条进行适当短截，使其到翌年发生新梢形成花枝，预备再一年结果。被短截后的这种枝条被称为预备枝。剪留预备枝时，树冠内应比树冠外留得多，树冠下应比树冠上留得多，双枝更新应比单枝更新留得多。长梢修剪

（即指长枝轻剪）应比短枝修剪（即指长枝短剪）留得多，弱树应比旺树留得多。剪留预备枝时，除了利用小枝组外，其他各类枝条都能利用，只是修剪长度有所不同而已。在枝条稀少处的长果枝、发育枝可剪留 20～30cm，一般的长果枝可剪留 2～3 个芽，中果枝可剪留 2 个芽，短果枝剪留 1 个芽，纤细枝剪留 1～2 个芽，单芽枝配合回缩等都能作为预备枝。另外，徒长性果枝和比较粗壮的果枝还可以剪留 8～9 节，使上部结果、下部发枝，翌年冬季剪去上部已经结过果的部分，留下部分枝作为更新枝继续结果。

（三）衰老期

桃树一般在 15 年之后进入结果后期。此时期的新梢生长量逐年减少，骨干枝的延长枝年生长量常不足 20～30cm，中、小枝组大量枯死，中、短果枝和花束状果枝大量形成，结果部位移向树冠上部，内膛光秃，产量显著下降，果实品质变差。这一时期主要的修剪任务是对树冠进行更新复壮，尽量维持经济寿命，直到栽培上得不偿失时应立即拔除。更新修剪的主要对象是主、侧枝和大型枝组，回缩修剪的程度根据其衰老和下部光秃的程度而定。衰老严重的，下部光秃部位长的应先回缩，重回缩；衰老轻的，光秃部位短的应分年回缩，以维持果园一定的产量。回缩的部位应在树皮完好、没有病虫害的段落，回缩后即能刺激不定芽抽生一定数量的徒长枝作为树冠更新的基础。如果骨干枝下部的适宜位置已有徒长枝存在，则应回缩到徒长枝处。另外，也可在 4～5 月把基部树皮完好，但光秃严重的主、侧枝扭至弯曲，刺激不定芽萌发徒长枝，并使原来的枝头果枝继续结果，之后再回缩到徒长枝处。为了使树冠的更新复壮整齐一致，也可对全株骨干枝实行一次回缩。对整个桃园可进行一次性回缩，也可间行隔年实行回缩。

桃树枝条无论用何种方法回缩，获得了徒长枝后，应因势利导，巧妙修剪，形成各级新的骨干枝、枝组和结果枝，迅速充实内膛，恢复树冠，使桃树快速结果。

特别需要指出的是，在整个衰老桃树更新复壮的过程中，必须辅以良好的肥水管理条件，并及时保护好伤口，才能收到较好的效果。

四、密植园修剪

密植桃园的管理必须有效地控制树冠体积，使每株桃树都能长期在有限的空间生长结果，因此其树体管理上有以下特点。

1. 选择适宜树形　选择适宜树形，每年进行系统修剪，可以使桃树在密植环境中保持树冠小而丰产。

2. 应用多效唑控制树冠　多效唑是一种能强烈抑制植物营养生长兼有杀菌作用的化学物质。高密植桃园要求树冠紧凑，连年使用多效唑是有效控制树冠高度的关键。在桃树上施用多效唑，可以控制新梢生长，缩短节间，使树体矮化紧凑；也可使桃树花芽着生节位降低，促使成花，提早进入盛果期；也可控制枝条徒长，减少夏季修剪的工作量。因此，开始几年必须每年土施1次多效唑，控制树冠旺长，迅速培养出大量结果枝，以达到早果高产的目的。

（1）多效唑的施用方法。多效唑的施用方法有以下几种：

① 土施法。土施多效唑有效期长，省工、省药、效果好。生产上常采用环状沟灌法和树冠下均匀撒施法。

环状沟灌法就是在树冠投影边缘50cm以内，绕树干挖一宽30cm、深15～20cm（以见到部分吸收根为度）的浅沟，将适量多效唑用水稀释后均匀灌入沟内，然后覆土。如土壤干燥，可多加水，以浸透沟内根系为宜。

树冠下均匀撒施法就是把一定量的多效唑用土稀释后，在树冠下全面均匀撒施。

② 喷雾法。将多效唑配成一定浓度的水溶液进行喷施。一般多在山岭干旱薄地桃园使用。最好在晴天傍晚时进行，以利树体吸收。喷洒时，要求只喷洒新梢嫩叶即可。

③ 涂干法。桃树萌芽期，在树干或大枝基部，刮去宽10～20cm的圆形状粗皮（见绿），然后用毛刷蘸取多效唑的水溶液涂抹，再裹上塑料薄膜，以防药液蒸发。该方法多在土壤黏性较大的果园使用。

（2）多效唑的施用剂量。生产上使用15%的多效唑，其用量根据当地的条件、品种、树龄、树势和管理条件灵活掌握。

① 土施用量。一般按树冠投影面积每平方米施用1g计算，实际运用时，在此基础上酌情增减。对黏重土壤用量宜稍重，对沙壤土则应采取"少量多次"的办法。对强旺树适当多施，较弱树适当少施。第一年施药后，第二年用量可减半，第三年根据树体反应，一般取两年用量的平均数，这样既能使桃树生长正常，高产稳产，又不使树体衰弱，延长

结果年限。

②　喷施用量。对壮旺树，用15％多效唑300～150倍液，间隔20d喷2次，每株用药液量不超过5kg；中庸树使用15％多效唑500～300倍液，连喷2次，单株喷药量不超过3kg。

大面积施用多效唑用量无法确定时，应按照宁少勿多的原则进行。

对于本不该施用多效唑却施用了或施用过量多效唑的桃树，应在早春萌芽后，及时对全树喷布25～50mg/kg赤霉素（GA₃）1～2次，可有效地恢复生长势，促进树体健壮。

（3）多效唑与其他农药混用。试验结果表明，果树喷施多效唑可以和一般常用的酸性或碱性农药混合使用，既不减弱多效唑抑制生长的作用，也不影响农药的药效，因此可以结合喷药进行叶面喷施多效唑。

（4）多效唑的使用对象及时间。高密植桃园内，2年或2年以上初结果树和结果少的旺树均可使用多效唑，而弱树则不宜用多效唑。

多效唑要在桃树枝条旺长前施用。地下土施应在秋季和早春进行。河南地区土施的适宜时间是秋季落叶前后到翌年3月20日之间。秋季施用既便于安排施药用工，又可以利用冬季雨雪使多效唑在土壤中分布得更均匀。叶面喷施应在5月上旬到6月中旬进行，一般喷施后5～10d开始起作用。注意旺树早施，较弱树晚施。土壤黏性较大的果园应尽量避免土施。

3. 合理修剪　高密植桃园光照条件较差，为了防止果园郁闭，保证高产、稳产、优质，延长盛果期，在修剪上应尤其重视以控制枝条旺长、解决通风透光、促使花芽分化为目的的夏季修剪。冬剪时应去旺枝，疏弱枝，多留预备枝，及时更新结果枝组。

4. 适时改变树形　高密植桃园郁闭后，光照条件进一步恶化，需要对单株和整体结构做出相应调整。可通过疏、截、缩的方法改变原有树形，改善光照条件。

5. 适时间伐　计划密植的桃园，在利用疏枝、回缩改变临时株树形的同时，按原计划适时间伐临时株，改善桃园的通风透光条件。

五、放任树修剪

一般群众零星栽种的桃树多放任生长，不加修剪。这种桃树多数表现为主枝、徒长枝很多，无明显的侧枝和主从关系，下部枝组和果枝枯死很快，空膛、结果部位上移很快，往往结果 3～5 年即表现衰老，被群众作为"老树"拔掉。如按树龄计算，这种树都在 6～8 龄，正是刚刚进入盛果期的时候，如果给予适当的修剪，便能继续恢复树势和结果，延长经济栽培时间。对这种树的修剪原则是随树做形，理顺各类枝的主从关系，适当回缩，促使内膛重发新枝或重新形成树冠，以达到尽快恢复结果的目的。具体修剪的方法是首先确定可以留作主枝用的 3～4 个大枝；而后对多余的并生大枝可 1 次或分 2 次进行疏除。暂时不能疏除的大枝，应疏去其上的徒长枝、无花枝，只保留果枝令其结果，以后再进行疏除。被当作主枝保留的大枝应向下回缩至适当的分枝处进行换头，将其上面的徒长枝和适宜分枝亦进行适度回缩，逐渐改造成侧枝或大型枝组，2～3 年基本上可形成一定的树形。对于原有分枝上的各类结果枝应多留预备枝，少留结果枝，注意培养各类结果枝组。对于新发生的分枝要轻剪长放，扩大体积，尽快充实树冠下部和内膛，形成丰产的树冠结构。

第六节 病虫害防治

一、主要病害及其防治

桃树的病害较多，危害较重，应在加强栽培管理、增强树势的基础上，认真细致地做好冬季果园清理，科学地施用农药，只有这样才能收到较好的防治效果。

（一）桃缩叶病

桃缩叶病病原为畸形外囊菌（*Taphrina deformans*）。桃缩叶病在桃栽培区都有发生，主要危害叶片，病情严重时也危害花、嫩梢和幼果。

1. 症状 感病的叶子幼小时就会出现部分或全部皱缩、扭曲，颜色发红。随着叶片的展开其皱缩和扭曲的程度加重，病叶肿大，凸凹不平，叶肉肥厚，质地脆硬，叶片红或红褐色，叶片正面出现银白色粉末，以后叶片变为褐色而干枯脱落。花受害花瓣肥大、变长后脱落。嫩梢被害后略显粗肿，节间缩短，其上叶常丛生，严重时整枝枯死。幼果受害后呈畸形，病斑红色或黄色，果皮龟裂或生疮疤，早期脱落。

2. 防治方法

（1）农业防治。

①加强栽培管理。叶片大量焦枯和脱落的重病树应及时补施肥料和浇水，促使树体恢复，增强抗病能力。

②摘除病原。在病叶初现未形成白粉状物之前及时摘除病叶、病枝，集中烧毁，可减少当年的越冬病原。

（2）化学防治。在桃树芽膨大期，细致、周到地喷洒一次5波美度石硫合剂或1∶1∶160波尔多液，杀死越冬病原。这次喷药适时，可完全控制此病；桃芽萌动到露红期喷洒50％多菌灵可湿性粉剂600～800倍液、50％代森锌300～500倍液、0.5波美度石硫合剂防治，均有良好效果。

（二）桃细菌性穿孔病

桃细菌性穿孔病病原为甘蓝黑腐黄单胞菌桃穿孔致病型（*Xanthomonas campestris* pv. *campestris*）。该病在桃栽培区均有发生，尤其在排水不良、盐碱程度较高的桃园发生重。多雨年份危害较重。此病主要危害叶片，也侵害枝梢和果实。

1. 症状　叶片多于5月发病，初发病叶片背面为水渍状小点，后扩大成圆形或不规则的病斑，紫褐色到黑褐色。病斑周围有黄绿色晕环，病斑干枯脱落后形成穿孔，病害严重的导致早期落叶。嫩枝发病形成绿褐色水渍状圆形或椭圆形病斑，逐渐变成褐色到暗紫色，中间凹陷，长可达数厘米，宽0.5cm。病斑边缘带有树脂状分泌物，空气湿度大时也长伴有黄色细菌液溢出，后期病斑中心部分表皮破裂。桃果从幼果期到成熟期均能发病，果实发病后开始出现淡褐色圆形小斑，以后逐渐扩大变成浓褐色，凹陷，周围呈水渍状。潮湿时病斑常分泌黄色黏质物，干燥时则形成不规则裂纹。

2. 防治方法

（1）农业防治。

①及时排水。桃园低洼时注意排水，保证雨后不积水，创造不利于细菌蔓延的条件。

②加强栽培管理。加强桃园土、肥、水管理，增强树势，合理整形修剪，改善通风透光条件，提高树体的抗病力。

③清园。冬夏修剪时剪除病枝，清扫病叶、病果，集中烧毁或深埋地下。

（2）化学防治。芽膨大前喷布5波美度石硫合剂或1∶1∶100波尔多液，消灭越冬病菌；展叶后可喷布硫酸锌石灰液（硫酸锌 1kg，消石灰 4kg，水 240kg）1～2 次；落花后半月至 8 月间可喷布 65％代森锌可湿性粉剂 500 倍液或 0.3～0.4 波美度石硫合剂，15～20d 喷 1 次。

（三）桃白粉病

桃白粉病为真菌性病害，病原为三指叉丝单囊壳菌（*Podosphaera tridactyta*）和桃单壳丝（*Sphaerotheca pannosa*）。一般在温暖干旱气候时发生，在温室中也容易蔓延，主要侵染叶片和果实，苗木也容易受害，常造成早期落叶。

1. 症状　叶片染病后，叶正面产生褪绿性、边缘极不明显的淡黄色小斑，斑上生白色粉状物，病叶呈波浪状；夏末秋初时，病斑上常生许多黑色小点粒，病叶常提前干枯脱落。幼果较易感病，病斑圆形，覆密集白粉状物，果形不正，常呈歪斜状。

2. 防治方法

（1）农业防治。落叶后到发芽前彻底清除果园落叶，集中烧毁。发病初期及时摘除病果深埋。

（2）化学防治。发芽前喷洒 5 波美度石硫合剂，消灭越冬病原；发病初期及时喷洒 50％硫悬浮剂 500 倍液、50％多菌灵可湿性粉剂 800～1 000 倍液、50％甲基硫菌灵可湿性粉剂 800 倍液、20％粉锈灵乳油 1 000 倍液。苗圃里，当实生苗长出 4 片真叶时开始喷药，每 15～20d 喷 1 次。

（四）桃银叶病

桃银叶病病原为真菌中的紫韧革菌（*Stereum purpureum*）。病菌侵染桃树后，引起银叶症状，最后导致死枝或死树，对桃树生产威胁很大。

1. 症状　病叶铅色，后变银白色，展叶不久就能看到病叶变小、质脆，叶绿素减少，靠近新梢基部的病叶病状明显。银叶病病叶上没有病原菌，植株表现银叶症状后 3 年内会引起死树。

2. 防治方法

（1）农业防治。桃树萌芽前要清理果园里的银叶病死树、死枝并加以烧毁，以消灭其越冬病原。

（2）化学防治。保护伤口是防治该病的主要措施，可用甲基硫菌灵涂剂涂布伤口以防感染。

（五）桃疮痂病

桃疮痂病病原为嗜果黑星孢（*Fusicladium carpophilum*）。该病主要危害果实，也危害枝、叶，因其病斑最后为黑色，所以又称黑点病、黑痣病等，是春夏多雨年份桃园的常见果实病害。

1. 症状 果实发病最初出现暗绿色至黑色圆形斑点，并逐渐扩大至直径为 2～3mm 病斑，周围始终保持绿色。严重时，一个果上可有数十个病斑，病斑聚合连片呈疮痂状。该病只侵害果实表皮，病斑往往开裂，但裂口浅小，一般不会引起果实的腐烂。枝梢受害最初表面产生紫褐色椭圆形斑点，后期变为黑褐色稍隆起，并常发生流胶，最后在病斑表面密生黑色小粒点，病斑也限于表皮。叶片受害往往在叶背呈现出多角形或不规则灰绿色病斑，之后病部转为紫红色，最后病叶形成穿孔或干枯脱落。

2. 防治方法

（1）农业防治。

① 清园。结合冬剪剪除病枝梢烧毁，以减少病原。

② 加强栽培管理。剪留枝条不宜过多，及时进行夏剪和铲除杂草，保持果园良好的通风透光环境，降低湿度，减轻发病。

（2）化学防治。萌芽前喷洒 5 波美度石硫合剂铲除越冬病原；4 月中下旬到 7 月中旬，10～15d 喷洒一次 65％代森锌可湿性粉剂 500 倍液、50％多菌灵可湿性粉剂 800 倍液、50％硫悬浮剂 500 倍液、40％氟硅唑乳油 10 000 倍液、50％克菌丹可湿性粉剂 400～500 倍液，上述药剂交替使用。

（六）桃褐腐病

桃褐腐病，又称灰腐病、灰霉病、菌核病，病原为子囊菌门链核盘菌属 *Monilinia fracticola*，主要危害果实，也能危害花、叶和新梢。

1. 症状 本病的主要特征是被害果实、花、叶干枯后挂在树上，长期不落。桃的果实从幼果期到成熟期至贮运期都可发病，但以生长后期和贮运期果实发病较多、较重。果实染病后果面开始出现小的褐色斑点，后急速扩大呈圆形褐色大斑，果肉呈浅褐色，并很快全果腐烂。同时，病部表面长出质地密结的串珠状灰褐色或灰白色霉丛，初为同心环纹状，并很快遍及全果。烂病果除少数脱落外，大部分病果失水变成黑褐色僵果，常留在枝上经久不落。花感病后，花瓣、柱头生褐色斑点，渐蔓延到花萼与花柄。天气潮湿时病花迅速腐烂，长出灰色霉层，以后病花干枯；天气干燥时，先变褐干枯，遇到潮湿天气再产生灰色霉层。干枯的花固着在枝上不脱落。嫩叶发病常自叶缘开始，初为暗褐色水渍状病斑，并很快扩展到叶柄，叶片萎垂如霜害，病叶上常有灰色霉层，也不易脱落。枝梢发病多为病花梗、病叶柄及病果中的菌丝向下蔓延所致，渐形成长圆形溃疡斑，病斑灰褐色，边缘紫褐色，中央微凹陷，周缘微凸，被覆灰色霉层，初期溃疡斑常有流胶现象。

2. 防治方法

（1）农业防治。

① 清园。冬季清除树上树下的病僵果、病残枝叶，集中烧毁，然后深埋于地下。

② 加强栽培管理。生长季节加强果园管理，及时进行夏剪并铲除杂草，以利通风透光，并注意排水，减少发病机会。

（2）化学防治。

① 及时防治虫害。及时喷药防治椿象、象鼻虫、食心虫、桃蛀螟等，减少虫害和虫伤。

② 药物治疗。桃树发芽前喷 5 波美度石硫合剂＋80％五氯酚钠 200～300 倍液 1 次；花败后 10d 到采果前 20d 喷 0.3 波美度石硫合剂、65％代森锌 400～500 倍液、70％甲基硫菌灵 800 倍液、50％硫悬浮剂 500～800 倍液、50％多菌灵可湿性粉剂 800～1 000 倍液、20％三唑酮乳油 3 000～4 000 倍液，每次间隔 10～15d。上述药剂请交替使用。

（七）桃炭疽病

桃炭疽病，又称硬化病，为真菌病害，病原为腔孢纲黑盘长孢目黑盘孢科刺盘孢属盘长孢状刺盘孢（*Colletotrichum gloeosporioides*），主要危害果实，也能危害枝叶。

1. 症状 受害的幼果果面呈暗褐色，发育停止，萎缩、硬化，多数脱落，少数成为僵果残留在枝条上而不脱落。拇指大的果实染病时，果实表面初呈现绿褐色水渍状病斑，圆形或椭圆形，以后病斑逐渐扩大，变为深褐色并显著凹陷，潮湿时病斑上长出橘红色小粒点，呈同心轮纹状排列，受害幼果多于 5 月脱落，少数干缩成僵果固着在枝上。果实近成熟期高湿环境发病较重，染病果果面症状除与前述相同外，还具有明显的同心环状皱缩，最后果实软腐脱落。新梢被害后，呈暗褐色、略凹陷、长椭圆形病斑，病梢多向一侧弯曲，叶片萎蔫下垂纵卷成筒状，病害严重的枝夏季多枯死。叶片发病时，病斑圆形或不规则，淡褐色，边缘清晰，后期病斑为灰褐色。

2. 防治方法

（1）农业防治。

① 选择适宜的园址。不宜在地势低洼、排水不良的黏质土壤地建园。

② 清园。结合冬剪彻底清除树上病梢、枯枝、僵果和地面落果，集中烧毁；花期前后及时剪除病枯枝，防止病害扩大再侵染。

③ 加强栽培管理。注意果园排水，降低果园湿度，增施磷、钾肥，提高植株抗病能力；适时夏剪，改善通风透光条件。

（2）化学防治。萌芽前喷洒80％五氯酚钠200～300倍液＋5波美度石硫合剂，或120倍波尔多液1次，铲除越冬病原；落花后到5月下旬每隔10d喷药1次，共喷3～4次，其中以4月下旬到5月上旬两次最为重要。下列药剂可交替使用：70％甲基硫菌灵可湿性粉剂800～1 000倍液、80％福·福锌可湿性粉剂800倍液、75％百菌清可湿性粉剂800倍液、50％克菌丹400～500倍液、50％多菌灵可湿性粉剂600～800倍液。

（八）桃树腐烂病

桃树腐烂病，又称干枯病、胴枯病、枝枯病，病原为核果黑腐皮壳菌（*Valsa leucostoma*），主要危害主干、主枝，发病严重时造成整株枯死，大小树均能受害，主干下部发病较多。

1. 症状　树干受害时，初期病斑不易发现，但外部常可见到米粒大小的胶点，后逐渐扩展成较大的紫褐色斑，稍凹陷，布满胶质点粒，用手指按压感觉柔软，胶点下病皮组织腐烂湿润，黄褐色，具酒糟气味，后期病部干缩、凹陷，密生黑色小粒点，空气潮湿时从中涌出黄褐色丝状孢子角。

2. 防治方法

（1）农业防治。

① 清园。结合冬季修剪，彻底剪除枯桩、干橛及病枝、病树，集中烧毁。

② 加强栽培管理。增施有机肥和磷、钾肥，控制氮肥，合理留果，

均衡负载，促进发育，提高树体抗病能力。

（2）物理防治。经常检查树体，发现病疤后及时彻底刮净，病疤边缘要圆滑，不要留死角，刮后适时涂药保护和杀灭残余病菌。药剂用石硫合剂原液、70%甲基硫菌灵可湿性粉剂100倍液、松焦油原液均可。

（九）桃疣皮病

桃疣皮病菌有性阶段产生子囊壳及子囊孢子（*Physalospora persicae*）。该病主要危害一二年生枝条，幼树、成年树都可受害，病树枝枯早衰，寿命显著缩短。

1. 症状 枝条感病时，开始于皮孔上产生疣状小突起，并逐渐向周围扩展，形成直径约4mm的疣状病斑，之后在病斑表面散生针头状小黑点，一般当年不流胶。翌年春夏间，病斑继续扩大，表皮破裂溢出树脂，枝条表皮粗糙变黑，病部皮层坏死，严重时枝条萎凋枯死。

2. 防治方法

（1）农业防治。结合冬、夏季修剪彻底剪除发病枝条，清除病原，集中烧毁。

（2）化学防治。早春到发芽前用402抗菌剂100倍液涂刷病斑，杀伤越冬病原；4月下旬到7月上旬，喷洒50%多菌灵可湿性粉剂800～1 000倍液4～5次，每次间隔15～20d。

（十）桃木腐病

桃木腐病，又称心腐病、木材腐朽病，病原为真菌，有担子菌门层菌纲的伞菌目彩绒革盖菌（*Coriolusver sicolar*）、伞菌目裂榴菌（*Schizophy lumcommune*）、非裕菌目暗黄层孔菌（*Fomes fulvus*），主要危害桃树枝干心材，对树体寿命威胁很大。

1. 症状 患病植株典型特征是在树干锯口、病伤口、虫伤口能长出灰白色的、形状如干木耳的木腐菌子实体。

2. 防治方法

（1）农业防治。加强栽培管理，增强树势，可以提高抗病能力。

（2）物理防治。及时刮除病部的子实体（"干木耳"），减少传染源，病重危树及时刨除烧毁。及时用10%硫酸铜溶液消毒伤口，再用油漆、柏油保护伤口。

（十一）桃流胶病

桃流胶病是一种非侵染性的生理性病害，又称树脂病，主要危害枝干，也危害果实和叶片。病因十分复杂，难于彻底防治，易造成树势衰弱，果实品质下降，甚至枝干枯死。弱树、旺树、旺枝是主要危害对象。

1. 症状 以主干和主枝杈桠处容易发生。枝干发病初期，病部稍微膨胀，并陆续溢出褐色透明胶质，雨后流胶现象往往加重，树胶渐成冻胶状，而后失水呈黄褐色，最后变成坚硬的琥珀状胶块。流胶严重的枝干，树皮开裂，布满胶质，皮层坏死，轻者树势锐减，叶片细小、色黄，重者枝干或整株枯死。果实发病，有胶粒溢出果实，病部较硬，有时破裂。

2. 防治方法

（1）农业防治。

① 尽量减少树体伤口，及时防治和治疗其他枝干病虫害。并尽量减少人为造成的枝干伤口且及时涂白。

② 旺树流胶的防治。对于旺树流胶，可暂时使用氮肥，不干旱时不要灌溉，并深翻土壤，通气晾墒，增施磷、钾肥，使树势由旺到壮，减缓流胶程度。

③ 衰弱树流胶的防治。对衰弱树流胶，应增施有机肥，改善土壤的理化性状，注意排水，经常松土，使衰弱树转旺，增强对病虫害的抵抗能力。

（2）物理防治。冬季树干涂白，可减少流胶病的发生。涂白剂的配制方法：优质石灰 12kg，食盐 2～2.5kg，黄豆汁 0.5kg，水 36kg。先把生石灰用水化开，再加入黄豆汁和食盐，搅拌成糊状即可。

（3）化学防治。刮除胶状体，涂抹石硫合剂原液；萌芽前喷 5 波美度石硫合剂＋80％五氯酚钠 200～300 倍液铲除越冬病菌；剪锯口、病斑刮除后涂抹 843 康复利。

（十二）桃紫纹羽病

紫纹羽病病原菌为紫纹羽卷担子菌（*Helicobasidium mompa*），主要危害根部，使病树树势衰弱，严重时整株死亡。以树林开垦后建设的桃园及低洼积水、潮湿的桃园发病较重。

1. 症状 该病危害时细根先受害，逐渐扩展到支根和主根。根部表面缠绕许多疏松紫、白色丝绒状物，形如羽毛。该病有急性症状和慢性症状两种：慢性症状表现为植株地上部树势衰弱，新梢生长量少，叶小色淡，夏季叶萎蔫、变黄、早脱落，连续 2~3 年表现同样症状，数年后树死，地上部分症状显著时，大约已有 3/4 的根系被侵染；急性症状在生长季节植株生长很正常，突然叶变黄，落叶，植株随即枯死。

2. 防治方法

（1）农业防治。不在原来造林地建桃园；桃园不用刺槐（病害寄主）营造防风林带；对病重树，尽早挖除，搜集残根烧毁。

（2）化学防治。新栽苗木用甲基硫菌灵、苯菌灵等浸渍 10min 后栽植；对地上部分表现不良的果树，秋季应扒土晾根，并刮除病部，然后用 70%甲基硫菌灵或 50%多菌灵 500 倍液灌根；对病株周围土壤用 70%五氯硝基苯粉每株 0.2kg，配制成 1:（50~100）的药土，均匀撒施病株周围土中。

（十三）桃根癌病

根癌病，又称冠瘿病、根头癌肿病，病原为根癌细菌（*Agrobacterium tumefactions*），主要发生在根颈部，也发生于主根、侧根、支根，感病后树势衰弱，严重时整株死亡。

1. 症状 癌瘤通常以根颈和根为轴心，环生和偏生一侧、球形、扁球形或不规则，数目少的 1~2 个，多的 10 个左右。瘤的大小差异很大，小的如豆粒，大的如核桃、拳头或更大，或很多瘤簇生形成一个大瘤。初生瘤光洁柔滑，多呈乳白色，也有微红的，后逐渐变成褐色或深褐色，表面粗糙、凸凹不平，内部坚硬。后期癌瘤深黄褐色，易脱落，表面组织易破裂、腐烂，有腥臭味。老熟癌瘤脱落处附近还可产生新的次生癌瘤。生病植株由于根部发生癌变，水分、养分流通阻滞，地上部生长发育受阻，树势衰弱，叶薄、细弱、色黄，严重时干枯死亡。桃苗也易感此病。

2. 防治方法

（1）农业防治。栽种桃树或育苗地忌重茬，也不要在原来的林果园地种植桃树。

（2）物理和化学防治。将癌瘤彻底切除，集中烧毁，再涂石硫合剂渣或波尔多液浆保护，或用根癌宁生物农药 30~50 倍液浸根 3~5min，也可用 3%次氯酸钠液浸 3min。

二、主要害虫及其防治

桃树上的害虫较多，对桃树的危害也较病害严重。但只要防治及时，并注意综合防治和药物交替使用，均能收到较好的效果。

（一）桃蚜

桃蚜（*Myzus persicae*）又称桃赤蚜、烟蚜、蜜虫、腻虫等，是桃树的主要害虫。

1. 危害状　主要以刺吸式口器吸吮桃树叶片和嫩梢中的汁液，使得被害叶片卷缩，影响新梢和果实生长，严重时造成落叶，影响整个植株生长。

2. 防治方法

（1）生物防治。保护瓢虫、食蚜蝇、草蛉等蚜虫天敌，尽量不喷广谱性农药，避免天敌多的时间喷药。

（2）化学防治。越冬卵量较多时，在桃芽萌动前喷洒5%蒽油或柴油乳剂，杀灭越冬卵，但应注意两者不能与石硫合剂同时使用或混用，使用时必须间隔10d以上；桃树开花前，越冬卵孵化后，蚜虫集中在新叶上危害时，及时、周到、细致地喷洒50%辛硫磷乳油1 500倍液、20%高效氯氰菊酯乳油3 000倍、2.5%溴氰菊酯乳油3 000倍液、吡虫啉3 000～3 500倍液、50%抗蚜威可湿性粉剂2 000倍液、50%灭蚜松可湿性粉剂1 000倍液。从桃树落花到初夏和秋季桃蚜迁回桃树时，可用上述药剂交替防治。

（二）山楂红蜘蛛

山楂红蜘蛛（*Tetranychus viennensis*）又称火龙、山楂叶螨、樱桃叶螨、樱桃红蜘蛛。

1. 危害状　常群集于叶背和初萌发的嫩芽上吸食汁液，也可危害幼果，如防治不及时，可引起全树落叶。

2. 形态特征　雌成螨体长0.7mm，宽0.3mm，椭圆形，背前方稍隆起。越冬型鲜朱红色，夏型深红色。雄成螨体长0.4mm，宽0.3mm，体末端尖削，绿色或橙黄色。

3. 防治方法

（1）农业防治。

① 诱集越冬成虫。在越冬雌螨下移越冬前（8月下旬），于树干上端或主枝杈处绑扎草把，引诱越冬成螨，11月后解下草把烧掉。

② 清园。结合桃园冬季管理，清扫落叶，刮树皮，翻耕树盘，消灭部分越冬雌螨。

（2）生物防治。食螨瓢虫、草蛉、蓟马等均为红蜘蛛的天敌，应选择对天敌伤害较轻的农药使用。

（3）化学防治。发芽前周到细致地喷洒 5 波美度石硫合剂，花前或花后喷洒 50％硫悬浮剂 200～400 倍液，消灭越冬螨体；第一代卵孵化结束后，每百片叶活动螨数达 400 头时需要进行药物防治，喷洒 0.2％阿维菌素 2 500 倍液、73％快螨特 2 000 倍液、20％四螨嗪可湿性粉剂 3 000 倍液、5％噻螨酮 1 500 倍液（不杀成螨）或 0.05 波美度石硫合剂混加洗衣粉 500～800 倍液。几种药剂交替使用，防治效果较好。

（三）桃潜叶蛾

桃潜叶蛾（*Lyonetia prunifoliella*）又称串食虫、潜皮虫、桃叶潜蛾。

1. 危害状　以幼虫潜入叶肉组织串食，将粪便充塞其中，使叶片呈现弯弯曲曲的白色或黄白色虫道，并使叶面皱褶不平。危害严重时，造成早期落叶。

2. 形态特征　成虫体长 3～4mm，翅展 7～8mm，体及前翅银白色，前翅先端附生 3 条黄白色斜纹，翅先端有黑色斑纹，后翅灰色，前后翅都有灰色长缘毛。幼虫体长 6mm，头小而扁平，淡褐色，胸部淡绿色，3 对胸足黑褐色。茧扁枣核形，白色，两端有长丝粘于叶上。

3. 防治方法

（1）农业防治。落叶后清园，彻底扫除落叶，集中烧毁，消灭越冬蛹。只要清除彻底，可以基本控制其危害。

（2）化学防治。成虫发生期喷洒 50％杀螟硫磷乳油 1 000 倍液、90％敌百虫 1 000 倍液或 20％高效氯氰菊酯乳油 2 000 倍液。

（四）桃小绿叶蝉

桃小绿叶蝉（*Empoasca flavescens*）又称桃一点叶蝉、桃浮尘子。

1. 危害状　成虫或若虫群集于叶片，吸食汁液。被害处呈现白色斑点，严重时斑点相连，叶片呈苍白色，提早落叶，树势衰弱。

2. 形态特征　成虫淡绿色，长 3～4mm，头顶中央有 1 个黑点，翅绿色，半透明。若虫体黄绿色，形似成虫，无翅。

3. 防治方法

（1）农业防治。秋冬季节，彻底清除杂草、落叶，集中烧毁，消灭越冬成虫。

（2）化学防治。3月下旬、5月上旬、7月上旬是防治桃小绿叶蝉的3个关键时期，可喷洒25％速灭威600～800倍液或50％杀螟硫磷乳剂1 000倍液。

（五）桃红颈天牛

桃红颈天牛（*Aromia bungii*）又称钻木虫、赤颈天牛、水牛。

1. 危害状　其幼虫深入皮层和木质部危害，并随时由粪孔排出红褐色锯末状粪便，堆积树干基部地面。被害植株或大枝长势渐衰，结果较少，严重时皮层大部分被毁，再伴随流胶现象，全枝或全株枯死。

2. 形态特征　幼虫体长50mm，黄白色，前胸背板扁平、方形，前缘黄褐色，中间色淡。

3. 防治方法

（1）人工防治。

① 捕捉成虫。6～7月成虫发生期中午前后在主干、主枝附近捕捉成虫，特别是雨后晴天，成虫大量出现，也容易捕捉。此法简单易行，是防治大牛的主要措施。

② 挖捉幼虫。发现新鲜虫粪便，可将蛀道内幼虫挖出。

（2）化学防治。发现新鲜虫道，可向虫道注入昆虫病原线虫生物农药（4万条/mL），防治效果好。

（3）物理防治。树干涂白，5月底成虫发生前，以生石灰10份、硫黄粉1份、水40份，加食盐少许制成涂剂，将主干、主枝涂白，防止成虫产卵。

（六）桑白蚧

桑白蚧（*Pseudaulacaspis pentagona*）又称桑盾蚧、粉蜡蚧、桃介壳虫、桃虱。

1. 危害状　以成虫或若虫固着在枝上吸食汁液，被害枝条营养不良，树势衰弱，严重者整枝或整株枯死。

2. 防治方法

（1）农业防治。桃树落叶后清园，用硬毛刷或钢丝刷刷掉越冬雌虫。冬剪时剪除虫体较多的枝条并集中烧毁。

（2）生物防治。保护天敌红点唇瓢虫，在桑白蚧若虫固定后，尽量不喷布化学药剂，减少对天敌的伤害。

（3）化学防治。桃树发芽前喷布5波美度石硫合剂、5％柴油乳剂、

95%高效氯氰菊酯乳油 50 倍液，消灭越冬雌成虫；若虫孵化期喷布 80%敌敌畏乳油 800 倍液、50%杀螟硫磷乳油 1 000 倍液、0.3 波美度石硫合剂，均有较好的效果。

（七）蝉

蝉（*Cryptotympana atrata*）又名知了、蚱蝉、黑蝉。

1. 危害状　7～8 月雌成虫在桃当年生枝梢上连续刺穴产卵，卵呈不规则螺旋状排列，使枝梢下木质部呈斜纹状裂口，造成上部枝梢枯死，对桃树枝梢生长影响较大。

2. 防治方法

（1）农业防治。夏秋季剪除产卵枯枝，并集中烧毁。

（2）物理防治。6 月老熟幼虫出土上树时，傍晚到树干上捕捉，效果很好，雨后出土数量最多；夜间在桃园空旷地可堆柴点火，摇动桃树，成虫即飞来投入火堆中。

（3）化学防治。5～7 月若虫集中孵化时在树下撒施 1.5%辛硫磷颗粒，每 667m² 用 7kg，或地面喷施 50%辛硫磷乳油 800 倍液，然后浅锄，可有效防治初孵若虫。

（八）苹果小吉丁虫

苹果小吉丁虫（*Agrilus mali*）又称苹吉丁、苹果金蛀甲，俗称串皮虫。

1. 危害状　以幼虫潜入枝干皮下，危害韧皮部，常造成二、三年生枝条大量死亡。因为粪便不向外排泄，所以被害处在变色前不易发现；皮色变褐后，凹陷的虫疤上常有红褐色黏液渗出，俗称"冒红油"。

2. 形态特征　成虫体长 6～10mm，雄虫略小，暗紫铜色，有金属光泽，呈切楔形，体上密布小刻点，腹面青色，头部扁平，复眼肾形，触角锯齿状，共 11 节。幼虫体长 16～22mm，体扁平，呈念珠状，淡黄白色，无足，头较小，褐色，多缩于前胸内，外面仅有口器，前胸宽大，腹部细长。

3. 防治方法

（1）物理防治。人工捕捉成虫。利用成虫的假死性，在树下铺塑料布，于清晨震动枝干，捕捉成虫。

（2）化学防治。早春、夏季、秋季幼虫活动危害期和成虫羽化前用毛笔蘸敌敌畏 5 倍液涂抹枝干受害部位，杀虫效果极好，或用 500g 煤油加 25g 敌敌畏乳油进行涂抹,药液更易渗透;成虫羽化期结合防治其他害虫喷施药剂防治成虫。

(九) 苹果透翅蛾

苹果透翅蛾(*Conopia hector*)俗称串皮虫、旋皮虫。

1. 危害状 该虫在衰老果园和管理粗放的果园内发生严重。主要是幼虫潜入枝干皮下食害韧皮部,被害部蛀孔周围有红褐色粪便排出。枝干被害后长势衰弱,若被害部位扩大到周围枝干一周后,就能造成整枝、整株的枯死。

2. 形态特征 成虫体长 12～16mm,翅展 19～26mm,翅边缘及翅脉黑色,中央部分透明,腹部有 2 个黄色环纹。雌虫尾部有 2 条黄色毛丛,雄虫尾部毛扇状,边缘黄色。幼虫为乳白色,略带黄褐色,头部黄褐色,体长 22～25mm。

3. 防治方法

(1)物理防治。可人工捕捉幼虫。春、秋两季,幼虫危害初期,发现有新鲜虫道时,可以用铁锤叩击虫道,杀死幼虫,或利用小刀削开被害处,杀死幼虫。这种做法比较彻底,且经济有效。

(2)化学防治。在危害处清除虫粪,涂抹敌敌畏 5 倍液,对杀死浅层幼虫很有效。

(十) 桃条麦蛾

桃条麦蛾(*Anarsia lineatella*)又名桃梢蛀虫。

1. 危害状 幼虫危害桃芽、花蕾、幼叶、新梢和果实,常引起新梢萎蔫下垂,继而枯焦,对桃树危害很大。

2. 形态特征 成虫体长 6～7mm,翅展 12～14mm,灰褐色。幼虫体长 9～10mm,前胸背板、胸足和臀板均为黑色,体背红棕色,腹面灰白色。

3. 防治方法

(1)农业防治。结合夏季修剪,及时彻底剪除虫梢,消灭其中幼虫。

(2)化学防治。花芽膨大现红时或落花后,喷 50%杀螟硫磷乳油 1 000 倍液,保护新梢和幼果。

(3)物理防治。在成虫发生期用糖醋液(糖 5 份、醋 20 份、水 80 份)诱杀成虫。

（十一）黄斑椿象

黄斑椿象（*Erthesina fullo*）俗称臭大姐、臭妞、臭斑虫。

1. 危害状　为刺吸式口器害虫，主要以成虫和若虫刺吸桃的幼果和嫩梢、茎、叶的汁液进行危害，由于一经触动就释放臭气，所以也称臭椿象。果实受伤后，刺吸处的果肉下陷并硬木栓化，果皮泛绿，整个果实呈畸形，失去商品价值。

2. 防治方法

（1）物理防治。春季成虫出蛰期和秋季进入越冬期后，在其越冬场所附近人工捕捉；成虫危害期，在树下铺塑料布，早晨震动树枝，虫落地后捕捉；5月上旬到6月上旬产卵期可及时摘除卵块并捕杀群集若虫。

（2）化学防治。6月中下旬喷布95％敌百虫1 000～1 500倍液杀死若虫，效果好。

（十二）梨小食心虫

梨小食心虫（*Grapholita molesta*），简称梨小，又称东方蛀果蛾，俗称水眼、疤拉眼、黑膏药。

1. 危害状　其幼虫除危害果实外，主要蛀食危害桃树的嫩梢，使大量嫩梢折断，因此群众称它为桃折梢虫。

2. 形态特征　雌虫体积较大，灰褐色，有光泽，体长7mm，翅展14mm，前翅前缘有8～12组白色短斜纹，翅面中有1个灰白色小点，近外缘有10个小黑斑。雄虫体积较小，长约6mm。卵椭圆形，长约0.8mm，中部凸起，周缘扁平，卵面有网纹状皱纹，半透明，有光泽，新卵白色，3d后呈黄色，后期呈黑褐色。初龄幼虫头胸背板黑色，体白色；老熟幼虫体长10～14mm，桃红色至粉红色，有光泽，头部黄褐色，前胸背板不明显；越冬幼虫体黄白色。蛹长约7mm，黄褐色，纺锤形，长10mm左右。

3. 防治方法

（1）农业防治。清园，冬春刮除老粗皮、翘皮，彻底挖除越冬幼虫。夏季当顶梢1～2片叶枯萎时，剪除被害梢烧毁。

（2）物理防治。诱杀成虫，在成虫发生期，以红糖5份、醋20份、水80份的比例配制糖醋液放入园中，每间隔30m左右放1碗，诱捕成虫。也可用梨小食心虫性引诱剂诱杀成虫，每50m放盛有性引诱剂的碗1个。

（3）化学防治。加强虫情预报，当卵果率达到 0.5％～1％ 时喷药防治，用 20％高效氯氰菊酯乳油 3 000 倍液、2.5％溴氰菊酯乳油 3 000 倍液、50％杀螟硫磷乳油 1 000 倍液、30％高效氯氟氰菊酯 2 000 倍液、5％顺式氯氰菊酯乳油 2 500 倍液、50％甲萘威 500 倍液进行防治，药物交替使用效果好。

（十三）桃蛀螟

桃蛀螟（*Dichocrocis punctiferalis*）又称桃斑螟、桃蛀心螟、桃实虫、豹文蛾，俗称食心虫、蛀心虫。

1. 危害症状 幼虫蛀入果实危害，并深达核周围，1 个果中常有虫 1～2 条，多的可达 8～9 条。蛀孔外有黄褐色胶液，粘着大量的红褐色粒状粪便。受害桃果常变色脱落或果肉充满虫粪不能食用。

2. 形态特征 成虫全体橙黄色，体长 12mm 左右，翅展 26mm 左右，前翅有 25～26 个黑斑，后翅约有 10 个黑斑，腹部第一、第三、第四、第五节背面各有 3 个黑斑，第六节上若有也是 1 个，第八节末端为黑色。卵椭圆形，初产时乳白色，后变红褐色，长 0.6～0.7mm。卵面粗糙并布满许多细微圆点。幼虫头暗褐色，体色多变，有淡褐、浅灰、淡蓝及暗红色，体背多紫色。

3. 防治方法 桃蛀螟发生期长、寄主多，只有在主要寄主上同时采取农业与化学的综合防治措施，才能控制其危害。

（1）农业防治。冬春季成虫羽化前刮除树皮缝隙，彻底清理园内杂草和桃园附近的玉米秆和向日葵盘，消灭越冬虫源。不要在果园内外种植玉米、向日葵等桃蛀螟的寄主植物。随时摘除虫果和捡落果并加热处理或深埋，消灭幼虫和蛹。

（2）物理防治。设置黑光灯诱杀成虫。

（3）化学防治。加强虫情观测，在卵发生期和幼虫孵化期喷布 50％杀螟硫磷乳油 1 000 倍液 1～2 次，可达到良好效果。疏果后施药 1 次立即套袋。

（十四）桃小食心虫

桃小食心虫（*Carposina niponensis*）又称桃蛀果蛾，简称桃小。

1. 危害状 幼虫蛀入果实，先在皮下潜食果肉，使果实变形形成"猴头果"，继而深入果实，纵横串食，并把粪便堆积在孔道中不排出体外，形成"豆沙陷"，失去食用价值。

2. 形态特征 成虫体长 5~8mm，翅展 13~18mm。全体灰褐色。前翅前缘中部有一蓝黑色近三角形大斑，翅基部及中央部分具有黄褐色或蓝褐色的斜立鳞毛。后翅灰色。卵淡红色，椭圆形，卵面密生不规则椭圆形刻纹。幼虫体长 13~16mm，全体桃红色，形体较胖，每个体节上有明显黑点，上生刚毛，腹部末端无臀栉。初龄幼虫黄白色，老龄幼虫橘红色或金黄色。

3. 防治方法

（1）土壤药物处理。在越冬幼虫出土期，即 5 月下旬到 6 月上旬对树冠下的地面进行土壤施药处理。如用白僵菌溶液加 25％辛硫磷胶囊剂 300 倍液、40.7％毒死蜱 500 倍液和甲氰菊酯乳油 2 000~3 000 倍液直接喷在树盘下，用铁耙耧翻，连续喷 2~3 次，间隔 10d 左右，雨后及时补喷。山地果园，可用 5％辛硫磷粉直接在树冠下喷施，每 667m² 用 5~8kg。

（2）化学防治。在成虫产卵期和幼虫孵化期及时喷洒苏云金芽孢杆菌乳油 300~600 倍液杀死初孵幼虫，或 50％杀螟硫磷乳油 1 000 倍液、2.5％高效氯氟氰菊酯水乳剂 3 000 倍液、20％甲氰菊酯乳油 3 000 倍液、40％毒死蜱乳油 1 000~2 000 倍液，15~20d 喷 1 次，均有良好防治效果。

第七节 果实采收、分级和包装

一、果实采收

果实采收是桃树栽培中的最后一道工序，采收质量直接关系到桃果的商品率和销售价格，因此要求做到"适时采收、精心采摘"。

（一）采收时期

目前生产上桃果采收过程中的突出问题是采收期过早。桃果采摘过早，果面着色不好，果肉生硬，风味淡或略带涩酸、苦味，果实易失水皱缩，并且果实产量也有一定的损失。桃果采摘过晚果实品质也要下降，且软熟的果实不耐运输和贮放，有时会大量落果，造成严重损失。因此，桃树的采收期可根据销售距离的远近和利用目的不同而定。

1. 远销和贮藏的果实 远距离销售和需要贮藏一段时间再销售的果实可在七成熟时采收。七成熟时，果实青色大部分褪去，白桃品种底色呈浅绿色，黄桃品种底色呈黄绿色，并开始出现彩色，毛茸稍密，果肉仍较硬，风味还不能充分表现出来。这时果实的硬度大，经过采摘、分拣贮藏、运输、销售等环节后，到达消费者手中时正是果实品质的最佳阶段。

2. 近销的果实 近距离销售的桃果可在八成熟时采收。八成熟的桃果绿色基本褪去，白桃品种底色呈绿白色，黄色品种底色呈绿黄色，彩色加重，毛茸变稀，果肉软硬适度，出现弹性，品种典型风味已表现出来，并有桃香味溢出。

3. 就地销售的果实 就地销售的桃果可在九成熟左右时采收。九成熟的桃果绿色完全褪去，不同品种呈现其应有的底色（白色、乳白色、金黄色）和彩色（从鲜红到各种红色的晕、霞、条纹、斑点等），果面毛茸脱落，更为光洁，果肉变软，弹性或柔软度增加，品种的典型风味出现，桃香味浓郁。

4. 罐藏加工的果实 如果是加工糖水罐头的品种（果肉不溶质）应在八九成熟时采收，如果是鲜食加工兼用品种可在七八成熟时采收。

5. 油桃的果实采收期 油桃果皮光滑没有茸毛，加上有些品种从幼果期开始就全面着红色，所以果实成熟度难以用上述标准衡定。如果仅靠看到油桃果实着色艳丽，就认为是成熟而采收的话，很容易早采。早采一是果实风味酸，二是影响产量。因此，油桃品种的果实不能见红就采，而是要根据果实发育期（从开花到果实成熟）的长短、果肉硬度、弹性、芳香、风味等综合因素来确定果实能否采收。

（二）分期采收

同株树上果实的成熟期常因在树冠中的部位和着生的果枝类型不同而不一样。树冠上部光线充足，果实成熟早；短果枝停止生长早，果实成熟早；长果枝先端的营养条件好，果实成熟也较早。先采成熟的果实，未成熟的果实充分发育膨胀后再采，可以减轻落果，提高产量和质量。因此，桃果要分期采收，才能收到优质高产的效果。

分期采收，应从适宜采收期开始。第一期先采收着色好、果个较大的果实，着色差、果个小的果实待下期采收。整个采收期7～10d，可分2～3次采收。采收果实时，要避免碰落留在树上的果实。

（三）采收

为了提高好果率，应尽量避免人为造成机械损伤。

1. 采前的准备　桃果不耐贮运，采前要做贮运、销售计划，保证采收后及时处理，不致积压霉烂。采果用的筐篮要用干草等软物垫好，以免刺伤果实。每一筐篮的盛装量，不宜过多，一般是 5kg 左右为宜，太多易挤压果实，引起机械损伤。采果人员应剪短指甲，穿软底鞋，尽可能多用梯凳少上树，以便少碰落果实，保护枝干、果枝和叶片。

2. 采收时间

（1）采收应在晴天进行。采收果实要选择适宜的环境条件。采前不宜灌水，不宜在雨天、有雾时和露水未干时进行。因这些时候采收的果实果面潮湿，便于病原体微生物入侵，易造成果实腐烂。必须在雨天、雾天和有露水时采收果实，应将果实放在通风处，尽快晾干。

（2）一天中的采摘时间。采收桃果最好在晨雾消失的午前和傍晚进行，应避免在炎热的中午、午后采收桃果。因为这时果温高、田间热、贮运环境温度高，果实呼吸作用强，易使果实腐烂。

（3）采摘方法。采果前在一株树下先捡净树下落果，减少踏伤造成的损失，并将落果单独存放。采果时应先采树冠外围和卜部，后采内腔与上部的果实，并注意逐枝进行。这样既可以防止漏采，也可减少碰擦果实。从果枝上采果时应手轻握全果掰下，防止折断果枝，切忌手指紧捏果实造成压伤，保证果实完整无损。采下的果实应轻轻放在果篮中，及时运到阴凉通风处或树荫下暂时存放，防止晒软。

二、果实分级

桃果必须符合相关标准才能占领高档桃果市场、优质优价。

（一）外观品质标准

桃果实的外观品质是指果实大小、形状、色泽度等。

1. 果实大小　根据高档桃果市场的需要，成熟期不同的桃果大小有所差异，其标准为：极早熟品种的单果重应为 100～120g，横径 5.5～6.0cm；早熟品种的单果重应为 130～150g，横径为 6.0～6.5cm；中、晚熟品种的单果重为 180～250g，横径 6.5～8.0cm。油桃和蟠桃优质果果个大小的标准可适当降低。

2. 果实形状　优质果品应具有本品种的果形特征，要求果实圆正，缝合线两侧对称，果顶平整。蟠桃的果顶凹陷 2～3cm。

3. 果实色泽　优质果品应具有品种成熟时的色泽和着色面积，且底色洁净，着色鲜红而有一定的光泽。一般认为着色面积越大越好。

4. 果实新鲜度　高档果品要求桃的新鲜度高，果面无任何伤痕。

(二) 果实的风味品质

风味品质是人们通过品尝对果味做出的综合评价，主要受糖酸比和可溶性固形物含量的影响。

1. 糖酸比　我国和东南亚地区的消费者多喜食甜桃，而西方国家的消费者则喜食带有酸味的桃果。因此优质桃果的糖酸比标准因消费者的习惯而异。

当糖酸比值达 50 时，桃果风味纯甜；当糖酸比值为 33 时，桃果风味酸甜（即甜味多、酸味少）；当糖酸比值为 25 时，桃果风味甜酸（甜味少、酸味多）；当糖酸比值达 17 时，桃果风味酸。

2. 可溶性固形物含量　果实的可溶性固形物含量与品种的果实发育期有关，因此可依果实的成熟期有不同的标准。极早熟品种的可溶性固形物含量≥8％；早熟品种可溶性固形物含量≥9％；中熟品种可溶性固形物含量≥11％；晚熟品种可溶性固形物含量≥12％。

(三) 营养品质

营养品质是指果实糖、酸、维生素 C、胡萝卜素、蛋白质等的绝对含量，是经过化学分析得到的。随着人们饮食结构的改变和生活水平的提高，人们吃桃果不但要求色、香、味俱全，而且还要求含有较高的营养价值，尤其是维生素 C、微量元素等。这方面目前还没有确切的标准可以衡量，但相信不远的将来会有标准对此做较明确的要求。

(四) 卫生标准

桃果必须达到卫生标准才能成为优质高档的绿色果品而上市。

三、包装

对桃果进行包装不仅便于在运输、贮藏和销售过程中装、卸，减少果品相互摩擦、碰撞、挤压等造成的损失，而且还能减少桃果的水分蒸发，保持桃果新鲜。同时精美的销售包装还可以吸引消费者购买。

(一) 内包装

内包装是为了防止桃果相互碰撞，同时保持桃果周围有适宜的湿度，以利于桃果保鲜的一种辅助包装。一般用包装纸、塑料盒、包装膜等柔软的物质作为内包装材料。

（二）外包装

桃果肉质软，不耐压、不耐放，所以需要有坚硬不变形的外包装。外包装可分为贮藏包装和销售包装。

1. 贮藏包装　需要贮藏时间较长才上市销售的晚熟桃果，在贮藏期间用质地坚硬的塑料箱或木箱进行贮藏包装，包装箱能盛果 10～15kg，果实摆放不能超过 3 层，以免果实压伤，箱上应有通风气孔，使果实产生的热量能及时散出。

2. 销售包装　销售包装是上市时的桃果包装，也是装饰高档桃果的一种手段，由保护桃果的纸箱和印在纸箱上的商标两部分组成。销售包装可通过包装造型、图案和商标来吸引顾客，借以推销商品。销售包装在高档果品的售价中占有相当大的比例。高档桃果销售包装应采用小包装，规格有 3kg 和 5kg 两种。每箱内的桃果可分为 2 层，上下用瓦楞纸隔开，每层都要压紧。油桃、蟠桃、促早栽培的桃果、极晚熟品种的桃果上市时，可采用 1～2kg 的小包装，用透明塑料做成有透明窗的包装盒，便于吸引顾客。

一般情况下，不需要久藏的桃果，都在挑选后直接在内包装的基础上外加销售包装，以降低成本，减少消耗。需要贮藏后再销售的果实，在挑选后用贮藏包装材料包装。出售前再经挑选后用内包装加销售包装出售。

无论何种包装，切记桃果不能装得太满，以防压伤；也不能装得太浅令箱内留有较大的空隙，而使桃果在运输、搬运过程中发生碰撞。

第四章

葡　　萄

....

第一节　种类和品种

一、种类

葡萄属于葡萄科（Vitaceae）葡萄属（Vitis）。葡萄科共有 11 个属，约 600 个种，其中经济价值最高的是葡萄属，分为 2 个亚属，即真葡萄亚属（Euvitis）和圆叶葡萄亚属（Muscadinia），有 70 多个种，分布在世界上北纬 52°至南纬 43°之间的广大地区，但集中分布在 3 个区域：欧亚-西亚分布区、北美分布区和东亚分布区。欧亚-西亚分布区只有 1 个种；北美分布区有 30 余个种；东亚分布区约有 40 个种。因此，按地理分布和生态特点，可将 70 多个种分为欧亚种群、北美种群和东亚种群。我国处在东亚分布区，已知有葡萄属植物 38 个种，属于东亚种群，约占世界总量的 60%，是葡萄遗传资源较丰富的国家。

（一）欧亚种群

欧亚种群起源于欧亚大陆，因受冰川时期的变迁致使许多野生种均已灭迹，仅留下一个欧亚种（Vitis vinifera），它分布于亚洲西部、欧洲南部的温带与亚热带和北非洲地带，是世界的主要栽培种，其产量约占总产量的 90%。经过长期的选择与培育，目前已有 8 000 个以上的品种，因受地理条件和生态因素等的影响形成 3 个品种群：东方品种群、西欧品种群和黑海品种群。

1. 东方品种群　分布于中亚、中东和里海沿岸。其特征是：幼叶无茸毛，紫红色；新梢多为赤褐色，粗壮；叶背光滑无茸毛，或仅有刺毛；植株生长势强，生长期长，果枝结实率低；果穗大，果粒大或中大，果肉丰满多汁。抗旱力强，但抗寒、抗病、耐湿性差，适于生长季长、夏秋气候干燥地区栽培。

2. 西欧品种群 分布于欧洲各国。其特征是：幼叶茸毛密生，具桃红色；新梢较细，呈淡褐色；叶背具丝状茸毛或混合茸毛（丝状毛中混生刺毛）；植株生长势较弱，但结果枝多，结果系数高；果穗较小，单株产量较低。生育期较短，抗寒、抗病性较东方品种群略强。

3. 黑海品种群 分布在黑海沿岸各国。其特征是：叶背密生混合茸毛；果穗中等大，紧密，极少松散状；果粒中等大，多汁。生长期短，抗寒、抗病性较东方品种群强，但抗旱力较弱。结果系数高，一般较丰产。

（二）北美种群

北美种群（也称美洲种群）起源于北美广大地区，有 28～30 种，主要有如下几种。

1. 美洲葡萄（*V. labrusca*） 起源于美国东北部和加拿大东南部。幼叶具浓密毡状茸毛，深桃红色；叶片大而厚，全缘或三裂；叶背密生灰白或褐色毡状毛，锯齿钝；卷须连续性，是葡萄属中唯一具此特性的种；果粒有肉囊，与种子不易分离，具特殊的狐臭味或草莓味。生长势旺，适应性强，抗病、耐湿、耐寒。喜砾质土和排水良好的轻质土，但不耐石灰质土。抗根瘤蚜能力在美洲种群中最弱。

2. 河岸葡萄（*V. riparia*） 起源于北美东部。果实黑色，果汁红色，有青草味，不堪食用。抗根瘤蚜和真菌病害能力强，与欧亚种嫁接亲和力高。耐热、耐湿，抗寒、抗旱。喜土层深厚肥沃冲积土，不耐石灰质土。主要用作砧木和杂交亲本。

3. 沙地葡萄（*V. rupestris*） 起源于美国中南部。生长势弱，果实黑色，有青草味，勉强可食。抗根瘤蚜能力强，对各种真菌病害近乎免疫。耐寒、耐旱、耐瘠薄，但不耐石灰质土。主要用作砧木和杂交亲本。

4. 冬葡萄（*V. berlandieri*） 起源于美国南部和墨西哥丘陵地区及沿河地带。果实黑色，果汁深红色，味略酸涩。抗根瘤蚜，耐旱，与欧亚种亲和力良好。其最大特点是抗石灰质土，但不易生根，不耐寒。

（三）东亚种群

东亚种群起源于东亚广大地区，至今仍多为野生，分布在森林、河流、山谷等地。大约有 40 个种，分布于中国的主要种有如下几种。

1. 山葡萄（*V. amurensis*） 起源于中国东北、俄罗斯远东地区，朝鲜半岛也有少量分布。雌雄异株，类型较多。喜在水分充足、排水良好、土壤微酸性的林缘、河沿生长。最大特点是抗寒、抗病：枝蔓可耐—45℃低温，根系可耐—16～—14℃低温，为葡萄属中抗寒力最强的一个种，是目前国内外葡萄抗寒育种的主要种质资源；对一般真菌性病害抗性强，对白腐病、黑痘病有很强的抗性，但不抗根瘤蚜和当地霜霉病。对山葡萄资源的利用主要有：直接作为原料酿制独具特色的山葡萄酒，作为种质资源选育抗寒葡萄品种，作为抗寒砧木进行抗寒嫁接苗培育。

2. 毛葡萄（*V. quinquangularis*） 原产于中国，是中国葡萄属东亚种群中分布最广的一个野生种，以野生状态生长在山区林缘和灌木丛中，在海拔 100～3 000m 均有发现，主要分布于秦岭、泰山以南 17 个省份的广大地区，如湖北、湖南、江西、广西、广东、云南和贵州等省份。毛葡萄果实的特点为酸高、糖低、皮厚、单宁多、色素浓、香味独特，是酿造红葡萄酒的好原料。近些年来，各地区非常重视野生毛葡萄的开发利用，并开展了资源收集、种质评价、遗传及现代生物技术、品种选育等科学研究。毛葡萄免疫或高抗黑痘病、黑腐病和炭疽病，较抗根结线虫和白粉病，易感霜霉病和白腐病，抗寒、抗湿热能力较强，但抗旱能力较弱。目前，每年全国利用的野生毛葡萄浆果产量约为8 000 t，多用其酿酒。

3. 刺葡萄（*V. davidii*） 原产于中国，在湖南、云南、广东、江西、浙江等地分布广泛。刺葡萄为高大藤本，小枝密被皮刺。刺葡萄一般表现为抗寒性较弱，易感染霜霉病，但对黑痘病、灰腐病、白腐病有较强的抗性，尤其对炭疽病的抗性极强，几乎免疫，是葡萄耐湿热、抗病育种的宝贵资源，同时也是优良的加工原料，一些地区用其酿酒、制汁。

4. 蘡奥（*V. thunbergi*） 分布在中国华北、华中、华南等地，及朝鲜、日本等国。抗寒性较强，果实紫黑色，可生食、酿酒，并可入药。可用作抗寒育种的亲本资源。

5. 葛藟（*V. flexuosa*） 分布于中国中南、东南地区，及朝鲜、日本等国。果汁较少，可酿酒，也可入药，有益气健脾之功效。

二、品种

（一）主要鲜食品种

1. 贵妃玫瑰 欧亚种，由山东省酿酒葡萄科学研究所于 1985 年以红香蕉×葡萄园皇后杂交育成。

树势中等。果穗中等大，呈圆锥形，平均穗重 700g，最大穗重 800g，果粒着生紧密。果实黄绿色，圆形。平均粒重 9g，最大粒重 11g。果皮薄，果肉质脆、味甜，有浓玫瑰香味。可溶性固形物含量 15％～20％，含酸量 6～7g/L，品质佳。

在济南地区 4 月初萌芽，7 月中旬果实成熟，从萌芽至果实成熟需 110d 左右，需活动积温2 500℃。

2. 夏黑 欧美杂交种，为三倍体品种，由日本山梨县利用巨峰杂交选育而成，1998 年引入我国。

果穗圆锥形或有歧肩，平均穗重 420g；果粒近圆形，自然粒重 3～3.5g，经处理可达 7.5g，最大粒重 12g。果色蓝黑，着色一致，果粒着生极紧密，汁液浓，紫黑色至蓝黑色。果粉浓，果皮厚，果肉脆硬，有较浓郁的草莓香味，可溶性固形物含量 20％～22％，无核。

在江苏张家港地区 3 月下旬萌芽，5 月中旬开花，7 月下旬果实成熟，从萌芽至果实成熟需 110d 左右。

3. 京秀 欧亚种，由北京植物园杂交育成。

生长势中强。果穗大、圆锥形，果粒着生紧密，单粒重 6～7g，椭圆形，玫瑰红或鲜红色，外形美观，果肉硬而脆，品质优，鲜食风味佳。

山东平度 4 月 8 日前后发芽，5 月 20 日左右开花，7 月上旬着色，7 月中旬成熟，为极早熟品种。

4. 无核白鸡心 欧亚种，1983 年从美国引入我国。

生长势中强。果穗圆锥形，果穗大，果粒着生紧密。果粒长卵圆形，平均粒重 5.2g，最大6.9g，用赤霉素处理可达 10g。果皮黄绿色，皮薄肉脆，味浓甜，含糖 16％以上，微有草莓香味，品质极佳。

在山东平度 4 月上旬末萌芽，5 月 20 日开花，7 月中下旬果实成熟，为早熟无核良种。

5. 玫瑰香 欧亚种。由黑汉和亚历山大杂交培育而成。

树势中强。果穗圆锥形，中等大，平均穗重 360g。果粒椭圆形，黑紫色，平均粒重 5g，果皮较厚，果肉黄绿色，脆软多汁，有浓郁的玫瑰香味，可溶性固形物含量 18％～20％，品质极上。

在山东平度 9 月中上旬成熟。对黑痘病和白腐病抵抗力中等，对炭疽病、白粉病和潜叶壁虱的抵抗力差。在负载量过大、管理不善、营养失调等情况下，易患转色病，降低产量和品质。为鲜食酿酒兼用品种，既可酿制白葡萄酒，也可酿制红葡萄酒。

6. 巨峰 欧美杂交种，由日本大井上康用石原早生和森田尼杂交培育而成，属四倍体。

树势强健。果穗圆锥形，平均穗重 300～400g。果粒椭圆形，平均粒重 10g，果皮紫黑色，果粉厚，果肉软，易与果皮剥离，浆汁多，可溶性固形物 15％～17％，有草莓香味，品质中上。

在山东平度 8 月中旬成熟。抗病力强，特别是抗黑痘病和霜霉病。易成花，早期丰产，副梢结实力强，是二次结果的好品种。其缺点是落花落果现象较重，且易脱粒。

7. 阳光玫瑰葡萄 植株生长势中等，根系发达。该品种嫩梢绿色、无茸毛，新梢嫩尖叶多为浅白色，带茸毛，新梢成熟后为黄褐色，节间中等。叶片大（特别是接受充足光照的功能叶，其横径超过 30cm），有光泽，扇形中厚，5 裂，裂痕中等。叶缘锯齿大，叶背茸毛多。两性花，果穗圆锥形，果粒椭圆形，在自然栽培的条件下，树势中等的植株坐果率较高，平均穗重 300～500g，单粒重 6～8g，每果粒种子 2～3粒，果粉厚，果肉较软，可溶性固形物含量 20％以上，有浓郁的玫瑰香味。该品种经无核化栽培后，果穗可达 700～1 500g，单粒重12～18g，最大粒重达 20g 以上，可溶性固形物含量达 18％～26％，果皮薄，果肉硬、脆，具有浓郁的香味，品质极佳。

8. 红地球 欧亚种。1987 年从美国引入我国。

果穗圆锥形，平均穗重 600～800g，大穗可达 1 000g 以上。果粒大，平均粒重 13g，近圆形或卵圆形，紫红色，果皮中厚，果肉脆，可溶性固形物含量 18％，味甜可口，品质中上。

树势中强。坐果率高，丰产，耐贮运，抗病力较弱。在山东胶东半岛 9 月下旬至 10 月上旬成熟。

（二）主要酿酒品种

1. 意斯林 又名贵人香，欧亚种。1892 年由烟台张裕公司首次引入我国。

果穗小至中，圆柱形，有副穗，着生紧密，穗重 150～230g。果粒近圆形，个小，平均粒重 1.5g，果皮薄，淡黄绿色，向阳部分微赤红色并有黑色斑点。可溶性固形物含量 20%，含酸量 7g/L，出汁率 80% 左右。

树势中庸，抗白腐病，易受炭疽病危害。在山东平度 9 月上中旬成熟。该品种是酿制优质白葡萄酒的良种。

2. 霞多丽 别名查当尼、莎当妮。欧亚种，1892 年烟台张裕公司首次引入我国。

果穗圆柱形，带副穗，有歧肩，排列极紧密，平均穗重 142g。果粒近圆形，平均粒重 1.4g，果皮绿黄色、薄、粗糙，果脐明显，果肉多汁，味清香，含糖量 20.1%，含酸量 7.5g/L，出汁率 72.5%。受病毒危害的葡萄常出现无籽现象，形成青粒，对品质影响极人。

在青岛 9 月上中旬成熟。风土适应性强，易栽培，较抗寒。适合在较肥沃的丘陵山地和沿海沙壤地上栽培，抗病性中等，做好病虫害防治是栽培成败的关键。

3. 赤霞珠 欧亚种。1892 年烟台张裕公司首次引进。

果穗圆柱形或圆锥形，较紧密，带副穗，平均穗重 175g。果粒圆形，紫黑色，平均粒重 1.3g，果粒整齐，果皮厚，果肉多汁，淡青草味，属解百纳香型，含糖量 19.3%，含酸量 7.1g/L，出汁率 62%，每粒果含种子 2～3 粒。

生长势中等，在山东烟台 10 月上旬充分成熟。适应性、抗病性较强，抗寒力较弱，适合壤土和沙壤地栽培，宜篱架栽培，短梢修剪。

三、主要砧木品种

1. SO4 由冬葡萄与河岸葡萄杂交选育而成。生长势极强，抗根瘤蚜、根结线虫、根癌能力较强，耐盐碱，嫁接亲和力与生根力均好，适应性强，有小脚现象。

2. 5BB 从冬葡萄与河岸葡萄的自然杂交实生苗中培育而成。新梢生长快，粗壮，节间长（有时可达 30cm）。抗根瘤蚜、线虫，抗石灰质能力较强，产量高，根稍浅，适于土层深厚、黏湿钙质土壤，不适于太干旱的丘陵地。

3. 110R 由冬葡萄与沙地葡萄杂交育成。生长势极强，抗旱，抗根瘤蚜力强，但不抗根结线虫，耐贫瘠和石灰质土壤，扦插成活率中等，田间嫁接成活率高，嫁接后能显著提高接穗的树势和产量，但延长生长期和延迟成熟。

4. 140 Ru 由冬葡萄与沙地葡萄杂交育成。生长势极强，抗根瘤蚜，抗旱力强，抗缺铁，耐石灰质土壤，适应范围广，扦插生根率偏低，田间嫁接成活率高，嫁接后接穗生长期延长，一般适于生长季节长的干旱地区应用。

5. 1103P 以冬葡萄与沙地葡萄杂交培育而成。生长势强，极抗根瘤蚜和根结线虫，抗旱性强，耐盐碱，不耐涝。枝条生根率中等，嫁接亲和力较好。

第二节 建园和栽植

一、建园

(一) 土壤

土壤条件对鲜食葡萄和酿酒葡萄都有较大影响，例如，在发育不完全的石灰岩或心土含有碳酸盐的土壤条件下，可得到很好的起泡葡萄酒原料；在森林灰化土上种植小白玫瑰，可酿制较好的餐用葡萄酒；在大量石灰质的碳酸盐土和腐殖质碳酸盐土壤上，可获得品质最优的黑品诺葡萄浆果。因此，必须根据建园目的、品种和其他要求，对土壤进行慎重选用。

(二) 地势

山地葡萄园光照充足，空气流通，昼夜温差大，随海拔的升高紫外线光波增加，对提高浆果品质有良好作用，是生产葡萄酒优等原料和耐贮运葡萄的好地方。但是山地由于土层薄，地下水位低，易干旱，根系分布浅，土壤易流失等原因，植株生长较弱，产量较低。因此，在山地建园时要注意水土保持，坡度超过10°以上要修梯田，并采取深耕深刨、加厚土层、增施有机肥料、改良土壤、适当密植等措施，以提高葡萄产量。

坡度在 5°以下的称为平地，土层、水分等条件均较山地为好，树体大、寿命长、产量高，适合机械化作业，交通运输方便。但是光照、通风、排水等不如山地好，果实色、香、味和耐贮性较差。在平地因坡度和地形的差异又有缓坡地、低洼地、河滩地之分。以缓坡地带建葡萄园为好，因为它排水良好、空气畅通、病虫危害轻，葡萄浆果品质优良；低洼地则相反；沙滩地昼夜温差较大，土壤较瘠薄，保水保肥力差，适当加以改造就可成为良好的葡萄园。

丘陵介于山地与平地之间，地势起伏较大，土层深浅和地下水的分布很不一致。在建园时应注意选择适宜的坡向、坡度等。

(三) 园地规划设计

1. 栽植区的大小 栽植区大小应根据葡萄园具体条件而定。在平地建园，机械化程度较高，栽植区以 6.7～10.0hm² 为一区，长方形为好，行长 50～70m，行间作业道宽 2m 左右，这样有利于施肥、喷药、采收及其他田间管理等工作。风沙大的沙滩，面积不宜过大，一般 2hm² 左右为一小区，并建立完整的防风林带。在山坡或丘陵地带建园，要重视水土保持，依地形、地势划分不同面积的栽植区，采用等高或梯田种植，注意充分利用石坡、小河、山谷等非耕地。在低洼、盐碱地，注意土壤改良和建立完好的排灌系统后再建园。

2. 葡萄园的道路规划 既要有利于交通运输又要充分利用土地。道路的宽窄与多少则根据面积的大小而定。一般大型葡萄园的主道宽7～8m，贯穿全园，分区设立支道，宽 4～6m。道路两旁可设棚架或高立架，区的作业道以 2m 为宜。区的两端应留 3～4m 的空隙（可与支道结合），以利机械操作。山地葡萄园的主道可适当小些，修成迂回的盘山道，以减小坡度和防止冲刷。全园道路所占的面积，一般不超过总面积的 5%。

3. 品种选择 葡萄品种的选用要考虑当地的气候条件，因为不同品种要求的有效积温不一样，不同用途的葡萄对生态条件也有特定要求。建园时应注意选择最适合当地生长的优良品种，某些地区还应选择适合的砧木品种（如抗寒、抗湿、抗根瘤蚜等）。鲜食葡萄按早、中、晚熟合理安排，品种不宜过多。加工品种必须考虑用途，如酿酒、制汁、制干或制罐头等。

（四）整地和改土

定植前深翻 40cm 左右，清除其他杂物，按栽植区整平，以改良土壤的理化性能，创造有利于微生物活动和根系生长的良好条件，栽植后可以提高成活率，促使植株生长健旺、早结果，增强抵抗不良环境条件的能力。对于不适于葡萄生长发育的土壤可以进行改良，例如，在沙滩葡萄园整地时结合客土，可收到良好效果。

二、栽植

一般依据行向挖定植沟，深、宽不少于 60cm，把表土与底土分别存放，挖好后先在沟底撒上一层切细的玉米秸或麦秸、高粱秆、杂草、绿肥等有机物，与土混合，厚 10～15cm，再填入表土 10～15cm，以及有机肥如圈肥、堆肥、绿肥等混合物，最后填入底土，与地面平，浇透水，翌年春按株距定植。如株、行距较大，土壤条件差，劳力不足时，可挖定植穴，穴的深、宽最少为 60cm，具体操作方法与挖栽植沟相同。

（一）栽植方式和密度

棚架、土壤肥沃、生长势旺、需要埋土防寒的品种和机械化程度较高的葡萄园，行距不少于 4m，株距 1～2m 为宜；立架、土壤瘠薄、生长势弱的品种或不需埋土防寒的条件下，株行距可密些。随着葡萄园机械化的发展，行距应适于机械操作，一般使用 12 马力*的拖拉机时，行距在 2.0～2.5m；使用 25 马力的拖拉机时，行距为 2.5～3.0m；使用手扶拖拉机的行距 2.0m 左右即可。另外，寒冷地区或南方多雨、地下水位高时，行距应适当加宽至 3～4m。株距因品种、土壤、肥水条件而定。直立性较强、生长势较弱的品种，株距可在 1.5m 以内，生长势较旺的品种，株距可在 2～2.5m。一般立架随行距的加大而增高架面，以充分利用空间。目前生产上常用的株行距，立架多为（1.5～2.0）m×（1.5～3.0）m，棚架多为（1.5～3.0）m×（4.0～6.0）m。由于株行距的不同，每 667m² 栽植的株数可按如下公式计算：

$$每 667m^2 株数 = \frac{667}{株距 \times 行距}$$

---

* 马力非法定计算单位，1 马力≈735W。——编者注

（二）栽植时期与方法

自当年的秋季（11月下旬）至翌年春季（4月下旬），只要土壤不封冻均可进行葡萄苗木的定植，但以早春定植为好。此外，应用温室、温床、阳畦等育苗，夏季绿苗移栽效果也很好，成活率在80％以上，苗高1.5m左右。因此，定植时间可根据其育苗方式和劳力情况调节确定。

栽植前将合格的苗木用清水浸泡1d左右，地上部用5波美度石硫合剂或0.1％～0.3％五氯酚钠消毒，如定植时根部蘸泥浆水（1份黏土加1份鲜牛粪和适量的水调成浆状），有利于根系与土壤密接，提高成活率。一般苗木按原来苗床种植时深度栽植；单芽苗适当深栽，以增加根量，提高抗旱、抗寒能力；嫁接苗接口略高于地面，以免接穗生根，减弱砧木的作用。栽植时根系应自然伸展，分布均匀，当土填至1/2时轻轻提苗、抖动，使根系与土壤密接，再填土与地面平并踩实，浇透水，插好标记，待水渗完后再覆20～30cm土。如果应用当年生的绿苗移栽定植时，应带土团，以保证根系完整。应用插条直插定植，插条的顶部芽与地面平，插条超过30cm时斜插，插后浇透水，并覆土20cm。

（三）栽后管理

定植后要做好保墒工作，以保持适宜的温度和湿度。若早春浇水过多，易降低土温，不利于生根和发芽。如土壤干燥必须灌溉时，应在栽植沟的一侧开沟灌溉，使水渗入土堆内，浇完后立即平沟，以利保温保湿。当气温达25℃以上时在土堆的一侧扒开（切勿将芽碰掉或暴露在外），并在其上覆3～5cm厚的细土，以后新梢即可自然破土而出。当前有些地方应用地膜覆盖，因此覆土可薄些或不覆土，待发芽后划破薄膜即可。新梢长至30cm时进行支架，以利于通风透光，促使植株生长健壮，减少病虫危害。此外，应及时追肥、喷药、中耕除草等。

（四）支架与架材

1. 支架　葡萄园的支架大体上分为篱架（立架）和棚架两大类。

（1）篱架。篱架是当前大型葡萄园普遍采用的架式。架面与地面成垂直形，故也称立架。这种架式通风透光好，管理方便，适于密植和机械化操作，行内每隔6～8m立一支柱，架高多为1.5～2.0m。行的两头可设坠石或撑柱加固。支柱上拉铁丝，第一道铁丝距地面40～50cm，以后每隔30～40cm拉一道铁丝。有些地方在一行葡萄上设2～3个架面，成为双立架或三立架。

（2）棚架。棚架按其架面大小，分大棚架（6m以上）和小棚架（6m以内）两种。按架面与地面所呈角度分为水平棚架（架面与地面平行）和倾斜棚架（架面与地面呈一角度）。

① 水平棚架。适于庭院、水渠、大道两侧。架面高1.8m以上，柱间距4.0m左右，用同等高度的支柱搭成一个水平架面，每隔50cm左右拉铁丝成为方格。

② 倾斜棚架。适于山地葡萄园，架的后部（近植株处）高60～90cm，前部高2m左右，在山地可顺坡向上架设支柱，一般每隔2.0～3.0m立一支柱，上设横梁，架面隔50cm设一道铁丝。它适于生长势特别旺盛的品种，同时也可充分利用荒地，扩大结果面积。

另外还有一些变形棚架，如漏斗式（花盆架）、屋脊式、棚立架等。

2. 架材

（1）架材类型。葡萄园的架材主要是支柱和铁丝，支柱可用木柱、水泥柱、石柱和活木桩等。

① 木柱。选长2.0～2.5m，直径10cm左右的硬质木材，如栎、桑、刺槐或杉、松作为木柱。使用时应先干燥，并在下端蘸热沥青或用2%～6%硫酸铜浸泡7～20d。杉干经沥青处理后可用8～10年。

② 水泥柱。根据水泥柱规格设计模具，用6～8mm的钢筋作为骨架，按水泥1份、粗沙2份、直径2～4cm的石子4份填铸。一般每100kg水泥可制作8～10根高2.5m、厚和宽各为12～15cm的水泥柱。每根水泥柱用钢筋2～3kg。

③ 石柱。有些山区葡萄园就地取材，采用石柱，柱高2.0～2.5m，粗7～10cm。

④ 活木桩。用高1.5m、粗5cm的速生树种，如白杨、柳等作为活木桩，建园时按一定距离栽好，栽时前后行的排列要互相错开，以免影响光照。当株高2.0m、粗8～10cm时砍去顶部，经常切除表层根及其根蘖，使植株仅能维持生命而不继续生长，起到支柱的作用。这种活支柱在行头使用效果最好，但行间使用如控制不当，则造成郁闭或死亡，起不到应有的作用。

（2）架材用量。葡萄园架材用量，因架式、行距、行长、架高、柱距不同有差异，一般可按下式计算：

① 支柱用量。先求出单位面积的行数。

$$行数 = \frac{面积}{行距 \times 行长}$$

再求单位面积所需的支柱数。

$$支柱数 = \frac{面积}{行距 \times 行长} + 行数$$

例如：行距 2.0m，行长 60m，柱距 8.0m，每 667m² 所需支柱数目为

$$\frac{677}{2 \times 60} = 5.6 （行）$$

$$\frac{677}{2 \times 8} + 5.6 \approx 42.3 + 5.6 \approx 47 （根）$$

每 667m² 需用支柱数 47 根。

② 铁丝用量。

$$铁丝总长度 = 行长 \times 每行拉铁丝道数 \times 行数$$

例如：行长 60m，行距 2m，架高 1.5m，拉三道铁丝，每 667m² 需用铁丝数为：

$$60 \times 3 \times 5.6 = 1\,008 （m）$$

12 号铁丝每 20m 重 1kg，每 667m² 约 50kg。

此外还需要 8 号铁丝（用来拉坠线或横线），每 667m² 需 2kg 左右，顶柱、坠石等物可按行数的多少来计算。

第三节 土肥水管理

一、土壤管理

土壤是葡萄生长发育的基础，为葡萄的生命活动提供必要的水分和营养，因此，土壤的结构及其理化特性与葡萄的生产有着密切关系。土壤状况在很大程度上决定了葡萄生产的性质、植株的寿命、果实的产量和质量以及葡萄酒的质量与风格。

葡萄园土壤管理的目的就是通过对土壤水分、养分和物理化学特性的调节，为葡萄的生长发育和栽培管理提供良好的条件。

(一) 扩穴

葡萄种植以后，应在栽植沟的两侧，按原沟的边界和深度继续向外

扩穴改土，篱架可用1～2年的时间（第一年扩左边，第二年扩右边）。也可在行间中部开沟，宽度在0.5m左右，并要隔一行扩一行，下年再扩另一行。棚架可沿原来的栽植沟按枝蔓爬向，逐年向前开沟，换土施肥，直到扩遍全园。也可在架下每隔1m挖一道长2m、宽0.5m的纵向沟（与枝蔓爬向平行的沟），第二、三年再在空处开沟，开沟后都要换土施基肥。每隔5～6年扩一遍利于更新根系。

扩穴时间应在采收后至土地上冻前进行，注意操作过程中不要损伤较粗的根和避免根系在外暴露太久，最好当天扩穴当天填土，并结合施基肥灌一遍透水。

（二）压土

群众经验称"压一层土等于施一遍肥"。压土可加厚土层，增加土壤内的养分，也增强了保肥、蓄水的能力，对栽植在瘠薄的山地、海滩和荒沙地的葡萄，效果尤为明显。

（三）翻耕

翻耕，尤其是深翻结合施有机肥，不仅能加深耕作层，对熟化土层、改良土壤有良好作用，还可将杂草种子、病菌、虫卵等翻至下层，减少危害。

翻耕应在秋季葡萄采收以后到寒冷天气来临以前进行。翻耕深度应根据土壤和气候条件而定，在北方地区，或黏重、土层浅、湿润的土壤，翻耕深度为10～15cm；在南方地区，或沙质、土层深、透性强的土壤，翻耕深度为18～20cm。如进行深翻，一般距植株40～50cm挖深沟，幼龄葡萄园沟深30～40cm，成龄葡萄园沟深40～60cm、宽40～70cm，隔一行翻一行，全园可分数年完成。深翻结合施基肥，能起到定期更新根系和保持根系具有最大吸收能力的作用。翻耕也可与培土结合，在湿润地区，行间翻耕的同时向两边植株培土，行间形成垄沟，有利于排水。在北方半埋土区进行培土可保护植株冬季不受冻害。

（四）其他措施

1. 中耕　中耕可以防止杂草滋生和有害盐类含量上升，保持土壤水分与养分，改善通气条件，促进微生物活动，增加有效营养物质和减少病虫蔓延等。葡萄园的中耕多在生长季节即5～9月进行，特别是杂草滋生、浆果开始成熟期间更为重要。行间中耕可以人工进行，也可应用机械中耕。中耕深度在10cm左右，全年4～8次。胶东沿海地区的部分葡萄园，为了提高浆果品质和减轻病害的蔓延，从浆果始熟期开始每隔5～7d中耕一次，全年中耕可达10次以上。

2. 除草 清除杂草能减少土壤肥力消耗，改善通风透光条件，减少病虫危害。可以采用人工除草、机械中耕除草，也可以用除草剂除草。葡萄园常用的除草剂有茅草枯等。

温 馨 提 示

喷阿特拉津，极易对葡萄植株产生药害，应当谨慎施用。

---

3. 覆盖

（1）覆膜。多在定植时使用。地膜覆盖可以防止水分蒸发和土壤干燥，保持根系部分较高的温度，有利于根系和新梢的生长，提高成活率，使植株生长健壮、提早结果。在黏重、潮湿的土壤上进行地膜覆盖，因为容易造成无氧条件，应慎用。

（2）覆草。在杂草盛长期用作物秸秆（包括豆秆、麦秸、稻草以及其他绿肥秸秆等）在葡萄植株的行间进行覆盖，深度10cm以上，可抑制杂草生长，防止水分蒸发，减少土壤淋失，在盐渍地还可起到抑盐作用。一般在夏季进行。

4. 生草 葡萄园生草栽培明显优于我国传统沿用的清耕管理技术。现在世界上许多国家和地区已广泛采用葡萄园生草栽培，我国只有极少数葡萄园实行生草制。葡萄园生草制是指在葡萄园行间或全园长期种植多年生植物作为覆盖作物的一种土壤管理办法。葡萄园生草可以改良土壤结构，提高土壤有机质含量，防止水土流失，保肥、保水、抗旱，改善葡萄园生态环境，提高果品质量，减少葡萄园管理用工，便于机械化作业。葡萄园生草，可以种植一种草，也可两种草混种。国外许多果园普遍把三叶草和草地早熟禾或多年生黑麦草混种，以提高群体适应性、抗逆性和互作性，效果良好。

5. 间作 葡萄园间作，选择根系浅、枝干矮、生长期短和晚秋需水少的作物为宜。幼年葡萄园最好选种豆科、薯类、瓜类作物间作；成年葡萄园或沙滩、盐碱地以种绿肥作物如苕子、绿豆等为宜，以增加有机物含量，改良土壤结构，提高土壤肥力。

二、施肥管理

（一）基肥

多以有机肥为主，有时配合适量化肥，在土壤盐碱化地区还应加入适量硫酸亚铁，使之在较长时间内不断地供给葡萄植株所需要的营养物质。基肥多在采收后土壤封冻前施入，以利于肥料的分解、根系伤口的愈合和尽早恢复吸收养分的能力，从而增加树体内细胞液浓度，提高抗旱、抗寒能力，为第二年春季根系活动、花芽继续分化和生长提供有利条件。如果早春伤流后再施基肥，由于根系易受伤，且不易愈合，会影响当年养分与水分的供应，造成发芽不整齐、花序小和新梢生长弱等不良现象，往往需要经过1～2年才能恢复，所以应尽量避免。如果是晚春施肥，则应浅施或撒施。基肥以每隔2～3年，结合行间深翻，采用隔行轮换的办法集中施用（每667m² 施5 000kg左右）为好，这样对根系的更新、吸收面积的扩大、土壤理化性状的改良均起到良好作用。

（二）追肥

1. 根部追肥 多以速效肥为主，一般在离植株40～50cm的地区开浅沟或穴施，施肥后立即覆土。氮肥应浅施，磷、钾肥应深施。追肥后立即浇水。如果追施液体肥，最好在植株周围挖一个深20～30cm、宽10cm的穴，将液肥施入穴内，待渗完后即覆土。根部追肥可以提高产量和品质，但不同肥料种类其作用亦不同。

2. 根外追肥（叶面喷肥） 将肥料溶于水中，稀释到一定的浓度后直接喷于植株上，通过叶片、嫩梢及幼果等绿色部分进入植株内部，是一种经济、省工、速效的施肥方法。

适于根外追肥的肥料种类很多，一般化肥（如尿素、过磷酸钙、磷酸二氢钾、复合肥料等）和某些微量元素（如硼砂、硫酸锌、硫酸镉）等均可使用。浓度可为0.3%～0.05%，大面积喷布之前最好先小面积试喷，以防肥害发生。利用农家肥料如草木灰、家禽粪、人尿等经浸泡和稀释后再行喷布具有良好效果。

3. 追肥时期 成年葡萄园一般在萌芽前后、花前和浆果生长期追施。萌芽前后这一期间，芽萌发、花序继续分化、枝叶迅速生长都需要大量营养物质，特别是氮素肥料。于发芽前追施适量人粪尿或有效氮肥，可满足早期植株生长发育的需要。花前追肥可保证开花、授粉受精和花芽分化的顺利进行，对某些坐果率低的品种（如玫瑰香），在花前3～5d喷0.3%的硼肥可以显著提高坐果率。浆果生长期追肥可促进果实膨大、种子生长和发育、增加叶片光合效能、促进枝条生长。一般花后10～15d追施一次氮、磷肥，以后每隔15～20d追施一次磷、钾肥及微量元素肥为好。

三、水分管理

葡萄虽属抗旱果树，但适时适量地浇水还是必要的，特别是对那些保水力差的沙滩地显得尤为重要。一般年降水量在400～600mm的地区，基本可满足葡萄生长所需要的水分，但由于大部分雨水集中在7～8月，而春、秋两季常发生干旱，因而就必须进行灌水给以补充。

（一）灌水的时期和作用

一般葡萄园的灌溉可分下列几个时期：

1. 发芽前后 指植株开始伤流到新梢开始生长这段时间。在出土后灌1～2次大水（结合施肥），灌后加强保墒，保证植株有足够的水分，对葡萄全年的生长与结实有很重要的作用。

2. 花前 在正常情况下，花前10d左右灌1次水，可以满足新梢和花序生长的需要，同时也为开花创造有利条件。通常花期是不灌溉的，但在旱年或土壤保水力差（沙滩）等条件下，开花初期灌1次小水，以提高土壤和空气的湿度，有利于授粉受精。但是土壤湿度过大，易引起枝叶徒长，导致落花落果，故花期灌溉应视具体情况而定。

3. 花后 花后1周幼果开始膨大，新梢生长旺盛，这时气温不断升高，叶片的蒸发量越来越大，植株消耗的水分不断增加，华北地区在此期间正值旱季，因此，花后10～15d应灌1次水。

4. 浆果生长至成熟期 浆果生长期间，充足的水分可以增大果粒体积，提高产量。但如果浆果成熟时，特别是采收前水分过多，则会延迟浆果成熟并影响果实色、香、味，降低其品质，严重时（特别在前期干旱条件下）则易产生裂果和加剧病害的蔓延。因此，果实成熟期间应注意合理调节水分，保持土壤适宜湿度。

5. 采收后 通常在采收后，结合施基肥进行灌溉。另外，在冬、春干旱的地区，应重视灌封冻水，以减少冻害和干旱的危害。但在土壤黏重、地下水位高的地方，可少灌溉或不灌，以免湿度过大致使芽眼腐烂。葡萄园周年灌溉的次数通常为 4～7 次，有些地方可达 15 次以上。各地应根据具体条件灵活确定灌溉次数。从萌发到浆果始熟期，不同灌溉次数对产量与品质会有不同的影响。灌溉对增产有着良好的作用，但灌溉次数过多则降低果实品质。

（二）灌水的数量和方法

1. 灌溉量　一般沙地宜少量而多次；盐碱地应注意灌溉后渗水深度，最好与地下水层相隔 1m 左右，不可与其相接，以防返碱。春季灌溉量宜大，次数宜少，以免降低土温影响根系生长；夏季则相反；冬季灌水量宜大，但黏重或低洼地不宜过大，灌溉后通常以土壤湿透 50～80cm 为宜。一般前期（萌芽—浆果生长期）田间持水量以 60％～80％为宜，后期（浆果成熟期）以 50％～60％为宜。

2. 灌溉方法

（1）地面灌溉。可漫灌（畦灌），即在葡萄行的中间做一高 15～20cm 的畦埂，隔一定距离做一横埂，全园漫灌。也可沟灌，即在葡萄行间每隔 1m 左右开一条深、宽各 20～30cm 的沟，水顺沟而流，并在一定距离加一土埂，待水全部渗入土壤后即行覆土，以保持水分。或者进行穴灌，多用于干旱地区或幼龄葡萄园，每株周围挖穴数个或在植株四周挖沟而后挑水灌溉。

（2）喷灌。目前常用的设施有管道喷灌机和移动式喷灌机两种。葡萄园多用管道喷灌机，把水喷到空中形成细小的雾滴进行喷灌，有时也可结合根外追肥、喷药进行喷雾，这种方法较地面灌水有省工、保土、保肥、防霜、防热等优势，较常规灌水节约用水 60％左右，还可减少渠道用地。山地或地势不平整的葡萄园采用这种方法效果最为理想。但喷灌加大了空气湿度，可造成病菌的蔓延，故应控制喷灌次数，以调节空气湿度。

（3）滴灌。一般可分为地下与地上两种。地下滴灌是将多孔管道埋于地下，水从管道中渗出湿润土壤，这种方法可大量节约用水。地面滴灌是利用插入土中、放在地面或引缚于葡萄架上的滴头，将水一滴滴注入土中，从而达到灌溉的目的。滴灌比喷灌还节约用水，对保肥、保土、防病等有良好作用。

完整的葡萄滴灌体系由水源工程和滴灌系统组成。水源工程包括小水库、池塘、抽水站、蓄水池等；滴灌系统即把灌溉水从水源输送到葡萄根部的全部设备，包括抽水装置、肥料注入器、过滤器、流量调节阀、水表及管道系统等。

管道系统由干管、支管和毛管组成。干管直径有 65mm、80mm、100mm，支管有 20mm、25mm、32mm、40mm、50mm，毛管有 10mm、12mm、15mm 等几种规格。干管和支管应根据葡萄园地形、地势和水源情况布置。丘陵地区，干管应在较高部位沿等高线铺设，支管则垂直于等高线向毛管配水；平地葡萄园，干管应铺在园地中部，干管和支管尽量双向连接下一级管道。毛管顺行沿树干铺设，长度控制在 80～120m。

滴头是滴灌系统的关键，目前普遍应用的类型是微管滴头，内径有 0.95mm、1.2mm 和 1.5mm 等 3 种。微管接头的安装，需先按设计在毛管上打一孔，将微管一端插入孔内，然后环毛管绕结后引出埋入地下，埋深 20cm。滴头应安装在葡萄主干周围，数量根据株行距而定，如株行距 1.5m×2m，每株可安装 2～3 个微管滴头。

（三）排涝

土壤水分过多时，在葡萄生长季节易引起枝蔓徒长，降低果实品质，严重时抑制根系呼吸甚至导致细根死亡，长期积水可使全株死亡。在地下水位高、地势低洼、不易排水的地方更应重视排水工作。因此，在设计葡萄园时，应仔细考虑排水问题。一般排水沟可与道路或防风林带相结合。排水与蓄水必须相互结合，以便在缺水季节用来灌溉，达到"遇旱有水，遇涝能排"的目的。

目前，葡萄园排水多采用挖沟排水法，即在葡萄园修建由支沟、干沟、总排水沟贯通构成的排水网络，并经常保持沟内通畅，一遇积水则能尽快排出葡萄园。我国福建、湖南、浙江、云南等葡萄产区，采用在水田中建高垄，垄上栽上葡萄，垄间设置排水沟的方法，排水效果也很好。个别地区在葡萄园地下埋设有孔管道，实行暗管排水，效果很好，但投资较高。

第四节　花果管理

为获得外观及内在品质优良的果实，对花果的修整管理主要有以下措施：

（一）拉长果穗

通常使用拉长剂来拉长果穗穗轴，使果粒着生疏松，便于果穗整形和进行疏果，同时利于改善果穗内部微域环境，提高果实品质，便于防治病虫害。可采用浸蘸法和喷雾法，在开花前 10～15d，用拉长剂（如赤霉素）处理花穗，使用浓度为 25～50mg/L 为宜。以在晴天的 9:00前、16:00 后，或在阴天时进行，严禁在晴天中午施用，以防药液浓缩产生药害。处理时要细致周到，不重复浸蘸果穗。拉长果穗主要适用于坐果率较高的品种。

（二）掐歧肩

在花序分离期，及时将歧肩副穗掐除，有利于果穗美观、端正，发育平衡。

（三）掐穗尖

对坐果率低的品种，在开花前进行；对坐果率高的品种，在开花后进行。掐除程度为穗尖的1/5～1/4，以使果穗紧凑。

（四）疏除果穗基部副穗

对果柄短的品种疏除基部 2～3 层副穗，可以使果穗形成长果梗穗型。通过掐穗尖和去基部的副穗，使果穗保持一定长度，以 20～22cm 为宜。

（五）疏果粒

使用拉长剂或疏除基部的副穗后果穗仍很拥挤的，可通过"隔二去一"的方法疏除内部小穗（即每隔 2 个小穗去掉 1 个小穗的方法），以达到疏间果粒的目的。也可采用在开花适宜时期进行试剂处理促进部分花果脱落的方法进行化学疏粒。

（六）掐小穗尖

果穗长成后，其宽度不超过 15cm 为宜，因此，应及时将过长过宽的副穗尖掐掉。

（七）拿穗和顺穗

果实坐果后，及时将夹在铁丝间、枝叶间、枝蔓间的果穗理顺，使之呈自然下垂状态，以便套袋。同时抖落内部不理想的果粒，并使果穗间交叉的、不理顺的小穗轴均呈自由下垂状态。

（八）果穗套袋

葡萄果穗套袋能有效防止黑痘病、白粉病、炭疽病、裂果和日灼的发生，同时减少鸟、蜂、蚁、吸果蛾等对果粒的危害，且无粉尘和农药污染，且光滑，果粉浓，可显著提高果实品质、产量和市场售价。

1. 果袋的准备 葡萄套袋应根据品种及各地区气候条件的不同，选择适宜的果袋种类。巨峰和无核白鸡心葡萄以选用国产纯白色的聚乙烯优质袋为宜，不可使用其他塑膜袋和自制报纸袋。

2. 套袋前副梢处理 开花期将花序以下的副梢全部抹除，花序以上的副梢留 2 片叶摘心，先端副梢留 4～5 片叶摘心。

3. 套袋前花果管理 棚架栽培的葡萄，结果枝常出现朝天穗、架上穗和枝夹穗，应及早将花序理顺到架下，使其自然下垂，便于套袋。根据树体负载量合理留花序，疏除结果枝弱小和过多的花序，每个结果枝新梢留 1 个花序为宜。掐除花序上的副穗，掐去穗尖 1/5 ～1/4，在落花后 15～20d、果粒黄豆粒大小时，将小粒、畸形粒、密集粒疏除。

4. 套袋前的病虫害防治 疏粒整形后，依据各地发生的病虫害种类喷施适宜的杀菌剂和杀虫剂，降低在套袋时发生病虫害的风险。

5. 套袋 于落花后 30d 左右进行。套袋前将整捆果袋放于潮湿处，使之返潮柔软。套袋前 1d 或当天，喷施 70%甲基硫菌灵 800 倍液＋10%吡虫啉 5 000 倍液。

套袋时用左手托起纸袋、右手撑开袋口，将两底角的通气口张开，使袋体膨起，手执袋口下 2～3cm 处，袋口向上套入果穗，套上果穗后使果柄置于袋的开口处，然后从开口两侧按折扇方式折叠袋口，用捆扎丝扎紧袋口折叠处，使果穗置于果袋的中央，可防止袋体摩擦果面。套袋时还要注意，葡萄果穗套袋时期多在高温季节，因此，套袋要在 10：00 前或 16:00 后进行，阴天可全天进行，降雨天气不可进行套袋作业。如有的厂家生产的葡萄专用纸袋底角的通气口封闭，套袋前必须剪开，否则果袋内温度高，会导致果穗腐烂。套袋时封口丝必须扎紧，否则易脱落。摘袋和摘叶不能同时进行，而是应分期分批进行，以防止发生果实日灼。

6. 套袋后管理 套袋后每 3～5d 进行一次检查，发现果袋脱落或破损要及时更换。套袋果穗以下萌发的副梢要全部抹除，果穗以上二次副梢留 2 片叶反复摘心，先端副梢留 4～5 片叶摘心，新梢上的卷须在木质化前要及时掐除，以减少养分消耗。套袋后也不要放松病虫害防治工作，特别是叶片病害，如霜霉病、白粉病和褐斑病等。如果发生葡萄虎天蛾、叶蝉等害虫危害，可用速灭杀丁或敌杀死防治。

7. 脱袋和采收　果实成熟前 10～15d 摘除果袋。摘果袋时应避开高温天气，发现着色不均匀要及时将果穗转动一下，摘袋前 10～15d 剪除果穗附近老化的叶片和架面上的过密枝蔓，以改善架面的通风透光条件，促进果实着色，以达到色泽均匀、提高品质的目的。

第五节　整形修剪

葡萄植株的整形与修剪是栽培管理的一项重要技术措施，通过合理的整形修剪，调节其生长与发育、开花与结果、衰老与复壮等关系，从而达到连年稳产、丰产和优质的目的。由于葡萄是藤本植物，其枝蔓可按需要进行各种整形，达到一定的要求。但必须注意与品种生物学特性、栽培方式、营养条件及立地条件等密切结合，制订出科学的整形与修剪技术方案，才能收到最佳的经济效益。

一、整形

葡萄的整形方式多种多样，整形前应注意一些问题。首先，应考虑主干的有无与高低。一般北方埋土地区多采用无主干栽培，枝蔓呈一定角度倾斜引缚，以利于埋土防寒和充分利用地表辐射热来增加有效积温。非埋土防寒区可留主干，其高度则依当地温度、湿度、风、霜等情况而定。在温度较高、湿度大、风小、霜多的地区，主干宜高，一般在 1.5m 以上，这样可减轻病情、霜害和辐射灼烧等不良影响；反之则可适当降低其高度。其次，应考虑架式与密度。在水分充足、土壤肥沃、选用品种生长势旺等条件下，宜采用大株型的棚架，单株营养面积大，每 667m² 栽几十株至上百株；反之则应适当密植、立架整形。最后，要考虑树的经济寿命。葡萄最佳经济效益的树龄一般为 20～30 年，有的树龄达百余年仍可丰产，短者十几年。树经济寿命长短与品种特性有很大关系，如欧亚种的东方品种群，通常进入结实期较晚、寿命较长、老蔓更新年龄以 15 年为好，而西欧和黑海沿岸品种群则进入结实期较早、寿命较短、老蔓更新年龄多在 10 年以内。根据上述三个方面，来确定整形时主干有无与高低、架式、营养面积的大小以及更新复壮的年限等。

国内生产中见到葡萄整形方式主要有如下几种：

（一）无支架或简化支架整形

此类多为较粗放管理的整形方式，以选择枝蔓直立性强、易结果的品种为宜。

1. 灌木状（株状）整形 每株只留 1 个主干，高度依立地条件而定。第一年冬剪时留一长 20～50cm 新梢充作主干。第二年冬剪时在主干的上部选留 1～3 个生长粗壮充实的新梢，按中、短梢剪，使之成为翌年的结果母枝和 3 年后的主蔓。3 年后的冬剪仅对新梢进行短剪。一般新梢向上引缚生长，干高超过 1.5m 时，新梢可任其自由下垂生长。

2. 三角形整形 一般挖宽 1～1.5m 的定植沟，栽植时在沟内按等距离三角形栽植，每株留一主干。第一年冬季留 60～80cm 作为主干，第二年冬剪时在 50cm 处留一新梢作为臂枝向另一株连接，第三年基本完成整形，在臂枝上每隔 10～25cm 留结果部位。在定植后 1～2 年，主干较细不能直立时中间设支柱，当主干长得粗壮后即可除去。

3. 依物自由式整形 这是一种古老、粗放的方式。依树栽植葡萄，任其枝蔓自然生长，无一定形状，一般不修剪或只清除枯死枝蔓。

（二）立架整形

立架整形是生产中常用的一类整形方式，它适于精细管理和机械化，具有植株受光良好、地面受热量大、通风透光好等优点。依据树体结构性状，可分为扇形整形和水平整形。

1. 扇形整形 这种整形方式多无主干，先培养多个主蔓，主蔓上再培养结果枝（或结果枝组），主蔓分散开形成扇面状。扇形整形利于充分利用架面，更新容易，便于高产和埋土防寒，但若管理不当，则易造成密闭，影响通风透光。该形因枝蔓分布是否规则而分为规则扇形和不规则扇形两种，因主蔓多少而分为小扇形（2 个主蔓）、中扇形（3～4 个主蔓）、大扇形（5～6 个主蔓）和多主蔓扇形（6 个以上主蔓）。主蔓的多少往往因品种、土壤、肥水及株行距等条件而异。

（1）小扇形。适于生长势较弱、土壤较瘠薄的条件下应用。具体整形方法：第一年，保留 2 个生长发育良好的新梢。当新梢长 40～50cm 时可摘心，以增粗枝蔓，冬剪时枝蔓粗壮充实者可留 50～60cm 长，枝条细弱则短剪，翌年重新培养。第二年，春季芽眼萌发后每个枝蔓上留 2～3 个粗壮、部位恰当的新梢，其余均应除去。不论有无花序均应在新梢 40～50cm 处摘心。冬剪时每个新梢留 2～5 芽剪短，作为下一年的结果母枝，对病、弱枝均疏去。第三年，春季发芽后每个结果母枝留1～3个新梢作为结果枝，树形基本完成，以后每年冬剪按品种特性进行双枝更新即可。

（2）中扇形。适于在生长势较强、土壤肥力适中、肥水条件较好的条件下应用。具体整形方法：第一年，保留2～3个生长发育良好的新梢。苗高40～60cm时摘心，同时选留基部1～2个生长发育良好的副梢充作另外的主蔓，冬剪时尽量留基部2～3个枝，按其生长势及部位剪留。一般中间枝可剪成40～60cm，两侧（副梢枝）枝可适当剪短30～50cm，形成3个主蔓。第二年，春季芽萌发后，每个主蔓上选留1～3个生长发育良好、部位恰当的新梢，其余均应除去并及时摘心。另外在植株的基部选留1个生长良好的新梢作为主蔓以形成4个蔓。冬剪时，每一主蔓上按新梢生长情况留1～3个枝，作为下一年的结果母枝短剪。第三年，春季发芽后每个结果母枝上选留1～3个结果枝，使其均匀分布在架面上。冬剪时对结果枝进行合理修剪，以后历年冬剪可进行双枝或单枝更新修剪即可。

（3）大扇形。整形过程基本与小扇形、中扇形相似，只是多留主蔓，加大株行距，选择生长势强的品种及在肥水条件优越的情况下采用。

（4）多主蔓扇形。整形具体过程基本与上述各形相似。由于主蔓较多，每株新梢数也较多，为早产、丰产和更新树势创造了条件，但若控制不当易造成通风透光不良、病虫害严重、下部易光秃而影响产量与树势。

2. 水平整形 多具主干（亦有无主干），整形修剪技术简单易行，修剪量较大，枝条在架面上分布均匀，果穗多集中在一条水平线上。这种整形方式一般可分为双臂单层和双臂双层、单臂单层和单臂双层等形式。

（1）双臂单层水平整形。适于生长势中等、土壤肥水条件一般和酿酒品种。具体整形方式为：第一年，当苗高50～70cm时摘心，以培养1个粗壮的枝蔓，冬剪时留30～60cm（以主干高度而定）。第二年，春季芽萌发后选留上部生长强壮的2个新梢，向两侧延伸成为两个臂枝，呈水平状态引缚，冬剪时根据生长情况各剪留30～50cm作为双臂。第三年，春季将二臂枝呈水平状引缚于铁丝上，芽萌发后按20cm左右留一新梢垂直引缚，成为当年结果枝，先端选一粗壮新梢呈 45°角倾斜引缚。冬剪时按中、短梢修剪，作为翌年的结果母枝，臂枝先端的新梢按中、长梢修剪，使其向前延伸直至布满株间为止。第四年，一般每一个结果母枝上留 2～3 个新梢作为结果枝，冬剪时每个结果枝按中、短梢修剪和适当进行更新修剪，使结果部位相对稳定，保持树势均衡。

（2）单臂单层水平整形。与双臂单层相同，只是每株只留 1 个臂枝向一侧延伸。

（3）双臂双层水平整形。整形方法基本与双臂单层水平整形相同，只是在第二、三道铁丝上用同一方法再留一层臂枝，最好从基部培养，否则会互相影响，造成上强下弱或下强上弱的不良后果。

（4）单臂双层水平整形。与双臂双层水平整形相同，仅是双层臂枝均向一侧延伸。

3. 棚架整形

（1）独龙架（干）。每株只留 1 个主蔓，其上不留侧枝，直接留结果枝，每年进行极短梢修剪。具体整形方式：第一年，新梢长至 1.5m 时摘心以充实枝蔓，冬剪时根据生长势确定其剪留长度，一般枝条直径在 1cm 以上时可留长 1.2～1.5m，反则短剪。第二年，主蔓先端留一新梢长放，以作为延长主蔓之用，其余按 10cm 左右留一结果枝。冬剪时先端新梢尽量长放，其余新梢按 15～20cm，配置一个固定的结果部位（俗称龙爪）进行极短或短梢修剪。第三年，除先端新梢长放以布满架为止，其余结果部位均进行极短或短梢修剪。应用这种方法整形时，如留 2 个主蔓则为双龙架；留 3 个以上主蔓者则为多龙架。双龙架和多龙架的整形方法与独龙架相似，只是多留主蔓，可充分发挥植株的生长势，在肥水充足的情况下，可获得丰产，但结果部位易移向先端，主干加粗后不易埋土防寒。

这种整形法操作简便，易于管理，适用于生长势强的品种在干旱山地采用，亦可与大田作物兼作。独龙架通常产量较低，含糖量高，着色良好。

（2）少主蔓自由式。定植当年只留 1～2 个新梢作为主蔓，冬剪时留 60～80cm 截短，第二年每个枝梢顶部留 2 个生长充实、健壮的新梢，冬剪时留一长梢作为延伸用，短梢作为结果枝，另外在基部适当保留1～2 个新梢短剪。以后每年主蔓先端留延长枝以布满架面为止，主蔓上的侧蔓上进行长、中、短梢修剪，以架面均匀布满枝蔓为准。

（3）多主蔓扇形。一般每株留2～3个主蔓，主蔓上再分生若干侧蔓呈扇状分布于架面。具体整形方法：第一年，新梢长达50cm时进行摘心，在基部留一粗壮的副梢，其余副梢均应除去，顶部留1～2个副梢向前延伸，冬剪时各留30～50cm长作为主蔓。第二年，春季萌芽后每个主蔓上留2～3个新梢，其余均可除去，冬剪时按生长强弱进行长、中、短修剪，作为侧蔓。第三年，春季萌芽后根据枝条生长强弱和枝蔓分布疏密进行疏芽，一般每隔10～15cm的架面留一新梢（结果枝）。冬剪按分布情况及生长强弱进行不同长度修剪，一般枝条粗壮、新梢距离较大或作为延长梢时可长放，反之则进行中、短梢修剪，以充当下一年的结果母枝。

另外，还有一些基于篱架和棚架基础而改变或改良的整形方式，例如：棚篱架是棚架和篱架的结合，虽能充分利用空间，但不利于通风；高、宽、垂立架整形，其主要特点是主干高（0.6～1.6m），行距宽（3～4m），新梢自由悬垂生长，立架栽培，结果部位较高，通风透光好，可减轻病害，便于机械化管理，节约架材与用工，并能提高抗寒能力。具体整形方式有双臂形、伞形、双主蔓双干形、双层双龙干形等。

二、修剪

合理修剪能确保树势健壮，枝蔓分布均匀，从属关系明确，架面利用充分，为连年持续高产、优质创造条件。葡萄的修剪一般可分为冬季修剪（休眠期）和夏季修剪（生长期）两种。

（一）冬季修剪

在埋土防寒地区，应在落叶后、土壤上冻前进行修剪；不埋土防寒地区，可在最低温过后至伤流前3周进行。冬季修剪主要是促进树势健壮，调节生长与结果的关系，合理布置枝蔓，剪除病虫残弱枝，及时做好更新复壮等工作。

1. 修剪长度　通常按留芽的多少分成5种修剪长度：极短梢（2个以下芽）、短梢（2～4个芽）、中梢（5～7个芽），长梢（8～11个芽）、极长梢（12个以上芽）；也可粗略地分为短梢（3个以下芽）、中梢（4～7芽）和长梢（8个以上芽）3种。在具体应用时按整形、架式、品种、枝梢的用途、树势、树龄、当年产量、肥水管理及气候等外界条件灵活掌握。例如：龙眼在大棚架、多主蔓扇形、肥水充足时，多以长梢修剪为主；反之，在独龙架、干旱、土壤瘠薄时，以短梢或极短梢修剪为主。其他品种也有类似的情况。具体到一株树上来说，用作扩大树形的延长枝多进行长梢或极长梢剪。如果为充实架面和扩大结果部位，多采用中、长梢修剪。为了固定结果部位，防止其迅速上升或外移，则进行短梢或极短梢修剪。同时也应适当考虑新梢的粗细，一般粗壮的梢可长点；反之则短剪或疏除。对于过密、细弱，有病虫害或不成熟者，应一律除去。在具体修剪时会因不同目的采用长、中、短梢混合修剪。

2. 修剪量　在一株树上留下的芽眼总数称为芽眼负载量。当年在一株树上保留的新梢总数称为新梢负载量。芽眼负载量比新梢负载量应多 1/3～1/2。新梢负载量越多，果穗也越多，产量就高。但是新梢负载量过大时，由于营养物质跟不上，产生大量落花落果，穗、粒变小，严重影响当年产量、品质和植株的生长发育。一般依据土肥条件、品种习性进行不同留梢量处理。在土肥基础良好的条件下，生长势较弱、直立性较强的品种（如意斯林），每半方米架面留 13～15 个新梢；生长势中庸的品种（如玫瑰香），每平方米架面留 10～13 个新梢；生长势较强的品种（如龙眼），以 7～9 个新梢为好。

3. 更新修剪　为了保持树势健壮以及进行老树复壮，延长经济结果年限和寿命，不论哪种整形方法都必须进行更新修剪。具体方法分为两种：

（1）结果母枝更新。由于新梢不断向前延伸，结果部位逐年向先端移动，如若不及时更新，下部很快光秃，上部则拥挤，甚至使新梢无法引缚，因此每年冬剪时必须注意更新修剪，加以适当控制。通常可分为双枝更新和单枝更新两种。

① 双枝更新。冬季修剪时每个结果部位留 2 个当年生枝，上枝进行中、长梢修剪，下枝进行短梢修剪。第二年修剪时，将上部长梢剪去，下部短枝仍按上年冬剪方法进行修剪，即留一长一短，这样年复一年，便可减缓结果部位的上升。

② 单枝更新。冬季修剪时，只留 1 个当年生枝，一般短剪，也可长剪。翌年春季萌发后，尽量选留基部生长良好的一个新梢，以便冬剪时作为翌年的结果母枝。用长梢单枝更新时可结合弓形引缚，使各节萌发的新梢均匀，有利于翌年回缩更新。

（2）多年生蔓更新。随着树龄增长，枝蔓逐年加粗，剪口和机械损伤不断增加，树势生长变弱，结实能力逐年减低。因此，对主、侧蔓进行更新极为重要。按更新量的大小可分为局部更新和全部更新两种。

① 局部更新。有计划、有目的逐年选择部位适当、生长强壮的枝蔓，以代替将要除去的老蔓或病残的老蔓。一般篱架欧亚种（如玫瑰香等）的主蔓以 8 年左右更新一次为宜；东方品种群（如龙眼、红鸡心等）以 10 年以上更新一次为好。

② 全部更新。由于历年更新、修剪的不合理，树龄过长或是遭受自然灾害等，造成大量或全部老蔓死亡时，将其全部除去，选用基部的萌蘖枝培养，以便代替主、侧蔓。因此更新修剪必须加强计划性，尽量避免全部更新，以免严重影响当年产量。

（二）夏季修剪

夏季修剪主要是调节当年生长与结果的关系，去掉无用芽、梢，以节约养分，控制新梢生长，改善通风透光条件，提高产量与品质。

1. 除萌定梢　除萌就是除去不必要的幼芽，以达到经济有效地利用养分；定梢就是确定当年保留的新梢。除萌时间越早越好，在芽眼萌动后即开始进行。由于芽的萌发有先后，为便于识别结果枝与发育枝，故除萌一般分 2～3 次进行。按芽的不同着生部位分别对待。凡多年生蔓（主、侧蔓）及近地面处萌发的潜伏芽，一般无花序，除进行更新修剪或填补空缺外，一律尽早除去。结果母枝根据植株新梢负载量决定留梢数。通常可分 3 次进行：第一次在芽刚萌发时，凡是双芽或多芽只留 1 个，其余均除去。但在负载量不足时，可适当留少量双芽。另外，将位置不当、方向不好的芽梢除去。第二次除萌应在新梢看出花序时进行，按整形修剪和植株新梢负载量多少的要求确定去留。第三次是对前两次未除净或后发的幼芽进行最后的除萌定梢。

2. 摘心和去副梢　葡萄生长势一般较旺，在自然生长条件下新梢可长达十余米，每一叶腋间又易抽出副梢（夏梢），如若对新梢不加管理，则大量消耗养分，还会造成架面郁闭，影响产量和品质，因此必须对新梢进行摘心和去副梢的工作。葡萄新梢摘心的早晚、轻重和次数，因品种、树势、土肥条件和栽培管理技术的不同而有所差异。一般易落花落果和多次结果的品种，如玫瑰香、葡萄园皇后等，应在花前 3～5d 除去顶端 2～3 片幼叶为好。摘心过重（花序上留 2～4 片叶）虽能提高坐果率，幼果前期膨大迅速，但后期由于叶面积小，对果粒膨大、上色均有不良影响。对果穗紧、坐果率高的品种，如赤霞珠等，应在花后或大量落花后摘心，以疏松果穗、增大果粒和提高品质。

当新梢摘心后副梢大量萌发，如摘心过重冬芽往往也会萌发，造成不应有的损失。一般花序下不留副梢，而花序以上的副梢则分为 2 种：一种副梢留 1~2 片叶摘心，另一种则将全部副梢除去。副梢留 1~2 片叶的主梢冬芽饱满，对产量与品质均有良好反应，但用工多，管理不当易引起郁闭，造成病害蔓延。反之，副梢全部除去，省工、易管理，但果实成熟晚，品质不如前者。无论哪种方法，枝条顶端的 1~2 个副梢均以留 4~6 片叶进行反复摘心为宜。

3. 除卷须与摘老叶

（1）除卷须。卷须缠绕到果穗、枝蔓等造成枝梢紊乱，老熟后不易除去，不仅影响采收、修剪等，在生长过程中也消耗不少养分与水分，因此，必须及时除去。一般随摘心、绑蔓、去副梢等管理工作摘去卷须。

（2）摘老叶。当果实着色后，摘除部分果穗附近已老化的叶片，改善果穗的通风透光，可促进果实着色，减少病害，提高产量与品质。但摘叶不能过多、过早，否则影响光合作用和养分的积累，造成不良后果。

4. 环剥（环状剥皮） 一般用小刀或环剥剪在果穗下一节处环剥 3~5mm 宽的皮层（亦可用铁丝或绳子紧缢），使上部的营养物质不能运往下部，达到提高坐果率、增大果粒之目的。由于环剥的时间不一，其效果亦不同。花前进行则可明显提高坐果率，而落花落果后则对增大果粒、提高浆果品质有良好的作用。由于环剥阻碍了养分向根部输送，对植株根系生长起到抑制作用，过量或长期环剥则易引起树势衰弱，寿命缩短，因此在生产上必须慎重，否则会引起不良后果。

5. 绑蔓 葡萄绑蔓是一项重要管理工作，绑蔓的好坏可影响整形修剪的效果。

（1）绑老蔓。在埋土防寒地区，葡萄植株出土后绑老蔓，根据整形的要求使枝蔓均匀分布在架面上，长梢应进行弓形引缚，以利各节新梢生长均衡。在绑老蔓的同时进行一次复剪，将冬剪时遗漏的病残枝、过密枝除去，以调节植株的芽眼负载量。

(2) 绑新梢。一般在新梢长到 20～30cm 时开始，整个生长期随新梢的加长不断绑梢，一般需绑 3～4 次。绑时要做到新梢均匀排列，不可交叉绑缚，以便充分利用架面，使之通风透光良好。绑蔓时应防止新梢与铁丝接触以免磨伤。铁丝处要牢固，以免移动位置。新梢处要求绑松，以利于新梢加粗生长，常用的绑扣多为∞形或马蹄形。绑缚材料要求柔软，经风雨侵蚀在 1 年内不断为好，如油草、马蔺草、牛筋草、稻草、蒲草、麦秆、玉米皮等，应用前最好用少量盐水浸泡或其他方法处理，以增加其柔软性和牢固程度。

第六节　病虫害防治

一、主要病害及其防治

（一）葡萄白腐病

白腐病别名腐烂病、穗烂病、水烂病等。

1. 病原　该病病原菌无性阶段为 *Conithyrium dioeoditta*，属半知菌亚门腔孢纲球孢目垫壳孢属；有性阶段为 *Charrinia dipeodilla*，属子囊菌亚门。

2. 症状　果穗受害后通常是穗轴和果梗先发病，感病部位先产生淡褐色水渍状不规则病斑，然后软腐，病斑逐渐向果粒蔓延，受病穗轴在空气湿度较小时常干枯萎缩。果粒发病时从基部开始变淡褐色软腐状，并迅速蔓延至整个果粒，果粒变软，果面上密生灰白色后转为灰黑色的小粒点（即分生孢子器），最后整个果实变褐腐烂，受震动后易脱落，未脱落果实逐渐失水，形成呈暗褐色并有明显棱角的僵果，经久不落。

新梢发病初期，病斑呈水渍状、淡褐色、椭圆形，用手触摸时表面易破损。随着枝蔓的生长，病斑不断向上下两端扩展，病斑色泽加深、凹陷，表面密生灰白色小粒点，最后表皮翘起，皮层与木质部分离，纵裂呈乱麻状。当病斑扩大至枝条一周时，病斑上端产生大量愈伤组织而形成瘤状物，直至干枯死亡。

白腐病危害枝条，一般是危害没有木质化的枝条，枝蔓的节、剪口、伤口、接近地面的部分是受害点。枝蔓受害形成溃疡型病斑。开始，病斑为长方形、凹陷、褐色、坏死斑，之后病斑干枯、撕裂，皮层与木质部分离，纵裂成麻丝状。在病斑周围有愈伤组织形成，会看到病斑周围有"肿胀"，这种枝条易折断。如果病斑围绕枝蔓一圈，病斑上部的一段枝条"肿胀"变粗，最后，上部枝条枯死。枝条上的病斑可以形成分生孢子器。

叶片发病多在叶缘、叶尖，初期呈水渍状、黄褐色、圆形或不规则病斑，其上呈现深浅不同的同心轮纹。病斑极易破碎，空气湿度大时其上出现灰白色粒点（即分生孢子器）。

该病最初多从近地面的穗尖、新梢、叶片感染，而后再向上扩展。同时，感病的部分在潮湿的情况下都具有一种特殊的霉味，是该病的重要特征。

3. 防治方法

（1）农业防治。

① 彻底清园，减少菌源。结合冬季修剪，彻底清除病残体，然后将其烧毁或深埋，同时进行土壤深耕翻晒，减少土壤中的初侵染源。同时在生长季节结合日常管理工作，及时剪除发现的病果、枝、叶并带至园外销毁，以减少当年再侵染的菌源，病情较重的园片可覆盖地膜、覆草等，它不仅可保温、保水、防草，同时可将土壤中的病原菌与地上的寄主隔离，防止传播。

② 加强栽培管理。选用抗病品种，提高结果部位，改善通风透光条件，增施有机肥增强树势，适度降低果实负载量，提高抗病力，并进行果实套袋。

（2）化学防治。

① 土壤消毒。一般以 0.3％五氯酚钠＋3～5 波美度石硫合剂，或五氯酚钠 200 倍液，喷施土壤；也可用 50％福美双 1 份、硫黄粉 1 份、碳酸钙 2 份混合均匀后喷于地面，每公顷施用 22.5～30kg。

② 生长季节喷药。必须在发病前 1 周喷药，以后每隔 10～15d 喷一次，首次可用波尔多液作为预防和保护药剂，而后用防治白腐病有效的药剂，如福美双、硫菌灵、多菌灵、百菌清等杀菌剂，喷药应以保护果实为主，为了加强药液黏着果面可在药液中加入 0.05％皮胶或其他展作剂，以提高药效。

（二）葡萄白粉病

1. 病原　该病病原无性阶段为 *Oidium tuckeri*，属半知菌亚门粉孢属；有性阶段为 *Uncinula necator*，属子囊菌亚门钩丝壳属。

2. 症状　叶片感病后，受侵染部位出现大小不等的白色病斑，严重时白色粉状物（即菌丝体）布满全叶，白色粉状物下叶表呈黑褐色网状花纹，严重时叶面卷缩、枯萎、脱落。有的地区，植株发病后期在病斑上产生黑色小粒点（即有性阶段的闭囊壳）。幼叶感病后常皱缩，扭曲不再发育。

新梢、叶柄、穗轴感病后出现不规则白色粉末状斑块，除去白粉后出现黑褐色网状花纹，可使叶柄、穗轴变脆，新梢生长发育受阻，不能成熟。

幼果感病后先出现褪绿斑块，而后果面出现星芒状花纹并布满白色粉末。始熟浆果感病后易产生裂口，极易感染腐生性杂菌而腐烂。

该病可侵染所有的绿色组织，特别是幼嫩组织，感病部位的表面长出灰白色病斑，除去白色粉末可见不规则的网状花纹，同时感病新梢、穗轴等停止生长并极易折断，幼果停止生长、畸形，初熟果则易产生纵裂腐烂。

3. 防治方法　该病菌对硫制剂较敏感，因此常用石硫合剂、硫黄悬浮剂进行化学防治，粉锈宁效果也较好；而铜制剂不理想。另外在喷药应尽早进行。一般在芽萌发前喷 3～5 波美度石硫合剂；萌芽后喷 0.3～0.5 波美度石硫合剂作为铲除剂，以减少初侵染源。生长期间喷 20％粉锈宁乳油、70％硫菌灵可湿性粉剂等可收到较好效果。

（三）葡萄黑痘病

葡萄黑痘病别名鸟眼病、葡萄疮痂病。

1. 病原　该病病原无性阶段为 *Sphaceloma ampelinum*，属半知菌亚门痂圆孢属；有性阶段为 *Elsinoe ampelina*，属子囊菌亚门痂囊腔菌属。

2. 症状　黑痘病主要危害植株幼嫩部分。幼果受感染后果面初生圆形褐色小斑点，随后病斑扩大，中间呈灰白色，稍凹陷，边缘为紫褐色，似鸟眼状，最后病斑硬化或龟裂，病果小、畸形、味酸，失去经济价值。当湿度过大时，病斑上产生灰白色黏质物（即分生孢子团）。穗轴、小分穗梗感病后与幼果症状相似，病重时常使果穗发育不良，甚至枯死。一般成熟后的浆果很少感染。

幼叶受感染后叶面出现针头大小的褐色斑点，扩大后，病斑周围有黄褐色晕，中间浅褐色或灰白色，圆形或不规则，严重时开裂穿孔。病斑多在叶脉或近叶脉处，由于受害部位停止生长，因而常引起幼叶扭曲、畸形，严重时变黑，枯焦而死。

新梢、卷须、叶柄等幼嫩绿色部位均可感病，受侵染部位最初出现圆形或不规则的褐色小斑，然后逐渐扩大，边缘呈深褐或紫褐色，严重时病斑连成片而后变黑枯死。

随着寄主木质化程度的增加，其抗病性也随之增强，因而该病主要侵害幼嫩组织细胞，感病后病斑多呈圆形，四周色深，中间色浅，形似鸟眼或疮痂状。病斑在潮湿状态下易出现灰白色黏质物。成熟浆果及枝条等很少发病。

3. 防治方法 在搞好苗木消毒、园地清洁的基础上，应在早春萌芽前喷布铲除剂 3～5 波美度石硫合剂，或五氯酸钠原粉 200～300 倍液＋3 波美度石硫合剂，或 10%～15% 硫酸铵溶液，以铲除越冬菌源。在病情重的园片除用上述药剂外，还可在萌芽初期再喷 0.3～0.5 波美度石硫合剂或喷百菌清等。生长期间喷药从展叶后至浆果着色期间每隔 10～15d 喷一次。花前及花后各喷 1 次 200～240 倍半量式波尔多液极为重要。以后可结合防治白腐病、炭疽病等进行防治。

(四) 葡萄炭疽病

葡萄炭疽病别名葡萄晚腐病。

1. 病原 该病病原无性阶段为 *Gloeosporium fructigenum*，属半知菌亚门炭疽菌属，另一种为 *Colletotrichum ampelinum*，称为葡萄刺盘孢菌，亦为半知菌亚门炭疽菌属；有性阶段为 *Glomerella cingulata*，属子囊菌亚门小丛壳属。

2. 症状 该病主要危害始熟浆果，也危害穗轴、新梢、叶柄、卷须等绿色组织。感病后果面发生水渍状淡褐色斑点或雪花状病斑，以后病斑逐渐扩大，呈圆形、深褐色并稍凹陷，其上产生黑色小粒点（即分生孢子盘），呈同心轮纹状，在潮湿的条件下，小粒点长出粉红色黏质物（即分生孢子团），病情严重时，病斑可扩大至整个果面，果粒软腐，易脱落或干缩成僵果。有时嫩梢、卷须受害后病斑呈棱形、深褐色。病情严重时，则产生圆形或不规则的深褐色斑，湿度大时可出现粉红色黏液。

3. 防治方法　重视休眠期的防治，喷布铲除剂，花前、花后喷波尔多液，以后隔10～15d喷药一次防治，有效农药如75％百菌清或80％代森锰锌可湿性粉剂等杀菌力强的药剂，喷药重点部位是结果母枝。

（五）葡萄灰霉病

灰霉病别名灰霉疫腐病、灰霉软腐病、穗腐病等。

1. 病原　该病病原有性阶段为 *Botryotinia fuckeliana*，属子囊菌亚门葡萄孢盘菌属；无性阶段为 *Botrytis cinerea*，属半知菌亚门葡萄孢属。

2. 症状　幼嫩花序及花后穗梗极易受侵染，发病初期病斑先呈水渍状、淡褐色，很快变为暗褐色，变软和腐烂。湿度大时其上长出一层鼠灰色的霉层（即分生孢子梗和分生孢子），细看时还可见到极细微的水珠。当湿度小时腐烂的病穗即萎缩、干枯、脱落。

浆果始熟期染病后，则在果皮上产生褐色凹陷斑点，后病斑不断扩大而腐烂，同时在其上产生灰色孢子堆，直至果穗上产生绒毛状鼠灰色霉菌层，含糖量大大降低，不久在病部长出黑色块状菌核。另外，采收后在贮藏运输过程中也极易受该病的侵染而致病，其症状基本相同。

新梢及叶片感病产生不规则、淡褐色的病斑，叶片上的病斑有时可见不明显的轮纹，同时也可长出鼠灰色霉层。受灰霉病危害后，病部均可见鼠灰色的霉层，是该病的重要特征。

3. 防治方法

（1）农业防治。避免疯长、郁闭和减少枝蔓上的枝条数量（增加通透性），摘除果穗周围的叶片（增加通透性），减少液态肥料喷淋等栽培技术措施，对防治灰霉病效果显著，如进行果穗套袋，要加强套袋前的管理。把病果粒、病果梗和穗轴、病枝条收集到一起，清理出园，集中处理（如发酵堆肥、高温处理等），减少来年病菌基数。

（2）生物防治。据有关报道，木霉菌（*Trichoderma harzianum*）可以有效地防治葡萄灰霉病。

（3）化学防治。花前、花后、成熟前期适时喷药，一般可用50％多菌灵、70％甲基硫菌灵、50％甲基硫菌灵与代森锌的混合剂等农药喷布。对贮藏的果穗可在采前喷淋60％特克多可湿性粉剂，在低温库（0℃）贮藏时，进行二氧化硫熏蒸即可防止贮藏期染病。

（六）葡萄霜霉病

1. 病原 该病病原为 *Plasmopara viticola*，是专性寄生菌，属鞭毛菌亚门单轴霉属。

2. 症状 该病主要危害叶片，其次危害新梢、花序和幼果。

叶片受害部位初为淡黄色油渍状半透明的小斑点，逐渐扩大为淡黄至黄褐色，多角形病斑，大小、形状不一，有时数个病斑连在一起形成黄色干枯大斑。湿度大时病斑部位反面常产生一层白色密集的霉状物（孢子囊梗及孢子囊），是其重要特征。后期或湿度小时病斑干枯变褐、叶片脱落。

新梢受害初期病斑呈水渍状半透明斑点，呈黄色至褐色多角形，湿度大时也会产生白色霉层，但较少，受害新梢弯曲，上部畸形，最后干枯脱落。其他绿色组织（如卷须、叶柄、穗梗等）受害后具相同的症状。

果粒受害呈灰色，并生出白色霉层，幼果长大到豌豆粒大小时，受害后最初产生红褐色斑，最后僵化开裂，着色后较少感病。白色品种病果呈暗灰绿色，红色品种则为粉红色，成熟时变软，病粒易脱落，部分穗梗或整个果梗也会脱落。

3. 防治方法 首先要改善园地的土壤、光照、通风条件，彻底清洁田园，及时收集并烧毁病残体，加强田间管理措施，同时要及时喷布波尔多液，一般自开花前半月开始，每隔 7～15d 喷一次，当外界条件适合该病的发生季节可喷 35％甲霜灵或 40％乙膦铝可湿性粉剂（300倍液）或噁霜·锰锌（1 000～1 200 倍液）等药剂均可收到良好效果。

二、主要虫害及其防治

（一）葡萄短须螨

葡萄短须螨（*Brevipalpus lewisi*）别名葡萄红蜘蛛、刘氏短须螨。

1. 分布与危害特点 我国河北、河南、山东、辽宁等产区发生较严重，其他各地均有发生。该虫以幼虫、若虫与成虫危害嫩梢、叶片、果穗及卷须等，刺吸组织的养分与水分。叶片受害，首先在叶脉两侧或叶沿呈现褐色锈斑，严重时焦枯变色，最后脱落；新梢、叶柄、穗轴、卷须等受害后表皮产生黑色小粒突起，质变脆易折断；浆果受害初呈铁锈色，然后果面粗糙、龟裂、变硬，并停止生长与着色，大大降低其品质与产量。受害严重时不仅影响当年的品质与产量，同时也影响翌年的产量与品质。

2. 形态特征　成螨，体长 0.27～0.32mm，宽 0.11～0.16mm，椭圆形，赭褐色，眼点红色，腹背中央呈鲜红色；背面体壁有网状花纹，中央略呈纵向隆起，背无刚毛；4 对足皆短粗多皱，刚毛数量少，各足胫节末端有 1 条特别长的刚毛。雄虫体较小，体后半部较雌虫狭窄，足体与末体之间有一横缝。卵，体长约 0.04mm，宽约 0.028mm，椭圆形，鲜红色，有光泽。幼螨，体长 0.13～0.15mm，宽 0.06～0.08mm，鲜红色，足 3 对，白色；体两侧、前后足间有 2 根叶片状的刚毛，腹腔末周缘有 8 条刚毛，其中第三对为针状长刚毛，其余为叶片状，各足胫节上均有 1 条较长刚毛。若螨，体长 0.24～0.30mm，宽约 0.1mm，淡红色或灰白色，足 4 对；体后部上、下较扁平，末端有 8 条叶片状刚毛。

3. 防治方法　结合田园清洁，对虫情较严重园片的植株，刮除树皮、清除受害枝蔓。在休眠期喷布 5 波美度石硫合剂或杀螨剂，萌芽时喷 0.3 波美度石硫合剂，73% 炔螨特等。其主要天敌有食螨瓢虫、花蝽类等。充分保护和利用天敌是一项重要防治措施。

(二) 葡萄瘿螨

葡萄瘿螨（*Colomerus vitis*），别名锈壁虱、潜叶壁虱、缺节瘿螨。

1. 分布与危害特点　我国各地均有发生，辽宁、吉林、河北、山东、山西、陕西、新疆及上海、湖南较常见。主要寄生于叶背面，有时也危害嫩梢、幼果、卷须、花梗等幼嫩绿色部位。葡萄瘿螨危害时，最初于叶背出现不规则透明状的斑，其后叶表面隆起，叶背密生一层很厚的毛毡状绒毛，初呈白色，后为茶褐色，最后变成暗褐色。严重时病叶皱缩、变硬、表面凹凸不平，干枯破裂直至早期落叶。新梢受害发育不良。该虫一般不危害其他果树，曾是葡萄主要虫害之一，严重发生时果园减产达 60% 以上，近 20 年来由于防治及时，目前除个别地方的园片受害外，一般很少发生。

2. 形态特征　成螨，体长 0.15～0.20mm，宽 0.05mm，淡黄白色或淡灰色，近长圆锥形，腹末渐细；嘴向下弯曲，头、胸、背板呈三角形，有不规则的纵条纹，背瘤位于背板后缘，背毛伸向前方或斜向中央；具 2 对足，爪呈羽状，具 5 个侧肢；腹部具 74～76 个暗色环纹，体腹面的侧毛和3对腹毛分别位于第9、26、43和倒数第5环纹处，尾端无副毛，有1对长尾毛。卵，直径约30mm，球形，淡黄色。若螨，共2龄，淡黄白色。

3. 防治方法 秋后彻底清扫果园，把病叶收集起来烧毁；芽开始膨大时，喷一次3～5波美度石硫合剂，以杀死潜伏在芽内的越冬螨虫。如历年发生严重时，葡萄发芽后喷洒0.3～0.5波美度石硫合剂1～2次，或喷25%亚胺硫磷乳油1 000倍液，效果都比较好。

（三）绿盲蝽

绿盲蝽学名 *Apolygus lucorum*。

1. 分布与危害特点 我国各地均有发生，因其食性甚杂，除危害葡萄外还危害其他果树、蔬菜、花卉和农作物。一般以若虫或成虫危害葡萄幼叶和花序，它们白天潜伏，夜间在幼芽、叶上刺吸危害，被害部位开始产生细小黑色坏死斑点，随幼叶伸展长大，以小黑点为中心，呈现出圆形或不规则的洞孔，严重时叶片皱缩畸形；花序受害后花梗或花蕾变色，最后脱落。

2. 形态特征 成虫，体长约5mm，卵圆形、扁平，黄绿或浅绿色。前胸背板深绿色，上有黑色小点；前翅革质，大部为绿色，膜质部为淡褐色；头三角形、黄褐色；复眼，红褐色。卵，长1mm，黄绿色，长形略弯曲，卵盖乳黄色，中部凹陷；若虫，绿色，有黑色细毛，触角淡蓝色，跗节末端与爪为黑褐色；翅芽末端黑色。

3. 防治方法 清除田园及四周的杂草，其他作物的残枝落叶和及时翻耕越冬绿肥，以清除虫源和减少第一代若虫的发生。葡萄园周围尽量不种棉花、蔬菜。在病情较重的地方或园片可在展叶期及时喷布杀虫剂，如杀灭菊酯等均可达到良好的效果。

（四）葡萄斑叶蝉

葡萄斑叶蝉（*Eryhroneura apicalis*）别名葡萄二星叶蝉、二点浮尘子、小浮尘子、小叶蝉。

1. 分布与危害特点 全国各地均有发生，以华北、西北、长江流域较多见，是一种寄主范围较广的害虫之一。一些管理不善和树体衰老、四周杂草丛生的园片较严重。以成虫、若虫聚集在叶背面取汁液，叶面出现黄白色小点，严重时小白点连接，使全叶苍白甚至枯焦脱落，影响枝条发育、花芽分化和果实成熟，此外其为杂食性，能危害多种果树、蔬菜、花卉及其他作物。

2. 形态特征 成虫，长 3～3.5mm，淡黄白色，其上布有淡褐色的斑纹，头顶上有 2 个明显的圆形黑斑，故又称二星叶蝉；复眼黑色；前胸背板呈淡黄白色，其前缘处有几个淡褐色小斑纹排成横列，其形状和浓淡多有变化，有时消失；小盾片呈淡黄色，其前缘左右各有 1 块近三角形黑斑；中胸腹面中央有黑褐色斑块；足 3 对，其端爪为黑色；前翅为淡黄白色，半透明，有淡褐色或红褐色斑纹，翅端部色较深；在成虫发生期，虫体斑纹色斑随气温降低而加深，雄成虫其生殖板末端一般为黑褐色，可与雌虫区别。卵，长约 0.5mm，宽 0.2mm，黄白色，长椭圆形，稍弯曲。若虫，长 2.5mm，初孵期为白色而后逐渐加深为黄白色，胸部两侧可见明显的翅芽。

3. 防治方法 加强田园管理，清除杂草，防止附近滋生地的虫源入侵，清除受害叶片，减少越冬虫源。在发生盛期可喷杀虫剂，如敌敌畏、辛硫磷等均可。

(五) 蓟马

蓟马（*Thrips tabaci*）别名烟蓟马、葱蓟马、棉蓟马。

1. 分布与危害特点 全国各地均有分布，寄主种类广泛，除危害葡萄外还可危害蔷薇科果树、柑橘及各种农作物和蔬菜，近年来在棉区、蔬菜产区的葡萄园有日益增多的趋势。它们以成虫、幼虫、若虫群集叶背、嫩梢、幼果吸食汁液。被害叶片出现黄白色斑点，严重时卷曲成杯状或畸形，甚至穿孔。幼果被害初期表面形成小黑点，随着果实增大而成为大小不一的褐色锈斑，影响外观与品质。

2. 形态特征 成虫，体长 1～2mm，淡黄至深褐色，背面色略深，体细长、略扁，头部和前胸背板宽大于长，中、后胸背面连合成长方形；口器呈鞘圆锥形，为不对称锉式口器；复眼稍突出、紫红色；触角 7 节；翅透明、细长、周缘密生细生长的缘毛；足的末端有泡状的中垫，爪退化；腹部 10 节扁长，尾端尖、小，具有数根长毛，体侧疏生短毛；雌虫卵管锯齿状，由 8～9 腹节间腹面突出；雄虫无翅。卵，长约 0.29mm，初为肾形，后呈卵圆形，乳白色，后期黄白色。若虫，体长 1.2～1.6mm，淡黄色，与成虫相似，无翅，共 4 龄；复眼红色；胸腹部有微细褐点，点上有粗毛。

3. 防治方法 冬季彻底清洁田园，深翻土壤，消灭越冬虫源，发生初期可喷杀虫剂和设法保护天敌或放养天敌（如小花蝽和姬猎蝽）以控制蓟马的发生。亦可喷 50%杀螟硫磷乳油 1 000 倍液。

第七节　果实采收

　　葡萄的采收是葡萄园一年收成的一个关键工序，也是运输、加工等工作的开始。对葡萄酒厂来说，这是一项极为重要的工作，因其对葡萄酒生产、产品质量、经济效益等都有重要影响。一般葡萄采收季节应注意下列几方面的工作：首先是对当年葡萄的产量进行科学预测，作为合理筹备和安排采收工具、劳动力、采收进度和运输等工作的依据；其次根据测定的产量安排和准备加工设备、加工进度和容器等，以利工作顺利开展。

（一）成熟期的测定

1. 鲜食葡萄　鲜食葡萄成熟期的确定不仅要依据外观（果皮色泽、种子色泽等），还要看风味品质是否达到该品种应有的风味，以及含糖量、含酸量及其糖酸比等理化指标。当然有时会因市场原因适当早采或迟采。

2. 酿酒葡萄　酿酒葡萄的浆果采收期要求很严，其含糖量与含酸量比例因酒种不同而异，因此在成熟过程中必须对浆果的糖、酸、pH等进行定期检测。一般在浆果开始变色（成熟始期）每隔 3~5d 测定一次糖、酸及 pH。测定前，应在葡萄园内按对角线取样 1~2kg，样品应取自植株上、中、下各部分有代表性的果穗，每穗取一定数量，然后榨汁在室内用手持糖度计测定其可溶性固形物（可换算成含糖量），或用比重计、斐林氏液滴定法测定其含糖量，而总酸的测定多采用氢氧化钠滴定法测定。随着分析手段的发展，香气成熟度和单宁成熟度的测定也很重要。

（二）适宜采收期

　　葡萄浆果从开始至生理成熟后，一般可分为成熟始期、成熟期、生理成熟期及过熟期 4 个时期。由于葡萄的用途多样，因此适期采收对其产品质量有很大的影响。一般早熟鲜食品种可适当早采，以满足市场需要，而晚熟品种则尽量晚采，除延长供应外，还有利于贮运。这一时期称为"商品成熟度"采收期。用于加工的浆果，则应依据加工种类的不同而采收，如制罐、制汁、制干及制酒等的适宜采收称为"工艺成熟度"采收期。酿酒葡萄因酿制不同酒种，因而对葡萄"工艺成熟度"的要求也不同，不同酒种所要求的含糖量、含酸量、pH 及其糖酸比均不相同。

（三）采收时间与方法

1. 采收时间　当采收期确定后，各园区、品种的采摘时间应列入计划进度表中，以利于工作的安排。在正常天气情况下，应在气温凉爽、湿度较小时采收为好，如早上露水干后、午间高温来临之前及午后凉爽时最适合，采前 5d 停止灌溉。若遇雨天则应待雨后 1～2d 浆果糖分恢复至原含糖量时再采收。尽量避免在高温、高湿（阴、雨、雾天）的条件下采摘。如需较长距离运输时，则应将装好筐的浆果暂时存放在凉处散温，使筐内果实温度基本与气温相似时再装车外运。为了确保果实的新鲜度，增加酒的果香，采后应尽快运至加工厂立即进行破碎，否则将严重影响酒质，致使优质原料也不能酿成好酒。

2. 采收方法　目前我国葡萄采收工作几乎全部采用传统的人工采摘法。一般多用采果剪（或修枝剪）把果穗梗的基部剪下。采时应轻拿轻放葡萄，以不伤果为准。对生、青果粒应随采随剔除，对病、烂果穗采后单独存放在另一筐内，成熟度不符合要求的可暂时留在树上再单独采摘。一般每筐果不超过 15kg，过去多用枝条（柳条等）编的筐或木箱，近年来已多采用塑料专用周转箱，装筐时必须装紧，但不可装得过满，以免装车上垛时压挤。装果的容器及运输车辆必须在使用前后冲洗干净，以降低对浆果的污染而影响产品质量。近年来国外也有采用机械采收的，这种方法虽可降低劳动强度、提高工作效率和保证适时采收，但对病、烂、生、青果都无法进行剔除，严重影响酒质。人工采摘时多采用塑料桶，采收工人每人一个塑料桶将剪下的果穗放入桶内，每桶约 10kg，装满后运到地头将其倒入大塑料桶内，然后将大塑料桶装上运输车，或倒入专用的运输槽车的槽内，然后立即运到加工厂进行破碎。这种方法可节约容器，提高运输效率，值得推广。随着我国工业的发展，葡萄采收的机械化、半机械化必将会发展。

第五章

李

第一节　种类和品种

一、种类

李为蔷薇科（Rosaceae）李属（*Prunus*）植物。全世界李属植物共有 30 余个种，我国有 8 个种。据考察，我国现有李资源 800 余份，在辽宁熊岳国家李品种资源圃现保存李资源 480 余份。主要栽培的有以下几个种：

（一）中国李

中国李（*Prunus salicina*）原产于我国长江流域，是我国栽培李的主要种类，全国各地的李产区均有栽培。日本、朝鲜、印度、美国、俄罗斯等国家也有较长的栽培历史，并已培育出许多变种和杂种。中国李为落叶小乔木，高 9～12m。叶片长倒卵圆形或长卵圆形，叶面光滑无毛。花序通常为 3 朵并生，直径 1.5～2cm；花柄长 1～1.5cm。萌芽成枝力均强，潜伏芽寿命长，便于自然更新，树势强健，适应性强，结果多且丰产性稳定。果实圆形；果皮底色黄或黄绿，表色有红、紫红或暗红，果粉较厚；果梗较长，梗洼深，缝合线明显；果肉为黄色或紫红色；核椭圆形，核面有纹，粘核或离核。多数品种自花不结实或少量结实，栽培时必须配置授粉树。该种花期较早，在寒冷地区易受晚霜危害。属于本种的主要品种有玉皇李、檇李、香蕉李、红心李、五月香李等。

（二）杏李

杏李（*Prunus simonii*）原产于我国华北地区，在北京昌平和怀柔、河南辉县、陕西西安等地有少量栽培。抗寒力强，抗病力不如中国李，自花能结实，但丰产性差。小乔木，枝条直立，树冠呈尖塔形。叶片狭长，并具直立性，叶柄短而粗。花1~3朵簇生。果实扁圆形，果梗短，缝合线深；果皮暗红色或紫红色；果肉淡黄色，质地紧密，香气浓；粘核，晚熟。属于本种的品种有香扁李、荷包李、腰子红、转子红、雁过红等。

（三）欧洲李

欧洲李（*Prunus domestica*）原产于高加索地区，后传入罗马，再传入欧洲各地。我国辽宁、河北、山东等地有栽培。在欧洲、北美和南非等地栽培广泛。乔木，树冠高大。叶片为卵形或倒卵形，蜡质厚。新梢和叶片均有茸毛。花较大，一个花芽内可开出1~2朵花。果实为圆形或卵形；果皮由黄、红至紫蓝色；离核或粘核。花期比中国李晚10~15d，不易受晚霜危害，且自花结实力较强。果实含糖量高，可鲜食，也适于制作蜜饯、果酱和酒等加工品。属于本种的品种有冰糖李、晚黑李、大玫瑰李、甘李等。

（四）美洲李

美洲李（*Prunus americana*）原产于北美地区，经过长期栽培，现已有许多具较强抗寒力的品种，可作为抗寒育种的原始材料。在我国，主要分布于东北地区。乔木，树冠开张，枝条有下垂性，并有粗针刺。叶片大，无光泽，有茸毛。一个花芽内可开出3~5朵花。果实球形；果皮红或鲜红色；果梗较长；粘核。该种适应性强。属于本种的栽培品种有牛心李、海底亚可夫李等。

（五）乌苏里李

乌苏里李（*Prunus ussuriensis*）原产于我国的黑龙江，俄罗斯的远东沿海也有分布。该种是李属植物中抗寒力最强的，花期能耐-3℃的低温，树体在冬季能耐-55℃的严寒，是优良的砧木用种。本种植株矮小，多分枝成灌木状，枝条多刺。叶片较小，呈倒卵圆形，叶背有茸毛。果实较小，直径1.5~2.5cm，近球形；核为圆形，核面光滑。东北美丽李为该种的代表品种，经与美洲李、樱桃李杂交，已培育出一些有栽培价值的耐寒品种。

（六）樱桃李

樱桃李（*Prunus cerasifera*）原产于我国新疆，在中亚、西亚、巴尔干半岛等地均有分布。树体为灌木或小乔木，新梢暗红，无毛。叶片椭圆形、卵圆形或倒卵圆形。果皮黄色或红色。果肉厚、软、多汁；粘核，核小，呈卵形。本种为半栽培状态，一般多用作砧木。

我国栽培的李主要为中国李，其次为欧洲李，其他种的李在生产上栽培较少。

二、品种

1. 圣玫瑰　美国引进品种。果实中大，卵圆形，平均单果重68.5g，最大单果重99.2g，平均单果重76.1g。果皮光滑有光泽，底色黄绿，果面紫红色，果肉金黄色，肉质细嫩，甜酸适度，香气浓郁，品质上等。果肉可溶性固形物含量12.6%～14%，果核小，粘核。在山东泰安地区果实于7月中旬成熟，耐贮运。植株长势强旺，自花授粉，是大多数李品种的良好授粉树。栽后第二年少量结果，第三年平均株产5.1kg，最高13.2kg，每公顷产29 481kg。

2. 安哥诺　安哥诺是1994年从美国加州引进的黑布朗（李）新品种。果实圆形。平均单果重122g，最大200～250g。果实生长期为绿色，开花成熟变为紫红色，成熟后转为紫黑色。果实硬度大，果粉少，果皮厚，果肉淡黄色，不溶质，质地致密，清脆爽口，经后熟后汁液丰富，甜香味浓，品质极上；果核极小，半粘核。可溶性固形物含量16.2%，总糖含量14.1%，可滴定酸含量0.73%。果实极耐贮存，常温下可贮存100d，冷库1～3℃时可贮存到翌年5月。该品种树姿开张，树势稳健。当年栽植，通过夏季修剪，当年可以形成丰产树体，进入结果期后，树势中庸，以短果枝和花束状果枝结果为主，丰产性好，三年生树平均株产8.5kg。该品种1998年引入栽培，经多点栽培试验观察，无论在山地、平原均生长表现良好，花期为3月，7月底开始着色，8月底至9月初成熟。

3. 风味玫瑰　风味玫瑰是用李和杏进行多代杂交后获得，果实具浓郁芬芳的玫瑰花香味，含糖量很高。李基因占75%，杏基因占25%。果大，平均单果重85g，最大单果重150g以上。果皮紫黑色，果肉红色，果汁多，味香甜，可溶性固形物含量18%～19%。极早熟，果熟期5月下旬至6月上旬。树势中庸，树姿开张，栽植第二年结果，4～5年进入盛果期，丰产，单株产果量可达30～40kg，每667m²产量可达2 200kg，盛果期可达20年；需冷量400～500 h。

4. 青稞李　中国李种。山东地方品种，枣庄峄城区和安丘市少量栽培。果实小型，平均单果重 28g 左右。果实近圆形，顶部稍狭；缝合线浅而明显，两侧对称；梗洼浅而广，圆形。果实黄绿色，有光泽，皮较厚，不易剥离，果粉薄。果肉浅橙黄色，质地较细脆，充分成熟后稍软绵，汁液中多，味甜，可溶性固形物含量 11％，总糖含量 10.0％，可滴定酸含量 1.2％，品质中上。离核，核小，可食率 95.7％。原产地果实 7 月上旬成熟。树势较弱，树冠常呈披散圆头形，树体较小，树姿开张。枝条细而下垂，各类果枝结果均好。早果性好，坐果率较高，较丰产。定植后 3～4 年始果，经济寿命 20 余年。树下萌蘖较多，多用根蘖繁殖，适于密植栽培。

5. 蜂糖李　蜂糖李是由贵州省安顺市农业科学院等单位共同选育出的一款优良的中熟李新品种。蜂糖李不仅丰产性好，具有较强的适应性，同时品质优良，汁多爽口，其含糖量超过了 18％，深受广大消费者以及种植户的喜爱。

蜂糖李的树势较旺，成枝率可以达到 11％，同时萌芽率超过了 75％，新梢具备较强的直立性以及明显的顶端优势。对蜂糖李一年生嫁接苗进行定植以后，通常经过 3 年即可开花，5 年即可结果，如果树体管理较好，仅需要 8 年的时间即可实现丰产。

蜂糖李的成熟期一般在 6 月中旬至下旬。果实的形状为卵圆形，果皮的颜色为淡黄色，含有较多的果粉。果实的顶部微微凹陷，缝合线较深，同时呈对称状，单果的平均重量约为 35.3g，果形指数分布于 0.81～0.89 之间，果肉的颜色为淡黄色，果肉的平均厚度约为 16.5mm，其果肉的含糖量可以达到 18％，可食率约为 97.33％。

第二节　建园和栽植

一、建园

(一) 园地选择

依据李树对外界环境的要求，一般应选择土层较深、坡度小、背风向阳、排水良好的地作为建园之用。对于排水不良的低洼易涝地区应当挖深沟，然后起高畦种植，以利于排除积水。

(二) 园地规划

1. 平地建园　为了充分利用土地，便于经营管理，在栽植前应进行合理规划。面积较大的，应区划若干小块，在各小块李园之间建立主路、支路和小路。主路宽度以能行驶机动车为原则，支路能通行人力车为准，小路应便于管理人员的行动。在建园中排灌系统不可忽略。李园的灌水系统由主沟、支沟和园内小灌水沟组成。灌水时，主沟将水引至园中，支沟将水从主沟中引至园内各小块，小灌水沟将支沟的水再引至李树行间。至于排水系统则由小块李园内的小排水沟、小块边沿的排水支沟和排水主沟组成。主沟末端为出水口。这样就便于天旱灌水和雨天排涝。

2. 山地建园 山地建立李园时，应根据坡度大小做好水土保持工程，使李园能保水、保土、保肥。山地建李园常采用水平梯田。水平梯田有利于增厚土层，提高肥力，防止冲刷，有利于灌溉和管理。水平梯田是由梯壁、梯面和边埂、排水沟等构成。

具体筑法：在修筑水平梯田时，要按照定植行距和地形，根据等高线将梯面破开，铺成平面。梯田壁一般用石头砌成或用草皮泥团块叠砌成，梯壁地脚要宽，上部稍窄些，且向内稍微倾斜为宜。砌石或用草皮泥团叠砌时要结实，壁面要整齐，填土补缝砸实，使之坚固。做梯面时要做到外高内低，在梯面内沿挖一排水沟，将挖出的土堆在梯面外沿筑成边埂，使雨水不从梯面外沿下流，而自梯面流向里，沿排水沟流入自然沟或蓄水池。

山地建李园，同样要设置道路和排灌系统。道路可根据地形修筑。排水可在园地上方挖1.2m宽、1.0m深的拦水沟，直通自然排水沟，以拦山上下泄的洪水。园内排水沟连通两端的自然沟或排水沟，将水排出李园以外，积蓄在蓄水池或山塘，以供旱时喷灌用水和喷药用水。

同时，不论是平地李园或山地李园都要营造防护林带。防护林的树种，应采用当地适应性强、生长快、寿命长、冠大枝密的树种。

（三）整地改土

园地规划后要进行土地平整，平原地区如有条件应进行全园深翻，并增施有机肥。深翻40~60cm即可，如无条件则挖定植沟或穴，沟宽或穴直径80~100cm，深60~80cm，距地表30cm以下填入表土、植物秸秆、优质腐熟有机肥的混合物，沙滩地有条件此层加些黏土，以提高保肥保水能力，距地表9~30cm处填入腐熟有机肥与表土的混合物，0~10cm只填入表土。填好坑或沟后灌一次透水。

山丘坡地如坡度较大应修筑梯田，缓坡且土层较厚时可修等高撩壕。平原低洼地块最好起垄栽植，行内比行间高出 $10\sim20cm$，有利于排水防涝。栽植前对苗木应进行必要的处理。如远途运输的苗木，苗木如有失水现象，应在定植前浸水 $12\sim24\,h$，并对根系进行消毒，对伤根、劈根及过长根进行修剪。栽前根系蘸 1‰ 的磷酸二氢钾，以利发根。

二、栽植

（一）品种选择

种植时宜选择经济性状符合生产要求的鲜食或加工良种，并注意早、中、晚熟品种的合理搭配。交通方便的地区或城郊以鲜食品种为主，交通不便的边远山区以栽培加工品种为主。

中国李的多数品种自花结实率很低，应注意选择和搭配花期一致、授粉亲和力强的授粉品种。简单的做法是选择花期相近的多品种混植，以增加授粉机会，提高产量。由于李树花期较早，花期多值低温阴雨天气，影响昆虫传粉活动，故授粉品种一般应不少于20%。

（二）种植季节

一般为秋末冬初种植和春季种植两种，但以秋末冬初种植最好，这时种植断根伤口可当年愈合，争得生长时间，从而提高李苗的成活率。

（三）种植规格

合理种植是提高李单位面积产量的主要技术措施之一。根据李的生长结果习性，种植时宽行密株，可用 $2.7m\times4m$ 株行距进行种植。

（四）种植方法

种植前，首先要挖好植穴，穴一般要求深 $0.8m$，宽 $1m$。挖出的表土和底土要分放两边，在穴内填土时，下层要填入表土，同时掺入有机肥，以提高种植穴土壤的肥力，种植时，移李苗出圃应尽量少伤根，并要带泥团。种植时将李苗放在种植穴中央，种植深度以根颈上部和地面平齐为标准。种植时还要将根系铺开舒展，然后周围填土，略加压实。但不要用脚踩踏，以免压断幼根。种后充分淋水，并在植株周围培成碟形兜穴，以利于淋水和施肥。树盘周围覆草，晴天要常淋水，保持土壤湿润，直至种活。种活后薄施腐熟的粪尿水，以促新梢萌发，迅速形成树冠。

（五）栽后管理

1. 扶苗定干　定植灌水后往往苗木易歪斜，待土壤稍干后应扶直苗木，并在根颈处培土，以稳定苗木。苗木扶正后定干。

2. 补水　定植后3～5d，扶正苗木后再灌水1次，以保根系与土壤紧密接触。

3. 铺膜　铺膜可以提高地温，保持土壤湿度，有利于苗木根系的恢复和早期生长。铺膜前树盘喷氟乐灵除草剂，每667m² 用药液125～150g为宜，稀释后均匀喷洒于地面，喷后迅速松土5cm左右，可有效控制杂草生长。松土后铺膜，一般每株树下铺1m² 的膜即可。如密植可整行铺膜。

4. 枝干接芽保护　如果定植苗木枝干不充实，为确保成活，可涂用防抽宝或套直径为5～7cm的塑料袋，可起到保水、提高成活率的目的。如果栽植半成苗，也应套塑料布做的小筒（但要有透气孔），可防止东方金龟子和大灰象甲的危害。

5. 检查成活及补栽　当苗木新梢长至20cm左右时可对不成活苗木进行补栽以及进行过弱苗木换栽，以保证李园苗齐、苗壮，为早果丰产奠定基础。移栽要带土坨，不伤根。北京地区一般在5月下旬至6月上旬移栽较好。此时新根还不太长，不易伤根，移苗后没有缓苗期。除将死亡苗补齐外，对生长过弱苗也应用健壮的预备苗换栽，使新建园整齐一致。补换苗时一定要栽原品种，避免混杂。

6. 病虫害防治　春季萌芽后首先注意东方金龟子及大灰象甲等食芽（叶）害虫的危害。特别是半成苗，用硬塑料布制成筒状，将接芽套好，但要扎几个小透气孔，以防筒内温度过高伤害新芽。对黑琥珀李、澳大利亚14李、香蕉李等易感穿孔病的品种应及时喷布杀菌药剂，可使用50%代森铵200倍液、50%福美双可湿性粉剂500倍液、0.3波美度石硫合剂等每隔10～15d喷一次，连喷3～4次。另外要及时防蚜虫和红蜘蛛的危害。

7. 及时摘心　如栽植半成苗，当接芽长到70～80cm时，如按开心形整形和按主干疏层形整形的树摘心至60cm处，促发分枝，进行早期整形。如果按纺锤形整形的树不必摘心。如栽植成苗，当主枝长到60cm左右时，应摘心至45cm处，促发分枝，加速整形过程。到9月下旬对未停长新梢摘心，促进枝条成熟。

8. 及时追肥灌水和叶面喷肥 要使李树早期丰产，必须加强幼树的管理，使幼树整齐健壮。当新梢长至 15～20cm 时，及时追肥，7 月以前以氮肥为主，每隔 15d 左右追施一次，共追 3～4 次，每次每株施尿素 50g 左右即可，对弱株应多追肥 2～3 次，使弱株尽快追上壮旺树，使树势相近。7 月以后适当追施磷、钾肥，以促进枝芽充实，可在 7 月、8 月上旬、9 月上旬追 3 次肥，每次追磷酸二铵 50g、硫酸钾 30g 左右。除地下追肥外，还应进行叶面喷肥，前期以尿素为主，用 0.2%～0.3% 的尿素溶液，后期则用 0.3%～0.4% 磷酸二氢钾，全年喷 5～6 次。追肥时开沟 5～10cm 施入，可在雨前施用，干旱无雨追肥后应灌水。

9. 浮尘子防治 浮尘子产卵的幼树，极易发生越冬抽条。北京平原地区在 10 月上中旬对有浮尘子的李园应喷药 2 次，消灭浮尘子，用敌敌畏、敌杀死等药均可防治。间隔 7～10d 喷第二次药。

10. 越冬防护 幼树定植后 1～2 年往往易发生越冬抽条，轻者枝梢部分抽干，重者全部死亡，造成缺株断行，园貌参差不齐，给生产造成严重损失。要达到园貌整齐和早期丰产，必须防止越冬抽条。用细软布蘸防抽宝后用手揉搓，使其充分渗透于布中，再用其由枝条基部向尖部捋 3～5 遍，碰到小枝杈处轻轻涂擦，使整个树体形成一层既"严"又"薄"的保护膜，关键是掌握好"严""薄"两字。由树体落叶后至上冻前均可应用。但应用时气温最好在 5～10℃ 为宜。温度过低，涂得速度减慢，且容易涂厚，在北京一般以 11 月下旬晴天中午前后效果较好。经比较，此方法比缠膜可节省开支 3 倍以上，比卧倒防寒埋土节约开支 1 倍左右。定植当年的植株每株只需成本 0.10 元左右。

第三节 土肥水管理

李树在整个生长发育过程中，根系不断从土壤中吸收养分和水分，以满足生长与结果的需要。只有加强土、肥、水管理，才能为根系的生长、吸收创造良好的环境条件。

一、土壤管理

土壤管理的中心任务是将根系集中分布层改造成适合根系活动的活

土层。这是李树获得高产稳产的基础。具体土壤管理应注意以下几个方面：

（一）深翻熟化

在土壤不冻季节均可进行，深翻要结合施有机肥进行，通过深翻并同时施入有机肥可使土壤孔隙度增加，增加土壤通透性和蓄水保肥能力，增强土壤微生物的活动，提高土壤肥力，使根系分布层加深。深翻的时期在北京等北方地区以采果后秋翻结合施有机肥效果最好。此时深翻，正值根系第二次或第三次生长高峰，伤口容易愈合，且易发新根，利于越冬和促进第二年的生长发育。深翻的深度一般以 60～80cm 为宜。方法有扩穴深翻、隔行深翻或隔株深翻、带状深翻及全园深翻等。如有条件深翻后最好下层施入秸秆、杂草等有机质，中部填入表土及有机肥的混合物，心土撒于地表。深翻时要注意少伤粗根，并注意及时回填。

（二）李园耕作

有清耕法、生草法、覆盖法等。不间作的果园以生草｜覆盖效果最好。行间生草，行内覆草，行间杂草割后覆于树盘下，这样不破坏土壤结构，保持土壤水分，有利于土壤有机质的增加。第一次覆草厚度要在 15～20cm，每年逐渐加草，保持在这个厚度，连续 3～4 年，深耕翻一次。北方地区覆草，冬季干燥，必须注意防火，可在草上覆一层土来预防。另外长期覆盖易招致病虫害及鼠害，应采取相应的防治措施。生草李园要注意控制草的高度，一般大树行间草应控制在 30cm 以下，小树应控制在 20cm 以下，草过高影响树体通风透光。

化学除草在李园中要慎用，因李与其他核果类果树一样，对某些除草剂反应敏感，使用不当易出现药害，大面积生产上应用时一定要先做小面积试验。对用药种类、浓度、用药量、时期等摸清后，再用于生产。

（三）间作

定植 1～3 年的李园，行间可间作花生、豆类、薯类等矮秆作物，以短养长，增加前期经济效益，但要注意与幼树应有 1m 左右的距离，以免影响幼树生长。另外北方干寒地区不应种白菜、萝卜等秋菜。秋菜灌水多易引起幼树秋梢徒长，使树体不充实，而且易招致浮尘子产卵危害，而引起幼树越冬抽条。

二、施肥管理

合理施肥是李树高产、优质的基础，只有合理增施有机肥，适时追施化肥，并配合叶面喷肥，才能使李树获得较高的产量和优质的果品。

（一）基肥

一般以早秋施为好。北京地区在9月上中旬为宜，结合深翻进行。将磷肥与有机肥一并施入，并加入少量氮肥，对促进李树当年根系吸收养分，增加叶片同化能力有积极影响。数量依据树体大小、土壤肥力状况及结果多少而定。树体较大、土壤肥力差、结果多的树应适当多施；树体小、土壤肥力高、结果较少的树，适当少施。原则是每产1kg果施入1～2kg有机肥。方法可采用环状沟施、行间或株间沟施、放射状沟施等。

（二）追肥

一般进行3～5次，前期以氮肥为主，后期氮、磷、钾肥配合。花前或花后追施氮肥，幼树每株100～200g尿素，成年树500～1 000g。弱树、果多树适当多施，旺树可不施；花芽分化前追肥，5月下旬以施氮、磷、钾复合肥为好；硬核期和果实膨大期追肥，氮、磷、钾肥配合利于果实发育，也利于上色、增糖；采后追肥，结合深翻施基肥进行，氮、磷、钾肥配合为好，如基肥用鸡粪可只补施氮肥。追肥一般采用环状沟施、放射状沟施等方法，也可用点施法，即每株树冠下挖长和宽6～10cm、深5～10cm的坑即可，将应施的肥均匀地分配到各坑中覆土埋严。

（三）叶面喷肥

7月前以尿素为主，浓度为0.2%～0.3%的水溶液，8～9月以磷、钾肥为主，可使用磷酸二氢钾、氯化钾等，同样用0.2%～0.3%的水溶液。对缺锌缺铁地区还应加0.2%～0.3%硫酸锌和硫酸亚铁。叶面喷肥一个生长季喷5～8次，也可结合喷药进行。花期喷0.2%的硼酸和0.1%的尿素，有利于提高坐果率。

三、水分管理

在我国北方地区，降水多集中在7～8月，而春、秋和冬季均较干旱，在干旱季节必须有灌水条件，才能保证李树的正常生长和结果，要达高产优质，适时适量灌水是不可缺少的措施，但7～8月雨水集中，往往又造成涝害，此时还必须注意排水。

(一) 灌溉时期

从经验上看可通过看天、看地、看李树本身来决定是否需要灌溉。根据李树的生长特性，结合物候期，一般应考虑以下几次灌溉。

(1) 花前灌水。有利于李树开花，坐果和新梢生长，一般在3月下旬至4月上旬进行。

(2) 新梢旺长和幼果膨大期灌水。正是北京比较干旱的时期，也是李树需水临界期，此时必须注意灌水，以防影响新梢生长和果实发育。

(3) 果实硬核期和果实迅速膨大期灌水。此时也正值花芽分化期，结合追肥灌水，可提高果品产量，提高品质，并促进花芽分化。

(4) 采后灌水。采果后是李树树体积累养分阶段，此时结合施肥及时灌水，有利于根系的吸收和光合作用，促进树体营养物质的积累，提高抗冻性和抗抽条能力，利于翌年春季萌芽、开花和坐果。

(5) 冬前灌水。北京在11月上中旬灌溉一次，可增加土壤湿度，有利于树体越冬。

(二) 灌溉方法

1. 喷灌　通过灌溉设施，把灌溉水喷到空中，成为细小水滴再洒到地面上。此法优点较多，可减少径流和渗漏，节约用水，减少对土壤结构的破坏，改善李园小气候，省工省力。但只能用于露天栽培阶段。

2. 滴灌　这种方法是机械化和自动化相结合的先进灌溉技术，将水滴或细小水流缓慢地滴于李树根系。这种灌溉方法可节约用水，并可与施化肥、除草剂结合。棚内滴灌应在地膜下进行，防止空气相对湿度升高。

3. 沟灌　李园行间开沟（深20～25cm）灌溉，沟向与水道垂直。灌水完毕，将土填平。此法用水经济，全园土壤灌溉均匀。

4. 穴灌　在树冠投影的外缘挖直径30cm的灌水穴2～4个，可结合穴贮肥水进行。深度以不伤粗根为准，灌满水后待水渗下再将土填平。此法用水经济，浸湿根系范围宽而均匀，不会引起土壤板结。

5. 漫灌　在水源丰富、地势平坦的地区，实行全园灌水。这种方法费水、费时、费工，对土壤有一定的破坏作用，不提倡使用。

（三）排水

在雨季来临之前首先要修好排水沟，连续大雨时要将地面明水排出园区。

第四节　整形修剪

果树产量高低与施肥、防治病虫害有关，但能否多年稳产则就要靠修剪技术的配合。在气候条件和生产管理正常情况下，从理论上说李树是产量相对稳产的树种，原因是长、中、短结果枝在当年结果的同时还能长出第二年结果的短果枝，最高可保持 5 年结果寿命，之后才衰老干枯。因此生产上即使每间隔一年进行更新修剪，李树的稳产是不成问题的。此外，通过修剪能改善枝梢生长空间，恶化病虫害生存环境，减少药剂施用量，降低用药成本。

一、整形

（一）整形的依据

1. 依李树生长和结果习性　李树树势较旺，干性弱，自然开张，萌芽力高，分枝性强，易成花。当年新梢既能分枝又易形成花芽。进入结果期则以大量的花束状果枝为主。新植幼树，栽培条件和管理好的，3～4 年生就可结果，7～8 年进入盛果期，盛果期 20～30 年，高者达 40～50 年。因此，整形修剪要根据李树特点进行适度短截、疏枝，调节生长与结果的矛盾。

2. 依据土地肥瘠、地势等　土质较肥沃，地势较平坦的宜培养分层形；土地瘠薄、山坡地可培养或改造为开心形或杯状形，以充分利用土地和空间。

3. 依喜光性　依喜光性强的特点，疏除过密枝使之充分利用光能。

4. 依据管理条件　根据综合管理水平的高低，特别是肥水条件的好坏确定修剪方案，才能发挥合理修剪的作用。如肥水条件及其他各方面管理跟上，树体营养条件高，就可轻剪甩放多留枝，达到早果、早丰之目的。但如果管理跟不上，采用轻剪甩放多留枝的措施，就会造成树体早衰，果个变小。

（二）李主要树形

目前生产中李树常用的树形有自然丛状开心形、自然开心形、主干疏层形和纺锤形等。现将其树形特点和整形方法介绍如下：

1. 自然丛状开心形　在距地面 10～20cm 处或贴地面选 3～5 个向四周分布的主枝，其余枝条全部疏除。树高 2.5m，视栽植密度配置侧枝，株行距 3m×4m 的，每主枝配侧枝 2 个，第一侧枝距地面 80cm，第二侧枝距第一侧枝 30～40cm，主枝和侧枝上再配置大、中、小型结果枝组。这种树形造型容易，树冠扩大快，结果和丰产早，单株产量高，适于密植；缺点是通风透光稍差，内膛易光秃，结果部位易外移，地面耕作不方便。

2. 自然开心形　壮苗栽植后，留干高 90cm 短截，待春梢萌发后在离地 40cm 处选留一个主枝，距第一个主枝 25cm 留第二主枝，再距 25cm 左右处留第三主枝，3 个主枝均选生长强壮、开张角度 50°左右，且均匀地向 3 个方向伸展，留用的 3 个春梢主枝抽发夏梢，每个主枝保留 2～3 个夏梢，夏梢上再抽发秋梢，则适当摘心，促使主枝充实粗壮。翌年对主枝的延长头适度短截，并向原方向延伸，萌芽抽枝后，在主枝侧面距主干 60cm 处留一强壮枝作为第一副主枝培养，3 个主枝上的第一副主枝伸展方向均应在各主枝的同一侧选留。第三年在各主枝另一侧距第一副主枝 60～70cm 培养第二副主枝。第四年距离第二副主枝 40～50cm 处再培养第三副主枝。一主枝常培养 2～3 个副主枝，副主枝与主枝的夹角一般为 60°～70°。主枝、副主枝的延长头每年适度短截延伸，并在其上应尽量分布侧枝群，以充分利用空间，增加结果体积，但侧枝群在主枝、副主枝上的分布，应上下左右错开，侧枝群的大小，自主枝或副主枝的上部至下部渐次增大，呈圆锥状分布。自然开心形大主枝仅 3 个，并向四周开张斜生，中心开张，阳光通透，树干不高，管理方便，树冠上侧枝较多，能充分利用空间提早结果。

3. 主干疏层形　适用于干性强、层性明显、树冠较大、株行距 3.5m×4.5m 或 3.5m×4m 或 4m×4.5m 的金沙李或（棕）李。主干高 50～60cm，树高 3～3.5m，有中心干，主枝两层，第一层 3～4 个，第二层 2 个。培养方法：定植后翌春在距地面 70cm 高处用短截定干。发枝后选顶端生长健壮、位于中心的一枝作为中心干，其下选向四周分布的 3～4 个枝作为第一层主枝，枝距 10～15cm，不能轮生，并用撑、拉、背、坠等方法开张够主枝角度和调整好延伸方位。以后再在第一层最上一个主枝上端120～150cm的中心干上配置第二层主枝，其枝应与第一层主枝错落着生，不能重叠。第一层每主枝配侧枝2个，第二层每主枝配侧枝1个，配置方法与前一种相同。这种树形结果部位多，单株产量高，缺点是通风透光较差，内膛易空虚，更新不便。

4. 纺锤形　干高80cm左右，中干强壮。主枝自然环绕着生，不分层，水平开张，均匀地向四周延伸，主枝上不留侧枝，直接着生结果枝组。上部主枝着生稀疏，相对较短，下部主枝稍密，且大、长。

李树的枝条节间短，主枝和侧枝短截后，应抠除剪口下1～2个节芽，增大芽距，以免发生竞争枝，影响延长枝的生长。

生产中应依品种、立地条件等灵活选择适宜树形。一般红美丽、大实早生等干性差、分枝力强的品种以及凯尔斯等枝条较软的品种，可采用自然圆头形。玫瑰皇后、卡特利那等干性强、分枝力强的品种可采用疏散分层形。黑琥珠、黑宝石等分枝力差、生长势强的品种可采用自然开心形。皇家宝石、威克林等干性较强、长势中庸的品种可采用纺锤形。

二、修剪

（一）修剪方法

1. 短截　剪去一年生枝条的一部分。短截能刺激剪口以下各芽的萌发与生长，刺激强度以剪口下第一芽最强，往下依次减弱。由于李的花芽为纯花芽，只开花结果，不能再抽生枝叶，且枝梢的同一节位，凡着生花芽的节无叶芽，故开花后自其节上不会再抽生枝，因此，短截时应注意剪口芽是叶芽还是花芽，尤其是主枝、副主枝等骨干枝的延长枝短截时，剪口芽应是叶芽，否则影响骨干枝的延伸。依剪去枝条长短又分轻短截、中短截、重短截。轻短截只剪取枝条顶部，又称打顶，由于原枝留芽较多，能萌发中、短枝，可缓和树势，促进花芽形成；于枝条中上部饱满芽处剪截称为中短截，中短截能抽中、长枝；在枝条中下部处短截的为重短截，能促进隐芽萌发抽长枝。

2. 疏枝　又称疏删或疏剪。即将一年生枝或多年生枝从基部剪除。疏枝对全枝起缓和生长势、增强叶片同化效能、促进花芽分化的作用，使营养集中，提高坐果率与产量，还能使树冠内通风透光，利于内膛枝的生长和发育。李幼树修剪应以疏枝为主，少短截。

3. 回缩　对二年生以上的多年生枝进行短截称为回缩。能刺激缩剪处后部枝条的生长及隐芽的萌发，在李衰老树中应用较多，具更新复壮的作用。

4. 长放　也称缓放。即对健壮的营养枝任其自然生长，不加任何修剪，使先端早日形成花芽。李幼年树修剪时枝梢以长放为主。

5. 抹芽和疏梢　去除萌发的嫩芽称为抹芽或除萌。新梢开始迅速生长或停止生长时疏去过密的新梢称为疏梢。抹芽和疏梢有节约养分、改善光照、提高留枝质量、减少生理落果及促进果实生长的作用。李自春季萌芽至秋季生长停止以前，尤其是幼年结果树，应及时除去主干基部、主枝与副主枝背上隐芽萌发的徒长枝，以免树体内部枝条生长混乱，减少养分消耗。

6. 摘心　在李生长期摘除枝条顶端的幼嫩部分称为摘心。摘心有抑制新梢生长、利于营养积累、促进花芽分化和提高坐果率的作用。开花时摘除结果先端抽发的春梢，对提高坐果率效果显著。对衰老树主枝、副主枝等基部隐芽萌发的徒长枝进行摘心，可促进分枝，形成结果枝组。但是人工摘心用工多，在树冠高大的树上难以实行，故大面积应用较困难。目前通过树冠喷布生长抑制剂，抑制新梢生长过旺，以达到人工摘心效果。如花前7～10d树冠喷布50mg/L多效唑，坐果率显著提高。

7. 环剥　在生长强旺的营养枝基部，环状剥去一圈皮层，其宽度一般为枝条直径的1/10左右。其作用在于短期截流营养物质于环剥口上方，有利于花芽形成，对花枝环剥，可提高坐果率，加快幼果肥大速度。但多次环剥对根系生长不利，易导致树势衰弱。幼年李树、旺树可进行环剥，但环剥枝条宜选粗度1cm以上的结果枝组，骨干枝上不能进行环剥。环剥时期依环剥目的而异。

8. 拉枝　将直立或开张角度小的枝条，用绳拉成水平或下垂称为拉枝。拉枝可缓和枝条生长势，促进花芽形成。李幼年旺树多拉枝，则生长势缓和，提早结果，提前进入盛果期，达到早期丰产。

（二）修剪技术的应用

1. 幼树的修剪　以开心形为例，李树特别是中国李是以花束状果枝和短果枝结果为主。如何使幼树尽快增加花束状果枝和短果枝是提高早期产量的关键。李幼树萌芽力和成枝力均较强，长势很旺，如要达到多发短果枝和花束状果枝的目的，必须轻剪甩放，减少短剪，适当疏枝，有利于树势缓和，多发花束状果枝和短果枝。李树幼龄期间要加强夏剪，一般随时进行，但重点应做好以下几次：

（1）4月下旬至5月上旬。对枝头较多的旺枝适当疏除，背上旺枝、密枝疏除，削弱顶端优势，促进下部多发短枝。

（2）5月下旬至6月上旬。对骨干枝需发的部位可短截促发分枝，对冬剪剪口下出的新梢过多者可疏除，枝头保持60°左右。其余枝条角度要大于枝头。背上枝可去除或捋平利用。

（3）7～8月。重点是处理内膛背上直立枝和枝头过密枝，促进通风透光。

（4）9月下旬。对未停长的新梢全部摘心，促进枝条充分成熟，有利于安全越冬，也有利于第二年芽的萌发生长。无论是冬剪还是夏剪，均应注意平衡树势。对强旺枝重截后疏除多余枝，并压低枝角，对弱枝则轻剪长留，抬高枝角，可逐渐使枝势平衡。根据晚红李三年生树的修剪试验，轻剪长放有利于缓和树势，提高早期产量，轻剪长放者第四年株产可达19.88kg，而短剪为主者株产仅15.22kg。

2. 成龄树的修剪　当李树大量结果后，树势趋于缓和且较稳定，修剪的目的是调整生长与结果的相对平衡，维持盛果期的年限。在修剪上对初进入盛果期的树应该以疏剪为主，短截为辅，适当回缩，在保持结果正常的条件下，要每年保证有一定量的壮枝新梢，只有这样才能保持树势，也才能保证每年有年轻的花束状果枝形成，保持旺盛的结果能力。根据对晚红李盛果期树不同类型果枝比例及坐果的调查，一年生花束状果枝占比例最大，结果也最多。

3. 衰老树的修剪　李树进入衰老期的表现是骨干枝进一步衰弱，延长枝的生长量不足30cm，中、小枝组大量衰亡，树冠内出现不同程度的光秃现象，中、长果枝比例减小，短果枝、花束状短果枝比例增多。枝量减少，产量下降。该时期的修剪特点是采取重剪和回缩，更新骨干枝，利用内膛的徒长枝和长枝，更新树冠，维持树势，保持一定产量。回缩修剪要分年进行，对骨干枝的回缩，仍然要注意保持主、侧枝的从属关系。对衰弱的骨干枝可用位置适当的大枝组代替，加重枝组的缩剪更新，多留预备枝，疏除细弱枝，使养分集中在有效果枝上。

老树更新修剪的同时，一定要加强肥水管理，深翻土壤，切断部分老根，长出新根，取得地上、地下新的平衡。

总之，不论是幼龄树的整形，还是成年树的修剪、衰老树的更新，要依品种、树势而异，因树修剪，随枝做形，以第二年的发枝和结果情况评判修剪正确与否，逐年积累经验。

第五节 病虫害防治

一、主要病害及其防治

（一）褐腐病

褐腐病又称果腐病，是桃、李、杏等果树果实的主要病害，在我国分布广泛。

1. 症状 褐腐病可危害花、叶、枝梢及果实等部位，果实受害最重，花受害后变褐，枯死，常残留于枝上，长久不落。嫩叶受害，自叶缘开始变褐，很快扩展全叶。病菌通过花梗和叶柄向下蔓延到嫩枝，形成长圆形溃疡斑，常引发流胶。空气湿度大时，病斑上长出灰色霉丛。当病斑环绕枝条一周时，可引起枝梢枯死。果实自幼果至成熟期都能受侵染，但近成熟果受害较重。

2. 防治方法

（1）农业防治。消灭越冬菌源，冬季对树上及树下病枝、病果、病叶彻底清除，集中烧毁或深埋。

（2）化学防治。在褐腐病发生严重地区，于初花期喷布70%甲基硫菌灵800～1 000倍液。无花腐发生园，于花后10d左右喷布65%代森锌500倍液、50%代森铵800～1 000倍液、70%甲基硫菌灵800～1 000倍液。之后，每隔半个月左右再喷1～2次。果实成熟前1个月左右再喷1～2次。

（二）穿孔病

穿孔病是核果类果树（桃、李、杏、樱桃等）常见病害之一，分细菌性和真菌性两类。以细菌性穿孔病发生最普遍，严重时可引起早期落叶。真菌性穿孔病又分褐斑、霉斑及斑点3种。

1. 症状 细菌性穿孔病危害叶、新梢和果实。叶片受害初期，产生水渍状小斑点，后逐渐扩大为圆形或不规则状，潮湿天气病斑背面常溢出黄白色黏稠的菌脓。病斑脱落后形成穿孔或有一小部分与叶片相连。发病严重时，数个病斑互相愈合，使叶片焦枯脱落。枝梢上病斑有春季溃疡和夏季溃疡两种类型。春季溃疡斑多发生在上一年夏季生长的新梢上，产生暗褐色水渍状小疱疹，宽度不超过枝条直径的一半。夏季溃疡斑则生在当年新梢上，以皮孔为中心形成水渍状暗紫色病斑，圆形或椭圆形，稍凹陷，病斑形成后很快干枯。果实发病初期生褐色小斑点，后发展成为近圆形、暗紫色病斑、中央稍凹陷，边缘水渍状，干燥后病部发生裂纹，天气潮湿时，病斑出现黄白色菌脓。

真菌性穿孔病，霉斑、褐斑穿孔病均危害叶、梢和果，斑点穿孔病则主要危害叶片。它们与细菌性穿孔病不同的是，在病斑上产生霉状物或黑色小粒点，而不是菌脓。

2. 防治方法

（1）农业防治。加强栽培管理、清除病原。合理施肥、灌水和修剪，增强树势，提高树体抗病能力；生长季节和休眠期对病叶、病斑、病果及时清除，特别是冬剪时，彻底剪除病枝，清除落叶、落果，集中深埋或烧毁，消灭越冬菌源。

（2）化学防治。在树体萌芽前刮除病斑后，涂 25～30 波美度石硫合剂，或全株喷布 1∶1∶（100～200）波尔多液或 4～5 波美度石硫合剂。生长季节从 5 月上旬开始每隔 15d 左右喷药一次，连喷 3～4 次，可用 50%代森铵 700 倍液、50%福美双可湿性粉剂 500 倍液、硫酸锌石灰液（硫酸锌 0.5kg，石灰 2kg，水 120kg）、0.3 波美度石硫合剂等。据辽宁熊岳农业高等专科学校在香蕉李上试验，采用清除病原和药剂防治相结合的方法，对细菌性穿孔病防治效果达 89.2%～90.4%；单独药剂防治的，防治效果仅 55.2%～57.2%。因此，必须清除病原与药剂防治并举，才能收到较好的防治效果。

（三）细菌性根癌病

细菌性根癌病又名根头癌肿病，该病系革兰氏阴性菌根癌土壤杆菌引起。受害植株生长缓慢，树势衰弱，结果年限缩短。

1. 症状

细菌性根癌病主要发生在李树的根颈部，嫁接口附近，有时也发生在侧根及须根上。病瘤形状为球形或扁球形，初生时为黄色，逐渐变为褐色到深褐色，老熟病瘤表面组织破裂，或从表面向中心腐烂。

2. 防治方法

（1）繁殖无病苗木。选无根癌病的地块育苗，并严禁采集病园的接穗，如在苗圃刚定植时发现病苗应立即拔除。并清除残根集中烧毁，用1％硫酸铜液消毒土壤。

（2）苗木消毒。用1％硫酸铜液浸泡1min，或用3％次氯酸钠溶液浸根3min。杀死附着在根部的细菌。

（3）刮治病瘤。早期发现病瘤及时切除，用30％琥胶肥酸铜悬浮剂300倍液消毒保护伤口。对刮下的病组织要集中烧毁。

李树常见病害还有李红点病、桃树腐烂病（也侵染李、杏、樱桃等）、疮痂病等，防治上可参考褐腐病、穿孔病等进行。

二、主要害虫及其防治

（一）桑白蚧

桑白蚧（*Pseudaulacaspis pentagona*），又称桑盾蚧。

1. 形态特征　桑白蚧属同翅目盾蚧科。雌成虫橙黄或橙红色，体扁平卵圆形，长约1mm，腹部分节明显。雌介壳圆形，直径2～2.5mm，略隆起，有螺旋纹，灰白至灰褐色，壳点黄褐色，近介壳中央。雄成虫橙黄至橙红色，体长0.6～0.7mm，仅有1对翅。雄介壳细长，白色，长约1mm，背面有3条纵脊，壳点橙黄色，位于介壳的前端。卵椭圆形，长径仅0.25～0.3mm。

2. 危害特点　以若虫或雌成虫聚集固定在枝干上吸食汁液，随后密度逐渐增大。虫体表面灰白或灰褐色，受害枝长势减弱，甚至枯死。

3. 防治方法

（1）农业防治和物理防治。消灭越冬成虫，结合冬剪和刮树皮及时剪除、刮治被害枝，也可用硬毛刷刷除在枝干上的越冬雌成虫。

（2）化学防治。重点抓住第一代若虫盛发期未形成蜡壳时进行防治。可用50％杀螟硫磷或50％马拉硫磷1 000倍液防治。

（二）蚜虫

蚜虫又称腻虫、蜜虫。危害李树的蚜虫主要有桃蚜、桃粉蚜和桃瘤蚜3种。

1. 形态特征　蚜虫体小而软，大小如针头。腹部有管状突起（腹管），蚜虫具有1对腹管，用于排出可迅速硬化的防御液，成分为甘油三酸酯，腹管通常管状，长常大于宽，基部粗。

2. 危害特点　吸食植物汁液，为植物大害虫。不仅阻碍植物生长，形成虫瘿，传播病毒，而且造成花、叶、芽畸形。生活史复杂，无翅雌虫（干母）在夏季营孤雌生殖，卵胎生，产幼蚜。桃蚜危害使叶片不规则卷曲；桃瘤蚜则造成叶从边缘向背面纵卷，卷曲组织肥厚，凹凸不平；桃粉蚜危害使叶向背面对合纵卷且分泌白色蜡粉和蜜汁。

3. 防治方法

（1）物理防治。消灭越冬卵，刮除老皮。

（2）化学防治。萌芽前喷55%柴油乳剂。药剂涂干，在刮去老粗皮的树干上涂5～6cm宽的药环，外缚塑料薄膜。但此法要注意药液量不宜涂得过多，以免发生药害。花后用5%吡虫啉3 000倍液喷布1～2次。

（三）山楂红蜘蛛

山楂红蜘蛛（*Tetranychus viennensis*）也称山楂叶螨。

1. 形态特征　雌有冬型和夏型之分，冬型体长0.4～0.6mm，朱红色有光泽；夏型体长0.5～0.7mm，紫红或褐色，体背后半部两侧各有1大黑斑，足浅黄色。体均卵圆形，前端稍宽有隆起，体背有细长刚毛26根，横排成6行。雄体长0.35～0.45mm，纺锤形，第三对足基部最宽，末端较尖，第一对足较长，体浅黄绿至浅橙黄色，体背两侧出现深绿长斑。

2. 危害特点　以成、幼、若螨刺吸叶片汁液进行危害。被害叶片初期呈现灰白色失绿小斑点，后扩大，致使全叶呈灰褐色，最后焦枯脱落。严重发生年份有的园子7～8月树叶大部分脱落，造成二次开花，严重影响果品产量和品质，并影响花芽形成和下年产量。

3. 防治方法

（1）农业防治。消灭越冬雌螨，结合防治其他虫害，刮除树干粗皮、翘皮，集中烧毁。严重发生园片可在树干绑草把，诱集越冬雌螨，早春取下草把烧毁。

（2）化学防治。花前在红蜘蛛出蛰盛期，喷0.3～0.5波美度石硫合剂，也可用杀螨利果、霸螨灵等防治。花后1～2周为第一代幼、若螨发生盛期，用5%尼索朗可湿性粉剂2 000倍液防治，效果甚佳。打药要细周到，不要漏喷。

（四）卷叶虫类

危害李树的卷叶虫以顶梢卷叶蛾、黄斑卷叶蛾和黑星麦蛾较多。

1. 危害特点 顶梢卷叶蛾主要危害梢顶，使新的生长点不能生长，对幼树生长危害极大；黑星麦蛾、黄斑卷叶蛾主要危害叶片，造成卷叶。

2. 防治方法 顶梢卷叶蛾应采取人工剪除虫梢为主的农业防治策略，化学防治则效果不佳。黄斑卷叶蛾和黑星麦蛾一是可通过清洁田园消灭越冬成虫和蛹；二是可人工捏虫；三是化学防治，在幼虫未卷叶时喷灭幼脲或触杀性药剂。

（五）李实蜂

李实蜂（*Hoploampa fulvicornis*）。在华北、西北、华中等李果产区均有发生，某些年份有的李园因其危害造成大量落果甚至绝产。

1. 形态特征 雌虫体长 4～6mm，雄虫略小，黑色，触角 9 节，丝状，第一节黑色，第二至第九节暗棕色（雌）或淡黄色（雄）。翅透明，雌虫翅灰色，翅脉黑色，雄虫翅淡黄色，翅脉棕色。

2. 危害特点 幼虫蛀食花托和幼果，常将果核食空，果长到玉米粒大小时即停长，然后蛀果全部脱落。

3. 防治方法

（1）农业防治。成虫羽化出土前，深翻树盘，将虫茧埋入深层，使成虫不能出土。摘除被害果并清除。

（2）化学防治。成虫期喷药。在初花期的成虫羽化盛期朝树冠、地面喷 2.5%溴氰菊酯乳油 2 000 倍液，可有效地消灭成虫。在幼虫脱果入土前或成虫羽化出土前，于李树树冠下撒 2.5%敌百虫粉剂。每株结果大树撒 0.25kg。

第六节 果实采收、分级和包装

一、果实采收

李果实的品质、风味和色泽是在树上发育形成的。因此，要根据李果成熟度适时采收，不宜采收过早或过晚。过早采收，着色不好，味淡，影响品质；过晚采收，果肉变软，不利于运输销售。采收时期应根据果实的品种特点灵活掌握。

（一）李果的成熟度

李果的成熟度可分以下 3 种：

1. 可采成熟度　指李子果实已经完成生长和各种化学物质的积累过程，果实充分肥大，开始呈现出本品种成熟时应有的色泽、风味，果实肉质紧密，采后在适宜条件下可自然完成后熟过程。这时采收可用于贮藏、加工罐头及制作蜜饯、果脯、李干，以及远距离运输和市场急需。红色李果此时着色占全果 1/3～1/2，黄色李果稍变成淡黄色。

2. 食用成熟度　指李子果实在生理上已充分成熟，具有本品种固有的色、香、味，营养价值最高，风味最好，是鲜食的最佳时期。这时采收，除在当地销售供鲜食外，也适于加工李子果汁、果酒、果酱，不适于长途运输或长期贮藏。红色李果此时着色约占全果的 4/5，黄色李果全果变成淡黄色。

3. 生理成熟度　指李子种子充分成熟，果肉开始软绵，品质下降，营养价值大大降低。这时采收，一般只作采种用，有时也可制作果汁、果酒，不能被用来贮藏和运输。

（二）李果的采收

采前 10～15 d 不宜大量浇水、施用氮肥及喷农药。可以对李果喷布 0.8% 氯化钙溶液，使李果相对较耐贮运。采收时间最好选阴凉天气或晴天无露、无雾的早晨或傍晚。采收时用手握住李果，手指按着果柄与果枝连接处，稍用力扭动或向上轻托，使果实与树枝分离。

采收时应注意，按不同品种和成熟期分批进行，做到熟一批采一批；采收顺序应先下后上，先外后内，以免碰落果实；果实要轻拿轻放，严禁损伤；果实要带有果柄，并保持果面的蜡粉；顺便将病虫果、腐烂果及机械损伤果挑出；采后将李果放于阴凉通风处，避免在阳光下暴晒；要保护好果枝，确保来年产量。

采摘时动作要轻，避免折断果枝；对果实要轻拿轻放，避免刺伤、碰伤。所用的筐箱要用软质材料衬垫。采摘下的果实应及时运往包装场进行分级包装。

二、果实分级

（一）李果外观等级标准

李外观等级规格指标见表5-1。

表5-1　李外观等级规格指标

项　　目		等　　级		
		特等果	一等果	二等果
基本要求		果实达到采摘成熟度，具有本品种成熟时应具有的色泽、完整良好、新鲜洁净，无异味、不正常外来水分、裂果		
果　形		端　正		比较端正
单果重（g）	特大型果	≥160	≥150	≥140
	大型果	≥130	≥120	≥100
	中型果	≥100	≥90	≥70
	小型果	≥70	≥60	≥40
	特小型果	≥40	≥30	≥20
果面缺陷	摩擦伤	无		允许面积小于0.5cm²轻微摩擦伤1处
	日　灼	无		允许轻微日灼，面积不超过0.4cm²
	雹　伤	无		允许有轻微雹伤，面积不超过0.2cm²
	虫　伤	无		允许干枯虫伤，面积不超过0.2cm²
	病　伤	无		允许病伤，面积不超过0.1cm²
	允许度	不允许		不超过2项

（二）李果理化等级指标

共有可溶性固形物含量、可滴定酸含量、维生素C含量、固酸比4个理化指标，具体应符合表5-2规定。

表5-2　鲜李品质理化指标

项　　目	等　　级		
	特等果	一等果	二等果
可溶性固性物含量（%）	≥15.0	≥14.0	≥12.0
可滴定酸含量（%）	≤0.97	≤1.15	≤1.25
每100g维生素C含量（mg）	≥7.50	≥7.41	≥6.60
固酸比	≥2.00	≥1.89	≥1.82

三、果实预冷、包装和运输

李果采收正值高温季节，采后果实温度高，呼吸旺盛，应立即预冷降温，减少养分损耗，便于贮运。遇阴雨天应搭棚防雨，防止果实腐烂。在远销和贮藏前，要将果实预冷到4℃。预冷方法：在冷库中进行，如采用鼓风冷却系统更有利于降温，风速越大，降温效果越好。还可用0.5～1.0℃的冷水进行冷却或用真空冷却或冰冷却等。

李果包装用于长期贮藏和长途运输，应用特制的瓦楞纸硬壳箱，箱内分格，一果一纸单独摆放，每箱净重5～10kg。为了方便市场，直接转入消费者手中，还可进行小包装，以减少中间环节。如短期贮藏或市场较近，销售又快，就可以用塑料周转箱，每箱净重10～20kg。应尽量减少和避免使用筐装李果，以免碰伤果实，造成损失。

李果的运输工具最好具备冷藏设施。运输李果必须做到：

① 运输车辆洁净，不带油污及其他有害物质。

② 装卸操作轻拿轻放，运输过程中尽量快装、快运、快卸，并注意通风，防止日晒雨淋。

③ 运输温度控制在0～7.2℃（视成熟度与运输距离而定）。如果使用不具冷藏设施的普通汽车运输，应避开炎热的天气，以夜间行车为好；如果使用不带制冷设备的保温汽车，可在车内放些冰块，以利降温，使车内保持接近于0℃的水平。力求做到当日采收、当日预冷、当日运输。

第六章

樱　　桃

第一节　优良品种

一、优良品种简介

世界上的甜樱桃品种很多，据文献报道有 1 500 个以上，我国引进栽培的品种及新选育的品种亦在 100 个以上。主要有：

1. 早大果　果实大，整齐，单果重 9～12g，圆心形，紫红色，果肉细嫩，多汁，半硬肉，酸甜爽口。果皮细、薄、易剥离，汁液紫红色，鲜食品质佳，花后 40～45d 果实成熟。植株健壮，抗寒抗旱，以花束状果枝和一年生果枝结果，嫁接苗栽后 3～4 年始果，成龄树每 667m² 产量 1 033.33kg 以上。

2. 岱红　山东农业大学 2002 年选育的早熟大果型优良品种。平均单果重为 10.6g，最大14.3g，是目前果个最大的早熟品种。果实为圆心形，畸形果很少，果形端正、整齐美观；果梗极短，平均果梗长为 2.24cm；果皮鲜红至紫红色，富光泽，色泽艳丽；果肉粉红色，近核处紫红色；果肉半硬，味甜适口，可溶性固形物含量 14.8％；核小，核重 0.3～0.5g，离核，可食率达 94.9％；裂果较轻。果实发育期为 33～35d，成熟期略早于大紫。

3. 美早　大连由美国引入，果实阔心形，平均果重 11.3g，最大果重 13.2g，果实紫红色或紫黑色，有光泽，极艳丽美观。果肉浅黄色，质脆，酸甜适口，风味佳，品质优，可溶性固形物含量 17.6％，果实较耐贮运。在大连地区 4 月中下旬开花，果实 6 月上旬成熟，果实发育期 40～50d，成熟期一致。树势强健，树姿半开张，幼树以中长果枝结果为主，花芽大，成花易，盛果期以短果枝和花束状果枝结果，早产、丰产，抗病、抗寒性强。

4. 先锋　由加拿大哥伦比亚省育成。在欧、美、亚洲各国均有栽培，1983 年中国农业科学院郑州果树研究所由美国引入，1984 年引入山东泰安山东省果树研究所试栽。果实大型，平均单果重 8.6g，最大果重 10.5g，果实肾形，紫红色，光泽艳丽，缝合线明显，果梗短、粗为其明显的特征。果皮厚而韧；果肉玫瑰红色，肉质脆硬，肥厚，汁多，酸甜可口，可溶性固形物含量 17%～19%，风味好，品质佳，可食率达 92.1%；核小，圆形，山东半岛 6 月中下旬，鲁中南地区 6 月上中旬成熟，耐贮运。树势强健，枝条粗壮，丰产性较好，很少裂果。适宜的授粉树是宾库、那翁、雷尼。先锋花粉量较多也是一个极好的授粉品种，经多点试栽，其早果性、丰产性甚好，且果个大，耐贮运，抗裂果，可进一步扩大栽培。

紧凑型先锋（Van Compact）该品种的早实性，丰产性等果实性状与先锋相同，唯一不同的是，树冠比先锋小而紧凑，更适于密植栽培。

5. 斯坦勒　斯坦勒为加拿大育成的第一个自花结实的甜樱桃品种，世界各国广为引种试栽。1987 年山东省自澳大利亚引入，在泰安、烟台有少量栽培。果实大或中大，平均单果重 7.1～9g，大果 10.2g，果实心形；果梗细长；果皮紫红色，光泽艳丽；果肉淡红色，质地致密，汁多，甜酸适口，风味佳；可溶性固形物含量 17%～19%，果皮厚而韧，可食率为 91%，核中大，卵圆形；耐贮运，在山东半岛 6 月中下旬成熟，鲁中南 6 月上旬成熟。树势强健，能自花结实，花粉多，是良好的授粉品种。早果性、丰产性均佳，抗裂果，可进一步扩大试栽。

6. 拉宾斯　拉宾斯是加拿大杂交育成的一个自花结实品种，杂交组合为先锋×斯坦勒，为加拿大重点推广品种之一。1988 年引入山东烟台。果实大型，平均单果重 8g，加拿大报道平均单果重 11.5g；果实近圆形或卵圆形，紫红色，有光泽，美观；果梗中长、中粗，不易萎蔫；果皮厚韧，果肉肥厚，脆硬，果汁多，可溶性固形物含量 16%，风味好，品质佳。山东烟台 6 月下旬成熟。较耐贮运。树势强健，树姿较直立，耐寒，自花结实，并可作为其他品种的授粉树。试栽看出，早果性和丰产性较好，裂果轻，可进一步扩大试栽。

二、品种选择

每一个优良品种都有其特定的立地适应性，只有满足其生长发育的最适条件，其优良性状才能得以发挥，这是品种选择的基本原则之一。适地适树的原则，不仅是指品种，而且包括砧木。针对某一特定区域，采用适合当地立地条件的良种良砧，才能取得最大的经济效益。

1. 辽东和胶东两个半岛丘陵凉润区（甜樱桃最适种植区）　该区域甜樱桃栽培有悠久的历史，表现优异。发展时，应选择地下水位较低，土层较深的地方栽植。品种选择上应侧重于中、晚熟优良的品种，建议早、中、晚品种三者的比例为 2：4：4。该区也是设施樱桃的最适栽培区之一，保护地品种选择应以自花结实品种为主。

2. 鲁中南以南以西的内陆山丘地（甜樱桃的次适宜区）　与辽东胶东两半岛相比，该区的优势在于春季温度回升较快，果实成熟早；缺点是花期湿度较小，坐果率低，丰产性及品质较差。该区发展甜樱桃时，品种选择上以早、中熟品种为主，尽量不发展晚熟品种，建议早、中熟品种比例为 6：4。该区是春暖式樱桃大棚的最适区，充足的休眠和春季不要升温太快是管理的核心。

3. 黄河故道的中上游地区　该区为黄河冲积平原，是早熟甜樱桃效益最高的栽培区，建议早、中熟品种比例为 8：2。

三、授粉树配置

甜樱桃多数品种自花结实率很低，需要配置授粉品种，即使是自花结实率较高的品种，配置授粉品种也可提高结实率，增加产量，改善品质。配置授粉品种时，授粉品种与主栽品种的授粉亲和力要强，花期要与主栽品种一致。同时还要注意授粉品种的丰产性、适应性和商品性等。授粉树的比例最低不应少于 20%～30%。授粉树的配置方式，平地果园可每隔 2～3 行主栽品种栽一行授粉品种；山地丘陵梯田果园可在主栽品种行内混栽，每隔 3 株主栽品种栽一株授粉品种。主栽品种与授粉品种间的组合可参见表 6-1。

表6-1　甜樱桃的授粉组合

主栽品种	授粉品种
岱红	先锋、美早、早大果、拉宾斯等
美早	先锋、岱红、早大果、拉宾斯等
早大果	先锋、岱红、美早、拉宾斯等
拉宾斯	先锋、岱红、美早、早大果等

第二节　建园和栽植

樱桃和其他果树一样是多年生作物，在一个地点生长几十年，一年栽树，多年受益。因此，樱桃园建立的科学与否，对树体的生长发育、结果早晚、产量高低、品质优劣和以后的经济效益具有深远的影响。所以必须予以高度的重视，做到高标准建园。

一、建园

甜樱桃以半阴半阳又能避风的谷沟溪边的梯田为宜。这种立地条件下，可凭借小气候影响延迟花期，对躲过早春霜冻有一定效果，同时谷沟内一般空气湿度较大，又加上靠近谷溪，对满足甜樱桃早期水分需求有好处。另一种园地是向阳缓坡地或丘陵地区背风向阳浅谷地，能使樱桃在春季得到充足光照和较多的热量，果实成熟早而整齐，着色好，品质佳，经济效益较高。另外，甜樱桃生长强健，树体高大，又具有不耐涝、喜光性强、对土壤通气性要求高等特点，在选择园地时，应考虑选择地下水位低、排水良好、不易积水之处。中性至微酸性的沙壤土最适建园。

土质和土层深度对根系的发育和分布有直接影响。甜樱桃园的土地，活土层要在1m以上。另外，甜樱桃根系呼吸强度大，对土壤空气中氧气浓度要求高，对土壤缺氧很敏感。建园时宜选择土质疏松、透气性好、孔隙度大、保肥能力强的沙质壤土。黏土或底土为黏板层的土壤，不利于樱桃根系的生长。在这种土壤上栽培甜樱桃，不仅生长不良，而且容易诱发流胶病、干腐病、烂根病等，应尽量避免在这种土壤上建园。若想在这种土壤上建园，则必须掺沙进行改良，待透气性适宜后才能栽树。

二、栽植

(一)栽植密度

樱桃的栽植密度因种类、品种、砧木、土壤、肥水条件、整形方式而异。原则上生长势强、乔砧、肥水充足、管理水平高、采用大冠形整枝方式的树,栽植密度宜小些;反之宜大些。目前生产上常用的栽植密度见表6-2。

表6-2　甜樱桃一般栽植密度

品　种	山丘地				平原或沙滩地			
	瘠薄土壤		深厚土壤		肥力中等		土壤肥沃	
	株行距 (m×m)	每667m² 株数	株行距 (m×m)	每667m² 株数	株行距 (m×m)	每667m² 株数	株行距 (m×m)	每667m² 株数
岱红、美早	2×4	83	3×5	44	3×5	44	4×5	33
早大果、拉宾斯	2×3	111	2×4	83	2×5	66	3×5	44

(二)栽植方式

栽植方式随建园的地形而定。平原地和沙滩地宜采用行距大于株距的长方形栽植方式。这种栽植方式光照条件好,行间通风,有利于生长和结果,果实品质高;投产前间作作物时间长,可增加前期经济效益;便于田间各项操作和病虫害防治;株距较小有利于发挥园片群体的防护作用,增强抗风能力。山地果园,多采用等高撩壕和梯田栽植,窄面梯田可栽1行,在梯田外沿土层厚处栽植;宽面梯田根据田面宽度可栽多行,采用三角形方式栽植。

(三)栽植时期

在冬季低温、干旱和多风的北方和沿海地区,秋栽的树若越冬保护不当或土壤沉实不好,容易抽干影响成活,所以最好春栽。春栽一般在土壤解冻以后,发芽以前进行,华北约在3月上中旬。在温暖湿润的南方,秋栽比春栽好,以10月底至11月上旬为宜。

(四)栽植前的土壤改良

栽植前进行土壤改良因操作方便而具有事半功倍的效果。山丘地具有透气性好的优点，但其土层薄、保肥保水能力差、土壤瘠薄。改良重点是加厚土层，增加保肥保水能力。采取的措施为修筑梯田、全园深翻、客土及增施有机肥等。沙滩地虽然透气性较好，但保肥保水能力差，土壤改良时如沙层下有黏板层，首先必须深翻打破黏板层，然后通过施有机肥、掺黏土等方式增强其保肥力。

（五）挖穴（沟）及施肥回填

确定主栽品种及株行距后，要及时挖穴（沟），平原较黏的土壤必须开沟。为防止穴（沟）内土壤不沉实，挖穴（沟）及施肥回填必须在冬季之前完成，否则若栽前才挖穴（沟）回填，容易因土壤下沉而栽植过深，苗木生长不良。穴的直径及沟宽为 0.6m，深 50～60cm。挖穴或开沟时，要将表土与底土分开放置。定植穴（沟）挖好后，应及时施肥回填。由于各层土壤的作用和性质不同，回填时要区别对待。穴（沟）底层土，多数风化不良通气不好。因此，应把粗大的有机物（如碎树叶、作物秸秆、杂草等）与原深层土混合填入，以改良深层土，增加透气性。中层是樱桃盛果期根系的主要分布层，这层土一定要做到"匀"，可回填混有优质有机肥的表土。表层 0～30cm 土层是樱桃幼树根系的分布层，要做到"精细"，可回填掺有少量复合化肥和有机肥的原表土，把剩余的底土撒在表面使之风化。回填后要及时浇透水促进土壤沉实及有机肥的分解。

（六）栽植方法

第二年春季 3 月中旬，在原穴中央挖一 30cm 见方的小穴。挖出来的土掺优质有机肥和约 50g 磷酸二铵放在一边备用。把苗木

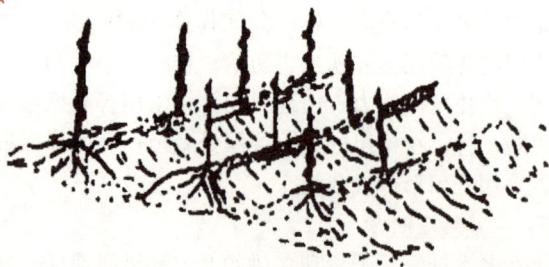

起垄栽培

放入小穴，苗木的原土印与地面相齐，把其根系舒展开，用掺好的土填在根系周围，一直填到略高于地面。在填土的过程中，要一边踏实一边晃动苗木，然后再踏实，使根系与土壤充分密接。在树穴周围筑起土埂，整好树盘，随即浇透水。水渗下后，整平树盘，用一块地膜覆盖树

穴，有利于提高地温，保持湿度，促发新根，提高苗木的成活率。

樱桃怕涝，平地果园最好起垄栽植。方法是用行间表土和有机肥混匀后起垄，垄高 30～50cm，垄顶宽约 80cm，垄底宽约 1.5m，将樱桃按栽植要求栽在垄上。这样可防止夏季雨水积涝及传播病害。用这种方法栽的树比平栽的当年生长量可大 1 倍，以后树体发育也较好。

第三节　土肥水管理

一、土壤管理

樱桃适合在土层深厚、土质疏松、透气性好、保水较强的沙壤土上栽培。在土质黏重、透气性差的黏土上栽培时，根系分布浅，不抗旱、涝，也不抗风。樱桃是浅根性果树，大部分根系分布在土壤表层，既不抗旱，也不耐涝，还不抗风。同时，要求土质肥沃，水分适宜，透气性良好。这些特点说明了樱桃对土肥水管理要求较高。因此，土肥水管理的重要任务就是培肥地力，提高土壤的肥沃度，为壮树、高产、优质奠定基础。

土壤管理是一项常规性的管理措施，其主要任务就是为根系生长创造一个良好的土壤环境，扩大根系的集中分布层，增加根的数量，提高根系的活力，为地上部生长结果提供足够的养分和水分。土壤管理的好坏，直接影响到土壤的水、气、热状况和土壤微生物的活动，对提高土壤肥力，促进樱桃生长发育和开花结果有直接影响。因此，必须通过常规性的土壤管理，使果园的土壤保持永久疏松肥沃，使土壤水、气、热有一个协调而稳定的环境。樱桃的土壤管理主要包括土壤深翻扩穴、中耕松土、果园间作、水土保持、树盘覆草、树干培土等，具体做法要根据当地的具体情况，因地制宜地进行。

（一）深翻扩穴

山丘地果园多半土层较浅，土壤贫瘠，妨碍根系生长；平原地果园，一般土层较厚但透气性较差，排水、透气较差。深翻扩穴可加厚土层，改善通气状况，结合施有机肥可改良土壤结构，增强其稳定性，利于根系生长。

深翻扩穴应从幼树开始，坚持年年进行。我国北方地区一般春季干旱。深翻扩穴的时期最好在秋季 9 月下旬至 10 月中旬结合秋施基肥进行。此时深翻气温较高，有利于有机肥的分解；根系处于活动期，断根容易愈合，翌春形成新根数量多，增强对养分和水分的吸收能力；有利于冬季积蓄雨雪，增加土壤含水量；还有利于消灭部分越冬害虫。

山丘地果园可采用半圆形扩穴法，将一株树分两年完成扩穴，以防伤根太多影响树势。扩穴的环沟可距树干 1.5m 处开挖，沟深 50cm 左右，沟宽 50cm 左右，沟挖好后，可将土与粉碎的秸秆和腐熟的厩肥、堆肥等有机肥混合后回填，以增加土壤中的有机质，改良土壤，促进根系生长。回填时可分层进行，随填随踏实，填平后立即浇水，使回填土沉实。深翻过程中注意不要伤及粗根，要把根按原方向伸展开。

平原地或沙滩地果园地势平坦，可采用"井"字沟法深翻或深耕，分年完成。采用此法时，可距树干 1 米处挖深 50cm、宽 50cm 的沟，隔行进行，第二年再挖另一侧。回填土及注意事项同上。若采用深耕法，可先在行间撒上粉碎的秸秆、厩肥等再深翻压入土中。

（二）中耕松土和浅刨

樱桃树根系较浅，对土壤水分状况尤为敏感，根系呼吸又要求较好的土壤通气条件，因此雨后和浇水之后的中耕松土成为一项经常性的重要土壤管理工作。特别是进入雨季之后，甜樱桃的白色吸收根向表层生长，这种现象俗称"雨季泛根"。雨季泛根就说明土壤含水量过多，是深层土壤的透气性差造成的。中耕松土一方面可以切断土壤的毛细管保蓄水分，同时消灭杂草，减少杂草对养分的竞争，还可改善土壤的通气状况。中耕深度一般以 5~10cm 为宜。中耕次数要看降雨情况和灌水次数及杂草生长情况而定，以保持樱桃园清洁无杂草、土壤疏松为标准。中耕时要注意加高树盘土壤，防止雨季积涝。山东烟台甜樱桃产区的果农素有浅刨果园的习惯。秋、春季浅刨果园，既可增强土壤透气性，又有较好的蓄水保墒效果。在春旱严重的北方，浅刨是春季抗旱的一项措施。浅刨时应距树干 50cm，以免伤及粗根。

（三）树盘覆草

树盘覆草能使表层土壤温度相对稳定，保持土壤湿度，提高有机质含量，增加团粒结构，在山丘地缺肥少水的果园内覆草尤为重要。覆草还可促进根系生长，特别有利于表层细根的生长，促进树体健壮生长，有利于花芽分化，提高坐果率，增加产量，改善品质。山东烟台果农在甜樱桃园覆草后，坐果率比不覆草的提高 24.1%~27.2%，平均单果重比对照高 18.4%，且花芽数量明显增多，收到了增产和提高品质的双重效果。

覆草时间一般以夏季为最好，此时正值雨季、温度又高，草易腐烂，不易被风吹走。在干旱高温年份，此时覆草可降低高温对表层根的伤害，起到保根的作用。覆草的种类有麦秸、豆秸、玉米秸、稻草等多种秸秆。数量一般为每 667m² 2 000~2 500kg 麦秸，若草源不足，应主要覆盖树盘，覆草厚度为 15~20cm。覆盖前，要把草切成 5cm 左右，撒上尿素或鲜尿堆成垛进行初步腐熟后再覆盖效果更好。覆草时，先浅翻树盘。覆草后用土压住四周，以防被风吹散。刚覆草的果园要注意防火。每次打药时，可先在草上喷洒一遍，集中消灭潜伏于草中的害虫。覆草后若发现叶色变淡，要及时喷一遍 0.4%~0.5% 的尿素。土质黏重的平地果园及涝洼地不提倡覆草，因其覆草后雨季容易积水，引起涝害。

（四）树干培土

树干培土也是樱桃园的一项重要管理措施。樱桃产区素有培土的习惯，在定植以后即在樱桃树基部培起 30cm 左右的土堆。培土除有加固树体的作用外，还能使树干基部发生不定根，增加吸收面积，并有抗旱保墒的作用。在甜樱桃进入盛果期前，一定要注意培土。培土最好在早春进行，秋季将土堆扒开，这样可以随时检查根颈是否有病害，发现病害及时治疗。土堆的顶部要与树干密接，防止雨水顺树干下流进入根部，引起烂根。

（五）间作

幼树生长期间，为了充分利用土地和光能，提高土壤肥力，增加收益，可在行间合理间作经济作物，以弥补果园早期部分投资。间作物一般以花生、绿豆等矮秆豆科作物为好，不宜间作小麦、地瓜、玉米等影响樱桃生长的作物。间作时要留足树盘，面积不得少于 1m²。间作时间最多不超过 3 年，以不影响树体生长为原则。

（六）生草技术

果园生草是指在果树行间或间隙地任其自然生草或人工种草的土壤管理制度，已成为发达国家开发成功的一项现代化、标准化的果园土壤管理技术。果园生草栽培，是指在果树行间或全园种植多年生草本植物或利用自然生长的禾本科和豆科草，当草生长到一定高度时定期刈割，用割下的茎秆覆盖树盘，并让其自然腐烂分解的栽培方式。果园生草栽培，也是果园生长期采取的一种土壤管理制度。果园生草分为自然生草和人工种草，根据草的生长位置又分为全园生草、行间生草和株间生草。全园生草一般应用于成龄果园，而在幼龄果园一般应用行间生草、株间清耕。

果园生草的优点主要有改良土壤结构，增强土壤透气性和保水、蓄水能力；增加土壤有机质含量；保证表层土壤温度和水分稳定，保护表层根；改善果园的小气候和生态环境，提高樱桃产量和果实品质。

1. 草种的选择 草种选择是果园生草栽培成功与否的关键，一般应遵循原则：对气候、土壤条件等适应性强；固地覆盖性强；植株矮小；鲜草产量高、富含养分和易腐烂；对樱桃树生长无不良影响，不滋生果园病虫害；容易栽培管理。

生产上生草常用的草种种类有：

(1) 白三叶。属豆科多年生草本植物，植株低矮，根系浅，草层覆盖度高。白三叶适于土壤肥力较高的地块，缺点是抗旱、抗冻力差。

(2) 黑麦草。属禾本科多年生草本植物，具有抗寒、耐践踏、再生能力强等特点，适应性广。

(3) 羊茅草。属多年生禾本科丛生型草，须根发达、强健，覆盖率高；耐旱、耐瘠薄、耐践踏。

2. 生草方法

(1) 整地施肥。生草草种播种前，应对土壤进行施肥深翻。施肥数量为：每 $667m^2$ 施有机肥 $3\sim4m^3$，磷酸二铵 $20\sim30kg$。施肥后进行深翻，耕翻深度为 $20\sim30cm$，然后平整土壤。

(2) 播种时间与方法。以秋季 9 月中下旬播种为最适。播种可采用直播法。播前半月要灌一次水，然后播种草籽。播种方法主要有撒播和条播等方法。撒播时，易出现播种不均匀、出苗不整齐，苗期清除杂草困难，管理难度大，缺苗断垄现象严重等现象。条播行距为 $15\sim20cm$；土质好、肥沃、有浇水条件的果园，行距可适当放宽；土壤瘠薄、肥水条件差的果园，行距要适当缩小。播后可适当覆草保湿或补墒，促进种子萌芽和幼苗生长。

(3) 播种后管理。生草初期应注意加强水肥管理。根据苗的生长情况，酌情增施氮肥，每 $667m^2$ 施尿素 $8\sim10kg$，促使苗早期生长。需及时清除野生杂草，干旱时应及时灌水。果园生草成坪后，不需要施用氮肥。

3. 刈割时期和方法　刈割的时间依草的生长状况和高度而定。一般情况下，草生长到30~40cm高度时，用镰刀或割草机刈割；刈割要留茬，草留茬高度应根据草的更新能力和草的种类确定，一般豆科草要留3~4个分枝，禾本科草要留有心叶，一般离地面5~10cm高度。播种当年，一般割刈2~4次；第二年后，可割刈4~5次；生长快的草，刈割次数多。刈割下来的草，常铺盖于树盘上；全园生草的果园，刈割下来的草就地撒开，也可开沟深埋，与土混合沤肥。

4. 自然生草　果园生草还可自然生草后人工管理。自然生草要求将深根性草（如曼陀罗、苘麻、刺儿菜、反枝苋和灰菜等）去掉，保留浅根性草（如鸡窝草、虮子草、狗尾草、虎尾草、牛筋草和地锦草等），可先任杂草自然生长，其间及时拔除有害杂草，等保留下的草旺盛生长时进行管理。与人工种草一样在草旺盛生长季节都要刈割3~5次，割后保留5~10cm高，割下的草覆于树盘下。

二、施肥管理

（一）施肥量

在烟台，甜樱桃产区给结果树施基肥，一般每株施入粪尿30~60kg，或猪圈粪100kg左右。在日本甜樱桃主产区山形县，要求贫瘠土壤的樱桃园和树龄大的樱桃园多施肥，肥沃的樱桃园和树龄短的樱桃园则少施肥。一般火山灰两次堆积的土壤，每667m² 以施氮素10kg、五氧化二磷4kg、氧化钾8kg为宜。特别指出过多的施肥会造成果实品质下降、结果不稳定、土壤恶化等不良现象。施用家禽粪便时，应相应减少化肥的施用量。表6-3是总结相关资料推荐的施肥量，供参考。

表6-3　不同树龄甜樱桃每667m² 的施肥量

单位：kg

树龄（年生）	有机肥	尿素	过磷酸钙	硫酸钾
1~5	1 500~2 000	5~10	20~30	3~5
6~10	2 500~3 500	10~15	30~40	5~10
11~15	3 500~4 500	15~25	30~50	10~30

（续）

树龄（年生）	有机肥	尿素	过磷酸钙	硫酸钾
16～20	3 500～4 500	15～25	30～50	10～30
21～30	4 500～5 000	15～30	35～60	15～35
＞30	4 500～5 000	15～30	35～60	10～30

（二）施肥时期

秋季、花前及采收后是甜樱桃施肥的三个重要时期。

1. 秋施基肥　宜在9～10月进行，以早施为好，可尽早发挥肥效，有利于树体贮藏养分的积累。实验证明，春施基肥对甜樱桃的生长结果及花芽形成都不利。

2. 花前追肥　甜樱桃开花坐果期间对营养条件有较多的要求。萌芽、开花需要的是贮藏营养，坐果则主要靠当年的营养，因此初花期追施氮肥对促进开花、坐果和枝叶生长都有显著的作用。甜樱桃盛花期土壤追肥肥效较慢，为尽快补充养分，在盛花期喷施0.3％尿素＋0.1％～0.2％硼砂＋磷酸二氢钾600倍液，可有效地提高坐果率，增加产量。

3. 采果后追肥　甜樱桃采果后10d左右，即开始大量分化花芽，此时正是新梢接近停止生长的时期。整个花芽分化期40～45d，采收后应立即施速效肥料，最好是复合肥，以促进甜樱桃花芽分化。

（三）施肥方法

基肥的施用可与深翻扩穴相结合，也可单独施用。施用方法主要有辐射沟法和环状沟法。辐射沟法是在距树干50cm处向外开挖，辐射沟要里窄外宽、里浅外深，靠近树干一端的宽度及深度为30cm左右，远离树干一端为40～50cm，沟长在树冠投影外约20cm处，沟的数量为4～6条。环状沟是在树冠的投影处开挖长度约50cm、深40～50cm的环沟。施肥沟要每年变换位置交替进行。基肥还可结合秋刨园撒施。基肥必须连年施用。生产实践经验表明，有机肥对提高樱桃产量、改善樱桃品质有明显的作用。

追肥分土壤追肥和根外追肥两种方式，土壤追肥是主要的追肥方式。土壤追肥主要有两次，分别为开花坐果期和采果后。樱桃开花结果期间，消耗大量养分，对营养条件有较高要求，必须适时足量追施速效性肥料，以提高坐果率，增大果个，提高品质，促进枝叶生长。此期追肥主要是复合肥和腐熟的人粪尿。盛果期大树一般株施复合肥 1.5～2.5kg，或株施人粪尿 30kg，开沟追施、追后浇水。樱桃采果以后由于开花结果树体养分亏缺，又加之此期正值花芽分化盛期及营养积累前期，需要及时补充营养。采果后补肥一般在果实采收后 6 月中下旬至 7 月上旬进行。肥料类型主要为腐熟的人粪尿、猪粪尿、豆饼水、复合肥等。人粪尿每株可施 60～70kg，或猪粪尿 100kg，或豆饼水 2.5～3.5kg，或复合肥 1.5～2.0kg。施肥方法可采用多条（6～10 条）辐射沟或环状沟施肥法。施肥后随浇透水。

根外追肥是一种应急和辅助土壤追肥的方法，具有见效快、节省肥料等优点。根外追肥也集中于前半期施用，因为这一时期消耗较多，根外追肥可及时补充消耗，对提高坐果、增加产量和改善品质有较好的作用。根外追肥可以与防治病虫害相结合，但要求两者之间无不良反应。喷洒时间一般在一天的下午和傍晚。喷洒部位以叶背面为主，便于叶片吸收（表 6-4）。

表 6-4　甜樱桃的根外追肥

时　期	种类、浓度	作　用	备　注
萌芽前	1%～4%尿素	促进萌芽、叶片、短枝发育，提高坐果率	前一年负荷量大或秋季落叶树更加重要。可连续 2～3 次
萌芽后	0.3%尿素	促进叶片转色、短枝发育，提高坐果率	可连续 2～3 次
花期	0.2%～0.3%硼砂	提高坐果率	可连续喷 2 次
果实发育期	0.3%～0.4%硼砂	防治缩果病	可连续喷 1～2 次
	0.4%～0.5%磷酸二氢钾	增加果实含糖量，促进着色	可连续喷 3～4 次
采收后	0.3%～0.5%尿素	延缓叶片衰老，提高贮藏营养	可连续喷 3～4 次，大年尤其重要
	0.2%～0.3%硼砂	矫正缺硼症	主要用于易缺硼的果园

三、水分管理

水是樱桃正常生长发育及高产优质的重要条件。樱桃正常生长发育需要一定的大气湿度，但高温多湿又容易导致徒长，不利结果。在坐果后若过于干旱则又影响果实的发育，会导致果实发育不良而产生没有商品价值的所谓"柳黄"果，造成减产减收。甜樱桃对水分状况较敏感，世界上甜樱桃的各大产区，大部分分布在靠近大水系的地区或沿海地区，这些地区一般雨量充沛，空气湿润，气温变化较小。

樱桃和其他核果类果树一样，根部要求较高浓度的氧气，对根部缺氧十分敏感，若根部氧气不足，便会影响树体的生长发育，甚至会引起流胶等因缺氧诱发的病害。土壤黏重、土壤水分过多和排水不良，都会造成土壤氧气不足，影响根系的正常呼吸，轻则树体生长不良，重则造成根腐、流胶等涝害症状，甚至导致整株死亡。若土壤水分不足，会影响树体发育形成"小老树"，产量低，品质差。因此，在土壤管理和水分管理上要为根系创造一个既保水又透气的良好的土壤环境，雨季注意排水，经常中耕松土，秋季注意深翻，促进根系生长。

年周期内各个生长发育期，甜樱桃对水分的需求状况也有差异。据于绍夫调查，果实发育的第二期（硬核期）的末期，是旱黄落果最严重的时期，严重时高达50%，因此也是果实发育需水的临界期。此时若干旱少雨应适时灌水，才能保证果实发育正常，减少落果，增加产量，提高品质。在果实发育期，若前期干旱少雨又未浇水，在接近成熟时偶尔降雨或浇水，往往会造成裂果而降低品质。因此，甜樱桃是既不耐涝又不抗旱的树种，对水分状况极为敏感。我国北方往往是春旱夏涝，所以春灌夏排是樱桃水分管理的关键。

（一）适时浇水

1. 灌水时期 樱桃的浇水可根据其生长发育中需水的特点和降雨情况进行，一般每年要浇水5次。

（1）花前水。在发芽后开花前（3月中下旬）进行。主要是为了满足发芽、展叶、开花对水分的需求。此时灌水还有降低地温、延迟开花期、有利于防止晚霜危害的作用。

（2）硬核水。硬核期（5月初至5月中旬）是果实生长发育最旺盛的时期，此期若水分供应不足，影响幼果发育，易早衰脱落。所以此期

10～30cm的土层内土壤相对含水量不能低于60%，否则就要及时灌水。此次灌水量要大，浸透土壤50cm为宜。

（3）采前水。采收前10～15d是樱桃果实膨大最快的时期，灌水与不灌水对产量和品质影响极大。此时若土壤干旱缺水，则果实发育不良，不但产量低，而且品质差。但此期灌水必须是在前几次连续灌水的基础上进行，否则若长期干旱突然在采前浇大水，反而容易引起裂果。因此，这次浇水采取少量多次的原则。

（4）采后水。果实采收以后，正是树体恢复和花芽分化的关键时期，要结合施肥进行充分灌水。

（5）封冻水。落叶后至封冻前要浇一遍封冻水，这对樱桃安全越冬、减少花芽冻害及促进树体健壮生长均十分有利。

2. 灌水方法 一般是采用畦灌或树盘灌。先在树冠处沿以树干为中心筑起土埂，把树间隔在方形或长方形畦内，整平畦面，树干周围土面稍高，使树干周围不积水，灌水均匀。在有条件的地方，还可采用喷灌、微喷灌和滴灌。这些先进的灌水方式，不仅可控制水量节约用水、灌水均匀、减轻土壤养分流失、避免土壤板结、保持团粒结构，还可增加空气湿度、调节果园的小气候、减轻低湿和干热对樱桃的危害。在晚霜危害时，利用微喷灌对树体间歇喷水可防止霜冻。

（二）雨季排水

樱桃树是最不抗涝的树种之一。在建园时要选择不易积水的地块，并搞好排水工程。在雨季来临之前，要及时疏通排水沟渠，并在果园内修好排水系统，这对平原和沙滩地果园十分必要。具体做法是在行间开挖20～25cm深、宽40cm的浅沟，与果园排水沟相通，挖出的土培在树干周围，使树干周围高于地面；再在距树干50cm处挖4条辐射沟，与行间浅沟相通，辐射沟内填埋长玉米秸秆。这样如遇大雨便可使果园内雨水迅速排出，避免积涝。同时在每次降雨以后要及时松土，改善土壤的通气状况，防止雨季泛根。

第四节　花果管理

一、花期授粉

甜樱桃多数品种自花结实率很低，需要异花授粉才能正常结果，即便在建园时配置了适宜的授粉树。但由于樱桃开花较早，常遇低温等不利天气，特别是沿海地区往往在花期出现低温多阴天气等，这种天气不利于昆虫活动，对授粉受精十分不利，不同年份对产量的影响很大。因此，每年花期都应进行辅助授粉，提高坐果率。目前生产上常采用的辅助授粉方法主要有利用昆虫授粉和人工授粉两种。

(一) 利用昆虫授粉

利用昆虫授粉主要是通过昆虫的访花活动达到授粉的目的。内陆地区早春回暖快，花期多为晴朗天气，有利于昆虫进行访花活动，利用昆虫授粉是主要形式。注意保护野蜂、花期果园放蜜蜂及放养壁蜂等方法，均有利于提高坐果率。据邵达元调查，凡进行放蜂的樱桃园，一般提高花朵坐果率10％～20％，增产效果明显，也较省工。但须注意花期禁止喷药，以免危害访花昆虫，影响授粉。

我国果农素有在果园放养蜜蜂的习惯。但蜜蜂出巢活动需天气晴朗、无风、气温较高，访花效果远不如野蜂和壁蜂。壁蜂有许多种类。角额壁蜂（又名小豆蜂）是日本果园访花授粉应用最多的一种壁蜂。中国农业科学院生防室1987年从日本引进了角额壁蜂，现已在威海、烟台等地推广应用。角额壁蜂具有春季活动早、活动温度低、适应性强、活泼好动、访花频率高、繁殖和释放方便等优点，是甜樱桃园访花授粉昆虫中的一个优良蜂种。角额壁蜂成蜂访花具有单一性，访花期寿命仅15d左右，飞行距离在60m以内。气温低于13℃时，活动力下降，风速超过10m/s时，访花蜂量减少60％。一天中，以11:00～15:00为访花活动盛期。在甜樱桃园利用角额壁蜂授粉时，蜂巢宜设置在背风向阳的地方，蜂巢距地面1m左右，每巢内250～300支巢筒。其中，巢筒顶端为绿色的，占60％；红色的，占20％；黄色的，占14％；白色的，占6％。为便于雌蜂出入，巢筒长度以15～20cm为宜，壁径5～6mm。为提高蜂的回收率，要将蜂巢附近的野菜铲除，并栽植十字花科蔬菜。这样，子蜂的回收率可达50％。烟台市郊应用角额壁蜂对红灯授粉，花朵坐果率达到27.9％～31.2％，比自然授粉提高16.0％～16.6％。

(二) 人工辅助授粉

要做好人工授粉，首先要采花取粉。采花宜在铃铛花期进行，以与主栽品种授粉亲和力强的品种为主，采集混合花粉进行授粉。对甜樱桃人工授粉时，以毛笔或橡皮头蘸取花粉，点授到花朵柱头上即可。一般以开花的第一至第二天，点授效果最好。由于甜樱桃花量大，果又小，采用人工点授用工多，费力大，不容易在露地樱桃生产上推广。当前生产上采用的授粉器是在不需采粉的情况下进行人工授粉的一种比较简单的方法。可用柔软的家禽羽毛做成一毛掸，也可用市售的鸡毛掸进行，用这种掸子在授粉树及主栽品种树的花朵上轻扫，便可达到传播花粉的目的。因为甜樱桃柱头接受花粉的能力只有4～5d，因此人工授粉在盛花后越早越好，必须在3～4d完成，为保证不同时间开的花都能及时授粉，人工授粉应反复进行3～4次。采取这种方法授粉，花朵坐果率可提高10％～20％。

除了上述辅助授粉措施以外，在盛花期前后喷布2次0.3％尿素、0.3％硼砂或磷酸二氢钾对提高坐果率也有明显的效果。

二、促进果实着色

甜樱桃果实发育过程中，果皮的色素会发生一系列的变化。甜樱桃未成熟果，果皮细胞中含有大量紫黄素，随着果实的成熟，花色素苷大量增加。红色果实的着色情况，是果实品质的重要标志。因此，促进果实着色，是提高果实品质的重要技术措施。促进果实着色的方法，包括采用变成主干形树形、夏剪、摘叶、绑叶和铺设反光材料等措施。

三、预防和减轻裂果

甜樱桃果实采收前经旱遇雨，容易发生裂果。裂果的数量和程度，因品种特性和降水量而不同。研究认为，吸水力强、果面气孔大、气孔密度高，以及果皮强度低的品种，如艳阳、水晶、滨库等裂果重。在甜樱桃果实发育的第三个时期（即第二次迅速生长期），裂果指数随着单果重的增加而增加。果实采收前，降水量大或大量灌水时，会加重裂果。

鉴于上述情况，预防和减轻甜樱桃裂果，可以采取选择抗裂果品种和稳恒土壤水分状况两项技术措施。

1. 选用抗裂果品种　从严格意义上讲，目前甜樱桃尚未发现完全抗裂果的品种。在容易发生裂果的地区，可以选用拉宾斯、萨米特等比较抗裂果的品种。也可根据当地雨季来临的早晚，选用雨季来临前果实已经成熟的早熟品种或中早熟品种，如岱红、美早等。

2. 稳恒土壤水分状况 于绍夫（1977）对烟台甜樱桃产区黏壤土水分状况的研究认为，当根系主要分布层的含水量下降到 10％～12％时，就会出现旱象，发生旱黄落果。如果这种情况出现在果实硬核至第二次速长期，遇有降雨或灌大水时，就会发生裂果。因此，甜樱桃园10～30cm 深的土壤含水量，下降到田间最大持水量 60％以前，就要灌水，并且小水勤水，维持相对稳恒的土壤含水量，这是防止裂果的关键。

第五节　整形修剪

甜樱桃的树形主要有丛状形、自然开心形、自然圆头形、主干疏层形和改良主干形。丰产树形为改良主干形。

樱桃优质丰产树体结构具备以下几个特点。

（1）低干、矮冠。低干，缩短了地下部的根与地上部枝叶之间养分的运输距离，有利于壮树和结果。矮冠可以减轻风害，提高樱桃的抗逆性，便于果园管理，还可增强树体的采光性能，内膛枝组生长良好，结果多，品质佳。

（2）骨干枝级次少，结果枝数量多。减少骨干枝的级次，结果枝组直接着生在主枝上，有利于合理利用空间，便于集中养分用于结果。

（3）主枝角度大，光照充分。主枝基角大，有利于缓和树势，削弱极性生长、平衡营养生长和生殖生长的关系，促进中短枝的发育，使内膛空间大、光照条件好、花芽质量好、产量高、品质优。

改良主干形（又称直干形）类似苹果的自由纺锤形。20 世纪 80 年代以来，日本密植甜樱

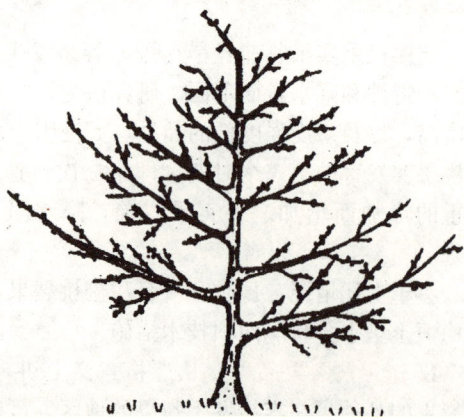

改良主干形

桃园和容器限根栽培中常用这种树形，我国新建果园也有采用这种树形的。其树体结构的特点是：干高50～60cm，有中心领导干并直立挺拔；在中心领导干上配备10～15个单轴延伸的主枝，下部主枝间的距离为10～15cm，向上依次加大到15～20cm；下部主枝较长，长1.5～2.0m，向上逐渐变短；主枝自下而上呈螺旋状分布；主枝基角80°～85°，接近水平；在主枝上直接着生大量的结果枝组；树高保持在3m左右。改良主干形树体结构简单，骨干枝级次少，整形容易，树体光照好，成花容易，结果枝数量多，营养集中，产量高，品质较好，适合株行距（2～3）m×（3～5）m条件下干性较强的品种。在山东临朐县试用的结果表明，该树形成形易、管理方便、早期产量较高。

改良主干形整形过程：第一年春定干高度在80～100cm，通过刻芽促发多主枝，在离地面60cm以上部位培养3～5个主枝，主枝间距保持在10～15cm，且在空间均匀分布；第二年春中心干延长头剪留40～60cm，继续插空刻芽按整形要求培养主枝；对上一年留下的主枝，处于树冠下部的拉开角度缓放不剪，上部的留2～4个芽重短截，目的是加强对中央领导干的培养；秋季对较长的主枝拉枝开角；以后2～3年重复上述工作，改良主干形便基本完成。

一、夏季修剪的方法及运用

夏季修剪可缓和树的长势，促发中短枝，有利于花芽的形成，这些作用是冬季修剪不能代替的。特别是当采取改良主干形时，如果夏剪不及时，则达不到预期的目的，因此要重视夏季修剪。

（一）刻芽

用小钢锯条在芽的上方横拉一下，深达木质部，刺激该芽萌发成枝的措施称刻芽。少量刻芽能提高侧芽的萌发质量，促发长枝，其应用主要在幼树整形上和弥补冠内的空缺。大量刻芽能提高侧芽的萌发数量，促发短枝，提早结果。对甜樱桃刻芽必须严格掌握刻芽时间，要在芽萌发前30～40d进行。

（二）摘心

在新梢木质化以前，摘除或剪去新梢先端部分，这种夏季修剪的方法称摘心。摘心主要应用于幼树和旺长树。摘心可控制旺长，促发二次枝、加速整形、增加枝量、加速扩大树冠、促进花芽形成、提早结果。摘心又分早期摘心和生长旺季摘心。

1. 早期摘心　一般在花后 7～10d 进行，对幼嫩新梢保留 10cm 左右摘心。这样摘心以后，除顶端发生一条中枝以外，其余各芽均可形成短枝。此期摘心的主要目的在于控制树冠和培养小型结果枝组，也可用于早期整形。

2. 生长旺季摘心　在 5 月下旬至 7 月中旬进行。对旺长枝保留 30～40cm 把顶端摘除，用以增加枝量。在幼龄期连续摘心 2～3 次能促进短枝形成，提早结果。

(三) 扭梢

在新梢半木质化时，用手捏住新梢的中部反向扭曲 180°，别在母枝上，伤及木质部和皮层但不扭断，这种操作称为扭梢。扭梢后的枝长势缓和、养分积累增多，有利于花芽分化。扭梢操作过早、过晚都易扭断新梢，必须在半木质化时进行。

(四) 拿枝

用手对旺梢自基部到顶端逐段捋拿。伤及木质部而不折断的操作称拿枝。拿枝在 5～8 月皆可进行。拿枝有较好的缓势促花作用，还可用于调整 2～3 年生幼树骨干枝的方位和角度。

(五) 开张角度

主枝角度特别是基角是否较大，是丰产树形的一个重要指标。开张主枝基角，有利于削弱极性生长、缓和树势、促发短枝、促进发芽分化，更重要的是改善内膛光照条件，防止结果部位外移，增加结果面积。甜樱桃幼树生长旺盛，主枝基角小，树姿直立，不甚开张，必须人工开张主枝基角。

开张角度的方法有拉枝、拿枝、坠枝、撑枝、别枝等，最常用的方法是拉枝。

拉枝开角要早进行，因为早期枝条较细，容易操作；早开张角度，有利于早形成结果枝，早结果、早收益。因此，定植后第二年便要开始拉枝开角。

拉枝的时期可在 3 月下旬树液流动以后或 6 月底樱桃采收以后进行。用铁丝拴住大枝条的 1/3 或 1/2 处，着力点用废胶管、硬纸等物衬垫，以防损伤皮层。下端用木桩固定在地下，把大枝向下拉至整形所需角度，一般为 75°～85°。由于甜樱桃分枝角度小，拉枝容易劈裂或造成分枝点受伤而流胶，在拉枝之前，可先用手摇晃大枝基部使之软化，避免劈裂，也容易开角。开张的角度可视树或枝的长势灵活掌握，树（枝）势强的，角度可大些，反之宜小些。拉枝开角时，还要注意调节主枝在树冠空间的方位，使主枝均匀分布，合理利用空间。

二、冬季修剪的方法及运用

（一）缓放

对一年生枝不进行剪截，任其自然生长，称为缓放，又称为甩放、长放。缓放有利于缓和生长势，减少长枝数量，增加短枝数量，促进花芽形成，是幼树上常用的修剪方法。缓放必须因枝而异，幼龄期的树，多数中庸枝和角度较大长枝缓放的效果很好；直立强旺枝和竞争枝如果所处空间较大也可缓放，但必须拧劈拉平处理后再缓，如果不处理直接缓放直立旺枝和竞争枝，这种枝加粗很快，容易形成"鞭杆枝"，扰乱树形，导致下部短枝枯死。幼树缓放最好与清头、拉枝相结合，缓弱不缓旺，缓平斜不缓直立。结果期树势趋向稳定，缓放时应掌握缓壮不缓弱、缓外不缓内的原则，防止树势变弱。

（二）短截

剪截去一年生枝的一部分的修剪方法称为短截。从局部来看短截可增加分枝数并增强生长势，促进营养生长，不利于营养的积累和花芽分化，因此，幼树不可短截过多。根据短截程度可把短截分为轻短截、中短截、重短截和极重短截4种。

1. 轻短截　只剪去一年生枝条顶部一小段，为枝长的$1/4 \sim 1/3$。可削弱顶端优势，降低成枝力，缓和外围枝条的生长势，增加短枝数量，上部萌发的枝条容易转化为中、长果枝和混合枝。在成枝力强的品种上，如大紫、芝罘红的幼龄期采用轻短截，有利于缓势控长，提早结果；在空间较大处，为了缓和强枝生长势，增加短枝量时也可采用轻短截。

2. 中短截　在一年生枝条中部饱满芽处进行短截，剪去原枝长的$1/2$左右。用饱满芽当头，剪口芽质量好，短截后可抽生$3 \sim 5$个中、长枝和$5 \sim 6$个叶丛枝。在成枝力弱的品种上可利用中短截扩大树冠。一般对主、侧枝的延长枝和中心干都采用中短截以扩大树冠，增加分枝量，衰弱的树或更新时，也要采用中短截。

3. 重短截　在一年生枝条中下部次饱满芽处进行短截，剪截长度约为枝长的 2/3。可促发旺枝，提高营养枝和长果枝的比例。在幼树整形过程中为平衡树势时可采用重短截。欲利用背上枝培养结果枝组时，第一年也要先重短截，第二年对重短截后发出的新梢，强者保留 3～4 个芽极重短截培养成短果枝组，中、短枝可缓放形成单轴型结果枝组。

4. 极重短截　在枝条基部留几个芽的短截为极重短截。对要疏除的枝条，基部有花芽时，可采用留一个叶芽极重短截的方法，待结果以后再疏除。极重短截留芽较秕，抽生的枝长势较弱，所以对幼旺树，有时采用这种方法来培养花束状结果枝组或控制树冠。

（三）疏枝

把一年生枝或多年生枝从基部剪去或锯掉的修剪方法称为疏枝。疏枝可改善冠内光照条件；减弱和缓和顶端优势，促进内膛中、短枝的发育；减少养分的无效消耗，促进花芽形成；平衡枝与枝之间的长势。疏枝主要用于疏除树冠外围过旺、过密或扰乱树形的枝条。樱桃树不可疏枝过多，很大的枝条一般也不宜疏除，以免伤口流胶或干裂而削弱树势，甚至造成大枝死亡。如果是非疏不可的大枝，也要在生长季中分批进行，并且要在 6 月底雨季来临之前完成，伤口要用白磁油涂抹保护，防止干裂。幼树整形期间，为了减少春剪的疏枝量，生长季应加强抹芽（梢）、摘心、扭梢等夏剪措施，减少养分无效消耗。

（四）回缩

将多年生枝剪除或锯掉一部分，称为回缩。通过回缩，对留下的枝条有加强长势、更新复壮的作用；结果枝组回缩后可提高坐果率、减轻大小年、提高果品质量。回缩的更新复壮作用与回缩程度、留枝质量及原枝长势有关。回缩程度重、留枝质量好、原枝长势强的，更新复壮效果明显。对一些树冠内膛、下部的多年生枝或下垂缓放多年的单轴枝组，不宜回缩过重，应先在后部选有前途的枝条短截培养，逐步回缩到位。否则若回缩过重，因叶面积减少，一时难以恢复，极易引起枝组的加速衰亡。

三、不同年龄期树的修剪

（一）幼龄树

幼龄树是指从定植成活后到开花结果前这段时期，一般 3～4 年。

这一阶段的主要任务是养树，即根据树体结构要求，培养好树体骨架，为将来丰产打好基础。幼龄树修剪的原则是轻剪、少疏、多留枝。枝叶量越大，制造的有机养分就越多，成形就越快，进入结果期就早。为此主要采取以下几种修剪措施。

对主枝延长枝进行中短截，促发长枝，扩大树冠。幼龄树为了迅速扩大树冠，多发枝，多长叶，在休眠期修剪时，要多采用中短截的方法，剪口芽留在饱满芽上，以利在适当部位抽生分枝。但甜樱桃又有极性强、萌芽力和成枝力高的特点，中短截后，一般在剪口下连续抽生3～5条长枝，形成所谓"三杈枝""四杈枝""五杈枝"，其他多为短枝或叶丛枝，这样就显外围拥挤，中下部空虚。因此，对剪口下抽生的这些长枝要根据情况加以处理。直立向下抽生的直立枝，可采取夏季强摘心或第二年休眠期修剪时极重短截法培养成紧凑型小结果枝组。待大

延长枝及周围枝条的处理

量结果枝表现衰弱时再疏除。这样既解决了外围枝过密的问题，又培养了结果枝组，使幼树提早结果。其他平斜生长的枝条可分别采取缓放、轻短截和中短截相结合的方法适当处理，便可达到轻剪、少疏、多留枝的修剪目的。

背上直立枝生长势很强，若不加以处理易变成竞争枝扰乱树形。在其他果树上一般采用疏除的方法，而在樱桃上可采用极重短截法培养成紧靠骨干枝的紧凑型结果枝组，也可将其基部扭伤拉平后甩放培养成单轴型结果枝组。

中庸偏弱枝一般长势趋缓，分枝少，易单轴延伸，既妨碍其他枝条生长，也容易衰弱、枯死，应通过修剪培养成小型结果枝组，以延长其寿命，发挥其生产潜力。第一年轻短截，剪口下发一中长枝，其余为叶丛枝；第二年对顶端中长枝实行中短截，一般只发一个长枝或中枝，其余为短枝；第三年只对长枝实行中短截，其余枝缓放，促其早结果。

拉枝开角，缓和长势。樱桃幼树分枝角度小，主枝容易直立生长，不甚开张。通过拉枝开角可以削弱顶端优势，提高萌芽率，增加短枝数量，促进成花，提早结果。拉枝在幼树整形修剪中占有很重要的地位，

也是提早结果的重要手段。

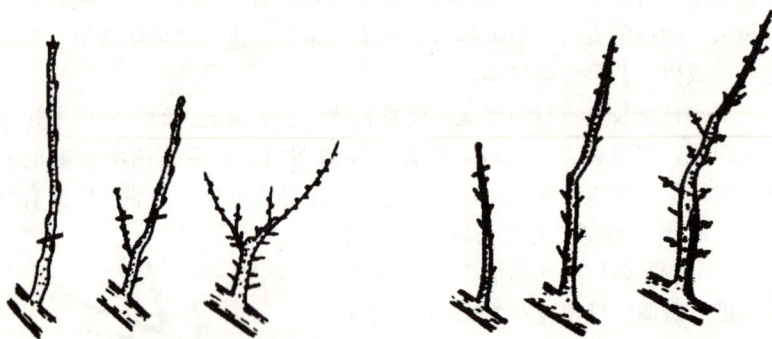

背上紧凑型结果枝组的培养　　　　　中弱结果枝组的培养

（二）盛果期树

在正常管理和修剪措施下，幼龄期后经过 2～3 年的初果期，到 6～8年时，便进入盛果期。进入盛果期后，随着树冠的扩大、枝叶量和产量的增加，树势趋于缓和，营养生长和生殖生长基本平衡。此期修剪的主要任务是保持树势健壮，维持结果枝组的结果能力，延长其经济寿命。

甜樱桃大量结果之后，随着树龄的增长，树势和结果枝组逐渐衰弱，结果部位容易外移。此时除应加强土肥水管理外，在修剪上应采取疏枝、回缩和更新的修剪方法，维持树体长势中庸。骨干枝和结果枝组是继续缓放还是回缩，主要看后部结果枝组和结果枝的长势及结果能力。如果后部的结果枝组和结果枝势好、结果能力强，则外围可继续选留壮枝延伸；反之，若后部的结果枝组和结果枝长势弱，结果能力开始下降时，则应回缩。在放与缩的运用上一定要适度，做到回缩不旺，甩放不弱。

进入盛果期后，树体高度、树冠大小基本上已达到整形要求，此时应及时落头开心，对骨干延长枝不要继续短截促枝，防止果园群体过大，影响通风透光。对可能出现的扰乱树形、影响风光条件的上部枝条和外围枝要加以疏除或回缩。

樱桃结果枝组在大量结果后，极易衰弱，特别是单轴延长伸的枝组、主枝背下枝组、下垂枝组衰老更快。已完全衰老失去结果能力的或过密的枝组可进行疏间，后部有旺枝、饱满芽的可回缩复壮。盛果期大树对结果枝组的修剪一定要细致，做到结果枝、营养枝、预备枝三枝配套，这样才能维持健壮的长势、丰产、稳产。

（三）衰老树

樱桃树进入衰老期后，生长势明显下降，产量显著减少，果实品质亦差。这时应有计划地分年度进行更新复壮。利用樱桃树潜伏芽寿命长易萌发的特点，分批在采收后回缩大枝，大枝回缩后，一般在伤口下部萌发几根枝条，选留方向和角度适宜的 1～2 年枝条来代替原来衰弱的骨干枝。对其余枝条的处理，过密处及早抹掉部分枝条，促进更新枝条生长。对保留的枝条长至 20cm 时进行摘心，促其分枝，及早恢复树势和产量。如果有的骨干枝仅上部衰弱，中、下部有较强的分枝时，也可回缩到较强分枝上进行更新。更新的第一年，可根据树势强弱，以缓放为主，适当短截选留的骨干枝，使树势很快恢复。

第七章
猕 猴 桃

第一节　种类和品种

一、种类

全世界猕猴桃属植物约有 54 种，目前用于生产栽培中的主要有中华猕猴桃、美味猕猴桃、软枣猕猴桃、毛花猕猴桃等。

（一）中华猕猴桃

中华猕猴桃（*Actinidia chinensis*）以原产于中国而得名，别名有软毛猕猴桃、光阳桃等。

一年生枝灰绿褐色，无毛或稀被粉毛，且易脱落；皮孔较大、稀疏，圆形或长圆形，淡黄褐色。叶厚、纸质，阔卵圆形、近圆形、间或阔倒卵形；两侧对称，基部心形，尖端圆形、微钝尖或浅凹；叶面暗绿色、无毛，叶基部全缘、无锯齿，中上部具尖刺状齿，主脉和次脉不明显、无毛，叶背灰绿色，密被白色星状毛，主脉和侧脉白绿色，密被白色极短茸毛；叶柄浅绿色，无毛。雌花多为单花，间或聚伞花序，具花 2～3 朵；雄花多为聚伞花序，每序花具花 2～3 朵。果实多为椭圆形或卵形，具突起果喙；果皮暗黄色至褐色，密被褐色茸毛，果实成熟后易脱落，果面光滑；梗端果肩圆形，萼片宿存；果肉黄色或绿色，果心小、圆形、白色；果实成熟期通常为 9 月，果肉酸甜、多汁、质细；每 100g 鲜果维生素 C 含量 50～240mg，可溶性固形物含量 7%～19%，可滴定酸含量 0.9%～2.2%；果实适于鲜食及加工。

该物种大果型植株或株系多，果重可达 50～100g；中华猕猴桃为二倍体、四倍体，染色体分别为 58 条、116 条。

（二）美味猕猴桃

美味猕猴桃（*Actinidia chinensis* var. *deliciosa*）又名硬毛猕猴桃、毛阳桃等。

一年生枝绿色，被短的灰褐色糙毛。叶纸质至厚纸质，阔卵圆或阔倒卵形；两侧对称，基部浅心形或近平截，尖端圆形、微钝尖或浅凹；叶面深绿色、无毛，叶缘近全缘，小尖刺外伸、绿色；主脉和侧脉黄绿色，主脉稀被黄褐色短茸毛；叶背浅绿色，密被浅黄色星状毛；叶柄稀被褐色短茸毛。雌花多为单花；雄花多为聚伞花序，每序花具花2~3朵。果实椭圆形至圆柱形；果皮绿色，密被褐色长茸毛、不易脱落，果点淡褐绿色、椭圆形；果顶凸起、近圆形，果顶窄于中部，萼片宿存；果肉黄色，果心小、圆形、白色；果实成熟期通常为10~11月，果肉酸甜、多汁、质细；每100g鲜果维生素C含量50~420mg，可溶性固形物含量8%~25%，可滴定酸含量1.6%；果实适于鲜食及加工。

该物种大果型植株或株系多，果重可达30~200g；美味猕猴桃为四倍体、六倍体，染色体分别为116条、174条。

（三）软枣猕猴桃

软枣猕猴桃（*Actinidia arguta*）别名软枣子、圆枣子、圆枣、奇异莓。

一年生枝灰色、淡灰色或红褐色，无毛或稀被白色柔毛；皮孔明显、长梭形，色浅。叶纸质、卵形、长圆形或阔卵形；基部圆形或阔楔形，顶端急短尖或短尾尖；叶面深绿色、无毛；叶缘具密锯齿，贴生；叶背面浅绿色，侧脉之间有灰白色或黄色簇毛；叶柄绿色或浅红色。雌花花序腋生，聚伞花序，多单生，每花序1~3朵；雄花聚伞花序，多花。果实多为卵圆形或近圆形，无斑点；未成熟果实浅绿色、深绿色、黄绿色，近成熟果实紫红色、浅红色、绿色、黄绿色，无毛；果顶圆或具喙；平均单果重5~7.5g；果肉绿色或翠绿色，味甜略酸、多汁；每100g鲜果维生素C含量81~430mg，可溶性固形物含量14%~15%，可滴定酸含量0.9%~1.3%；果实适于鲜食及加工。软枣猕猴桃为二倍体、四倍体、六倍体、八倍体，染色体分别为58条、116条、174条、232条。

（四）毛花猕猴桃

毛花猕猴桃（*Actinidia eriantha*）别名毛桃、毛阳桃、毛冬瓜。

一年生枝黄棕色，厚被白色或淡污黄色短柔毛，皮孔不明显。叶厚、纸质，椭圆形或锥体形；两侧稍不对称，基部圆形，先端小钝尖或渐尖；叶面深绿色、无毛，主、侧脉绿色，无毛；叶缘锯齿不明显，但是有浅绿色向外伸展的小尖刺；叶背灰绿白色，密被白色星状毛或茸毛，主脉和侧脉白绿色，密被白色长茸毛；叶柄黄棕色，被白色或淡污黄色茸毛。雌花、雄花聚伞花序，每花序具花 1～3 朵。果实长圆柱形，密被白色长茸毛；果皮绿色，果点金黄色，密、小；果梗端近平截，中部凹陷；萼片宿存；果梗长 1.9cm，密被白色茸毛；平均单果重 30～50g；果肉深绿色，果心小；果实成熟期通常在 9 月下旬，味甜酸、多汁、质细；每 100g 鲜果维生素 C 含量 561～1 379mg，可溶性固形物含量 5%～16%，可滴定酸含量 1.3%～2.9%；果实适于鲜食及加工。

该物种维生素 C 含量很高，具有较高的利用价值；毛花猕猴桃为二倍体，染色体为 58 条。

二、品种

（一）美味猕猴桃

1. 海沃德　由新西兰奥克兰的苗木商人 Hayward Wright 选育。果实阔椭圆形至阔长圆形，纵径 6.4cm，横径 5.3cm，窄径 4.9cm，平均单果重 80～120g，最大 150g；果皮绿褐色，密被褐色硬毛；果肉绿色，汁液多，甜酸适度，有香味；可溶性固形物含量 14.6%，总糖含量 7.4%，总酸含量 1.5%，每 100g 果肉含维生素 C 93.6mg。5 月中旬开花，果实 10 月中下旬成熟。该品种优点是果形美，耐贮藏，货架期长，是目前猕猴桃品种中最耐贮藏的品种。海沃德是目前除中国之外的世界绝大部分猕猴桃栽培国的主栽品种。

2. 香绿　由日本香川县农业大学教授福井正夫育成。果实柱形，果皮褐色，果面有黄褐色短茸毛；单果重 85～125g；果肉翠绿色、细腻多汁，风味酸甜，有香气；可溶性固形物含量 16.3%～17.5%，总酸含量 1.23%，每 100g 果肉含维生素 C 63mg。5 月中旬开花，10 月下旬果实成熟。

3. 徐香　由江苏徐州果园从海沃德实生苗中选出。果实圆柱形，平均单果重 75～110g，最大单果重 137g；果皮黄绿色，被黄褐色茸毛；果肉绿色，汁液多，风味酸甜适口，香味浓，每 100g 果肉含维生素 C

99.4～123mg，可溶性固形物含量 15.3％～19.8％。5 月上中旬开花，9 月中下旬果实成熟。

4. 米良1号　由湖南吉首大学生物系育成。果实长圆柱形，果皮棕褐色，密被黄褐色硬毛；平均单果重 95g，最大单果重 162g；果肉黄绿色，汁液较多，酸甜适度，有芳香；果实可溶性固形物含量 15％，总糖含量 7.4％，有机酸含量 1.25％，每 100g 果肉含维生素 C 188～207mg；货架期较长，较耐贮藏。5 月上中旬开花，果实 10 月上旬成熟。极丰产、稳产，抗逆性较强，是鲜食、加工兼用的优良品种。

5. 金魁　由湖北农业科学院果树茶叶研究所育成。果实阔椭圆形，果皮黄褐色，密被棕褐色茸毛；平均单果重 103g，最大单果重 172g；果肉翠绿色，风味酸甜，具清香；果实可溶性固形物含量 18.5％～21.5％，总糖含量 13.24％，有机酸含量 1.64％，每 100g 果肉含维生素 C 120～243mg；货架期长。5 月上旬开花，10 月上中旬果实成熟。

6. 秦美　由陕西省果树研究所和周至猕猴桃试验站合作选出的优良品种。果实椭圆形，纵径 7.2cm，横径 6.2cm，平均单果重 106.5g，最大单果重 204g；果皮褐色，密被黄褐色硬毛；果肉绿色、质地细、果汁多，酸甜可口，香味浓；总糖含量 8.7％，总酸含量 1.58％，每 100g 果肉含维生素 C 190.0～354.6mg，软熟时可溶性固形物含量 14.4％；以鲜食为主，也可加工成罐头、果酱、果脯和果汁。5 月上中旬开花，10 月上旬果实成熟。

（二）中华猕猴桃

1. 早金　新西兰园艺研究所育成，Zespri 公司专利品种。果实倒圆锥形，果皮绿褐色，果皮细嫩，易受伤；平均单果重 80～105g；果肉黄色，质细汁多，味甜，香气浓；可溶性固形物含量 15％～17％，每 100g 果肉含维生素 C 120～150mg。4 月下旬至 5 月上旬开花，10 月中下旬果实成熟。

2. 魁密　由江西省园艺研究所选育。果实近圆形，果皮褐绿色或棕褐色；平均单果重 92g，最大单果重 155g；果肉黄色或绿黄色，多汁，酸甜；可溶性固形物含量 12.4％～16.7％，每 100g 果肉含维生素 C 119.5～147.8mg，总糖含量 8.86％～11.21％，柠檬酸含量 1.07％～1.49％。5 月上旬开花，9 月中下旬果实成熟，丰产性能好。

3. 红阳　由四川省自然资源研究所等育成。果实柱形或倒卵形，果顶下凹，果皮褐绿色；平均单果重 70g，最大单果重 87g；果肉黄绿色，果心周围呈放射状红色；可溶性固形物含量 16%，总糖含量 13.45%，总酸含量 0.49%，每 100g 果肉含维生素 C 135.8mg。4 月中下旬开花，9 月中句果实成熟。

（三）软枣猕猴桃

1. 魁绿 由中国农业科学院特产研究所选育。果实卵圆形，果皮绿色，光滑，平均单果重 18.1g，最大单果重 32g；果肉绿色，质细多汁，风味酸甜；可溶性固形物含量 15%，总糖含量 8.8%，有机酸含量 1.5%；每 100g 果肉含维生素 C 430mg、总氨基酸 209.3mg；在吉林，6 月中旬开花，9 月初果实成熟。

2. 丰绿 由中国农业科学院特产研究所选育。果实圆形，果皮绿色、光滑，平均单果重 8.5g，最大单果重 15g；果肉绿色，多汁细腻，酸甜适度；可溶性固形物含量 16%，总糖含量 6.3%，有机酸含量 1.1%；在吉林，6 月中旬开花，9 月上旬果实成熟。

（四）毛花猕猴桃

1. 沙农 18 由福建沙县农业局茶果站选育。果实圆柱形，果皮棕褐色，密被灰白色茸毛；平均单果重 61g，最大单果重 87g；果肉绿色，肉质细，味甜酸微香；可溶性固形物含量 13%，总糖含量 5.6%，有机酸含量 1.88%，每 100g 果肉含维生素 C 813mg。5 月中下旬开花，10 月中旬果实成熟。

2. 华特 由浙江省农业科学院园艺研究所选育。果实长圆柱形，果皮绿褐色，密被灰白色长茸毛；单果重 82～94g，最大单果重 132.2g；果肉绿色，肉质细腻，味略酸，品质上等；可溶性固形物含量 14.7%，总糖含量 9.0%，有机酸含量 1.24%，每 100g 果肉含维生素 C 628mg。5 月上中旬开花，11 月上中旬果实成熟。

（五）种间杂交

金艳 金艳是中国科学院武汉植物园以毛花猕猴桃为母本，以中华猕猴桃为父本进行种间杂交，从杂交后代中选育出的新品种。果长圆柱形，果皮黄褐色，密生短茸毛；平均单果重 101g，最大单果重 175g；果肉金黄，肉质细嫩多汁，风味香甜可口；可溶性固形物含量 16%，总酸含量 0.86%，总糖含量 8.55%，每 100g 果肉含维生素 C 105.5mg；果实软熟前硬度大，特耐贮藏，在常温下贮藏 3 个月好果率仍超过 90%，低温（2℃左右）贮藏6～8 个月。

第二节　建园和栽植

一、建园

(一)园地选择

猕猴桃园地的选择要根据猕猴桃生长发育对外界环境的要求，将其栽培在最适宜的优生区。

栽培区的年平均气温 12～16℃，从萌芽到进入休眠的生长期内，≥8℃的有效积温 2 500～3 000℃，无霜期≥210d。土壤以轻壤土、中壤土和沙壤土为好，重壤土建园时必须进行土壤改良。土壤有机质含量 1.5% 以上，地下水位在 1m 以下。年降水量 1 000mm 左右，分布均匀，能够满足猕猴桃各个生长季节的需要，否则，必须有可靠的灌溉水源和有效的灌溉设施。地势低洼的地区应有良好的排水设施。年日照时数超过 1 900 h，但光照过强的正阳向山坡地、光照不足的阴坡地和狭窄的沟道不宜建园。园地以平坦地为宜，坡度在 15°以下的坡地次之，山坡地宜在早阳坡、晚阳坡处建园，低洼谷地、山头、风口处不宜建园。

(二)果园规划设计

本着因地制宜、早果、高产、合理用地原则，对果园进行划分。规划应包括田间工作房屋、防风林、道路、排灌系统配置，树种和品种的搭配，栽植密度和栽植方式及定植方面的要求，授粉树配备等，需进行全面勘查和设计。

1. 防护林的设置　果园防护林的主要作用是防止和减少风、旱、寒的危害和侵袭。猕猴桃园需要防风林有效地保护好在春季发出的幼嫩枝条，以免其从茎部折断；保护果实，防其摩擦而损伤。在风大地区，如山口、河滩地，应在建园前先栽防风林。防风林所用主要树种有杨树、柳树、柏树、女贞等，以杨树、柳树最好，树体高大，防风效果好。防风林要和主风向垂直，而在园内每隔 200～300m 栽一条和果园主林带平行的林带，进一步起到小区内防风作用。

防风林距猕猴桃栽植行 5～6m，防风林应栽植 2 排杨树、柳树等乔木，行距 1.0～1.5m，株距 1.0m，以对角线方式栽植，树高 10m，在乔木之间加植紫穗槐等灌木树种。园内在迎风面每隔 50～60m 设置一道防风林。面积较小的果园可设置人造防风障，高 10～15m。

2. 道路规划　根据需要设置宽度不同的道路，一般中型和大型果园由主路（或干路）、支路和小路 3 级道路组成。主路贯通全园，大型车辆能够通过，一般为 6～7m。小区支路能同时通过两辆小四轮拖拉机，一般为 4m 左右。小区中间和环园路可根据需要设置小路，路面宽度 1～2m，以行人为主，并与支路垂直相接。小型或小面积果园，不设主路和小路，只设支路。

3. 灌水和排水设施　果园灌水形式目前有明沟灌水、喷灌和滴灌等。山地果园以水库、蓄水池、引水上山等为主。平地果园以井水、河水、水库、渠水为主。猕猴桃不耐旱，在规划栽植前，首先要考虑水源和灌水设施，提倡节水灌溉。在地下水位高、多雨地区要考虑排水系统的设置。

二、栽植

（一）架形、密度

猕猴桃园的栽植方式和密度与立地条件、光能利用、面积大小有关。确定栽植方式应以充分利用土地面积和光能、提高单位面积产量、有利于抵抗不良外界条件为原则。栽植方式主要有以下几种，可因地选用。

1. 大棚架　平地果园广泛采用的一种栽植方式。一般行距为 4m，株距 3m，每 667m² 栽植 55 株，也有加密栽植，如 4m×1.5m、4m×2m，每 667m² 栽 110 株、83 株。

2. T 形架　适用于平地、梯田地果园。一般株行距 3m×3m，每 667m² 栽植 74 株，也有加密栽植。

3. 篱架　适用于山地、湿润地区果园，一般每 667m² 栽植 74 株，或者 3m×1.5m、3m×2m，每 667m² 分别栽 148 株、110 株。

栽植距离也要因地形、土壤情况而定。肥沃土壤密度要稀，瘠薄土壤可加密。做到因品种、土壤肥薄、地形等情况进行合理密植。

（二）授粉树配置

猕猴桃为雌雄异株植物，雌树结果，雄树授粉，两者缺一不可。当前猕猴桃生产中雌雄株配置比例以（5～8）：1 居多。

雌雄比例8:1　　　　　雌雄比例6:1　　　　　雌雄比例5:1

●雌株　　　△雄株

猕猴桃不同雌雄比例定植

（三）栽植方法

1. 栽植时期　栽植时间分为秋栽和春栽。秋栽时，气温和土温还比较高，栽植后根系可以继续生长，产生新的白色根，到了第二年春暖回温时，根系可不经恢复阶段而直接生长，有利于早成形、早结果。春栽一般在发芽前进行。

2. 栽植方式　定植前，按照确定的株行距标出定植点，再按（0.8~1）m×（0.8~1）m挖定植穴，挖穴时将表土和下层土分开堆放。每穴施入腐熟有机肥25~50kg、过磷酸钙0.5~1kg等，与表土混合均匀后填入穴内，再填入其他表土，使定植穴略低于地平面，然后给定植穴灌透水一次，使之充分沉实。待穴内墒情下降到可栽植时，按照根系的大小在定植穴内挖大小适宜的坑，将穴内整理为中间高、周围低的半球形，半球顶部低于地面4~5cm。栽植时提苗使根系在坑内土堆上舒展开，较长的根沿土堆斜向下伸展，不要在坑内盘绕。填土时取用周围地表土，注意使根际填土均匀，并轻提苗使根系保持舒展。栽植的深度以保持在苗圃时的土印略高于地面，待穴内土壤下沉后大致与地面持平为宜。

3. 选择壮苗　壮苗有4~5个饱满芽，根颈部粗度0.8cm以上，根系主侧根4~5条，长度15~20cm，副侧根5~6条，长度15cm以上。苗木嫁接口愈合完好，无病虫危害（根系无根结线虫病）。根系粗壮、敦实，须根多，木质化程度较高。

4. 优良品种选择　应选1~2个主栽品种，因地制宜地进行各地品种搭配栽植。

5. 栽后及时灌水　栽好后立即浇水，浇水前要修渠道及每株周围的树盘，树盘修成方形或圆形，盘内比地面低5cm，当水浇完后，幼苗周围下陷后与地面平行。第一次浇水称为稳苗水，水一定要浇透，当水渗下后有些树盘塌陷不平时，要将树盘填平，还可保墒。当地面黄干后，灌第二次水，然后进行覆盖保墒，确保苗木正常生长。

（四）栽后管理

不论秋栽或春栽的苗木，一般剪留3～4个饱满芽。保持土壤经常湿润，水分才能达到全苗。幼苗新梢长出后，在苗木旁边插一木棍或细竹竿，引诱主蔓直立向上生长，不让其缠绕，每隔20～30cm用布条等绑在竹竿上，直到生长到架面上。夏季高温季节，树盘用麦草或杂草覆盖保墒，防止高温干旱和地面龟裂。另一种方法是，在苗木南边和西边点播一行玉米，对幼苗起到遮阳作用，减少水分蒸发，效果也很好。幼苗新梢长到50cm时，就可追施尿素和磷酸二铵，第1年每株每次施50g，一般每隔20～30d施一次，共施3～4次，在距树干40～50cm处撒施。对弱苗，从主蔓基部选留3～4芽短截，第2年抽生2～3个枝蔓，选健旺枝蔓1～2个引绑上架。

第三节　土肥水管理

一、土壤管理

我国猕猴桃栽培区土壤有机质含量普遍较低，提高土壤有机质含量是果园土壤管理的关键之一；其次是深翻改土，对土壤性状不好的地区，如不加以扩穴、改良和深翻，会使根系透气性不好，树体生长不健壮。

（一）扩穴

一般于建园后的第1年秋季，在树盘外围的两边挖宽度50cm、深度50～80cm的沟。把土挖出后，在挖好的沟底层垫压1～2层玉米秸秆、麦草、枯枝落叶等物，覆一层土，再压一层秸秆，再覆一层土，然后施一层有机肥，最后用土将穴埋平。第2～4年秋季，同样采取此法扩穴，直至将果园深翻一遍为止。沙砾土或沙土地可在扩穴的同时进行挖沙石改土，改良土壤结构。

（二）翻耕

前3～4年把穴扩完后，从第5年秋开始，每年进行一次全园深翻，深度 20～30cm。先将有机肥、速效肥撒施在树盘周围，再深翻，深翻时不要伤 0.8cm 以上的根系，树干附近必须浅翻。

（三）间作

果园间作是农业生产向立体方向发展的一种种植模式，能够利用植物间的互相弥补作用使生态平衡，进而增加单位面积经济效益。幼树期可间作套种蔬菜、低秆农作物等，增加果园收入。

（四）其他措施

1. 中耕与除草 在陕西地区，杂草生长旺季为 5～9 月，特别是 7～9 月。一般年份雨量充沛，气温高，杂草生长非常旺盛。待杂草长到 10cm 左右，就必须进行中耕除草，树盘周围浅锄，否则营养被杂草吸收利用，对果树生长不利。一般干旱年份，灌水之后，黄墒时就要浅锄一次，可防止杂草旺长，一年内锄 4～5 次，有利于保墒。

2. 树盘覆盖 北方每年 6～8 月气温非常高，有时达 38℃以上。对猕猴桃来说，气温高于 35℃就可能受到高温危害，造成叶片边缘干枯，叶子萎蔫，严重时有落叶现象。预防高温危害通常采用玉米秆、青草、酒糟、麦糠或锯末等覆盖树盘，覆盖范围就是根系主要分布区，大多在树盘 1m 以外，覆盖物充足时可达 1.5m，效果会更好。据测定，覆盖的树盘比未覆盖的地温要低 5～6℃，土壤中相对含水量比未覆盖的高 10%。树盘覆盖的植株生长正常，枝叶、果实未受损伤，未覆盖的叶片边缘焦枯，果实缓慢或停止生长。

3. 果园生草 对于南方雨量多的地区及北方灌溉条件好的地区提倡果园生草。通过果园生草可以起到增加土壤有机质含量、保墒、减少灌溉次数、改善果园小气候、疏松土壤、提高土壤供肥能力、提高果实品质等目的。

二、施肥管理

（一）基肥

基肥以秋施为好，应在果实采收后尽早施入，宜早不宜晚。时间一般在 10 月中旬至 11 月中旬。这时天气虽然逐渐变凉，但地温仍然较高，根系进入第三次生长高峰，施肥后当年仍能分解吸收，有利于提高花芽分化的质量和促进第二年树体的生长。

基肥的种类以农家有机肥为主，配合适量的化肥。施肥量一般应占年总施肥量的 60% 以上，包括全部有机肥及化肥中 60% 的氮肥、60% 的磷肥和 60% 的钾肥。施用微量元素化肥时应与农家肥混合后施入，以便微肥的吸收利用。

（二）追肥

追肥是在猕猴桃需肥急追时补充施肥的方法。追肥的次数和时期因气候、树龄、树势、土质等而异。

一般猕猴桃园每年追肥 4 次，具体如下：

1. 花前肥　猕猴桃萌芽开花需要消耗大量营养物质，但早春土温低，吸收根发生少，吸收能力不强，树体主要消耗体内贮存的养分。此时若树体营养水平低、氮素供应不足，会影响花的发育和坐果质量。因此花前追肥以氮肥为主，主要补充开花坐果对氮素的需要，弱树和结果多的大树应加大追肥量。如树势强健，基肥数量充足，花前肥也可推迟至花后。施肥量占全年化学氮肥施用量的 10%～20%。

2. 花后肥　落花后幼果生长迅速，新梢和叶片也都在快速生长，需要较多的氮素营养，施肥量约占全年化学氮肥施用量的 10%。花后追肥可与花前追肥互相补充，如花前追肥量大，花后也可不施追肥。

3. 果实膨大肥　也称壮果促梢肥，此期随着新梢的旺盛生长和花芽生理分化的进行，果实迅速膨大。追肥种类以氮、磷、钾肥配合施用，提高光合效率，增加养分积累，促进花芽分化和果实肥大。追肥时间因品种而异，从 5 月下旬至 6 月中旬，在疏果结束后进行，施肥量分别占全年化学氮肥、磷肥、钾肥施用量的 20%。

4. 优果肥　果实生长后期体积已经接近最终大小，果实内的淀粉含量开始下降，可溶性固形物含量升高，果实转入营养积累阶段。此时追肥有利于营养运输、积累，有效磷、速效钾肥能促进果实营养品质的提高，因此称为优果肥。施肥时间大致在果实成熟期前 6～7 周。施肥量分别占全年化学磷肥、钾肥施用量的 20%。

三、水分管理

猕猴桃为肉质根，根系分布浅且范围小，这就决定了猕猴桃是一种不耐旱的果树。猕猴桃叶片大，蒸发量大，需要及时补充足够的水分。又因为猕猴桃是肉质根，渍水后缺氧不能正常进行呼吸，会使根系烂掉，以及地上部叶片黄化，严重时树体死亡。所以，果园有积水，就得及时排走。

（一）时期、作用

北方地区降水量适宜的情况下灌 4～5 次水，可以满足猕猴桃生长。第一次是冬灌；第二次发芽前；第三次是花前或花后；第四次在幼果膨大期。一般干旱年份除常规 4 次灌水外，要根据果园的墒情灵活掌握，及时灌水，保持地面湿润。

灌水的作用是促使叶、枝和果实的正常生长发育。当水分不足或树体受旱时，叶片焦枯，果实小而不长，出现落果现象，果实产量降低，高温季节还会出现果实日灼、畸形果等。

（二）方法和数量

1. 方法 灌溉有漫灌、沟灌、渗灌、滴灌、喷灌等多种方法，其中滴灌和微喷是目前最先进的灌溉方法，但投资相对较大。渗灌不如滴灌和微喷效果好，但较漫灌好，成本相对较低，可以在大多数种植区使用。

2. 灌水量 可以根据灌溉前的土壤含水量、土壤容重、土壤浸润深度等估算出灌水量。

灌水量（t）＝灌溉面积（m²）×土壤浸润深度（m）×土壤容重（t/m³）×（田间最大持水量×85％－灌溉前土壤含水量）

例如：0.1hm²（即 1 000m²）的猕猴桃园，灌溉前土壤含水量 14％，土壤容重 1.6 t/m³，田间最大持水量 25％，灌溉后要求达到田间持水量的 85％，土壤浸润深度 0.4m。根据上述公式，

灌水量＝1 000×0.4×1.6×（25％×85％－14％）＝46.4（t）。

（三）排水

排水主要是在水位高的地区或黏重土壤上进行。建园时，就要设计修建排水渠，渠宽 1～1.5m，深 1.2m 左右，以把果园水排走为原则，不能有积水。

第四节　花果管理

一、保花保果

（一）放蜂

猕猴桃为雌雄异株植物，加之叶大枝茂，花朵大多处于叶幕之下，

授粉不易。利用蜜蜂来传播花粉，可以增加叶下花授粉机会。据试验得出，猕猴桃园放蜂，以每公顷放 7～8 箱蜂为宜。

（二）人工授粉

蜜蜂传粉最大的缺点是遇到低温、阴雨天气，蜜蜂活动次数少，影响授粉。这时必须进行人工授粉来弥补。

人工授粉最好在 10:00 以前进行。连续进行 3 次人工授粉，效果更好。

1. 花粉采集、保存　采集即将开放或半开的雄花，用牙刷、剪刀、镊子等取花药平摊于纸上，在 25～28℃ 下放置 20～24 h，使花药开放散出花粉。散出花粉用细箩筛出，装入干净的玻璃瓶内，贮藏于低温干燥处。纯花粉在密封容器内于 $-20℃$ 下可贮藏 1～2 年，在 5℃ 下可贮藏 10d 以上。在干燥的室温条件下贮藏 5d 的花粉，授粉坐果率可达到 100%，但随着贮藏时间的延长，授粉后果实的重量逐渐降低，以贮藏 24～48 h 的花粉授粉效果最好。

2. 授粉方法　人工授粉的方法多种多样，包括花对花授粉，毛笔点授，使用简易授粉器、喷粉器或喷雾器授粉等。花对花授粉是采集当天早晨刚开放的雄花，花瓣向上放在盘子上，用雄花直接对着刚开放的雌花，用雄花的雄蕊轻轻在雌花柱头上涂抹，每朵雄花可授 7～8 朵雌花；毛笔点授是先采集花粉，然后用毛笔将花粉涂到雌花柱头上。

二、 疏花疏果

猕猴桃易形成花芽，花量比较大，只要授粉受精良好，绝大部分花都能坐果，几乎没有生理落果现象。但如果结果过多，养分分散，容易导致单果重降低，果实品质下降或无商品价值，也容易产生大小年结果现象，所以必须进行人为疏花疏果。

疏蕾通常在侧花蕾分离 2 周左右后开始。疏蕾时先疏除侧花蕾（即生产中常说的"摘耳朵"）、畸形蕾、病虫危害蕾，再疏除基部的花蕾，最后疏顶部的花蕾，尽量保留中部的花蕾。强壮的长果枝留 5～6 个花蕾，中庸的结果枝留 3～4 个花蕾，短果枝留 1～2 个花蕾。

疏果应在盛花后 2 周左右开始，首先疏去授粉受精不良的畸形果、扁平果、伤果、小果、病虫危害果、过密果等，而保留果梗粗壮、发育良好的正常果。生长健壮的长果枝留 4～5 个果，中庸结果枝留 2～3 个果，短果枝留 1 个果。疏除多余果实时，应首先疏除短小果枝上的果实，保留长果枝和中庸果枝上的果实。经过疏果，使 8～9 月叶果比达到 (4～6)：1。

三、果实套袋

(一) 套袋时间

花后 40～60d。

(二) 纸袋选择

以单层褐色纸袋为好。袋长约 15cm，宽约 10cm，上端侧面黏合处有 5cm 长的细铁丝，果袋两角分别纵向剪 1 个 1cm 长的通气缝。绿肉品种选用浅褐色单层木浆纸袋；黄肉品种选用外褐色内黑色单层木浆纸袋。

(三) 套袋前准备工作

园内喷一次杀菌杀虫药，防治褐斑病、灰霉病和东方小薪甲、椿象类等。也可加上果友氨基酸和乳酸钙，补充营养，提高果实硬度。

套袋前 1d，给所用纸袋喷水，使纸袋不干燥，用时易打折。

(四) 套袋方法

先将纸袋口吹开，把果子放入袋中间，然后将袋口打折到果柄部位，用铅丝轻轻扎住。一般应从树冠内膛向外套，轻拿轻扎，不要让铁丝扎伤果柄。

(五) 除袋

采前 3～5d 解袋，不宜太早，早了果实会受污染，迟了果面上色差，达不到果面固有色泽。

注意事项

套袋过程中要轻拿轻扎，不可用力过度，损伤果柄。选择质量高的纸袋，达不到要求的不可使用，否则达不到套袋效果。

第五节 整形修剪

一、树形和架式结构

(一) 树形

1. 大棚架、T 形树形 猕猴桃的树形结构为"单主干上架，双主蔓，羽状分布"。即采用单主干上架，在主干上接近架面的部位选留2个主蔓，分别沿中心铁丝伸长，主蔓的两侧每隔25～30cm选留一强旺结果母枝，与行向成直角固定在架面上，呈羽状排列。

2. 篱架树形　生产中常用的是二层水平式和多主蔓扇形。

(1) 二层水平式。也称双臂双层水平式。从基部选留生长健壮、芽眼饱满、直立生长的枝条，引绑上架，从第一道铁丝上，向两边分叉，形成第一层，在主蔓上选留一健壮枝，引绑上第二道铁丝，同样方法，向两边分叉，形成第二层侧蔓，以这样的方法，再培养第三层，即可完成树形。在主蔓上，每隔30～40cm留一结果母枝，3～4年后布满架面。

(2) 多主蔓扇形。一般留3个主蔓，从茎部3～5个芽处短截，3个主蔓引绑上架，而每个主蔓上放射状的留侧蔓，间隔30～40cm，每一主蔓最后成形均为扇形，增加结果面。若基部芽眼不饱满，要重剪，刺激发出粗壮枝，重新培养主蔓成扇形。

(二) 架式结构

1. 大棚架　立柱高2.5m，埋入土中0.7m，地上部1.8m。在立柱上架设横担，在横担上每隔0.5m拉一道铁丝，形成横担和铁丝纵横交错的布局。

2. T形架　立柱高2.5m，埋入土中0.7m，地上部1.8m，横梁长1.5～2.0m，每40～50cm拉一道铁丝，一般为5道。为扩大结果面也可拉6道。

3. 篱架　立柱全高2.5m，埋入土中0.7m，地上部1.8m。在水泥柱上拉3道铁丝，第一道距地面0.6m，第二道距地面1.2m，第三道距地面1.8m。山地果园可采用此架形。

二、修剪技术要点

(一) 修剪时期、作用

按修剪季节分类可分为冬季修剪和夏季修剪。冬季修剪时间为落叶后至伤流发生前这一段时间（伤流期在北方关中地区2月中旬开始，5月上旬结束），猕猴桃冬季修剪时间为12月至翌年1月底。夏季修剪是指从春季萌芽开始直至秋季的整个生长季节的枝蔓管理。

冬季修剪的作用：一是调节骨架上侧蔓和结果母枝能均匀分布在架

面上，确定结果母枝的数量和留芽数，确保来年抽生结果枝数量；二是调节树势，促进新梢萌发，调整果树地上部和地下部生长、结果、衰老和更新的关系，改善光照条件，使枝蔓周围空气畅通，增强光合作用，使结果母蔓更成熟。冬季修剪，能提高果实品质和质量，有助于果树达到早产、丰产、稳产和优质，延长经济寿命和便于管理。

夏季修剪的作用：主要让新梢抽生的结果枝、发育枝分布均匀，通风透光好，枝蔓不互相缠绕，提高果实着色率与品质，有利于枝条及芽充分成熟，促进花芽分化。

（二）修剪方法和运用

1. 冬季修剪

（1）结果母枝的种类。

① 强旺发育枝。一般在 7 月以前抽生的基部直径 1cm 以上、长度 1m 以上的枝条。这类枝条长势强、贮藏的营养丰富，芽眼发育良好，留作结果母枝后抽生的结果枝生长旺盛，结果量多，果实品质优，是作为结果母枝的首选目标。

② 强旺结果枝。基部直径 1cm 以上、长度 1m 以上。结果枝一般发芽抽生早，结果部位以上叶腋间的芽形成早，发育程度好，留作结果母枝时常能抽生良好的结果枝，强旺的结果枝是比较理想的结果母枝选留对象，但基部结过果的节位没有芽眼，不能抽生结果枝，残留的果柄也容易成为病菌侵入的场所，导致结果母枝的基部发生枝腐病。

③ 中庸枝。长势中庸的结果枝和发育枝，长度为 30～100cm，也是较好的结果母枝选留对象，在强旺发育枝、强旺结果枝数量不足时可以适量选用。

④ 短枝。一般长度在 30cm 以下、停止生长较早、芽眼发育比较饱满的短枝，着生位置靠近主蔓时可以适量选留填空，保护主蔓免受日灼的危害，增加一定产量。

⑤ 徒长枝或徒长性结果枝。徒长枝条下部直立部分的芽发育不充实，形成混合芽的可能性很小，从中部的弯曲部位起往上的枝条发育比较正常，芽眼质量较好，能够形成结果枝，在强旺发育枝、强旺结果枝数量不足时也可留作结果母枝。

（2）修剪方法。对于选留的结果母枝从饱满芽处修剪，其余从基部疏除。

2. 夏季修剪

（1）抹芽。抹除位置不当或过密的芽。包括根蘖、主干上发出的隐芽、结果母枝抽生的双芽、三芽及结果母枝上的多余芽。抹芽一般从芽萌动期开始，每隔2周左右进行一次。抹芽应及时、彻底，减少树体营养的无效消耗。

（2）疏枝。根据架面大小、树势强弱、结果枝和营养枝比例，确定适宜的留枝量。疏枝一般从5月左右开始，6～7月枝条旺盛生长期是关键时期。一般疏除病虫枝、过盛营养枝、交叉枝、细弱的结果枝。疏枝后7～8月的果园叶面积指数大致保持在3～3.3。

（3）绑蔓。是猕猴桃生产管理中的一项重要工作。当新梢生长达到30～40cm时应开始绑蔓，每隔2周左右进行一次。调顺新梢生长方向，避免互相重叠交叉，使其在架面上均匀分布，从中心铁丝向外引向第二、三道铁丝上固定。为了防止枝条与铁丝摩擦受损伤，绑蔓时应先将细绳在铁丝上缠绕1～2圈再绑缚枝条，不可将枝条和铁丝直接绑在一起，绑缚不能过紧，使新梢能有一定活动余地，以免影响加粗生长。

（4）摘心。从主蔓或结果母枝基部发出的徒长枝，如位置适宜，可留2～3芽短截，使之重新发出二次枝，长势缓和，可培养为结果母枝的预备枝；对于外围计划冬季剪除的结果枝可于结果节位以上留6～8片叶提早进行摘心，对发出的二次枝应及时进行抹除，这样既可节约树体养分，又可保证果实的正常生长；对于计划留作下年的结果母枝，一般情况下不要急于摘心，当其顶端开始弯曲即将缠绕其他物体时，摘去新梢顶端的3～5cm使之停止生长，促使芽眼发育和枝条成熟，发出的二次枝，当顶端开始缠绕时再次摘心。摘心工作一般隔2周左右进行一遍。

海沃德品种不抗风，可以使用摘心方法预防风害。即当春季新梢生长至15～20cm时及时摘去顶端3～5cm，可有效减轻枝条的风害。过迟或过轻则效果不佳。

三、不同年龄期树的修剪

（一）幼年树

以长枝为主，促使多萌发枝条，上架成形，布满架面。进行重剪，促使枝蔓旺盛生长，对壮枝从饱满芽处摘心，促发二次梢，加速扩大树冠。对细弱枝从基部饱满芽处剪截，重发新枝，也能完成树形。应加强肥水管理，促进生长，尽快上架。

（二）初果期树

初果期指从成形阶段到开始结果期。这一段时间更需要营养以扩大树冠，不能让树体结果量过大，弱树不结果最好，强壮树挂果也要适量，否则会影响树冠的扩大，使树体早衰。要严格控制坐果量，疏果要按比例进行，以扩大树冠布满架面为主，结果为第二位。

（三）盛果期树

枝蔓已布满架面，进入最大限度结果，也是获得最大效益的关键时期。在此期间，保持架面枝蔓旺盛生长，达到架面能承受最大负荷量。保持地上部和地下部平衡，修剪应去弱留强，对那些弱枝和病虫枝全部疏剪，控制结果部位不外移，严格按比例疏果，达到年年丰产、稳产，促使生长旺枝，弥补空间，及时更新，始终保持健旺的结果树体。如果超负荷挂果，管理不当，不疏果，树体很快会早衰。

（四）衰老树

指盛果后期，产量急剧下降，结果枝进入衰老阶段。树体衰弱，从主蔓基部抽生较多的徒长枝，而结果枝逐渐进入死亡。在这时期，利用徒长枝更新法培养主蔓，重新发枝，使衰老的树体尽快恢复树冠，进入结果期。有条件的地区，淘汰老园，重新建立新园。

四、密植园修剪技术

猕猴桃枝蔓生长量大，密植会形成枝蔓交叉重叠，互相缠绕，影响通风透光，又对果实上色、品质、贮藏都不利。因此，冬剪时一定要把结果母枝的距离间隔拉开，以 25～30cm 留一个结果母蔓为宜。留的过密，导致枝条节间长，芽体不饱满，影响来年结果和产量。夏季要严格控制营养生长，及时摘心，促进枝条加粗生长。还可对密植园采用药剂控制，如丁酰肼和多效唑。

第六节　病虫害防治

随着我国猕猴桃栽培面积的扩大，病虫危害也随之增加。据不完全统计，危害我国猕猴桃的病害有 16 种以上，害虫有 20 多种，发展速度快，蔓延范围广，部分地区已对生产造成危害。

一、主要病害及其防治

狝猴桃的病害主要有根腐病、疫霉病、根结线虫病、褐斑病、花腐病、溃疡病、灰霉病等。

（一）狝猴桃密环菌根腐病

1. 症状　地上部早期症状表现为植株生长不良、叶片变黄等。侵入根颈部的病菌主要沿主根和主干蔓延，初期根颈部皮层出现黄褐色块状斑，皮层软腐，韧皮部易脱落，内部组织变褐腐烂。当土壤湿度大时，病斑迅速扩大并向下蔓延导致整个根系腐烂，病部流出许多褐色汁液，木质部变为淡黄色，叶片迅速变黄脱落，树体萎蔫死亡。后期病组织内充满白色菌丝，腐烂根部产生黑色根状菌索，危害相邻植株根系。感病的病株表现为树势衰弱、产量降低、品质变差，严重时会造成整株死亡，对生产影响极大。发生根腐病的果园一般不能再次栽植建园。

2. 病原　该病病原为密环菌属真菌 *Armllaria mellea*。

3. 防治方法

（1）农业防治。

① 建园时要因地制宜，选择土壤肥沃、排灌良好的田块建园。注意选用无病苗木或对苗木进行消毒处理，不要定植过深，不施用未腐熟的肥料，杜绝病害的发生。

② 加强果园管理，增强树势，提高树体抗性。如生产上重施有机肥；采用合理的灌溉方式，切忌大水漫灌或串树盘灌，有条件的地方可实行喷灌或滴灌；依树势合理负载、适量留果等。

（2）化学防治。发现病株时，将根颈部周围土壤挖开，仔细刮除病部，并用生石灰消毒处理，然后在根部追施腐熟农家肥，配合适量生根剂以恢复树势。也可以选用 65％代森锌可湿性粉剂 600～1 000 倍液，或 0.3％梧宁霉素水剂 500～750 倍液，或 70％噁霉灵可溶粉剂 200～300 倍液等。发病严重的果园，要及时拔除田间病株、土壤中残留的树桩及已感染病菌的根系，并随时集中销毁。

（二）疫霉根腐病

1. 症状　该病主要危害根，也危害根颈、主干和藤蔓。发病症状有2种：一种为从小根发病，皮层具水渍状斑，褐色，病斑渐扩大腐烂，有酒糟味。随着小根腐烂，病斑逐渐向根系上部扩展，最后到达根颈。另一种为根颈部先发病。发病初期主干基部和根颈部产生圆形水渍状病斑，后扩展为暗褐色不规则状，皮层坏死，内部呈暗褐色，腐烂后有酒糟味。严重时，病斑环绕茎干，引起主干环割坏死，延伸向树干基部。最终导致根部吸收的水分和养分运输受阻，植株死亡。地上部症状均表现萌芽晚，叶片变小、萎蔫，梢尖死亡。严重者芽不萌发，或萌发后不展叶，最终导致植株死亡。

2. 病原　为疫霉菌，有数个变种，包括 *Pytophthora cactorum*、*P. cinnamoni*、*P. lateralis*、*P. megasperma* var. *megasperma* 和 *P. ciricola*。

3. 防治方法

（1）农业防治。

① 通过重施有机肥改良土壤，改善土壤的团粒结构，增加通透性，保持果园内排水通畅不积水，降低果园湿度，预防病害的发生。避免在低洼地建园，在多雨季节或低洼地采用高畦栽培。

② 不栽病苗，并在施肥时注意防止树根部受伤。

③ 猕猴桃栽植深度以土壤不埋没嫁接口为宜。已深栽的树干，扒土晾晒嫁接口，减轻病害发生。

（2）化学防治。发病初期扒土晾晒，刮除病斑，然后用80％乙膦铝30～50倍液，或843康复剂原液涂抹伤口消毒；将50％～75％百菌清可湿性粉剂拌细土撒施在穴坑中，两周后填平；用70％安泰生400倍液或70％代森锰锌400～500倍液对主干基部、主干上部和枝条喷雾，或用代森锰锌0.5kg加水200kg灌根。

（三）根结线虫病

1. 症状　地上部症状与其他根病引起的症状相似，主要危害根部，从苗期到成株期均可受害。苗期受害，植株矮小，生长不良，叶片黄化，新梢短而细弱。夏季高温季节，中午叶片常表现为暂时失水，早晚温度降低后才恢复原状。受害严重时苗木尚未长成便已枯死；成株受害后，根部肿大，呈大小不等的根结（根瘤），直径可达1～10cm。根瘤初呈白色，后呈褐色，受害根比正常根短小，分枝也少，受害后期整个根瘤和树根可变褐而腐烂。根瘤形成后，根的活力减弱，导管组织畸形歪扭而影响水分和营养的吸收。由于水分和营养吸收受阻，地上部出现缺肥缺水状态，生长发育不良，叶黄而小，没有光泽。表现树势衰弱，枝少叶黄，秋季提早落叶，结果少、果实小、果质差。

受害植株的根部肿大呈瘤状（或称根结状），每个根瘤有1个至数个线虫，将肿瘤解剖，可肉眼看到线虫。根瘤初发时表面光滑，随后颜色加深，数个根瘤常常合并成一个大的根瘤物或呈节状。大的根瘤外表粗糙，其色泽与根相近，后期整个瘤状物和病根均变为褐色、腐烂，呈烂渣状散入土中，地上部表现整株植物萎蔫死亡。

2. 病原　主要为南方根结线虫（*Meloidogyne incognita*）。

3. 防治方法

（1）农业防治。

① 加强苗木检疫，不从病区引入苗木，禁止人为造成的病苗传播。

② 加强栽培和肥水管理，建立良好的猕猴桃生长环境，间作抗线虫病的植物，选用抗根结线虫病的品种和砧木，增强树势，提高抗病性。

（2）物理防治和化学防治。

① 选择没有病原线虫的田块建园。发病植株用44～48℃的热水浸根15min，可有效地杀死根瘤内和根部线虫。

② 用1.8%阿维菌素乳油，每667m² 0.6kg，对水200kg浇施于病株根系分布区。

③ 用10%噻唑膦颗粒剂，每667m² 1.3～2.0kg，与湿土混拌后在树盘下开环状沟施入，沟深3～5cm，隔3周施一次，连施2次。

（四）猕猴桃褐斑病

1. 症状　主要危害叶片，也可危害果实和枝干。发病部位多从叶缘开始，初期在叶边缘出现水渍状污绿色小斑，后病斑顺叶缘扩展，形成不规则大褐斑。发生在叶面上的病斑较小，一般3～15mm，近圆形至不规则。在多雨高温条件下，叶缘病部发展迅速，病组织由褐变黑引起霉烂。正常气候条件下，病斑周围呈现深褐色，中部色浅，其上散生许多黑色点粒。病斑为放射状、三角状、多角状混合型，多个病斑相互融合，形成不规则的大枯斑，叶片受害后卷曲破裂，干枯易脱落。高温干燥气候下，被害叶片病斑正反面呈黄棕色，叶片受害后内卷或破裂，导致提早枯落。果面感染则出现淡褐色小点，最后呈不规则褐斑，果皮干腐，果肉腐烂。后期枝干也可受害，导致落果及枝干枯死。

2. 病原　为子囊菌亚门小球壳菌（*Mycosphaerella* sp.）

3. 防治方法

（1）农业防治。

① 加强果园土肥水的管理。重施有机肥，合理排灌，改良土壤，培肥地力；根据树势合理负载，适量留果，维持健壮的树势是预防病害发生的基础。

② 清洁果园。结合冬季修剪，彻底清除病残体，并及时清扫落叶落果，是预防病害发生的重要措施。

③ 科学整形修剪，注意夏剪，保持果园通风透光。夏季高温高湿，是病害的高发季节。注意做好灌水和排水工作，以降低湿度，减轻发病程度。

（2）化学防治。发病初期，应加强预测预报，及时防治。可用 70%甲基硫菌灵可湿性粉剂 800 倍液、50%多菌灵可湿性粉剂 500 倍液、75%硫菌灵可湿性粉剂 500 倍液、75%百菌清可湿性粉剂 500 倍液、70%代森锰锌可湿性粉剂 500 倍液、50%甲霜•锰锌可湿性粉剂 400 倍液、10%多抗霉素可湿性粉剂 1 000～1 500 倍液、70%丙森锌可湿性粉剂 600 倍液、43%戊唑醇悬浮剂 3 000 倍液、10%苯醚甲环唑水分散粒剂 1 500～2 000 倍液、12.5%烯唑醇可湿性粉剂 1 500 倍液等防治。在 5～6 月，花后到果实膨大期喷施，每 7～10 d 喷一次，连续喷 2～3 次。

（五）猕猴桃花腐病

1. 症状　主要危害花，也可危害叶片，重则可造成大量落花和落果。发病初期，感病花蕾、萼片上出现褐色凹陷斑，随着病斑的扩展，病菌入侵到蕾内部时，花瓣变为橘黄色，开放时呈褐色并开始腐烂，花很快脱落。受害轻的花虽然也能开放，但花药、花丝变褐或变黑后腐烂。病菌入侵子房后，常引起大量落蕾、落花，偶尔能发育成小果的，多为畸形果。受害叶片出现褐色斑点，逐渐扩大，最终导致整叶腐烂，凋萎下垂。

2. 病原　为假单胞杆菌（*Pseudomonas viridiflava*）。

3. 防治方法

（1）农业防治。加强果园管理，增施有机肥，及时中耕，合理整形修剪，改善通风透光条件，合理负载，均能增强树势，减轻病害的发生。

（2）化学防治。花腐病发生严重的果园，萌芽至花前可选用 2% 春雷霉素可湿性粉剂 400 倍或 50% 春雷·王铜可湿性粉剂 800 倍等＋柔水通 4 000 倍混合液喷雾防治。

（六）狝猴桃溃疡病

1. 症状　主要危害树干、枝条，严重时造成植株、枝干枯死，同时也危害叶片和花蕾。最初从芽眼、叶痕、皮孔、小伤口等处溢出乳白色菌脓，划破皮层韧皮部可见深灰色腐烂。植株进入伤流期后，病部的菌脓与伤流液混合从伤口溢出，呈锈红色。病斑扩展绕茎一周后导致发病部以上的枝干坏死，也会向下部扩展导致地上部分枯死或整株死亡。

叶片发病时在新生叶片上呈现褪绿小点、水渍状，之后扩展为不规则或多角形褐色病斑，边缘有明显的淡黄色晕圈，湿度大时病斑湿润并有乳白色菌脓溢出。高温条件下病斑呈红色，在连续阴雨低温条件下，病斑扩展很快，有时也不产生黄色晕圈。叶片上产生的许多小病斑相互融合形成枯斑，叶片边缘向上翻卷，不易脱落；秋季叶片病斑呈暗紫色或暗褐色，容易脱落。花蕾受害后不能张开，变褐枯死；新梢发病后变黑枯死。

2. 病原　为丁香假单胞杆菌狝猴桃致病变种（*Pseudomonas syringae* pv. *actinidiae*）

3. 防治方法

（1）植物检疫。严格检疫，防止病菌传播扩散，严禁从病区引进苗木，对外来苗木要进行消毒处理。

（2）农业防治。加强栽培管理，严禁间作，施足基肥，多施有机肥，防止偏施氮肥，看树施肥，注意田间清沟排渍，降低地下水位和田间湿度。适时修剪，冬季用波尔多液或石灰水涂干，保树防冻，也可用稻草或秸秆等包裹枝干。搞好田间卫生，剪除病枝、枯枝，彻底清除田间枯枝落叶，集中烧毁。修剪刀、嫁接刀等工具及嫁接用的接穗等都要及时消毒。

（3）化学防治。8月下旬到落叶前每 10～15 d，喷布 20% 噻枯唑可湿性粉剂 800～1 000 倍液、20% 噻菌铜 600～800 倍液等杀菌剂一次，连喷 3～4 次，以上药剂交替使用。冬季修剪后至萌芽前，喷 3～5 波美度石硫合剂、20% 噻菌铜 300 倍液、46% 氢氧化铜 1 000 倍液、波尔多液等，连喷 2～3 次。树干、枝蔓均应喷到，彻底清园。萌芽后至花期，用 20％噻菌铜 600～800 倍液，连喷 2～3 次。

（七）猕猴桃灰霉病

1. 症状　主要发生在猕猴桃花期、幼果期和贮藏期。花朵染病后变褐并腐烂脱落。幼果发病时，首先在残存的雄蕊和花瓣上密生灰色孢子，接着幼果茸毛变褐，果皮受侵染，严重时可造成落果。带菌的雄蕊、花瓣附着于叶片上，并以此为中心，形成轮纹状病斑，病斑扩大，叶片脱落。如遇雨水，该病发生较重。果实受害后，表面形成灰褐色菌丝和孢子，后形成黑色菌核。贮藏期果实易被病果感染。

2. 病原　为灰葡萄孢（*Botrytis cinerea*）。

3. 防治方法

（1）农业防治。实行垄上栽培，注意果园排水，避免密植，保持良好的通风透光条件是预防病害的关键。秋冬季节注意清除园内及周围各类植物残体、农作物秸秆，尽量避免用木桩做架；生长期要防止枝梢徒长，对过旺的枝蔓进行夏剪，增加通风透光条件，降低园内湿度，减轻病害的发生；采果时应避免和减少果实受伤，避免阴雨天和露水未干时采果；入库前要仔细剔除病果，必要时采用药剂处理，防止二次侵染；入库后，应适当延长预冷时间，努力降低果实湿度，再进行包装贮藏。

（2）化学防治。花前开始喷杀菌剂，可选用 50％腐霉利可湿性粉剂 500～1 000 倍液、50％异菌脲可湿性粉剂 1 000 倍液、50％乙烯菌核利可湿性粉剂 500 倍液、25％咪鲜胺乳油 900 倍液、40％乙霉·多菌灵可湿性粉剂 1 000 倍液、40％嘧霉胺悬浮剂 1 200 倍液。隔 7～10d 喷一次，连续 2～3 次。夏剪后，喷保护性杀菌剂或生物制剂。采前 1 周再喷一次杀菌剂。

二、主要害虫及其防治

危害猕猴桃的害虫很多，主要有金龟子、苹果小卷叶蛾、茶翅蝽、草履蚧、大青叶蝉等。

（一）隆背花薪甲

隆背花薪甲（*Cortinicara gibbosa*）又名小薪甲。

1. 危害特点　只在两个相邻果挤在一块时危害。受害后果面出现像针尖大小的孔，果面表皮细胞形成木栓化组织，凸起成痂，受害后有明显小孔，而表皮下果肉坚硬，吃起来味差，没有商品价值。

2. 形态特征　成虫是一种如芝麻大小的黑褐色或深红色小甲壳虫，体长 1.2～1.5mm，口器为咀嚼式。

3. 防治方法　从源头上减少隆背花薪甲发生。冬季彻底清园，刮除树皮后集中烧毁。5月中旬当猕猴桃花开后及时防治，连续喷 2 次杀虫剂，一般间隔 10～15d 一次。可选用 2.5% 高效氯氟氰菊酯乳油 1 500 倍，或 2.5% 溴氰菊酯乳油 1 500 倍液，连续喷 2 次，间隔 10～15d。

（二）介壳虫

危害猕猴桃的介壳虫主要有草履蚧（*Drosicha contrahens*）、柿长绵粉蚧（*Phenacoccus pergandei cockerell*）、桑白蚧（*Pseudaulacaspis pentagona*）、考氏白盾蚧（*Pseudaulacaspis caspiscockerelli*）、红蜡蚧（*Ceroplastes rubens*）等。

1. 危害特点　介壳虫在叶片、枝条和果实上吸食汁液为生，被害植株不但生长不良，还会出现叶片泛黄、提早落叶等现象，严重时造成叶片发黄、枝梢枯萎、树势衰退或全株枯萎死亡，且易诱发煤烟病。

2. 形态特征　雌雄虫都有扁平的卵形躯体，具有蜡腺，能分泌蜡质介壳。介壳形状因种而异。常见的外形有圆形、椭圆形、线形或牡蛎形。雌虫无翅，足和触角均退化，雌虫和幼虫一经羽化，幼龄可移动觅食，稍长则脚退化，终生寄居在枝、叶或果实上危害；雄虫能飞，有 1 对膜质前翅，后翅退化为平衡棒。足和触角发达，刺吸式口器。体外被有蜡质介壳。卵通常埋在蜡丝块中、雌体下或雌虫分泌的介壳下。

3. 防治方法

（1）植物检疫。加强苗木和接穗的检疫，防止扩大蔓延。

（2）物理防治。果树休眠期用硬毛刷或细钢丝刷，刷掉枝上的虫体，结合整形修剪，剪除被害严重的枝条。也可在若虫盛发期，用钢丝刷、铜刷、竹刷、草把等刷除密集在主干、主枝上的虫体。

（3）生物防治。介壳虫有许多天敌寄生或捕食，可通过保护和利用天敌，或采用人工引种繁殖释放措施增加天敌数量，控制介壳虫的危害。

（4）化学防治。早春萌芽前喷布 3～5 波美度石硫合剂、45% 结晶石硫合剂 20～30 倍液、柴油乳剂 50 倍液清园。春季进行监测，若虫孵化期及时喷药防治。卵孵盛期，可用 48％毒死蜱乳油 2 000 倍液、52.25％氯氰·毒死蜱乳油 2 000 倍液等喷雾均有较好效果。介壳形成初期，可用 25％噻嗪酮 2 000 倍液、5％吡虫啉乳油 2 000 倍液防效显著。介壳形成期即成虫期，可用松脂酸钠 80 倍液、机油乳剂 60～80 倍液，溶解介壳杀死成虫。

(三) 大青叶蝉

大青叶蝉 (*Gicadella viridis*) 又名大绿浮尘子或青叶跳蝉等，属同翅目叶蝉科。

1. 危害特点　主要危害叶、嫩梢、花、蕾和幼果。被害部呈现苍白斑点，严重时多斑连片呈黄白色失绿斑，最终焦枯死亡脱落。

2. 形态特征　成虫体长 7.5～10mm，身体青绿色，其头部、前胸背板及小盾片淡黄绿色；头的前方有分为两瓣的褐色褶皱区，接近后缘处有一对不规则的长形黑块。前胸背板的后半部分呈深绿色。前翅绿色并有青蓝色光泽，前缘色淡，端部透明，翅脉黄褐色，具有淡黑色窄边。后翅烟黑、半透明，足橙黄色，前、中足的跗爪及后足胫节内侧有黑色细纹，后足排状刺的基部为黑色。

3. 防治方法

（1）农业防治。幼树园和苗圃地附近最好不种秋菜，或在适当位置种秋菜诱杀成虫，杜绝上树产卵。间作物应以收获期较早的为主，避免种植收获期较晚的蔬菜和其他作物。合理施肥，以有机肥或有机无机生物肥为主，不过量施用氮肥，以促使树干、当年生枝及时停长成熟，提高树体的抗虫能力。

（2）物理防治。在夏季夜晚设置黑光灯，利用其趋光性诱杀成虫。一二年生幼树，在成虫产越冬卵前用塑料薄膜袋套住树干，或用 1：（50～100）的石灰水涂干、喷枝，阻止成虫产卵。

（3）化学防治。发生严重的果园，可选用 2.5％溴氰菊酯乳油 1 500 倍或 20％甲氰菊酯乳油 2 000 倍或 40％毒死蜱乳油 1 000 倍＋柔水通 4 000 倍混合液全园喷雾防治。一般间隔 7～10d，连喷 2～3 次，以消灭迁飞来的成虫。

(四) 金龟子

危害猕猴桃的金龟子种类有 10 多种，主要有茶色金龟 (*Adoretus tenuimaculatus*)、小青花金龟 (*Oxycetonia jucunda*)、黑绒金龟 (*Malad-*

era orientalis)、铜绿金龟（*Anomala corpulenta*）、苹毛金龟（*Proagopertha lucidula*）等。

1. 危害特点　幼虫和成虫均危害植物，食性很杂，几乎所有植物种类都吃。成虫吃植物的叶、花、蕾、幼果及嫩梢，幼虫啃食植物的根皮和嫩根，造成不规则缺刻和孔洞。金龟子在地上部食物充裕的情况下多不迁飞，夜间取食，白天就地入土隐藏。

2. 防治方法

（1）物理防治。

①利用其成虫的假死性，在集中危害期，于傍晚、黎明时分，人工捕杀。

②利用金龟子成虫的趋光性，在其集中危害期，于晚间用蓝光灯诱杀。

③利用某些金龟子成虫对糖醋液的趋化性，在其活动盛期，放置糖醋液罐头瓶诱杀。

（2）生物防治。在蛴螬或金龟子进入深土层之前，或越冬后上升到表土时，中耕圃地和果园，在翻耕的同时，放鸡吃虫。

（3）化学防治。

①在播种或栽苗之前，用40%毒死蜱乳油全园喷雾或浇灌，处理土壤表层后，深翻20～30cm，以防蛴螬。

②花前2～3d喷布2.5%溴氰菊酯乳油1 500倍或20%甲氰菊酯乳油2 000倍或40%毒死蜱乳油1 000倍＋柔水通4 000倍混合液，喷施地表并中耕，将金龟子消灭于出土前。

（五）椿象

危害猕猴桃的蝽类有菜蝽（*Eurydema dominulus*）、麻皮蝽（*Erthesina fullo*）、二星蝽（*Eysacoris guttiger*）、茶翅蝽（*Halyomorpha picus*）、广二星蝽（*Stollia ventralis*）、斑须蝽（*Dolycoris formosanus*）、小长蝽（*Nysius ericae*）等。

1. 危害特点　危害部位为植物的叶、花、蕾、果实和嫩梢。组织受害后，局部细胞停止生长，组织干枯成疤痕、硬结、凹陷；叶片局部失色并失去光合功能；果实失去商品价值。

2. 防治方法

（1）农业防治。冬季清除枯枝落叶和杂草，刮除树皮，进行沤肥或焚烧。

（2）物理防治。利用成虫的假死性和趋化性，在其活动盛期人工捕杀或设置糖醋液诱杀。在大发生之年秋末冬初，成虫寻找缝隙和钻向温度较高的建筑物内准备越冬之际，定点垒砖垛，砖垛内设法升温，加糖醋诱剂，砖缝中涂抹粘虫不干胶，粘捕越冬成虫，减少翌年虫口基数。

（3）化学防治。若虫发生期，可选用 25％灭幼脲悬浮剂 2 000 倍液，或 90％敌百虫原药 1 000 倍液，或 40％辛硫磷乳油 1 500 倍液，或 20％溴氰菊酯乳油 2 000 倍液，或 10％高效氯氰菊酯乳油 2 000 倍液，或 50％敌敌畏乳油 1 000 倍液全园喷雾防治。喷雾时间最好在椿象不喜活动的清晨，5 月上旬对果园外围树木喷药封锁，防止成虫迁入果园产卵，9 月果实成熟期对果园外围喷药保护，再次防止成虫迁入果园危害。

（六）斑衣蜡蝉

斑衣蜡蝉（*Lycorma delicatula*）又称红娘子、斑衣、臭皮蜡蝉等。

1. 危害特点 以成虫、若虫群集在叶背、嫩梢上刺吸危害，引起被害植株发生煤污病，或嫩梢萎缩、畸形等，严重影响植株的生长发育。

2. 形态特征

（1）成虫。体长 15～25mm，翅展 40～50mm，全身灰褐色。前翅革质，基部约 2/3 为淡褐色，翅面具有 20 个左右的黑点，端部约 1/3 为深褐色；后翅膜质，基部鲜红色，具有黑点，端部黑色。体翅表面附有白色蜡粉。头角向上卷，呈短角状突起。翅膀颜色偏蓝色为雄性，翅膀颜色偏米色为雌性。

（2）卵。长圆形，褐色，长约 5mm，排列成块，被有褐色蜡粉。

（3）若虫。体形似成虫，初孵时白色，后变为黑色，体有许多小白斑，一至三龄为黑色斑点，四龄体背呈红色，具有黑白相间的斑点。

3. 防治方法

（1）物理防治。结合冬季修剪，刮除树干上的卵块。

（2）化学防治。抓住幼虫大量发生期喷药防治。若、成虫发生期，可选用 50％辛硫磷乳油 2 000 倍液，或 2.5％溴氰菊酯乳油 2 000 倍液，或 10％吡虫啉可湿性粉剂 4 000 倍液，或 2.5％氯氟氰菊酯乳油 2 000 倍液等药剂进行喷雾防治。

第七节　果实采收、分级和包装

一、果实采收

果实采收是重要的生产环节。由于猕猴桃果实属浆果，易软化，即有点轻伤就难以保存，采收不好，也就贮存不好，造成一定的损失。

(一) 采收时期

目前国际上通行的猕猴桃果实成熟期均是以果实可溶性固形物含量上升达到一定标准确定的，新西兰的最低采收指标是可溶性固形物含量达到 6.2%，日本、中国、美国均为 6.5%，这样才能保证果实软熟后具备品种应有的品质、风味。这个指标主要针对采收后直接进入市场或短期贮藏（3 个月以内）的果实，对于采收后计划贮藏期较长的，在可溶性固形物含量达到 7.5% 后采收，果实的贮藏性、货架寿命以及软熟后的风味品质更好。

测定可溶性固形物含量时，在园内（除边行外）有代表性的区域随机选取至少 5 株树，从高 1.5～2.0m 的树冠内随机采取至少 10 个果实，在距果实两端 1.5～2.0cm 处分别切下，由切下的两端果肉中各挤出等量的汁液到手持折光仪上读数（手持折光仪应在使用前用蒸馏水调整到零刻度），10 个果实的平均可溶性固形物含量达到 6.5% 时可开始采收，但如果其中有 2 个果实的含量比 6.5% 低 0.4 个百分点时，说明果实的成熟期不一致，仍被视为未达到采收标准，不能采收。

(二) 采收方法

采果时先采外部果，后采内膛果；先采着色好的大果，后采着色差的小果。采时向上推果柄，不要硬拉，轻拿轻放。采前组织好人员，分组采收，避免混乱。

> **注意事项**
>
> 采果应选择晴天的早、晚或多云天气时进行，避免在中午高温时采收。晴天的中午和午后，果实吸收了大量的热能尚未散发出去，采收后容易加速果实的软化。也不宜在下雨、大雾、露水未干时采收，避免果面潮湿导致病原菌繁殖侵染。采果时如果遇雨，应等果实表面的雨水蒸发掉以后再采。

　　采收前对采果人员进行培训。要求剪短指甲，佩戴软质手套；采摘时不能硬向下拉，用单手握住果实，食指轻压果柄，使果梗与果实自然分离；采收时要剔除小果、病虫果、畸形果、机械伤果和软化果等不合格的果实；采果工具、果箱和果筐预先铺上稻草或棉线等柔软物质；要轻拿轻放，尽量减少倒箱和倒筐的次数，运输过程中要减少震动和碰撞。采收时，严禁吸烟和饮酒。

二、分级

（一）分级方法

　　猕猴桃的分级方法主要有手工分级、机械结合人工去除残次果两种。人工分级速度慢，分级误差大，但是人工操作轻拿轻放可以避免果实的摩擦和碰撞导致的机械损伤。机械分级速度快，单果重误差小。

（二）鲜果分级标准

　　猕猴桃贮藏果品的果形、大小、色泽（果皮、果肉）应达到采收成熟度；无机械损伤、无虫害、无灼伤、无畸形、无任何可见的病菌侵染的病斑。

　　猕猴桃的分级主要是将外观符合要求的果品根据果实的重量来分级（表 7-1）。我国猕猴桃生产和销售中，由于消费习惯等因素，片面追求大果，直接影响了果实的品质。可以参考得到了国际市场认可的新西兰猕猴桃的分级标准，与国际市场接轨，建立我国的果品分级标准。将大于 160g 的果品剔除在分级标准之外，归入次果，从而引导猕猴桃的高标准生产，提高果品的内在质量。

表 7-1　猕猴桃果品的分级标准

级别	规格（个/盘）	果重（g）	
		新西兰	中国
1	25	143～160	140～160
2	27	127～143	130～140
3	30	116～127	120～130
4	33	106～116	110～120

（续）

级别	规格（个/盘）	果重（g）	
		新西兰	中国
5	36	98~106	100~110
6	39	88~98	90~100
7	42	78~88	80~90
8	46	74~78	70~80

注：每盘约 3.6kg。

三、包装

猕猴桃属于浆果，怕压、怕撞、怕摩擦，包装物要有一定的抗压强度；同时猕猴桃果实容易失水，包装材料要求有一定的保湿性能。国际市场的包装普遍使用托盘，托盘的外壳由优质硬纸板或塑料压制而成，长 41cm，宽 33cm，高 6cm，内有面积约 1m×1m 的聚乙烯薄膜及预先压制的有猕猴桃果实形状凹陷坑的聚乙烯果盘，凹陷坑的数量及大小按照不同的果实等级确定，果实放入果盘后以聚乙烯薄膜遮盖包裹，再放入托盘内，每托盘内的果实净重约 3.6kg。托盘外面标明注册商标、果实规格、数量、品种名称、产地、生产者（经销商）名称、地址及联系电话等。

我国目前在国内销售的包装多采用硬纸板箱，每箱果实净重 2.5~5kg，两层果实之间用硬纸板隔开，也有部分采用礼品盒式的包装，内部有压制好凹陷坑的透明硬塑料果盘，外部套以不同大小的外包装。这些包装均缺乏保湿装置，同时抗压能力不强，在近距离的市场销售尚可适应，远距离的销售明显不适应，需要加以改进。至于对外出口的果实，只有采用托盘包装才能保证到达目的地市场后的果实质量。

第八章

蓝　莓

· ·

第一节　种类和品种

一、种类

根据植物学分类，蓝莓属于杜鹃花科（Ericaceae）越橘属（*Vaccinium*）落叶性或常绿性灌木或小乔木果树。从果树园艺及食品产业上分类又分为三个重要的种类，包括1个野生种和2个栽培种，分别为矮丛蓝莓、高丛蓝莓和兔眼蓝莓。根据正常开花的需冷量和越冬抗寒力不同，高丛蓝莓又细分为北高丛蓝莓、半高丛蓝莓和南高丛蓝莓，目前，这三个重要的蓝莓种类在国内均有栽培。

二、品种

（一）矮丛蓝莓优良品种

1. 美登（Blomidon）　加拿大农业部发表的品种，中熟，树势强。果实圆形，有香味，风味好。果皮淡蓝色，果粉多。丰产，在长白山区栽培5年，平均株产0.83kg，最高达1.59kg。抗寒力极强，在长白山区可安全露地越冬，为高寒山区发展蓝莓种植的首推品种。

2. N-B-3　从美国东北部和加拿大东部野生种中选育出的栽培品种，晚熟。树势弱，植株极小、直立。果实粒小，果肉中等硬度，甜度中等，酸味较大。果实耐贮藏。

3. 芝妮（Chignecto）　加拿大品种，中熟。果实近圆形。果皮蓝色，果粉多。叶片狭长。树体生长旺盛，易繁殖，较丰产，抗寒力强。

4. 斯卫克（Brunswick）　加拿大品种，中熟。果实圆形，比美登略大。果皮淡蓝色。较丰产。抗寒力强，在长白山区可安全露地越冬。

5. 坤蓝（Cumberland） 加拿大品种，在中国长白山区生长健壮，早产，丰产，抗寒。

（二）北高丛蓝莓优良品种

1. 蓝丰（Bluecrop） 1952 年美国新泽西州发表的品种，中熟，也是美国密歇根州的主栽品种。树体生长健壮，树冠开张，幼树时枝条较软。抗寒能力强，是北高丛蓝莓中抗寒能力最强的品种。丰产，果实大，淡蓝色，果粉厚，肉质硬，果蒂痕干，具有清淡芳香味，未完全成熟时略偏酸，风味佳，糖锤度 14.0%，酸度为 pH 3.29，属鲜食果中优良品种。

2. 日出（Sunrise） 1988 年美国新泽西州发表的品种，早熟。树势强，直立型。果实中粒，糖锤度 14.0%，酸度为 pH 4.00，有香味。果粉多，外形美观。果实成熟期一致。

3. 都克（Duke） 1952 年美国新泽西州发表的中熟品种，其抗旱能力是北高丛蓝莓中最强的，树冠开张，丰产。果个大，糖锤度 14.0%，酸度为 pH 3.07，果皮亮蓝色，果粉多，果蒂痕中等大小、干。果肉硬，耐贮运，极耐寒。

4. 埃利奥特（Elliott） 1967 年美国新泽西州发表的品种，极晚熟。树势强，结果后渐渐稳定。果粒中、大。糖锤度 12.0%，酸度为 pH 2.96，香味浓。果皮亮蓝色，果粉多，果肉硬，果实成熟期集中，可以机械采收。

5. 晚蓝（Lateblue） 1967 年美国新泽西州发表的品种，晚熟种。树势强，直立型。果粒中至大，糖锤度 12.0%，酸度为 pH 3.07，香味浓，果皮亮蓝色，果粉多，果肉硬，耐贮运，极耐寒。

（三）半高丛蓝莓优良品种

1. 北陆（Polaris） 1967 年美国密歇根州发表的品种，早熟至中熟种。树势强，直立型，树高 1.2m 左右。果实中粒，果肉紧实、多汁，果味好，糖锤度 12.0%，酸度中等。果粉多。果实扁圆形，大粒，有香味，果蒂痕中等大小、干。不择土壤，极丰产，耐寒。

2. 友谊（Frendship） 1990 年美国威斯康星大学发表的品种。树高 80cm 左右，树势中等。极耐寒，丰产。果粒小，平均单果重 0.6g。果实柔软，甜酸适度。

3. 圣云（St. Cloud） 早熟品种。树势弱，开张型。果粒中至大，果味好，糖锤度 11.5%，酸度为 pH 3.70。果蒂痕小、湿。抗寒力强，丰产。

4. 北空（Northsky） 1983 年美国明尼苏达大学发表的品种，耐寒性极强，在有雪覆盖的条件下能抵抗－40℃的低温。树高 35～50cm，冠幅 60～90cm。产量中等。果实小至中粒，风味良好。耐贮运。灰色的果粉使果实呈现出漂亮的蓝色。叶片稠密，夏季绿色有光泽，秋季则变得火红，非常适合观赏。

（四）南高丛蓝莓优良品种

1. 奥尼尔（O'Neal） 1987 年美国北卡罗来纳州发表的品种，早熟种。树势强，开张型。果粒大，糖锤度 13.5%，酸度为 pH 4.53。香味浓，是南高丛蓝莓中香味最大的品种。果肉质硬。果蒂痕小、速干。需冷量 400～500 h。耐贮运，丰产。

2. 乔治宝石（Georgiagem） 1967 年美国佐治亚州发表的品种，亲本是早蓝和蓝丰，晚熟。树势强，直立型，叶细长，银色。果粒中，糖锤度 16.0%，酸度为 pH 4.28，有香味。果蒂痕小而干。需冷量 350～500 h。

3. 艾文蓝（Avonblue） 1977 年美国佛罗里达大学发表的品种，晚熟。树势强，开张型。枝梢多，花芽多，需强剪枝。果粒中至大型，糖锤度 9.5%，酸度中等，有香味。果粉多，果蒂痕小而干。需冷量 300～400 h。丰产，耐贮运。

（五）兔眼蓝莓优良品种

1. 贵蓝（T-100） 美国佐治亚州发表的品种，晚熟。树势强，直立型，长势好，枝条粗。果粒大至极大，酸味中等，有特殊香味，果汁多。果皮硬，果粉多。果蒂痕小而干。果实紧实，适合运输。

2. 芭尔德温（Baldwin-T-117） 1983 年美国佐治亚州发表的品种，晚熟。树势强，开张型。果粒中至大，甜度高，酸度中等，果实硬，风味佳。果皮暗蓝色，果粉少。果蒂痕干且小。采收期长。适合庭院、观光栽培。

3. 圆蓝（Gardenblue） 1983 年美国佐治亚州发表的品种，中熟至晚熟种。树势强，直立型，树高 2.6m，冠幅 1.4m。果实中粒，甜味多，酸味小，有香气。果粉少，果皮硬。土壤适应性强，适合公园栽培。

第二节 建园和栽植

一、建园

(一) 园地选择

园地的选择是决定蓝莓栽培成功及生产绿色产品的关键因素之一。一般来说无论山地、平原，只要土质、气候条件适宜，周围环境无"三废"污染，均可种植蓝莓。但最好选择在阳光充足、排水通畅、土层深厚、土壤疏松、有机质含量高的地方建园，主要考虑以下几方面：

1. 生态条件 应选在空气清新，水质纯净，土壤无污染，远离疫区、工矿区和交通要道的地方。如在城市、工业区、交通要道旁建园，应建在上风口，避开工业和城市污染源的影响，园地周围应无超标排放的氟化物、二氧化碳等气体污染；地表水和地下水无重金属及氟、氰化物污染；土壤中没有重金属和六六六等农药残留污染。

2. 地形地势 蓝莓园最好在平地或丘陵缓坡地块修建。蓝莓属于强喜光树种，园地要有充足的光照，栽培在阳光充足的南坡，能明显提高产量和品质；栽培在北坡，光照差，成熟期延迟，品质下降。不能在低洼谷地、冷空气易沉积处建园，以避免发生冻害。

3. 土质和水源 一定要选择在土层深厚、排水良好、透气性强、pH 4.5～5.5、有机质含量丰富的沙质土壤种植。我国南方大部分地区的土壤属于沙质土或黄红壤土。前者通气性强，具有一定的保水能力，但土壤接近于中性或微酸性，种植前还要进行理化测定，根据需要改良土壤；后者土壤酸性尚可满足蓝莓种植所需条件，但土质黏重，通透性差，有机质含量低，仍需适当增施有机肥，改善土壤理化及生物学性状。蓝莓根系较浅，无法从土壤深层吸收水分，其综合耐旱能力有限，土壤应处于潮而不涝的状态，所以建园处水源最好为水库和池塘，自来水所用的消毒剂中常含有氯元素，对蓝莓根系有伤害。无论是水库水、池塘水还是自来水，如果水的 pH 过高，都需要先下调至生长所需水平；如果水的钠离子含量过高，就不能作为灌溉用水。

(二) 园地规划设计

蓝莓是多年生作物，应对园地进行调查研究和实地勘测，选择适合种植的区域进行规划。规划内容包括小区划分、道路、建筑物、排灌系统、授粉树等。

1. 小区划分　建园面积较大时，为便于水土保持和操作管理，将全园按地形划分成若干种植区；对于地形复杂的丘陵地带，小区可按不同高度因地制宜加以划分。山地建园要按地形修好适宜宽度的等高梯田。

2. 园区道路　园区道路由主干道、干道和支路组成，主干道一般宽5～6m，可通中型汽车、拖拉机和货车，连通外界公路。干道宽3～4m，既可作为各区分界线，又是进行运肥、喷药等田间操作的通道。山地蓝莓园的支路应按等高线修筑，支路间建有田间便道，一般依山势顺坡向排列，与梯田或蓝莓畦垂直，这样既有利于水土保持，又有利于操作。

3. 园区建筑物　园区建筑物根据蓝莓园规模大小而定，大致需建劳动休息用房、分级包装车间、冷库、化粪池等。建筑物位置按地形地貌建在交通方便处，便于全园区操作管理，有条件的地方可配建畜牧场，增加肥源。

4. 园区排灌系统　蓝莓种植园排水系统出主渠、支渠和排水沟组成，主渠可沿主干道、支道一侧走。0.3～0.7hm² 应建一支渠，支渠宽1m，深0.8m，与排水沟相通，多雨季节能畅通排水，自如蓄水，需要水时能就近取用。一般需建一蓄水池，以利灌溉和喷药，如安装滴灌设备，还要预先规划，提前设计好滴灌管道的走向分布，并进行前期施工安装。

二、栽植

（一）品种选择与授粉树配置

在明确当地气候、土壤等条件适合栽培蓝莓后，还要注意蓝莓品种的选择。对蓝莓品种而言，最重要的就是品种的冷量需求和安全越夏，在满足冷量需求和安全越夏的前提下，根据蓝莓产业需求，选择以鲜食型为主的品种或以加工为主的品种。蓝莓异花授粉结实率较高，因此，要获得丰产，还需要合理配置授粉树。蓝莓对授粉树配置的要求不像桃、梨等大果树那样严格，只要品种不同，花期相遇即可相互授粉。

（二）栽植时间

蓝莓在自然休眠后至春芽萌动前的时间段均可进行栽植，但以落叶后至立春前为最佳。秋季栽植，蓝莓地上部分活动缓慢，根部虽有损伤，但不影响地上部分，同时经过冬季休眠，次春先发根后长叶，有利于提高成活率和枝叶生长；而春季栽植，越接近萌芽期，地上部分活动愈快，这时根系损伤恢复缓慢，造成先发芽后发根，出现一个缓苗阶段，长势不如秋栽得好。因此，南方秋栽比春栽效果好，能提高成活率；北方地区气候干燥，冬季常出现超低气温，为避免冻害，更适合春栽。

（三）栽植密度与方式

栽植密度视品种、土质、地势而定，通常南方比北方密度大。一般高丛蓝莓的行距在 2.0～2.5m，如考虑机械化作业可扩大到 2.5～3.0m。兔眼蓝莓行距也是 2.5～3.0m。即使是植株较小的矮丛蓝莓及半高丛蓝莓，种植行距也要保持在 2.0m 以上，这样有助于操作管理。种植蓝莓的土壤贫瘠时，种植株距可小一些，土壤肥沃时种植株距可大一些。北高丛蓝莓种植株距为 1.0～2.0m，南高丛和半高丛蓝莓株距为 1.0～1.5m，兔眼蓝莓株距为 1.5～2.5m。不同株行距每 $667m^2$ 栽培株数如表 8-1 所示。

表 8-1　不同株行距每 $667m^2$ 栽培株数

行距（m）	株距（m）	株数（株）
	1.0	333
	1.2	278
2.0	1.5	222
	2.0	167
	2.5	133
	1.0	267
	1.2	222
2.5	1.5	178
	2.0	133
	2.5	107
	1.0	222
	1.2	185
3.0	1.5	148
	2.0	111
	2.5	89

（四）栽植方法

1. 苗木选择　选择苗木的高度应在 30cm 以上，因品种差异，判断苗木优劣的指标不仅是高度，更取决于其根系和枝条的粗壮程度。优质苗木的根系发达，营养钵苗木其根系基本长满钵内，而且地上枝条粗壮发达，有基生枝出现。

2. 定植穴填充　定植穴深度 40～50cm，定植时需根据土壤状况对其进行填充，若土壤偏黏，在定植穴中要掺入泥炭或腐熟的碎树皮、干草、锯末等，上面盖 10cm 左右的土层，以避免未腐熟的植物残体和苗木根系直接接触。在定植穴下层施少量农家肥或无机复合肥做基肥，这样促进根系向纵深发展。定植穴做成馒头状，待一段时间后，定植穴变平后再定植。

3. 定植方法　定植前将苗木从钵内取出，仔细观察根系状况，如果根系已密集网罗于底部。则需要用刀将底部轻轻切开呈"十"字形，用手将中心部的土壤取出并将根系理顺。如果是裸根苗，则需要将根系展开后栽植。栽植时，需要在事先准备好的定植穴上挖一深度为 10～15cm 的小坑，在小坑内填入一些湿的酸性草炭土或事先配制好的种植土，然后将苗栽入并将根系展开，将填进去的混合草炭土等包围在苗根周围，并向上轻轻提苗一次，以便根系与种植土充分结合，最后覆土与地面相平。

（五）栽后管理

1. 覆盖　栽植后，就地就近取材，在栽植穴的表面覆上一层稻草、腐叶土、树皮、木屑、松针等有机物。地表覆盖具有调节地温、防止地表水分蒸发、保持土壤水分并促进根系生长的效果。覆盖物的厚度为 5～10cm。材料充足时覆盖面积可大些，否则以植株基部为中心铺半径 80～100cm 的圆盘状覆盖层。若用未腐熟的材料覆盖，在施肥时要增施一定数量的氮肥，以补充微生物在分解覆盖物时从土壤中争夺的氮素。早期用黑色塑料地膜覆盖也可以起到保持土壤水分、防草、增加地温的作用，但夏季不能使用黑色塑料地膜覆盖，否则会使地温过高而影响生长。

2. 水肥使用　蓝莓喜水怕涝，其根系是须根系，很浅，无法从深层吸收水分。因此，种植后第一次水要浇透，对种植后不久的幼树，水分的控制更为重要，有条件的园子最好使用滴灌设施保持土壤的湿润状态。栽后第一年要勤施薄肥，每次每株 0.5kg 农家肥或 50g 复合肥，距根 20cm 外环状施入或浇施；栽后第二年每次施肥是第一年的 2 倍，1.5～2 个月一次，主要施以农家肥为主的有机肥和硫酸钾复合肥，切忌用氯化钾复合肥。

第三节　土肥水管理

一、土壤管理

（一）清耕

在沙土上栽培高丛蓝莓采用清耕法进行土壤管理，可有效控制杂草与树体的竞争，促进树体发育，尤其是在幼树期，清耕尤为重要。清耕深度以 5～10cm 为宜，使下层土壤疏松，促进根系向深度和广度发育。但清耕不宜过深，浙江地区 30cm 以下的田园土土层往往是黏重的黄土层，清耕过深会将黄土层翻到土壤上层而破坏土壤结构，不利于根系发育。因此，蓝莓耕作工具的高度一般不超过 15cm。另一方面，蓝莓根系分布较浅，过分深耕还容易造成根系伤害。

（二）台田

在地势低洼、积水、排水不良的土壤上栽培蓝莓时需修建台田，修建台田后台面通气状况改善，而台沟侧积水。这样既可以保证土壤水分供应，又可避免因积水造成树体发育不良。但修建台田之后，台面耕作、除草等工作不利于机械化操作，只能靠人工完成。

（三）生草栽培

生草栽培的土壤管理在蓝莓栽培中也有应用，主要是行间生草。生草法管理可获得与清耕法一样的产量效果，与清耕法相比，生草法具有明显的保持土壤湿度的功能，适用于干旱土壤和黏重土壤。采用生草法，杂草每年腐烂堆积于地表形成一层覆盖物。生草法的另一个优点是便于机械设备运行，其缺点是对控制蓝莓僵果等病害不利。

（四）土壤覆盖

蓝莓种植要求酸性土壤和较低的地势，因此，当土壤干旱、pH 偏高、有机质含量不足时，就必须采取措施调节上层土壤的水分、pH 等。除了在土壤中掺入有机物外，生产上广泛应用的是土壤覆盖技术。土壤覆盖的主要功能是增加土壤有机质含量、改善土壤结构、调节土壤温度、保持土壤湿度、降低土壤 pH、控制杂草等。矮丛蓝莓土壤覆盖 5～10cm 厚的锯末或松针，在 3 年内产量可提高 30％，单果重可增加 50％。

　　应用较多的土壤覆盖物是锯末，尤以容易腐烂的软木锯末为佳。土壤覆盖锯末后蓝莓根系在腐解的锯末中发育良好，使根系向广度扩展，扩大养分与水分吸收面积，从而促进蓝莓生长和提高产量。腐解的锯末可以很快地降低土壤 pH。

　　土壤覆盖如果结合土壤改良掺入草炭，效果会更明显。土壤覆盖可使蓝莓根系的生长量增加，体现在根系分布深度、分布直径、根系干重增加。苔藓处理使根系深度增加近 1 倍，根系干重增加 4 倍。

　　覆盖锯末在苗木定植后即可进行，将锯末均匀覆盖在表面，宽度 1m，深度 10～15cm，以后每年再覆盖 2.5cm 厚以保持原有厚度。如果应用未腐解的新锯末需增施 50％的氮肥。若用已腐解好的锯末，氮肥用量应减少。

　　除了锯末之外，以烂树皮做土壤覆盖物可以获得与锯末同样的效果。其他有机物如稻草、树叶等也可做土壤覆盖物，但效果不如锯末。应用稻草和树叶覆盖时需同时加大氮肥施用量。如果应用粪肥或圈肥，效果也不如锯末，而且还有增加土壤 pH 的副作用。

　　应用黑塑料地膜进行土壤覆盖，效果比单纯覆盖锯末好。应用黑塑料地膜覆盖可以防止水分蒸发，控制杂草，提高地温。如果覆盖锯末与覆盖黑地膜同时进行，效果会更好。但覆盖黑塑料地膜时如果同时施肥，会引起树体灼伤，所以在生产上，首先施用 925kg/hm² 完全肥料，待肥料经过 2 年分解后，再覆盖黑塑料地膜。应用黑塑料地膜覆盖的缺点是不能施肥，灌水不便，而且每隔 2～3 年需重新覆盖并清除田间塑料碎片。因此，黑塑料地膜覆盖最好是在有滴灌设施的蓝莓园应用。

二、施肥管理

（一）营养特点

　　蓝莓属典型的嫌钙植物，其对钙具有迅速吸收与积累的能力。当在钙质土壤栽培时，由于钙吸收多，往往出现缺铁失绿症。从整个树体营养水平分析，蓝莓属于寡营养植物，与其他种类果树相比，树体内氮、磷、钾、钙、镁含量都很低。由于这种特点，如果不严格控制施肥量，往往由于肥料过多而引起树体伤害。蓝莓又是喜铵态氮果树，其对土壤中铵态氮的吸收能力远高于对硝态氮的吸收。

（二）土壤施肥反应

1. 氮肥　在我国长白山地区暗棕色森林土壤上栽培的美登蓝莓，随着施氮量的增加产量会逐渐降低，果实成熟期推迟，越冬抽条严重。因此，当土壤肥力较高时，施氮肥对蓝莓增产无效，而且有害，施氮肥过多时甚至会导致植株死亡。但这并不意味着在任何情况下，蓝莓都不施氮肥。在以下 3 种情况下，蓝莓仍需增施氮肥：①在土壤肥力差、有机质含量较低的沙土和矿质土壤上栽培蓝莓时；②栽培蓝莓多年，土壤肥力下降时；③土壤 pH 较高（>5.5）时。这 3 种情况需增施氮肥，还要分 2 次施入：萌芽前施入 1/2，1 个月以后再施入 1/2。

2. 磷肥　属于湿地潜育土类型的土壤往往缺磷，增施磷肥效果显著，可以明显促进蓝莓树体生长和增加产量。但当土壤中磷含量较高时，增施磷肥不但不能提高产量，而且延迟果实成熟。一般当土壤中有效磷含量低于 $6kg/hm^2$ 时，就需增施磷肥（P_2O_5）$15\sim45kg/hm^2$。

3. 钾肥　钾肥对蓝莓增产效果显著，增施钾肥不仅可以增加蓝莓产量，还使其提早成熟，提高品质，增强抗寒性。但钾肥过量对产量的增加没有作用，反而使果实变小，越冬受害严重，导致缺镁症等情况发生。在大多数栽培蓝莓的土壤上，适宜的钾肥施用量为（K_2O）$40kg/hm^2$。

（三）施肥

1. 施肥种类　蓝莓施肥中，施用完全肥料比单纯肥料效果要好得多，约可提高产量 40%。在兔眼蓝莓上单纯施用氮肥 6 年使产量下降 40%，蓝莓施肥中应以施用完全肥料为主。蓝莓对铵态氮吸收容易，对硝态氮不仅吸收难，而且硝态氮对其生长产生不良影响。对蓝莓最适宜的铵态氮肥是（NH_4）$_2SO_4$。土壤施入（NH_4）$_2SO_4$ 后不仅可以供应蓝莓铵态氮，而且具有降低土壤 pH 的作用，在较高的矿质土壤和钙质土壤上尤为适用。

2. 施肥方法与时间　蓝莓施肥以撒施为主，高丛蓝莓和兔眼蓝莓沟施，沟深 $10\sim15cm$。施肥时间一般是在早春萌芽前进行，如果分次施入，则在萌芽后进行第二次。蓝莓施肥分 2 次以上施入比 1 次施入能明显增加产量和单果重。分次施入一般为 2 次，萌芽前施入总量的 1/2，萌芽后再施入 1/2，两次间隔 4～6 周。

3. 施肥数量 蓝莓对施肥反应敏感，过度施肥不仅造成浪费，还容易导致产量降低，植株受害甚至死亡。因此，对于施肥量必须慎重，不能凭经验确定，而要依据土壤肥力及树体营养情况来确定。

三、水分管理

(一) 土壤水分含量

适当的土壤水分是蓝莓健壮生长的基础，水分不足将严重影响树体生长发育和产量。从萌芽至落叶，蓝莓所需的水分相当于每周的平均降水量为 25mm，从坐果到果实采收期间为 40mm。沙土的土壤湿度小，持水能力低，需配备灌水设施以满足蓝莓水分需要。常用的灌水方法有沟灌、喷灌、滴灌和依赖土壤水位保持土壤水分的下层土壤灌溉方式。

(二) 灌水时间及作用

灌水必须在植株出现萎蔫以前进行，灌水频率应根据土壤类型而定。沙土持水能力弱，容易干旱，需经常检查并灌水；有机质含量高的土壤持水能力强，灌水频率可适当降低，在这类土壤上，黑色的腐殖土有时看起来似乎是湿润的，但实际上已经干旱，容易造成判断失误，需特别注意。判断灌水与否可根据田间经验进行：取一定深度的土样放入手中挤压，如土壤出水证明水分合适，如果不出水则说明已经干旱。根据生长季内每月的降水量也可做出判断。当降水量低于正常降水量 2.5～5mm 时，即可能引起蓝莓干旱，需要灌水。比较准确的方法是通过测定土壤含水量、土壤湿度，或土壤电导率、电阻进行判断，从田间取 15～45mm 深土壤样品检测即可。

(三) 滴灌及节水技术

滴灌和微喷灌技术近几年被普遍应用，这两种灌水方式所需投资中等，但运行费用低，供水时间长，水分利用率高，将水直接供给每一棵树，水分流失少，蒸发少，供水均匀一致，可在整个生长季长期供应。其所需要的机械动力小，很适合小面积栽培或庭院栽培。与其他方法相比，滴灌和微喷灌可更好地保持土壤湿度，不致出现干旱或水分供应过量的情况。因此，采用这两种方法能显著提高产量及单果重。

温 馨 提 示

采用滴灌或微喷灌时需注意两个问题：①滴头或喷头应在树体两边都有，确保根系能较均匀地获得水分，如果只在一边滴水或喷水，会使蓝莓树冠及根系发育不一致，从而影响产量；②滴灌水源需做净化处理。

第四节　整形修剪

蓝莓修剪的目的是调节生殖生长与营养生长的矛盾，解决通风透光问题。修剪要掌握的总原则是达到最好的产量，而不是最高的产量，防止过量坐果。蓝莓修剪后往往造成产量降低，但单果重、果实品质提高。修剪时要防止过重修剪，修剪程度应以果实用途来确定。如果用于加工，果实大小均可，修剪宜轻，提高产量；如果是市场鲜销，修剪宜重，提高商品价值。蓝莓修剪的主要方法有平茬、疏剪、剪花芽、疏花、疏果等，不同的修剪方法效果不同。

一、高丛蓝莓修剪

1. 幼树期修剪　幼树期修剪以去花芽为主，目的是扩大树冠，增加枝条量，促进根系发育。定植后第一、第二年春疏除弱小枝条，第三、第四年仍以扩大树冠为主，但可适量结果。通常第三年株产应控制在 1kg 以下，以壮枝结果为主。

2. 成年树修剪　高丛蓝莓进入成年期以后，内膛易郁闭，树冠高大。此时修剪主要是为了控制树高，改善光照条件。修剪以疏枝为主，去除过密枝、细弱枝、病虫枝及根系产生的分蘖。直立品种去除中心干、开天窗，并留中庸枝。大枝最佳结果年龄为 5～6 年，超过时要回缩更新。弱小枝可采用抹花芽方法修剪，使其转壮。成年蓝莓花芽量大，常采用剪花芽的方法去掉一部分花芽，通常每条壮枝留用 2～3 个花芽。

3. 老树更新修剪　定植 25 年左右，蓝莓树体地上部分已经衰老，此时需要全面更新，即紧贴地面将地上部分全部锯除，一般不用留桩，若留桩最高不能超过 2.5cm。这样，由基部萌发新枝，全树更新后当年不结果，第三年产量可比未更新树提高 5 倍。

二、矮丛蓝莓修剪

矮丛蓝莓的修剪原则是维持壮树、壮枝结果。修剪方法主要有烧剪和平茬两种。

1. 烧剪 在休眠期内将地上部分全部烧掉，重新萌发新枝，当年形成花芽，第二年开花结果。以后每 2 年烧剪一次，始终维持壮枝结果。烧剪后当年没有产量，第二年产量比未烧前的产量提高 1 倍，果实品质好，个头大。烧剪后有利于机械化采收，能消灭杂草，防治病虫害。烧剪要在萌芽前的早春进行，烧剪前田间可撒播树叶、杂草等助燃。

2. 平茬剪 于早春萌芽前，从植株基部将地上部分平茬锯掉。锯下的枝条保留在园内，可起到土壤覆盖和提高有机质含量的作用，从而改善土壤结构，有利于根系和根状茎生长。

三、兔眼蓝莓修剪

兔眼蓝莓修剪和高丛蓝莓基本相同，但要特别注意树体高度，树体过高不利于管理操作和采收。

第五节　病虫害防治

一、主要病害及其防治

危害蓝莓的病原体有真菌、细菌和病毒，并有几十种病害。这里只介绍生产中危害较普遍的几种。

（一）真菌性病害

1. 僵果病

（1）病原及症状。僵果病是蓝莓生产中发生最普遍、危害最严重的病害之一，由 *Monilina vaccinii-corybosi* 真菌引起。在危害初期，新叶、芽、茎干、花序等突然萎蔫、变褐。最终受侵害的果实萎蔫、失水、变干、脱落，呈僵尸状。

（2）发病条件。僵果病的发生与气候及品种有关。早春多雨和空气湿度高的地区，以及冬季低温时间长的地区往往发病严重。

（3）防治方法。

① 农业防治。生产中可以通过品种选择、地域选择来降低僵果病危害。入冬前，清除果园内落叶、落果，将其烧毁或埋入地下，可有效减少来年僵果病的发生。春季开花前浅耕和土壤施用尿素也有助于减轻病害发生。

② 化学防治。可以根据不同的发生阶段，使用不同的药剂。早春喷施 50％尿素可控制僵果病的最初阶段，开花前喷施 50％腐霉利 1 000 倍液，或 70％代森锰锌 500 倍液，或 70％甲基硫菌灵 1 000 倍液。注意药剂轮换使用。

2. 茎溃疡病

（1）病原及症状。茎溃疡病是美国东北部蓝莓生产中一个危害严重的病害，它是由 *Phomopsis vaccinii* 真菌引起。茎溃疡病危害最明显的症状是"萎垂化"，或者茎干在夏季萎蔫甚至死亡。严重时，一株植株上多条茎干受害。气候炎热时受害叶片变棕色。随着枝条的成熟，叶片卷在枝条上呈束状。茎溃疡病侵染部位往往位于枝条基部，病斑呈扁平状。侵染部位的小黑点里包含孢子。孢子主要靠雨水冲刷传播。

（2）防治特点。

① 农业防治。在休眠期修剪时，剪除并烧毁萎蔫和失色的枝条。在夏季，将发病枝条剪至正常部位。在园地选择上，尽可能避免选用早春晚霜危害地域。采用除草、灌水和施肥等措施促进枝条尽快成熟。

② 化学防治。喷施防治僵果病的药剂可以减轻茎溃疡病的危害。

（二）病毒性病害

1. 蓝莓枯焦病毒病

（1）症状。受害植株最初表现出病状主要是在早春花期，花出现萎蔫并少量死亡，老枝上的叶片叶缘失绿，这种病状每年发生。抗病性较强的品种只表现出叶缘失绿症状。受侵害萎蔫的花朵往往不能发育成果实，从而引起产量降低。

（2）防治方法。防治这种病害的最佳方法是定植无病毒苗木。

2. 蓝莓携带病毒病

（1）症状。蓝莓携带病毒病是蓝莓生产中发生最普遍、危害最严重的病害。该病最显著的症状是当年生枝和一年生枝的顶端长有狭长、红色的带状条痕，尤其是向光一面表现严重。在花期，受害植株花瓣呈紫红色或红色，大多数受害叶片呈带状，少数叶片沿叶脉呈红色带状或沿中脉呈红色带状。有些叶片呈月牙状变红，受害枝条上半部弯曲。

（2）防治办法。最重要的措施是杜绝病株繁殖苗木。用机械采收时，对机械器具喷施杀虫剂，以防止携带病毒向外传播。

3. 蓝莓花叶病

（1）症状。蓝莓花叶病的发生与基因型有关，如康维尔品种花叶病的发生被认为是由于基因而引起的生理紊乱。该病的主要症状是叶片变黄绿色、黄色并出现斑点或环状焦枯，有时呈紫色病斑。症状的分布在株丛上呈斑状。不同年份症状表现也不同，如在某一年表现症状严重，但下一年则不表现症状。

（2）传播途径。蓝莓花叶病主要靠蓝莓蚜虫和带病毒苗木传播，因此，灭蚜虫和培育无病毒苗木是防止该病的最有效方法。

4. 红色轮状斑点病

（1）症状。该病一旦发生至少可导致25％的产量损失。植株感病时，一年生枝条的叶片往往表现为有中间呈绿色的轮状红色斑点，斑点直径为0.5～1mm。到夏秋季节，老叶片的上半部分亦呈现此症状。

（2）传播途径和防治方法。该病毒主要靠粉蚧和带病毒苗木传播。防治的主要方法是采用无病毒苗木。

5. 炭疽病

（1）症状及发病条件。炭疽病的果实感染期从花瓣脱落开始一直延续到整个果实发育期，症状在果实成熟期表现出来。在感染期内，炎热潮湿的天气易使植株感病。

（2）防治方法。从盛花期开始，每隔7～10d喷一次杀菌剂，可有效控制该病害的发生。采收后迅速低温处理也可减少该病害发生。

6. 灰霉病

（1）症状。该病的病原为灰葡萄孢菌，是一种世界上广泛分布的兼性寄生菌，寄生范围十分广泛。可危害蓝莓果实、叶片及果柄，初期多从叶尖形成V形病斑，后逐渐向叶内扩展，形成灰褐色病斑，后期病斑上着生灰色霉层，花和果实发育期最容易被感染，花蕾和花序被一层灰色的细粉尘状物所覆盖，而后花、花托、花柄和整个花序变成黑色并枯萎，形态近似火疫病。被侵染的果实水渍状，软化腐烂，风干后果实干瘪、僵硬。

（2）防治方法。在秋冬季彻底清除枯枝、落叶和病果等病残体，并集中烧毁。在初花期前和花期后可喷50%腐霉利1 500倍液或40%嘧霉胺800倍液，也可在花期前喷50%代森铵500～1 000倍液、50%苯菌灵可湿性粉剂1 000倍液，也可在盛花期前和近成熟期喷施异菌脲、嘧霉胺等杀菌剂。调控好温、湿度，避免出现高湿低温环境。

7. 根癌病

（1）症状。该病主要发生在土壤pH高的地块及扦插育苗棚中，是一种毁灭性的细菌性病害。在春末和夏初季节开始发生，发病早期，小的侧根首先出现坏死斑，植株根部出现小隆起，表面有粗糙的白色或肉色瘤状物，之后根癌颜色慢慢变深、增大，最后变为棕色至黑色，整个根系也变褐枯死。感染根癌病后，植株根部吸收营养受阻，根系发育不良，植株生长缓慢，叶片变黄、干枯，最后全株死亡。

（2）防治方法。选择健壮苗木，并剔除染病幼苗，在中耕和施肥时不要伤根，并及时防治地下害虫。病株挖除时，根部土壤用1%波尔多液进行消毒。发病植株也可用0.2%硫酸铜灌根，每10～15d一次，连续3次。

二、花芽虫害

（一）蚜虫

1. 危害特点 以成蚜和若蚜刺吸蓝莓汁液造成危害，主要发生在嫩叶、嫩芽及花蕾上，被害部位失绿、变色、皱缩，严重时导致枝叶干枯。蚜虫虫体极小，难以发现，并且繁殖迅速，传播蓝莓携带病毒，该病毒对蓝莓生产危害严重。

2. 防治方法

（1）生物防治。利用天敌控制蚜虫，天敌有瓢虫、蜘蛛、草蛉、寄生蜂等。保护天敌生存场所可有效增加天敌数量，从而控制蚜虫危害。

（2）化学防治。当蚜虫大面积发生后，可用植物农药，如苦参碱、印楝素等进行防治。果实采收后每公顷喷施马拉硫磷0.62千克，溶于

1 200L 水中，6～8 周后再喷施一次。

（二）地老虎和尺蠖

1. 危害特点　地老虎和尺蠖主要危害蓝莓的花芽，主要症状是在蓝莓的花芽上形成蛀虫孔，引起花芽变红或死亡。

2. 形态特征

（1）地老虎。鳞翅目夜蛾科昆虫，体圆柱形，分 13 节，有 3 对胸足和多对腹足。头两侧各有 6 只眼，触角短，腭强壮，粪便带毒。

（2）尺蠖。鳞翅目尺蛾科昆虫幼虫统称。尺蠖身体细长，行动时一屈一伸像拱桥，休息时，身体能斜向伸直如枝状。完全变态。成虫翅大，体细长有短毛，触角丝状或羽状，称为"尺蛾"。

3. 防治方法　这两种虫害危害不大，还不至于造成严重损失，在开花前用药剂防治即能有效控制。

（三）蔓越橘象甲

1. 危害特点　蔓越橘象甲是北方蓝莓中常见的害虫，属鞘翅目象甲科。体长约 31.5mm，暗红色。以成虫越冬，性迟钝，行动缓慢，假死性强。在早春芽刚膨大时从芽内钻出危害。主要造成花芽不能开放，叶芽出现非正常簇叶等症状。

2. 防治方法　主要是在叶芽放绿和花芽露白时喷施药剂防治。

三、果实虫害

（一）蛆虫

1. 蓝莓蛆虫

（1）危害特点。危害北方蓝莓果实最严重和最普遍的是蓝莓蛆虫。成虫在成熟果实皮下产卵，使果实变软、疏松，失去商品价值。成虫发生持续时间较长，因此需要经常喷施杀虫剂。

（2）防治方法。

① 物理防治。采用诱捕方法监测幼虫数量，根据监测数据确定喷药量和次数。

② 化学防治。在叶面或土壤上喷施亚胺硫磷、马拉硫磷等对蓝莓蛆虫的控制效果都很显著。

2. 蔓越橘果蛆虫

（1）危害特点。在绿色果实的花萼端产卵，幼虫从果柄与果实相连处钻入果实，并封闭入口直到将果实食用完毕，然后钻入另一枚果实继续危害。一只幼虫可危害 3～6 枚果实。被危害的果实在幼虫入口处充满虫粪，受害果和未受害的果实往往被丝状物黏在一起，被危害的果实往往早熟并萎蔫。

（2）防治方法。亚胺硫磷等对防治蔓越橘果蛆虫效果较好。

3. 樱桃果蛆虫

（1）危害特点。幼虫在果实花萼里出生并啃食果实直到幼虫半成熟，然后转移至邻近果实上继续危害。这一转移过程中幼虫不暴露，最终使两个受害果实粘在一起。

（2）防治方法。

① 生物防治。小黄蜂的卵、幼虫及蛹阶段均在樱桃果蛆虫和蔓越橘果蛆虫的卵上寄生发育，大约有 50% 的虫卵可被小黄蜂产卵寄生而死。一些寄生性的真菌主要寄生在樱桃果蛆虫和蔓越橘果蛆虫的休眠幼虫上，这种寄生真菌发生率可以高达 48%。

② 化学防治。喷施亚胺硫磷等可有效防治这种虫害。

（二）李象虫

1. 危害特点　李象虫是危害蓝莓果实的另一种重要害虫。成虫体长 4mm 左右，在绿色果实的表面蛀成一个月牙状的凹陷并产 1 枚卵，1 只成虫可产 114 枚左右的卵。幼虫钻入果实并啃食果肉，导致果实假性早熟并脱落。判别李象虫发生的主要特征：果实表面有月牙状的凹陷痕和果实成熟之前地表面有脱落萎蔫的果实。

2. 防治方法　在授粉之后，当果实发育到直径约 4mm 时，施用药剂防治。

四、叶片虫害

（一）叶蝉

1. 形态特征　叶蝉是蓝莓叶片发生最普遍且最严重的虫害，属半翅目叶蝉科，一年繁殖 4～5 代。棕灰色，楔形，体长约 0.74mm。单眼 2 只，少数种类无单眼。后足胫节有棱脊，棱脊上有 3～4 列刺状毛。后足胫节刺毛列是叶蝉科最显著的识别特征。

2. 危害特点　叶蝉对蓝莓叶片的直接危害较轻，但其携带并传播的病菌对蓝莓生长造成严重影响。

3. 防治方法

（1）物理防治。利用叶蝉成虫的趋光性，用黑灯光诱杀。

（2）化学防治。第一次喷施控制蔓越橘果蛆虫的药剂可控制叶蝉，但需要第二次喷施才能控制第二代和第三代叶蝉幼虫的发生。

（二）叶螟和卷叶螟

1. 危害特点 叶螟和卷叶螟均属鳞翅目螟蛾科。造成的经济损失较小，危害特点主要是幼虫吐丝将叶片从边缘两侧向中央卷起，隐藏其内取食叶肉，残留白色网脉，造成植株枯死。

2. 防治方法

（1）生物防治。人工释放赤眼蜂。在卷叶螟产卵始盛期至高峰期，分期分批放蜂，每次放3万～4万头，隔3d一次，连续放蜂3次。

（2）化学防治。喷施防治果实虫害的药剂即可有效防治叶螟和卷叶螟。

五、茎干虫害

（一）介壳虫

1. 危害特点 介壳虫是危害蓝莓茎干的主要害虫，属同翅目盾蚧科。介壳虫一般一年发生1～3代，少数4～5代。大多数虫体上被有蜡质分泌物，即介壳，分泌物还能诱发煤污病，可引起树势衰弱，产量降低，寿命缩短，对蓝莓生长危害极大。如不及时修剪，往往造成严重损害。

2. 防治方法

（1）生物防治。瓢虫是介壳虫的主要捕食性天敌，通过提供庇护场所或人工助迁，释放澳洲瓢虫、大红瓢虫和黑缘红瓢虫等，有效防止介壳虫的危害。

（2）化学防治。在萌芽前喷施3％机油乳剂。

（二）茎尖螟虫

1. 危害特点 茎尖螟虫属鳞翅目，成虫2对翅，翅脉简单，身体、翅和附肢均布满鳞片。其在枝条茎尖产卵，幼虫啃食茎尖组织造成生长点死亡。

2. 防治方法 喷施防治果实虫害的药剂可有效控制茎尖螟虫的成虫，常用药剂和每667m² 用量一般为50％杀螟硫磷乳油50～100mL，

25％杀虫双水剂200～250mL，90％晶体敌百虫475g，任选其一喷雾或泼浇。

第六节　果实贮藏保鲜

蓝莓果实中含有多种营养成分，具有特殊香气，含糖量高，糖酸比适宜，适合鲜食。多数品种的果实成熟期在盛夏，较柔软，不耐贮藏，常温下存放保质期只有3～5d，为了延长货架期，需进行贮藏保鲜，根据保鲜期需要可采用冷凉及冷冻贮藏、速冻贮藏和气调贮藏。

一、冷凉及冷冻贮藏

1. 冷凉贮藏　蓝莓采收后进入冷库冷藏前，要进行预冷，使果温降低，在进入冷藏环境后的贮藏过程中，果实仍进行生理呼吸，在呼吸过程中消耗糖分等的同时产生热量和二氧化碳，呼吸热反过来又提高了温度而促使呼吸作用加强，因此贮藏期间要不断除去呼吸热，保持较高且稳定的湿度，以利于保持蓝莓品质。实验表明，蓝莓鲜果在温度0.5～2℃、相对湿度95％的环境条件下，贮藏30d其腐烂率低于5％，外观新鲜度仍与入贮时相同。

2. 冷冻贮藏　加工用蓝莓因采收集中，有时需要30d以上的长时间贮藏，普通冷藏无法保证蓝莓品质，这时需采用冷冻贮藏方式。冷冻贮藏温度为-18℃以下，贮藏保鲜期为6～18个月，入贮前需进行去杂、清选、漂洗工序，然后在阴凉处晾10min左右，待蓝莓果实基本晾干后，放入定量周转容器中，然后进入冷库冷冻贮藏。

二、速冻贮藏

速冻就是利用-60～-35℃的低温，使蓝莓果实在12～15min迅速冻结，以此达到速冻保鲜目的。速冻贮藏可以较好地保持蓝莓原有的色、香、味和组织结构。其保鲜原理：快速冻结使蓝莓果实细胞内形成小冰晶，而小冰晶在细胞内和细胞间隙中均匀分布，细胞并不受损伤或破坏，使细胞保持完好；蓝莓果实的汁液形成冰晶后，遏制了果实内各种酶的活动，从而防止了由于果实的旺盛呼吸而造成的消耗和腐烂，达到长期贮藏保鲜的效果。速冻后的冷藏保持温度为-18℃。蓝莓速冻贮藏，要求果实无损伤，无病虫害，成熟度达到八九成，不能过熟也不能低于八成熟。成熟度太低的果实速冻后淡而无味；过熟的果实速冻后风味变淡，果实不完整，质量下降。

三、气调贮藏

蓝莓为非呼吸跃变型果品，可耐高浓度二氧化碳，同时乙烯对其果实的呼吸强度影响也不是很明显。在贮藏环境中，将空气中的氧气和二氧化碳分别控制在 $2\%\sim4\%$ 和 $3\%\sim10\%$，温度控制在 $1\sim2℃$，贮藏效果较好，保鲜期可达到 6 周以上。应用气调贮藏方法保鲜蓝莓时，要在采收后 24 h 内完成预冷、清选、晾干、贮藏期包装工作。蓝莓气调贮藏，不但要调控贮藏环境的温度、湿度，还要调控氧气和二氧化碳等气体成分，其操作难度和贮藏成本都远远高于普通冷凉贮藏，所以目前在国内采用的还比较少。

第九章

无　花　果

第一节　种类和品种

一、种类

　　无花果为桑科榕属果树。该属约有 600 个种，但作为果树栽培的仅无花果（*Ficus carica*）一种。该种根据花器性能和授粉关系，通常分为以下 4 个变种：

（一）普通无花果

　　普通无花果（*Ficus carica* var. *hortensis*）花序主要为中性花和少数长柱雌花。雌花可单性结实，授粉后可产生种子。有夏果和秋果。当前世界各国栽培品种多属此类。

（二）原生型无花果

　　原生型无花果（*Ficus carica* var. *sylvestris*）亦称野生卡毕力无花果，野生于小亚细亚和阿拉伯一带，为当地许多栽培品种的原始种。花序内有雄花、雌花及虫瘿花，每年着果 3 次，第一次果（春果）初夏成熟，不适于食用。第二次果（夏秋果）和第三次果（冬果）须有传粉蜂授粉才能结实。在欧美，该类无花果主要用作无花果传粉蜂的寄主，专供斯麦那类无花果完成授粉。

（三）斯麦那无花果

　　斯麦那无花果（*Ficus carica* var. *smyrnica*）产于小亚细亚斯麦那地区。花序中仅有雌花，需无花果传粉蜂进行原生型无花果花粉的授粉方可形成果实。有夏果和秋果，生产上主要收获秋果。当地许多制干品种属于此类。

（四）中间型无花果

中间型无花果（*Ficus carica* var. *intermedia*）亦称圣比罗无花果。该类品种第一次夏果为单性结实，近似普通无花果；第二次秋果需经授粉方可形成果实，近似斯麦那无花果。代表品种有紫陶芬、白圣比罗等。

二、品种

1. 新疆早熟 分布于新疆阿图什、疏附、莎车、叶城、和田等地。果实扁圆形，平均单果重 53.3g，最大果重 69g。成熟后果皮黄色，上有白色椭圆形果点，极易剥离。果肉淡黄色，柔软味甘，汁中多，品质中上。种子多，黄褐色。树势强健，发枝力中等。抗风，不耐寒、旱。夏果 7 月上旬成熟，秋果 8 月中旬成熟。

2. 新疆黄 分布于新疆库尔勒、阿图什、疏附、莎车、叶城、和田等地。果实扁圆锥形，平均单果重 68.6g，最大 82g。果皮黄色，有明显果点。果肉淡红色，柔软多汁，味甘甜，芳香，品质极上。其树势旺，发枝力强，较抗寒，夏果、秋果均能丰产。

3. 麦司衣陶芬 该品种引自日本，为日本主栽品种，曾用名"镇引 1 号"。其树势开张，长势中庸，易保持矮化树形。在冬季温暖地区，夏果果型大，品质好，但产量低，因而宜作秋果栽培。其耐寒性弱，宜于长江以南地区栽培，长江以北需采用防冻栽培（矮化栽培）。

秋果于 8 月中旬开始成熟，气候适宜处可延至 11 月中旬，但 8 月下旬至 10 月上中旬为高峰期。果实成熟时下垂，单果重可达 150g，平均 80～100g。果皮深紫褐色至赤褐色，薄而强韧，裂果少。果孔鳞片赤紫色，果肉桃红色，肉质稍粗，品质中上。产量高（成年树每 667m² 产 1 500～2 000kg），耐贮运。在江苏镇江地区已作为鲜果用品种大面积推广。此外，鲜果及收获末期未成熟果均能用于加工。

4. 红萨玛 该品种系 1972 年由麦司衣陶芬种苗中选出。其树势较弱，果实早熟。同期长出的幼果，成熟期比麦司衣陶芬早 7d。果实横径大，近似圆形。果皮粉红且着色均匀，鲜艳。果皮稍厚，耐贮，抗病性好。在完熟前果实糖度较低，应避免提前采收。果实生长发育期约需 70d，秋果 8 月上旬成熟。该品种果型大，易丰产，外观艳丽，鲜果商品性好。其耐寒性弱，易于矮化栽培与低主干防冻栽培。

5. 白马赛 为法国东南部广泛栽培的夏秋果兼用品种。其树势强，枝密生，休眠顶芽绿色，叶片较大。夏果大的可达 70~80g，秋果平均重 30g。果实短卵圆形，淡黄绿色，果肉白色，味甜，香气浓。品质上，宜于鲜食，也适于制干。在干燥地区栽培时果型很小。

6. 卡独太 为夏秋果兼用品种，在意大利、美国加利福尼亚州盛行栽培。其树势强，休眠顶芽绿色。夏果果实卵圆形，黄绿色，平均单果重 50g，肉质紧密，品质极上；秋果较早熟，8 月上旬即开始采收，单果重 30~80g，卵圆形，颈部稍长。果皮在冷凉地区为浓绿色，暖地呈绿黄色。肉质紧密，白色，味甜，品质优良。该品种果实可作为制果干及罐装用原料。

第二节 建园和栽植

一、建园

(一) 园地选择

无花果适应性较强，在气候适宜地区，平原、丘陵坡地、庭院均可种植。但应注意：由于无花果不耐贮运，宜在城市近郊或交通便利的地方建园，有利于发展商品生产。

在利用丘陵坡地建园时，应考虑坡向、风向。一般南坡光照好，土壤增温快，北坡较差。山沟、低谷地和峡谷口均不宜建园，因冷空气下沉，滞留于山间低谷地，而且峡谷口风速较大，易引起冻害和风害。

宜选地势高燥，背风向阳，排水良好而又有灌溉条件，土层深厚肥沃，中性或微碱性土壤的地方栽植无花果。沿海一带，应在条件较好、生长茅草的滩涂或海堤内侧建园。盐碱地上建园需注意土壤含盐量要低于 0.4%。

(二) 果园规划设计

1. 果园规划

(1) 小区规划。地势开阔处，作业小区一般规划 3.4hm²；条件较差时 2hm²。丘陵、山地可规划为 1hm²。小区形状为长方形，并考虑与道路、排灌系统配合，需设置防护林的地方，长边宜与主风方向垂直，山地果园小区应与等高线平行。

(2) 道路系统规划。依据果园大小设置必要的道路系统，以利施肥、浇灌、喷洒农药、果实采摘及运输等要求。主干道宽 6m 左右，作为小区界线的次干道宽 5m，小区内作业道宽 3m。山地果园道路沿坡面斜度不能超过 7°，作业道应沿等高线设置。

（3）排灌系统规划。无花果耐旱但对水分有较高要求，应按水源情况规划灌溉渠道，干旱地区可逐步发展滴灌和渗灌。无花果怕涝，在降水较多，或地下水位较高的地方，应规划排水系统，根据具体情况设明沟排水或暗沟排水，形成地面或地下排水系统。

（4）防护林规划。无花果枝干韧度低，根系较浅，大风易吹折枝条或吹倒结果大树，新疆南部等地多受干热风危害，应从实际出发规划防护林带。一般主林带间距 300～400m，多风沙区或沿海有台风危害地区间距应加大到 200～250m；副林带间距 500～800m，风沙地区为 300m。副林带一般应与主林带垂直。林带结构应为疏透结构，并注意采用乔灌混合栽植。

2. 种植设计

（1）品种配置。根据建园要求及栽培目的确定品种配置。以鲜果上市为主要目的的，应选果型大、品质好、耐贮运的品种；以加工利用为主要目的的，应选大小适中、色泽较淡、可溶性固形物含量高的品种。一般应考虑鲜食与加工利用相结合，各占适当比例。

品种选择上还需注意品种的适应性。如在长江以南地区麦司衣陶芬、白圣比罗为适宜品种；沿江及江淮一带如种植麦司衣陶芬，则需采用抗寒栽培技术，也可直接选用抗性较强的棕色土耳其、布兰瑞克以及白热那亚等品种；黄淮地区可选用抗寒性强的蓬莱柿等。

是否配置授粉树需根据品种类型而定。目前国内栽培的普通无花果类型的品种，不授粉可以结实，不必配置授粉树。如引进其他 3 个类型的品种，则需配置授粉树，以 8 株栽培品种配置 1 株授粉树较好，也可按 5%～6% 的比例进行配置。

（2）株行距的确定。无花果园栽植密度应根据品种、整形方式和土质条件确定。

无花果树势旺，生长健壮，树冠开阔，在亚热带地区多为乔木，成片建园时栽植株行距一般为 5～7m，有时加大到 6～8m。新疆南部的匍匐式栽培果园，为便于埋土越冬管理，采用 5m×6m 或 6m×7m 株行距。甘肃武都一带无花果为小乔木，多采用 4m×4m 株行距，每 667m² 栽植

42 株；荒滩小面积建园则用 3m×3m，每 667m² 栽植 74 株。为提高无花果早期产量，目前江苏镇江一带采用适当密植，以后根据树体长势进行间伐，以确保园内通风透光。采用低主干丛生型栽培的株行距为 1.5m×2.0m，每 667m² 栽植 220 株；X 形栽培的为 2m×2.2m，每 667m² 栽植 150 株；普通密度为 2.0m×2.5m 或 2.2m×2.5m，每 667m² 栽植 120～130 株。

除成片规划建园外，甘肃武都一带还有以下配置方式，在农村发展无花果的规划设计中也应予以安排。

① 四旁散植。可采用窄株距宽行距，根据地形单、双行配置。株行距 3m×5m 或 2m×4m。

② 庭院栽植。一般应离建筑物 1m 以上，栽南不栽北，不要栽在树荫下。

③ 地埂栽植。川台地埂栽植是提高土地利用率的较好形式。一般南坡栽埂下，北坡栽埂上，使树冠投影于地坎，减轻农田遮阴。

二、栽植

（一）栽植时间

无花果发芽和新根生长较其他果树迟，为防止冬季干枯和早春低温冻害，一般以春栽为主。依各地具体情况在 3 月中旬至 4 月上旬栽植。不过采用防寒栽培的地方，也可秋植。栽植后主干留 20cm 左右短截，培土高度 30cm 以上，保护越冬。

（二）栽植方法

园地应在入冬前耕翻晒垡，淋洗盐碱，熟化土壤。定植前要平整园地，栽植时按所定株行距先挖穴，穴深 60cm，直径 60～80cm，穴底铺草或麦秸，每穴施腐熟有机肥 25kg、磷肥 2.5kg。苗木栽植深度要适当，要注意深挖浅栽，根系不直接接触肥料。定植苗木宜用 50% 甲基硫菌灵 1 000 倍液浸根消毒 1min。栽植时根系要舒展，按一般植树要求，边填土边踩实，并将树苗向上轻提。栽后浇足底水。

在盐碱地上栽植时先挖沟做畦，畦宽 3.5m，沟宽 50cm，深 60cm，底铺以麦草，施以腐熟厩肥。栽植后注意用稻草或麦草进行地面覆盖抑制返盐，也可套种紫花苜蓿等较耐盐绿肥。

栽植后及时定干，定干高度 40～60cm。及时定干有利于减少植株水分蒸发，提高成活率，促进早发芽，多长枝，并且枝条生长旺盛。据观察：无花果定干后发枝多集中在剪口下 1～6 节，而以剪口下第一、第二芽萌生的枝条生长最为旺盛。

第三节　土肥水管理

一、土壤管理

(一) 土壤改良

对于土壤瘠薄的园地，除栽植时注意加大栽植穴并在穴底施以麦草、腐熟厩肥外，还要逐年进行土壤改良工作，幼龄期深耕改土是重要措施之一。深耕结合施肥，可有效增加土壤有机质及氮、磷、钾含量，有利于根系生长并增加吸收根数量，根条密度可增加 1 倍以上。深耕改土可在夏季结合翻压绿肥进行，也可于秋季采果后结合秋施基肥进行。可采用扩穴深翻、全园深翻或开沟深翻等方式，依树体大小及施肥方式等确定。无花果根系较浅，但成龄果树只要控制断根率在 20% 以下，就不会对其生长产生负面影响。

土壤改良的另一个重要措施是调节土壤酸碱度 (pH)。无花果喜中性偏碱土壤，而我国南方土壤偏酸，无花果园应注意增施有机肥和石灰加以调节。石灰应结合耕翻或开沟施入土中，一般每 $667m^2$ 施 $100～150kg$。

(二) 松土除草

中耕松土可有效减少土壤水分蒸发，防止盐碱上升。一般中耕与浇水、除草相结合，干旱半干旱区园地浇水后均应中耕松土，雨水多的地方结合除草进行中耕。

无花果果园的除草，可采用化学除草剂代替人工除草。由于无花果对除草剂敏感，需注意选用合适的药剂。要选无风的晴天喷药，药液不要喷到枝、叶上，以免产生药害。杂草生长盛期 (6月上旬) 使用 10% 草甘膦 (每 $667m^2$ 用药 $500～750mL$，对水 $50kg$)，可控制各种杂草危害。其他适用除草剂还有 35% 吡氟禾草灵乳油等。

(三) 铺草覆盖

无花果果园表土层采用铺草覆盖，能抑制夏季地表温度升高，减少土壤水分蒸发，防止土壤干燥，也可抑制杂草生长。但春季不宜过早覆盖，以免抑制地温上升，或诱使根群过分集中于表层，应在 5～6 月地温稳定后进行。材料可用绿肥、稻草，也可用麦草。铺草厚 $10\sim20cm$，每 $667m^2$ 用 $1\,000\sim1\,500kg$。注意主干基部适当少盖，以免皮层湿度过大而染病。

（四）间作套种

在幼年果园进行间作套种，既有利于加强树体管理，还可提前获得经济收益。间作物以豆类、瓜菜较为适宜，也可选用药用植物。

二、施肥管理

（一）肥料种类与数量

无花果为高产果树，对肥料要求较高。据国外研究资料，无花果对肥料的吸收比例如下：以氮肥为 10，则磷肥为 3，钙肥为 15，钾肥为12，镁肥为 3，可见无花果对钙、钾肥成分有较高要求。江苏省镇江市农业科学研究所做过深入试验。据分析，无花果植株以钙吸收最多，氮、钾次之，磷的需求量不高。若以吸氮量为 1，则钙为 1.43，钾为0.9，磷、镁仅为 0.3。由此得出，无花果施肥以少磷重氮钾为原则。氮、磷、钾三要素的配合比例，幼树为 $1:0.5:0.7$，成年树为 $1:0.75:1$。具体应用时，施肥量可按目标产量每 100kg 果实需施氮 1.06kg、磷0.8kg、钾 1.06kg 计算。由于各地土壤条件差异较大，施肥量与氮、磷、钾比例应结合具体情况确定。如园地肥沃，施肥量比标准用量少10%～15%；同一园内，树势强的植株少施，树势弱的适当多施。幼树期施肥不宜过多，以免新梢徒长，枝条不充实，耐寒力下降。一年内各个时期的施肥量：基肥占全年施肥量的 50%～70%，夏季追肥占 30%～40%，秋季追肥占 10%～20%。其中氮素肥料，基肥约占总氮量的60%，夏季追肥占 30%，秋季追肥占 10%；磷肥主要用作基肥，占70%，其余作追肥；钾肥以追肥为主，占 60%，基肥占 40%。

不同肥料种类对无花果的产量和品质有一定影响。一些老产区果农仍以施用有机肥为主。有试验表明，施用农家肥比单纯施用化肥的无花果长势和产量都有所增加，品质提高。生产上可以有机肥为主，化肥为辅，要求每千克产量施 1kg 农家肥。江苏省镇江市增施腐熟有机肥（如鸡粪、菜籽饼）的田块，与施尿素相比，产量增加 57.96%，糖分高36.4%。新疆阿图什果农多施用腐熟羊粪和厩肥，每 $667m^2$ 约 $2\,000kg$。此外，还施用骆驼刺和苜蓿（5月中旬以后开沟施入），以改良土壤结构，增加土壤有机质。每株施用干苜蓿或骆驼刺草 $10\sim15kg$ 加磷酸二铵 2kg，3 年内可使单株产量由 8.2kg 提高到 27kg。土壤缺磷地区施用磷肥对增产有明显作用。

（二）施肥时期与方法

基肥（以农家肥为主）在落叶前后至早春萌动前施用，追肥在夏果、秋果迅速生长前施用。开条沟施或环状沟施，深 $20\sim30cm$ 即可。施肥应与灌水相结合。通过水肥管理可对树体实行"促"与"控"。一般采用"早促晚控"。早促，即 4 月下旬、5 月上旬追肥，促秋果；晚控，即 7 月下旬以后减少水肥，控制果枝过快伸长，减少过多秋果，以保持来年夏果密度，防止树体内膛空虚。除土壤施肥外，生长期也可进行根外追肥，前期以氮肥为主，后期以磷、钾肥为主。一般宜在 10：00以前、16：00以后喷洒，种类和浓度有 0.5％尿素，0.2％～0.5％磷酸二氢钾等。

三、水分管理

无花果根系发达，抗旱力较强，但生长旺盛，叶面积大，蒸腾作用强，降水不足时，必须进行灌溉。灌溉次数根据各地具体降水情况决定，一般幼龄树每年灌水 $2\sim3$ 次，成年树 $6\sim7$ 次（南疆需 $10\sim12$次）。灌水时期以新梢和果实迅速生长期最为重要。到二次果成熟时，逐渐停止浇水，有利于枝条成熟。落叶后结合秋耕灌一次冻水，有利于越冬。

无花果耐涝力弱，雨水多的地区或降雨多的季节应注意及时排水，防止产生涝害。

第四节　花果管理

一、防止落果与僵果

引起无花果落果的原因主要是土壤干旱或积水过多，以及害虫危害根部所造成，应注意加强果园的灌水、排水及防治地下害虫。

在新疆南部，无花果果实发育过程中，还有一种僵果现象，即幼果出现后到发育为成果前自然干枯而不能发育成果实。这是一种生理病害。这种现象在夏果中较为常见，而秋果中较少。据调查，这种现象既与管理水平有关，也与树龄有关。如管理差的果园，僵果率可达41.7%；而随树龄增加，长势减弱，30年生果树僵果率可达22.7%。春季水肥供应不足，加之上年秋果较多，是造成僵果的内因，大风和干旱则是造成僵果的外因。春季加强水肥管理是防止僵果的有效措施。

二、越冬保护

无花果生长旺盛，抗寒力弱，枝条易遭冻害，温带地区多需保护越冬。一般仅对幼树于越冬前在树干基部培土，对主枝进行包草；5年生以上大树越冬能力增强，不再进行保护。

新疆南部夏季干热，积温高，适于无花果生长与结实，且果实品质好，胜过湿热地区。但该地冬季寒冷，无花果不能露地越冬，因而采用匍匐栽培法，入冬前（11月上中旬）埋土防寒，保护越冬。其技术措施如下：①从定植起实行矮化栽培，定向培育，一般采用4m×5m行株距栽植；②苗木栽植时与地面呈45°～60°倾斜。行向南北，使枝条呈扇形分开以扩大向阳面积；③入冬前按此方向将枝条压伏地面，埋土越冬。埋土厚度应在30cm以上，一次埋好或分期加厚。采用上述方法栽培的无花果树长大后树体近似水平状匍匐地面，夏季结果时需用支架将果枝撑起。由于采光面积较直立树体增加25%～30%，且树体各部分受光均匀，再加上体内激素上下分配也较为均衡，故有利于花序分化，增加结果，提高产量。但缺点是生产成本较高。

第五节　整形修剪

整形修剪是指通过修剪培育出良好的树体结构，形成优质高产的理想树形。前期对幼树的修剪，主要是培育树形，建成良好的树体骨架；成龄树修剪，目的是合理更新，保证持续优质高产。

一、不同品种的树形模式

无花果的整形方式，应根据栽培区气候条件（决定是否需要防寒）、具体栽培地点以及品种特性等诸多因素综合考虑。其中品种结果习性是重要因素。

根据无花果结果习性，可将品种分为 3 种类型：即夏果专用品种、秋果专用品种与夏秋果专用品种。整形修剪需按照 3 类品种的生长规律，有目的地进行。

无花果的结果习性

A. 夏果专用品种 B. 夏秋果兼用品种 C. 秋果专用品种

（杨金生等，1996）

（一）夏果专用品种的树形

这类品种如紫陶芬等，以生产夏果为主要目的，树体整形采用自然圆头形或自然开心形。该品种夏果着生于一年生枝上，不能短截修剪，而应保留为夏果结果枝。夏果结果枝过多时可适当疏除。

（二）秋果专用品种的树形

这类品种如塞勒斯特等，以采收秋果为生产目的。一般多采用自然开心形。第一至二年的整形修剪与夏果专用品种相同，以培养主枝、扩大树冠为主。第三年以后，根据枝梢长势采用疏枝与结果母枝短截相结合的方法进行修剪。

（三）夏秋果兼用品种的树形

这类品种生长特性差异很大，应区别对待。一类如白热那亚、布兰瑞克和蓬莱柿等，树势强，新梢直立，适于自然开心形。以疏枝修剪为主，短截为辅，适当回缩修剪混合应用。另一类如麦司衣陶芬等，新梢生长势中等，枝梢易下垂，树形常保持矮化。如采用杯形或自然开心形，则夏果产量很低，往往不及秋果的 10%～20%，而秋果大量着生，又影响翌年夏果。在长江流域一带，夏果采收期正处梅雨季节，病害重、产量低，从实际出发，应以秋果栽培为主，可采用水平 X 形、水平"一"字形和丛生形等整形修剪方法。

二、树形培育

在国内各无花果产区，以往主要采用多主枝自然开心形、有主干无层形。近年来庭院无花果兴起，提出扇形等多种树形。在江苏省镇江市产区，更应用了密植矮冠的多种整形方法，管理精细。

(一)多主枝自然开心形

该树形的树体结构如下：基部 3 个一级主枝，主枝上 4～6 个二级主枝，每个主枝上 2～3 个外侧枝。主枝与主干的开张角为 30°～45°，侧枝与主枝夹角约 50°。这种树形成形快，有利于早期丰产，并能充分利用空间。

定植当年在距地面 40～60cm 定干。待新梢长出后，在剪口下选留不同生长方向的 3 个枝条作主枝培养。当其生长到 4cm 以上时摘心，促发新梢，从中选留 4～6 个作二级主枝。翌春在二级主枝外侧饱满芽处短截，促发侧枝。第 3 年起逐年对主枝延长枝进行短截，促发健壮新梢。

(二)有主干无层形

该树形有主干和中央领导干，干高 40～50cm，10 余个主枝由下而上螺旋状排列于主干上，主枝开张角度 45°～60°，每个主枝上有 2～3 个侧枝。该树形成形慢，多在稀植时采用。

定植当年定干，高 60cm。翌春选剪口下第一个萌发的枝条作为中央领导干。该枝生长到 60cm 以上时，在有饱满芽处短截。适当选留其他方向、位置、长势均较适合的枝条作为主枝。主枝留 50cm 左右短截，其余枝条任其生长。第三年以后继续培养中央领导干和选留主枝。

(三)扇形

该树形一般有 4～6 个水平状主枝，高约 2.0m，宽厚均为 1.5m，是庭院栽植中的一种整形方式。其成形较慢，但占地面积小。

果树南北行栽培，苗木向南斜栽，与地面夹角为 45°。萌芽后将苗干弯向南面距地面 40～50cm；然后用带钩木棍加以固定。在苗干弯曲处选饱满芽刻伤，刻痕距芽 0.5cm，以促抽生旺梢。当年水平干长放。翌春萌芽后抹去刻伤芽以下的萌芽。待刻伤芽及其前面的芽抽出新梢并长到 30cm 以上时，对旺梢摘心，7～8 月将新梢分别拗向两侧，使呈水平状，促使刻伤芽萌发的新梢长至 1m。第三年春季，该新梢形成的领导干若已长至 1m 以上，则用上一年的方法使其向相反方向弯成水平状，也可任其生长，来年再弯。5 月下旬至 6 月上旬对第一水平主枝上的直立旺枝摘心，对第二水平主枝上的旺梢进行扭枝。以后依以上方法进行，注意控制结果量，逐年回缩更新，多培养结果母枝。

庭院栽培中，除采用扇形外，还有圆柱形（类似主干无层形）、双臂形、T 形等多种整形方法。

（四）水平 X 形

该树形适用于麦司衣陶芬、白圣比罗等。

每 667m² 栽植 120～150 株。主干高约 40cm，留 4 个主枝呈水平 X 形向外延伸，主枝两侧间隔 20cm 配置结果母枝（同一侧为 40cm）。

每年反复留 1～2 芽短截修剪，结果母枝高度一致，结果枝着生于主枝附近，着果位置也一致。新梢长至 18 片叶时摘心，以利通风透光。

一年生苗定植后定干高 40cm。发芽后除去先端强势芽，选 4 个健壮新梢作主枝培育。冬季主枝留 80cm 剪截，先端留外侧芽，剪口处应在留芽的前一节。第二年 4 月上旬树液流动时，将 4 个主枝伸向畦的内边，慢慢放倒使呈水平 X 形，并将先端绑于木桩上固定。注意分次下压分次绑扎，使主枝尽可能水平，枝上芽位相对一致，而主枝端部稍高，以利主枝延长枝生长。剪去主枝延长部分背面直立伸长的芽，间隔一定距离留侧芽伸长，并插竹竿诱引绑扎，先端再留下芽作为主枝继续延长，直至与相邻植株伸长的主枝靠近。同时，进一步调节主枝高低位置，注意水平状主枝上留芽位置，第三年主枝和侧枝（结果母枝）形状基本形成，仅根据树形要求适当调节。冬季修剪时留外芽进行短截，每个结果母枝上抽生 1 个结果枝。结果母枝剪口高度要一致，使结果枝生长整齐。注意异树异枝应采用不同修剪措施，促进生长平衡。

树势生长旺、新梢发生多、园地过密时，进行隔株间伐。选留主枝先端内侧结果枝轻度回缩修剪，翌春树液流动时，将其放倒，占据间伐后的空间，留存树主枝延长结果枝数增加 1 倍，即可与间伐前的结果枝数保持一致。每 667m² 结果枝数约 2 400 根，三年生树每 667m² 产量可达 1 250kg。

（五）低位水平 X 形整枝修剪

该树形为水平 X 形的改良型。由于 X 形整枝后主干和主枝离地面较高，在气温较低的地区，难以预防冻害。江苏省镇江市农业科学研究所

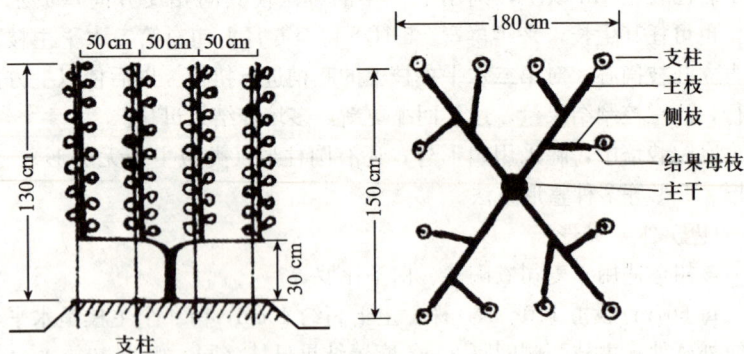

水平 X 形整枝模式

（杨金生等，1996）

采用的主枝低部位匍匐地面的水平 X 形整枝法，取得了较好效果。其密度为每 667m² 种 120 株。一年生苗秋季定植后，留主干 20cm，覆土越冬。春季去覆土，发芽后选 4 个不同方位的新梢沿畦方向伸长，插支柱诱引。秋季每主枝留 1m，放倒匍匐于地面，覆土越冬。翌春萌芽后，疏除主枝的上芽，每主枝留 5 个横侧芽培养结果枝，结果枝插支柱诱引。每株有结果枝 16～20 个。冬季修剪时，主枝不再延长，每个结果枝留 2～3 个芽短截，作为结果母枝。

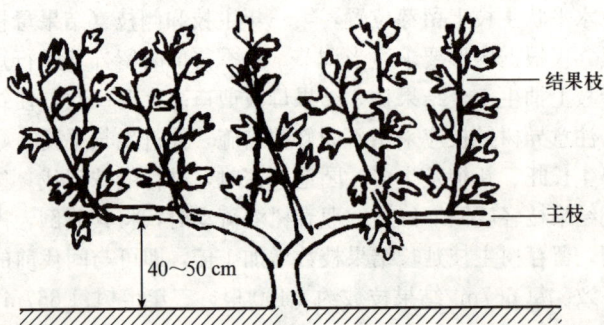

水平"一"字形整枝模式

（六）水平"一"字形

该树形为水平 X 形的改进型。适用品种有麦司衣陶芬等。每 667m²

种 100～120 株，主干高 30～40cm。两个主枝与畦面平行。主枝附近的新梢从基部 2～3 节反复短截修剪，结果枝位置始终控制在主枝附近。

该树形高度低，结果母枝在同一平面上，着果整齐，田间管理作业方便，效率高；结果枝用支柱诱引，可提高抵抗灾害性天气的能力。栽后 3～4 年成园，树体矮化，产量较高，适于保护地栽培。但因行距小，畦面小，下部光照不足，其早期果着色较差；由于根群分布狭窄，高温干燥时，需保证灌水。再者，主枝整形、树势调节难度大，主枝受冻或受病虫危害后难以更新。该形对树势强，枝梢直立徒长的品种（蓬莱柿、布兰瑞克）不甚适宜。

采用该整形方法每 667m² 结果枝数约 2 000 根，三年生树每 667m² 产 1 150kg。

（七）自然开心形

适用于树势强、枝梢生长旺的品种，如蓬莱柿、白热那亚、赛勒斯特、布兰瑞克等夏秋兼用品种。

栽植密度为每 667m² 种 82～88 株。主干高度 40cm，选留 3 个主枝，分别向 3 个方向伸长。其树形呈立体结构，树冠内较透光，果实着色好，但操作管理不便，采收作业难度大。且树冠大，重心高，易于风倒，多大风处需有结实的支柱撑牢。

随主枝生长不断培养结果母枝，结果枝随结果母枝增加而增多，第一年 3 根，第二年 6～9 根，第三年 12～18 根，第四年 24～36 根，第五年 48～72 根，成年期树每 667m² 结果枝可达 3 500～6 500根。三年生树每 667m² 产 560kg。

（八）低主干丛生形

该整形方法为江苏省镇江市农业科学研究所针对长江沿岸及江北冬季气温较低，无花果易受冻害地区而提出，应用效果好。可用于耐寒性差的品种及冬季气温较低的地区。

该树形每 667m² 栽植 220 株，主干高度 15～20cm，主干上没有主枝，仅留 4～6 个结果母枝，由结果母枝萌发结果枝，每个结果枝插立竹竿诱引。其主要特点是结果枝位置低，适合于矮化密植和埋土防冻栽培，整枝修剪易于掌握。

栽植当年，短截主干，距地面留 20cm，从主干基部萌发的新梢中选留不同方位的结果枝 4～6 根，一般当年从第四至五节间开始着果。

入冬前，在结果枝基部第二至三节间处强剪，注意剪口留外向芽。剪后培土越冬，翌年4月上中旬扒开覆土，使结果枝离开地面，以免其着地生根，结果部位太低易染病害。萌芽后，每个结果母枝选留1～2个结果枝，每株留6～8个结果枝。冬季修剪时结果枝留1～2节短截。以后保持每株6～8个结果枝，仅对生长较弱的结果母枝进行更新。

新疆南部无花果需埋土防寒越冬，主要采用多主枝丛生密集型整形方式，主干高度15cm，保留4～5个不同生长方向的主枝，以构成树冠，其株行距较大，埋土防寒较为费工。

三、修剪方法

无花果修剪宜采用冬季修剪与夏季修剪相结合的方式，不断调节树势，促进结果。

(一) 冬季修剪

冬季修剪可采用短截、缓放、疏枝或回缩等方法。应根据不同树龄不同枝条长势、结果情况加以采用。如对幼树的主枝延长枝进行中短截（约剪去枝条的1/2），促发新枝；对过旺枝进行重短截（约剪去枝条2/3），以平衡树势。对初结果树旺枝采用缓放，任其自然生长，以缓和树势，增加结果枝。适当疏除过密枝、交叉枝、干枯枝。盛果期树为恢复树势和进行结果枝的更新，可采用回缩修剪。

在江浙一带，通常12月到翌年2月，为无花果成年树修剪期，幼树可延长到3月上旬。如修剪过迟，剪口流出树液，会推迟发芽。修剪需在树液流动前15d结束。

无花果木质疏松，剪口干燥时易龟裂，影响发芽和生长，应在节痕处修剪，或多留一节进行修剪。较大的伤口难以愈合，需涂接蜡或伤口保伤剂。

(二) 夏季修剪

由于无花果长势较旺的枝条具有连续生长不断结果的特性，因而生长季节修剪能促进早结果、早形成树冠。夏季修剪主要采用摘心、拿枝、拉枝等方法。

1. 摘心　生长季节为控制枝条旺长，节省养分供应果实生长，可进行不同强度的摘心（摘除梢部）。生长粗壮的一次枝夏季摘心可促进萌发强壮的二次枝，增加分枝数量。树势旺、分枝力弱或以采收秋果为主的品种最宜摘心。一般于7月底8月初，幼树旺枝剪留35cm左右，可激发副梢，当年结果；结果枝坐果4～6个时摘心，可使果实增大，提早成熟。同时增加结果枝下部光照，提高果实品质。此外，盛果期树如果生长旺，徒长枝多，不但影响当年秋果产量，还影响第二年夏果坐果，可采用摘心（打顶）控制枝条生长。在南疆，一般于7月10日前坐下的秋果可以发育成熟，因而在6月下旬秋果幼果形成后摘心，既可控制果枝生长，又可控制晚期秋果的形成，提高秋果实际产量与品质。江苏省镇江地区于7月中旬至8月上旬，当新梢生长至18～20节时摘心，可促进果实早熟和避免晚霜危害。

2. 拿枝与拉枝 拿枝是将已木质化的枝条从其基部折弯，然后再向上多次折弯，以控制一年生直立枝和竞争枝生长的方法，一般于7月进行。秋季进行拉枝，用于调整骨干枝和辅养枝角度，以缓和树势。

3. 结果母枝的培养 无花果依靠母枝结果，修剪上要注意通过修剪强化结果母枝的生长势，不断培养粗壮的结果母枝。方法上要充分利用基部新侧枝和由潜伏芽（或不定芽）长成的新结果母枝；对内膛枝组应有缩有放，过高过长的老枝及时回缩，促使下部萌发新枝；对细弱枝组先放后缩，促其复壮。

（三）不同年龄期树的修剪

1. 幼年树 无花果幼龄期主要是培养树形、平衡树势，建立牢固的骨架。根据整形要求，对各类枝条的修剪尽量从轻，夏季对旺枝多摘心，促发新梢，形成结果母枝。主枝延长枝一般剪留50cm左右，利用外芽开张角度。直立性强的品种，应利用拿枝、拉枝开张角度。

2. 初结果树 这一时期需继续培养树形，扩大树冠，并迅速培养结果母枝，使其较快结果。冬季对主枝延长枝继续短截，促发分枝。夏季采用摘心和短截，促使树体中下部发枝，利用徒长枝培养结果母枝。

3. 盛果期树 此时树冠已形成，修剪任务主要为控强扶弱，调节生长和结果之间的关系，注意强化结果母枝的生长势，充分利用夏季摘心促发的侧枝和不定芽萌发的新结果母枝。

此期对骨干枝、延长枝的修剪量加大，剪留长度30cm左右。树冠停止扩展后，注意选旺枝结果，大枝可进行回缩，促发一年生枝。对这些一年生枝冬季再进行短截，结果2～3年再予缩剪。缩与放交替进行，使骨干枝保持旺盛长势。对各部位的结果母枝根据长势有计划地更新，使健壮的结果母枝保持稳定的数量。

4. 衰老树 无花果树进入衰老期后，长势衰弱，产量下降。在干旱地区，如管理不善，栽种 10 年后树体即趋于衰老，年生长量不足 10cm。此期修剪任务是及时更新复壮。修剪方法上主要采用重回缩修剪，截除大枝时要注意选好截除部位。利用潜伏芽萌发徒长枝，并改造为结果母枝。经 2～3 年调整可重新恢复树冠。不过更新复壮要与加强水肥管理紧密结合才能收到预期效果。

四、新梢管理

无花果果实产量构成因素中，除单位面积定植株数外，每株结果枝数、单枝结果数和单果重等，均与新梢管理有直接关系。并且新梢管理好坏直接影响果实品质，在无花果密植矮化栽培整形修剪中，新梢管理是其关键技术。

新梢管理包括疏芽、新梢诱引、新梢摘心与副梢管理等，其中新梢摘心前面已经提到。

(一) 疏芽

疏芽的目的是减少养分无效消耗，使选留新梢合理配置，受光良好。疏芽时期依树势及生育情况而定，树势中偏弱的应尽早疏芽，提前确定合理的留枝数量；树势强的，待生长一段时期后，疏除过强的芽，选留生长一致、中等偏强的芽。疏芽可分 2～3 次进行，实际留芽数以每 667m² 2 000～2 500 个较为适宜。

疏芽时，用小刀从芽基部皱纹处削除。一年生树萌芽后及时用小刀削去顶端芽。根据整形要求留够需要的芽，其余疏去。二年生树应分次疏芽。春季主枝放倒呈水平状时，削去其上方芽，保留侧位芽。以免上芽生长势强影响邻近芽的生长。此后 20～30d，再疏除其他下芽或过多的芽，仅主枝最先端留下来，以平衡树势。这一年应按主枝长度考虑留芽数量，一般在主枝基约 30cm 处开始选留，100～110cm 主枝约留 5 个芽，所留均为横侧芽，同时注意所留 2 芽方向要相反。第三年以后，主枝、侧枝基本固定。主枝上年延长枝疏芽与二年生树相同。侧枝（结果母枝）因冬季修剪后仅留 2～3 个节位，应选留下部一个外侧芽，尽早疏除上部芽。树势差或十年生以上老树，则应适当使用上芽，或在主干适当位置，选留萌发的潜伏芽，也可在主干附近的结果母枝上选留侧芽，使其健壮生长，以更新衰老的主枝。

（二）新梢诱引

应用 X 形、"一"字形等整形方法，均需进行新梢诱引。一年生树新梢伸长到 20～30cm，有 8～10 片叶时，每个新梢旁均立一个竹竿（长 1.2～2.0m）作为支柱，对枝条进行诱引。诱引时先将基部变为褐色的新梢横压，与主干成直角，并在基部 15cm 处，用麻绳呈 8 形绑扎固定于竹竿上，然后沿新梢延伸方向斜插一竹竿让新梢继续斜上生长。翌年放倒压平，4 个主枝即成 X 形。诱引时要抑强扶弱，促进主枝平衡。注意主枝与主干的角度不能过小。7 月以后，新梢生长旺盛，每隔 30cm 及时向竹竿绑缚。第二年以后，主枝固定，只按留芽数量插好竹竿，进行新梢绑扎诱引，以防结果枝下垂。由于幼树生长旺，易造成结果枝部位偏高，应在绑扎诱引时注意调节结果枝长势。结果枝强，插竹竿离新梢远些，横向角度要大；结果枝弱，着生位置较低时。插竹竿离新梢近一些，垂直诱引。与此同时，插支柱时要调整结果枝位置，使其适当错开，避免叶果摩擦并充分利用光照。

（三）副梢管理

无花果幼树期树势旺，结果枝容易发生副梢，导致郁闭度增加，应采取必要的措施。平压主枝新梢基部 30cm 内萌发的副梢应及早削除；主枝新梢 30～120cm，横侧芽上发出的副梢，适当留下作为以后的侧枝加以利用，但副梢过多时，每主枝选留 4 个，间隔一段距离，一边保留 2 个。留下的副梢生长过旺时，可轻度摘心。

结果枝摘心后，也会促使先端发生副梢。副梢过多时，应及时清理。注意剪副梢时留 1 叶剪除，单枝副梢有 2 个以上时，可留 1 个继续生长，这样对副梢附近的果实影响较少。

第六节 病虫害及其他自然灾害的防治

一、主要病害及其防治

无花果在新疆及甘肃产区病害较少，沿海产区病害较多。

（一）炭疽病

1. 症状　由真菌引起，果实成熟时受害，在潮湿条件下有粉红色黏液，发病重时，病斑可扩展到半个或整个果面，果实软、易脱落或干缩成僵果。

2. 防治方法

（1）农业防治。加强栽培管理，土壤疏松通气。保持果园通风透光良好，生长季节及时剪除病果、病叶，拾净落地病果集中烧毁。

（2）化学防治。春季萌芽前，用3波美度石硫合剂喷洒果园。生长季果实发病后，用80％代森锰锌可湿性粉剂600～800倍液，或50％多菌灵可湿性粉剂1 000倍液，或1∶0.5∶200波尔多液，每隔10～15d喷布1次。

（二）角斑病

1. 症状　由真菌引起，病斑初期呈淡褐色或深褐色，在叶脉间呈不规划多角形，直径2～8mm。后期病斑上产生少量黑色绒状粒点。

2. 防治方法

（1）农业防治。加强管理，增强树势，注意降低果园湿度；冬季清除销毁落叶。

（2）化学防治。花后20～30d喷1～2次波尔多液（1∶3∶300），或65％代森锌可湿性粉剂500～600倍液、65％福美锌可湿性粉剂300～500倍液喷雾，5～7d喷一次，连续2～3次。

（三）枝枯病

1. 病原　无花果枝枯病病原有3种，其中 *Diplodia* sp. 主要分布于太原；*Macophomina* sp. 分布于南京、杭州等地；*Phoma* sp. 见于南京等地。

2. 症状　该病发生于主干、主枝上。初期病斑稍凹陷，有米粒大小的胶点，逐渐出现紫红色椭圆形凹陷病斑。以后胶点增多，胶量增大。胶点由黄白色渐变为褐色、棕色或黑色，病部腐烂黄褐色，有酒糟味。后期病部干缩凹陷，表面密生黑色小粒点，潮湿时涌出橘红色丝状孢子角。

3. 防治方法

（1）农业防治。加强果园及树体管理，提高抗性；及时清除病枝病株；或及时刮除病部，消毒保护。

（2）化学防治。发芽前喷3～5波美度石硫合剂，以保护树干。5～6月再喷2次1∶3∶300的波尔多液。

(四) 株枯病

1. 症状　成年树染病后，在近地面的主干、主枝上产生茶褐色至黑褐色不规则圆形病斑，随病斑扩大，近地面主干腐烂，细根失去活力。主枝大部分或全部枯死。苗木、幼树受害初期，新梢先端叶片萎蔫，继而下部叶黄化萎蔫、枯死。该病传染速度快，1~2 年内染病果园可有近半数枯死。五年生以下幼树发病多。多雨时，地上部出现病斑，土壤水分大时，地下部可见病斑，病斑上有黑色毛发状突出，产生许多子囊壳。病原为木材腐烂菌的一种，属子囊菌类，能形成子囊壳、子囊孢子、厚垣孢子和内分生孢子。

2. 防治方法

(1) 植物检疫。注意检疫，不引入带菌苗木；可疑苗木用甲基硫菌灵 1 000 倍液灌浸 1~2min 后再栽。

(2) 农业防治。

① 初发生园查到病株后应挖出烧毁，在病树及其周围用甲基硫菌灵 500 倍液灌注 20kg/株，灌约后覆以黑地膜。

② 将土壤 pH 调至 7~8，病株周围施用石灰。

③ 病重果园改作水稻 2~3 年后再定植无花果。

④ 4 月园地铺草覆盖，厚度 10~15cm。

⑤ 果园发现病株后，绝对不能在畦间灌水，以防病菌全园扩散。

⑥ 病株空缺处补植时，在根系生长范围内用客土替代。

在江苏镇江一带，还发现有芽枯病。6 月至 7 月上旬结果枝先端芽枯死，从先端叶片主脉开始，叶片全部变褐脱落。此病在梅雨期发生较多。及时剪去感病果枝，染病树用波尔多液(1：1：200) 喷雾。

(五) 灰斑病

1. 症状　叶片受侵染后，初期产生圆形或近圆形红褐色病斑，直径 2~6mm，边缘清晰，以后病斑变灰色。高温多雨季节，病斑扩大成不规则状，互相连合，叶片呈现焦枯状。老病斑中散生小黑点。

2. 防治方法

(1) 农业防治。

① 加强管理，增强树势。氮、磷、钾肥配合施用，避免偏施氮肥。

② 及时清除病枝、病果，秋季将病叶集中烧毁。

(2) 化学防治。喷药预防，发病前半月开始喷药，用 1：2：300 波尔多液，或 50％灭菌丹可湿性粉剂 0.5kg＋65％代森锌可湿性粉剂 1kg＋水 500L 后喷雾。

（六）果锈病

1. 症状　主要危害叶、幼果及嫩枝。叶片发病初期，在上表面出现黄绿色斑点，逐步扩大成 0.5～1.0cm 的橙黄色圆斑，边缘变黑。以后叶背生出土黄色毛状物，内含大量锈孢子。嫩枝病部橙黄色，稍隆起。幼果病斑圆形，由黄色变为褐色，着生土黄色毛状物，病果畸形。

2. 防治方法

（1）农业防治。无花果园 5km 范围内不宜种植桧柏（圆柏）。

（2）化学防治。每年 2 月下旬至 3 月下旬，在圆柏树上喷洒 3～5 波美度石硫合剂、0.3％五氯酚钠或 0.3％五氯酚钠加 1 波美度石硫合剂抑制冬孢子萌发；无花果树萌芽至展叶期间用波尔多液（1：2：300）、65％代森锌可湿性粉剂 1 500 倍液、97％敌锈钠 250 倍液喷雾。3 月初起每半月 1 次，连续 3 次。

（七）疫病

1. 症状　无花果叶、果、新梢、主干均可发生。6 月下旬至 7 月上旬梅雨季节，下部叶片出现不规则圆形病斑，并不断扩大以至落叶。新梢染病后变为暗褐色至黑色，新芽变黑枯死。6 月下旬，下部幼果染病，病斑由暗绿色转为黑色，水渍状，凹陷，湿度大时表面产生白色粉状霉，发软腐烂，并向上部果实传染。成熟果染病后产生同样症状。苗木、幼树主干受侵染后，出现黑褐色病斑，其上茎叶枯死。梅雨季节皮层软化腐烂，从木质部流出稀泥状腐烂物。此症状可区别于株枯病。

2. 病原　为藻菌类的一种。疫病菌形成游动孢子囊，洋梨形，顶端有乳状突起，在染病组织内形成厚垣孢子。病菌可在 10～35℃内发育，发育适温 30℃。

3. 防治方法

（1）农业防治。入冬前清扫园地病果、病叶烧毁；密植园适当疏枝，改善通风条件；4 月上旬园地全部铺草以防病菌随雨滴溅起；发病期间果实不能出售；因该病病菌潜伏期长，采收后仍能发病。

（2）化学防治。注意预防，6 月上旬用代森锰锌 600～800 液喷洒；6 月中旬至 7 月中旬，用波尔多液（1：1：200）或 80％敌菌丹 800～1 500 倍液喷洒；7 月下旬至收获期，用 90％三乙膦酸铝 500～800 倍液喷洒。

（八）黑霉病

1. 症状　该病主要侵染果实，以成熟期发病重。初期，果顶裂开处果肉呈暗红色，继而出现暗褐色霉，呈水渍状腐烂，其他部位染病症状相同。发病重的果园，在连续阴雨天，采收装箱的果实中如有1个病果，就会导致全部腐烂。

2. 病原　为藻菌类的一种。菌丝被称为假根，能由白色转为暗褐色，侵入果实内部吸收养分。菌丝上产生孢子囊柄，顶端着生孢子囊。孢子囊暗褐色，球形，内有许多孢子。病菌腐生性强，以地表有机物或枯叶、枯草为营养源进行增殖。

3. 防治方法

（1）农业防治。摘除病果烧毁；及时采收，田间不剩过熟果；采后待果面干燥后再装箱；控制结果枝数量，改善通风透光条件。

（2）化学防治。根据天气预报，采前有连续阴雨天时，及早喷药预防，可用甲基硫菌灵、多抗霉素、敌菌丹、百菌清交替防治。

（九）果腐病

1. 症状　在果顶部产生灰霉，果实腐烂后流出酸性粉红色汁液。

2. 病原　为不完全菌类的一种病菌。分生孢子暗褐色，有纵横隔膜，其繁殖适温为25～30℃。

防治方法同黑霉病。

（十）根结线虫病

1. 种类与分布　江苏省镇江市等地有分布。危害无花果的线虫有甘薯根结线虫、根腐线虫和螺旋线虫，以甘薯根结线虫为主。

2. 病原及症状　甘薯根结线虫的雌成虫洋梨形，体长1.5mm，卵白色透明，长椭圆形，藏于卵囊中，成熟卵囊内可看到第一龄幼虫。刚孵化的幼虫细长，丝状。土中看到的线虫多为二龄幼虫。雌成虫的幼虫逐日增圆，呈洋梨形，雄成虫的幼虫则为蚯蚓状，体长1.0～1.6mm。根腐线虫雌雄虫均蚯蚓状，体长约0.6mm。线虫危害使根上产生许多念珠状的瘤，严重时瘤连接融合，根畸形，机能减弱，导致树势衰退，叶小色淡，落叶提前，着果数减少，品质下降。树体寿命缩短。

3. 防治方法

（1）植物检疫。注意苗木检疫，检查根系，剪除根瘤再栽。

（2）农业防治。危害区进行土壤消毒，施用药剂后覆以薄膜，7～

10d 去膜，散掉有毒气体后栽植。

（3）化学防治。在地温升高线虫开始活动时防治。6月、8月各1次，用二氯异丙醚乳剂20倍液，每平方米3kg，全园灌注。

二、主要害虫及其防治

（一）桑蓝叶虫

在江苏镇江等地有危害。

1. 危害特点　成虫于萌芽展叶初期出现，危害芽和嫩叶，嫩叶成网孔状。幼虫在土壤中栖息，危害根系。受害严重时，树势明显衰弱。

2. 防治方法

（1）农业防治。清除杂草，搞好田间排水。

（2）化学防治。展叶初期用杀螟硫磷或敌百虫1 000倍液喷雾，7~10d后再喷1次。6~7月幼虫发生期，每667m² 用敌百虫、稻丰散粉剂2~3kg撒施。

（二）蚜虫

为新疆南部无花果产区常见虫害。种类有麦蚜、紫团蚜和棉蚜。

1. 发生规律　这些蚜虫一般于4月上旬开始出现，这时，其他作物和果树尚未进入生长旺季，而无花果开墩后展叶较快，其嫩叶成为蚜虫早期危害对象。一般多集中在嫩叶背面吸吮叶片汁液，使叶片出现枯斑。随天气转暖，其他作物生长旺盛后又转移到主要寄主植物上去。

2. 防治方法

（1）农业防治。冬季和早春清除果园中的杂草和枯枝落叶。

（2）化学防治。危害期间用50%敌敌畏乳油1 000~1 500倍液，或80%敌敌畏乳油1 500~2 000倍液喷雾。

（三）螨类

江浙一带危害无花果的螨类主要是朱砂叶螨和神泽叶螨。

1. 形态特征　前者体色暗橙褐色，足黄色；后者雌螨活动期体色为红褐色，越冬期为朱色，足白色，仅第一足先端淡黄色。

2. 危害特点　螨类危害叶片和果实。叶片背面吸汁危害，叶受害后变为黄白色，早落；果实受害后表皮粗糙，轻则有红褐色锈斑，重则成为萎缩果。

3. 防治方法　4月上旬鳞芽萌动时，用3~5波美度石硫合剂液喷雾，防治越冬螨虫。

（四）沙枣木虱

1. 危害特点　沙枣木虱（*Trioza magnisetosa*）在新疆南部以危害沙枣为主，但当其成虫大量发生时，也在无花果树上栖息危害。成虫于6月上旬大量群集于叶背和夏果上。时值无花果夏果膨大期，成虫群集于果实顶部，致使果实不能成熟，以致腐烂。

2. 防治方法

（1）农业防治。无花果产区防护林应少种沙枣。

（2）化学防治。成虫危害期用具有触杀作用的药剂喷雾，杀虫效果达90%以上。

（五）蓟马

江浙一带危害无花果的蓟马以台湾蓟马为主，还有罂粟花蓟马、大豆蓟马、枇杷花蓟马、黄色花蓟马（柿蓟马）及葱蓟马等多种。

1. 危害特点　蓟马危害果实，果实受害后外观无异常症状，但剥开未成熟果实后，可见其若虫和成虫，果实内小花变褐色。成熟果受害后果肉由茶褐色变成黑褐色，随果实膨大成熟，糖度增加，虫体被压死。

2. 防治方法　6月下旬当无花果顶部果孔张开时，用杀螟硫磷乳剂或杀螟丹水溶剂1 000倍液喷雾。若6～7月连续干旱，则6～10d后再喷药1～2次。

（六）黄地老虎

1. 发生规律　黄地老虎（*Euxoa segetum*）在新疆南部1年发生3代，以老熟幼虫在土壤中越冬，4月上旬至5月初第一代幼虫大量危害。幼虫咬食根部，幼树、新建果园及育苗地危害尤甚，往往咬断新根造成死亡，或引起落果、僵果。

2. 防治方法

（1）农业防治。果园秋耕深翻，及时铲除果园地埂、渠边杂草。翌春当越冬幼虫化蛹或羽化前铲除地埂表土3cm，有较好除虫效果。

（2）物理防治。

① 可用黑光灯诱杀。利用地老虎成虫的趋光性，在其大量羽化期在果园安置黑光灯集中诱捕一代成虫。

② 人工捕杀。当地老虎危害严重时，在果园或育苗地中挖坑，坑

内放置桑葚、烂果、苜蓿等地老虎喜食之物，每日清晨检查，消灭诱集幼虫。

（七）桑天牛

1. 危害特点　桑天牛分布广泛，是无花果的主要害虫，主要危害果树的枝干。成虫啃食枝皮，伤痕呈不规则条块状，严重时枝条树皮被啃光，结果枝易折断枯死。成虫在枝干上产卵孵化后，幼虫在枝干内沿木质部向下蛀食，可蛀食至根部，导致植株生长不良，树势早衰，影响当年产量。

2. 防治方法　在成虫发生前对树干和大枝涂白（生石灰 10 份：硫 1 份：水 40 份），防止成虫产卵，在桑天牛产卵期对无花果隔一段时间喷一次驱避剂，如溴氯菊酯、氰戊菊酯等有强烈气味的农药，桑天牛就不会到无花果树上啃咬树皮，也不会在此树上产卵。在桑天牛成虫发生期，早晚捕捉成虫。在 7～8 月采用人工挖除卵粒，或用锤击杀产卵槽内的虫卵，每隔 7～10d 连续进行 2～3 次就可控制幼虫蛀干危害。幼虫发生期，发现潮湿新鲜排粪孔时，先用铁丝将虫粪掏光，同时钩杀幼虫，或将磷化铝片剂塞入排粪孔内，并用黏泥密封虫孔，进行熏杀，或用兽用注射器将 80％敌敌畏乳油或 40％杀螟硫磷 40～50 倍液注入排粪口，并用黏泥密封虫口，防止药液外泄。

（八）金龟子

危害无花果的主要是铜绿金龟子，白色金龟子和茶色金龟子对无花果也有危害。

1. 危害特点　金龟子主要群聚危害近成熟和成熟的果实，严重时可将整个果实吃光，一般取食果肉，留下果皮。

2. 防治方法　振摇枝干，金龟子受惊会假死下落，随即人工捕杀。在 7 月至 9 月上旬喷洒残效期短的杀虫剂，常用药剂有敌敌畏等；糖醋药液诱杀；树干涂白也有一定的忌避作用。

（九）鸟害

1. 危害特点　无花果果实成熟期常遭鸟类取食危害。鸟类早晚活动频繁，尤以果园附近水稻黄熟时，有鸟、雀先取食稻谷，后转向果园啄食无花果解渴，受害果实很快腐烂。

2. 预防措施　每天采收，园内不留隔日成熟果；用黑、黄色塑料纸制作类似鸟眼珠般的眼球悬挂于果园，使鸟类产生恐惧感，不在园中停留；早晚鸟类数量多时，用音响恐吓驱赶；设防雀网，进行全园覆盖；依据无花果果实自下而上依次逐个成熟的特点，用废旧报纸自制套筒状果袋，对结果枝下部将要成熟的 2～3 个果实进行套袋，采果时，将袋取下，顺次套在上部即将成熟的果实上。

三、自然灾害及其防治

（一）冻害

无花果品种抗寒性不同，对低温的抵抗能力也不相同，且植株各部位有不同的冻害表现。如麦司衣陶芬抗寒性弱，气温降到－6℃几小时就会产生冻害，3 月下旬树液流动，如出现－1～－3℃低温，也会产生冻害。

1. 症状　植株不同部位的冻害表现如下：

（1）主干冻害。受冻后树皮破裂，轻的可在转暖后自然愈合；若裂口深达木质部时不易愈合，会引起腐烂、干枯。

（2）主枝冻害。采用水平 X 形和一字形整枝时，树干较低，主枝易受冻害。受害后树皮起皱、变色，稍开裂或凹陷，5～6 月产生黑霉。

（3）树杈冻害。主枝分杈处木质部导管不发达，营养积累不足，抗寒力差，低温或昼夜温差大时，易引起冻害。

（4）枝条冻害。受冻程度与枝条成熟度有关。生长不充实的枝条易受冻。休眠期间，以髓部和木质部最易受冻。

（5）根颈冻害。根颈生长活动开始早，停止晚，且地表温度变化较大，易产生冻害。受冻后皮层、形成层变褐腐烂，易剥离。

2. 预防措施　选背风向阳处建园；合理栽培管理，提高树体抗性；去除天牛危害的枝干；抗寒性弱的品种低主干埋土防冻栽培，寒流侵袭前修剪埋土；入冬前树干涂白，或将稻草成束绑在主枝上保暖；初春削去局部冻害部位，涂刷甲基硫菌灵；地上枝干受冻害后，锯除枯死枝条，促发新枝，重新培养整形；设置风障，在园中每隔 8m 用玉米秸秆等设一道高 1.5m 东西向风障。

（二）风害

1. 台风

（1）症状。沿海一带出现台风，可使树干开裂、树体倒伏、落叶、落果；即使为较小台风也易引起叶片摩擦伤果。台风伴随大雨，可将土壤表面病菌带上树体，增加疫病侵染危害风险。

（2）预防措施。幼树设立支柱，绑扎牢固；设置防风网或防风林带；台风后及时排除淹水，对摇晃的树进行培土，重立支柱，开裂的枝条用麻绳绑好，剪除断枝，伤口涂甲基硫菌灵；吹落的果实或病果带出园外销毁或填埋；喷洒波尔多液，防疫病和黑霉病；根部灌注甲基硫菌灵，预防株枯病。

2. 干热风

（1）症状。为新疆无花果产区的灾害性天气，这是高温低湿并伴有一定风力，从而危害作物的天气现象。对无花果而言，干热风天气会引起大量蒸腾失水，导致叶片、嫩梢萎蔫或干枯、果实发育迟滞，果皮萎缩以致干僵落果。

新疆南部干热风多出现在5月中旬至9月上旬，其中以5月下旬到6月下旬的干热风对无花果危害较重，因此时正值无花果生长高峰期，也是夏果迅速膨大、秋果大量现果期，叶片和幼果受害较普遍。

（2）预防措施。营造防护林；根据天气预报，干热风出现前果园灌水；由于干热风和风害常同时出现，注意给树体提供支撑，以免吹断树干和果枝。

（三）湿害与旱害

1. 症状　无花果既怕土壤过湿，又怕过于干旱。若园地积水2～3d，即引起叶片萎蔫，沿叶脉变褐，引起落叶。果实成熟期连续阴雨，会使果实着色差，易开裂、腐烂，降雨多时，易使疫病、黑霉病加重；相反，在高温干燥期，若灌水不及时，会引起下部叶片变黄脱落，以致落果；连续干旱后骤降暴雨，会加重果孔开裂，导致商品价值下降。

2. 预防措施　注意开沟排水，降低地下水位，使10～20cm土层内不积水；增施有机肥料，加深有效土层，促进根系生长；注意适期适量灌水。土层浅的果园应浅水勤灌。收获期灌水时间不宜间隔过长，以免土壤水分变化剧烈，使裂果增多。采收前一天不宜灌水，避免采收操作困难；防治红蜘蛛等虫害时，应先灌水后喷药，以免叶片因干旱而吸收过量农药，产生药害。

（四）日灼

1. 症状　早春受冻枝条，冻害部位在阳光直射下易于失水，出现凹陷，产生生理障碍；夏秋高温干燥，在阳光直射部位皮部受热升温，产生干裂，造成高温灼伤。其致死高温为52℃。8～9月高温干旱期，日灼病发生严重。衰老树，朝东北向或向北延伸的枝条午后易受阳光直射而出现日灼。沙壤土地温上升快，土层薄，排水不良的地块，树势衰弱，也易产生日灼。

2. 预防措施　树干涂白。日灼多发地区可于6月用涂白剂涂刷枝干，抑制树皮水分蒸发。涂白剂加杀虫、杀菌剂，兼治病虫害；剪口伤口涂蜡保护；进行科学合理的水分管理，防止土壤过干过湿，防早期落叶；诱引结果枝，防止下垂，避免阳光直射；及时防治病虫，增强树体抗逆性。

第七节　果实采收

一、果实催熟处理

无花果果实成熟期较长，一般从6月下旬开始至11月均有果实陆续成熟。华北地区一般春、夏果6月下旬到7月上旬成熟，秋果8月上旬至11月中旬成熟。在新疆南部，夏果从7月中旬到8月中旬成熟，秋果由8月下旬开始成熟并延续到10月上旬。夏果因幼果出现集中，果实成熟也集中，而秋果从5月下旬到7月均有幼果出现，因而成熟期跨度也大，果实采收期共有60～70d。

当秋果形成较晚时（新疆南部于7月10日以后），不易成熟。有些果园过密，通风透光不好，也导致成熟期延后。要注意生长后期的水量控制，并于9月中旬打掉过多的叶片，以改善光照条件，促使养分向果实集中。注意只能打掉一个叶片的2/3，并且不要打掉叶柄，以免流出白色树液，伤害树体。此外，打叶不能过多，否则，不仅影响当年生长发育，还会影响次年夏果的坐果。

形成较晚的秋果还可以采用人工催熟技术，促使提前成熟，可显著增加产量和效益。而初期夏果如能加以催熟，促使早上市，也能显著提高经济效益。采用催熟技术，调节市场供应，还可避开台风、雨天不利天气的影响，减少病果、烂果损失。

无花果果实催熟方法，主要有油处理和乙烯利处理两种方法，此外青霉素处理也有一定作用。

（一）油处理

用植物油处理果顶部的果孔，可明显促进果实膨大，并于处理后5～7d成熟。油处理的果实与自然成熟果实的大小、品质几乎完全一样。这是由于植物油中含不饱和脂肪酸，作用于植物细胞，促使果实内乙烯浓度增加，呼吸高峰提前，从而促进果实成熟。早在公元前3世纪，希腊和罗马的园艺家就利用橄榄油进行无花果催熟，至今国际上应用广泛。

1. 处理时期　一般在果实生长第二期末，自然成熟前15d。过早、过晚均不适宜。油的种类除橄榄油外，菜籽油、豆油、芝麻油等植物油对无花果均有催熟作用，而动物油、矿物油效果差。

2. 处理方法　可在竹筷顶端扎上纱布，蘸油涂布果孔。注意油斑不宜过大，更不能将油滴到果实表面，以免果实外观变差，降低商品性。也可用注射器从果孔注入0.2mL植物油，但工作效率低。注意处理要分期分批进行，在同一结果枝上，一次处理1～2个果实较好。

（二）乙烯利处理

适时用乙烯利处理无花果果实，可比正常采收期提前7～10d，且较油处理省工，果实着色好，果顶无污斑，商品性好。

1. 处理时期　在果实生长第二期末，果皮呈淡黄绿色，果孔稍隆起时即可。其处理时期可比油处理晚3～5d，每次每个结果枝可多处理1～2个果实。

2. 处理浓度　乙烯利浓度为100～400mg/L时，浓度高，促进效果愈大。不过用注射器从果孔注入试剂时，25mg/L就有效果；用毛笔涂刷果顶时用100mg/L；果实喷雾时，100～400mg/L为经济有效浓度。一般7月下旬至9月上旬气温高，浓度用100～200mg/L，9月中旬至10月下旬，气温低，浓度200～400mg/L较好。生产上宜采用喷雾法，用手动喷雾器，去掉喷头片，包上纱布，喷时呈雾滴状，工效高、效果好。新梢不同着果节位用乙烯利处理均有较好效果，且对鲜果重和品质没有影响。此外，乙烯利处理后，如遇降雨，会影响处理效果，处理15h后降雨则无影响，而油处理半小时后降雨则无影响。

乙烯利稀释液稳定性较好，200mg/L稀释液置茶褐色瓶中可在室内贮放一年，其催熟效果没有影响。

①处理时期不宜过早；②处理后的果实 3d 内与未处理果实不易区分，易产生重复处理；③处理后立即下雨时，应予补喷；④处理时药液不要喷到其他果实和叶片；⑤催熟果着色进程较快，易误判而提前采收，此时品质较低；⑥树势强，土壤含水量大，乙烯利浓度高，果顶易裂开时，需注意调整处理浓度。

（三）青霉素处理

喷洒青霉素液对无花果也有促进成熟的作用。处理适期为果实生长第二期后半期，即距果实自然成熟期 25d 前。可以比油处理时期的果实向上提高 2~3 个节位进行喷雾，浓度为 20mg/L，处理后 12d 开始成熟，且成熟一致，品质风味与自然成熟无差异，但果实着色稍浅。注意处理时期不宜过早，浓度达 25mg/L 以上时会对幼果产生药害。

二、果实的采收

无花果果实的采收，一定要掌握适时、适度，过早过晚都对果实品质有很大影响。与其他浆果不同，无花果果实未成熟或成熟不充分时质量轻，成熟后质量加重。这是由于未成熟果实内部由一些多孔的絮状物组成，成熟后水分、糖分增加，从而使果重增加。过分成熟的果实从果枝上下垂，重量又减轻（表 9-1）。此外不同成熟度果实糖分含量也有差别。如据 1982—1983 年在阿图什的测定，夏果初熟期折光糖为 14.6%，中熟期为 18.3%，过熟期为 18.1%；秋果中熟期为 16.7%，后熟期为 15.4%，末期尾果为 14.7%。

表 9-1 无花果不同成熟期的果重变化
（王济宪，1989）

测定时间（月-日）	果实成熟度	特 征	测果（个）	平均单果重（g）
6-25	初熟	果实已发黄，尚未成熟	30	48.5
7-12	中熟	果实已充分成熟	40	64.5
8-15	过熟	果实下垂，色暗	20	58.5

由上，无花果果实采收时期应是成熟充分而不能过熟。充分成熟的聚合果顶部凹陷处果孔裂开，有蜜露状分泌物溢出，果实深黄。过熟时果皮呈棕色，采收不及时果实下垂，甚至发霉变质。

无花果果实成熟度与食味品质有很大关系（表9-2），成熟果实清香浓郁，软甜可口，而未成熟果实则食味不佳。在生产实践中，果实着色程度是判断果实成熟度和品质的简要方法。果皮着色程度常受光照、温度、树势和氮素营养等条件的影响。成熟期温度高，果内成熟快于果皮着色，果实贮藏性差；温度低，果内成熟慢于果皮着色，果实贮藏性好。根据着色程度判断采收时期。当气温高时，着果部位光照较差的下节位果实是8月中旬的收获主体，着色度达60%～70%就可采收；温度低时，着果部位光照较好的上节位果实，9月上旬以后采收，着色度80%～90%时为最适采收期。蓬莱柿等裂果重的品种则应在果顶刚开始开裂时就采收。

表9-2　果实成熟度与品质

（杨金生等，1996）

成熟度	果重（g）	糖分（%）	着色（0～5）	果汁
未熟果	80	9.5	3	少
适熟果	100	12.0	4	中
过熟果	130	14.0	5	多

无花果鲜果应尽可能在清晨或傍晚采收。因早晚气温低，果实较硬，果梗较脆，易于采摘，运输中也不易碰破果皮。尽量避免在10:00后和15:00前采摘。如采收期遇阴雨天，果实顶部易开裂，易诱发或加重疫病、黑霉病的危害，影响品质。下雨时或下雨后采收的果实，贮藏性差，要尽可能在雨前采收。

无花果鲜果采收容器不宜过深，宜选用平底浅塑料盘（高10cm，长40～50cm，宽30～40cm）。下铺薄层塑料海绵或纱布。一手托盘一手采摘，边采边装。也可用小盘采收后运到固定地点，在室内选果、包装或直接上市。果实要轻放，顺向一边，防止果皮上沾有果梗伤口流出的白色乳汁。搬运时要避免果实滚动。

采摘时需保持一小段果梗，以免果皮撕裂开。注意小心轻放，采摘人员最好戴上薄型橡胶手套，以免手指接触白色乳汁，引起皮肤过敏或痛痒。此外，加工果脯果酱用的果实要在初熟时采收，过熟时制脯不易成形。供药用的无花果，要采未成熟的青绿色果，投入沸水中 $1\sim2min$，表面略呈微黄色时捞出，沥去水后晒干，放石灰缸贮藏，防蛀。

第十章
柿

第一节　种类和品种

一、种类

柿（*Diospyros kaki*）属于柿科（Ebenaceae）柿属（*Diospyros*）植物，是柿属植物中果树栽培的代表种。世界上的柿属植物有 250 余种，原产我国的柿树植物有 49 种，可作为果树栽培或砧木用的有柿、君迁子、油柿、老鸦柿、山柿、毛柿和弗吉尼亚柿等 7 种，其中，前 4 个种在生产上应用较多。

二、品种

柿种内变异非常丰富，有甜柿和涩柿之别。甜柿自然脱涩的程度、涩柿人工脱涩的难易也有差异。柿的不同种在果实形状、大小、肉质、果肉褐斑形成与否及程度、种子有无和数量、单宁细胞大小和分布、果皮和果肉颜色以及坐果率、成熟期和是否适于干制等方面都有很大的差异。柿既有只着生雌花的雌株，又有雌雄同株异花的杂性株和雌雄同花的完全花株；既有 $2n=90$ 的六倍体，也有 $2n=30$ 的二倍体和 $2n=135$ 的九倍体。此外，柿与君迁子的嫁接亲和力也存在从形态学到生理学的广泛变异。根据柿果脱涩与种子形成的关系，又可以分为完全甜柿（PCNA）、不完全甜柿（PVNA）、不完全涩柿（PVA）、完全涩柿（PCA）4 类。现按照涩柿、甜柿的分类将生产中的主要优良品种简介如下：

1. **磨盘柿**　又名大盖柿、盒柿、腰带柿、帽儿柿，主产于河北、河南、山东、山西、陕西等省份。果实极大，平均单果重 250g，最大单果重可达 500g；果腰缢痕明显，形如磨盘，橙黄色；果肉淡黄色，纤维少，汁特多，味甜无核。河北省 10 月下旬成熟。最宜生食，也可制饼，但不易晒干，出饼率稍低。鲜柿耐储藏运输，用一般冻藏法可储藏到翌年 3 月，在冷库可储藏到"五一"国际劳动节。适应性强，最喜肥沃土壤，单性结实力强，生理落果轻；抗寒，抗旱，较抗圆斑病；寿命长，产量高。

2. 富平尖柿　富平尖柿又名庄里尖柿，原产于陕西省富平县庄里镇一带，现为富平县的主栽品种。果实大，呈圆锥形，纵径 7cm，横径 7.2cm，平均单果重 150g，大小一致。果面橙红色，果皮细致，不易剥离，果粉中多；果顶渐圆尖，果基凹，有皱褶；蒂大，圆形，微凸；萼片大，呈宽三角形，向下反卷；果梗粗长；果实断面呈圆形，无显著棱角；果肉橙黄色，肉质致密，纤维少，浆液多，风味甜，含糖量 18%，品质上等；髓大而实；心室 8 个，长条或椭圆形；种子 1～4 粒或无。种子尖卵圆形，棕色。在陕西省关中地区 4 月上旬发芽，5 月下旬开花，10 月下旬果实成熟，属晚熟品种。本品种有升底柿和辣角柿两个品系。升底柿果大，呈圆锥形；辣角柿中大，呈长圆锥形。富平尖柿为制饼的优良品种，由于其维管束与蒂相连紧密，虽软化但不易脱落，有利于悬吊晒干。制饼后每两个相对排放，特名"合儿饼"，品质优，具有个大、霜白、底亮、质润、味香甜等特色，深受国内外市场欢迎。

3. 眉县牛心柿　又名水柿、帽盔柿，原产陕西省周至县和眉县的沿山地带，为陕西省的主栽品种，全国各地柿产区多有引种。果梗短粗；果实横断面呈圆形；果大，平均单果重 240g，最大单果重可达 290g；果肉橙红色，质地细致，纤维少，浆液特多，味甜，含糖量 17%～18%，品质中上等；髓大而心空，心室 8～10 个，多为长卵形，无种子。眉县牛心柿是适合制饼和软食的晚熟品种。在原产地 3 月萌芽，5 月开花，10 月中旬果实成熟，11 月大量落叶。对环境条件要求不严，滩、坡、塬地均可栽培，适应性广，抗风、抗涝，结果早，较丰产。

4. 富有　原产日本，1920 年引入我国，现为主栽品种，在陕西、河南、山东、河北、北京、福建、湖北、湖南、四川、云南等地有栽培。果实较大，扁圆形，平均单果重 140g；果皮橙红色，鲜艳而有光泽；无纵沟，通常无缢痕，个别果实有缢痕，浅而窄，位于蒂下；果肉致密，果汁中等，味甘甜，含糖量 21%，品质上等，褐斑小而少，种子少。果实成熟期稍晚，11 月中旬前成熟。丰产性好，耐储藏运输。与君迁子砧不亲和，树势中庸，树姿开张。全株仅有雌花。

5. 次郎 原产日本，1920 年引入我国，现为我国的甜柿主栽品种，在陕西、山东、河南、河北、湖北、湖南、浙江、江苏、云南等地栽培。果实扁方形，平均单果重 144g；橙红色；通常都有浅的纵沟。花柱遗迹呈簇状，因而果顶易开裂，蒂下有皱纹；果皮细腻，黄色；果肉致密而脆，甜味浓，含糖量 16%，品质中上，褐斑小而少，有种子。果实 10 月下旬成熟。硬柿常温下经 28d 变为软柿，软后果皮不皱、不裂。抗炭疽病，抗药害。对君迁子砧亲和力强，树势较强，树姿开张。无雄花，结果早，嫁接后第三年开始结果，丰产性好，四年生树株产 40kg，六至七年生可达 100kg，且稳产性好。

6. 阳丰 原产日本，1991 年引入我国，在陕西、河南、湖北等地有栽培。果实扁圆形，平均单果重 200g；果皮橙红色，具明亮的蜡质光泽，果面平滑洁净，覆果粉，无浅沟，外观美；果肉橙黄色，肉质致密、脆，味浓甜，汁少，含糖量 17%，品质中上，褐斑中多，少核。11 月上旬成熟，耐贮运。对君迁子砧较亲和，树势中庸，树姿半开张。无雄花，花量多，结果早，极丰产，须配置授粉树，适宜授粉品种为禅寺丸和西村早生。

7. 西村早生 原产日本，1988 年引入我国，在陕西、山东、安徽、浙江、湖南、江苏等地有少量栽培。果实整齐，扁圆形，平均单果重 200g，果皮浅橙黄色，着色好，细腻而有光泽，外观美丽；果肉淡黄橙色，肉质稍紧、脆，果汁较少，味甜，含糖量 18%，品质中等。果肉褐斑小而较多，种子 3～6 粒，有 4 粒以上种子时才能完全脱涩，属不完全甜柿。9 月下旬成熟，比其他品种早熟 1 个月。常温下储藏 10d 左右，不易软化，商品性好。适合排水良好的壤土或沙壤土。对君迁子砧亲和力强，树势中庸，树姿半开张。有少量雄花，花粉量少，花瓣不开张，不能作为授粉树。雌花量大，单性结实力强。一般定植后第二年开始挂果。但该品种不抗炭疽病。

8. 早秋 成熟早，为成熟期最早的完全甜柿，国庆节期间可以成熟上市。味甜，口感好，但用君迁子做砧木生长势较弱，单性结实力差，生理落果较多，发展生产园建议用本砧。果形扁平；单果重为

250g左右；果肉稍软、致密，果汁多、风味佳，糖度14%～15%。货架期在育成地达13d左右。几乎无柿隙，果面常见条纹状污损。树势中等，树姿开张。无雄花，雌花较多，雌花花期与"伊豆"基本相同。适合在夏秋温度较高的区域，一般可在松本、早生富有、富有、次郎、前川次郎的适栽地发展。早期落果稍多，需配置授粉树并进行人工授粉等以促进种子形成。注意防止二次生长，以减少果实和新梢间的养分竞争。此外，二次生长的新梢易患炭疽病，需注意炭疽病防治。

第二节　建园和栽植

一、建园

（一）园地选择

高档优质柿要求生产规模化、商品基地化，以便于管理的规范化、科学化和销售的一体化。

园地的选择不仅要考虑在适栽的范围内，还应考虑环境、市场、交通等多种因素。为了生产优质高档柿，提高市场竞争力，柿园园地的选择要求条件较高，最好在适生区，选择无污染源、交通便利、有灌溉条件、相对集中成片、农户对柿发展有较高的积极性且具有一定的技术管理基础的地方建立柿园基地。

柿园位置的确定：

（1）应考虑地形、地势。在山区应避开山谷或风口，坡度应在15°以下；平原区应避开低洼、易积水的地方。

（2）土壤条件。尽量选择土层深厚、有机质含量高、通气性良好、地下水位在1m以下、排水良好、不返碱的土壤。

（3）水源条件。尽管柿树耐干旱，但也应选择离水源较近的地方，以便于旱时能及时浇水，避免缺水对柿产量和品质的影响。

（4）交通条件。应选择离公路或干道近的地方以便使果实能及时运出或外销。

（二）园地规划设计

园地选好后，应进行整体规划，内容包括生产小区、道路、防护林、排灌系统等的划分和配置。

1. 生产小区　生产小区的划分可根据地形、地势、土壤、排灌系统、道路等情况而定，面积一般为 $2\sim6hm^2$。为了便于小区内的机械化耕作和管理，一般采用长方形为好，长边与短边的比例以（$2\sim3$）：1为宜，沙滩地或平地生产小区的长边应与主风向垂直，以便设置防护林。山地小区的大小与排列可随地形而定，但长边应与等高线平行，以便管理并达到较高的保水效果。每 $6\sim8$ 个小区可划分为一个管理区，以便于规模化管理。

2. 道路 道路的设置应从长远考虑，根据地形、地势、柿园规模、最高产量及运肥量等因素而定。道路分为主路和支路，主路要求位置适中，是贯穿柿园的大路，并与外边公路相连，便于运送果品和肥料。其宽度以能同时通过 2 辆卡车为宜，一般为 $6\sim8m$ 宽。山地主路应环山而上或呈"之"字形，以便于车辆向上行驶。支路与主路相通，是小区与小区之间的通路，宽度一般为 $3\sim4m$。山区柿园的支路可顺坡修路，设在分水线上。主路与支路都可作小区的边界。

3. 防护林 因柿树比较怕风，除选址时避免在风口、高山顶外，营造防护林也是柿园规划的重要内容之一。建造防护林时要根据当地的有害风风向、风速及地形等因素，科学设计林带的走向、结构、林带间距离及适宜的树种组合。林带走向必须垂直于当地主要有害风风向，这样才能发挥最大的防护作用。林带宽度要依据防护林范围而定，一般小柿园 $2\sim3m$，可栽 $1\sim2$ 行树，大柿园需 $6\sim8m$，可栽 $3\sim4$ 行树。为了提高防护林效果，林带的树种结构最好采用乔、灌混交类型，乔灌比例为1：2或2：3。林带树种的选择应根据当地的气候条件，本着适地适树的原则，选择生长迅速、树干高、挺拔直立、枝叶茂密、遮阴面小、根蘖无或少、抗逆性强、不与柿树有共同病虫害且具一定经济价值的树种，如毛白杨、楸树、刺柏、黑松等。灌木树种适合选择花椒、紫穗槐、荆条等。最好常绿树与落叶树、乔木与灌木相互搭配。

4. 排灌系统 主要包括水源、水渠、排水沟和排灌机械。平原水源多为井水和渠水，山区水源多为库水和蓄水。灌水渠的布局可与道路结合，设在小区之间的路边，山区渠道宜设在梯田的内侧。主渠与支渠最好用水泥或石块砌成，以免渗漏。

排水沟一般设在坡下方，小区边设支水沟，最后汇集到总排水沟中。无论是灌水渠还是排水沟都要有一定的高差，要求每 $100m$ 长的水渠（或沟）上、下游高差为 $0.3\sim0.5m$，以利水流畅通。有条件的地方最好采用喷灌系统，既有利于柿树根系吸收，又可节约用水。

（三）整地和改土

无论平原或山地，栽植前都应进行细致整地或土壤改良。山地地形复杂，土壤条件差，常采用如下几种整地方法：

1. 修筑梯田　梯田在修筑前，要做好规划设计。一般在坡度为 25° 以下的坡地，因山地地形复杂，可采取大弯就势、小弯起高垫低的方法，尽量筑成整块连片的梯田；长形的地形要规划为长条梯田；圆形的地形可规划为环山梯田。梯田的田面宽度与高度，应按地面坡度大小决定。一般 5° 坡，坡田面宽 5～15m；15° 坡，坡面宽 5～10m；20°～25° 坡，坡面宽 3～6m。坎壁高度一般不超过1.5m，坎壁的上部应稍向内倾斜保持 75°。若采用大石块可砌成垂直坎壁。用土做坎壁时，坎坡一般 70° 左右，坎壁低的可陡些，高的可缓些。

2. 修鱼鳞坑　适于坡度大、地形复杂、石层浅薄、不宜修筑梯田的斜坡地。挖鱼鳞坑应"水平"，按一定株行距定坑，等高排列，上下坑错落有序，整个坡面构成鱼鳞状，在雨季层层截流水分，分散山坡地面的径流。挖鱼鳞坑一般在栽树的上一年雨季进行，结合土壤改良，填土应稍低于地面，以利蓄水，坑的外沿培土高出地面成弧形的埂，埂高40cm，底宽 60cm（根据鱼鳞坑的规格定）。埂土要夯实，两侧留出溢水口。两坑间隙保留生草，坑内填土栽树。在土层薄的山地，为减轻劳动强度，提高效率，可采用放炮崩坑，疏松深层土壤。

鱼鳞坑的规格一般为 1.0m×1.0m×0.8m 或 1.5m×1.5m×1.0m。另外，在坡度为 5°～10° 的缓坡地，可以修筑等高撩壕。

二、栽植

（一）品种选择及授粉树配置

品种应根据建园的目的选定。一般城郊附近、交通方便的地方应选择色泽艳丽、脱涩容易、风味甘美的鲜食品种。交通不便的山区应以加工品种为主，适当搭配鲜食品种。品种选择应以当地良种为主，新引进的优良品种应先试栽，根据适应情况，再决定推广与否。

单性结实力强的品种不需配置授粉树，单性结实能力弱的品种最好配置授粉树。授粉品种雄花量要多，且与栽培品种花期相遇。授粉树的数量以 10% 左右为宜。

（二）栽植密度

在平地或肥沃的土壤上建园可按 4m×6m 或 6m×8m 的株行距栽植，瘠薄土壤或山地可按 4m×6m 或 5m×6m 的株行距栽植。实行柿粮间作的可按株距 6m，行距 20～30m 栽植，力求南北成行，减少对农作物的遮阴时间，提高光能利用效率。山地应视梯田面宽窄确定栽植密度。

（三）栽植

1. 栽前苗木的选择与处理 苗木要求健壮一致、无病虫害、根系发达。栽植前要剪除过长根、损伤根，苗木主干高度可保持在 1.1～1.3m。苗木最好是随起随栽，对长途运输的苗木，要采取保护措施，如蘸泥浆后用塑料薄膜包扎根部，运到地点后可将根部再浸水半天，以补充水分。

2. 栽植时间及方法 南方可在苗木落叶以后的 11 月或 12 月进行；北方宜在春季土壤解冻以后的 3 月进行。栽植穴 80cm×80cm，栽时先将表土与有机肥再加少量过磷酸钙混合后填入穴内，再按一般要求栽植。栽植深度以苗的根颈与地面平齐或稍深 5～10cm 为宜。栽后浇水、培土，及早定干，以减少蒸发。

柿树也常用坐地苗建园。园内先栽砧木，2～3 年砧木干粗达 3～4cm 时，于春季展叶期距地面 30～40cm 处锯断，用皮下接方法接上品种接穗。成活后及时引导枝条向理想的角度伸展，成园十分迅速。

> **温馨提示**
>
> 柿根含较多的单宁，受伤后较难愈合，细胞渗透压低，容易失水且不抗寒。栽植时须注意：起苗时应少伤根；起苗后严防根部干燥；栽植时注意根系舒展，与土密切接触；栽后立即充分灌水，以后经常保持土壤湿润；严寒地区应多培土注意防寒。

三、栽植后管理

为了保证苗木成活，栽后同样需要有精细的管理，具体措施要根据当地的条件去制订。

1. 栽后及早定干 因为柿树一般接活后生长量很大，秋梢长而不充实，栽植后因根系活动晚，当时吸不上水，这就需要剪截掉上部枝条，减少蒸腾来维持树体内水分平衡。定干高度，成片柿园为 60～80cm，柿、粮间作为 1～1.5m，干高以上再留出 10 个芽作为整形带。

用蜡封或油漆涂抹剪口，以减少水分蒸发。

2. 保墒　栽植后应立即浇 1 次透水，然后封好，埋土堆保墒。过 10d 后扒开土堆再浇 1 次水，最好在树干周围堆成丘状土堆或覆盖 1～2m 的地膜，以保持土壤湿度。在干旱地区，覆盖地膜可有效提高苗木的成活率。要经常检查土壤湿度，干旱时应及时浇水。

3. 防寒　北方寒冷地区秋季栽植时，可在入冬前在树干上包扎稻草，或在苗木基部培土防寒，或将苗木压倒埋土防寒。

4. 补植　春季发芽展叶后，应进行成活率检查，找出死株原因，及时补栽。

5. 立支柱防倒　栽植稍大的柿苗后，为防止苗木被风吹倒，在树边立支柱并绑缚。

6. 肥水管理　当新梢长到 10～15cm 时，追 1 次肥，追后浇 1 次水。

7. 病虫害防治　苗木生长季节注意及时进行病虫害防治。

第三节　土肥水管理

一、土壤管理

(一) 土壤改良

主要通过深翻改土来完成，深耕可翻动底层土，逐步熟化生土层增加有效土层厚度，使土壤疏松、透气，以增加蓄水保肥能力，有利于柿树根系向水平和纵深方向发展。

(二) 合理间作

为了提高土地利用率，在幼树期或株行距较大的柿园可适当间作其他作物，但一定要留出树盘，不可离树太近，避免和柿树争夺肥水。间作种类以低矮的豆种植物为佳，也可间作红薯、花生、小麦等，一般不宜种高秆作物。间作要采取轮作制，连作会带来诸多不良后果。如有条件可间作绿肥，也可绿肥与作物轮茬，对肥地、促树均有好处。

(三) 果园生草

果园生草就是在果园内种植对果树生产有益的草。果园生草在美国、日本及欧洲一些果树生产发达国家早已普及，并成为果园科学化管理的一项基本内容，而我国传统的果园耕作制度由于强调清耕除草，故导致了果园投入增加，生态退化，地力、果实品质下降。目前提倡有条件的果园实行"果园生草制"。所谓"果园生草制",就是在果树的行间种植豆科或禾本科草种覆盖树盘,每年定期刈割的一种现代化的土壤管理制度。实行果园生草制的主要优点:①防止果园水土流失;②全部靠草肥解决了土壤有机肥,减少了从果园外搬运大量有机肥的人力、物力消耗;③常年生草覆盖,土壤温度、湿度、透气性趋向平衡,有利于土壤微生物的繁殖生长,促进了土壤微生物的良性循环。

二、施肥管理

(一)基肥

1. 基肥的作用 加强光合效能,促进营养的积累,为翌春枝叶生长和开花坐果打好基础。

2. 基肥的施用时期 柿的基肥应于秋后采果前(9月中下旬)施入,此时枝叶已停止生长,果实已近成熟,消耗养分极少,而叶片尚未衰老,正值有利同化养分进行积累时期,是施用的最佳期,基肥以有机肥为主,并可适当施入氮、磷、钾肥。

3. 基肥的施入量 60%~70%的氮肥作为基肥中施入,其余于生育期追施;磷肥全部作为基肥施入;钾肥容易流失,所以可在基肥和追肥中均匀施入为宜。

4. 基肥的施肥方法 柿树的基肥施用一般可采用放射状沟施、条状沟施、穴施和全园撒施等。具体做法:①放射状沟施。施于树冠下,距树干约0.5m处,以树干为中心呈放射状挖沟4~6条,沟内窄外宽20~40cm,内浅外深15~60cm,将肥料与土拌合施入沟内覆土。放射沟的位置可下年或下次更换,扩大施肥面。②条状沟施。根据树冠大小,在果树行间、株间或隔行开沟施肥,沟宽40~60cm,深40~60cm,也可以结合深翻进行。③穴施。在有机肥不足的情况下,最好集中穴施。在树冠周围或树盘中挖深40~50cm、直径50cm左右的穴,数目视冠径大小和施肥量而定,将肥土拌后回填。施肥穴每年轮换位置,以便使树下土壤逐年得以改良,并充分发挥肥效。④全园撒施。将肥料均匀撒施全园,然后耕翻,翻土深15~20cm。该法需肥量较多,适用于成龄结果园和密植园。

(二)追肥

1. 追肥的作用 增加果重;促进新梢生长;提高叶片中叶绿素含

量及光合作用，延长叶的功能期；促进花芽形成。

2. 追肥的时期　追肥应结合物候期进行。柿除新梢和叶片生长较早外，其他如根系生长、开花、坐果与果实生长等皆偏晚，因此追肥时期亦应偏晚。枝叶生长虽早，但主要是应用树体内的贮藏营养。据山东农业大学的试验观察，肥水过早施入，由于刺激了枝梢生长，反而引起落蕾较多。因此追肥时期应在枝叶停止生长、花期前（5月上旬）进行一次，7月上中旬前期生理落果后进行第二次追肥。这两个时期追肥可避免刺激枝叶过分生长而引起落花落果，亦可提高坐果率及促进果实生长和花芽分化。除使当年产量增加之外，还可增加来年的花量，为来年丰收打好基础。

3. 追肥的施入量　施肥量应根据品种、树龄、树势、产量和土壤本身营养状况来决定。根据试验推算以富有为代表的甜柿对肥料三要素的吸收利用情况，大体在一年中每 0.1hm² 的柿园吸收氮 8.5～9.9kg、磷 2.3kg、钾 7.3～9.2kg。天然供给量，氮大约为吸收量的 1/3，磷与钾均为 1/2。施肥量，氮是必要量的 2 倍，磷为 5 倍，钾为 2 倍。合理的施肥量取决于柿树吸收量、土壤中天然供给量和肥料的吸收利用率，可用公式计算：

$$施肥量 = \frac{柿树吸收量 - 天然供给量}{肥料吸收利用率}$$

生产实践中也可以用计划产量来确定施肥量的标准。

4. 追肥方法　多采用放射状沟施。追肥时要注意以下问题：①应根据根系分布、肥料种类决定位置和深度。平原栽植的，根系分布深，追肥可稍深；山区栽植的，根系分布浅，追肥可稍浅。氮肥在土壤中移动性强，因此，施肥的深度可稍浅；钾肥移动性较差，磷肥移动性更差，所以，磷、钾肥施到根系集中分布层为宜，且应分布均匀。②施用化肥时，应注意方法和浓度。铵态氮肥随施随埋，避免挥发散失，降低肥效。浓度不要超过 10mg/kg，特别是氨水，更应注意浓度、深度，防止烧根。

（三）叶面肥

1. 叶面喷肥的作用　加大叶面积，提高干物质的含量，增强光合作用和代谢作用，加速柿树生长，补充营养。

2. 叶面喷肥的时期　一般在花期（5月中旬）及生理落果期（5月

下旬至 6 月中旬）每隔半月喷 1 次尿素，后期可喷一些磷肥。喷施时应在无风的晴天 11:00 以前、16:00 以后为宜，中午炎热，肥料在进入叶片前蒸发变干或浓度变大，易灼伤叶片。肥液尽量喷到叶背，以便肥液迅速从叶背的气孔进入。叶面肥应尽量与喷药结合进行，以节省劳力。

（四）控释肥

控释肥就是根据作物需求，控制肥料养分的释放量和释放速度，保持肥料养分的释放与作物需求相一致，从而达到提高肥效的目的。目前常见的控释肥是包膜肥料，即在传统速效肥料颗粒的外面包一层膜，通过膜上的微孔控制膜内养分扩散到膜外的速率，从而按照设定的释放模式（释放率和持续有效释放时间）与作物养分的吸收相同步。

控释肥优点：①提高了肥料利用率；②提高了果树产量和质量；③减少了施肥的数量和次数，节省施肥劳动力，节约成本；④消除了化肥淋、退、挥发、固定的问题，减轻了施肥对环境的污染。

温 馨 提 示

控释肥使用注意事项：①肥料种类的选择；②施用时期，控释肥一定要作为基肥或前期追肥施用；③施用量，建议农作物单位面积控释肥的用量按照往年施肥量的 80% 进行施用，并根据不同目标产量和土壤条件相应适当增减。

三、水分管理

一般北方干旱地区，结果多的年份要多浇一些，结果少的年份可相对减少灌水次数和量。灌水时期视土壤干旱情况、土壤含水量和气候情况而定，一般年份春季干旱，少雨多风，应当在萌芽前和开花前后各灌一次水，在施肥后也要同时灌水，以促进养分被及时吸收利用。灌水的方法很多，有地格子法、沟灌法、穴灌法等：

1. 地格子法　多用于平坦、水源充足的柿园，即每株树下以土围成一格或修成树盘，灌溉时从水道将水引入格内即可，待水渗入土壤后及时覆土或盖草保墒，或待土壤稍干时进行中耕保墒。

2. 沟灌法　用犁在靠近柿树处开沟，将水引入沟中，待水下渗后覆土。

3. 穴灌法　在树冠下挖（30～40）cm×（30～40）cm 的穴数个，将水倒入穴中，待水下渗后覆土。

第四节　花果管理

一、授粉

柿一般都有一定的单性结实能力，但富有、伊豆、松本早生等品种单性结实能力低，没有种子的果实小而易落果，而且果形不整齐，果顶不丰满，商品性差。禅寺丸、西村早生等不完全甜柿为了能在树上脱涩，也必须要有足够的种子数量。平核无等无核果也需要花粉刺激才能坐果。为了提高坐果率，必须充分授粉。为此，柿园应配置授粉树，授粉树必须选与主栽品种花期相遇的品种。为了提高授粉树的作用，可在柿园花期放蜂，每 4～5hm² 置一箱蜂为宜。若花期遇低温、刮风、下雨，蜜蜂的活动受影响时，为了确保授粉，最好采用人工辅助授粉。授粉用的花粉须在蓓蕾期花瓣呈黄白、刚开放的花上采集花粉，授粉效果较好。

二、疏蕾和疏果

柿的花芽分化是从 7 月上旬开始，这时候如以疏果来促进花芽分化为时过晚，只有与摘蕾配合进行，花芽分化才能顺利进行，花量才会年年差不多，尤其是一个结果枝只留一个蕾，其于全部摘去的情况下，每年的花量几乎无差异。疏蕾与疏果并非越早越好。疏蕾的最适期是结果枝上第一朵花开放至第二朵花开放时。疏蕾除保留结果枝上开花早的 1～2 朵以外，开花迟的蕾全部疏去。才开始挂果的幼树，应将主、侧枝上的所有花蕾全部疏掉，使其充分生长。

早疏果虽然留下来的果实容易长大，但因柿树生理落果严重，疏果太早，生理落果以后留下的果实数量也许会太少。所以，疏果宜于生理落果即将结束时（7 月上中旬）进行。疏果时应注意留下来的果实数与叶片数要有适当的比例，并应将发育不良的小果、萼片受伤的果、畸形果、病虫果等先行疏去，向上着生的果容易发生日灼，也应疏去，保留不易受日光直射的侧生果或侧下生的个大、匀称、深绿色、萼片大而完整的果实，尤其是萼片大的果实最容易发育成大果，应尽量保留。

结果量与树势有关。树势衰弱的，往往结果量太多，发育不良，劣果比重大。树势过强，结果量少，不仅产量低、效益差，还容易引起二次梢的萌发。最理想的是介于两者之间的中庸树势，养分的利用效率最高，结果量也最合适。

叶片与果实的发育关系最大，叶数多果实发育好。但叶果比超过15：1时，效果逐渐降低，最合适的叶果量是1个果实有20～25片叶子，相当于总花量的20%～30%。品种间留果数略有差异，在盛果期每公顷柿园留果标准为12万～16万个。

三、提高坐果率和着色的技术

（一）提高坐果率的技术

1. 授粉 富有、次郎等有核品种，当缺少种子时容易落果，最好采用人工辅助授粉，使其确定形成种子；而且富有开花晚，与授粉枝雄花开放相遇的时间很短，为了提高坐果率，也需人工辅助授粉。

2. 喷布赤霉素 于盛花期喷布250～2 000mg/kg赤霉素，可明显提高坐果率。在允许幅度范围内喷得浓度大，效果好，但成本高。

3. 喷布稀土微肥 于盛花期喷布稀土微肥——"农乐"益植素1 500mg/kg也能提高坐果率。

一般品种不存在后期落果问题，夏季十分干旱时应及时灌水，并控制氮肥的施用量，防止枝条延迟生长，可有效减少后期落果。

（二）提高着色的技术

加强肥水管理，促进前期果实肥大。通过疏蕾疏果技术，调整叶果比。在应用夏季修剪技术改善通风透光一系列措施的基础上，8月铺反光膜，促进光合作用，可以提高着色度1度以上。在8月中旬和9月中旬喷布5 000倍液费格隆（生长激素），能明显地增加番茄红素，提高着色度，并能增加糖度。但在应用费格隆时应注意浓度不要低于5 000倍液，以免引起不良后果。

四、防止落花落果的技术措施

1. 加强管理 加强肥水管理，及时防治病虫害，科学整形修剪，合理负载，使根深叶茂、树体健壮。

2. 培养健壮的结果母枝 幼龄结果树的结果母枝往往是由春梢的

落花落果枝及夏、秋季抽生的营养枝发育而来，因经过较长时间的生长及养分积累，所以能成为优良的结果母枝。以夏梢、秋梢作为结果母枝的，必须施好夏梢、秋梢肥，可配合追施叶面肥，直接补充叶面营养，并尽可能地在其封顶前摘心，促其老熟，争取推迟落叶期，使其在落叶前能制造更多的养分。

3. 花期环割或环剥　对长势不太旺的树，可在主干或主枝上环割1～2圈，深达木质部；对长势较旺的树可采用环剥的方法，剥口宽0.3～0.5cm，环剥后对剥口涂抹杀菌剂保护，如用甲基硫菌灵300～500倍液涂抹，再用塑料薄膜包扎起来。

环割在初花期进行第一次处理，谢花后10d再进行一次。

环剥则宜在盛花期进行1次即可，也可用12号至14号铁丝在花前1周捆扎枝干勒断树皮，20～25d后再将铁丝解开。环剥可使坐果率提高23%以上，并对花芽分化有促进作用。

4. 花前或花期喷洒微肥与植物生长调节剂调节　在落花后的幼果期（6月上旬）喷施ABT增产灵5mg，或在花前或花期喷0.1%硼砂、0.8mg/kg三十烷醇、0.1%钼酸铵1 000倍液，可混合0.2%磷酸二氢钾（不能含有2,4-D）及0.3%尿素，能明显提高坐果率。经试验，在盛花期（5月底至6月初）喷尿素300倍液，或在盛花期喷稀土微肥"农乐"益植素1 500mg/kg，也能提高坐果率。也可在盛花期喷20～30mg/kg赤霉素，坐果率比对照提高10%～20%。在7月中旬至8月初用15～20mg/kg ABT 4号、ABT 7号、ABT 8号、ABT 9号增产灵溶液再喷一次，可提高大果率50%以上，每667m² 增产710kg。为防止幼树抽发夏梢造成落果，在夏梢抽发前7～10d，用15%多效唑150～250倍液进行叶面喷洒，可削弱枝梢长势，提高坐果率。

5. 控制氮肥，增施磷、钾肥并补充锌肥　柿树的生长势较强，特别是幼年结果树更是生长旺盛，如不控制，则营养生长很易过旺，极难挂果。结果过多的树，7月上中旬补施以钾肥为主的壮果肥，解决果实与枝叶之间争夺养分的矛盾。采收后普施基肥复壮，加速树体营养的积累。

6. 加强水分管理　注意雨季开沟排水防涝，同时树盘应进行覆盖，防止干湿变化剧烈，以调节土壤水分变化。

7. 合理修剪　通过修剪使树体结构趋于合理，减少无用枝的消耗，使树上树下、树内树外协调生长，改善光照条件，有利于光合作用，可有效地防止落花落果。

8. 授粉树配置　需授粉的品种应配置授粉树或进行花期放蜂和人工辅助授粉。甜柿的大部分品种都需要配置授粉树，如富有、伊豆、松本早生、禅寺丸等。柿是虫媒花，主要是靠蜜蜂等昆虫传粉。为了提高授粉树的作用，可在柿园花期放蜂（每 3.3hm² 置 1 箱蜂）。柿园中配置好授粉树后，在蜜蜂正常活动情况下，不需人工授粉。若花期遇低温、刮风、下雨，蜜蜂的活动受影响时，为了确保授粉，最好采用人工辅助授粉，尤其在授粉树密度低或花期不遇的情况下，人工授粉更显重要。据试验，采用人工授粉的单株，果个大、品质优、生理落果少，但种子偏多。

9. 加强病虫害防治　冬季清园消灭越冬幼虫，注意防治炭疽病、柿绵蚧和柿蒂虫，及时清除被害果实和枝条。

第五节　整形修剪

一、主要树形

树形的构成原则是在不违背柿树的本性基础上，达到丰产、优质和便于管理的目的。为此，柿的基础树形以主干疏层形、变则主干形和自然开心形为宜，高度密植园也可采用 V 形，零星栽培的用主干疏层形等。究竟采用何种树形为好，需依品种、栽植密度、地形等综合因素而定。

（一）主干疏层形

主干疏层形又称疏散分层形，有明显的中央领导干，干高 1m 左右。主枝分层分散在中央领导干上，一般为 3～4 层。第一层有主枝 3～4 个，第二层有主枝 2～3 个，第三层有主枝 1～2 个。上、下层的主枝应错开分布，避免重叠，以利于通风透光。层间距为 60～70cm，同层的上、下主枝间距 40～50cm，各主枝上分布有侧枝 2～3 个，侧枝间距离约 60cm，侧枝上交错分布结果枝组。树高 4～6m，树冠呈圆锥形或半椭圆形。后期注意控制上层枝条，勿使生长过旺，可考虑分期落头。

（二）变则主干形

有明显的中央领导干，一般由 4～5 个主枝组成，第一主枝与第二主枝、第三主枝与第四主枝均成 180°角，4 个主枝呈"十"字形排列。

每个主枝上留 1～2 个侧枝，全树留 7～8 个侧枝。第二个侧枝的位置不能太靠近主枝基部，一般要距基部 50cm 以上；第二个侧枝的位置应距第一个侧枝 30cm 以上。当最后一个主枝选定以后，在其上方锯去中央领导干的顶部。

（三）自然开心形

干高 60～100cm，主干上培养 3 个均匀分布的主枝，第一主枝与第二主枝之间距离 30cm 左右，第二主枝与第三主枝之间距离 20cm 以上。第一主枝成枝角须 50°以上，第二主枝 45°以上，第三主枝 40°以上。树高在 4m 以内。这种树形整形容易，高度低，管理方便，通风透光好，结果早。

（四）自然半圆形

自然半圆形又称自然圆头形，无明显的中央领导干，主干较高，般 1～1.5m。主干上选留 3～8 个大主枝，成 40°～50°的夹角向上斜伸。各主枝留 2～3 个侧枝，侧枝间应互相错开，均匀分布。在侧枝上培养结果枝组。该树形无明显层次，但树冠开张，内膛通风透光较好，是一种较普遍被采用的丰产树形。

二、整形修剪的时期和方法

整形是根据柿树的生物学特性，结合一定的自然条件、栽培制度和管理技术，形成在一定空间范围内有较大的有效光合面积，能担负较高产量，便于管理的合理树体结构。修剪是根据柿树生长、结果的需要，用以改善光照条件、调节营养分配、转化枝类组成、促进或控制生长发育的手段。依靠修剪才能达到整形的目的，而修剪又是在确定一定树形的基础上进行的。所以，整形和修剪又有密切的连带关系。

（一）整形修剪的时期

一年中大约需修剪 3 次，即冬季修剪、春季修剪和夏季修剪。冬季修剪在将近落叶时开始，早剪有利于在剪口附近形成混合芽。首先是对过长的夏、秋梢进行短截，以避免枝条过长，树冠生长过快。剪口应在春、夏梢或夏、秋梢分界处，因为在春梢或夏梢的上端易形成混合芽。冬季修剪的另一作用是清园，将病虫枝剪除，将枯枝落叶深埋或集中烧毁，对树干进行涂白，树冠喷洒 3～5 波美度石硫合剂，清除越冬病虫。在寒冷地区，鉴于幼树抗寒力差、伤口不易愈合的具体情况，冬季尽量少修剪或不修剪，将冬季修剪放到早春枝芽萌动前15d左右（3月上中旬）进行。

（二）整形修剪的方法

1. 疏枝 将枝条从基部全部剪去。对过密枝、过弱枝、干枯枝、病虫枝、交叉枝等多用此法。可以改善光照条件，对母枝有削弱生长势、减少加粗生长的作用，有利于营养积累和花芽形成。疏枝伤口能削弱和缓和伤口以上部分的生长量，对伤口以下部分则有促进作用。

2. 短截 即剪去一年生枝条的一部分。根据剪截长度的不同可分为轻截、中截、重截等。短截对枝条生长有局部刺激作用，能促进剪口以下侧芽萌发，可培养壮枝结果，增加营养面积。短截程度和剪口芽不同，反应也不同。

3. 缩剪 又称回缩，指对多年生枝短截。其反应与缩剪轻重和剪口所留枝或芽的情况有关。若回缩到有向上的壮枝、壮芽的部位，可促使后部发出生长势强的枝，即有显著促进生长的作用。常利用缩剪更新枝组、主枝或树体。

4. 缓放 即对营养枝不修剪，以缓和生长势，有利于营养物质积累和花芽的形成。

5. 抹芽 在新梢萌发后至木质化前进行。苗期的干上会萌发较多芽，为了集中养分，应将整形带以下的芽全部抹去。在主枝分权处、疏剪后残桩处、粗枝弯曲处、大枝回缩及主干落头时锯口附近常萌生较多芽，可选留1～2个，其余全部抹去，以节约养分。

6. 摘心 对旺长幼树的旺盛发育枝和大树内膛有利用价值的徒长枝，在其长至20～30cm时摘心，促发二次枝。

7. 环剥 环割、倒贴皮、大扒皮等都属于这一类。对健壮的幼树或生长旺盛不易结果的柿树，在开花中期进行环状剥皮（简称环剥），可在一定时间内阻碍树冠制造的养分向下运输，调节碳氮比，促进花芽分化。对已结果的树环剥可防止生理落果、提高坐果率。在主干上环剥时，可采用两半环上下错开的方法，两半环间距5～10cm，环剥宽度应视树干粗细而定，一般为0.5cm左右，以在急需养分期过后即能愈合为宜。早期环剥可稍宽，晚期环剥可稍窄。环剥时注意不要伤及木质部，以免造成折断或死亡。不能每年都进行环剥，以免削弱树势。弱树、弱枝不宜环剥。环剥后要加强树体及土肥水管理。

三、不同年龄期树的修剪

（一）幼树期

1. 生长特点　幼树（指定植后到结果初期）生长旺盛，停止生长较迟，顶端优势强，分枝角度小，层性比较明显，隐芽萌发能力强，新梢摘心后能发出二、三次梢。

2. 整形修剪原则　选留强枝培养骨架，开张角度，扩大树冠，整好树形。及时摘心，疏、截结合，增加枝级，促生结果母枝，为早期丰产打好基础。对幼龄结果树整形的重点是完备侧枝上的各级枝序，均匀地配置结果枝组。一般 4 级以上的枝序会自然形成结果母枝。对于一些直接着生在骨干枝上的营养枝，只要位置恰当，光照好，便可以留作结果母枝。如果其长势较强，则可对其进行环割或环剥，以削弱生长势。对于扰乱树形的徒长枝应及时抹除。

3. 整形修剪方法　在苗木生长超过 1～1.5m 高时定干，发芽后留 40～50cm 的整形带，其余全部抹芽。生长 1 年后，冬季选留直立向上的枝条作为中央领导干。下部选留 3～4 个向四周均匀分布、角度开张的粗壮枝条作为第一层主枝，并在 40～60cm 处留 10 个向外生长的剪口芽短截。疏去少数过密枝和弱枝，对于其他旺枝可用环剥、短截、开张角度等方法控制生长。为使第一层主枝旺盛生长，须抑制中央领导干的顶端优势，进行重截。第一层主枝争取在 2 年内完成。待中央领导干长至第二层高度时，进行摘心或短截，使形成第二层主枝，同时选留第一层主枝上的侧枝，一般主枝上第一侧枝要距干基 40～60cm，第二侧枝要留在第一侧枝的对面，两侧枝间约距离 30cm，而第三侧枝又与第一侧枝同向、与第四侧枝反向，第三侧枝与第二侧枝间距 50～60cm，第三与第四侧枝间可稍近些。对于着生在第一层主枝上的直立向上伸展的延长枝或侧枝，需在未木质化时缚竿诱导或用撑、拉、吊、垂等方法开张角度，以尽快转变成结果枝组。如此经 3～4 年，骨架已形成，生长也渐趋缓慢，以后注意删去过密的枝条，逐渐培养结果枝组。另外，在修剪过程中要依据整形为主、结果为辅的原则。磨盘柿的果实大而重，为提高树体的负载能力，骨干枝的角度不宜过大。一般主枝与主干间的夹角要控制在 55°～60°，角度过大，树势容易缓和，有利早结果，但骨架不牢，树体容易上强下弱。所以，幼树拉枝时一定要适度，一般辅养枝与骨干枝之间的角度也不得大于 75°。

春季修剪在春季抽梢现蕾后到开花前进行，对幼龄结果树有 5 种处理方法：①对上年冬季缓放的结果母枝春梢段、夏梢段均抽发结果枝的，宜尽早将上部的夏梢段剪去，保留春梢段的结果枝结果。如夏梢段或秋梢段抽发营养枝，而春梢段抽发结果枝的，也应尽早将夏梢或秋梢段剪去。春梢、夏梢、秋梢均弱的，全部抽发营养枝的则回缩到春梢段。②对结果母枝上抽发过多结果枝，导致结果枝密挤时，可疏去部分结果枝。③对冬剪时留枝过多，春梢抽发后发现树冠过于密挤的或有扰乱树形的枝，可在春季进行疏枝，剪口宜涂药保护。④将近开花时，对仍未停止生长的结果枝及营养枝进行摘心，一般在最上面一朵花上留 6～8 片叶摘心。注意留叶不能太少，太少时一是不利于为将来的果实发育提供足够养分；二是若挂果少，该枝仍旺，会抽发夏梢，对夏梢反复摘心后，春梢留叶少的枝在冬剪时留芽少，不利于下年连续结果。若在开花前自然封顶的枝梢，可不必摘心。⑤对发现有炭疽病危害的春梢，宜尽早剪除，减少花后对幼果的传染。

夏季修剪在谢花后进行，首先是对抽发的夏梢，展叶前留 2～3 片叶反复摘心，使其少消耗养分；其次是在第一次生理落果后即进行疏果，一般根据枝的负载量定果，强枝留 2～3 个，中等强枝留 1～2 个，弱枝不留果或留 1 个。同一结果枝上的 2 个果要留有一定距离，以避免将来果实发育膨大后拥挤。为防止炭疽病造成落果，留果量可适当比计划产量多些。另外，对幼龄结果树一般可以不保留夏梢、秋梢，在反复摘心控制后，冬季修剪宜在春梢与夏梢、秋梢交界处短截，只利用春梢作为下年结果母枝。夏季对幼树进行拉枝处理，可促进早结果、早丰产。拉枝主要是拉主枝和辅养枝。主枝拉成 50°～70°，辅养枝拉成 70°～80°。一般在 6 月下旬至 7 月上旬进行。拉枝时用左手托住被拉枝的基部，右手握住上部，进行软化后用铁丝或绳子拉住固定即可，但不要反方向拉，也不要拉劈裂或拉成"弓"字形。

(二) 盛果期

1. 生长特点 盛果期树体结构已形成，树势稳定，产量上升，树体向外扩展日趋缓慢。大枝出现弯曲，易与邻枝交叉，下部细枝易枯死，结果部位出现外移现象。随着树龄的增加，内膛隐芽开始萌发，会出现结果枝组的自然更新。及时更新是盛果期保持树势不衰的关键。柿树结果枝的寿命只有 2～3 年，应充分利用柿树隐芽寿命长、萌发力强的特性进行多次更新，以保持树势不衰，延长盛果期的年限。

2. 整形修剪原则 根据品种特性和树势强弱采用适宜的修剪方法，做到因树修剪，随枝作形。在力求保持树冠整体均衡的基础上，采用以疏为主、短截为辅，疏剪与短截相结合的修剪原则。

3. 整形修剪方法

（1）调整骨干枝角度。为均衡树势对过多的大枝应分年疏除，有空间的可留短桩，促使隐芽萌发更新枝，培养成结果枝组，填补空间，增加结果部位。疏除过多大枝可改善内膛光照条件，促使内膛小枝生长健壮，开花结果。对大型辅养枝和结果枝组，要缩放结合，左右摆开，使枝组呈半球状，树冠外围呈波浪状。同时，要对大枝原头逐年回缩，抬高主枝、侧枝角度，扶持后部更新枝向外斜上方生长，逐渐代替原头，以提高主枝角度，恢复生长势。

（2）疏缩相结合，培养内膛枝组，疏除密生枝、交叉枝、重叠枝、病枯枝等。对弱枝进行短截，当营养枝长 20～40cm 时可短截 1/3～1/2，以促使发生新枝，形成结果母枝。雄花树上的细弱枝多是雄花枝，应予以保留。对膛内过高过长的老枝组应及时回缩，促使下部发生更新枝；对短而细弱的枝组应先放后缩，增加枝量，促其复壮。对下垂严重、后部光秃、枝叶量小的中型枝作较重回缩，一般应回缩到 5 年生前的部位，起到压前促后、巩固结果部位的效果。树体达到相应高度，上部遮阴严重时，要及时落头开心，解决内膛及下部的光照矛盾。

（3）利用徒长枝培养新枝组或更新枝组。内膛有时发出较多徒长枝，应根据空间选留一部分生长健壮、部位好、发展空间大的，待长到 15～30cm 时进行摘心控制；也可于冬季修剪时短截到饱满芽处，控制其高度，促生分枝，培养成新的结果枝组填补空间；如无空间可疏除。由徒长枝培养的枝组生长能力和结果能力都强，应注意利用。

（4）去弱留强，壮枝结果，多留预备枝，克服大小年。柿树的产量主要决定于结果枝组上结果母枝的多少和强弱。一般结果母枝长 10～30cm、粗 0.4～0.7cm 时结果能力最强。结果母枝过多易造成大小年现象，修剪时应先确定预留的结果母枝数，大年时可将结果枝、发育枝或部分结果母枝在 1/3 处短截，让其抽生新枝作为预备枝，春季萌发后，可抽生2个壮枝而形成健壮的结果母枝，也就是截1留2的修剪方法。此外，也可短截上年结果的枝条，留基部隐芽或副芽，生长季内可萌发抽枝，转化成为结果母枝，即所谓的双枝更新法。如结果枝在结果的当年生长势弱，多数不能形成结果母枝而连续抽生结果枝的枝条，也可采用同枝更新修剪法，修剪时回缩到分枝处。对一些成花容易的品种，大年时也可对一部分结果母枝截去顶端2~3个芽，使上部的侧生花芽抽生结果枝，下部叶芽抽生发育枝形成结果母枝，为翌年结果打下基础。结果母枝的留量，应根据树势、年龄、品种和栽培管理的集约程度等方面来确定。如按每一结果母枝萌发2个结果枝，每个结果枝结2个果，每个果平均果重100g进行计算，其结果如下：9年生以前，株行距为3m×3.5m，每667m^{2}种64株，计划每667m^{2}产量500~1 000kg，每株需选留结果母枝20~40个。10~15年生，株行距为3m×7m，每667m^{2}种32株，计划每667m^{2}产量1 500kg，每株需选留结果母枝118个。15年生以上，株行距为6m×7m，每667m^{2}种16株，计划每667m^{2}产量2 000kg，每株需选留结果母枝313个。以上均为计算数字，为了留有充分的余地，可适当地增加一些。

(5) 利用副芽更新。副芽体大，萌发抽枝能力强。因此，在更新修剪时，要保护剪截枝条基部的2个副芽。如剪留得当，两个副芽很容易抽生出10~30cm长的"筷子码"。这样的枝条，抽生结果枝的能力强、寿命长，应重点进行培养。

（三）衰老期

1. 生长特点 树势衰弱，新梢极短，枯枝逐年增多，小枝结果能力减弱，结果部位外移，品质下降，且隔年结果现象严重或几乎没有产量。

2. 整形修剪原则 大枝回缩，促发新枝，更新树冠，逐渐恢复树势，延长结果年龄。

3. 整形修剪方法 根据树体衰老的程度确定更新的轻重，衰老程度轻的更新部位要高，衰老程度重的更新部位要低。一般需回缩到后部有新生小枝或徒长枝处，使新生枝代替大枝原头向前生长。回缩大枝时，为避免回缩太重，最好衰老一枝回缩一枝，用5~7年时间更新完，以保持有一定数量的结果部位，维持一定的产量。大枝回缩后，锯口附近的副芽会大量萌发，在夏季修剪时应及时抹芽、摘心，以加速树冠的形成。注意保护利用老树内膛发出的徒长枝，适时摘心，促使分枝形成新的骨干枝，更新树冠。内膛徒长枝过多时，应疏去过密的和细弱的，留下的枝条应适时摘心、短截，压低枝位，以促分枝，形成新的骨干枝或枝组，加速更新树冠或培养为结果枝组。对于树干高、内膛光秃的部位（或不易回缩的大枝），也可采用插皮腹接的嫁接方法增加枝量，以尽早恢复树势和产量。一般老树更新后2～3年开始结果，5年后大量结果恢复产量。

四、不同柿园的修剪

（一）放任树园

1. 生长特点　树体高大，骨干枝密挤，互相穿插，外围枝密、细、下垂，枯枝多，内膛光秃，结果部位外移，实际结果面积少；徒长枝多，开花少，产量低而不稳，品质差，大小年结果现象严重。

2. 整形修剪原则　因树造型，灵活修剪，对大枝过多的要逐年疏除，以维持产量。对树体过于高大的要分期落头，以利下部光照而促发新枝。内膛光秃的要利用徒长枝培养结果枝组。

3. 整形修剪方法　树体高大的要对中心干分期落头，改善光照条件，促进中下部枝叶的生长。内膛萌发壮枝后，可补充空间，一般将树高控制在5～7m。对大枝应采取疏剪和回缩相结合的方法。对密挤、开张角度小、光照不良的骨干枝，分数年逐步疏除，打开层次。每株骨干枝数量保留5～7个，将树形改造成疏散分层形或多主枝半圆形。适当回缩或疏除重叠枝、并生枝、徒长枝、细弱枝和衰弱的当年生结果枝。疏除的枝条直径在2cm以上的，要留1～2cm短桩。对生长较弱的小枝则在年轮上方留0.5～1cm戴活帽回缩，能促发2～5个壮枝，大部分当年即可成花，成为结果母枝，翌年结果。下垂枝从弯曲部位回缩更新，抬高枝头角度，促使后部萌生分枝。对出现衰弱的主枝进行重回缩，缩到后部有新生小枝处，适当选留粗度0.6cm以上、长度20cm左右的发育枝。有空间的徒长枝在冬季修剪时留25～30cm短截，以培养结果枝组。注意内膛结果枝组的培养。对于长度在30cm左右的充实新枝，修剪时可短截培养成结果枝组。对于长度在1m左右的徒长枝，应根据空间剪留，在枝密处的或邻近有结果母枝的可疏去；在光秃部位的应适当短截，留30～60cm，或对徒长枝进行适时摘心，促使发枝，转化成结果母枝。对内膛过高过长的老枝组及时回缩，对短而细弱的枝组先放后缩，增加枝量，促其复壮。精细修剪，更新枝组。疏去过密的多年生无结果能力的枝组，使留下的枝组分布均匀，做到大、中、小型各占一定比例；对多年生的冗长枝组疏去 3～5 年生部分，后部枝借用苹果修剪的"打橛"法保留 3～5cm，促使潜伏芽萌发新枝，重新培养。根据柿树壮枝结果能力强、落花落果轻的特性，疏弱留壮，以便集中营养供应壮枝结果；对强壮结果枝上的发育枝进行短截，作为预备枝交替结果。夏季修剪时去除剪口、锯口处多余萌蘖。对有空间的壮旺新梢，在15cm 长时反复摘心，增加分枝，促进成花。短截或疏间竞争枝，拉平缓放直立大枝，促生结果母枝。每个结果母枝留 1～2 个果，其余全部疏除。

(二) 大小年树园

1. 生长特点　在大年花果量大，从而消耗营养多，有机物积累得少，生长弱，花芽不易形成，致使翌年（小年）花果量很少。

2. 整形修剪原则　在保证当年产量的前提下，适当控制花果量，减少消耗，增加积累，促进花芽形成，为第二年丰产奠定基础。

3. 整形修剪方法　大年修剪时应稍重。疏去细弱枝、病虫枝、过密枝、交叉枝、重叠枝、位置不合适的大枝和枝组。按照去密留稀、去老留新、去弱留强、去直留斜、去远留近的原则疏剪丛生枝和结果枝组，将大年保留的 1 年生枝条的 30%～40% 进行回缩修剪来培养预备枝。要进行疏花疏果，应以疏蕾为主，在开花前 10～15d，先疏除畸形花蕾和迟开的花，然后按约 10∶1 的叶蕾比例在全树均匀疏蕾，保留大而横生、花梗粗、浓绿的花蕾。疏果应在 6 月生理落果之后进行，疏去畸形果、病虫果，使叶果比例保持在 20∶1。小年修剪应稍轻，尽量保留结果母枝。以疏除修剪为主，去掉枯枝、细枝、弱枝、病虫枝及退化枝，避免不必要的养分消耗，促使小年丰产。还可利用植物生长调节剂处理大年秋梢，使秋梢提前成熟，有利于小年的花芽分化。

(三) 矮化密植园

1. 生长特点　柿树采用矮化密植整形修剪技术后，3 年可见果，5～6 年进入盛果期，一般情况下，6 年生树每 667m² 产量达 560kg。株行距 3m×4m。

2. 整形修剪方法 树形采用改良纺锤形。干高 50cm，基部有 3 个主枝，层内距约 25cm，主枝与主干夹角 70°～75°。在主枝以上近 40cm 中干上着生 8～10 个侧分枝（大型结果枝组）。基角 80°～85°，侧分枝间距 15～20cm，错落排列。主枝上着生中型、小型结果枝组。成形后树高约 3m，冠径约 2.8m。柿树栽植后在 80～100cm 处定干。萌芽后选留 2～3 个新梢，培养基部主枝。夏季在主枝以上中干 80～100cm 处摘心。主枝长 40cm，半木质化时，摘心并用手捋枝，将主枝基角拉至约 75°。翌年萌芽前，轻剪主枝延长枝，剪去枝条的 1/5。适当重截中干，剪留长度约 80cm。萌芽后间隔 15～20cm，选留新梢培养侧分枝。疏除主枝内膛过密的细弱枝、竞争枝和无用的徒长枝，适当选留主枝上的部分新梢培养结果枝组，当长至 30～40cm 长时进行摘心，并拉枝开角。定干第三年对主枝和中干上部的修剪方法同前两年。夏季修剪缓放拉平侧分枝；新梢长 30cm 时进行摘心；对背上直立枝反复摘心，以增加分枝；疏除过密的徒长枝。5 月下旬环剥侧分枝和大型结果枝组，剥宽为 3㎜，对主干环割 2～3 道，以促进提早成化和提高坐果率。经 4～5 年的修剪，改良纺锤形可基本成形。柿树进入盛果期后宜对轮生重叠的侧分枝适当回缩或疏除。侧分枝上的枝组结果后回缩到壮枝处。结果枝与营养枝的比例宜调整到 1：2。

第六节 病虫害防治

一、主要病害及其防治

（一）柿角斑病

该病主要危害柿和君迁子的叶片及果蒂，造成早期落叶，枝条衰弱不成熟，果实提前变软脱落，严重影响树势和产量，并诱发柿疯病。

1. 症状 叶片受害初期正面出现不规则黄绿色病斑，边缘较模糊，斑内叶脉变为黑色。以后病斑逐渐加深成浅黑色，10d 后病斑中部退成浅褐色。病斑扩展由于受叶脉限制，最后呈多角形，其上密生黑色绒状小粒点，有明显的黑色边缘。病斑大小 2～8mm，病斑自出现至定型约需 1 个月。柿蒂发病时，病斑发生在蒂的四角，呈淡褐色，形状不定，由蒂的尖端逐渐向内扩展。蒂两面均可产生绒状黑色小粒点，但以背面较多且明显。病情严重时，采收前 1 个月大量落叶，落叶后柿子变软，相继脱落，而病蒂大多残留在枝上。因枝条发育不充实，冬季容易受冻枯死。

2. 防治方法

（1）农业防治。

① 加强土肥水及树体管理。增施有机肥，改良土壤，促使树体生长健壮，以提高抗病力。柿树周围不种高大作物，注意开沟排水，以降低果园湿度，减少发病。

② 清除侵染源。对于结果树来说，挂在树上的病蒂是主要的侵染来源和传播中心。从落叶后到第二年发芽前，彻底摘除树上残存的柿蒂，剪去枯枝烧毁，以清除侵染源。在北方柿区，只要彻底摘除柿蒂，即可避免此病成灾。

③ 避免与君迁子混栽。君迁子的蒂特别多，为避免其带病侵染柿树，应尽量避免在柿园中混栽君迁子。

（2）化学防治。喷药保护要抓住关键时间，一般北方地区为 6 月下旬至 7 月下旬，即落花后 20～30d。可用 1：5：（400～600）波尔多液喷 1～2 次，或喷 65％代森锌可湿性粉剂 500～600 倍液，或喷 70％甲基硫菌灵可湿性粉剂 800 倍液。

（二）柿圆斑病

主要危害叶片，有时也侵染柿蒂，造成早期落叶，并引起柿果提前变红、变软并脱落，严重影响产量。由于削弱树势，可引起柿疯病的发生。

1. 症状　在叶片上，最初正面出现圆形浅褐色的小斑点，边缘不清，逐渐扩大呈圆形，深褐色，边缘黑褐色，病斑直径多数 2～3mm，最大可达 7mm，单个叶片上一般有 100～200 个病斑，最多可出现 500 多个病斑。发病后期在叶背可见到黑色小粒点，即病菌的子囊壳。发病严重时，病叶在 5～7d 即可变红脱落，大量落叶时间是在采前 1 个月左右，接着柿果也逐渐变红、变软，相继大量脱落。病斑主要生于叶面，其次是主脉。危害叶脉时，使叶呈畸形。一般情况下角斑病平原发生较多，而圆斑病多发生在山地柿树上。

2. 防治方法

（1）农业防治。

① 增强树势。加强栽培管理，如改良土壤、合理施肥等均可增强树势，提高抗病力，以减轻此病的发生。

② 清除病菌。秋后彻底清扫落叶，集中沤肥或烧毁。清除越冬菌源，必须大面积进行，才能收到较好的效果。

③ 避免与君迁子混栽。君迁子的蒂特别多，为避免其带病侵染柿树，应尽量避免在柿园中混栽君迁子。

（2）化学防治。在 6 月上旬柿树落花后，喷 1∶5∶（400～600）波尔多液保护叶片。一般地区喷药 1 次即可，重病地区 15d 后再喷 1 次，基本上可以防止落叶、落果。也可以喷 65％代森锌可湿性粉剂 500～600 倍液。

（三）柿黑星病

主要危害柿树的新梢和果实。在苗木上主要侵害幼叶和新梢，影响苗木正常生长，对大树可引起落叶、落果。对作为砧木的君迁子危害也较重。

1. 症状　叶片上的病斑初期呈圆形或近圆形，直径 2～5mm，病斑中央褐色，边缘有明显的黑色界线，外侧还有 2～3mm 宽的黄色晕圈。病斑背面有黑霉，老病斑的中部常开裂，病组织脱落后形成穿孔。如病斑出现在中脉或侧脉上，可使叶片发生皱缩。病斑多时，病叶大量提早脱落。叶柄及当年新梢受害后，则形成椭圆形或纺锤形凹陷的黑色病斑，其中新梢上的病斑较大，可达 （5～10） mm×5mm。最后病斑中部发生龟裂，形成小型溃疡。果实上的病斑与叶上的病斑略同，但稍凹陷，病斑直径一般为 2～3mm，大时可达 7mm。萼片染病时产生椭圆形或不规则的黑褐色斑，大小为 3mm 左右。

2. 防治方法

（1）农业防治。清除侵染源，结合修剪剪去病枝和病蒂，集中烧毁，以清除越冬侵染源。避免与君迁子混栽。

（2）化学防治。柿树发芽前喷 1 次 5 波美度石硫合剂，或在新梢长至 5～6 片新叶时喷布 0.3～0.5 波美度石硫合剂 1～2 次。从 5 月初病梢初现期至 8 月上旬每隔 15～20d 喷一次药，连喷 2～3 次。常用药剂为 40％新星乳油 8 000～10 000 倍液，或 80％代森锰锌可湿性粉剂 800 倍液，或 70％代森锰锌可湿性粉剂 600 倍液，或 68.75％易保水分散粒剂 1 500 倍液，或 50％甲基硫菌灵可湿性粉剂 500～800 倍液。另外，亦可在 5 月中旬喷 0.5％尿素 2 次，6 月中旬至 7 月上旬喷 0.2％～0.3％磷酸二氢钾 2 次，以减轻发病程度。

（四）柿白粉病

该病在河南东部及陕西柿产区发生普遍，往往引起早期落叶，削弱树势和降低产量。

1. 症状　主要侵染叶片，偶尔也侵染新梢和果实，发病初期（5～6 月）在叶面上出现密集的针尖大的小黑点形成的病斑，病斑直径 1～2cm，以后扩大可至全叶。与一般果树的白粉病特征不同，较难识别。秋后，在叶背出现白色粉状斑。后期在白粉层中出现黄色小颗粒，并逐渐变为黑色。

2. 防治方法

（1）农业防治。冬季清扫落叶，集中烧毁，消灭越冬病原。深翻果园可将病原物深埋。

（2）化学防治。春季发芽前（芽萌动时）喷 1 次 5 波美度石硫合剂，杀死发芽孢子，预防侵染。花前、花后再各喷 1 次 0.3～0.5 波美度石硫合剂。如发病较重，隔 10d 后可再喷 1～2 次杀菌剂。常用药剂除石硫合剂外，也可喷洒 2％农抗 120 水剂 200～300 倍液，或 45％硫黄悬浮剂 200～300 倍液，或 15％三唑酮可湿性粉剂 1 000～1 500 倍液，或 50％甲基硫菌灵可湿性粉剂 800 倍液。

（五）柿炭疽病

柿炭疽病分布较广，主要侵染果实、枝梢及枝干，叶片发生较少。果实受害后变红变软，提早脱落，枝条发病严重时，往往折断枯死。

1. 症状　叶片受害时，由叶尖或叶缘开始出现黄褐斑，后逐渐向叶柄扩展。病叶常从叶尖焦枯，叶片易脱落。新梢受害时，初期产生黑色小圆点，扩大后呈长椭圆形的黑褐色斑块。若新梢抗病力强，则在新梢上形成深及木质部的腐朽斑块，以后病斑干枯变硬，中部凹陷，木质部纵裂，病梢极易在病斑处折断。若新梢抵抗力差或环境条件适合病菌生长时，则病斑环绕新梢一整圈后向上、向下蔓延，新梢变褐色枯死，以后再向多年生枝蔓延。病树轻则树上枯枝累累，重则整株树枯死。

果实开始是在果面上出现针头大、深褐色或黑色小斑点，逐渐扩大成为圆形黑色病斑。病斑达 5mm 以上时凹陷，中部密生轮纹状排列的粉色小粒点。病斑深入皮层以下，果肉形成黑色硬块状。每个病果上一般有 1～2 个病斑，多则达 10 余个。病果提早脱落。

2. 防治方法 根据炭疽病发生和侵染特点，每次降水后要喷洒 1 次农药，预防病菌侵入和蔓延。

（1）防治关键时期。幼年树的抽梢展叶期为防治关键时期，在关键时期防治才能达到最好的效果。

（2）农业防治。

① 加强栽培管理。多施有机肥，增施磷、钾肥，不偏施氮肥，以增强树势，提高树体的抗病能力；精细修剪，调整树体结构，改善树体光照条件。

② 清洁柿园，减少侵染来源。冬季彻底剪除病梢、病果、病蒂。清扫地面上的残枝落叶，并集中烧毁。然后喷 1 次 0.5～1 波美度石硫合剂，再用 5kg 生石灰加 1kg 硫黄粉对 15kg 清水调匀，涂白树干至分枝处，以减少初次侵染源。

③ 苗木处理。引种苗木时，应除去病苗或剪去病部，并用 1：4：800 波尔多液或 20％石灰液浸苗 10min，然后再定植。

（3）化学防治。在春梢、夏梢、秋梢抽出刚展叶时喷洒杀菌剂保护嫩梢，开花前及时喷药保护花蕾。在幼果期从落花期开始用药，一般间隔 15～20d 喷一次药，连喷 2～3 次杀菌剂保护幼果。常用药剂除石硫合剂外，也可喷洒 2％农抗 120 水剂 200～300 倍液，或 45％硫黄悬浮剂 200～300 倍液，或 15％三唑酮可湿性粉剂 1 000～1 500 倍液，或 1.5％多氧霉素可湿性粉剂，或 1％中生菌素水剂 200～300 倍液，或 70％代森锰锌可湿性粉剂 600～800 倍液，或 40％福星乳油 6 000～8 000 倍液，或 50％甲基硫菌灵可湿性粉剂 800 倍液。发病严重的地区，可在发芽前加喷 5 波美度石硫合剂。注意在第二次生理落果前不宜使用含铜杀菌剂。

二、主要害虫及其防治

（一）柿蒂虫

柿蒂虫又名柿举肢蛾、柿突蛾、柿实蛾、钻心虫、柿烘虫等。该虫是一种专门以幼虫危害柿果的害虫。幼虫在果实贴近柿蒂处危害，造成柿果早期发红、变软脱落，致使小果干枯，大果不能食用，造成严重减产。因而称被害果为"烘柿""旦柿""黄脸柿"。该虫危害严重时造成大幅度减产或失收。

1. 形态特征 成虫体长 5.5～7.0mm，体暗紫褐色。头部黄褐色，复眼红褐色，触角丝状。翅展 15～17mm，前翅近顶端有 1 条由前缘斜向外缘的黄色带状纹。后足长，静止时向后方举起。卵椭圆形，长约 0.5mm，初为乳白色，后变为粉红色，上有白色短毛。幼虫老熟时体长约 10mm，头部黄褐色，体背面有 X 形皱纹，且在中部有一横列毛瘤，各毛瘤上有 1 根白毛。蛹长约 7mm，褐色，稍扁平，气门向外突出。

2. 防治方法

(1) 物理防治。

① 刮树皮。冬春季柿树发芽前，刮去枝干上老粗皮，集中烧毁，可以消灭越冬幼虫。结合刮树皮涂白或刷胶泥，可以防止残存幼虫化蛹和羽化成虫。如果刮得仔细、彻底，效果显著。一次刮净可以数年不刮，直到再长出粗皮时再刮。

② 摘虫果。幼虫危害果期，中部地区第一代在 6 月中下旬，第二代在 8 月中下旬，每隔 1 周左右摘除和拾净虫果 1 次，连续 3 次，可收到良好的防治效果。摘时一定要将柿蒂一起摘下，以消灭留在柿蒂和果柄内的幼虫。如果第一代虫果摘得净，可减轻第二代危害。当年摘得彻底，可减轻翌年的虫口密度和危害。

③ 树干绑草环。8 月中旬以前，即老熟幼虫进入树皮下越冬之前，在刮过粗皮的树干、主枝基部绑草环，可以诱集老熟幼虫，冬季解下烧毁。

④ 黑光灯诱杀成虫。在二代成虫羽化盛期，用黑光灯诱杀成虫效果好。同时，可利用黑光灯测报柿蒂虫的发生期，并在成虫高峰日出现后 6d 进行化学药剂防治，效果最好。

(2) 化学防治。5 月中旬和 7 月中旬，二代成虫盛期，树上喷药 1～2 次，药剂可选用或 90% 敌百虫 1 000 倍液，或 50% 敌敌畏 1 000 溶液，或 50% 杀螟硫磷乳油 1 000 倍液，或 40% 甲萘威悬浮剂 800 倍液，或 20% 氰戊菊酯乳油 5 000 倍液，或 2.5% 溴氰菊酯乳油 5 000 倍液，或 50% 马拉硫磷乳油 1 500 倍液。注意将药喷到果柄、果蒂上，才能收到好的防治效果。

(二) 柿绵蚧

柿绵蚧又名柿绒蚧、柿毛毡蚧、柿毡蚧，是我国柿子产区的主要害虫之一。若虫和成虫危害幼嫩枝条、幼叶和果实，造成叶片皱卷，落叶落果，枝梢枯死，严重时整株树枯死。若虫和成虫最喜群集在果实与柿蒂相接的缝隙处危害。被害处初呈黄绿色小点，逐渐扩大成黑斑，使果实提前变软、脱落，影响产量和品质。

1. 形态特征 雌成虫体长 1.5mm、宽 1mm，椭圆形，体暗紫红色。腹部边缘有白色弯曲的细毛状蜡质分泌物。虫体背面覆盖白色毛毡状蜡壳，介壳前端椭圆形，背面隆起，尾部卵囊由白色絮状蜡质构成，表面有稀疏的白色蜡毛。雄成虫体长 1.2mm 左右，紫红色，有 1 对翅，无色半透明；介壳椭圆形，质地与雌介壳相同。卵长 0.25～0.3mm，紫红色，卵圆形，表面附有白色蜡粉及蜡丝。越冬若虫体长 0.5mm，紫红色，体扁平，椭圆形，体侧有成对长短不一的刺状突起。

2. 防治方法

（1）越冬期防治。冬季清园时，剪除受害严重的虫枝，然后进行枝干涂白。在柿树发芽前，喷 1 次 5 波美度石硫合剂（加入 0.3%洗衣粉可增加展着性）或 5%柴油乳剂，防治越冬若虫，以减少越冬虫源。

（2）出蛰期防治。4 月上旬至 5 月初，柿树展叶后至开花前，越冬虫已离开越冬部位，但还未形成蜡壳前，是防治的有利时机。使用 50%杀螟硫磷乳油 1 000 倍液，或 50%马拉硫磷乳油 1 000 倍液，或 80%敌敌畏 1 200 倍液喷雾，防治效果很好。如前期未控制住，可在各代若虫孵化期喷药防治。

（3）生物防治。当天敌发生量大时，应尽量不用广谱性农药，以免杀害黑缘红瓢虫、红点唇瓢虫和草蜻蛉等天敌。

（4）把住接穗质量关。不引用带虫接穗，有虫的苗木要消毒后再栽植。

（5）化学防治。柿绵蚧因体外有蜡粉、介壳，特别是成蚧，化学药剂不易渗入虫体内，给防治特别是化学防治带来困难，因此，要抓住两个关键时期，即越冬代若虫出蛰盛期（新梢 3～5 片嫩叶期）和第一代若虫孵化盛期（谢花后 3～5d），做好预测预报工作，提高防治效果。每代喷 2 次药，隔 10d 左右喷 1 次。药剂选用 5%高效氯氰菊酯 1 500 倍液，加入害立平 1 000 倍液。

（三）柿斑叶蝉

柿斑叶蝉分布广、发生普遍。以若虫和成虫聚集在叶片背面刺吸汁液，使叶片出现失绿斑点，严重时叶片苍白，中脉附近组织变褐，以致早期落叶。

1. 形态特征 成虫体长约 3mm，全身淡黄白色，头部向前呈钝圆锥形突出。前胸背板前缘有淡橘黄色斑点 2 个，后缘有同色横纹，小盾片基部有橘黄色 V 形斑 1 个。前翅黄白色，基部、中部和端部各有 1 条橘红色不规则斜斑纹，翅面散生若干褐色小点。卵白色，长形稍弯曲。若虫共 5 龄，初孵若虫淡黄白色，复眼红褐色，随龄期增长体色渐变为黄色；末龄若虫体长 2～3mm，身上有白色长刺毛，羽化前翅芽黄色加深。

2. 防治方法

（1）农业防治。在调运苗木和接穗时，要进行严格检疫，如带此虫时，可用氢氰酸处理。方法是用氢氰酸 10g，浓硫酸 15mL，水 30mL，密闭 1 h。

（2）化学防治。在第一、第二代若虫期防治此虫效果良好。药剂可选用 50％马拉硫磷乳油 1 000 倍液，或 25％扑虱灵可湿性粉剂 1 000～1 500 倍液，或 50％敌敌畏 1 000 倍液，或 90％敌百虫 1 000 倍液，或 2.5％功夫乳油 2 000～3 000 倍液，或 20％杀灭菊酯乳油 2 000～3 000 倍液。

（3）生物防治。天敌发生盛期，不用广谱性农药。在虫口密度小的地区利用天敌即可控制此虫的大发生。

（四）柿梢鹰夜蛾

以幼虫吐丝缠卷柿树苗木，或将幼树新梢顶部叶片卷成苞，在内取食嫩叶，造成枝梢秃枯，降低苗木质量，影响幼树生长。

1. 形态特征 成虫体长约 20mm，翅展约 40mm。头胸部灰褐色，触角丝状，下唇须灰黄色，伸向前下方，形如鹰嘴。腹部黄色，背面有黑色横纹。雄蛾前翅灰褐色，后翅黄色；雌蛾前翅暗灰色。卵半球形，直径约 0.4mm，有放射状纵纹约 30 条，顶部有淡红色花纹 2 圈；初产淡青色，逐渐变成棕褐色，近孵化时黑褐色。老熟幼虫体长 23～30mm。幼虫体色随龄期变化较大，一至三龄头黑色，体黄白色至黄绿色；四至五龄身体有绿色和黑褐色两类。蛹纺锤形，体长约 20mm，红褐色。

2. 防治方法

（1）物理防治。虫口数量不大时，可人工捕杀幼虫。

（2）化学防治。虫口密度高、大量发生时，可用灭幼脲或敌敌畏防治。

（五）柿毛虫

柿毛虫又名舞毒蛾、秋千毛虫、赤杨毛虫等。该虫食性杂，可危害多种树，以幼虫咬食叶片，使树势衰弱，严重发生时可将全树叶片食光。

1. 形态特征 雌蛾体长约 30mm，体淡黄色；翅展约 80mm，前翅黄白色，上布褐色深浅不一的斑纹，前、后翅外缘均有 7 个深褐色斑点；腹部粗大，末端密生黄褐色绒毛。雄蛾体长约 20mm，翅展 50mm 左右，体暗褐色，前翅有黑褐色波状纹，外缘颜色较深，翅中央有 1 黑点；卵球形，灰褐色，有光泽，直径 0.9mm，卵块常数百粒在一起，其上覆盖较厚的淡黄褐色绒毛。初孵化时的幼虫体长约 2mm，淡黄褐色，后变暗褐色。老熟幼虫体长约 60mm，头部黄褐色，正面有"八"字形黑纹；全体灰褐色，每体节上有 6～8 个瘤状突起，背面前段有 5 对蓝色毛瘤，后段有 6 对红色毛瘤，每个毛瘤上都有棕黑色毛，身体内侧的毛较长。蛹体长 20mm，纺锤形，黑褐色体节上生有黄色短毛。

2. 防治方法

（1）物理防治。

① 成虫羽化盛期，用黑光灯诱杀或在树干附近、地堰缝处搜杀成虫。秋冬季结合冬耕修堰，收集卵块，将卵块放于笼内，笼置于水盆中，使寄生蜂羽化后飞回果园，而害虫则闷死笼内。

② 诱杀幼虫。利用幼虫白天下树隐藏的习性，在树下堆积乱石引诱幼虫入内，然后扒开石堆将其杀死。也可利用幼虫白天下树、晚间上树均需爬经树干的特性，在树干上用 2.5% 溴氰菊酯 300 倍液涂 60cm 宽的药环，使幼虫经过时触药中毒死亡。药环每涂 1 次可保持药效约 20d，应连涂 2 遍，保护树木不致受害。

（2）药剂防治。幼虫发生量大时可在树上喷药，用 25% 灭幼脲悬浮剂 2 000 倍液，或 50% 敌敌畏乳油 1 000 倍液，或用苏云金杆菌防治。

（六）龟蜡蚧

龟蜡蚧又名日本龟蜡蚧，除危害柿树外，还危害枣、梨等果树。若虫和成虫群集枝叶上，则造成树势弱，枝条枯死，降低产量和品质。

1. 形态特征 雌成虫蜡壳长约 4mm，灰白色，扁椭圆形，中央隆起，周围有弧状突起 8 个，背面具龟甲状凹纹。雄成虫长约 1.5mm，体紫褐色，腹末有锥形淡黄色交配器。卵长椭圆形，乳黄至紫色。雄性若虫蜡壳较小，长椭圆形，边缘有 10 多个星芒状突起。

2. 防治方法

（1）物理防治。

① 越冬期防治。冬季至翌年 3 月进行，剪除有虫枝梢烧毁，严重树可以人工刮除枝上越冬虫。对 5 年以下的幼树，可采用"手捋法"，戴上手套，将越冬雌虫捋掉。对大树可用"敲打法"。下雪后的清晨，树枝挂满积雪或薄冰，用棍棒敲打树枝，可将介壳虫与冰雪一起震落。实践证明，利用冬闲时节防治柿树介壳虫，可有效降低越冬虫基数，减轻来年损失。

② 火烧法。用烂棉花或破布片绑成火把，蘸废柴油后点燃顺虫枝迅速灼烧 3s，熔化介壳虫的蜡层，使虫体裸露而冻死。此法要谨防火灾，灼烧只需 3s，过长则易烧坏花芽。

（2）化学防治。

① 如果龟蜡蚧发生普遍，可在 11 月或发芽前喷柴油乳剂，防治效果很好。柴油乳剂的配比为水 50kg，柴油 10kg，烧沸后加 1kg 洗衣粉，搅拌使之充分乳化。冷却后喷洒树体，全树喷透 1 h 后用棍棒敲打树枝，震落介壳虫。

② 生长期防治。在 7 月卵孵化若虫爬出母壳后喷布 40％甲萘威悬浮剂 800 倍液，或 50％敌敌畏乳油 1 000 倍液，或 50％马拉硫磷乳油 1 000 倍液，或 20％氰戊菊酯乳油 2 000 倍液。

（3）生物防治。保护天敌，不用广谱性农药，利用天敌可控制少量龟蜡蚧的发生。

（七）草履蚧

草履蚧又名草履硕蚧。此虫寄主较杂，可以危害多种果树和林木。若虫和雌成虫将刺吸口器插入嫩芽和嫩枝吸食汁液，致使树势衰弱，发芽迟，叶片瘦黄，枝梢枯死，危害严重时造成早期落叶、落果，甚至整株死亡。

1. 形态特征

雌成虫体长 10mm 左右，扁椭圆形似草鞋，赤褐色，被白色蜡粉。雄成虫体长约 5mm，紫红色，有 1 对淡黑色翅，触角念珠状、黑色，腹部背面可见 8 节，末端有 4 个较长的突起。卵椭圆形，初产时黄白色，渐呈赤褐色。若虫似雌成虫，赤褐色，触角棕灰色，唯第三节色淡。雄蛹长约 5mm，圆筒形，褐色，外被白色绵状物。

2. 防治方法

（1）农业防治。秋冬季结合果树栽培管理，翻树盘、施基肥等措施，挖除土缝中、杂草下及地堰等处的卵块烧毁，清除虫源。

（2）物理方法。

① 采用刮皮涂白法。这种介壳虫多在主干老粗皮下、树洞内或树下土中越冬。先将老粗皮刮掉，带出园外烧毁或深埋；再用生石灰 1kg、盐 0.1kg、水 10kg、植物油 0.1kg 和石硫合剂 0.1kg 配成涂白剂，涂抹主干和粗枝，不仅可杀介壳虫，还可防冻害。

② 树干涂粘虫胶环。于 2 月在草履蚧若虫上树前，在树干离地面 60～70cm 处，先刮去一圈老粗皮，涂抹一圈 10～20cm 宽的粘虫胶，若虫上树时，即被胶黏着而死。在整个若虫上树时期，应绝对保持胶的黏度，注意检查，如发现黏度不够，要刷除死虫添补新虫胶。对未死的若虫可人工捕杀、火烧，也可用马拉硫磷杀灭。此法是防治草履蚧的关键措施。粘虫胶的配制：凡黏性持久，遇低温不凝固的黏性物质均可使用。现介绍两种：一是利用棉油泥沥青，为棉油泥提取脂肪酸后的剩余物，黏性持久，效果好，价格低廉，可以直接涂抹；二是利用废机油加热，然后投入石油沥青，熔化后混合均匀即可使用，效果也很好。

（3）化学防治。若虫上树初期，在柿树发芽前喷 3～5 波美度石硫合剂，发芽后喷 40% 甲萘威悬浮剂 800 倍液，或 80% 敌敌畏乳油 1 000 倍液，或 48% 毒死蜱乳油 1 000 倍液，或 50% 马拉硫磷乳油 1 000 倍液，或 40% 辛硫磷乳油 1 000 倍液。

（4）生物防治。红环瓢虫和暗红瓢虫为草履蚧天敌，其发生时注意保护。

（八）柿绵粉蚧

柿绵粉蚧又称柿长绵粉蚧，以成虫和若虫吸食柿树嫩枝、幼叶和果实的汁液，影响柿子的产量和品质。

1. 形态特征

雌成虫体长约 5mm，介壳椭圆形，全身浓褐色；产卵时体末端有白条状卵囊，长达 20～50mm，宽约 5mm。雄成虫体长约 2mm，灰黄色，有翅 1 对，翅展 3.5mm。卵黄色，椭圆形。若虫椭圆形，初孵化淡黄色，后变淡褐色、半透明。

2. 防治方法

（1）物理防治。采用同草履蚧的"刮皮涂白法"进行防治。

（2）化学防治。若虫越冬量大时，可于初冬或发芽前喷 1 次 3～5 波美度石硫合剂或 5％柴油乳剂毒杀若虫。6 月上中旬若虫孵化出壳后，喷洒 50％敌敌畏乳油 1 000 倍液或 50％马拉硫磷乳油 800 倍液。

（3）生物防治。在天敌发生期，应尽量少用或不用广谱性杀虫剂，以保护天敌。

（九）柿星尺蠖

柿星尺蠖又名大头虫，幼虫危害柿叶，严重时可将柿叶全部吃光，不能结果，严重影响树势和产量。

1. 形态特征　成虫体长 25mm 左右，翅展 73mm 左右，一般雄蛾较雌蛾体小。头及前胸背板黄色，胸背有 4 个黑斑。前、后翅均为白色，其上分布许多黑褐色斑点，前翅顶角几乎为黑色。腹部橘黄色，每节背面两侧各有 1 个灰褐色斑纹。卵椭圆形，长 0.9mm 左右，漆黑色，胸部稍膨大。老熟后体长约 55mm，头部黄褐色，胴部第三、第四节膨大，故称"大头虫"。在膨大处背面有黑色眼纹 1 对。背线两侧各有 1 条黄色宽带，上有不规则的黑色细纹，气门线下有许多白色小圆斑。蛹长 23mm 左右，暗赤褐色，胸背前方有 1 对耳状突起，其间有 1 横隆起线与胸背中央纵隆起线相交，构成"十"字形纹，尾端有刺状突起。

2. 防治方法

（1）物理防治。晚秋结冻前和早春解冻后，在树下土中等处挖除越冬蛹。

（2）化学防治。幼虫发生初期，三龄以前喷 25％灭幼脲悬浮剂 2 000 倍液防治，或用敌百虫或敌敌畏防治。

（十）刺蛾类

刺蛾又名洋辣子、八角，以幼虫取食叶片，影响树势和产量，是柿树叶部的重要害虫。刺蛾的种类有黄刺蛾、绿刺蛾、褐刺蛾、扁刺蛾等。

1. 形态特征

（1）黄刺蛾。成虫体约 15mm，体黄色，前翅内半部黄色，外半部黄褐色，有 2 条暗褐色斜纹在翅尖汇合呈倒 V 形，后翅浅褐色。卵椭圆形、扁平、淡黄色。幼虫体长约 20mm，体黄绿色，中间紫褐色斑块两端宽中间细，呈哑铃形。茧椭圆形，长约 12mm，质地坚硬，灰白色，具黑褐色纵条纹，似雀蛋。

（2）绿刺蛾。成虫体长约 15mm，体黄绿色，头顶胸背皆绿色，前翅绿色，翅基棕色，近外缘有黄褐色宽带，腹部及后翅淡黄色。卵扁椭圆形，黄绿色。幼虫体长约 25mm，体黄绿色，背有 10 对刺瘤，各着生毒毛，后胸亚背线红色有毒毛，背线红色，前胸 1 对突刺黑色，腹末有 4 丛蓝黑色毒毛。茧椭圆形，栗棕色。

（3）扁刺蛾。成虫体长约 17mm，体翅灰褐色。前翅赭灰色，有 1 条明显暗褐色斜线，线内色淡，后翅暗灰褐色。卵椭圆形，扁平。幼虫体长 26mm，黄绿色，扁椭圆形，背面稍隆起，背面白线贯穿头尾。虫体两侧边缘有瘤状刺突各 10 个，第四节背面有一红点。茧长椭圆形，黑褐色。

2. 防治方法

（1）物理防治。

① 一些刺蛾老熟幼虫沿树干爬行下地，刺蛾腹面保护性差，可用毒环等办法毒杀下树幼虫，或将草束在树干基部诱集幼虫结茧，收集草把烧毁。9～10 月或冬季，结合修剪、挖树盘等清除越冬虫茧。

② 灯光诱杀成虫。利用成虫趋光性，用黑光灯诱杀。

③ 采集幼虫。当初孵幼虫群聚未散开时及时摘除虫叶，集中消灭。

（2）生物防治。上海青蜂是黄刺蛾天敌优势种群。一般年份上海青蜂对黄刺蛾茧的寄生率高达 30% 左右。寄生茧易于识别，茧的上端有上海青蜂产卵时留下的圆孔或不整齐小孔。在休眠期掰除黄刺蛾冬茧挑出放回田间，翌年黄刺蛾越冬茧被寄生率可高达 65% 以上。

（3）药剂防治。在幼虫三龄以前施药。选用的药剂有苏云金杆菌或青虫菌，或 25% 灭幼脲悬浮剂 1 000 倍液，或 50% 辛硫磷 1 000 倍液，或 48% 毒死蜱乳油 2 000 倍液，或 90% 敌敌畏 1 000 倍液，或 20% 灭扫利乳油 2 000 倍液，或 25% 甲萘威可湿性粉剂 500 倍液。

（十一）大蓑蛾

大蓑蛾又名大袋蛾，以幼虫和雌成虫取食叶片。

1. 形态特征

成虫雌雄异形，雄成虫体长约 18mm，翅展约 40mm，体黑褐色，前翅有几个透明斑，触角羽毛状。雌虫体长约 25mm，黄褐色，头很小，足、翅退化，蛆状，胸腹部黄白色，第七腹节有褐色丛毛环。卵椭圆形，黄色。幼虫共 5 龄，三龄后能区别雌雄。雌幼虫老熟时体长约35mm，头部赤褐色，头顶有环状斑，腹背黑褐色，各节表面有皱纹；雄幼虫体较小，黄褐色，头顶有几条明显的黑褐色纵条纹。蛹长约30mm，雌蛹枣红色，雄蛹暗褐色，第三至八腹节背板前缘各具1横列刺突，有1对臀棘，小而弯曲。雌虫护囊长约62mm，雄虫约52mm，皆为纺锤形，上面常缀附较大的碎叶片，有时附有少数枝梗。

2. 防治方法

（1）物理防治。在冬季，利用冬闲人工摘除越冬护囊。

（2）药剂防治。在幼虫孵化完毕后，于幼虫期喷苏云金杆菌，或90%敌百虫乳油1 500～2 000倍液，或80%敌敌畏乳油1 500倍液，或75%辛硫磷原药2 000倍液，或50%马拉硫磷乳油1 000倍液。喷药时注意将袋囊喷湿，以充分发挥药效。

第七节　果实采收和脱涩

一、果实采收时期

柿的采收期因气候和品种而有所不同，同一地区同一品种因其用途、市场远近和供应情况不同，采收期也不相同，作为脆柿食用的柿果，宜在果实已达应有的大小，果实表皮由青转为淡黄色，果肉仍然脆硬，种子呈褐色时采收。采收过早，则含糖量低，皮色尚绿，脱涩后水分多，甘味少，质粗而品质不良。采收过晚，品质开始下降，柿果极易软化腐烂。

做软柿鲜食用的柿果，要求在完熟期采收，果实含糖量高，色红而味甘甜，以果皮黄色减少而完全转为红色时采收最为适宜。采收过早，色差而味淡，品质低劣。制柿饼用的柿果多用中、晚熟品种，果皮由黄色减退至稍呈红色时（霜降前后）为采收适期。此时果实含糖量高，削皮容易，加工成的柿饼品质最佳。采收过晚，柿果已软化，削皮难，不易加工。

甜柿类如次郎等品种在树上已脱涩，采下后即可食用，多作硬柿供应市场，生产上以果皮转红、肉质尚未软化时采收品质最佳。过熟的甜柿，果肉已软化，风味淡薄。因此，甜柿的最适采收期在果皮变红的初期。

二、果实采收方法

（一）采前准备

采收前20d应停止喷洒农药，遵守农药安全使用标准，以保证果品中无残留或不超标，采果前30d少用或不用化肥作为追肥，确保果品质量。正确估计当年的产量，制订好采果计划，准备好采收、包装和运输工具。

适当的采前处理能够提高柿子的品质，延长储藏期。柿果采前1个月至1周内，用50mg/kg或100mg/kg赤霉素（GA$_3$）喷果，可增加果实的抗病性、减少储藏期间黑斑病的发生，抑制果实的软化，提高果实的耐储性。柿果经GA$_3$处理后可溶性固形物含量提高，但对可溶性单宁的减少影响不大。GA$_3$处理降低了果实对乙烯的敏感性，从而达到延缓衰老的目的。柿果是双S形生长果实，它的第三期（第二次膨大）的启动与乙烯有关，而在第二期末喷布GA$_3$显然会抑制乙烯的合成，对果实生长起抑制作用，故柿果采前喷布以在果实完成第二次膨大以后早喷，效果较好，但也有相反的报道。

（二）采收方法

选择晴天露水干后进行采收，雨天不采。采果时应自下而上，从外到内顺序进行。不要用手拉果，以免果蒂受伤。柿树高大，采收时可用长竿（上端有采果夹，旁边附有布袋）剪取。采用两次剪果法，先将果实带果柄剪下，然后再齐果蒂处剪下，并剪平。强调轻拿、轻放、轻搬运，防止损伤，降低损耗。采收后的果实，不要受到雨淋和日晒。使用专用搬运箱，园内直接装箱，减少换箱次数。

三、果实分级、包装和运输

（一）分级

对脱涩或储藏用的柿果，需严格挑选，剔除病、虫、伤果，以免引起病菌感染，影响果实外观及品质。挑选分级后即可包装。远销的柿果可不进行脱涩处理，选择耐储品种中硬实的柿果，装入容器中。

长期储藏的柿子还应根据果实颜色和大小挑选。收获时过红的，多数为较软的果实，变红老化快，不宜储藏。将柿子果实分为小、中、大、特大分级，以中、大果储藏最佳。

（二）包装

外包装可采用竹箩（筐）或木（纸）箱，每件20～25kg，箩底和四壁垫衬1～2层牛皮纸或干净稻草。用于储藏的柿果，内包装可采用薄膜袋，厚度为0.06mm，包装后留一小口，以利通风换气。放置时，柿果按蒂对蒂、顶对顶排放。

（三）运输

生柿和熟柿对运输的要求不同，生柿较耐储运，一般由销地脱涩后销售；熟柿在产地脱涩变软，皮薄多汁，不能远运，因此，要求在果实尚未软化前发运，待到销地转软后随即销售。

四、脱涩

（一）柿果的涩味

柿果内含有一种特殊的细胞，其原生质里含有单宁物质，这种细胞特称单宁细胞。涩柿和未成熟的甜柿中的单宁，绝大多数以可溶性状态存在于单宁细胞内。当人们咬破果实时，部分单宁细胞破裂，可溶性单宁流出，使人感到有强烈涩味，十分难受。

（二）脱涩方法

为将柿果内可溶性单宁变为不可溶性，使人感觉不到涩味，对于涩柿品种在采收后一般经过脱涩处理，主要方法有以下几种。

1. 温水法 即用草帘围护大缸保温，将柿果浸入 40℃ 左右的温水中，保持水温，经 10～24h 即可脱涩。此法可使柿果保持原有硬度及脆度，且果色鲜亮。

2. 石灰水法 将采收后的柿子浸泡于用生石灰刚配好的 4% 石灰水内，2～3d 即可脱涩。此法脱涩的柿果鲜脆可口。

3. 鲜果混存法 100kg 柿果与 3～5kg 苹果、梨等分层相间，置于密闭容器中，利用鲜果呼吸放出的二氧化碳及乙烯催熟，3～5d 柿果变软脱涩，色泽艳丽，风味加浓。

4. 乙烯利法 0.025% 乙烯利水溶液喷布在已成熟、即将采收的柿果上，或将采收的柿果盛于筐中，直接浸入上述溶液中 3min，经 3～7d，即可软化脱涩。

5. 二氧化碳法 把涩柿装入密闭的容器中，注入二氧化碳气体（最适宜的脱涩浓度为 70%），如果密闭容器带有压力计，注入二氧化碳气体后，可使其压力为 $0.7～1.2kg/cm^2$。此法具有脱涩快、脱涩数量多、果实脆而不软和耐储运等特点，在 15～25℃ 温度下，经 2～3d 就能脱涩。

6. 酒精法 将采收后的柿子分层放入密闭的容器中，每层柿果面均匀喷洒一定量 35% 的酒精（最好加入适量醋酸）或白酒，装满柿子后密封，在 18～20℃ 条件下 5～6d 即可脱涩。

第二篇　常绿果树

第十一章

柑　橘

第一节　种类和品种

一、种类

柑橘类属芸香科（Rutaceae）柑橘亚科（Aurantioideae）柑橘族（Citreae）柑橘亚族（Citrinae）植物。栽培上最重要的是柑橘属，其次是金柑属、枳属。这三个属的主要区别见表 11-1。

表 11-1　柑橘类三个主要属的区别

属名	主要性状
枳属	落叶性，复叶，有小叶 3 片，子房多茸毛
金柑属	常绿性，单生复叶，叶脉不明显，子房 3～7 室，每室胚珠 2 枚，果小
柑橘属	常绿性，单生复叶，叶脉明显，子房 8～18 室，每室胚珠 4 枚以上，果大

二、品种

（一）普通甜橙类

1. 锦橙　别名鹅蛋柑 26。主产西南地区。树势强健，树冠圆头形，树姿开张，枝条有小刺。叶片长卵圆形，肥大，先端尖长，基部楔形，深绿色。果实椭圆形至长椭圆形，单果重约 175g。果皮光滑，橙红色，中等厚。果心小，半充实。囊瓣梳形，整齐，囊壁薄。汁胞披针形，肉质细嫩化渣，汁多味浓，酸甜适度。果实可食率为 75％ 左右，每 100mL 果汁含糖 8.8～9.8g、酸 0.88～0.94g，维生素 C 53.55mg，可溶性固形物含量 10％～14％。种子数约 6 粒。果实 12 月上中旬成熟。

锦橙丰产、质优、耐储，是鲜食和加工兼优的良种。已选出多个少核优系，如开陈72-1、蓬安100、北碚447、铜水72-1、兴山101。

2. 冰糖橙　别名冰糖包。树势中等，树冠较小，枝梢较披垂。叶片窄小，主脉隆起。果实近圆形或椭圆形，单果重110～160g。果皮橙黄色，较薄，油胞平生，果面光滑。果肉脆嫩化渣，风味浓甜，汁多，富有香气。每100mL果汁含糖11～13g，酸0.3～0.6g，维生素C 48.4～51.9mg，可溶性固形物含量13%～15%。果实11月下旬成熟。该品种具结果早、丰产稳产、耐储运等特点。选育有麻阳大果冰糖橙和麻阳红皮大果冰糖橙2个品种。

3. 丰采暗柳橙　果实圆形或近圆形、橙红色，果顶有印圈。可溶性固形物含量12.3%～13.0%，酸含量0.8%～0.9%。种子13～15粒。汁多，风味浓郁，成熟期12月中旬，较耐储藏。该品种丰产稳产，适应性强。主产广东、广西、福建。

4. 改良橙　别名红江橙、红橙、漳州橙。系印子柑与福橘的嫁接嵌合体。果肉有橙红、淡黄及半红半黄三种类型。主产广东、广西、福建。树冠强健，圆头形，枝条细密，较直立，有短刺。叶片长椭圆形，叶缘微波状，叶翼不明显。果实圆球形，单果重120～150g。果皮橙黄色或橙色，果顶平，皮薄而光滑，难剥。果肉柔嫩化渣，酸甜味浓，汁多，有香气，其中以红肉型品质最佳。每100mL果汁含糖10～11g、酸0.9～1.0g、维生素C 35.5～43.7mg，可溶性固形物含量12%～15%。果实11月中下旬成熟，耐储性好，鲜食加工均宜，较丰产稳产，裂果严重。

5. 哈姆林甜橙　原产美国佛罗里达州，1960年引入我国栽培。树势强健，树冠半圆形，较开张，枝条密集，粗壮。叶片长椭圆形，较小而薄，深绿色。果实圆球形，单果重约130g，大小不整齐。果实11月中旬成熟，果皮橙色，充分成熟时可达深橙色，皮薄光滑，不易剥离。果肉细嫩，较化渣，汁多，出汁率达50%以上，味浓甜，具清香。种子少，每果约3.5粒。每100mL果汁含糖9.5g、酸0.85g、维生素C 52.1mg，可溶性固形物含量11.5%。较耐储藏，成熟期较早，产量高。

6. 伏令夏橙　别名佛灵夏橙、晚生橙。主产于美国、西班牙等国。我国于1938年由张文湘从美国引进四川栽培。树势强健，枝梢壮实，较直立，树冠圆头形，结果以后枝梢下垂、刺少。叶片长卵形，翼叶明显。果实椭圆形至圆球形，单果重 140～170g。果皮橙黄色至深橙色，油胞大、凸出，表面粗糙，果实中心柱较大而充实。果肉质脆、较化渣，汁胞柔嫩多汁，甜酸适口，味浓有香气。种子 3～6 粒。每 100mL 果汁含糖 9～10g，酸 1.2～1.3g，维生素 C 45～71mg，可溶性固形物含量 11％～13％。成熟期为翌年 4～5 月，果实发育期需 350～390d。果实较耐储运。丰产性强，品质较好，成熟期晚。除鲜食外，也是世界主要制汁品种。新品种有江安 35、奥林达、福罗斯特、康倍尔、卡特尔、蜜奈等新生系和路德红肉夏橙等。

（二）脐橙类

1. 华盛顿脐橙 别名抱子橘、无核橙、纳福橙。为美国加利福尼亚州主栽品种之一。我国于 20 世纪 30 年代先后从美国和日本引入，各柑橘产区均有栽培。树势中等，树冠半圆形，树姿开张，枝梢细密，大枝粗长、披垂，少刺。叶片椭圆形，两端钝尖。果实圆球形，较大，单果重 180～250g，果顶尖凸，具脐，脐孔开或闭合。果面橙色至深橙色，顶部较薄、光滑，蒂部较厚而粗糙，油胞大、较稀疏，凸出；果皮厚薄不均，较易剥皮。囊瓣较易分离；汁胞脆嫩，纺锤形或披针形，不整齐，风味浓甜清香；无核，品质极佳；可食率为 74.9％，果汁率为 46.4％。每 100mL 果汁含糖 8～10g、酸 0.9～1g，可溶性固形物含量 11％～14％。果实 11 月中下旬成熟。耐储性稍差，储后风味易变淡。新的品种、品系有重庆的奉园 72-1、湖南的新宁，具产量更高、品质更好的特点。

2. 罗伯逊脐橙 别名鲁宾孙脐橙，1925 年美国罗伯逊氏果园的华盛顿脐橙早熟枝变，成熟期较华盛顿脐橙早 10～15d。1938 年引入我国四川、湖北，各甜橙产区亦有栽培。树势中等或稍弱，树姿开张，树冠半圆头形；树干及大枝上常见瘤状突起，枝条较短而密，无刺或少刺。叶片椭圆形，较华盛顿脐橙小。果实圆球形或锥状圆球形，果大，重约 200g。果皮橙色至深橙色，较粗厚，油胞大而突出，较易剥离，多开脐。肉质脆嫩，汁多，酸甜适度，风味较华盛顿脐橙淡，有香气，无核，品质上等。每 100mL 果汁含糖 9.5～11g，酸 0.7～1.2g，可溶性固形物含量 11％～12％。果实 11 月上中旬成熟，耐储性稍差。

本品种比华盛顿脐橙丰产、稳产，较早熟，耐热、耐湿力与适应性较强，栽培范围广。新品系有四川江安 19、眉山 9 号、湖北秭归 35 等。

3. 纽荷尔脐橙　树冠开张、圆头形，枝条粗长，披垂，有短刺。果椭圆形，顶部稍凸，多为闭脐，蒂部有 5～6 条放射沟纹，11 月上中旬成熟，果皮难剥离，可溶性固形物含量 12.0%～13.5%，酸含量 0.9%～1.1%。无核。果肉汁多、化渣、有香气，品质上等。该品种丰产性好。我国各柑橘产区有栽培。

(三) 血橙类

塔罗科珠心系血橙（Tarrocco Nucellar）从意大利引进，为塔罗科中选出，我国四川、重庆有栽培。树势强健，无刺，几乎无翼叶。果实球形，果梗部稍隆起，果皮橙红色，单果重 156.5～267.5g，果肉脆嫩多汁，风味极优。成熟时果面呈深浅不一的紫红色或带红斑，果肉现紫红色斑。种子 0～4 粒，2～3 月成熟。

(四) 宽皮柑橘类

1. 温州蜜柑　别名温州蜜橘、无核橘。500 年前日本僧人将浙江早橘带回日本，经实生变异选育而成。在我国分布很广，栽培面积也大。温州蜜柑树冠开张、主枝较多，枝梢长而倒垂，树冠多为不整齐的扁圆形，较矮，枝叶较疏，无刺。叶大、长椭圆形、肥厚浓绿，叶柄长。果实扁圆形，大小不一。果面橙黄或橙色，油胞大而凸出，较橘类难剥皮。囊瓣半圆形，7～12 瓣，囊壁韧，不化渣，汁胞柔软多汁，甜酸适度，无核。各品系成熟期不一，从 10 月初至 12 月都有成熟。果实耐贮运，丰产、稳产，质优，适应性强，耐寒、耐旱、耐瘠，对溃疡病有一定的耐病力。除鲜食外，是制罐的好原料。已选育了宫川、兴津、尾张、国庆 1 号等众多品系。

2. 椪柑　别名芦柑。原产华南，我国各柑橘产区均有栽培。树势强健，树冠紧凑、直立，主干有棱，枝条较细而密集。叶片长椭圆形，中等大，厚、深绿色，先端钝，顶端凹口明显。果实扁圆形或高扁圆形，单果重 110～160g。果皮橙黄色，有光泽，中等厚，油胞小而密生，凸出，蒂周有 6～10 个瘤状突起，具放射状沟纹，皮易剥离。囊瓣肥大，长肾形，中心柱大而空。汁胞肥大，脆嫩爽口，汁多味甜，风味浓、品质极佳。每 100mL 果汁含糖 11～13g，酸 0.5～0.9g，可溶性固形物含量 11%～16%。种子 5～10 粒。果实 12 月上中旬成熟，较耐贮运，具有适应性强，早期丰产，品质佳等特点。近年来，各地选育的芽变优系有南靖少核、高桶芦、长泰岩溪晚芦、汕头长源 1 号等。

3. 砂糖橘 原名十月橘，别名冰糖橘，原产广东省四会市，广东、广西大量栽培。树冠圆锥状圆头形，主干光滑，枝条较长，上具针刺。叶片卵圆形，先端渐尖，基部阔楔形，叶色浓绿，边缘锯齿状明显，叶柄短，翼叶小，叶面光滑，油胞明显。果实近圆球形，果小，橘红色，果皮薄而脆，易剥离，油胞密集、突出，海绵层浅黄色；囊瓣10个，大小均匀，易分离，橘络细，分布稀疏，中心柱较大而空虚，汁胞短粗，呈不规则的多角形，橙黄色，柔嫩、汁多，清甜而微酸。新品系有早熟和晚熟无籽砂糖橘。

4. 蕉柑 又名招柑、桶柑，原产广东潮汕，主要产区是广东的揭阳、潮州等市。树势中等，分枝多，枝条开张略下垂，刺较少。翼叶狭窄，或仅有痕迹。花单生或2～3朵簇生，花瓣通常长1.5cm以内，雄蕊20～25枚，花柱细长。花中大，完全花。果实圆球形或高扁圆形，大小为（5.65～7.7）cm×（5.1～6.4）cm，橙黄至橙红色，果皮厚而粗糙，紧贴果肉，尚易剥离，中心柱大而空，果顶平。可溶性固形物含量11.0%～14.0%、酸含量0.4%～0.9%，每100mL果汁含维生素C 35～40mg。种子无或少，子叶深绿、淡绿或近于乳白色，合点紫色，多胚。成熟期12月下旬至翌年1月。该品种早结丰产性好，果肉柔软多汁、化渣，风味浓，有香气。果实耐贮运。近年新选育的品系有新优选蕉柑和汕优蕉柑，果型较大，种子数少，丰产性好。

5. 贡柑 又称皇帝柑，乃橙与橘的自然杂交种，起源于广东省四会市贞山，长势中等，树冠圆头形，枝条纤细；叶片卵圆形，叶翼较小；果形高圆形，果顶平，果皮薄、紧贴果肉，橙黄色，尚易剥离。核少、肉脆化渣、高糖低酸、清甜香蜜，可溶性固形物含量12.0%，酸含量0.3%～0.5%，风味浓郁。成熟期12月上中旬，品质优良，较容易感染炭疽病。

6. 马水橘 也称春甜橘，原产于阳春市马水镇塘岩村而得名，明代末期已种植，至今有300多年历史。树势健壮，树冠半圆头形，枝细密，叶片长椭圆形，翼叶较小，花较小，完全花，果实扁圆形，橙黄色，有光泽，大小为5.0～5.5cm，单果重40～60g，果顶微凹，皮薄，容易剥离，化渣、少核、汁多及清甜芳香，每100mL果汁含糖11.8g、酸0.6g。成熟期在1月中旬至2月上旬。粗生易管，早结丰产。

7. 南丰蜜橘 树势壮旺，树冠半圆头形，树梢长细而稠密，无刺。

叶片卵圆形，叶缘锯齿较浅，翼叶较小。果实偏圆形，橙黄色，果顶平，中心有小乳突，果皮容易剥离。11月上旬成熟，可溶性固形物含量11.0%～16.0%，酸含量0.8%～1.1%，汁多，具浓郁香味，种子0.7粒。丰产性好，抗寒性强，易感疮痂病。有大果系、小果系、桂花蒂系、早熟系等品系。江西主产。

8. 默科特　宽皮柑橘与甜橙的杂交种，属橘橙类，为美国佛罗里达州迈阿密农业试验所育成。果实体积中大，底部较平。果实含糖量高、微酸，风味俱佳；囊瓣易分离，果皮易剥；种子较少，晚熟杂柑品种，果实翌年2月初成熟，可留至4月采摘。长梢端着果，果实易受风害、日灼和冻害，丰产性强，具有明显早结、丰产、稳产特性。管理不善有明显的大小年倾向。

近年又选有W默科特。种子更少。囊瓣易分离，果实多汁，风味俱佳，粒化较晚出现。结果过多会使果实偏小，疏果后可改善果实外观，果皮颜色宜人且质地较细腻。与有核的柑橘品种混栽会增加种子，宜成片或隔离栽培。

（五）柚类

1. 琯溪蜜柚　别名平和抛、文旦柚，原产福建平和县琯溪河畔。树冠半圆形，枝条开张，树势强健。果实倒卵形，单果重1 500～2 500g，最大者可达4 700g。果皮较薄，为0.8～1.5cm。果肉饱满，蜡黄色，汁胞透亮，柔软多汁，酸甜适中，香气浓郁。每100mL果汁含糖9.17～9.86g，酸0.73～1.01g，维生素C 48.73～68.55mg，可溶性固形物含量10.7%～11.6%。无核。果实于10月中下旬成熟。琯溪蜜柚丰产稳产性能好，适应性强，品质优良，耐储性强。

2. 沙田柚　原产广西容县沙田。树势强健，树冠圆头形，枝条细长，较密。叶大，长椭圆形，叶端钝尖，翼叶较大，倒心形。单果重700～2 000g，顶部微凹。蒂部有小短颈，蒂周有放射状条纹。果皮黄色，中等厚。果心小，充实。汁胞披针形，乳白色，排列整齐，汁少。果实可食率56.4%，每100mL果汁含糖9.95g、酸0.38g、维生素C 89.27mg，可溶性固形物含量10.5%～11%。果实11月中旬成熟。极耐储藏，可储至翌年5～6月，风味好。本品种自花授粉能力较差，要配置授粉树或人工辅助授粉，才能获得高产。

3. 玉环柚　果实高扁圆形，果肩倾斜，果顶凹陷，单果重

1 000～1 400g。果皮橙黄色，有光泽，皮厚。汁胞晶莹透亮，脆嫩化渣，汁多味香，种子多退化。10月中下旬成熟，可食率57％～58％。适应性强，丰产、质优，主产浙江省玉环市。

4. 梁平柚 别名梁平平顶柚。原产重庆梁平区。树势中等，树冠中大，开张，枝条多披散下垂，枝叶较稀疏。果实高扁圆至扁圆形。单果重1 000～1 500kg，果顶平凹。果皮黄色，皮薄光滑，油胞圆平，具浓郁香气。囊瓣13～21，较易剥离。汁胞淡黄色，细嫩多汁、化渣、味浓甜。可食率为72.2％，每100mL果汁含糖9.8g、酸0.31g、维生素C 111.7g，可溶性固形物含量14.1％。种子较多，60～120粒。10月下旬成熟。该品种丰产、稳产，适应性强，较耐储藏。缺点是果实有苦麻味。

（六）葡萄柚类

1. 马叙无核 原产美国佛罗里达州。树势健壮，树冠高大，枝梢开张，单果重400～600g，圆至长圆形，果皮淡黄色，平滑而有光泽，皮厚5～7mm。果肉淡黄色，囊瓣柔软多汁，风味良好，种子少或无，储运性能好。

2. 红玉 植株性状、果型、品质与马叙无核葡萄柚相同，唯红玉果面、海绵层、囊瓣皮和汁胞呈深红色。

3. 邓肯 是原始的葡萄柚品种，树冠高大、健壮，果大、扁球形或球形，基部有短放射沟，顶部有不明显印圈。果皮厚，淡黄色，表面平滑。果肉淡黄色，柔软多汁，甜酸适度而微苦。种子多，30～50粒，较耐寒。

（七）柠檬类

尤力克柠檬 原产意大利。各柑橘产区都有栽培。树势强健，树冠圆头形，枝条粗壮，较稀疏，刺少而短小。叶片椭圆形，较大，翼叶无或不明显。单果重约158g，长椭圆形，顶部有乳状凸起，乳状基部常有明显印圈，基部钝圆，有明显放射状沟纹。果皮淡黄色，较厚而粗，油胞大。果心小而充实，囊瓣梳形，不整齐，果肉柔软多汁，味极酸，香味浓。每100mL果汁中含糖1.48g、酸6.0～7.5g、维生素C 50～65mg，可溶性固形物含量7.5％～8.5％。果实冷磨出油率为0.4％～0.5％，出汁率38％左右。每果有种子8粒左右。该品种树势强健，早结、丰产、稳产，是提取香精油及制汁的优质原料。果皮还可提取果胶，制作蜜饯及果酱，种子富含脂肪和维生素 E，榨油可食用。

（八）杂柑

1. 天草橘橙 树势中等，幼树稍直立，结果后开张。果实扁球形，单果重 200g，大小均匀。果皮较薄，淡橙色，赤道部果皮厚，剥皮稍难，油胞大而稀，果面光滑。12 月中旬成熟，果肉橙色，肉质柔软多汁，糖含量为 11％～12％，酸含量为 1％左右，单性结实强，无核；混栽则种子多。抗病力强，丰产性好，果大质优，外观美，适应性广，耐贮运。日本引进，我国各柑橘产区广泛推广。

2. 不知火 是由日本农林水产省园艺试验场于 1972 年以清见与中野 3 号椪柑杂交育成。其果实大，平均单果重 200g，最大 400g 以上。果实倒卵形，多有突起颈颈。果皮黄橙色，10 月上旬开始着色，12 月上旬完全着色，果面稍粗，易剥皮，果汁糖含量 13％以上，最高达 17％，味极甜。次年 2～3 月成熟，风味极好。

第二节　建园和栽植

一、建园

（一）园地选择

柑橘园的建立应根据柑橘的习性及其所需的环境条件和社会经济因素选择园地，按市场需求，在交通方便的地区，进行规模开发。

1. 温度条件 温度是柑橘建园最应考虑的主要因素，如果当地有霜雪冰冻，经济栽培便有困难。建园时要注意：①柑橘的耐寒性；②多年最低平均温度、绝对最低温度、周期性大冻，以及秋霜、春霜资料；③小气候条件，如在山坡地种植，利用逆温层和自然屏障；在江河湖港种植，利用大水体对气温的调节作用。

2. 水分和土壤条件 水源是园地选择的基本条件之一，是影响产量和果实品质的重要因素，必须选择有湖泊、山塘、水库等的地方建园。丘陵山地是柑橘上山的主要园地类型，要土壤排水透气良好，水位 1m 以下，土层深厚，有机质丰富，酸碱度适当，水源要丰富，或附近有利于建造山塘水库的地形，海涂和海滩地需要有淡水源。

3. 交通 为了促进果品流通，选择园地要注意当地的交通情况。选择在铁路、公路或航道附近建园。

4. 检疫与隔离 选择园地时，应对当地原有的柑橘病虫害情况进行调查，有检疫性病虫害的柑橘园，应先行彻底清除或不在该地建园；特别是柑橘黄龙病，新建园与病果园至少有2km的隔离区。

（二）园地规划

在进行宜园地规划前，应进行调查的主要内容是地况、气候、土壤、水利条件、植被情况、交通、社会条件等。

1. 小区划分 小区划分的目的是便于管理，提高效率。应根据地形、地势、坡度、坡向、土壤条件，结合果园的道路系统、防护林带、水土保持等工程划分小区。山地地形较复杂，小区面积以 $0.667\sim2hm^2$ 为宜。丘陵地地势宽阔，可适当大些。平地果园地势平坦，小区面积可达 $6.667hm^2$ 或更大；常有台风的地区，小区面积可缩小为 $2.0\sim3.3hm^2$。每区种植1个品种，便于管理。

2. 道路设置 道路的设置应根据果园机械化要求，并结合防护林带、水土保持工程、灌溉系统、小区划分等方面综合考虑。其次，尽可能与国家和地方公路相连接。

果园的道路分为干道、支路、耕作道，3种道路互相连接。干道与国家公路相通，宽$6\sim8m$。支路设在小区间或小区内，宽$3\sim4m$。耕作道与防护林带相结合，宽2m。

3. 排灌系统设置 丘陵地排灌系统应以蓄为主，蓄排水兼顾。采用明沟排灌。

（1）防洪沟。在果园上部开环山防洪蓄水沟，防止山洪冲坏果园。在果园下部开一条防洪沟，以保护山下农田，防洪沟一般深及底宽各$1\sim1.5m$，坡度为$0.1\%\sim0.2\%$，沟内每隔10m留一土墩，墩高应比沟面低$20\sim30cm$，以减低水流速度。在防洪沟的上部保留或种植水源林。

（2）排（蓄）水沟。将纵向和横向排（蓄）水沟结合。直向沟自上而下设置，尽量利用天然直向沟，这种沟植被厚，土壤冲刷少。为了减轻冲刷，可采取"工"字形排（蓄）水沟，也就是直向沟与横向沟间隔而成"工"字形，使水流分散分段流下，以减弱径流冲刷。直向沟深和宽均为$0.5\sim0.7m$，每隔4m或折弯处沟内留一沉沙函以缓和径流。在每级梯田内侧设背沟，沟内每隔$3\sim4m$留一土埂，埂面低于沟面约10cm，使大水能排、小水能蓄。所有排（蓄）水沟的水，应引向天然排水沟或山塘、水库。结合排灌系统可设置水池，每公顷园地设置

$30m^3$ 蓄水池一个，以利于解决喷药、施肥和抗旱用水。水田柑橘园设置三级排灌系统由畦沟、围沟、排（灌）沟组成，入水口与灌水沟相接，出水口与排水沟相接，构成自流灌溉网。有条件的柑橘园，可配置喷灌或滴灌设施。

4. 防护林规划 防护林具有防风、防寒、抵御不良气候的作用，防护林能涵养水源，增加果园土壤及空气的湿度，在夏季能降温、防晒，有效改善柑橘园的生态环境。

防护林带与主风向垂直，林带减低风速效果最好的距离为树高的 $12\sim15$ 倍。主林带间距离视风速而定，为 $200\sim600m$，主林带宽 $10\sim20m$，副林带与主林带垂直，副林带间距 $300\sim800m$，带宽 $8\sim14m$。林带与果园应有 $3\sim4m$ 距离。

防护林的树种选用适合当地生长的速生、高大，具有经济价值的树种。我国西南地区可用大叶桉、杉木、丛竹等，长江流域地区可用杉木、水杉、木麻黄、樟树、桂竹等，华南一带可用木麻黄、小叶桉、台湾相思等。

5. 辅助建筑物规划 包括粪池、畜舍、工具房、机械房、农药肥料仓库、果实储藏库、包装场、宿舍、办公室等均应全面规划，节约用地，合理布局。粪池应分散在各小区，以便就近积制肥料和施肥，每 $0.33hm^2$ 柑橘园设有一个 $30m^3$ 的粪池。

二、栽植

（一）栽植时期

新梢老熟后至下次发梢前定植苗木成活率高。霜冻地区在春梢发生前（3月上旬至4月上旬）定植较好。浙江也有在10月下旬至11月上旬定植的。四川、云南、贵州冬季温暖多雨，均秋植。容器育苗四季定植都可以。

（二）栽植密度

栽植密度因树种、品种、砧木、土壤及气候等条件而异。树冠高大的柚最宽，橙次之，柠檬、柑及橘等又次之。香橼、佛手、金柑等最窄。乔化砧宽，矮化砧窄。缓坡地土层深厚、肥沃宜宽，陡坡、瘠瘦地宜窄；冲积地及地下水位低的平地根系深广，寿命长，株行距宜宽，地下水位高宜密。现将南方主要柑橘栽植密度列于表11-2。

表 11 - 2　南方主要柑橘栽植密度

品　种	株行距(m)	每公顷株数	品　种	株行距(m)	每公顷株数
甜橙	(3.3～5)×(4～5)	405～750	本地早	(3～4)×4	630～840
温州蜜柑	(3～4)×(3.5～5)	495～945	南丰蜜橘		600～900
椪柑	(3～4)×(3.5～4)	630～945	柠檬	(3～4)×(4～5)	495～840
蕉柑	(3～4)×(3.5～4)	630～945	柚	(5～6.3)×(5～7.3)	210～405
纽荷尔脐橙	3×4	850	清见橘橙	3×3.5	950
奥灵达夏橙	3×4	850	砂糖橘	3×(3.5～4)	850～950
红橘	(3～4.5)×(4～5)	450～840	金柑	2×(2～3)	1 665～2 505

密植园的间伐。树冠扩大至相互接触而荫蔽时，枝叶会逐渐干枯，产量下降，除回缩修剪外，应及时间伐植株。间伐方式可隔株间伐或隔行间伐。据广东杨村柑橘场间伐前后 3 年产量比较，隔株间伐增长56.9%，隔行间伐增长 40.7%。

（三）栽植方法

有带土定植和不带土定植（裸根苗）。前者伤根少，成活率高，恢复生长快，就近定植时较多采用，远运的苗木多数不带土。在高温季节和雨水少及水源较缺的地区，宜带土定植。种植前先将植穴内土壤与基肥混匀，避免伤根。种植穴培宽 1m、高 20cm 的土墩，以防下陷。种植深度与在苗圃时相同。填土时要使细土与细根密接，盖土后将根际四周泥土轻轻踏实，并淋水，再盖上草，结合整形剪除部分叶片，减少蒸腾。

（四）栽后管理

种植后设立支柱扶苗，防风吹摇动，注意保湿，及时淋水。以后定期适量施肥，促进生长。并经常防治病虫，及时摘除树干不定芽及徒长枝梢，培养良好树冠。

第三节　土肥水管理

一、土壤管理

（一）扩穴

幼树在定植后几年内，应继续在定植沟或定植穴外进行深度相等的扩穴改土；成龄柑橘园土壤紧实板结，地力衰退，根系衰老，也应改土和更新根系。在根系生长高峰期进行深翻改土，断根后伤口易愈合，发根多。广东全年均可进行，以 4～12 月较好。抽梢期及有冻害地区冬季低温期不宜扩穴，以免影响新梢生长和加剧冻害。

幼树可在植穴外围挖半圆形沟或在植沟外挖长形沟，分年深翻改土。成年果园为避免伤根过多，可在树冠外围挖条状或放射状沟深翻改土，深、宽为 0.6～1m，分层埋施绿肥等有机、无机肥料，可以隔年、隔行或每株每年轮换位置深翻。广东红湖农场，深耕时每株施土杂肥 50～100kg、堆肥 50～100kg、豆饼 0.5～1kg、过磷酸钙 0.5kg（或骨粉 1kg）、石灰 0.5kg，与表土拌匀填入坑中层，心土堆置坑面并高出地面 10～15cm，以防渍水。

（二）培土

培土可以加厚土层，增加养分，防止根系裸露，防旱保湿，防寒保温，促进水平须根生长。一般用塘泥、草皮泥等在旱季前或冬天采果后进行培土。如园地属黏性土，可培沙质土，反之培黏性土。培土不宜太厚，3～10cm 即可，以防根颈部和下层根系腐烂。

（三）间作

山地柑橘园土壤有机质缺乏，冲刷严重，应该种植绿肥或其他经济作物，改善土壤理化性，提高土壤肥力。绿肥覆盖地面可防止土壤冲刷，降低土温，增加空气湿度和抑制杂草。一年生绿肥每年可轮作 2～3 次，多年生绿肥每年可割数次。高温地区可间种印度豇豆、假花生、柱花草等。低温地区可种印度豇豆、豌豆、田菁、绿豆、紫云英等。在广东，与香蕉、番木瓜、辣椒间种，可增加果园早期收益。

（四）生草法

我国柑橘园也普遍采用生草法，以自然生草栽培为主，铲除深根高秆的恶性杂草，保留浅耕矮秆的天然杂草即可。以藿香蓟进行生草栽培可增加捕食螨，控制红蜘蛛。

二、施肥管理

柑橘是多年生木本植物，抽新梢次数多，生长量大，结果多，挂果时间长，需肥量大。在亚热带气候条件下，柑橘几乎无休眠期，周年均可吸收矿质营养。根系从土壤中长期地、有选择性地吸收某些营养元素，容易造成这些元素缺乏或出现失调。柑橘所需的矿质营养主要是根系从土壤中吸收，而且各种营养元素之间相互影响吸收过程，这种相互作用可分为增效作用和拮抗作用。因此，应增施有机肥和矿质营养，改善土壤肥力，才能保证柑橘正常生长和发育。

（一）施肥时期

不同季节及物候期的柑橘对营养元素的吸收量不同，从晚春到秋季高温期吸收量大，至秋末冬初仍吸收相当分量，冬季为全年吸收量最少时期。随着新梢伸长吸收增加，开花期增加最快，结成小果后才达到全年吸氮高峰。大部分小果掉落后，氮的吸收量有所下降，但对磷、钾、镁的吸收继续增加，达到高峰。到下一次新梢生长旺盛时，又形成吸氮高峰。中、晚秋氮的吸收量逐渐降低，而磷、钾吸收量继续升高，至晚秋为全年高峰期。总之，氮、钾在新梢期、花期、果期均大量吸收。氮以新梢吸收较多，钾以果实迅速增大期吸收较多，磷在花芽分化至开花及小果期，而镁在小果期吸收较多。整个植株（包括果实）吸收量以氮最多，钾次之，磷、镁较少。

1. 幼树施肥 为加速幼树生长，提早结果，应结合幼树多次发梢特点而多次施肥。树小根嫩，宜勤施薄施。各地气候不同，每年施肥时间、次数也有差异。广东地区每年培养 3～4 次梢，需肥量大，施肥次数要增多，应每次发梢前都施。春梢是枝梢生长的基础，施肥量要增加。计划次年结果的树，应增加秋梢萌发前的氮肥用量，在秋梢充实期则增加磷、钾肥，减少施氮量。

2. 结果树施肥

（1）春芽萌发前和花蕾期。此时施速效肥可促进春梢生长，维持老叶机能，延迟落叶，提高叶的含氮量，使花器官发育完全，增加子房细胞分裂数量，提高结果率。对着生花蕾多的，尤其是老树，在开花前3 周加施一次肥，能显著促进结果。

（2）幼果发育期。开花消耗了大量营养物质，花后叶片会褪色，此时正值幼胚发育和砂囊细胞旺盛分裂，如营养不足，极易落果。应及时施速效氮肥，提高坐果率。为避免施氮过量，促发夏梢引起大量落果，可薄肥勤施及根据叶色施肥。对少果壮树少施或不施。

（3）果实迅速膨大期。生理落果过后，果实迅速成长，对糖、水分、钾及其他矿物质营养要求增加。落果停止后老树要施肥壮果，壮年树既要促进果实增大，又要促进大量萌发结果母枝——秋梢。平地和水田宜在预定发梢前 20d 施下，山地在发梢前 40d 施下，以氮为主，结合磷、钾肥施用。

（4）果实成熟期。果实成熟期，糖迅速增加并继续吸收氮、磷、钾等，这些物质也是花芽形成所必需；因此在采果前后施肥补充营养，恢复树势，使花芽分化良好。这次施肥要视树势、结果情况、叶色等情况，叶色浓绿或结果量多者多施磷、钾肥，树弱者增施氮肥，而且，在果实着色 50%～60% 时施下。

（二）施肥量

施肥量参照树龄、树势、土质、肥料种类、气候情况适当变更，若加上叶片和土壤分析调整施肥量会更合理。按理论计算施肥量应先测出柑橘各器官每年从土壤中吸收各营养元素量，扣除土壤中能供应量，再考虑肥料的利用率，按下式求施肥量：

$$施肥量 = \frac{吸收肥料元素量 - 土壤供应量}{肥料利用率}$$

广东普宁幼树单株用肥量：一年生全年施用大豆饼肥 0.5kg，二年生施 1kg，三年生施 1.5kg，折合一年生全年施纯氮约 35g，以后逐年增施 35g。

四季施肥的比例应随树龄和发梢难易而适当变更。结果树，春、秋以氮为主，夏、冬以磷、钾为主；进入成熟期，氮以少为佳，采果前后才恢复氮的适当施用量。丰产树、老树春夏季氮肥要加重，占全年 60% 以上，青壮树春夏氮肥要相应减少，甚至不施。中国柑橘研究所（1972）曾对 7 个丰产园（52.5～67.5 t/hm²）的施肥量进行分析，表明全年折合每 667m² 施纯氮 40～72.5kg、纯磷 15～45kg、纯钾 15～35kg 为宜。

（三）施肥方法

一般化肥为速效性肥料，易流失，集中施用易伤根，宜分期、分散薄施。氮、钾易向土壤下层移动，但难横向扩展，宜全面施用。磷肥不易移动宜深施，并与有机肥混合或制成颗粒状施用。地下水位低根系深，要早施深施，深度以 10～25cm 为宜，秋冬深，春夏浅。地下水高的浅根果园，肥料分解快，易流失，要多次分施，畦面撒施或开 7～10cm 浅穴施。

三、水分管理

(一) 灌水

柑橘常绿，生长量大，挂果期长，水分要求较高。柑橘物候期不同对水分需要也不同，冬季最少，随着春季萌芽生长需水量逐渐增加。发芽至幼果期（4～6月）土壤水分最好达到田间最大持水量的60%～80%，或者30～40cm土层的pF值在2.0～3.0的范围内。果实迅速膨大期（7～8月）是树体光合作用旺盛时期，在重庆又正处高温伏旱，土壤水分在pF值接近3.0～3.3时就必须灌水。果实膨大后期至成熟期（8月下旬至采收期）为提高果汁糖分，土壤可以干燥一些，8月下旬pF值为2.7，至采收期pF值为3.8，但土壤过分干燥，pF值3.8以上，就会影响产量。生长停止期（采收后至3月），气温降低，蒸腾量少，降雨也少，土壤水分最好保持在pF值为3.0以下。

(二) 排涝

水田柑橘园需修建好排灌系统，并结合柑橘各生育期对水分要求及季节气候特点灵活掌握。夏季要保持雨天不积水，洪水不入园，遇旱浅灌快排，并加深水沟，降低水位，培土护根。秋季台风暴雨后排涝，保持水位在生根层下5～10cm处直至第二年春，以利越冬。广东在采果后至春梢萌发前进行控水，保持土壤稍干爽，表土微龟裂，以促进花芽分化。

海涂地柑橘园地势较低，地下水位高，易遭涝害。建园时要筑堤，设涵管、水闸、抽水机械，实行深沟高畦种植，完善排灌系统，增厚土层，相对降低地下水位。雨季深沟排水洗盐，表层土保持疏松，水分渗入土中溶解盐分从沟中排出。干旱引淡水灌溉。要特别注意防止灌水过多和沟中长期积水，引起地下水位上升造成返盐，实行快灌、快排。

(三) 滴灌节水技术

现代化果园应建立管道灌溉系统，并将灌溉与施肥结合，实现"水肥一体化"。通过滴灌系统灌溉施肥。当采用滴灌时，每行树拉一条滴灌管，滴头间距60～80cm，流量每小时2～3L。采用微喷灌时，每株树树冠下安装一个微喷头，流量每小时100～500L，喷洒半径3～5m。以上两种灌溉方式都需要一个首部加压系统，包括水泵、过滤器、压力表、空气阀、施肥装置等。滴灌可以大幅度提高灌溉效率与水分利用率。还可以节省 50％以上的肥料。

滴灌和微喷灌施肥，要求肥料水溶性好。常用的肥料有尿素、硝酸钾、硫酸铵、硝酸钙、氯化钾和硫酸镁等。常用磷肥如过磷酸钙不宜在管道中使用，通常在种植前与有机肥混合用作基肥或改良土壤时使用。如果将有机肥进行管道施肥，必须沤腐熟后将澄清液过滤再放入管道系统，最好用纯鸡粪、羊粪、人粪尿等。微量元素（如硼、锌、铜、钼）可通过灌溉系统使用。

第四节　花果管理

柑橘花量大而着果率较低，多数橘区的着果率为 2％～3％，高的达到 7％～10％，大部分花均不能结成果实。因此，做好保花保果工作，显得特别重要。

一、保花保果

1. 环剥保果　环割在直接影响树体糖分配的同时，对树体的激素平衡也产生间接影响。环割对温州蜜柑营养生长的抑制效应表现在多方面，包括降低新梢的长度、减少新梢的节数，抑制夏梢的生长。在结果的柑橘树上试验表明：在盛花期（5月）进行环剥能提高坐果率，促进幼果果肉细胞膨大，使果实大小一致，连续环剥 3 年，年年增产。

2. 赤霉素（GA_3）　赤霉素是目前公认效果较好、应用最广的保果调节剂，对无核品种特别有效，一般在谢花期至第一次生理落果期使用。在温州蜜柑、椪柑等橘树花谢量为整体花量的 2/3 和谢花后 10d 左右时，树冠分别喷洒一次浓度为 30～50mg/kg 的赤霉素，坐果率显著提高；对于花量较少的柑橘树，谢花后幼果期喷布浓度为 100～200mg/L 的赤霉素一次，保果效果十分显著。

3. 细胞分裂素（BA）　常用的有 6-苄氨基嘌呤（6-BA），谢完花后用 50～100mg/L 喷布一次，或用 6-BA 200～400mg/L＋GA_3 100mg/L 涂果，对防止生理落果有明显效果。

4. 控梢保果　初结果树（4～6 年）花量少、长势旺，夏梢多，落果严重，及时抹除夏梢，防止幼果落果。人工摘梢的方法是当夏梢长至 5～7cm，新梢新叶还未展开时摘除，7～10d 摘一次，至 7 月中下旬

（谢花后约 120d），进入稳果期停止摘梢。

二、疏花疏果

花果过多，消耗树体营养极大，抑制新梢生长，形成大小年，使树势衰弱，结果过多而死亡。疏果应以叶果比为标准进行。一般温州蜜柑 20～25 片叶、华盛顿脐橙 60 片叶留一个果。因树龄、树势不同，疏果标准也不同。壮树疏果宜稍少，弱树稍多；大年宜多疏果，小年少疏。疏果应在生理落果停止后，对一些结果过多的树疏去较弱小密集幼果、病虫果。局部疏果大致按适宜的叶果比标准，将局部枝全部摘果或仅留少量果实，部分枝全部不摘，使一树上各大枝轮流结果。

三、果实套袋

套袋可以使果实不受或少受不良自然环境条件的刺激，防止日晒、风吹、雨打、药害、病虫危害及枝叶磨伤果面等，使果实表皮细嫩、光洁、无污染，色泽鲜艳，能充分提高果品的外观质量和商品率，是生产绿色果品的重要途径之一。

套袋宜从柑橘的第二次生理落果结束后开始。时间过早，因坐果未稳，增大成本，同时也易损伤幼嫩果皮；时间过迟，有的果面已形成伤害，起不到保护作用。套袋应选择晴天，待果实、叶片上完全没有水迹时进行。

套袋前根据不同的树势、树体情况确定合理的载果量，不能盲目地多留或少留果实。提前疏去小果、畸形果、病虫果、过密果等，力争做到套袋果实分布均匀。套袋前应全园先喷一次杀虫、杀菌剂混合液，严格防治柑橘溃疡病、炭疽病、黑星病、红蜘蛛、锈蜘蛛、介壳虫等病虫害，要尽量避免喷药对果实产生药害。套袋应在喷药后 3d 内完成，如喷药后未及时套袋遇到下雨要补喷。最好上午喷药，下午套袋。根据品种和套袋作用的不同使用不同型号的专用果袋，如脐橙果实套袋以单层白色半透光专用纸袋效果最好；胡柚采用内层黑色双层袋能使其提前转色，提早上市获取较好的经济效益。

套袋时把果袋撑开，观察通气孔是否完全打开，然后把果实套入袋内，袋口置于果梗着生部上端，将袋口折叠收紧，用封口铁丝缠牢，以避免昆虫、病菌、农药及雨水进入果袋。注意不能把树叶套进袋内，严格遵循一果一袋。按先上后下、先里后外顺序套袋，方便操作。

第五节　整形修剪

一、幼年树修剪

利用柑橘复芽和顶芽的优势进行"抹芽控梢"，促使幼树多发新梢，以便抽发大量的结果母枝。具体方法：有 3～4 条主枝，9～12 条二级分枝的苗木，定植后在第一次新梢萌发时进行拉枝，使主枝均匀分布，主枝与主干延长线成 40°角左右开张，容纳更多的新梢。苗木粗壮，土肥水管理良好时，可在种后第一年放梢 4～5 次。统一放梢，在广东蕉柑、甜橙有 40%～50% 的春梢萌发多条夏梢时可放梢，秋季有 70%～80% 枝梢萌发新芽才可放梢。放梢前 10d 施速效肥，放梢后根据植株新梢的强弱分别施肥，过多施肥会促发晚秋梢或冬梢。当新梢长至 5～6cm 时疏去过多枝梢，每枝基梢保留 2～4 条新梢。

二、结果树修剪

结果树修剪因品种、树龄、结果情况而异。冬剪在采果后至春芽萌发前进行。主要是疏剪枯枝、病虫害枝、衰弱枝、交叉枝等。剪口粗，发梢较强，成为结果母枝的较少，对局部衰退枝更新，剪口粗度以 0.5～1cm 为宜，对严重衰退的大枝更新，剪口粗度为 1～1.5cm。剪除量以不超过树冠中上部外围枝叶量的 1/4 为宜。

夏剪主要有摘心、抹芽、短截、回缩等，促进秋梢结果母枝抽生，所以，夏剪在结果母枝发生前进行。在生理落果期，当夏梢长至 2～3cm 时抹除夏梢，降低落果，提高产量和品质，减少病虫害，增加结果母枝，使树冠枝梢紧凑而矮壮、整齐，果园郁闭推迟，盛果期延长。广东夏剪在秋梢抽发前 15～20d 进行，老、弱树或灌溉条件差的丘陵地，应提早夏剪。生长旺盛的品种修剪宜迟，甜橙、蕉柑可比椪柑先剪，因剪后新梢再抽梢的情况较少，而椪柑较多。

三、衰老树修剪

衰老树发枝难，结果少或部分枝梢干枯，应及时更新复壮，延长经济寿命。衰老树或过于密植、造成分枝较高的树，可采取主枝更新。离骨干枝基部 70～100cm 处锯断，同时进行深耕、施基肥、更新根群。极少结果或不结果的衰老树，在树冠外围将枝条在粗度为 2～3cm 处短截，或将一至二年生侧枝全部剪除。对部分枝条尚能结果的衰老树轮流进行短截重剪，并疏剪部分过密、过弱侧枝，保留较强健的枝叶，可保持一定的产量。

第六节　病虫害防治

一、主要病害及其防治

（一）柑橘溃疡病

1. 病原　柑橘溃疡病病原细菌（*Xanthomonas axohopodis* pv. *citri*）属假单胞细菌目假单胞菌科，是植物检疫对象，在我国大部分柑橘产区都有发生。

2. 症状　受害的叶片初期出现黄色或暗黄色针头大小的油渍状斑点，后扩大成近圆形米黄色病斑；随后病部表皮破裂、隆起，形成表面粗糙的褐色病斑，病部中心凹陷呈火山口状开裂，木栓化，周围有黄色晕环，少数品种的病斑沿黄晕外有一深褐色带有釉光的边缘圈，病斑的大小依品种而异，一般直径 3～5mm。枝梢上的病斑与叶片上的相似，但病斑较大或多个聚合成大斑。果实病斑中部凹陷龟裂和木栓化程度比叶片上的病斑明显。溃疡病严重时引起大量落叶，枝条枯死，果实脱落，品质差。

3. 防治方法

（1）植物检疫。严禁病区的苗木、接穗进入无病区。

（2）农业防治。严格执行无病苗育苗规程，杜绝苗木传病；做好病情调查及早喷药预防，及时处理病叶、病果、病株；加强肥水管理，促使新梢整齐抽发，做好潜叶蛾等害虫防治；营造防风林，减低风害；冬季清园剪病枝，清落叶、落果，集中烧毁。

（3）化学防治。在柑橘谢花后 15d 喷一次药，夏、秋梢则在抽梢后 7～10d 喷药，每 15d 一次，连续 3 次。药剂有 15% 络氨铜水剂 600～800 倍液，或 77% 氢氧化铜可湿性粉剂 500 倍液，或 0.5%～0.8% 等量式波尔多液。

（二）柑橘疮痂病

1. 病原 疮痂病病原为柑橘痂圆孢菌（*Sphaceloma fawcettii*），属半知菌亚门腔孢纲黑盘孢目黑盘孢科痂圆孢属，在我国柑橘产区普遍发生。

2. 症状 危害新梢、叶片、幼果等，受害叶片初期为黄褐色小点，后逐渐扩大，变为蜡黄色，多发生在叶背面，病斑木栓化隆起，多为叶背突出而叶面凹陷，叶片扭曲畸形，早脱落。新梢受害的症状与叶片相似，但突起不明显，病斑分散或连成一片，后期成斑疤。幼果受害初期为褐色小点，随后扩大成黄褐色斑，木栓化瘤状突起，严重时病斑连成一片，幼果畸形，易早落。有的随果实长大，病斑变得不显著，但果小、皮厚、汁少、味差。

3. 防治方法

（1）植物检疫。新种植区，苗木、接穗实行检疫，禁止病原带入新区。

（2）农业防治。以有机肥为主，实行配方施肥；春、夏季排除积水，改善果园环境；冬季清园，剪除病枝、收集病叶集中烧毁，减少菌源。

（3）化学防治。当春梢新芽露出 0.2～0.3cm，谢花约 70% 时，连续喷药 2～3 次，以保护新梢及幼果；8 月下旬至 9 月上旬抽发新芽露出 0.2～0.3cm 时喷药保护。农药可用 0.5% 等量式波尔多液，或 53.8% 氢氧化铜干悬浮剂 900～1 100 倍液，或 57.6% 氢氧化铜水分散粒剂 900～1 000 倍液，或 12% 松脂酸铜乳油 800～1 000 倍液，或 80% 代森锰锌可湿性粉剂 500～600 倍液等。

（三）柑橘炭疽病

1. 病原 柑橘炭疽病病原是盘长孢状刺盘孢菌（*Colletotrichum gloeosporioides*），属半知菌亚门黑盘孢目刺盘孢属。有性阶段为围小丛壳菌（*Glomerella cingulata*），属子囊菌亚门核菌纲球壳目疔座霉科小丛壳属。该病在我国柑橘产区普遍发生，危害柑、橘、橙、柚、柠檬、香橼、佛手、金柑等。

2. 症状 炭疽病菌危害叶片、枝梢和果实，亦危害花、果柄，以及大枝和主干。危害叶片症状有两种类型：①急性型。主要发生在幼嫩的叶片上，多从叶尖、叶缘或沿主脉开始，初为暗绿色，像被开水烫伤，后变为淡黄或黄褐色，叶片腐烂、脱落。②慢性型。多出现在成长中的叶片或老叶片叶尖及近叶缘处，病斑初为黄褐色后变灰白色，边缘褐色，病、健部分界明显，后期病斑上出现黑色小粒点。

枝梢症状亦有两种类型：①急性型。在刚抽出的嫩梢顶端突然发病，如开水烫伤，3～5d 枝梢和嫩叶凋萎变黑，并出现橘红色带黏质小液点的分生孢子团。②慢性型。多发生在枝梢叶柄基部腋芽处或受伤处，初为淡褐色、椭圆形，后扩大为长梭形，稍凹陷，当病斑环绕枝梢一周时，其上部枝梢很快干枯，病部呈灰白色或灰褐色，上有生长小黑点的分生孢子盘，若病斑较小而树势较壮时，病斑随枝梢生长在周围产生愈伤组织，使病皮干枯脱落，形成大小不一的梭形斑疤，病皮干枯爆裂脱落。

花朵发病，雌蕊柱头发生腐烂，呈褐色，引起落花。果柄被侵染的情况多在甜橙和椪柑上发生，初期呈淡黄色，后变褐色干枯，果肩黄色，随之落果，或病果挂在树上。果实受害可产生干疤型、泪痕型、果头腐烂型和幼果僵果等不同症状。僵果多在幼果 1～1.5cm 时发生，初期出现暗绿色油渍状、稍凹陷的不规则病斑，后扩大至全果，病果腐烂变黑，干缩成僵果，挂在树上。果腐型主要发生于贮藏期和湿度大的果园的近成熟果实，从果蒂或近蒂部发生，深入果实内部，逐渐扩展至全果，腐烂组织呈本色水渍状软腐，表面长出炭疽病菌子实体。

3. 防治方法

（1）农业防治。增施有机肥，改良土壤，创造根系生长的良好环境。改善园区生态环境；避免不适当的环割伤害树体；剪除病枝叶和过密枝条，使果园通透性良好，以减少菌源。

（2）化学防治。在春季花期、幼果期和嫩梢期喷药 1～2 次防病。药剂有 40%灭病威（多菌灵·硫）悬浮剂 500 倍液，或 70%甲基硫菌灵可湿性粉剂 800～1 000 倍液，或 80%代森锰锌可湿性粉剂，或 10%苯醚甲环唑水分散粒剂 1 000 倍液，或 12%松脂酸铜悬浮剂 800～1 000 倍液。

（四）柑橘脚腐病

1. 病原　由多种真菌引起，单一病原或多种病原均可引起发病。国内已知有 12 种病原，主要是烟草疫霉（*Phytophthora nicotianae*）、柑橘褐腐疫霉（*Phytophthora citrophthora*）。

2. 症状 此病发生在主干基部，初时病部呈不规则油渍状，树皮呈黄褐色至黑褐色腐烂，病部常有褐色黏液渗出，随后扩展到形成层和木质部，引起烂根。植株受害时，与病部同方位上的树冠叶片失去光泽，严重时叶片变黄、易脱落。当病斑扩展至根茎树皮全部腐烂时植株枯死。

3. 防治方法

（1）农业防治。①选用耐病砧木。以枳、枳橙、红橘、酸橘、酸橙为砧木，适当提高嫁接口位置，较少发病；地下水位较高或密植的柑橘园，不宜选用红橘做砧木。②加强栽培管理。防治蛀干害虫，可减少病害的发生。冬季用石灰水涂白，起消毒和防寒作用，涝害或大雨后在地面及下部树冠喷布杀菌剂。

（2）物理化学防治。及时把病树腐烂部分及病部周围一些健康组织刮除，涂敷 25% 瑞毒霉可湿性粉剂 100～200 倍液或 90% 三乙膦酸铝可湿性粉剂 200 倍液，也可用 1∶1∶10 波尔多浆涂敷。

（五）柑橘煤烟病

1. 病原 柑橘煤烟病又称煤污病，在全国产区普遍发生。病原菌有 30 多种，除小煤炱属产生吸胞为纯寄生外，其他各属均为表面附生菌。常见的病原有柑橘煤炱（*Capnodium citri*）、巴特勒小煤炱（*Meliola butteri*）、刺盾炱（*Chaetothyrium spinigerum*）。

2. 症状 在叶片、枝梢或果实表面最初出现灰黑色的小煤斑，以后扩大形成黑色或暗褐色霉层，但不侵入寄主。刺盾炱属的霉层似黑灰，多在叶面发生，煤层较厚，绒状，用手擦时可成片脱落；煤炱属的煤层为黑色薄纸状，易撕下或在干燥气候条件下自然脱落；小煤炱属的霉层呈放射状小煤斑，散生于叶片两面和果实表面，其菌丝产生吸胞，附在寄主表面，不易剥落。严重时，大部分枝叶变成黑色，影响光合作用，树势下降，开花少，果品差。

3. 防治方法

（1）农业防治。合理密植，适当修剪，改善果园通风透光条件；及时防治粉虱、蚜虫、介壳虫等害虫。保护寄生柑橘粉虱、黑刺粉虱的天敌，可减轻煤烟病发病程度。

（2）化学防治。发生煤烟病可在冬春清园期喷布 95% 机油乳剂 150～250 倍液或松脂合剂 8～10 倍液，还可在春季叶面有水滴时，对着叶片撒布石灰粉除煤污。

（六）黄龙病

1. 病原　柑橘黄龙病，危害柑橘属、金柑属和枳属的品种，是毁灭性传染病。病原为薄壁菌门变型菌纲 α 亚纲韧皮部杆菌属表皮细菌。有亚洲种（*Candidatus* Liberibacter asiaticus）、非洲种（*Candidatus* Liberibacter africanus）和美洲种（*Candidatus* Liberibacter americanus）三个种。亚洲、非洲和美洲均有此病发生，我国华南地区普遍存在。江西、湖南、四川南部以及浙江金华、温州等地也有发生。

2. 症状　该病初期在树冠出现 1 条或数条叶片黄化的枝梢，随后其他枝条的叶片相继黄化。黄化有两种类型：一是整张叶片均匀黄化，二是叶片呈不规则的黄绿相间的斑驳状黄化；在病枝上再抽出的新梢，叶片似缺锌或缺锰状花叶。病树枝梢衰弱、叶小，早开花、花量大，坐果少，果小，着色差。部分病果的果肩为橙红色，其他部位青绿色，称为"红鼻子果"。病果汁酸，果心柱不正。随病情加重，根部腐烂，全株死亡。幼树病梢多为均匀黄化，树势转弱，再抽的新梢短小，叶片小、叶质硬，黄绿色，或表现相似缺锌的症状，在 1~2 年可毁灭全园。结果树发病时，多数发生一条或多条小枝的叶片黄化，随后向下部和周围的枝叶扩散。到秋冬季节，黄叶逐渐脱落；次年，春芽早发，花多而不实，新梢似缺锌症状。随病情加重，根系腐烂，2~3 年死树。

3. 防治方法

（1）植物检疫。柑橘黄龙病为重点检疫对象，禁止带病的接穗、苗木进入无病区。

（2）农业防治。建立无病苗圃，按柑橘无病毒繁育体系规程，培育无病苗木；加强栽培管理，保持树势健壮，提高耐病能力；进行病虫预测预报，统一喷药，防治传病媒介柑橘木虱；及时挖除病树，随时检查，发现病树，及时挖除销毁。

二、主要害虫及其防治

（一）柑橘红蜘蛛

柑橘红蜘蛛学名柑橘全爪螨（*Panonychus citri*），我国柑橘产区均有分布。

1. 危害特点　以成螨、若螨和幼螨刺吸柑橘叶片、绿色枝梢和果实汁液。被害处呈现出许多灰白色小斑点，严重时，叶片和果面灰白色，叶片提早脱落，甚至导致落果，树势衰弱，直接影响产量和品质。

2. 形态特征 雌成螨长约 0.39mm，宽约 0.26mm，近椭圆形，紫红色，背面有 13 对瘤状小突起，每一突起上着生 1 根白色刚毛，足 4 对。雄成螨鲜红色，体略小，长约 0.34mm，宽约 0.16mm，腹部后端较尖，近楔形，足较长。卵扁球形，直径约 0.13mm，鲜红色，顶部有一垂直的长柄，柄端有 10～12 根向四周辐射的细丝，可附着枝叶表面。幼螨体长 0.2mm，色较淡，足 3 对，若螨与成螨相似，体较小，一龄若螨体长 0.2～0.25mm，二龄若螨体长 0.25～0.3mm，均有足 4 对。

3. 防治方法

（1）农业防治。冬季清园，集中烧毁剪出的枝叶，减少虫源。果实实行生草栽培，保护园内藿香蓟类杂草等。或间种作物，调节园区温度、湿度，有利于捕食螨等天敌的栖息繁衍。

（2）生物防治。保护和利用自然天敌，如捕食螨、食螨瓢虫等食量大的天敌；人工放养捕食螨。每株柑橘挂 1 袋（1 000 头）胡瓜钝绥螨，半个月红蜘蛛虫口减少 97.6%，1 个月虫口减退率达 100%，广东在 4 月至 5 月上旬或 8 月中下旬至 9 月上旬释放。一般每株树挂 1～2 袋。放养捕食螨后，禁止喷洒杀伤捕食螨的农药。

（3）化学防治。加强虫情检查，局部性发生时实行挑治，当虫口 2 头/叶时，全面喷药防治；采果后至春芽前或春芽和幼果期后用专一性农药，如 20% 哒螨灵可湿性粉剂 1 500～2 000 倍液，或 25% 单甲脒水剂 1 000～1 500 倍液，或 1.8% 阿维菌素乳油 2 000～2 500 倍液等。

（二）柑橘锈瘿螨

1. 危害特点 柑橘锈瘿螨（*Phyllocoptruta oleivora*）又名柑橘锈壁虱、锈螨、锈蜘蛛，以成、若螨群集在叶片、果实、枝条上，以口器刺入表皮细胞吸食汁液危害柑橘。叶片、果实受害后细胞破坏，内含芳香油溢出被氧化而呈黄褐色或古铜色，故称黑皮果。严重被害时，引起叶片硬化、畸形和幼果大量脱落，品质低劣，树势下降。

2. 形态特征 成螨体长 0.1～0.16mm，楔形，初呈淡黄色，后渐变为橙黄色或橘黄色；头小向前方伸出，具颚须 2 对；头胸部背面平滑，足 2 对，腹部有许多环纹，腹末端有纤毛 1 对。卵圆球形，表面光滑，灰白色透明。若螨的形体似成螨，较小，腹部光滑，环纹不明显，腹末端尖细，具足 2 对。一龄若螨体灰白色，半透明；二龄若螨体淡黄色。

3. 防治方法

（1）农业防治。果园生草，旱季适时灌溉，以减轻锈瘿螨的发生与危害。

（2）生物防治。减少或避免使用铜制剂防治柑橘病害，尽量使用选择性农药，如多毛菌粉（每克 700 万菌落）300 倍液喷布，并保护天敌，控制锈瘿螨。

（3）化学防治。定期用 10 倍放大镜检查叶背，每个视野平均有锈瘿螨 2 头时，应立即喷药防治。药剂可选用 70％丙森锌可湿性粉剂，或 65％代森锌可湿性粉剂 600～800 倍液，或 1.8％阿维菌素乳油 3 000～4 000 倍液，或 5％唑螨酯悬浮剂 1 500～2 000 倍液，或 45％石硫合剂 200～300 倍液。喷药要细致，树冠内膛和果实阴面均匀着药。

（三）介壳虫

柑橘介壳虫属同翅目蚧总科，其种类多。虫体常被粉状、蜡质分泌物或介壳，防治困难。发生较普遍的有硕蚧科的吹绵蚧，盾蚧科的矢尖蚧、褐圆蚧、红圆蚧、黄圆蚧、长牡蛎蚧、长白蚧、糠片蚧、黑点蚧，蜡蚧科的红蜡蚧、褐软蜡蚧、日本龟蜡蚧、角蜡蚧，粉蚧科的堆蜡粉蚧、根粉蚧，绵蚧科的网纹绵蚧等。尤以矢尖蚧、吹绵蚧、褐圆蚧、黑点蚧、红蜡蚧等危害较重。均以若虫、雌成虫群集在叶、枝和果实上吸汁危害，常诱发煤烟病。根粉蚧则主要是在根系上吸食汁液，造成烂根，上部表现缺肥黄化，抽梢少，落花落果，影响柑橘树势、产量和品质。

1. 柑橘矢尖蚧

（1）危害特点。柑橘矢尖蚧（*Unaspis yanonensis*）又称矢尖盾蚧、矢根介壳虫。国内柑橘产区普遍发生，初发生时呈点状分布，逐渐蔓延聚集成块状。危害柑橘枝梢、叶片及果实，引起叶片失绿黄化，严重时叶片卷缩干枯、枝条枯死，果实变小，现青色凹陷，外观差，果味酸。

（2）形态特征。二龄雌介壳扁平淡黄色半透明，中央无脊；雌成虫介壳长 2～4mm，胸部长，腹部短，分节明显，前窄后宽，中央有 1 纵脊，两侧有向前斜伸的横纹，黄褐色或棕色。二龄雄介壳有 3 条似飞鸟状白色蜡丝带，随蜡丝增多而形成有 3 条纵脊的狭长、粉白色介壳。雄成虫体橙黄色，长 0.5mm，尾片长 0.4mm，具翅 1 对，翅展 1.76mm，无色透明，眼深紫褐色。卵椭圆形，长约 0.2mm，宽 0.09mm，橙黄色。初孵若虫扁平椭圆形，雌虫橙黄色，雄虫淡黄色，触角和足发达，固定取食后逐渐退化消失。雄虫蛹长卵形，淡黄色。

2. 吹绵蚧

（1）危害特点。吹绵蚧（*Icerya purchasi*）又称绵团蚧，我国柑橘产区都有分布，尤其南方产区受害重。以若虫和成虫群集于柑橘的叶、嫩枝及枝条，吸食汁液使叶片发黄，枝梢枯萎，引起落叶、落果，并排泄蜜露诱致煤烟病发生。轻者树势削弱，重者枯死。

（2）形态特征。吹绵蚧雌成虫椭圆形，橘红色，长 5～7mm，背面隆起，着生黑色短毛，被淡黄白色棉絮状蜡质分泌物。足和触角黑褐色，无翅。产卵前腹背后方有半卵形白色卵囊，囊上有脊状隆起线 14～16 条。雄虫似小蚊，长约 3mm，橘红色，前翅狭长，紫黑色，后翅退化为平衡棒；触角 11 节，黑色，环毛状；胸部黑色，胸背具黑斑；腹部末节有瘤突 2 个，各生 4 根毛。卵呈长椭圆形，长约 0.7mm，初产时橙黄色，后变为橘红色，密集于卵囊。一龄若虫椭圆形，体红色，眼、触角和足黑色，腹部末端有 3 对长毛。随龄期增长，体色变深至红褐色，蜡粉、体毛增多，雄虫比雌虫狭长，蜡粉少，行动活泼。蛹（雄）长 2.5～4.5mm，橘红色。茧长椭圆形，覆有白色疏松的蜡丝。

3. 褐圆蚧

（1）危害特点。褐圆蚧（*Chrysomphalus aonidum*）在各柑橘产区均有发生，以成虫和若虫在叶片、果实及嫩枝上刺吸汁液，叶片受害后出现淡黄色斑点；枝干受害，表现为表皮粗糙；嫩枝受害后生长不良，树势减弱；果实受害后，表皮有凹凸不平的斑点，果实品质降低或落果。

（2）形态特征。雌介壳圆形，直径 1～2mm，褐色，边缘淡褐色。蜡质坚厚，中央隆起，表面有密而圆的同心轮纹，边缘较低，形似草帽状，壳点在中央，呈脐状，红褐色。雄介壳长椭圆形或卵形，比雌介壳小，长约 1mm，色泽与雌介壳相似，但蜕皮壳偏于一端。雌成虫长约 1.1mm，淡橙黄色，倒卵形，头胸部最宽，腹部较长。雄成虫长约 0.75mm，淡橙黄色，足、触角、交尾器及胸部背面均为褐色，有翅 1 对，透明。卵长约 0.2mm，长卵形，橙黄色。初孵若虫卵形，淡橙黄色，体长 0.23～0.25mm，足 3 对，触角、尾毛各 1 对，口针较长。二龄虫的足、触角、尾毛均消失。二龄雄虫出现黑色眼斑。蛹（雄）有触角、眼、翅芽和足芽，并出现交尾器。

4. 防治方法

（1）农业防治。结合冬季修剪，剪除带虫枝叶，除吹绵蚧外，虫枝放置空地一周后（以便保护天敌），集中烧毁，减少越冬虫口基数；做好柑橘果实和苗木检疫，杜绝扩散。

（2）生物防治。柑橘蚧类的天敌种类很多，捕食性天敌有整胸寡节瓢虫、红点唇瓢虫、二双斑唇瓢虫、日本方头甲、草蛉、澳洲瓢虫等，寄生性天敌有双带巨角跳小蜂、金黄蚜小蜂、纯黄蚜小蜂、矢尖蚧黄蚜小蜂、糠片蚧黄蚜小蜂、糠片蚧恩蚜小蜂、盾蚧长缨蚜小蜂等。

（3）物理防治。在柑橘园挂置黄色粘虫板可粘捕成虫。

（4）化学防治。在卵盛孵期叶片或果实有虫率达到 10% 时，喷药防治，每隔一周喷一次，连续喷雾 2～3 次。药剂有 95% 机油乳剂 200 倍液，或 5% 啶虫脒乳油 2 000 倍液，或 10% 吡虫啉可湿性粉剂 2 000 倍液。

（四）蚜虫类

1. 橘蚜

（1）危害特点。橘蚜属同翅目蚜虫科，遍布所有柑橘产区，成虫和若虫吸食柑橘的嫩梢、嫩叶、花蕾和花的汁液，使叶片卷曲皱缩，新梢枯萎，叶片、花蕾和幼果脱落；诱发煤烟病；使枝叶发黑，影响光合作用。

（2）形态特征。成虫分有翅和无翅型两种。无翅胎生雌蚜，体长 1.3mm，漆黑，复眼红褐色，触角灰褐色，足胫节端部及爪黑色，腹管管状，尾片乳突状有丛毛；有翅胎生雌蚜与无翅型相似，翅无色透明，前翅中脉分 3 叉，翅痣淡黄色。无翅雄蚜与无翅雌蚜相似，体深褐色，后足胫节特别膨大。有翅雄蚜与有翅雌蚜相似。卵椭圆形黑色。若虫体褐色，复眼红黑色，亦分有翅和无翅型 2 种，有翅型的翅在 3 龄后长出。

2. 橘二叉蚜

（1）形态特征。橘二叉蚜又名茶二叉蚜，分布区与橘蚜同。除柑橘外，还危害茶、柳、咖啡等。成虫分有翅和无翅型 2 种。有翅胎生雌蚜体长 1.6mm，黑褐色，翅无色透明，前翅中脉二分叉，触角蜡黄色，腹部两侧各有 4 个黑斑。无翅胎生雌蚜体长 2mm，近圆形，暗褐或黑褐色，腹部和胸部背面有网纹。若虫与成虫相似，体长 0.2～0.5mm，无翅，淡棕色或淡黄色。

(2) 发生规律。一年发生 10 余代，以无翅雌蚜或老若虫越冬，次年 3～4 月危害新梢和嫩叶，以 5～6 月繁殖最盛。其繁殖最适温为 25℃左右，雨水过多或气候干旱不利于繁殖。孤雌生殖均为无翅蚜，但当环境不利或虫口密度过大，便产生有翅蚜，迁飞危害其他植株。

3. 防治方法

(1) 农业防治。冬季剪除被害及有卵枝，刮除大枝上越冬虫、卵，消灭越冬虫口；生长季节摘除抽生不整齐的新梢，减少害虫食量，压低虫口基数。

(2) 生物防治。保护利用天敌，蚜虫的天敌很多，有瓢虫、草蛉、食蚜蝇、寄生蜂和寄生菌等。气温高时天敌繁殖快、数量大，消灭蚜虫快。这时应尽量减少喷药，或采取涂干、点片或隔行喷药等方法保护天敌。

(3) 物理防治。在柑橘园挂置黄色粘虫板可粘捕有翅蚜。

(4) 化学防治。在新梢有蚜率达 25% 左右时喷药，药剂有 10% 氯氰菊酯乳油 3 000 倍液，或 2.5% 鱼藤酮乳油 600～1 000 倍液，或 0.3% 苦参碱水剂 400 倍液。

(五) 柑橘潜叶蛾

1. 危害特点　柑橘潜叶蛾又名绘图虫或鬼画符，属鳞翅目叶潜蛾科。我国柑橘产区均有发生，幼虫潜入柑橘嫩梢、嫩叶表皮下取食，形成白色弯曲的虫道，使叶片卷缩硬化，容易脱落，也为柑橘溃疡病菌的侵入和螨类等害虫越冬提供条件。夏、秋梢受害重，春梢受害轻，苗木和幼树受害重，成年树轻。

2. 形态特征　成虫小型蛾类，体长约 2mm，翅展 5.3mm，体和翅白色，触角丝状，前翅尖叶形，有较长缘毛，基部有 2 条黑纹，2/3 处有 Y 形纹，近翅尖部有 1 黑斑，黑斑之前有 1 较小的白点，后翅绿毛极长，针叶形银白色。卵扁圆形，无色透明，长 0.3mm。幼虫黄绿色，成熟幼虫体纺锤形，长 4mm，头部和腹部末端尖细，尾节末端有 1 对较长的尾状物。预蛹长筒形，长 3.5mm；蛹纺锤形，初呈淡黄色，后为深褐色，长 2.8mm，外被黄褐色薄茧。头顶端有倒"丁"字形构造。头和复眼深红色，将羽化前变为黑红色。

3. 防治方法

（1）农业防治。夏、秋梢时控制肥、水，摘除并处理田间过早或过晚抽发的不整齐嫩梢，使夏、秋梢抽生整齐健壮，减少害虫的食料，降低虫口密度。

（2）物理防治。在柑橘园挂置黄色粘虫板可粘捕成虫。

（3）化学防治。应在嫩芽长 2～3mm 或抽梢率达 25％时开始喷药。主要药剂有 2.5％溴氰菊酯乳油 5 000～10 000 倍液，或 20％杀灭菊酯乳油5 000～10 000 倍液，或 10％氯氰菊酯悬浮剂 3 000～5 000 倍液，或 10％二氯苯醚菊酯乳油 2 000～3 000 倍液。

（六）柑橘卷叶蛾

我国危害柑橘的卷叶蛾有 7 种，以拟小黄卷叶蛾和褐带长卷叶蛾分布普遍。以幼虫危害柑橘新梢、嫩叶、花和果实，使嫩叶成缺刻、卷叶，或被吃掉；幼果被害后，引起大量落果；危害成熟果实后，引起腐烂脱落。

1. 拟小黄卷叶蛾

成虫雌虫体黄色，长 8mm，翅展 18mm，雄虫体稍小，头部有黄褐色鳞毛，雄虫前翅有黑褐色纹，两翅并拢时呈八角形斑点，区别于雌虫。雌虫前翅前缘有较粗而浓的黑色褐斜纹、横向后缘中后方，后翅淡黄色。卵呈鱼鳞状排列成椭圆形的卵块，上面覆有胶质薄膜。卵初产时呈淡黄色，后变深呈黄褐色，孵化前可见幼虫黑色的头部。一龄幼虫头部黑色，二龄后头部为黄色。前胸背板淡黄色，足淡黄褐色，蛹长 9mm，黄褐色。

2. 褐带长卷叶蛾

成虫暗褐色，雌体长 8～10mm，雄虫略小。前翅长方形暗褐色，基部有黑褐色斑纹，前缘中央到后缘中后方有一深褐色宽带。雄蛾前翅前缘基部有一近椭圆形突出部分，后翅淡黄色。卵椭圆形，淡黄色，排列成椭圆形卵块，上面覆有胶质薄膜。一龄幼虫头部黑色，腹部黄绿色，胸足和前胸背板深黄色；二至四龄幼虫前胸背板及胸足为黑色；老熟幼虫头、前胸背板和前、中足黑色，后足褐色。蛹黄褐色，长 8～13mm。

3. 防治方法

（1）农业防治。冬季清除果园杂草，消灭越冬幼虫等。在 4～6 月加强检查，及时摘除有虫卵块。

（2）生物防治。4～6 月释放松毛虫赤眼蜂。在一、二代产卵期，每 7d 放蜂一次，每代放蜂3～4 次，每 667m² 每次放蜂 25 000 头。此外，喷施青虫菌 800～1 000 倍液（每克 0.1 亿个活孢子）。

（3）物理防治。用糖酒醋液诱捕成虫（红糖∶黄酒∶醋∶水＝1∶2∶1∶6）。

（4）化学防治。虫口密度大时喷药，主要药剂有 90％敌百虫可溶粉剂800～1 000 倍液，或 2.5％溴氰菊酯乳油 4 000～5 000 倍液，或 20％杀灭菊酯乳油 3 000～4 000 倍液，或 10％二氯醚菊酯乳油 2 000～3 000 倍液。

（七）凤蝶类

1. 危害特点　柑橘凤蝶属鳞翅目凤蝶科。危害柑橘的凤蝶约 5 种，以柑橘凤蝶和玉带凤蝶发生较多，吃柑橘嫩叶、嫩芽。

2. 形态特征

（1）柑橘凤蝶。成虫有春、夏两型。春型体较小，长 21～28mm，翅展 70～95mm。体淡黄色，胸、腹有宽的黑纵带，由胸节前方直达腹部末端。前翅三角形，黑色，外缘有 8 个月牙形黄斑；后翅外缘有 6 个月牙形黄斑。夏型体长 27～30mm，翅展 105～108mm。卵球形略扁，初产时淡黄色，后变淡紫至黑色。低龄幼虫体褐色，成熟幼虫体绿色，长 38～48mm，前胸背面有橙黄 Y 形臭腺角，遇惊时便伸出，放出难闻气味。体表面光滑，后胸背面两侧各有 1 眼状纹。腹部第一节后缘有 1 条黑色大环纹。前胸、中胸、后胸、腹部第一节和第四至六节有黑色带状斜纹。蛹近菱角形，初为淡绿色，后为暗褐色。

（2）玉带凤蝶。成虫黑色，体长 25～27mm，翅展 95～100mm。雄蝶前翅外缘有黄白色斑点 9 个，后翅中部有白色斑 7 个，白斑横贯前后翅，形似白色玉带。雌蝶有两型，一型与雄蝶相似，但后翅外缘处有数个月形深红色小斑，或臀角有 1 深红眼状纹。另一型前翅灰黑色，后翅外缘内方有横列的深红色半月形斑 6 个，中部有 4 个大的黄白斑。卵圆球形，初产时黄白色，后变为深黄色。幼虫一龄黄白色，二龄黄褐色，三龄黑褐色，四龄油绿色，五龄绿色。老熟幼虫体长 45mm，头黄褐色，后胸前缘有 1 齿状黑线纹，中间有 4 个紫灰色斑点，第二腹节前缘有 1 黑带，第四、第五腹节两侧有黑褐色斜带，中间有黄、绿、紫、灰色的斑点，第六腹节亦有斜行花纹 1 条。臭腺角紫红色。蛹长约30mm，呈灰褐、灰黄、灰黑及绿色等。

3. 防治方法

（1）农业防治。冬季结合清园，捕杀越冬虫蛹；经常性捕捉幼虫和摘除虫卵。

（2）生物防治。柑橘凤蝶类天敌有凤蝶赤眼蜂、凤蝶金小蜂、广大腿小蜂和野蚕黑瘤姬蜂等寄生蜂，应加以保护。

（3）化学防治。用 90%敌百虫可溶粉剂 800～1 000 倍液，或每克含 100 亿个活孢子的青虫菌 1 000～2 000 倍液，或每克含 100 亿个活芽孢的苏云金杆菌 1 000～2 000 倍液，或 2.5%溴氰菊酯乳油 500～1 000 倍液防治。

（八）柑橘果实蝇

危害柑橘的实蝇类害虫属双翅目实蝇科，已知有 9 种，为检疫性害虫。国内柑橘产区主要有柑橘大实蝇（*Bactrocera minax*）、蜜柑大实蝇（*Bactrocera tsuneonis*）和橘小实蝇（*Bactrocera dorsalis*）。

1. 柑橘大实蝇

（1）危害特点。柑橘大实蝇分布于西南地区。成虫产卵于柑橘果实中，孵化后蛀食果肉，导致果实腐烂、脱落。

（2）形态特征。成虫体长 12～13mm，翅展 20～24mm，体黄褐色，头大，复眼金绿色，单眼三角区黑色，触角长、黄色，中胸背面有"人"字形深茶褐色纹，斑纹两侧各有 1 条宽纹。翅透明，翅痣及翅端斑点均棕色。腹部卵形，基部狭小，第一节扁平、方形，背面中央有 1 黑色的直纹，从基部直达腹端。第三节基部有相当宽的黑色横纹。产卵器基节与腹部等长，后端狭小部分长于腹部第五节。卵长椭圆形，长 1.2～1.5mm，乳白色，一端较尖，中部稍弯曲。成熟幼虫长 10～21.5mm，锥形，前小后大，乳白色。蛹长 8～9.6mm，圆筒形，黄褐色，将羽化时变黑色。

2. 橘小实蝇

（1）危害特点。橘小实蝇多分布于华南地区，危害柑橘、石榴、桃、李、杏、梨、苹果等 46 个科 250 多种果树、蔬菜和花卉，幼虫危害果实，使果实腐烂脱落。

（2）形态特征。成虫体长 6～8mm，翅长 5～7mm，头黄褐色，复眼边缘黄色，触角细长，3 节，第三节为第二节长的 2 倍。胸部黑色，肩脚、背侧脚、中胸侧板、后胸侧板的大斑点和小盾片均为黄色。头额鬃 3 对，胸鬃有肩板鬃 2 对，背侧鬃 2 对，前翅上鬃 1 对，后翅上鬃 2 对，中侧鬃 1 对，小盾前鬃 1 对，小盾鬃 1 对。翅透明，脉黄色，翅前缘带褐色，伸至翅尖，较狭窄。足大部黄色，中足胫节端部有 1 赤褐色的距，后胫节通常为褐色至黑色。腹部卵圆形，棕黄至锈褐色，第一、二节背板愈合，第三腹节背板前缘有1条深色横带，第三至第五节具1狭窄的黑色纵带。卵梭形，长约1mm，乳白色，表面光亮，精孔一端稍尖，尾端较钝圆。成熟幼虫体长10.0～11.0mm，黄白色，蛆式，前端小而尖，后端宽圆，口钩黑色，前气门呈小环，有10～13个指突，后气门板1对，有6个椭圆形裂孔，末节周缘有乳突6对。蛹长4.4～5.5mm，椭圆形，初化蛹时浅黄色，后变红褐色。

3. 防治方法 实蝇类防治应以农业防治为基础、物理防治与化学防治相结合，尤其是性诱剂和食物引诱剂（水解蛋白等）应用的综合防治，可达到杀虫保果的目的。

(1) 加强检疫。严禁从疫区调运果实、种子和苗木，摘除被害果和收捡落果，不要乱扔蛆果，建立废果处理池，及时将废果入池灭虫。

(2) 农业防治。深翻柑橘园土壤，杀灭越冬蛹。

(3) 物理防治。成虫产卵前挂瓶诱杀，诱饵可用自制红糖毒饵或诱蝇醚（甲基丁香酚）诱杀成虫，也可用90％敌百虫可溶粉剂1 000倍液加3％红糖液，喷全园1/3的植株，每树喷树冠的1/3即可，每4～5d喷一次，连续喷3～4次，诱杀成虫效果显著。

(4) 化学防治。化蛹高峰期在树冠周围地面泼浇或在产卵盛期即9:00～10:00成虫活跃期施药喷洒树冠浓密处，喷2次以上，至果实采收前10～15d停药。选择高效低毒低残留的药剂如10％氯氰菊酯乳油2 000倍液，或50％杀螟硫磷乳油1 000～2 000倍液，或80％敌敌畏乳油1 000～2 000倍液。

(5) 套袋防治。在产卵前可采取果实套袋，套袋前进行一次病虫害的全面防治。在成虫发生期大量释放经辐射不育的雄蝇，与雌虫交配，产出不育卵，以根除此虫。

第七节　果实采收、分级和包装

一、果实采收

柑橘采收期因品种、树龄、生长势强弱及栽培气候条件以及用途、运输远近等而不同，在同一地区即便同一品种，不同年份的采收期亦略不同。果皮有70％～80％转变为固有色泽即宜采收。也可根据果汁糖酸比、果实大小等决定。糖酸比达到（8～12）∶1，即可采收，如柠檬当果实成长到一定大小即可采收催色。过早采收，果实内的营养成分还未能转化完全，影响果实的品质和产量；过迟采收，会增加落果及降低品质，影响树势的恢复和花芽的形成，导致次年减产。

采收前几周要制订采收计划，做好采收的一切准备工作。采收用的果剪，必须是圆头，刀口锋利，以免刺伤果实。容器要内壁柔软、光滑，减少果皮的碰伤，防止感染病菌而腐烂。天气对采收的果实品质影响很大，最好在温度较低的晴天晨露干后进行。雨天采收，果面水分过多，易使病虫滋生。采果时应由下而上，由外到内，用采果剪，"一果两剪"，第一剪在果柄3～4mm处剪断，第二剪则在齐果蒂处把果柄剪去，亦可一果一剪，即齐果蒂把果柄剪断。树高时用果梯或果凳。采收后的果实要放阴凉处，不能日晒雨淋。采收后进行果实初选，拣出病虫、畸形、过小和机械伤的果实，把合格的果实送至包装地点。

二、果实分级

柑橘果实的分级就是根据果实的大小、色泽、形状、成熟度、病虫害及机械损伤等情况，按照规定的标准进行选择，使果实规格、品质一致，便于包装、贮运和销售，实现柑橘标准化生产。分级时要剔除病虫果、机械伤果，以避免在运输、储藏中影响其他好果。目前果实分级多采用自动化分级，可以节省大量人力，提高工效。少量用人工分级。

三、包装

包装是保证果实安全运输的重要措施。包装可减少果实在运输、储藏和销售过程中的摩擦、挤压、碰撞等所造成的损失，减少病害传染和水分蒸发，延长货架期和储藏寿命。

包装容器要求材料质地坚固，能承受一定压力，不易变形，无不良气味，价格低廉，大小适度，便于堆放、搬运，内部平整、光滑。多用钙塑箱包装，以20kg为宜，在箱两侧留有一定的通气孔，以利通风换气。

果实装箱前先单果包装，材料可用塑料袋或泡沫套，装箱时底层果实的果蒂应向上，上层果实的果蒂应向下，中间层的果实，果蒂向上向下均可。一个果箱只能装同一组别的果实，并且有固定的排列方式。在包装箱上印上果实的品名、组别、重量、包装日期等。

第十二章
荔　枝

第一节　种类和品种

一、种类

荔枝（*Litchi chinensis*）为无患子科（Sapindaceae）荔枝属（*Litchi*）常绿果树。荔枝属下只有 2 个种：菲律宾荔枝（*L. philippinensis*）和中国荔枝（*L. chinensis*），前者分布于菲律宾，野生状态，果肉薄，味酸涩，不堪食用，但可作为砧木或杂交育种资源；后者即通常所指的荔枝，原产中国。

二、品种

1. 三月红　别名早果、玉荷包（广东）、鹿角（四川）、四月荔、五月红（桂），为著名早熟品种，主产于珠江三角洲和广西南部。树势旺，枝条粗壮而直立；花序粗长，果大，均重 30g，心形或歪心形，皮色鲜红，肉质稍粗多汁，甜中微带酸涩，可溶性固形物 15%～20%，大核但不饱满。在广东中山市 2 月中下旬开花，5 月中下旬成熟。品质中，丰产稳产，适于潮湿沃地种植。

2. 白糖罂　别名蜂糖罂，主产广东茂名。树势中，树冠开张；果大，约 24g，红色、歪心形、梗粗、皮薄、肉厚味甜、爽脆多汁、具香蜜味，可溶性固形物 17%～19%，大核间有焦核。广东高州 2 月中下旬至 3 月上旬开花，5 月上旬至 6 月中旬成熟。品质优，丰产。

3. 白蜡　主产于广东茂名。树势中，枝条疏长而硬；果重约 24g，近心形或卵圆形、皮薄、色鲜红；肉爽脆多汁、清甜，可溶性固形物 17%～20%，种子中大，间有焦核。广东茂名 2 月中下旬至 3 月上旬开花，5月下旬至6月中旬成熟，品质优。丰产性能较好。

4. 妃子笑　我国栽培范围最广的主栽品种，别名蒲、落塘浮、芝麻荔（广东）、陀堤（四川）。树势旺，枝条疏长粗硬下垂；花序长而纤细，花量大，果大，均重约30g，近圆球或卵圆形，皮薄淡红色；龟裂片凸起，龟裂峰细密尖锐；肉厚爽脆、细嫩多汁、清甜微香，可溶性固形物17%～21%，种子较小且不饱满。广州3月中旬至4月上旬开花，6月上中旬成熟。品质优，丰产稳产，易遭天牛危害。

5. 黑叶　别名乌叶（潮汕、福建南部）、冰糖荔（广西），为广东、广西、福建、台湾最普遍栽培品种。树高大，枝疏长，叶色浓绿近于黑；花序长大，果中大，重约19g，歪心形或卵圆形，皮薄而韧，色暗红；肉软多汁，甜带微香，可溶性固形物16%～20%，种子中大间有焦核。广州3月下旬至4月上旬开花，6月中旬成熟，可鲜食、制罐和制干。丰产稳产，耐湿，但抗风能力较弱，虫害较多，易遭天牛危害。

6. 糯米糍　别名米枝（广东）、糯米甜。世界名贵品种，主产于珠江三角洲，广西、福建也有栽培。枝细而多分枝，柔软下垂；花序中大，花枝细密；果大，重约25g，扁心形，果肩一边显著隆起，果基微凹，果顶浑圆；皮色鲜红，果肉乳白或黄蜡色，肉厚细嫩多汁，味浓甜微香，可溶性固形物18%～21%，焦核，品质极优，为鲜食最佳品种。广州3月下旬至4月下旬开花，6月下旬至7月上旬成熟。生态适应性差，大小年明显，裂果严重。

7. 桂味　别名桂枝、芝麻荔、带绿（四川）。树高大，枝疏而硬，树冠稍直立；花序中大，花枝较细，易形成带叶花枝；果近圆球形，中等偏小，重约20g，皮薄而脆，色鲜红，果肩常有墨绿色斑块，故又称"鸭头绿"；龟裂片凸起，龟裂峰尖锐；肉细嫩爽脆多汁，清甜带桂花香味，可溶性固形物18%～21%，焦核与大核并存，品质极优，为鲜食最佳品种。广州3月下旬至4月下旬开花，6月下旬至7月上旬成熟，大小年结果严重。

第二节　建园和栽植

一、建园

（一）园地选择

荔枝为多年生长寿果树，大面积发展建园时应慎重选择园址。根据我国人多地少、丘陵山地面积大的特点，荔枝园的选择确定，应以山地和丘陵地为主要方向，但在具体选择园地时，要考虑如下几个方面。

1. 地形地势 宜选择夏长冬暖、热量丰富、地势开阔、坐北朝南的丘陵地或坡地，或近水源和有一定水利设施的低丘。最好选坡度 10°以下的缓坡地建园，尽量避免在坡度超过 25°的山坡地建园。

2. 土壤 荔枝根系分布广，有菌根。花岗岩风化母质、页岩风化母质或石英砂岩风化母质形成的红壤、冲积土或第四纪红土等都适合种植荔枝，但以有机质含量超过 1%、碱解氮含量 80mg/kg、有效磷含量 3mg/kg 以上、速效钾含量 60mg/kg 以上、pH 5.5~6.5 的冲积土较为理想。土层深达 2m 以上、质地疏松的土壤如果达不到上述要求，在栽培中通过增施有机肥和压绿改良土壤，提高肥力也可种植荔枝。

3. 其他因素 园地选在水库周围是非常理想的，因为水库可以调节小气候，减少温差变化，而且能为荔枝提供二氧化碳；园地交通要方便，以便生产资料和果品的集散；园地要集中成片，以便集约经营管理，迅速形成商品规模和生产中心；园地要避开对环境的污染源，陶瓷厂、玻璃厂、砖厂、制铅厂、磷矿厂、碱厂、塑料厂、农药厂等附近不宜选地种荔枝。

（二）园地规划设计

果园规划包括小区、道路、排灌系统、肥料基地、防护林及果园建筑物等的规划。

1. 小区划分 根据园地地形地势的变化和土壤的不同情况，结合品种安排和排灌渠道、道路的设计，把整个果园划分成若干个单位。果园面积大者，需先划分为若干个大区，每个大区再划分为若干个小区。小区的设计宜为长方形，山地小区的长边应与等高线平行，平地小区长边应与有害风方向垂直。这种划分要以方便管理为依据。小区大小依情况而定，自然条件好，地形整齐，地力均匀的小区宜大些，通常 6.7~10hm²，反之宜小些，1~2hm² 为宜。

2. 果园道路系统 由主道、支路和小路组成，大型果园必须按要求设计。主道要求位置适中，贯穿全园并与公路相连，宽 5~7m，以便通行大型汽车。支路与主道相连，宽 4~5m，为小区的分界线。丘陵山地果园，主道与支路要结合小区划分，可顺坡倾斜而上，也可横坡环山而上或呈"之"字形拐。顺坡的主道与支路要设在分水线上，不宜设在集水线上，以免被水冲毁。沿坡上升的斜度不能超过10°。路的内侧要修排水沟，路面要呈内斜状。小路设在小区内或小区间，与支路相连，宽1～2m，为小区内的作业通道。修筑梯田的荔枝园地可利用边埂作为小路。

3. 排灌系统 果园的排灌系统包括蓄、引、排、灌等4个方面，这是真正做到旱能灌、涝能排的保证设施。对丘陵山地果园首先考虑的是灌溉系统，即蓄水、输水和园地灌溉网的规划设计。凡是在有水源可利用的地方，应选址修筑小型水库、水塘或蓄水池等。经济条件许可时，可在果园高处修筑蓄水池，设计安装渗灌、滴灌，这是最省水和先进的灌溉方法。丘陵山地果园的排水系统宜按自然水路网的趋势设计，多采用地面明沟排水，主要有3种形式：

① 环山防洪沟。沟的大小视果园上方集雨面积而定，一般宽和深均为60～100cm。防洪沟挖出的土放在沟的下方，在沟面每隔5～10m留一土墩，墩高比沟底高15～25cm，使沟形成竹节形，以蓄积小雨水和缓冲流速。防洪沟要有0.1%～0.3%的坡降，并与水库、山塘及纵排水沟相连。

② 纵排水沟。应尽量利用天然的汇水沟做纵排水沟，或在主道和支路两侧挖一些竹节形的纵排水沟，中间连通各级梯田的后沟和一些排水沟，也可用长满杂草的小路代替纵排水沟，纵排水沟一般深20～30cm、宽30～50cm，为了减少冲刷，一定要把纵排水沟修成竹节形或使沟底长满杂草。

③ 等高排水沟。主要修筑在梯面内侧和横路内侧，一般沟深20cm左右、宽25～30cm，每隔5～8m留一低于沟面10cm的土墩，将横排水沟修成竹节形。

4. 肥料基地 荔枝主产区多为高温多雨，有机质分解快，荔枝需肥量多，尤其山地、丘陵荔枝园更需要大量有机肥做深翻改土之用，因此需要建立一定规模的绿肥生产基地，或者禽畜养殖场，以及粪池等配套设施。

5. 防护林 山地果园要设置防护林，以改善果园的生态环境，保证果树正常开花结果。防护林主要有水源林和防风林。水源林种在荔枝园防洪沟以上的地带，主要作用是涵蓄水分，减少土壤冲刷。防风林分主林带和副林带，主林带要与主要风向垂直，若地形不规则，允许有25°～30°的偏角；副林带要与主林带垂直，以防御来自其他方向的大风，加强防护效果。一般主林带栽植 4～5 行，副林带 2～3 行。

（三）建筑物的设置

生活设施、办公室、农具室、肥料农药仓库等建筑物都应安排在工作和交通便利的地方。

（四）整地和改土

这项工作应在种植前 6～12 个月内完成，主要内容包括：①清山。清除山上原有的树木、小灌木和杂草，注意小灌木和杂草集中堆放，以后可以回填种植穴中。②开垦。平地、缓坡地或坡度小于 10°的斜坡丘陵地，先进行机械开垦，深度 30cm 以上。对坡度较陡的山地，园地开垦应根据具体情况采用等高梯田法，或等高撩壕和鱼鳞坑法。③挖坑。按规划种植密度定点挖坑，坑的大小为深1m，长和宽各 1m，挖坑时表土与底土分放两边。④水池、粪池修建和排灌系统安装。⑤种植绿肥作物。在株与株之间种植牧草（如意大利多花黑麦草）和豆科绿肥（如印度豆、乌绿豆等），这样一来可保持水土流失，更重要的是能改善土壤和调节果园的生态环境，对修梯田，特别是机械开梯田的果园尤为重要。另外梯田的梯壁、道路和沟的两侧及沟底应使用固土性较好的禾本科草种。⑥土壤营养状况分析：在种植前最好对土壤的理化性质和养分情况做全面的测试和调查。⑦基肥准备，包括禽畜粪肥、农家土杂肥、磷肥、石灰和杂草等。⑧回坑。挖好的坑经 3～4 个月风化后即可进行，回坑时先放表土，底土与基肥拌匀放在上面，大约回到九成满。回坑后1～2 个月或在定植前 15～30d，每坑施土杂肥 20～40kg、尿素 100g、过磷酸钙 250g，肥料与表土拌匀回土至满，然后用表土堆一高于坑面20～30cm 的土墩。

二、栽植

（一）栽植方式和密度

种植密度应考虑所选品种、园地条件、土壤、气候及采取的栽培措施，如树势壮旺和枝条开张的品种可适当稀植，树势偏弱和枝条直立的品种可适当密植。我国大面积生产主要有两种密度：永久性定植和计划密植。前者株行距较宽，一般为 6m×7m（240 株/hm²）；后者一般为 4m×4m（630 株/hm²），当行间枝条交叉时，有计划地进行疏剪和间伐。国外（如澳大利亚）荔枝考虑到机械化操作的需要，普遍较为稀植，永久性的株行距为 12m×12m（70 株/hm²），但建园时一般采用计划密植（140 株/hm² 或 280 株/hm²，株行距分别为 12m×6m 和 6m×6m），8～12 年后实施间伐。

（二）品种选择和授粉树配置

品种选择首要考虑的因素是品种的生态适应性，根据品种区域化、良种化的要求，正确选择品种是保证早果、丰产和优质的主要条件之一。在生产中选择当地原产或已试种成功，且有较长的栽培历史，经济性状又较佳的品种最稳妥。从外地引种，必须了解其生物学特性是否适合当地的气候、土壤条件，避免盲目引种，造成不必要的经济损失。品种确定后，就要考虑品种的配置，不同规模的荔枝园品种配置也应有所不同。一般小型荔枝园（如 6.7hm² 以下）应以一个品种为主栽种，再搭配 2 个授粉品种，授粉品种约占 10%；大型荔枝园（面积在 67hm² 以上）应有 3～4 个成熟期不同的主栽品种，而且每个种都应有与其花期相近的授粉品种。

（三）栽植方法

定植时期一般分春植（每年 2～5 月）和秋植（每年 9～10 月），上年圈枝苗宜在 3～5 月定植，嫁接苗最好在 2 月下旬至 4 月上旬种植，秋植苗最好带有营养袋（杯），否则影响成活率。荔枝的根很嫩脆，容易被折断，种时要轻拿轻种。种植时先小心把包装泥团的塑料薄膜解除，用手握住泥团，把苗移植穴内，培土时用穴边的碎土，轻轻压实，切忌大力踩踏，以免伤根。苗木入土的深度一般掌握与苗期相同，因此对于带泥团的苗木，培土高于泥团 2～3cm 即可，对于刚从母株上锯下的圈枝苗，覆土的深度较原来的土墩高 6～10cm 也可。之后再在植株周围用泥土筑成直径 80cm 左右的碟形树盆，方便淋水和施肥。另外，为了减少苗木水分蒸发，种前还应剪除部分叶片。

（四）栽后管理

苗种植好后，应立即淋定根水。种植初期的主要管理工作：①淋水与排水。晴旱天气要注意勤淋水，保持土壤适当湿润，雨多时要搞好排水，防止浸水伤根。②苗木保护。风力大的地方应在苗旁立柱扶持。

③施肥。一般定植后 1 个月可以开始施肥，每株施复合肥 25g，以水肥形式施用较理想，施肥次数按照"一梢两肥"的原则进行，即当枝梢顶芽萌动时和新梢伸长生长基本停止且叶色由红转绿时各施一次。④病虫害防治。特别要注意防治金龟子咬食叶片和白蚁蛀食根部。

第三节　土肥水管理

一、土壤管理

（一）幼龄期荔枝园的土壤管理

对于新种植的幼龄荔枝园，首先考虑的是应如何充分利用行间空地，间种一些矮秆的并能增进土壤肥力或对土壤有改良作用的农作物，如花生、黄豆、豆科绿肥、蔬菜等以及一些生长快、周期短的果树如番木瓜、菠萝、番荔枝、桃、李等。这不仅能增加土壤肥力并改良土壤结构，还能增加经济收入，不论是小面积还是大面积果园，间种都有实际收益。但行株间忌间种与幼树争光、争营养和妨碍荔枝树正常生长的高秆或攀缘作物，如木薯、甘蔗、瓜类等；最好也不要间种结果晚和树龄长的果树，如 20 世纪 80 年代中期，广东不少间种柑橘的荔枝园，虽有一定收益但大都不够理想，结果导致荔枝投产迟、产量低。

幼龄果园另外几项重要的土壤管理措施主要是松土除草、深翻改土压青和树盘覆盖等。

（1）松土除草。一般年松土除草 5～7 次，夏、秋高温多湿，杂草生长迅速，表土易板结，松土除草次数宜多，春、冬季杂草生长较缓，耕作次数可少。

（2）深翻改土压青。为了迅速扩大树盘，必须从定植后第二年起进行深翻改土压青，具体做法是沿原定植坑的外围开环状沟或 2～4 条长方形改土沟，深 50～60cm，宽度和长度视有机质肥料和劳力条件而定，将枯枝落叶、作物茎秆、草料等分层埋入沟内，粗料在下，细料在上。但对于水位较高的果园，改土工作要注重培土、客土，加厚土层，增施腐熟有机质肥。

（3）树盘覆盖。指利用各种不同的有机或无机原料，对树盘的土壤进行地表覆盖。其优点为夏降土温，冬季保暖，减少水分蒸发，抑制杂草丛生，减轻水土流失，增加土壤养分。用于覆盖的原料有绿肥作物茎秆、各种农作物秸秆、杂草、枯枝落叶、粗沙或煤渣（黏土果园内）、塘河泥（沙土果园内）和塑料薄膜（分白、银灰和黑色）等。有机物覆盖又可分为死体和活体两种。总之，树盘覆盖的方式和原料多种多样，覆盖厚度、时间、时期等可根据需要而定。

（二）结果期荔枝园的土壤改良

土壤改良管理的原则是使整个果园的土壤达到丰产果园的要求。丰产果园的基本特征：具有一定厚度的活土层（60cm）；土壤疏松，砾石度在20%左右，通气透水性好，不易积水成涝；土壤有30%的黏粒来保持养分，保水保肥、供水供肥能力强，水分和养分供应适宜且稳定；土壤有机质含量高（大于1.5%），养分充足，团粒结构好。

土壤改良的具体措施：

（1）增施有机肥。有机肥的施用应结合深翻改土进行，以局部改良为主，逐渐实现全园改良。荔枝园多为山地和丘陵地，土壤的基础条件较差，改良土壤的任务非常艰巨。

（2）重视土壤耕作，做好中耕除草和培土客土等工作。不少果农反应失管1～2年的荔枝树，产量明显下降，这也说明日常耕作的重要性。管理好的荔枝园每年中耕除草2～3次，第一次在采果前或采果后（7～8月）结合施肥进行，深度为10～15cm，以免伤根太多，影响树势，延迟出梢。第二次在秋梢老熟后（10～12月）结合控制冬梢进行，深度为20～25cm，以达到促进深层土壤熟化，切断部分水平细根的目的。第三次在开花前约1个月进行，只宜浅耕，深度不宜超过10cm，主要目的是促进新根生长，增强对肥水的吸收。另外，在杂草多的果园宜在5月大部分杂草已发芽并长至一定高度时全面除草一次，8～10月视情况再除草一次。如发现有露根或果园土壤瘦瘠，要培入新土，培土宜在秋冬进行。

（3）做好水土保持和设施维护工作。这是坡地果园土壤熟化的基础，没有这个基础就谈不上有效地提高土壤保肥保水性能和有机营养的积累等。

二、施肥管理

荔枝施肥主要通过基肥、追肥和喷肥（根外追肥）3种形式，分别于不同时期进行。

（一）基肥

基肥是荔枝年生长周期中所施的基本或基础肥料，是 3 种形式中最重要的一种，对荔枝一年中的生长发育起着决定性的作用。基肥应以各种腐熟、半腐熟的有机肥为主，适量配以少量化肥。据有关资料介绍，土壤单施无机磷肥，其利用率为 25%～30%，若与有机肥混合施用，磷肥利用率可提高到 50%左右。因此，实践中磷肥常常与有机肥一起施用。目前，荔枝基肥分 2 次施：①采果前后（最好采果后）。这次基肥中可混入一定量的速效化肥（尿素或复合肥），主要目的是及时恢复树势并保证促发健壮的秋梢。②冬末春初（每年春节前完成）结合冬季清园进行。此次基肥用量大，肥效时间长，对荔枝开花和果实生长作用重大。

（二）追肥

根据果树生长情况和结果情况及不同生育期需肥的特点，在荔枝年生育周期内，要及时补充追肥。追肥一般使用无机速效化肥或腐熟的有机肥或粪水等。目前，荔枝追肥时期大致可分为花前促花肥、花后壮果肥、采果后秋梢肥。促花肥的施用时期得当，能促进花器发育，抽出健壮花穗，施用不当时，则可能促使新梢生长。因此要依具体情况而定才能收到效果，原则上应掌握：早熟种小寒至大寒施，中、迟熟种大寒至雨水施；旺树、青年树迟施或不施，弱树、老年树早施多施；气温回升快，雨水多，幼龄结果树、壮旺树不见花蕾暂不施。壮果肥的作用是及时补充开花时树体的营养消耗，保证果实的正常生长和肥大以及减少第二次生理落果等，同时避免树体因过分的营养消耗而衰弱。施用时期为谢花后至第一次生理落果期（幼果绿豆大时），花量大的宜早施，花量少的宜迟施。秋梢肥的施用时期应因树龄、树势情况，并紧密结合放秋梢的次数和时期而定，原则上掌握一次梢一次肥，多次梢多次肥，在秋梢萌芽前施用。

荔枝幼年树根少，分布范围小且不均匀，无论施用有机肥或无机肥，均以树两侧开半月形或环状沟施为宜。有机肥宜深施至 25～30cm，无机肥以 10～15cm 为宜，沟宽 15～20cm。也可以在根际每株开浅穴 2～3 个，施后覆土。每年树冠扩大，施肥沟的部位也随之向外扩展。旱季施用液肥或干施后淋水以增效。

成龄树树盘施肥，应逐年或逐次改换施肥部位。一般 2～3 年轮回一遍，以使所有部位的根系都能吸收肥料。有机肥应深施至 40cm，无机肥 20cm 左右即可，沟宽 20～30cm。每次施肥时，注意将土与肥混匀，然后覆土。

目前我国多依靠总结施肥经验，如澳大利亚、以色列和南非已普遍采用营养诊断。但从我国目前丰产园总结的施肥经验看，大多存在过量施肥、资源浪费和环境污染等问题。如每生产 100kg 果实计，广东建议施肥量为纯氮 1 380g、纯磷 800g、纯钾 1 500g；广西建议纯氮 1 600～1 900g、纯磷 800～1 000g、纯钾 1 800～2 000g。而澳大利亚建议标准为纯氮 600g、纯磷 200g、纯钾 440g。因此，逐步推广叶分析和土壤分析应是今后努力的方向。

（三）根外追肥

根外追肥是指在果树生育期内，根据需要将各种速效肥料（包括大量元素和微量元素）的水浸液，喷洒在荔枝叶片、枝条及果实上的追肥方法，属于一种临时性的辅助追肥措施。主要用于用量少或易被固定的无机肥料，只要使用及时得当，都会收到良好的效果。可根据需要在果树生长的任何时期进行。常用根外追肥种类及浓度见表 12-1，除此之外，目前市面上还有各类有机、无机混配或发酵的叶面肥。

表 12-1　荔枝常用根外追肥种类及浓度

元素	肥料种类	使用浓度（％）	年喷次数（次）	备注
N	尿素	0.5～1.0	3～5	选含缩二脲低的优质尿素
N、P	磷酸铵	0.5～1.0	3～4	生育期喷
P	过磷酸钙	1.0～2.0	2～3	果实膨大期喷
K	硫酸钾	1.0～1.5	2～3	果实膨大期喷
K	氯化钾	0.5～1.5	2～3	果实膨大期喷
P、K	磷酸二氢钾	0.2～0.5	2～3	果实膨大和秋梢期喷
N、Ca	硝酸钙	0.5～1.0	2～3	新叶转绿时喷
Ca	氯化钙	0.3～0.5	2～3	花后 3～5 周喷
Mg	硫酸镁	0.5～1.0	2～3	末次秋梢老熟后喷
Zn	硫酸锌	0.3～0.5	2～3	末次秋梢老熟后和小果期喷

（续）

元素	肥料种类	使用浓度（%）	年喷次数（次）	备注
B	硼砂或硼酸	0.05～0.1	2～3	花穗发育期喷
Fe	硫酸亚铁	0.3～0.5	1～2	幼叶开始失绿时喷
Mn	硫酸锰	0.2～0.4	1～2	末次秋梢老熟后喷
Mo	钼酸铵	0.02～0.05	2～3	花穗发育期喷
Cu	硫酸铜	0.1～0.2	1～2	末次秋梢老熟后喷

三、水分管理

荔枝营养生长期间要求温暖湿润的气候，秋冬季花芽分化期间则要求冷凉和相对干燥。总体而言，我国荔枝主产区基本具备这两个条件。但不同年份间差异较大，如秋梢抽梢期常遇到阶段性的干旱，造成发梢迟和梢质量差，甚至不发梢，影响结果母枝的培养。秋梢期若遇10～15d干旱天气就应灌水，以保持土壤含水量在田间最大持水量的60%～80%。

荔枝花诱导完成后，若土壤过度干旱，不利于花的发端；花穗轴分化期间，干旱不利于雌花分化。因此，干旱年份，进入花芽形态分化时，宜适当灌水。

荔枝果实发育期间，需要适量而均匀的降雨。少雨干旱或阴雨连绵，雨水过多或干湿交替，都不利于坐果，后期还会加剧裂果。因此，果实发育期间水分管理的原则是保持土壤水分的均衡供应，雨多需排涝，天旱及时灌水。割草覆盖树盘可保持土壤湿度。国外荔枝园有采用生草法栽培的。行间生草便于机械化管理，有利于改善土壤结构，截留降水，增强蓄水功能，但必须定期刈草，以舒缓草与树之间的水分和养分争夺。

第四节　花果管理

一、控梢促花壮花

1. 控梢　在末次秋梢老熟后，受气候和树体内在生长节奏的影响，我国南方产区的荔枝经常容易发生冬梢，这是导致荔枝不能花芽分化的一个重要因素。控制冬梢的抽生和杀死已抽出的冬梢是保障成花的关键。控制冬梢萌发的基本办法是做好秋季水肥等土壤管理，使末次秋梢适时抽出和适时老熟，生产上其他常用的措施包括：

（1）断根法。在秋末冬初末次秋梢老熟后，对果园进行深耕，深度为25～35cm，切断部分根群，控制肥水吸收；或结合施基肥在树冠外围土层挖35～50cm的深沟，切断水平侧根，晒2～3周，填入清园杂草和其他一些有机质肥料，可起到深翻改土和调节树势的作用。

（2）环割法。环割的时间宜在立冬至冬至进行，幼年结果树也有在末次秋梢转绿时环割，效果良好，但对于过于旺盛的树，宜有其他措施配合。环割宜用刀刃薄的锋利小刀，在骨干枝皮层呈环状切割1圈，深达木质部。对于枝梢生长旺盛、叶色浓绿有光泽的，可环割2圈，每圈相距10～15cm。环割部位视树体而异，初结果幼年树可在树干或6～10cm枝径的骨干枝进行；对树势强健的可在10～15cm枝径的第二至四级分枝进行。

（3）化学调控法。生产上常用的生长调节剂有乙烯利和多效唑。乙烯利可以在冬梢抽出3～5cm时喷施，当浓度在250～400mg/L范围时都有杀梢的作用；多效唑一般在冬梢开始萌动时或萌动前喷施，浓度一般为350～500mg/L；生产上用300mg/L乙烯利和400mg/L多效唑混合喷施效果更佳。此外，当冬梢抽出7cm以上时，生产上常使用类似除草剂触杀性质的杀梢素，其主要作用是单纯杀梢，优点是见效快（24h内见效），不易引起老叶脱落，缺点是无促花和壮花功能。

（4）螺旋环剥法。螺旋环剥技术是20世纪90年代初期开始在生产中逐渐推广，并被证实是促进糯米糍、桂味等长势旺、成花难的荔枝品种早结丰产的重要措施之一。根据不同品种的要求在10月中旬至12月中旬，选离地面10cm以上主干或主枝，用宽0.2～0.5cm的环剥刀螺旋环剥1.2～2.0圈（螺距8～15cm），深达木质部，两圈的螺距为5～8cm，将剥离的树皮取出。

2. 促花　冬梢得到有效控制并完成花芽生理分化后，能否保证"白点"（肉眼可辨的白色"小米粒"状的花序原基）正常冒出是判断花芽形态分化是否顺利完成的又一个关键阶段。"白点"芽体萌动状态的外部特征是芽眼饱满，鳞片松开，由干硬变软，由褐色逐渐呈青绿色。促进"白点"出现的前提首先是打破顶端花芽的休眠，生产上常用措施包括：

（1）土壤灌溉。在花芽的形态分化期，如糯米糍、怀枝和桂味等晚熟种在珠三角地区，如果秋冬季遭遇干旱天气，应在1月中旬前后在树盘灌水或淋水，以地下40cm处土壤湿润为宜。

（2）喷洒细胞分裂素。在花芽形态分化期，喷施20～40mg/L细胞分裂素（如6-BA），也可以有效打破芽体休眠，促进芽体萌动和"白点"的出现。

（3）修剪。在花芽形态分化期，适度的修剪也有利于刺激未修剪的顶芽萌动。

3. 壮花 "白点"的出现是成花的必要条件，但有"白点"并不等于一定有花，因为荔枝花芽是混合花芽，混合花芽的发育受气候和树体本身营养水平等因素的影响，即使结果母枝的顶端露出了"白点"，也不能保证一定能够发育成纯花穗，"春（立春）前暖，花变梢"的现象非常普遍。要保证"白点"继续发育成有主花穗和侧花穗的优良纯花穗应采取如下措施。

（1）灌水。如遇天气干旱，应及时淋水抗旱，保证花穗正常抽生。有试验表明，荔枝抽穗期的干旱会减少开花的数量并大大提高雄花的比例，而正常的灌水可大大提高雌花的比例。

（2）喷叶面肥。丰富的氮素营养、矿质营养的平衡和储藏足够的碳素营养是花芽继续发育和优良花质形成的基本条件，因此，如已抽出花穗但叶色还未转绿的树应喷施叶面肥（氮、磷、钾、硼为主），阴雨天还要喷施核苷酸以提高树体的光合作用。

（3）喷细胞分裂素。此类生长调节剂对花穗发育和花芽质量也有重要的影响，可根据树体的需要喷施一次该类调节剂。

（4）去掉花穗上的小叶。对花穗上出现的小叶要及时进行处理，这是最重要的一条，也是导致有果无果的关键，摘除花穗小叶可显著增多每穗雌花数和坐果数。在花穗期密切注意花穗小叶的发育，尤其是气温高和雨水足的年份特别易抽出带叶花穗。处理小叶的方法目前除人工摘除外，使用较多的是药物处理，一般用150～200mg/L乙烯利效果较好，但使用浓度应根据树势、气温等做相应变化。

二、控穗疏花

花穗的长短和粗壮程度、节间的长短、总花量及雌雄花比例决定花穗的质量和坐果率。荔枝花穗过长、花量过大、雌花比例低是造成荔枝"花而不实"的主要原因。主要对策有：①培养短壮且花量适中的短花穗结果；②尽量减少开花的数量，控制开花节奏来提高长花穗坐果率。

　　同一品种，末次秋梢的老熟时间与花穗的长短有较为密切的关系，一般老熟早的梢成花也早，容易形成长花穗；反之，如果末次秋梢老熟时间掌握得好，则容易形成短花穗。目前生产中常用的控穗疏花措施包括：

　　（1）竹枝扫花。在开花前 7d 内，用坚实柔软的小竹枝在花穗顶部往返"扫打"，使部分花蕾脱落，这是一种减少花量的操作简单且安全的方法，但费工费时。

　　（2）人工疏剪法。在开花前 5d 内，用修剪工具剪除 90％以上的花穗，剩下的花穗主轴长度一般短于 10cm，侧花穗 3～5 条。

　　（3）疏花机疏花法。在开花前 3d 内，用疏花机在花穗长 10～12cm 处统一进行短截，侧花穗则不进行处理。

　　（4）药物控穗疏花。在刚开少量花时，用多效唑或烯效唑，并配合一定量的乙烯利喷施花穗，多效唑和乙烯利使用浓度一般分别为 150～200mg/L 和 50～100mg/L，药物的使用依品种、天气不同效果差异较大，大面积应用前需要进行小面积试验。

　　（5）药物杀穗。当花穗伸长至 5～10cm 时，用杀冬梢类药物喷花穗，导致花穗部分干枯和弯卷，使花穗的发育暂时停止，10d 后再逐步恢复分化发育，这样处理后的花穗短小，花量少，雌花期长，雌雄比例增高。

三、保果壮果

　　荔枝素有"爱花不惜子"之说，果实发育期间发生的严重落果现象是导致荔枝产量低而不稳的重要原因。保果工作是荔枝生产周年管理的中心，绝不是简单的几项措施就可以解决的，应该采取综合保果措施，从夏季采收后的管理、秋季健壮结果母枝的培养、冬季花芽分化的调控至春夏季花果期的系列管理等，在年周期管理中一环扣一环去执行，才能获得好的保果效果和满意的产量。果实发育期生产中常用的减轻落果措施有：

（一）创造良好的授粉受精条件

荔枝雌花完成授粉受精过程才能使果实得到正常的发育，影响荔枝授粉受精的因素非常复杂，在荔枝花期，必须做好以下几项工作，以最大限度地满足授粉受精的要求。

1. 花期放蜂　蜜蜂在荔枝花丛中的采集时间具有同步性和连续性，是人工授粉所不能代替的。蜜蜂在开花前3～5d进园，平均每667m² 放1～2箱蜂，注意放蜂期间，荔枝园及其附近果园或菜园均应停止喷洒农药，以防蜜蜂中毒或受污染。

2. 人工辅助授粉　人工授粉效果虽然比不上蜜蜂，但在蜂源缺乏或气候条件不适合昆虫传粉，雌花先开或雌花盛开时附近没有雄花开放或少量开放的果园应考虑采用。人工辅助授粉具体做法：荔枝雄花盛开时，于9:00左右露水干后，在树下铺上薄膜，用手轻轻摇动树枝，收集花粉和花朵，立即去除害虫及枝叶，铺在阳光下晒2h左右（如遇阴雨天可在室内铺开，用灯光照射，风扇吹干），促使花朵中的花药开裂散出花粉，然后把花粉连同花朵倒入清水中充分搅拌，使花粉均匀散开，接着用纱布过滤，留下花粉悬浮液。为了促进花粉发芽，可再加入钼酸铵和硼酸，配制成含有30mg/L钼酸铵和50mg/L硼酸的花粉悬浮液。此悬浮液呈黄褐色，半透明，具有荔枝花香。最后用喷雾器把花粉液喷射在盛开的雌花上。授粉过程中花粉液要随配随用，尽量缩短花粉在水中的浸泡时间。因为雄花在水中浸泡时间太长，单宁物质渗出增多，抑制花粉发芽。此外，切忌用力搓洗花朵，尽量用最短的时间（2～3min）洗出花粉水，绝不能超过30min。

3. 应对不良天气的对策

（1）摇花。荔枝花期遇到连绵阴雨，花穗上积满小水珠，花器官呼吸作用减弱，将引起花穗变褐、沤花，这时要及时摇树，摇落凋谢的花朵和水珠，以减少因积水造成花穗变褐腐烂，同时也可减少病原菌的侵染。

（2）洗"碱雾"。"碱雾"是指空气相对湿度近于饱和，白天多雾，到中午还未消失，这时虽然空中无雨水，但花穗也积有水珠，加上雾中微滴上落有许多可溶性的有毒物质，损伤柱头使其不能受精，这时喷水洗雾，可洗掉柱头上的有毒物质，又能使花通气，有利于受精和坐果。

（3）防晒。雌花盛开期遇高温、干燥天气时，柱头容易干枯凋萎，影响授粉受精，这时应在早晚各喷水一次，以增加果园空气相对湿度，降低温度和柱头黏液浓度，改善授粉受精条件。

（二）适时喷施植物生长调节剂和叶面肥

在搞好果园管理的基础上，于荔枝开花坐果期应用低浓度的生长调节剂，可以调节树体和果实中内源激素水平，促进花器发育健全，刺激子房膨大以及防止离层的形成，从而减少落花落果。这种方法具有工时少、成本低、效果好等优点。

1. 雌花期保果 雌花大量开放后的第三天（此时雌花的"蝴蝶须"处于变黄发干阶段）进行药物保果，药物可选用 3～5mg/L 萘乙酸（NAA）等生长素类植物生长调节剂加生多素 1 000 倍液等。注意使用浓度不要太高，避免对雌花柱头造成伤害。

2. 坐果期化学调控保果 雌花谢后 15～20d 喷施 20～30mg/L 萘乙酸或 1～3mg/L 三十烷醇等植物生长调节剂，并配合喷施 0.3%～0.5% 尿素和 0.2% 磷酸二氢钾等叶面肥。

雌花谢后 35～40d 喷施 30～50mg/L 赤霉素和 40～50mg/L 防落素，并配合叶面喷施 0.5%～1.0% 尿素和 0.3% 磷酸二氢钾水溶液。

对于糯米糍、鸡嘴荔和无核荔等采前落果严重的品种，在雌花谢后 40～45d 喷施 30～40mg/L NAA。

（三）枝干环割或螺旋环剥

1. 环割 环割是一项较为稳妥有效的保果措施，适用于生长偏旺的结果树，特别是对幼年树效果更显著。对老龄或树势偏弱的结果树一般不采用环割措施。环割时间和环割次数依品种、树势和后期挂果量而定。对于较为丰产稳产的怀枝品种，整个果期环割次数最多 2 次，第一次在谢花后 7～10d，第二次在谢花后 30～35d，如果是花期授粉受精条件较好的年份或果园，可以只在谢花后 30～35d 环割一次；如果在花后 7～10d 环割了一次，过 21～28d，在每个花穗的平均果数超过 10 个的情况下，就不需要环割第二次。对于丰产稳产性能较差的品种，如糯米糍和桂味，在整个果期环割的次数一般不要超过 3 次，第一次在谢花后 7～10d，第二次在谢花后 30～35d，第三次在谢花后 55～60d。

环割宜在二级主枝或三级大枝上（胳膊粗以上）进行，在光滑部位用锋锐电工刀、嫁接刀或专用环割刀环割一圈，深度达木质部即可。

2. 螺旋环剥 对于在冬季采用了螺旋环剥进行控梢促花的树，在果实发育期，其伤口一般都会愈合，愈合后就需要补刀进行保果，一般做法是在原来环剥口的下部加剥半圈或将愈合组织刮掉。对于冬季未采用螺旋环剥控梢促花的树，可在花期采用螺旋环剥进行保果。做法是，在开花前后，具体时间视当时天气而定，如开花期天气晴朗，就在开花期或者适当提早环剥；如果开花期遇连续阴雨天，可推迟至盛花期环剥。用宽度 2～3mm 的环剥刀，在离地面 25cm 以上、6～10cm 粗度以上的大枝上，选光滑部位进行螺旋环剥，环剥 1～1.5 圈，螺距 4～6cm，深度刚达木质部即可。

四、减轻裂果

裂果的发生是多方面因子综合作用的结果，因此，也只有采用综合配套栽培技术才能起到减轻裂果的效果。

1. 培养适时健壮的结果母枝　不同时期老熟的结果母枝，开花期不同，裂果发生程度也不同，一般花期早的裂果率较少，但坐果率较低；花期晚的坐果率高，裂果率也相对较高。在珠江三角洲地区，糯米糍末次秋梢老熟期最好控制在 12 月上旬。

2. 改良土壤，增施有机肥　一般保肥保水性能差的沙质土较易发生裂果，大量使用化肥也是造成裂果问题日趋突出的重要原因之一。因此，着眼于土壤改良和增施有机肥以培养强大的根系，提高对逆境（主要指骤干骤湿）的抵抗能力，改良土壤结构可以达到减少裂果的目的。果实发育期间偏施化肥，特别是尿素会导致裂果增加。叶片中氮含量越高，裂果率越高。常规荔枝生产中在果实发育期一般追肥 2～3 次，为了减轻裂果，糯米糍的追肥最好以有机肥配合一定量的钾肥。以产果 50kg 树体计，每株施过磷酸钙 0.5kg、硫酸钾 1kg、充分沤熟的有机肥 10～15kg，在 4 月底作为壮果肥施用。

3. 增加果皮中钙含量　补钙的方式有土壤施用生石灰和在末次秋梢至果实发育期间根外喷钙肥。一般于每年冬季（12 月至次年 1 月），结合冬季清园撒施生石灰，以挂果 50kg 的树计，每株施石灰 5～10kg；冬季未施石灰的果园，可在春季（2～3 月）撒施。

4. 调整挂果量，保持适当的叶果比　荔枝裂果多发生在果实的向阳面，挂果越多裂果越重，保证有适当的叶片既有利于蒸腾（调整叶果之间水分交流），也有利于保护果实免受太阳暴晒，从而减少裂果。一般秋梢上的叶果比为（4～6）∶1比较合适，如果从整株树来说，每个果至少要有50片叶。

5. 改善果园通风透光条件　荔枝光合效能低，果园越荫蔽，荔枝叶片制造养分越少，运输给果实更少，造成果实发育不好，发育不好的果实就容易落果和裂果。因此，应加强修剪和疏枝工作，保持果园和树体的通风透光性。

6. 保持均衡的土壤水分供应　在果皮发育阶段，如遇干旱，应及时灌溉，保持土壤处于湿润状态（土壤含水量为田间持水量的60%～80%），无灌溉条件的果园，要进行树盘覆盖，减少土壤水分蒸发。在果肉快速膨大期，如遇多雨天气，要及时排水，在果实转色时更应防止土壤水分的剧烈波动。

7. 适时环割和断根　一般在大雨来临前或台风前2～3d进行最有用，可有效减少根系对水分的吸收。

8. 其他　调节果园小气候，减少骤变气候的影响，如行间生草、行内清耕和树盘覆盖等。加强病虫害防治，霜疫霉、炭疽病、椿象、金龟子、吸果夜蛾等危害常加剧裂果的发生，受病虫危害的果实的病斑处和伤口往往是果实裂口最容易发生的部位之一。

第五节　整形修剪

一、与整形修剪有关的术语

1. 疏剪　又称疏枝。将一年生枝或多年生枝从枝条的基部剪除。

2. 短截　又称剪短。将一年生枝条剪去一部分，并保留原枝条一部分的枝叶。

3. 回缩　又称缩剪。对多年生枝干进行短截。

4. 抹芽　嫩芽萌发后人工抹芽，以减少芽数或推迟枝条萌发期，调整枝梢生长位置或生长角度，使枝梢分布均匀。抹芽是幼年未结果的荔枝树整形修剪中常用的一种方法，可使新梢整齐、健壮。

5. 抹梢　在新梢生长初期根据去劣选优的原则从基部抹去淘汰的枝条。

6. 抹花　在花穗抽出初期，人工将花穗抹除，以达到推迟花期、减少花量、提高雌性花比例和花质的目的。

7. 摘心　新梢未木质化时，将其先端的芽摘除。摘心是幼年未结果枝条整形修剪中常用的一种方法。

二、树形结构特点

荔枝主干的高矮及主枝数多少主要与繁殖方法、砧木和接穗种类及整形修剪等有关。用压条繁殖的树，主干呈多干形，分枝低，干高不明显。嫁接繁殖的树，主干3～5条，干高30～50cm。荔枝叶片寿命一般1年至1年半，春梢及秋梢萌发期是大量新、老叶更新期，故造成荔枝的层性不明显，主要形成自然圆头或半圆头树形。

三、幼树整形

小树须在定植后2～3年完成整形，一般采用矮干、主枝分布均匀的紧凑半圆头形树形。定干高度30～50cm，留向四周均匀分布的主枝3～5个，每主枝再培养2～3个副主枝，构成植株的骨干。枝条短而密集的品种，如怀枝、糯米糍、白糖罂等，可任其侧枝自然分枝生长；枝条长而壮的品种，如三月红、圆枝、妃子笑和黑叶等，可在新梢长至20～25cm时摘心以抑制过旺生长，或在新梢转绿后留20～25cm短截，增加分枝级数以形成紧凑型树冠。主枝和副主枝分枝角度过小时，须用拉、撑、顶的办法来调整角度；若分枝角度过大，则宜选留斜生背上枝或抬高支撑枝的角度。

四、修剪技术

（一）修剪时期、作用

1. 修剪时期　荔枝树修剪分为春季修剪、夏秋季修剪和冬季修剪。春剪一般于3～5月进行；夏秋季修剪一般于7～8月完成，秋季多雨年份，或土壤中肥水较多时，可将修剪适当推迟至8～9月进行；冬季修剪一般在12月至翌年2月进行。

2. 修剪的作用　修剪是荔枝优质丰产稳产栽培中的重要措施之一，其主要作用有：

（1）提早结果，延长经济结果寿命。荔枝植后一般需6～7年才能正常结果，在整形修剪上，可利用荔枝一年多次生长的特性，加速树冠形成，通过合理的修剪保持从属关系，合理占领空间，可促进幼树提早结果和早期丰产。此外通过对老树的更新复壮修剪等也可延长经济结果寿命。

（2）提高产量和克服大小年。通过合理整形构成立体结果树冠基础，利用修剪调节生长势，促进或抑制花芽分化，控制结果枝的数量或花量，协调生长和结果的关系，达到高产稳产的目的。

（3）通过合理的修剪可使树冠通透，果型增大，着色良好，品质提高。

（4）提高工效，降低成本。荔枝树冠高大，如任其生长，往往高达十几米，管理操作极为不便，这样势必降低工效，增加成本。

（5）减少病虫害发生。郁闭的荔枝园往往椿象、叶瘿蚊、毛毡病等十分严重。

（二）幼年结果树修剪

幼年结果树是指荔枝幼年树，该时期位于生命周期中的生长结果期，特点是能够开花结果，但营养生长仍占主导地位。在这一阶段的修剪要注意以下几个方面：

（1）保持一定量的营养生长，一般采用放 2～3 次秋梢，根据不同品种的要求促使晚秋梢或早冬梢成为结果母枝。由于荔枝采收期集中在 6～7 月，采后仍有足够时间放出 2～3 次秋梢。应于采果后 15d 内，疏除病虫枝、枯枝和过密枝。但此时必须轻剪，且尽量保留树冠中下部枝条，以便较早形成圆头形树冠，增大结果面积。

（2）幼年结果树萌芽力强，顶芽一次常可萌发 3～5 个新梢，甚至更多，故应注意适时疏剪，原则是去弱留强，每次梢留 1～2 个新梢，最多不超过 3 个。

（3）适时采收、合理折果枝是秋季修剪的基础。过去强调短枝采果，修剪不低于"龙头丫"（芽点密集的节位），这是针对过去栽培粗放、树势衰弱的情况而言。但实践证明，随着栽培管理技术水平的提高，健壮的植株发枝力较强，在不同部位修剪都可发出健壮的新梢，可根据培养丰产树冠的要求进行。修剪强度以剪至上一年结果母枝的中下部为宜，必要时可剪至二至三年生枝，这种回缩修剪在密植荔枝园普遍应用。

（4）防止花穗过长过大。可在 2 月短截花穗或适量疏花，变长花穗为短花穗，减少总花量，增加雌花比例。

（三）成年结果树修剪

成年结果树意味着荔枝进入生命周期中的结果生长期。此期中生殖生长占据优势，为开花结果最旺盛时期。大量开花结果消耗了树体有机营养的积累，供给根系的养分减少，根系生长及吸收减弱，采果后较难及时恢复，影响充当新结果母枝的秋梢及时萌发。因此，成年树的修剪应围绕保持健壮树势和培养优良结果母枝这个目标进行。这一阶段的修剪应注意采取以下措施：

（1）修剪时间视培养秋梢次数而定。培养各次梢修剪都应在芽趋于饱满但未萌动前进行。对于生长势不够旺盛的树，必须先施肥后修剪，以保证发出壮梢。

（2）修剪宜轻，一般剪除枝梢的20％～30％。修剪的对象有两树交叉枝和徒长枝、病虫枝、荫蔽枝、纤弱枝、下垂枝以及树冠内过密枝和重叠枝等。尽可能保留向阳枝和壮枝。由于荔枝的主干及主枝忌烈日暴晒和霜冻，故应在树顶部保留足量的枝梢以构成较密的叶幕。掌握程度是在中午时分，阳光可以透过冠幕、在地面上出现均匀分散的阳光斑（俗称"金钱眼"）时。

（3）适时采收，合理折果枝。对叶小甚至树冠顶部叶片呈缺水症状、褪绿色黄的弱树，或者挂果过多的树应适当比旺壮树提前采果，使树势早恢复，否则轻者影响抽秋梢，重者采果后顶部干枯。由于成年树发枝力弱，故一般对中晚熟品种进行短枝不带叶采果，而早熟品种可视树势和管理水平等采取不同采果方法，如对于一些挂果少的旺树可在低于"龙头丫"之处折断。

（4）及时短截修剪，延迟封行。进入成年期后会发生封行现象，造成不同程度的平面结果，既降低单位面积产量，又加速树冠向高处徒长。因此，必须于封行前2年秋季结合采果后修剪，进行轻度或中度短截修剪。如对怀枝品种，应在8月中旬轻度短截，剪去3～4个节，结合施肥，短截后约20d便可以抽生秋梢；对树势强的玉荷包品种，宜中度短截，即采果后对0.6～1.0cm粗的枝条剪去30～50cm。

（四）衰老树更新修剪

衰老的原因除树龄外，往往与水土流失、地下水位较高、丰产后栽培管理跟不上、病虫危害、台风灾害后处理不及时等有关。进行树冠更新的同时也要注意根系更新。

树冠更新修剪应根据树势衰退程度决定更新轻重。衰退严重的树可以在主枝、副主枝上回缩重剪。用禾草包扎主枝、副主枝，外涂泥浆保护以防烈日暴晒。抽出新梢后，选定适于培养为侧枝的枝条，删除邻近过密的枝梢，但一般可保留略多枝梢，以期 2 年内培养成半圆头形树冠。对于因主枝过多过密而衰退的树，可酌情将较细的主枝从基部锯掉。轻微衰退的树可在 8 月下旬轻剪侧枝，争取翌年少量结果。被台风吹倒的树，应立即扶正和固定，劈裂和折断的骨干枝要锯平，并做好防晒和留梢工作。

根系更新的做法：一般是在树冠滴水线下开深 60cm、宽 45cm 的环状沟，用枝剪或手锯截断大根并修齐锯口，将腐熟畜粪肥或草杂肥加少许石灰分层埋入。

第六节　病虫害防治

一、主要病害及其防治

（一）荔枝霜疫霉病

荔枝霜疫霉病是广东荔枝发生的较严重病害。主要危害将近成熟的荔枝果实，也可以危害荔枝叶片、花穗及幼果。在高湿的情况下会引起大量落果、烂果，造成严重损失。

1. 症状　嫩叶受害形成不规则的褐色斑块，湿度大时，在病部长出白色霉状物；较老熟的叶片受害时，通常在中脉处断断续续变黑，沿中脉出现褐色小斑点，扩大后成为淡黄不规则的病斑；完全老熟的叶片一般不会受害。受害花穗变褐腐烂，病部长出白色霉状物。果枝果柄被害，病斑呈褐色，病部与健部界限不清楚，高湿时也产生白色霉层。病菌可在果实任何部位侵入，产生不规则、无明显边缘、褐色的病斑，并迅速扩展至全果变褐色，果肉变酸腐烂，有褐色的汁液流出。湿度大时，全果长满白色霉状物，为病原菌的孢囊梗及孢子囊。病果极易脱落。

2. 病原　荔枝霜疫霉病的病原真菌为荔枝霜疫霉菌（*Peronophythora litchi*），属鞭毛菌亚门。

3. 防治方法　根据荔枝霜疫霉菌致病性极强、潜育期短及再侵染频繁的特点，防治此病应采取降低果园湿度、减少侵染来源及药剂保护等综合防治措施。

（1）农业防治。①修剪。采收后，要把病虫枝、弱枝和荫蔽枝彻底剪去，使树冠通风透光良好，湿度降低。②清洁果园。在9月前把落在地面上的病果、烂果收集干净，深埋或烧毁，防止卵孢子形成后落入土中越冬，减少病菌的越冬基数。

（2）化学防治。①减少病害初侵染源。珠三角地区在3月中旬至4月下旬，越冬卵子孢子萌发出土，产生大量孢子囊及游动孢子，侵染嫩梢、花穗。此时用1‰硫酸铜液喷洒树冠下面土壤，减少初侵染源。②喷药保护。花蕾期、幼果期和成熟期要喷药保护，喷药次数要根据下雨情况及病情发展而定。有效药剂包括烯酰吗啉、吡唑醚菌酯、双炔酰菌胺、烯酰·吡唑酯、嘧菌酯等。

（二）荔枝炭疽病

荔枝炭疽病是一种重要的荔枝病害，危害叶片、枝梢、花穗和果实，造成果实成熟期大量烂果和落果。也是一种在贮运期间造成果实腐烂的病害。

1. 症状　叶片受害常在叶尖开始，初时产生圆形或不规则的淡褐色小斑，后迅速扩展为深色的大斑，病斑边缘不清楚，在叶背面的病斑上形成许多小粒点，为病菌的分生孢子盘，初为褐色后变为黑色，突破表皮，湿度大时溢出粉红色的黏液，为病菌的分生孢子团。严重时导致叶片干枯、脱落。果实在成熟期容易受害，病部变褐色腐烂。天气潮湿时，在病部上产生许多小粒点，溢出粉红色黏液。花穗染病会变褐腐烂。

2. 病原　荔枝炭疽病是一种真菌病害，由真菌界中的几种刺盘孢菌（*Colletotrichum* spp.）所致。

3. 防治方法　根据炭疽病菌的特性，防治荔枝炭疽病应以加强栽培管理、提高树体抗病力为主，辅以冬季清园及适时喷药保护的方法。

（1）农业防治。加强栽培管理及做好清园工作，结合防治霜疫霉病，做好冬季修剪和清园工作，剪除病枝梢、病果，清除地面病叶、病果并集中烧毁，以减少菌源，使果园通风透光，修剪后，喷一次40%灭病威悬浮剂400～500倍液。

（2）化学防治。适时喷药保护，在花穗期、谢花后20d、30d和40d各喷药一次，减少病原的潜伏侵染，保护花穗和幼果。药剂可用40%灭病威悬浮剂400倍液，或65%代森锌可湿性粉剂500倍液，或70%甲基硫菌灵可湿性粉剂800～1 000倍液，或60%唑醚·代森联水分散粒剂 1 000～1 500 倍液等。在果实快速膨大期还需喷药 1～2 次，应选用炭疽病与霜疫霉病兼治的药剂，如 62% 多·锰锌（霜炭清）可湿性粉剂 600～800 倍液。

二、主要害虫及其防治

（一）荔枝蒂蛀虫

1. 危害特点 荔枝蒂蛀虫（*Conopomorpha sinensis*）是荔枝果实"零容忍"的防控对象，是影响荔枝产量和质量安全的主要因素之一。幼虫自荔枝第二次生理落果后的整个挂果期间均可危害，常引致大量落果或造成"粪果"，亦能蛀食新梢、花穗、叶片中脉。

2. 形态特征 成虫体灰黑色，长 4～5mm，翅展 9～11mm，触角约为体长的 2 倍。翅狭长，缘毛密且长。前翅 2/3 基部灰黑色，端部橙黄色，有由黑色和银色的微斑构成的 Y 形纹，最末端有 1 黑色圆点；在翅的中部有两度曲折的白色条纹，静止时两前翅合拢构成清晰"爻"字纹是该成虫的最明显特征。卵椭圆形、扁平，卵壳微突并有不规则的网状花纹，初产时淡黄色，后转橙黄色。老熟幼虫圆筒形，乳白色，长 8～9mm，仅具 4 对腹足，趾钩二横带，臀板三角形，末端尖。蛹长约 7mm，初呈淡绿色，后转为黄褐色，触角长于蛹体，头顶有一个三角形突起的破茧器。蛹具薄膜状的茧。

3. 防治方法 贯彻以农业防治控基数、化学防治护果实、平时注意保护天敌的策略。

（1）农业防治。①控制冬梢，压低越冬虫源基数。勤清地面枯枝落叶、落果，减少田间虫口数量。②结合丰产栽培，适当修剪，使果园通风透光。

（2）生物防治。蒂蛀虫的自然天敌有多种寄生蜂，如甲腹茧蜂（*Chelonus* spp.）、扁股小蜂（*Elasmus* spp.）和绒茧蜂（*Apanteles* spp.）等。

（3）化学防治。开展虫情测报，适时喷药护果。荔枝挂果后，依据实地测报，在成虫羽化始盛期（即羽化率累加至 20%）喷药，隔 5d 再喷一次，务必将害虫消灭在成虫产卵前期。对荔枝蒂蛀虫高效的药剂有 48% 毒死蜱乳油 1 000 倍液，或 5% 高效氯氰菊酯乳油 1 000 倍液，或 25% 灭幼脲悬浮剂 500 倍液，或 25% 丁醚脲乳油 500 倍液等。需要特别指出，在荔枝非挂果期间，田间的蒂蛀虫种群数量一般较低，不宜喷药。

（二）荔蝽

1. 危害特点　荔蝽（*Tessaratoma papillosa*）若虫和成虫均能刺吸嫩梢、花穗、幼果的汁液，导致嫩梢枯萎、落花、落果；荔蝽射出的臭液，也能使梢、花、幼果枯焦，甚至能伤害人的眼睛和皮肤，引起剧痛。

2. 形态特征　荔蝽属半翅目蝽科。成虫体盾形，黄褐色，长 22～28mm，宽 13～17mm。胸腹面敷有白色蜡质粉状物，一对臭腺开口于胸部的腹面。雌虫腹部末节腹面中央分裂；而雄虫腹末节背面有一下凹的交尾构造。卵近圆球形，直径 2.5～2.7mm，初产时淡绿或黄色，孵化前深灰色，常 14 粒相聚成块。若虫共 5 龄。初龄体椭圆形，长约 5mm，体色由鲜红变深蓝色；以后各龄体呈长方形，橙红色，体形逐龄增大，至五龄时体长 18～20mm。四龄开始，中胸背侧翅芽显露。

3. 防治方法

（1）生物防治。多种卵寄生蜂、鸟类、蜘蛛、蚁类、白僵菌等都是荔蝽的天敌。应用荔枝平腹小蜂（*Anastatus japonicus*）防治荔蝽是我国害虫生物防治中一个很成功的例子。每年春季荔蝽产卵初期开始放蜂，以后每隔 10d 放一批，共放 2～3 批。每次放蜂量视害虫密度而定：每株树有荔蝽 100 头左右的，可放蜂 500 头；如果虫口密度过高，则应先用敌百虫液喷射，压低虫口密度后，隔 7d 再行放蜂。放蜂时间要避开低温和雨天，并设法预防蚂蚁取食蜂蜜。

（2）化学防治。早春越冬的荔蝽成虫恢复活动，在成虫交尾时，喷 90% 敌百虫 600～800 倍液。第二次喷药在幼虫大量孵化时进行，虫口密度大的荔枝园应全面喷，虫口密度小而开花少的荔枝园可重点对花果和幼虫比较集中的植株或方向喷，可以减少对天敌的杀伤，节约农药和劳动力。

（3）物理防治。利用冬季低温（10℃以下）时荔蝽冷冻麻木、不易飞起的特性，突然猛力摇树，并迅速将坠地的越冬成虫收集，集中烧毁或深埋。采摘荔蝽卵块进行集中处理也是一种辅助的防治方法。

（三）油桐尺蠖

1. 危害特点　危害荔枝的尺蠖有多种，最主要是油桐尺蠖（*Bu-*

zura suppressaria）。幼虫咬食嫩叶、嫩梢、花穗、幼果及其枝梗，在高龄暴食期间对植株的生长及产量影响极大，如四龄后的幼虫每虫 1d 可食 8～12 片叶。

2. 形态特征 油桐尺蠖属鳞翅目尺蛾科，其幼虫体色随种类及环境而多变，但仅具腹足 2 对，是其形态学上的最大特点。行动时，身体弯成环状，一屈一伸，似以尺量物；休息时，以腹足固定，身体前部分伸出与攀附的植物成一角度，又是其拟态的最大特点。油桐尺蠖成虫体长 19～25mm，体灰白色，散布黑色小点，头部后缘及胸腹部各节末端灰黄色。前后翅均白色而杂有灰黑色小点，自前缘至后缘有 3 条橙黄色波状纹。雄蛾触角羽毛状，雌蛾线状。卵椭圆形，蓝绿色，堆成卵块，表面覆有黄褐色绒毛。末龄幼虫体长 60～72mm，体色随环境而异，有深褐色、灰褐色或青绿色，头部密布棕色小斑点，顶上两侧有角突，前胸背板有 2 个瘤突，气门紫红色。蛹为被蛹，黑褐色，头顶有角状小突起 2 个，臀棘末端刺状物有小分叉。

3. 防治方法

（1）生物防治。尺蠖类幼虫天敌较多，如果不滥用农药（杀虫剂、除草剂），生物群落稳定，能维持动态平衡，一般不致大发生。

（2）化学防治。在局部发生危害时，及时进行挑治，不得已才全面喷药，必须抓准低龄幼虫期喷药。药剂一般可选用 80％敌敌畏乳油1 000倍液，或 90％敌百虫 500 倍液混 0.2％洗衣粉或 18％杀虫双水剂500 倍液等。但有机磷及菊酯类农药对高龄油桐尺蠖幼虫效果不理想，宜选用苏云金杆菌类微生物杀虫剂，如青虫菌、杀螟杆菌等。

（3）物理防治。挖蛹，重点在越冬代和第一代，或在虫口密度高的树干下，铺设薄膜，上铺 7～10cm 松土，待幼虫老熟下树化蛹时集中杀灭。

（四）龟背天牛

1. 危害特点 龟背天牛（*Aristobia testudo*）以幼虫钻蛀荔枝枝干的木质部形成蛀道，蛀道每隔 10～15cm 有一排粪孔，孔口常见大量橙红色、颗粒状的虫粪及木屑排出，极易识别。成虫咬食当年枝梢皮层，造成长形半环状剥皮，部分木质部露出，使枝梢渐渐干枯，树势衰弱，甚至整株死亡。

2. 形态特征 成虫体长 20～30mm，宽 8～11mm，体漆黑色。触角比体长，自第三节起均为深黄色，第三至五节端部各有一环黑色毛簇，尤以第三节的毛簇最长最密。鞘翅上有黑色的条纹将赤黄色的斑块围成龟背状纹，此乃该虫外形的最明显特征。幼虫扁圆筒形，乳白色。老熟幼虫体长约60mm，前胸背板发达，侧沟明显，前缘有4个黄褐色斑，后缘有黄褐色的"山"字形纹。蛹为裸蛹，长约30mm，前期乳白色，后期黄褐色，1～6腹节背面后缘各有一列棕褐色毛组成的横纹。卵长椭圆形，米粒状，黄白色，长约4.5mm。

3. 防治方法

（1）物理防治。①捕杀成虫。7～8月为成虫羽化盛期，利用其假死性，用细枝触击成虫，或突然用力摇树，利用成虫坠地之机杀之。②刮杀皮下的卵和幼虫。根据成虫产卵对枝丫选择的习性和着卵位置为半月形伤口的特征，于8～12月，利用小刀或螺丝刀等类似工具，刺刮杀死树皮下的卵和越冬前的低龄幼虫。

（2）化学防治。毒杀蛀道内的幼虫。经常留意散落地面的虫粪、木屑，据此追踪树上的蛀孔，用钢丝通刺蛀道后灌注80％敌敌畏乳油30倍液，或用克牛灵、天牛敌等药剂，熏杀蛀道内幼虫，并以黏泥封闭孔口，效果甚佳。

（3）生物防治。在蛀孔道倒数的第二个排粪口，用"注射法"或"海绵吸附法"施放斯氏线虫A24（*Steinernema carpocapsae* A24）2 000～4 000条，不仅安全高效，而且有利于寄主蛀道的愈合。

第七节　果实采收与储藏运输

一、荔枝的采收

（一）果实成熟度

荔枝最佳食用成熟度是荔枝充分成熟的时候，对产地销售的荔枝来说，以九成以上的成熟度为佳。如果要进行长途运输，以八成熟的荔枝为好。八成熟的果实外果皮龟裂片大部分转红，裂片沟转黄，内果皮白色，糖酸比70左右；九成熟的果实外果皮龟裂片全部转红，内果皮近蒂处开始呈现红色，糖酸比87左右。荔枝充分成熟后，如果继续留在树上，则会发生果肉风味变淡且带有纤维感的现象，该现象俗称"退糖"。

（二）采收时间

采收时的气候条件对荔枝储藏期、储藏效果及储藏后货架寿命影响很大。用于储藏的荔枝，必须在晴天早晨采收，或者是在阴天或多云天气采收。若在雨天采收，由于果实含水量高，呼吸强，易裂果，且在储藏过程中易感染病害，储藏效果差。荔枝也不宜在烈日下采收，否则因为果实带有大量的田间热，在采后难以迅速降低果温，果实呼吸旺盛，消耗快，导致果实品质迅速下降。

（三）采收方法

正确的采收方法要求在考虑母树来年生产的同时保证商品质量。荔枝果穗与结果母枝交界处节密粗大，俗称"葫芦节"。在密节处折果枝，留下粗壮枝段称"短枝采果"。折果枝不带或少带叶，应视品种、树龄、树势而定。采收时要带好采果篮、箩、田间周转箱、果梯、剪刀等必备工具。采收时自上而下，先外围果，后内膛果，逐层采摘。轻采轻放，以防损伤果皮。

二、荔枝采后处理

（一）挑选、分级

包装前要先进行挑选、分级，剔除病果、虫果、带褐斑果、过青或过熟果、小果和畸形果等，特别是病果和虫果，一定要剔除干净。在国内销售一般以整穗为单位处理，而用于出口的荔枝，以单果为单位，可按照大小或重量进行分级。根据果实大小分级，可采用孔径分级机，这种分级机械是让果实从不同孔径的孔洞中滚过，通过小孔径时，小果掉下，而大果继续前进，碰到适合孔径的孔时才掉下，这样就能将果实按大小分成不同等级。但是这种方法很容易导致果实出现大量的机械损伤，除了采用熏硫浸酸做保鲜处理的果实外，其他一般很少利用，生产上也很少使用。另外可根据颜色和大小分级，主要通过人工观察比较，因此误差较大，这种方法在生产上小规模小包装出口时应用较多，每盒小包装装有相同个数荔枝，其重量相近，颜色相近，包装后较美观，从而也提高其商品档次和商品价值。

（二）包装

荔枝的包装一般可分为大包装和小包装，也可分外包装和内包装。大包装一般用于流通过程中，方便操作，如采用竹箩、塑料周转箱、泡沫箱、大纸箱等，每个包装可容纳的重量一般在 10kg 以上。小包装或内包装也称销售包装，一般包括礼品盒、小纸箱、小塑料筐、小竹箩、各类薄膜袋等。

目前荔枝的包装基本用人工包装。首先准备好包装容器（竹箩、纸箱、泡沫箱、塑料箱等），再衬垫上塑料薄膜袋，然后把荔枝整簇紧密有序地装好，一般果实朝上，果枝、果梗向下。这样整箱果实看起来较美观。小托盘单粒果包装，则一般是果顶向上，果肩向下，紧密排放，再用无滴自粘保鲜膜包封。虽然荔枝的装箱或装袋一般采用人工，但在包装封口、薄膜黏合等方面，还需要借助机械。如采用吸膜包装机械，或对大包装进行封箱时使用机械。

（三）预冷

预冷的作用就是迅速降低田间热，延长储藏期。荔枝采收后至预冷的时间越短，保鲜效果越好，一般在采收后 6 h 以内完成包装、预冷、入冷库等过程效果较好。

预冷的方法有多种，生产中常用的有冰水预冷、冷库预冷、空调房预冷、阴凉棚预冷等。最简单、最原始的预冷方法是将采收的果实散放在背阴、冷凉、通风场所，让其自然降温，让产品所带的田间热散去，这在没有更好的预冷条件时，仍然是一种应用较普遍的方法。将荔枝堆放于 15～20℃空调房进行预冷的方法，预冷的效果好于阴凉棚预冷，但是比以下介绍的冰水和冷库预冷效果差。

冰水预冷是直接将荔枝浸泡入冰水之中，使果实降温。冰水冷却一般在冰水横槽中进行，槽的大小可根据处理果实的量定做。在夏季，如果加入充足的碎冰，一般可以将冰水温度降到 5℃ 以下，浸泡 15～20min，即可将果温降低到 7℃ 左右。在冷却过程中，由于冰水的温度会逐渐回升，应定时补充新的碎冰。冰水冷却时槽中的水通常是循环使用的，这样会导致水中腐败微生物的累积，使产品受到污染，因此往往在冷却水中加入一些杀菌剂，减少病原微生物的交叉感染，如加入一些次氯酸盐。此外，水冷却器也要经常换水清洗。采用水冷却时，产品的包装箱要具有防水性和坚固性，或者经过预冷后再包装。目前采用泡沫箱加冰方式北运的荔枝，也是采用包装内加冰的预冷方式，一般在每个泡沫箱内加果重 1/3～1/2 的冰。

将荔枝堆放于冷库进行预冷的方法称为冷库预冷。可利用现有的冷库条件，将包装好的荔枝按要求堆叠于冷库内。冷库的温度以 3～5℃、相对湿度保持 95％或以上较为适宜。此外，当制冷量足够大及空气以 1～2m/s 的流速在库内和容器间循环时，冷却的效果更好。因此，堆码的垛与包装容器之间都应该留有适当的空隙，保证气流通过。预冷需要 24 h 或更久时间。

（四）常规杀菌剂处理

荔枝采后先用含氯的清洗剂（浓度 0.1％）清洗果实，然后用水冲洗，待稍干后，再用荔枝保鲜剂（含有针对荔枝采后病虫害的杀菌剂及保鲜剂）浸果实 1min，稍晾干后包装，对抑制荔枝贮运过程中的病害有明显的效果。常用的杀菌剂、防腐剂包括 1 000mg/L 特克多＋1 000mg/L 乙膦铝、500mg/L 咪鲜胺锰盐、500mg/L 抑霉唑、1 000mg/L 特克多＋1 000mg/L 异菌脲等。

三、储藏和运输

荔枝采用的储藏与运输方法主要取决于荔枝园离目标市场的远近程度，如果是产地销售，一般采用常温储藏运输方法，如果是较远距离的销售（如有 3d 左右车程），则需要采用低温贮运方法，如果是出口，则要根据进口国的技术要求进行。

（一）常温贮运

常温贮运是指在没有制冷设备条件下，主要靠杀菌剂的防腐作用达到防腐保鲜的目的，防腐后的荔枝用塑料薄膜包装保湿以防止失水褐变和变质。生产中普遍使用泡沫箱加冰的普通货车常温运输方式，适用于运输时间为 3～4d 的中途运输。一般果实重量与冰的比率为 2∶1，如果果实经过预冷，加冰量可稍减，比率可降为（3～4）∶1。但是采用泡沫箱加冰包装，当运到销售地后，由于冰的逐渐融化，处于泡沫箱底部的荔枝果实将泡在水中，导致果实变色，如果时间过长，则会有异味。为了防止果实泡在冰融化的水中，现多采用冰袋或塑料冰瓶。具体做法：①首先准备泡沫箱，泡沫箱规格一般为长 60cm，宽 40cm，高 50cm，厚 10cm 左右，一箱可装荔枝 10～15kg。②准备 25cm×40cm 的小塑料袋用于包碎冰，90cm×60cm、厚 0.03mm 的大塑料袋用于包装荔枝。也可用 500mL 或 1 000mL 的矿泉水瓶装 400mL 或 800mL 的水（注意不能装满水，否则结冰后易把瓶子撑破），放入冷冻间冻成冰以待使用，也可使用专用的冰袋。将大塑料袋垫于泡沫箱底及四周。③荔枝采后迅速进行挑选，除去有病虫、机械伤、褐变果等不正常果，最好先用冰水预冷 5～10min，稍晾干后倒入泡沫塑料箱，定重，扎好袋口，在面上铺上一层用塑料袋包装的碎冰或矿泉水瓶冻好的冰，一般加冰量占果实重量的 1/3～1/2。盖好泡沫箱盖，用封箱胶封好。④储藏期间泡沫箱之间应该堆紧，在整堆的顶部和四周可用泡沫板或棉被围起，延长保温时间。⑤这种方法进行短期运输，储藏后要迅速销售，一旦打开包装袋，果实很快变色。时间超过 5d，果实会有异味。

（二）低温贮运

这是目前在生产上使用最多，而且效果也较好的一种适合荔枝储藏保鲜的方法。当果实经过预冷，达到适宜温度后，即可进行冷库储藏。荔枝的最适储藏温度为 3～5℃，在此温度范围内，荔枝可储藏 1 个月左右，基本保持果实的色、香、味，加上合适的包装，可以有 1～2d 的货架寿命。在低温储藏过程中，冷库管理的好坏对果实的储藏寿命影响很大。一般要求做到：

（1）入库前冷库的消毒。一般可使用福尔马林、漂白粉、过氧乙酸或乳酸，也可采用臭氧进行消毒。

（2）冷库降温。在荔枝果实入库前，应先将库温降到荔枝的储藏适宜温度 3～5℃以下。让经预冷后的荔枝在进入冷库时，就有一个适宜的环境，以免受到环境温度波动的影响。

（3）控制出入库量。每天或每次的出入库量应有一定的数量，一般为库容的 10%～20%，最好不要超过 30%，以避免由于过多货物的进出而影响库房温度，导致大幅度的波动。

（4）库房温度的控制。假如荔枝直接在冷库内预冷，在预冷后把需分散堆放的荔枝重新堆叠码垛。为使荔枝以后降温均匀和温度恒定，在堆码上有一定的要求，一般码成长方形的堆，堆与堆之间距离 0.5～1m，堆高不能超过风道喷风口，距风口下侧 0.2～0.3m，离开冷风机周围至少 1.5m 以上，与冷库壁和库顶间距 0.3～0.5m，特别是库顶，多留空间对冷空气的流通很有必要。通常，冷库地面要铺垫 0.1～0.15m 高的地台板，库内中间走道应有 1.5～1.8m 宽，方便搬运与堆叠。

（5）冷库内气体管理。冷库需有通风装置，定时排换库内气体，引入新鲜空气，换空气次数和时间视储量多少和时间长短而定，尽量在温度较低的早晨或晚间进行。

运输要求的条件与冷藏一致，长途运输最好采用冷藏车和冷藏集装箱。如果没有冷藏车船，采用普通货车运输，可将荔枝先预冷，装车前转入泡沫箱，同时在车厢周围用泡沫板或棉胎等材料保温，并加适量的冰，也可进行 4d 左右的运输。

国际上先进的流通是冷链式流通，以冷藏车、船为运输工具，从采收后到消费的整个过程，都保持在适宜的低温范围内，即产地有冷库；运输采用冷藏车、船或保温车、船；批发部门有冷库，零售店有冷柜；家庭有冰箱。整个系统中的任何一个环节都必须实行低温管理。采用冷链流通技术，可以延长荔枝的储藏期和货架期，降低储运损耗实现荔枝的储运保鲜。

第十三章

杨　梅

第一节　种类和品种

一、种类

杨梅属于杨梅目（Myricales）杨梅科（Myricaceae）杨梅属（*Myrica*），本属植物在我国已知的有 6 种，供食用的仅 1 种。

（一）杨梅

我国栽培的杨梅（*Myrica rubra*）均属本种，由于经过悠久的人工栽培历史，培育产生了许多园艺品种，分出 6 个变种，这些变种作为不同的园艺品种类群较为恰当。

1. 野杨梅　多数自然实生，少数嫁接繁殖。干高而粗，枝开展。叶大，边缘常具锯齿，或呈波状。果实小而红色，亦有淡红色的，肉柱细、多尖头，味极酸。早熟，成熟果实易脱落，核大、粘核。广泛分布于杨梅自然分布区。常作为砧木用。

2. 红杨梅　果实较野杨梅大，色泽单纯，绝不混有白色，栽培范围甚广，品种繁多，一般红色、深红色、紫红色的杨梅均属本类，品质中等。如上虞的深红杨梅、萧山的中叶青、黄岩的东魁等。

3. 粉红杨梅　果实完全成熟时，绝不变为黑色或纯红色，多少混有白色，果色有水红、粉红、淡红等，有果实呈现两种果色的现象，即向阳面呈淡红色，背阳面呈白色或淡黄色，称"半红"。味甜酸，品质好坏不一。浙江永嘉的粉梅种，上虞、余姚的白花种，定海的红杨梅均属本类。

4. 水晶杨梅　成熟果实呈淡绿色、乳白色、灰白色或白色中略带绿晕斑，但绝不间有红色。味清甜，品质尚好，产量较低。凡产杨梅地区都有此种出现，各地少量栽培。以浙江上虞二都的水晶杨梅和福建长乐的纯白蜜为其代表。

5. 乌杨梅 叶表面通常浓绿色，果实成熟前为红色，成熟时变为浓紫色、紫黑色，品质上等，甜味浓，肉柱粗而钝，核易与果肉分离。如浙江余姚、慈溪的荸荠种，江苏洞庭的乌梅，广东潮阳的乌酥等。

6. 钮珠杨梅 灌木状，高 1m 左右，树冠整齐，几为平顶，干小而分枝多。叶短缩，与石榴叶相似，丛生梢顶，背面深绿色。果实小、柄短，基部平，顶端微凹，不具小瘤，色红，肉柱尖，味清淡。

（二）毛杨梅

毛杨梅（*M. esculenta*）在贵州又称杨梅豆。常绿乔木或小乔木，高 4～10m，胸径可达 40cm，树皮灰色。幼枝及芽密被柔毛，叶革质，倒披针形或倒卵状长椭圆形。雌雄异株，花为柔荑花序，生于叶腋，雄花序分枝圆柱形，红色；雌花分枝极缩短，因而整个花序似成单一穗状，通常每花序上有数个孕性雌花发育成果实。果实卵形或椭圆形，大如樱桃，红色，外果皮肉质，多汁液及树脂；核与果实同形，具厚而硬的木质内果皮。9～10 月开花，次年 3～4 月果实成熟。本种在外形上与杨梅极相似，但本种的花序显著分枝，尤以雄花序为甚；此外，其小枝、叶柄及叶片中脉基部处被密生的柔毛也极易同杨梅和矮杨梅区分。

本种产于我国四川中部以西、贵州西部和南部、广东西北部及广西和云南，在印度、尼泊尔、越南等亦有分布。常生长在海拔 280～2 500m 的稀疏杂木林内或干燥的山坡上。

（三）细叶杨梅

细叶杨梅（*M. adenophora*）果实盐渍后称为青梅，故又称青杨梅。常绿灌木，高 1～3m，小枝细瘦，密被短茸毛及金黄色腺体，树皮灰色。叶薄革质，具茸毛，倒卵圆形，叶缘有稀疏锯齿，上下两面幼嫩时密被腺体。雌雄异株，花序生于叶腋，雄花序单一穗状，雌花序单生于叶腋，单一穗状或在基部具不显著分枝，红黄或红褐色。果实椭圆形，红色或白色，10～11 月开花，次年 2～5 月果实成熟。本种产于海南和广西，生于山谷或林中。

本种有变种称恒春杨梅（*M. adenophora* var. *kusanoi*），系常绿小乔木，幼枝灰褐色，有毛，果椭圆状。产于我国台湾恒春。

（四）矮杨梅

矮杨梅（*M. nana*）别名云南杨梅、滇杨梅。常绿灌木，高 0.5～

2m，小枝较粗壮，无毛或有稀疏柔毛。叶革质或薄革质，倒卵形，很少为椭圆形，基部楔形，边缘中部以上有粗锯齿，叶脉表面凹陷，背面凸出。雌雄异株，花序生于叶腋，呈褐绿色，雄花序单一穗状，雄花无小苞片，雌花序有极短分枝，雌花子房无毛。果实球形或稍扁的卵形，红色，纵横径 0.8cm×0.6cm 左右，味酸可食。2～3 月开花，6 月果实成熟。

本种产于云南、贵州海拔 1 500～2 800m 处，有 2 个变种，即尖叶矮杨梅（*M. nana* var. *integra*）和大叶矮杨梅（*M. nana* var. *luxurians*）。

（五）大杨梅

大杨梅（*M. arborescens*）为高大乔木，树高 15m 左右，干周达 3m 以上，树皮灰褐色，具明显不规则银白色晕斑。叶片大，长披针形，常密集着生于小枝上部；叶片中上部有明显的钝锯齿；叶背密被金黄色腺体，有长柔毛。果实圆球形，成熟时绿色或白色。2～3 月开花，4～5 月果实成熟。

本种产于云南南部和西南部，生长在西双版纳的勐混、西定，滇西的陇川、瑞丽、盈江等海拔 900～1 400m 的山地或林中。

（六）全缘叶杨梅

全缘叶杨梅（*M. intergrifolia*）为灌木或乔木，树高 8～10m，树皮深灰褐色。叶披针形，先端渐尖，基部狭楔形，叶全缘，边缘略反卷，叶面光滑，叶脉明显下凹。柔荑花序，腋生，雌花序圆筒形，雄花序弦月形。果实椭圆形。2～3 月开花，4～5 月果实成熟。分布在我国云南西南边境海拔 900～1 400m 的山地。

二、品种

1. 荸荠种 属乌梅类，原产浙江余姚市张湖溪，今已成为我国分布最广、种植面积最多的 2 个主栽品种之一。树势中庸，树冠半圆形，树姿开张，枝条稀疏，较细长。叶长倒卵形或椭圆形，全缘。果实在原产地 6 月中下旬成熟，抗风力强，不易脱落；果实圆球形略扁，果顶微凹陷，有时具"十"字形条纹，果底平，果蒂小，果轴短，肉柱棍棒形，先端圆钝，果面乌紫红色；中等大小，单果重约 14g，含可溶性固形物 12.0%，可食率 93%～96%；肉质细嫩柔软，具香气，汁多，甜酸适口，核小，卵圆形，核肉很易分离，品质极上等。本种丰产、稳产，优质，适应性广。

2. 东魁　又称巨梅，因果型特大而著称，是国内外杨梅果型最大的品种，属红梅类，原产浙江黄岩，今已成为我国分布最广、种植面积最多的2个主栽品种之一，目前全国各杨梅产区都有栽培。树冠高大、圆头形，生长势强，枝粗节密，叶大密生，叶缘波状皱缩似齿，或全缘。果实在原产地6月中下旬陆续采收，抗风力较强。果实特大，为不正圆球形，纵横径3.5～3.7cm，平均单果重约22g，最大的达52g，果面紫红色，肉柱较粗大，先端钝尖，味浓，甜酸适中，含可溶性固形物11%～13%、总酸1.35%，核中等大，可食率94.0%～95.6%，品质优良。本种耐干旱、贫瘠土壤，丰产、稳产，优质，适应性广。

3. 晚稻杨梅　又称舟山佛梅。主产于浙江舟山定海皋泄，现已成为舟山地区的主要栽培品种，为浙江省主要优良品种之一。该品种树势强旺，分枝力强，常2～3个主干，树冠较高大，圆形至半圆形，主侧枝较直立，盛果后树冠略显开张。以春梢中短结果枝为主，叶广披针形或尖长椭圆形。果实圆球形，紫黑色，富有光泽，中等大小，平均重11.2g；肉柱圆钝肥大，肉质致密，甜酸适中，含总糖9.8%、总酸0.9%、可溶性固形物10.0%～11.5%，品质特优，鲜食、加工皆宜；核椭圆形，种仁饱满，乳白色。当地夏至后7～10d开始成熟，采收期长达半个月。丰产、稳产，为当前优良晚熟品种。

4. 丁岙梅　属乌梅类，主产于浙江温州的茶山。树势强健，树冠较大，圆头形或半圆形，不甚整齐。叶密生，浓绿色，倒披针形或长椭圆形，先端钝圆或尖圆，基部楔形，全缘。果实圆球形，较大，单果重15～18g，果柄长约2cm，果与果轴固着力强，可连轴采下，在市场上可与一般品种区别；果面黑紫色，两侧有明显纵浅沟各相映，在市场上称此品种具有"红盘绿蒂"的美貌，使其身价更高；果肉厚，肉柱圆头，肉质柔软、多汁，甜多酸少，含可溶性固形物11.1%、酸0.83%，核小，呈卵形，仁饱满，可食率96.4%。品质上，较耐贮藏。6月中下旬成熟，产量上等，抗风能力较强。

5. 早佳　原产地浙江兰溪，系当地发现的荸荠种杨梅变异优株，经系统选育而成的特早熟乌梅类品种。2013年通过浙江省林木品种审定委员会认定。5月底至6月初成熟，单果重12.7g。可溶性固形物11.4%，果实可食率95.7%，该品种树体健壮，树势中庸，树冠矮化、始果期早，比荸荠种提早1～2年挂果；成熟期早，比荸荠种提前7d成熟，比东魁提前15d成熟；丰产稳产，一般8年生树即进入盛产期；果实肉柱圆钝，肉质较硬，耐贮运，色泽紫黑明亮，外观美，风味浓；果核小，品质优良。

6. 水晶种 原产地浙江上虞，系我国品质最优的白杨梅，是白杨梅中唯一的中熟大果型品种。2002年通过浙江省林木品种审定委员会审定。6月下旬成熟。单果重14.4g，可溶性固形物13.4%，果实可食率93.6%。树势强健，树冠半圆形，叶片倒披针形，叶淡绿色。果实圆球形，单果重最大达17.3g。完熟时果面白玉色，肉柱先端稍带红点。肉质柔软细嫩，汁多，味甜稍酸，风味较浓，具独特清香味，品质上等。浙江上虞产地采收期约15d。

第二节 建园和栽植

一、建园

（一）园地选择

杨梅建园工作的好坏将对生产起着长远的影响，各地应以农业区划为依据，坚持高质量建园。宏观上把杨梅的生物学特性与生态环境如温度、降水量、土壤质地、果品销售等因子综合权衡考虑，为高效、优质、安全栽培奠定基础。微观上还应充分考虑果园小环境、植被等因素，趋利避害生产绿色果品：选择远离城镇居民区、工矿企业、废弃物和废旧物资堆放点，周边甚少种植瓜菜，多为自然植被或稻田，冬季有霜冻的园区，可大幅度降低果蝇危害果实；土壤植被多为阔叶的双子叶植物，特别是蕨类、杜鹃、青冈、橡子树等植物占优势开发的杨梅果园，结果提早，果型大，品质佳，相反，以单子叶植物占优势开发的果园，往往使杨梅生长过旺而结果不良，产量低，品质下降。

（二）园地规划

正确地规划园地，对果园建立有重要意义，尤其是山区建园更加重要，杨梅的栽培收益及生产成本与园地规划有密切关系。规划不当，对水土保持和果园的机耕将带来困难。

1. 园区划分 建园面积较大时，为了便于水土保持和经营管理，应把全园划分成若干面积0.6～1.0hm² 的种植小区。小区的地段可按山头的坡向来划分，最好不要跨分水岭，小区形状以长方形为妥，其长边可沿等高线横贯坡面。

2. 道路规划　要使公路、干路和小路成为系统。果园要小路连接干路，干路通往果园外公路，公路再通水路或铁路，使果实采收以后能及时运出销售。小路宽 3m 左右，干路宽 5～6m，通行机动车，上山的干路应根据地形地势修迂回盘山道，并在适当地段加宽作为车辆交会的场地。

3. 水土保持　我国杨梅产区雨量充沛，春夏常遇暴雨，土壤冲刷严重。为了避免果园上部林地及未开垦地的山洪冲入果园，应在果园的最上方按等高方向挖一条深 30～60cm、宽 60～100cm 的横向拦水沟；依山势及自然水流路径，再加人工修筑加固，上接拦水沟，修筑纵向排水沟。依据当地杨梅栽种的山地坡度及人力、物力等条件，可采用挖掘机修筑梯田、等高定植壕、鱼鳞坑，深翻 80cm 后开垦种植穴栽种杨梅，可节省大量人力用于后期果园土壤管理的扩穴改土。

（三）整地与改土

杨梅大都利用山地红黄壤进行种植，这些土壤本身十分瘠薄，土壤理化性质较差。通过扩大种植穴，增施基肥，使土壤理化性质不断改善，种植以后 3～4 年即开始结果。定植穴设置在梯田或鱼鳞坑外缘的 1/3 处；挖穴的规格为长宽各 1.2m，深 0.7～0.8m；一般在冬季进行挖穴，在深翻土壤时不可把土层搞乱，应将表土放在一边，底土放在另一边，使其在冬季经冰冻风化，达到改良土壤的目的。到春季定植时，先放底土，后放表土，再将一定数量经过充分熟化的有机肥和土壤混合后填至穴深的 80%，再行苗木定植；有机肥可用畜禽粪便、河泥、饼肥、堆肥等；每个定植穴用堆肥 50kg，或家畜家禽屎便 25～30kg，或饼肥 3～4kg，再加过磷酸钙 1kg。有机肥不足时，土壤改良的效果甚微。

二、栽植

（一）品种选择

由于杨梅不耐贮藏，供应期短暂，在选择品种中，应利用不同成熟期的优良品种，互相搭配来延长果实的供应期。例如：浙江慈溪把早种、早大种、荸荠种、荔枝种、粉红梅、迟山杨梅和风欢种等品种互相搭配，使杨梅的供应期从 6 月 11 日延续到 7 月 20 日，先后共 38d；福建把早红、白蜜、大粒紫、细叶、半红等品种互相搭配，使成熟期从 6 月 1 日延续到 6 月 22 日，共 22d；江苏吴县把凤仙红、早红、大红花、树叶、大核头、凤仙花、小黑头、大叶细蒂、乌梅、荔枝头、绿阴头、黄泥掌等品种互相搭配使成熟期从 6 月 12 日左右延续到 7 月 10 日左右；广东潮阳把山乌、乌酥两品种搭配使果实成熟期从 5 月下旬延续到 6 月中旬。

（二）授粉树配置

一般种植 500～1 000 株雌株，配种 1 株雄株即可。种植后如没有授粉树，可以在雌株上高接雄枝。

（三）栽植密度

土层深，肥力条件较高，土壤偏黏，种植时施肥较多的可以种得稀一些，相反可以种得密一些。目前我国杨梅每 $667m^2$ 种植多在15～37株，其行株距有 7m×6m、6m×5m、4.5m×4m。随着人工控制树冠技术的推广，可以进一步增加种植密度，提高早期的产量。

（四）栽植时期

杨梅的定植时期可以分成冬植和春植。广东、福建、云南、贵州和四川等温暖地区，冬季没有严寒，一般在冬季 12 月或翌年 1 月定植。春植一般在 2 月下旬至 3 月上旬气温开始回升后，直到 4 月初杨梅春梢萌发前都可以进行，浙江、江苏、湖南、湖北、江西等省份，冬季温度较低，常有冻害，一般采用春植。如果栽植过迟，幼树栽后根系尚未开始生长，新梢萌芽后得不到水分供应，影响成活或当年生长。定植应选择在阴天或小雨天进行，特别要注意不能在刮西北风的天气进行，在定植过程中防止根系暴晒时间过长，以免根系干燥影响成活率。

（五）栽植方法

各地普遍采用一年生苗，这种苗木运输方便，挖苗时根系损伤少，种植得当时成活率高达95%以上，但这些苗木的生长速度不及二年生苗；为了提早结果，如苗木运输方便或就地种植可以选用二年生苗。栽植前适当剪短过长的主根，剪除大部或全部叶子，短截主干，再将幼树根部放入已施下基肥的穴内，校正距离，对齐直行和横行，然后培土到高出根颈 10cm左右，等穴内的土壤下陷以后，根颈部分的高度和地面高度大致相平为止。种植不宜太深，否则深层土壤通气性不良，根系生长衰弱，树体生长大受影响；种植过浅，幼树在 7～8 月受干旱危害，造成小苗干枯；苗木要放正，须根向四周开展，避免卷曲，再盖以表土压紧，然后浇水和覆盖。

（六）栽后管理

杨梅苗木定植后，无论晴天还是雨天都必须当天浇足定根水，每株用一条支柱固定，防止树体摇动，有利于苗木成活和幼树生长。大多数杨梅产区的果农认为，杨梅种植以后只能浇水不能浇肥，即使稀薄的肥料也会引起根系腐烂，严重时植株死亡；幼树生长第二次新梢老熟后，开始追施淡粪水肥，应离苗木主干 50cm 以上。种植当年，根系生长很弱，7～8 月高温季节，要松土、灌水和割草覆盖，防止水分蒸发，在福建的南部以及广东、广西等省份秋冬季节日照强烈，土壤干燥，一年生幼树要注意灌水和覆盖，但盖草要离开树干一定的距离，以免引虫危害树体。种植后第二、第三年，在春、夏、秋梢抽生前半个月，根据树冠大小，每株适量施入中氮、高钾、低磷复合肥 0.1～0.2kg。结果前一年注意少氮增钾，促进花芽分化，可全年株施尿素 0.3～0.4kg 加草木灰 2～3kg 或加硫酸钾 0.2～0.3kg。

第三节　土肥水管理

一、土壤管理

果园土壤管理有利于提高土壤肥力，改良土壤结构，加速深层土壤熟化，进一步控制水土流失，更有利于杨梅的生长和结果。杨梅生产是一个利用自然地力和天敌来生产果品的栽培体系，这种体系的投资少、成本低，扩大了杨梅的种植范围，但单纯依靠自然地力条件，杨梅生长缓慢，到 10 年左右才开始结果，见效慢，不能迅速产生经济效益。为了克服其弊端，达到早期丰产和高产稳产，尚需根据杨梅的特性进行扩穴、培土、翻耕、间作等土壤管理措施，在集约栽培的条件下明显提早杨梅的始果期，增加产量，提高品质。

（一）扩穴

在苗木定植时所挖的定植穴 3～4 年后被杨梅根系所占满，根系扩展生长将遇到坚实的种植穴壁的土壤阻挡，必须逐年对种植穴外的未深翻的土壤进行深翻，一般靠近下坡面的土壤疏松，不需要深翻，而靠近上坡面和左右两侧的土壤往往未经深翻，应该进行深翻。土壤深翻时期以秋冬为宜，此时根系活动渐趋停止，即使由于深翻造成损伤亦容易愈合，恢复生长。深翻可以全园一次性进行，在劳动力不足的情况下可以以树干为中心每年逐步扩大，也可以在第一年翻深一边土壤而第二年深翻另一边土壤，最后完成全园深翻。深翻结合冬季清园、增施基肥进行，扩穴深宽各 40～60cm、长度与树冠冠幅一致，深翻土壤时不可把土层搞乱，应将表土放在一边，底土放在另一边，回填时将杂草和表土置于底层，基肥和底土置于上层，使底土在冬季经冰冻风化，达到改良土壤的目的。

山地杨梅园开垦时，挖掘机深翻梯田、等高定植壕、鱼鳞坑等表层土壤 80cm，替代果园土壤管理的扩穴工作，是最为经济高效的扩穴方法。

(二) 培土

山地杨梅园由于土壤经常冲刷，根系容易暴露土外，培土可以保护根系，增加根系的伸展和吸收范围。培土一般就地取材，最常用的是山地表土、草皮泥，亦有用焦泥灰、塘泥等，每株 250～500kg。在土层浅薄的山地果园常依赖客土来加厚土层，每年加厚 3～6cm，等到杨梅成林时，所加土壤高出地面 30cm 以上，形成矮主干或多主干的树冠结构，经过客土改良的果园，可使杨梅获得高产。在土壤黏性重的果园，常加沙砾土，以改善土壤的通透性，还会加有机质、河泥或田泥以提高土壤肥力，增加水分保持能力，有利于根系的菌根结瘤，避免成年杨梅丰产后树体早衰；广东潮阳是传统的杨梅产区，土壤黏重、瘠薄，成年杨梅丰产后树体极容易早衰，当地果农创造性地在每年果实采摘后，以树干为中心，用稻草结绳围 2～3 圈，再用有机肥和梯壁的草、泥培土 3～6cm，取得连年丰产优质的栽培效果，俗称"围蔸培土"。

(三) 翻耕

幼年杨梅生长量小，往往竞争不过山间杂草、杂树，导致生长缓慢，甚至死亡。因此，种下的小树要求一年内需结合除草中耕 3～4 次，在直径 1m 左右范围内，连根清除杂草、杂树，并进行土面覆草；经常中耕的果园可以改善土壤物理性质，提高渗透性和通气性，有利于固氮菌的活动，改善植株的营养条件。成年杨梅果园在冬季休眠期翻耕一次，翻耕深度 15cm 左右。多数杨梅在没有筑成梯田的斜坡上种植，易受大雨的冲击，在夏秋雨水期，除去与杨梅争肥能力强的木本和旺盛的草本植物，保留长势弱的蕨类或其他双子叶植物，这样既起到松土作用，又防止水土流失，还能避免杂树与杨梅竞争水分。

（四）间作

杨梅幼树种植以后到进入旺果期以前，树冠及根系的分布范围较小，可以利用株行间空隙地进行间作其他作物，但所栽培作物不能离根太近，否则会影响杨梅生长。春季种植大豆、花生、绿豆、豇豆、甘薯等；冬季种植绿叶、蔬菜、萝卜、豌豆、蚕豆。由于种植这一类作物时进行了松土、施肥，有利于杨梅的生长和结果，间作以后的杨梅园往往产量很高。

二、施肥管理

（一）需肥特点

与其他果树相比，杨梅果实养分吸收量相对较低，尤其是对磷（P_2O_5）的吸收量仅为温州蜜柑的 1/8。并且磷肥不宜采用化学肥料，一般采用富含有机态磷的腐熟有机肥效果较好，以烘干鸡粪最为适宜。杨梅对氮的需求比钾低，表现在树体生长和果实发育的各个时期，但据李三玉等（1980）试验表明，在杨梅施钾量适中、花芽分化前每株适量施用 0.25kg 氮，可加速杨梅的花芽分化和发育。磷能促进杨梅新根的发生和生长，提高坐果和促进果实发育，但从实践来看，杨梅单独施用磷肥，坐果率虽然提高，果实却变小并且果形不端正、品质降低。钾是杨梅生长发育需求量最大的肥料，各个时期的生长发育均需较高水平的钾肥。施入钾肥可使根数量增多、枝叶生长旺盛，果实糖分提高、色泽艳丽、耐贮运性增强。杨梅对硼十分敏感，当土壤中有效硼含量低于 0.09mg/kg 时，树体衰弱，枝条顶端小叶簇生，新梢、多年生枝条枯死，同时花芽分化不良，落花落果严重，产量降低；因此，杨梅开花前叶面喷施和土壤施用硼肥相结合，能提高坐果率、增加产量；但硼素过量会引起毒害作用，喷消石灰可抑制对硼的过量吸收。

杨梅施肥应以钾肥为主，适施氮肥，少施磷肥，适当补充钙、硼、锌、钼、镁等中微量元素。

（二）基肥

1. 施肥时期 受 12 月至翌年 2 月严冬天气的影响，杨梅根系生长处于停滞期，基肥应在该时期施入土壤，到春季根系活动可以吸收充足的矿质营养，满足杨梅开花坐果、春梢生长、果实膨大、果实成熟所需，以及可以促发较多的结果枝，为次年结果打下基础。目前杨梅产区的不少果农把基肥放在春季施用，所施肥料没有腐熟，到开花季节和春梢萌发时，春梢和幼果很难吸收到营养。

2. 肥料种类和数量 沙质土壤的成年树每株可施饼肥 6kg 加腐熟厩肥 10kg，冲积土壤和红壤每株施饼肥 6kg 加腐熟厩肥 15kg；以烘干鸡粪作为基肥最理想，鸡粪中的氮有 50% 左右是速效氮，放入后当年就能被根系吸收，可减缓叶片老化，增加贮藏养分，鸡粪中的磷以有机态磷被聚集起来，变为结合态，缓慢被杨梅根系吸收，均衡供应树体所需，这样可防止杨梅栽植的酸性红黄壤磷的缺乏或富余。对杨梅而言，中微量元素肥料包括农用硼砂、硫酸镁和硫酸锌等；沙质土壤上的成年树每株可施硼砂 50g 加硫酸镁 25g，红壤上的成年树每株可施硼砂 50g加硫酸镁 50g 和硫酸锌 25g。

3. 施肥方法 根据园地立地条件，常采用表面撒施，施后覆土的施肥方式，也可采用环状沟施肥、条状沟施肥和穴状沟施肥等。

（1）环状沟施肥。以主干为中心，按树冠大小挖环状沟，深度在 20~30cm，火烧土等粗肥宜深施，烘干鸡粪等精肥可浅施，再撒施微量元素肥料以后盖土，此法适用于大树施肥。

（2）穴状沟施。由于杨梅大树根系延展很广，而肥料数量有限，为了更好地发挥肥料的效果而集中施用肥料，可以采用穴状沟施，以树干为中心，与树冠周围的弧式线平衡，挖 5~6 条沟穴，沟之长短、深度视所用肥料多少和树冠大小而定。

（三）追肥

结果树以高产、稳产、优质、高效为目标，全年土壤追肥 1~2 次，施肥原则为增钾少氮控磷；根外追肥 2~3 次。

1. 壮果肥 果实硬核期施入。重点是大年树，长势弱、果实多的树，对小年树、长势强、果实少的树可不施或少施，否则会加剧杨梅的大小年现象。施肥以钾肥为主，配施少量氮肥，满足果实膨大、春梢生长所需的营养，以利于调节营养生长与生殖生长的平衡。尤其是花量多、结果多的大年树，这次追肥后，既能补充个头较大的幼果生长所需养分，又可加速个头细小的幼果脱落，还能增加春梢的发生量，为次年具有充足的结果预备枝打下良好的基础，对于小年树或基肥施足时可不必施壮果肥。目标株产 50kg 的树，一般株施尿素 0.25~0.5kg 加硫酸钾 0.5～1.0kg。

2. 采果肥　采果后 2 周内施入。由于开花结果及枝梢生长消耗了大量养分，随后是杨梅的花芽分化期，因此采后及时追肥，以利恢复树势、促进抽生夏梢和花芽分化，增加翌年花量。然而对小年树来说，由于结果量少，负担轻，树势生长旺盛，这次追肥可不施。视树体情况，可株施腐熟栏肥 10～25kg 拌硫酸钾 1.0～1.5kg，另加过磷酸钙 0.5kg，但过磷酸钙不宜施用于大年树，因为不利于树势恢复，宜施用于小年树，有利于提高翌年坐果率和产量，并且用量不宜过多，不然坐果过多，果变小且果形不端正，品质降低，甚至树皮裂开。

3. 根外追肥　主要在果实生长期应用。树势弱的大年树，开花前喷布 0.3％尿素，可壮花、提早春梢抽生和增加春梢数量。树势中庸的丰产树，花期喷布 0.2％硼砂加 0.3％磷酸二氢钾，可提高坐果率。坐果多的植株，果实硬核前期喷布 0.3％尿素，可增加春梢数量、加速细小颗粒脱落。果实生长期喷布 0.2％尿素加 0.3％磷酸二氢钾或高效稀土液肥 1 200～1 500 倍液，可促进叶片生长，提高光合作用，改善果实品质；一般喷布 1～2 次为宜，次数过多，会促使营养生长过旺，影响果实品质。

三、水分管理

杨梅分布在长江流域以及我国南方各省份的山地。这些地区的 2～3 月或 7～8 月降雨很少，地面蒸发强烈，土壤缺水严重，而此时正值杨梅花穗抽生或果实采后恢复时期，需要充足的水分，因此易受干旱的危害。2～3 月是杨梅花穗抽生时期，土壤水分供应不足，花穗抽生参差不齐，导致坐果多批次，除首批坐果能成为有效产量外，其他批次果实大多发育不良、品质不佳；为此，在杨梅抽生花穗之前充足灌水一次，可以明显提高当年产量。7～8 月是夏梢抽生和花芽分化发育的阶段，干旱容易影响枝条的发育而使花芽瘦小，使次年的果型变小，品质变差，在朝南的山坡影响更大；为此，在建园时应选择土层深厚地段进行土壤深翻，提高保水能力并诱使根系深入；上半年根据实际情况，在果园内多设贮水沟和贮水槽，使雨水流入其中，供 7～8 月干旱季节使用；在 6 月底至 7 月初梅雨即将结束时，对杨梅园全园中耕一次，并割杂草进行全园覆盖以防止水分蒸发。

山地栽种杨梅，栽于山窝的植株，应做好排涝，全年保持排水沟畅通，避免土壤渍水，影响杨梅生长。

第四节 花果管理

一、抑梢促花

杨梅种植以后进入结果期较迟，一般来说5～8年开始结果，初结果树营养生长旺盛、成花不良。若使杨梅种植以后3～4年就能形成较大的树冠并开始结果，初结果树连年丰产，就要改进栽培措施，采用前促后控的方法控制杨梅幼树生长，促进成花。主要农业措施包括选用早结果的品种、粗壮的嫁接苗提高建园质量，加强栽植后管理，合理施肥和整形修剪促进结果树冠的快速形成，培养较多数量的短壮结果枝、促进花芽发育等。其中，形成早结树冠后，采取去强留弱、通风透光修剪，增施钾肥、减少或停止氮肥施用，夏末秋初断根和晒根，并拉枝、吊枝、环割、环剥，喷布生长抑制剂等技术措施最为关键。生产上大多采用环割、拉枝、喷布多效唑等方法抑制杨梅营养生长，促进生殖生长。

（一）环割

为促进杨梅提早结果或者抑制成年树过旺生长，可以在杨梅采收期之后20～30d，视树体长势环割幼年树主干或成年树主枝1～2圈，环割深度至枝干形成层为宜，特别是强健粗壮直立的幼年树或成年树辅养枝，抑梢促花效果尤其明显。环割以后经常出现叶色褪绿现象，施少量氮肥即可恢复。环割不当时，也会引起枝条的死亡，主要是由于环割伤口过宽或割后天气连续干旱。

（二）拉枝

杨梅栽植2～3年后形成早结树冠，进入结果期，为抑制成年树过旺生长，可运用拉枝技术抑梢促花。杨梅枝条硬而脆，在拉枝中很易折断，但在生长季节，即5～8月枝条较韧，不易折断，是拉枝的适宜时期。初结果树拉开主枝、副主枝的角度，抑制秋梢萌芽、生长，改善树冠内部结果枝的光照条件，促进结果枝花芽形成。过旺生长的成年树拉大辅养枝角度，抑制辅养枝上秋梢的盛发，保证杨梅结果枝花芽形成有足够的养料供应，可明显提高成花率。秋梢旺发的枝序，结果枝成花率通常不足 20%，而通过拉平辅养枝，抑制秋梢旺发，或者只长少量短秋梢，结果枝成花率可提高到 70% 以上。所以，拉枝是幼树提早结果或抑制果树旺长不可缺少的重要措施之一，拉枝不可能只进行一次就能拉成需要的角度，一般在生长季节拉枝 3～4 次，才能使枝条拉到所需要的角度。

（三）喷布多效唑

对于生长旺盛的适龄结果树，喷布多效唑抑梢促花是生产上普遍应用的技术措施。在夏、秋梢长度达到 1～5cm 时，叶面喷施 330～670mg/L 多效唑药液，以喷至叶片滴水为度，可明显抑制夏、秋梢的生长数量和长度，促进花芽形成；施用多效唑时配合人工拉大主枝和副主枝的角度，抑梢促花效果更佳。如果喷洒多效唑浓度过高或喷药量过大，经常出现枝叶受抑制过重、果实变小、果实肉葱病发生严重等现象，因此不宜连年使用。

> **温馨提示**
>
> 　喷布多效唑后如发现新梢过短，可在翌年新梢生长至 2～3cm 时，喷洒 40mg/L 赤霉素药液，促使新梢伸长生长。

二、保果

杨梅自然坐果率高，树势中庸的植株，只要有适中的花量，都能丰产。对于生长旺盛的杨梅树，在花期降雨不充沛的地区或年份，一般采取不施氮、增施钾和磷肥的措施保果；在花期降雨充沛的地区或年份，同时采用环割措施提高坐果率，环割时期以盛花末期为宜，如浙江北部地区，一般在 4 月 10 日前后进行，选取直径 3～5cm 的主干或主枝环割一圈，不论幼树或过旺的成年树，通过环割能使坐果率从 3%～5% 提高到 20%～30%，明显提高产量。

三、疏花

疏花是控制杨梅大小年结果的主要措施之一。针对树势偏弱，花枝、花芽过量或结果过多的树，结合春季修剪，于 2～3 月短截树冠中上部的 1/3 中小枝组，保留枝桩 10～20cm 促发新梢，疏删花枝和密生枝、纤细枝、内膛小侧枝。在人工疏花的基础上，树冠喷施330mg/L多效唑药液进行化学疏花，以喷湿叶腋幼果或花朵、叶片但不滴水为度，使用多效唑时应注意浓度不能过高，也不能在初花期施用，以免疏花过多。初次实践此项技术的果园，最好在专业人员指导下进行，以免疏花无度，效果不佳。对弱树和花芽过多的树，在果实采收后花芽生理分化期喷100～300mg/L赤霉素，每隔10d喷一次，连续喷3次，对减少翌年大年的花量、提高果实品质有显著的效果。

四、人工疏果

疏果是提高杨梅果实品质的主要措施之一，对东魁等大果型品种可推广人工疏果。人工疏果在定果后果实迅速肥大前分2～3次进行。先疏除密生果、畸形果、病虫果，后疏小果。以东魁杨梅为例，第一次在盛花后20d（4月底至5月上旬），疏去密生果、小果、劣果和病虫果，每结果枝留4～6果；第二次在谢花后30～35d，果实横径约1cm时，再次疏去小果和劣果，每结果枝留2～4果；第三次在6月上旬果实迅速膨大前定果，平均每结果枝留1～2果，长果枝（15cm以上）留2～3果，中果枝（5～15cm）留1～2果，短果枝（5cm以下）留1果，细弱枝不留果。做到大年多疏，小年少疏。大年树春梢少，树冠上部应多疏，以疏促梢；小年树春梢多而旺，树冠上部多留果，以果压梢。

温馨提示

杨梅不能一次性疏果过多，否则会加重肉葱病和裂果病的发生。

第五节　整形修剪

杨梅生长旺盛，往往使营养物质大量用于生长而结果延迟，通过整形修剪可以使生长向开花结果方向转化，提早结果、提高产量、提升品质，因此，整形修剪是杨梅栽培技术中的重要环节。整形的作用是使树体矮化，便于生产管理和提早结果；使整个树冠凹凸不平，增加光照和结果表面积，单位体积内叶片数量增加，叶片变大，有利于光合作用和糖的积累，增加产量。修剪使各部位的结果数量均匀，使果实大小和品质整齐一致；调节生长和结果的平衡，缩小大小年的幅度；更新整个结果枝群，或者整个树冠，延长结果寿命。

根据杨梅生长的环境条件和生物学特性，一般采用低主干自然开心形树形，但树体生长旺盛和枝条直立性强的品种宜采用低主干疏散分层形树形。

（一）低主干自然开心形

1. 树体结构 主干高 5～15cm，或无主干，主枝 3～4 个，主枝在主干上分布的角度均匀，间隔距离适当，主枝基角为 45°～50°。每条主枝上配置 3～4 个副主枝，在主枝、副主枝适当部位配置侧枝和结果枝群，树高控制在 3.5m 以下。

2. 修剪方法 种植时苗木定干高度 25～35cm，前 3 年任其自然生长，促进树冠迅速扩大，到第四年剪去中心直立枝，选留 3～4 个分布均匀、长势健壮、向上斜生的大枝作为主枝，在主枝上选留副主枝，如主枝、副主枝的生长方向和角度不适宜，可通过拉枝、撑枝、吊枝等措施调整，使主枝与主干基角为 45°～50°。拉枝后抽发的背上直立枝，应及时抹除。位置不当的或过密的大枝、徒长枝、直立枝从基部去掉，内膛枝尽量多保留，为花芽分化、提早结果奠定基础。通过整形形成凹凸、立体结果的树形，第四年至第五年内膛及下部开始适量挂果，主枝、副主枝继续延长，在结果的同时，进一步扩大树冠。该整形方法省工、操作简单、便于掌握，符合幼年期先促后控、轻剪缓放的修剪原则，是目前实际生产中应用较普遍的一种方法。

（二）低主干疏散分层形

种植时苗木定干高度 25～35cm，定干后 3 年内任其生长，树冠一般呈自然圆头形，第四年冬季修剪时，将整个圆头形树冠分成上下两层，在上下两层之间将向上的直立大枝从基部剪去，打开光路，小枝基本不剪，让其结果，上层过密的大枝适当剪除，这样修剪后，树冠立即从较直立的圆头形变为下部开张、中部凹凸、光照充足、上下二层的低主干疏散分层形树形，克服了自然圆头形光照不足，进入盛果期后骨干枝光秃、结果部位上移、表面结果的问题。这种修剪方法，进入结果期早，产量高，但要避免出现上强下弱的问题。

温 馨 提 示

　　自然圆头形树形存在光照不足的问题，进入盛果期后，杨梅骨干枝容易光秃，易导致结果部位外移和表面结果现象，因此不适合在杨梅树上应用。主干形树冠高大，不利于山地杨梅园疏果、修剪、采摘、喷药等农事操作，而且容易受风害影响，更不建议选用。

第六节　病虫害防治

一、主要病害及其防治

(一)杨梅癌肿病

杨梅癌肿病俗称"杨梅疮"，是杨梅小枝及树干上的主要病害。

1. 症状　初期病部产生乳白色的小突起，表面光滑，逐渐增大形成肿瘤，表面变得粗糙不平，呈褐色至黑褐色。在树干上发病，常使树势早衰，严重时也可以引起全株死亡。

2. 病原　癌肿病是一种细菌性病害，鉴定认为是丁香假单胞菌萨氏亚种杨梅变种。病菌在树上或脱落于地上的病枝肿瘤内越冬。

3. 防治方法

　　(1) 农业防治。①禁止在病树上剪取接穗和出售带病苗木，在无病的新区，如发现个别病树，应及时砍除并烧毁。②冬季清园时剪除并烧毁发病的枝条，以免病菌再行传播。③在采收季节，避免穿硬底鞋上树损伤树皮而引致病菌感染。

　　(2) 化学防治。春季在肿瘤中的病菌溢出之前，用利刀刮除病斑并涂以抗菌剂 402 粉剂(二巯丙磺钠对乙基硫代磺酸乙酯) 200 倍液，当愈伤组织形成以后，病斑自行脱落。

(二)杨梅褐斑病

1. 症状　主要危害叶片。开始在叶面上出现针头大小的紫红色小点；中期逐渐扩大呈圆形或不规则病斑，中央浅红褐色或灰白色，其上密生灰黑色的细小粒点；进而病斑连接成斑块，最后干枯脱落。发病严重者，特别是在黏重土壤上的杨梅树，在 10 月就开始落叶，到第二年 70%～80% 的叶片掉落，但发病轻者到第二年的 4 月开始落叶。

2. 病原　子囊菌亚门腔菌纲座囊菌目座囊菌科真菌(*Mycosphae-*

rella myrica）引起的病害。

3. 防治方法

（1）农业防治。①建园地点应选择排水良好、光照充分的沙砾质土壤，海拔较高的山上种植杨梅，发病较少。②加强栽培管理，多施禽畜肥和饼肥等有机肥料和钾肥，及时清扫果园内的落叶，集中烧毁或深埋，减少越冬病原。

（2）化学防治。在杨梅果实采收后喷一次 70％甲基硫菌灵可湿性粉剂 800 倍液，或 65％代森锌可湿性粉剂 600 倍液。

（三）杨梅干枯病

1. 症状　　主要危害枝干。初期为不规则暗褐色的病斑，随着病情的发展病斑不断扩大，并沿树干上下发展，病部由于水分逐渐丧失而成为稍凹陷的带状条斑；病部与健康部有明显裂痕；后期病部表面着生很多黑色小粒点，发病严重时，病部可以深达木质部。当病部蔓延环绕枝干一周时，枝干即枯死。

2. 病原　　半知菌亚门腔孢纲黑盘孢目黑盘孢科真菌（*Myxosporium corticola*）。

3. 防治方法　　①加强管理，多施有机肥料和钾肥，增强树势，提高对本病的抵抗力。②在采收季节，避免穿硬底鞋上树损伤树皮而引致病菌感染。③早期刮去病斑，冬季清园时剪除病枝，在伤口涂抹抗菌剂402，伤口容易愈合。

（四）杨梅梢枯病

杨梅枯梢病又名小叶枯梢病，是由树体缺硼引起的生理病害。

1. 症状　　叶小、梢枯、枝丛生、不结果或很少结果。可全树发病；但更多的是半株或在若干枝条上发病，或者树冠顶部发病，基部主干与主枝分叉处抽生健壮枝条。

2. 防治方法　　①树冠喷施 0.2％硼砂溶液，并加入倍量的尿素，以喷湿叶片为度。②施有机质基肥时，每株加入硼砂 50～100g。

（五）杨梅肉葱病

杨梅肉葱病俗称"杨梅花""杨梅火"，又称杨梅肉柱病、肉柱分离症、肉柱萎缩病，是近年来杨梅果实上发生率较高的一种生理性病害。

1. 症状　　幼果表面破裂，果肉呈不规则凸出，并且失水绽开，裸露的核面褐变，随着果实的成熟，轻则病部附近木质化、食用价值降低，重则鲜果不能食用。

2. 防治方法

（1）农业防治。加强树势调控管理，培育中庸树势。

（2）化学防治。①杨梅幼果绿豆大小时喷70％甲基硫菌灵可湿性粉剂800倍液加硫酸钾复合肥600倍液。②杨梅果实硬核后喷施30mg/L的赤霉素药液一次，可减轻该病的发生。

二、主要害虫及其防治

（一）松毛虫

幼虫初孵化时，群集于新梢叶片上，食害嫩叶，1周后，开始分散食害，食叶量显著增大，受害叶片严重时只剩叶脉。幼虫结茧化蛹，茧为丝状黄白色，缀于叶片上；成虫体色灰黄，两翅有褐色斑块和4个黑点。1年发生1代。幼虫于4月上旬孵化，幼虫期35～40d，于5月上中旬结茧化蛹，经10d后羽化。

防治方法：

（1）物理防治。①4月上旬幼虫孵化初期、集中危害时人工捕杀。②利用成虫趋光性较强的特性，5月中下旬点灯诱杀。

（2）化学防治。4月中下旬发现幼虫时，喷施20％杀灭菊酯乳油4 000倍液防治。

（二）白蚁

蛀蚀根颈及树干并筑起泥道，沿树干通往树梢，损伤其韧皮部及木质部，造成树体水分和养分等物质输送受阻，使叶片、枝梢及根系均呈"饥饿"状态，最后叶黄脱落，枝枯树死，老树受害尤烈。白蚁群集土中生活，每年4月初在土中咬食根部，并出土沿树干筑泥道啃食树皮，11月始集中于巢内越冬。

防治方法：

（1）挖掘蚁巢，烧死蚁群。

（2）理化诱控。在白蚁危害的四周地面上，堆放白蚁爱吃的松木、甘蔗、茅草等，上盖塑料薄膜，再盖上嫩草，每隔2～3d检查一次，如果有白蚁即用灭蚁灵粉剂喷杀，或撒施高效氯氰菊酯（地虫克星）颗粒剂；5～6月闷热天气的傍晚，可点灯诱杀成虫。

（3）化学防治。在白蚁进出的孔道上喷亚砒酸、水杨酸合剂或灭蚁灵消灭蚁群。

（三）小蓑蛾

小蓑蛾俗称避债虫、蓑衣虫、袋皮虫、背包虫、茧虫，属鳞翅目蓑蛾科。危害杨梅新梢叶片和一年生枝条的木质部，往往以大量的虫口集中到少数几株树上食害，吃光嫩叶，并使小枝枯死。1 年发生 2 代，以老熟幼虫在护囊内越冬，次年 4～5 月化蛹、羽化成虫、产卵、孵化第一代幼虫，从护囊爬出咬碎叶片，连缀一起做成新护囊；7～9 月孵化第二代幼虫，危害最烈，受害叶片发红，造成早落，危害严重时，仅剩下叶柄、叶脉，越冬前吐丝闭囊口，将护囊缠挂树上。

防治方法：

（1）物理防治。冬季修剪时或幼虫危害初期，人工摘除护囊，集中消灭。

（2）化学防治。在幼虫孵化盛期和幼龄幼虫期，用敌百虫或杀螟硫磷喷湿树冠内外。

（四）卷叶蛾

卷叶蛾俗称卷叶虫。幼虫食害叶肉，在顶端幼嫩叶片上吐丝裹成一团，并在其中结茧化蛹，使新梢生长缓慢，长势衰弱。1 年发生 2 次，幼虫在 5 月底至 6 月中旬和 7～8 月危害幼嫩叶片。

防治方法：

（1）物理防治。苗圃和低矮树冠的杨梅树上发现时，及时用人工捕杀。

（2）化学防治。幼虫危害初期可选用 5％甲氨基阿维菌素苯甲酸盐乳油 4 000～6 000 倍液，或 20％杀灭菊酯乳油 4 000 倍液喷雾防治，均有很好的效果。

（五）果蝇

杨梅果实着色后，会吸引正在繁殖的果蝇到杨梅上产卵，孵化后的幼虫食害杨梅果肉为生，等到幼虫成熟后，才会变成果蝇飞走。果蝇在田间世代重叠，不易划分代数，各虫态同时并存，一个世代历期 4～7d，发生盛期在果实着色期至采收结束期，与食物条件优劣密切相关。

防治方法：

（1）农业防治。①选择远离居民区、周边不种植果菜的区域建园。

②清洁果园，果实着色期清除杨梅生理落果并深埋，减少虫源。

（2）物理防治。果实着色期用敌百虫、糖、醋、酒、清水按 1∶5∶10∶10∶20 配制成诱饵，用塑料钵装液置于杨梅园内，定期清除诱虫钵内虫子，每周更换一次诱饵。

（3）化学防治。果实转色期可选用 60g/L 乙基多杀菌素悬浮剂 1 500～2 500 倍液，或 5％依维菌素乳油 500～750 倍液，严格遵循农药使用安全间隔期。

第七节　果实采收与贮藏保鲜

一、果实采收

杨梅果实成熟期和采收期依产地和品种而异：贵州的矮杨梅成熟最早，4 月即开始成熟和采收；广东、福建、四川等省份的杨梅在 5 月中下旬开始成熟和采收；浙江、江苏、安徽、江西、湖南等省份在 6 月中旬至 7 月上旬成熟和采收。乌梅类如荸荠种、晚稻梅和丁岙梅等，在果实发红时味道仍酸，只有转变到紫红色或紫黑色时，甜酸适口呈现最佳风味，此时便为最佳采收期，如果不及时采收，果实颜色变成炭黑色，风味反会变差，甚至变质腐烂；红梅类如东魁杨梅，在充分成熟时果实不会发紫，其成熟标志是肉柱肥大、光亮，色泽变成深红或微紫即可采收；白梅类的采收是果实肉柱上的叶绿素完全消失，肉柱充分肥大，变成白色水晶状发亮，即是成熟的标志，一般白色品种群中属于纯白色的数量很少，多数品种在充分成熟时略带粉红色，特别是干旱年份果实成熟时，红色素成分增加。果实采收成熟度，根据销售终端地点不同来确定，近距离运输果实可以完熟时采收，中距离运输果实以九成熟采收为好，远距离运输果实以八成熟采收为好。

在浙江杭州，有"夏至杨梅满山红，小暑假杨梅要出虫"等农谚，说明杨梅的采收时期很短。杨梅采收季节，气温较高、降雨多，果实成熟后极易腐烂和落果，故应抓住时机，随熟随采。采收前割除果园杂草、杂树，以便于采收。由于杨梅同一果园或单株的果实成熟时间不一致，所以要分期分批采收，劳动力充足时，每天采收一次，否则要隔天采收一次；采收时间以早晨或傍晚为佳，此时温度低，果实采后损耗较少，一般不宜在雨天或雨后初晴时采收，但遇果实过熟亦当采收。采收人员采摘前剪去指甲，以免刺伤果实，采收过程应戴一次性薄膜卫生手套，全程实行无伤采收操作，避免囊状体破裂；周转箱（筐）或采果篮内壁光滑或垫衬海绵等柔软物，容量 10kg 以下为宜；采收时用手指握住果柄摘除，轻挑、轻采、轻放，禁止摇落果实，以免果实落地受伤和沾上泥沙影响果实品质和食品卫生；采摘后要轻拿轻放，随采随运，避免在太阳下暴晒。高大树冠顶部的少数果实，人工无法采收时，可在树下铺聚乙烯薄膜或草，摇落果实于薄膜或草上，再捡起放入容器，这些果实不宜远销或贮藏。

二、果实分级、包装

分级应在环境温度 10～15℃ 的操作间进行。分级后装入洁净、无毒、底部垫有柔软缓冲物的小塑料篮、竹篮或模塑托盘等包装物内，按等级分区放置。装果高度不宜超过 15cm，装果量不宜超过 2.5kg。露地杨梅鲜果分级标准参照国家林业行业标准《杨梅质量等级》（LY/T 1747），设施人棚鲜果分级标准参照《杨梅山地大棚促成生产技术规程》（DB3311/T 257）执行。

三、贮藏保鲜和运输

采下的杨梅应及时转移到预冷场所，来不及转移宜放在阴凉、通风的场地，避免日晒。

果实采收后应在 2h 内完成分级并进行预冷，预冷可采用冷库、强制冷风、真空冷却等方式。建议至少预冷 3～6h 再进行包装作业。杨梅低温贮藏温度宜为 0～2℃，相对湿度宜为 80%～90%，贮藏期间需每天检测库内温度。杨梅近距离运输销售，贮藏期不宜超过 5～6d；远距离运输周转销售，贮藏期不宜超过 3～4d。

贮藏前库房应打扫干净，用具洗净晒干，用臭氧消毒 2h，或入贮前 5d 采用硫黄熏蒸法进行消毒，用量为 15～20g/m³，消毒完成后密闭 24h，在入库前 24h 敞开库门，通风换气，入库前应对设备进行调试，确保设备运行正常。常见贮藏方式有堆贮和架贮。

（1）堆贮。果筐在库房内呈"品"字形堆码，筐间留 5～10cm 间隙，堆间留 80～100cm 宽的通道，四周与墙壁间隔 30～40cm，距离冷风机出口 1.5m 以上。果筐堆放高度视容器的耐压程度而定，但最高层筐距离库顶要留有 80cm 以上的空间。

（2）架贮。用木架或不锈钢架。为最大限度地利用库房的立体空间，须对贮藏架的设计和布局进行合理安排。贮藏架总高度不超过库高的 2/3。架的宽度以两人能操作方便为度，架的摆放要适合货物、人的进出，并留有一定的操作空间。2～2.5kg 的小包装更适合架贮。

温馨提示

为快速排除果实带来的田间热和呼吸热，每次入库的果品不宜过多，以总贮藏量的 20%～25% 为宜，待库温稳定后再进行下一次的入库。果实应注明入库时间及等级，分排分层摆放，便于观察与出库。贮藏期间，要经常检查果实品质，发现烂果应及时挑出，以免影响其他果实。

在运输杨梅鲜果过程中，行车应平稳，减少颠簸和剧烈振荡。码垛要稳固，货件之间以及货件与底板间留有 5～8cm 间隙。采用低温冷藏车运输，冷藏车内温度应为 2～5℃。杨梅运输最长期限不宜超过 24 h。果实运达销售地后，应置于 0～2℃ 保鲜库内临时贮藏，宜在 48 h 内完成销售。

第十四章
枇　杷

第一节　种类和品种

一、种类

枇杷归属于蔷薇科（Rosaceae）枇杷属（*Eriobotrya*），与石楠属（*Photinia*）、花楸属（*Sorbus*）和山楂属（*Crataegus*）等属亲缘较近。我国原产的枇杷种类有普通枇杷、栎叶枇杷、大渡河枇杷、台湾枇杷、广西枇杷等。

二、品种

1. 白玉　树势强健，枝条粗长，易抽生夏梢，树冠紧密呈高圆头形，叶长而大，平均长宽为 32.7cm×9.3cm。果实大，椭圆形或高扁圆形，单果重超 30g。果面有圆形白色斑点，果梗附近较多，果肉洁白，平均厚 3.5mm，汁多，可溶性固形物含量 12%～14.6%，可食率 70.55%，果皮薄韧易剥离，种子长圆形，平均每果 2～3 粒。初花期在 10 月底至 11 月上旬，盛花期在 11 月中下旬，终花期在 1 月上旬，果实成熟期在 5 月底至 6 月初。本品种主栽于苏州市吴中区洞庭东山，具有树势强盛、早熟、丰产、大小年不显著、果实大、形状整齐美观、风味极佳、成熟期抗旱性强等特点，充分成熟风味易变淡，宜适时采收。

2. 香妃　福建省农业科学院果树研究所选育，金钟×贵妃杂交后代。具有特晚熟、丰产、大果、优质等优良性状。花期迟，可有效地避过冬季低温对幼果的危害。在福州 5 月中旬至 6 月初成熟，采收期长；单果重 70.9g，可溶性固形物含量 16.5%，可食率 71.5%；易剥皮，剥皮后果肉不易褐变；肉质较细嫩、化渣、汁多、风味佳。成熟期果实较耐高温，不易落果、皱果。

3. 三月白 福建省农业科学院果树研究所选育，早钟 6 号×新白 2 号杂交后代。树势中庸偏强，树姿开张，树冠圆头形。果实大小均匀，果实单果重 49.7～63.4g，果皮黄白色至淡橙红色，锈斑少，条斑明显，果肉白色至黄白色。果肉细、化渣、剥皮极易、清甜回甘、风味佳，可溶性固形物含量 13.7%～16.8%，可食率 71.4%～76.5%。在福建福州 3 月上旬至 4 月上旬成熟，个别年份提早到 11 月下旬成熟，在福建莆田 3 月中旬成熟，在重庆合川 4 月下旬成熟，在四川攀枝花 8 月下旬至翌年 1 月中旬成熟。特早熟，丰产稳产。适合在福建、重庆、四川等枇杷产区推广种植。

4. 冠玉 江苏省太湖常绿果树技术推广中心从白沙枇杷实生系中筛选出来的优良白沙枇杷品种，1995 年通过江苏省农作物品种审定委员会审定。树势强健，树冠高圆头形，干性强，层性明显，分枝角度较大。果实 5 月下旬至 6 月上旬成熟。果实椭圆形至圆形，个大，单果重，最大果重 70g。果面淡黄白色，皮中等厚，有韧性，易剥离。果肉白色至淡黄色，肉厚 1.0cm，质地细嫩易溶，但并不太软，味甜酸爽口，风味浓，微香，含可溶性固形物 13.4%。每果平均有核 3.5 粒，可食率为 71.2%左右。果实品质上等。果实裂果度轻，耐贮性好，丰产。

5. 金华 2 号 西南大学园艺园林学院从龙泉 1 号种子实生苗中选育出的红肉新品种。果实倒卵形，平均单果重 38.0g。果肉橙红色，肉质细，柔软多汁，酸甜可口，成熟后可溶性固形物含量 15.0%，最高可达 17.0%，平均总糖含量 124.5mg/g，成熟期 5 月上旬，稳产。适合在重庆、四川、江苏、浙江等海拔 400m 以下区域种植。

6. 解放钟 本品种从福建莆田城关大钟实生苗中选出，果实比大钟更大，1949 年开始结果，取名解放钟。树势强，半直立，树冠平顶圆头形，枝条粗壮，密度中等。果倒卵形至长倒卵形，平均纵横径为 5.53cm×4.68cm；平均重61.04g，最大达 172g，超过世界最大的日本田中枇杷（该品种最大的单果重为 165g）。果面橙红色，剥皮易；果肉厚，橙黄色，肉质细密，汁液中等，甜酸适度，风味浓；可溶性固形物含量 11.1%～12.0%，可食率 71.46%。种子平均 5.7 粒，长三角形，种皮浅褐色，有较大黄斑。果实成熟期 5 月上中旬。本种为晚熟品种，果特大，宜鲜食和鲜果外销出口，耐运输、贮藏。缺点是有裂果和日烧病的发生。

7. 早钟 6 号 福建省农业科学院果树研究所在 1981 年以解放钟为母本，以日本早熟品种森尾早生为父本杂交育成。1993 年正式定名。该品种树势旺，树姿较直立，枝梢粗壮，枝条较稀疏。叶片较大、较厚，叶色浓绿，夏叶的叶缘有反卷现象，但不如解放钟明显。果实成熟期为 4 月上中旬（福州地区），比解放钟枇杷早熟 15d 以上。果实倒卵至洋梨形，平均单果重 52.7g，最大者可达 100g 以上。果皮橙红色，锈斑少，鲜艳美观，果皮中等厚，易剥离。果肉橙红色，质细，化渣，甜多酸少，香气浓，可溶性固形物含量 11.9%，可食率 70.2%。该品种结合了双亲特点，兼备了大果、优质、早熟的优良性状，具有较强的抗性和适应性。叶片抗斑点病，裂果、日灼、皱果、果锈、紫黑斑均少。对有机磷农药、逆境比较敏感。开始结果早，母株的实生苗定植 3 年后即可开始结果。坐果率高，丰产性能好，大小年较不明显。

8. 大五星 1980 年从四川龙泉美满 6 队萧九松家实生树中选出的良种，由于果顶萼洼处呈五星状，故名大五星。在成都地区 5 月中下旬成熟，果较大，平均单果重在 60g 以上，最大的可以超过 100g，果实圆形，果面橙红色，果肉厚、橙红色，易剥皮，汁多。可溶性固形物含量 11%～13%，可食率 73%，味甜酸少、味浓、品质上等。该品种丰产性较好、果大、外观美、品质佳，在四川栽培面积较大，但该品种易感染叶斑病而造成早期落叶。生产栽培上要注意加强肥水管理，及时防治叶斑病。引种到南亚热带地区，果实不大。

第二节 建园和栽植

一、建园

根据枇杷的生物学特性，建园时应注意以下几个方面：

（一）果园环境

园地选在坡度不超过 25°的山地为最佳，既通风透气，又排水良好。若选在平地，应注意挖好排水沟，不能积水；若在有冻害的地方建园，要考虑该地的小气候条件，选坐北朝南、靠近大水体的地方或利用山地逆温层等建园。要求年平均气温不低于 15℃，极端最低气温不低于 −6℃，年降水量 800mm 以上。

（二）土壤条件

土壤为排水良好，土层深厚的沙壤土或改良后的红黄壤土，有机质含量≥1%，地下水位宜在1m以下，土壤pH5.0～7.0，以pH6.0为宜。

土层越厚越松越有利于枇杷根系生长，因此，园地要建在土壤有机质含量丰富、土层厚度达60cm以上的丘陵山地。土层不够厚的要挖1m×1m的大穴，以后还要逐年扩穴，直至全园生土全部改造完毕。土质太黏重的，要加客土进行改良。山地建园时应注意防止园地的水土流失，注意规划好园地的道路及排灌系统，同时修筑好水平等高梯田，梯壁台面种植绿肥，既可获得有机肥，又可防止表土流失和土壤干旱。

总之，要针对枇杷根系的特点，为其生长创造良好的土壤条件，为树体早果、丰产、稳产和优质结果打下良好的基础。

（三）园地设计

根据园地大小建设必要的道路、排灌、附属建筑物等设施。平地果园挖主排水沟（深1m、宽80cm），垂直方向开畦沟（深50cm，宽30～40cm）。山地果园依据株行距、坡度及地形和地势等确定台面宽度，修筑等高梯田，可按每株每次25～30kg需水量修筑相应容积的蓄水池。

二、栽植

选择品种纯正、生长健壮、根系发达、无检疫性病虫害、苗粗0.8cm以上、苗高50cm以上的嫁接苗。平地果园可选聚土起垄（高畦）栽培，有条件的地方在定植前可进行全园深翻。山地果园按行距、株距挖深、宽均为0.8～1m的定植穴（沟），每穴施入有机肥50kg。将拌有钙镁磷肥的表土回穴，其上再覆纯表土形成高于地面20～40cm的定植墩，灌水沉实，待植。

春植2～3月，秋植9～10月，冬季较温暖地区可选11月至翌年2月。栽植密度根据土壤肥力、地形地势、砧木、品种、栽培技术而定。株行距（3～5）m×（3～6）m，平地南北行向为宜，山地按等高线定植。主栽品种与授粉品种的栽植比例为（4～5）：1。

裸根苗适当剪去叶片，用泥浆蘸根后种植。带土球苗可直接栽植，浅挖定植穴，将苗木放入穴中央，舒展根系，扶正苗木，边填土边提苗，填土高度以根颈处与畦面相平为宜，踏实，并立即浇足水。

第三节　土肥水管理

一、土壤管理

扩穴是建立丰产枇杷园的前提，趁幼树期操作方便，就要有计划地进行扩穴。扩穴宜分年度完成，以定植穴为中心，每年一边或两边向四边扩穴，深翻深度达 80～100cm，挖出心土，与有机肥、磷肥、秸秆、火烧土、石灰等分层堆放。劳力或资金不足时，至少需全园耕翻 30cm。

幼年枇杷园应实行间作制度，种豆类或豆科绿肥等，能够改良土壤提高肥力，又可充分利用空间增加收入。

幼年枇杷园的土壤可实行覆草管理，枇杷进入盛果期后，覆草有诸多的好处，可保持一定的水分防干旱；防止土壤板结，有利于根系通气；熟化土壤，增加有机质，提高土壤肥力。种植间作物本身就是一种覆草管理，称生物覆盖。也可采用死物覆盖，即在间作物收获后，将间作物秸秆覆盖于土表。也可实行清耕覆盖管理，即在树体最需水分时，清除全园杂草或收割覆盖作物，覆盖于土面，在树体生长缓慢时期或雨季保留园中杂草或种植覆盖作物，吸收园中多余水分和养分，有利于果实成熟，提高品质。采用这种方法管理土壤，一年中至少清耕数次，特别是夏秋干旱时节，要及时清耕。枇杷结果后，园地封行，此时可以实行清耕或免耕管理。

二、施肥管理

通过挖穴施足基肥（每穴施入 100～150kg）以及扩穴改土的改造工程，枇杷园的土壤条件已经较好地保证了枇杷生长发育的需要。但是，土壤的肥力是有限的，必须通过施肥补充每年结果所消耗的土壤肥分。

据分析表明，枇杷是需钾较多的果树，果实中的氮、磷、钾含量分别为 0.89%、0.81%、3.19%。因此，要适量增施钾肥。幼树期每年每公顷分别施氮、磷和钾 30kg、30kg 和 45kg，可以每 2 个月施一次，薄肥勤施。在结果期，较贫瘠的山地每公顷施氮、磷和钾分别为 187.5～

225kg、150～187.5kg 和 187.5～225kg；较肥沃的平地分别施 150kg、94.5kg 和 112.5kg。日本报道，若期望每公顷收获 10t 枇杷，每公顷应施氮、磷和钾分别为 240kg、190kg 和 190kg。施肥时期一般分四次，各次的用量比例和施肥作用效果列于表 14-1。

表 14-1　成年枇杷施肥时期、用量比例和作用效果

物候期	用量（占全年）	作用效果
采果后	50%	恢复树势，促夏梢和花芽分化
开花前	15%	促开花，增强抗寒力
春梢前	25%	促春梢和果实增大
果实膨大期	10%（叶面肥）	提高产量和品质

上述成年树的施肥方案只能提供基本参考，实际工作中，应考虑树体的营养状况、土壤肥力状况及气候情况等决定施肥的标准。

三、水分管理

枇杷对水分比较敏感，最适生长的土壤含水量为 65%。缺乏灌溉设施的果园，秋冬季的土壤水分往往不足，影响树体对水分及肥分的吸收，尤其是耕作层浅、底层土壤物理性状差的山坡地枇杷园，在低温时缺水，容易引起大量落叶而影响树势；春季和夏初缺水，果实易发生日烧、紫斑、皱缩、果肉变硬等生理病害。枇杷树不耐水渍，土壤含水量超过 75% 即停止生长，雨季积水易造成烂根，进而树势衰弱，甚至全株死亡。土壤过湿也易引起树头附近发生病害，造成缺株，成熟期土壤水分过多，还会引起裂果和影响果实的风味、品质。

四、高接换种

在生产中，常采用高位嫁接方法来改良枇杷品种。

1. 高接用的接穗　选用采自良种母株树冠的中外围、表皮红褐色、生长充实和芽眼饱满的 1～2 年生春、夏梢作接穗，尤以叶痕有白色茸毛的顶生枝的中段为好。从福建莆田枇杷高接的结果表明，接穗粗度为 1.0～1.5cm、充实的 1～2 年生枝条，接后愈合快，成活率高，抽梢能力强。

2. 高接的时期　嫁接一般选择在春季进行，以2～3月（福建莆田）为最适时期。此时正值春梢萌发期，气温回升，树液流动大，有利于伤口愈合，高接成活率高。若选择秋季高接换种，嫁接时间很关键，宜采用枝切接方式进行枇杷高位嫁接，需注意最高气温以不超过30℃为宜，南方地区一般在9月下旬至10月下旬进行秋季枇杷嫁接，过早嫁接，气温过高，成活的芽易过早萌发受损；过迟嫁接，易造成砧木与接穗愈合慢，降低嫁接成活率。

3. 高接的部位　枇杷全树的高接枝数，与高接部位（级位）有关。级位越高，高接枝数就越多，树冠恢复越快。但是级位高，接头多，养分运输距离长，途中消耗多，新梢抽生较弱，结果部位高，内膛空虚，效果差。反之，级位低，接头少，树冠恢复慢，但枝梢抽生健壮，树势强。从恢复树冠和产量而论，级位适当降低，有利于枝梢抽生健壮，同时有更新树冠的作用。一般可按树龄而定，如5年生的树可接3～5个头，10年生的树可接6～9个头。

每株大树宜分两年或三年逐步高接完毕。树上留部分"拔水枝"，可避免因一次全树接完而造成树体光秃，枝干裸露，树皮在夏季被烈日晒裂，以致引起病虫害和降低成活率。留一部分大枝，对当年高接的接穗可提供部分养分和遮阳，提高成活率，还有一部分产量。第二年对上年的这些"拔水枝"再进行高接，而上年高接的成活枝便成为"拔水枝"。

4. 高接的包扎　不同的包扎方法和材料，对枇杷高接后愈伤组织的形成有很大影响。包扎除了使砧穗伤口紧密结合和防止水分散失外，加套牛皮纸袋和黑色塑料袋等防护措施，主要是减少阳光中的紫外线对接口处生长素的破坏，促进愈伤组织的形成。试验结果表明，用薄膜条作全封闭包扎，然后再套上牛皮纸袋，5～10d可形成愈伤组织，成活率为96%，而且生长量大；而单用地膜或薄膜条包扎的，其愈伤组织的形成需15d以上，成活率和生长量均不如包扎膜并加套牛皮纸袋的好。

高接后接口的保护保湿，直接关系到嫁接成活率。用1～2cm宽的塑料条绑缚接口，是广泛应用的方法。它具有固定接穗和保湿的双重作用。绑缚必须严密，砧穗切削处伤口要一丝不漏。也可用塑料袋保湿。这种方法又可分为开口式和封口式，内装鲜锯末或细土等保湿材料。展叶后，封口式塑料袋要及时开口通风，完全成活后再去掉保湿物。

第四节　树体管理

一、整形修剪

（一）整形

枇杷枝条的生长有一定的规律，任其自然生长的枇杷树，也可逐渐生长为带有层性的圆锥形树冠，结果后转为自然圆头形或半圆头形。对于树冠小的品种而言，自然形成的树冠就能符合栽培要求，树体能够正常生长和结果，因而，较少给予人工干预。但对于树冠大的品种，树体过于高大，不但操作不方便，而且内部过于荫蔽，有效叶面积少，结果少。因此，必须进行人工干预，控制树冠的生长，调整枝条的分布，即所谓的加以整形，使树冠矮化，并呈现出一定的树形。对直立的品种，应通过整形，不断改变枝条生长的状态，使之斜生，最后形成变则主干形或疏散分层形。对其他的品种，目前的做法是在离地面 30～40cm 处留 3～4 个一级主枝，作为第一层主枝，其余枝条去掉或留部分作为辅养枝。第二年再留一层 3～4 个主枝，然后截顶，使植株空心，形成空心圆头形。

在中国台湾和日本，采用更进一步的杯状形，即在离地面高 40～60cm 处留 4～5 个侧枝，向四面伸展并拉成与主干呈 40°～50°角，第二年在主枝的适当位置各留 3～4 个亚主枝，将主干截枝。这样培养出来的树形就如杯状，使疏花疏果、套袋和采收便于进行。这种树形在广东和福建也越来越流行，因为树冠矮，操作方便，可以节约不少的劳动力。

（二）修剪

幼年期的枇杷树，经过 2～3 年的整形，树冠形成，枝条增多，进入结果。由于枇杷四季常绿，生长季节长，生长量大，枝叶繁多，因此必须去除一些多余的枝条。枇杷秋冬开花，冬春挂果，此时天气又较冷，如像落叶果树那样，在冬季修剪，显然是不太适宜的。其他季节里春夏秋梢在不断生长，也不太适合修剪，要见缝插针，抓住两个短暂的时期。一是 8 月或 9 月（依地区不同），花芽分化已完成，有个别的花蕾已露出来的时候。二是采果后马上进行。这两次修剪均不能延误，前者的延误导致剪口易于干枯和浪费树体养分；后者的延误导致夏梢萌生延迟。

修剪方法：花芽分化后修剪大枝，尤其是剪除密生枝，使树冠结构合理。不可短截当年春夏梢，否则将造成花穗减少，影响产量。采果后主要是剪去枯枝、病虫枝、衰弱枝、下垂枝，短截可以利用的徒长枝和采果枝。剪口要平，对衰弱树要进行更新修剪，去除弱枝留强枝，回缩多年生的枝条，刺激潜伏芽萌发，重新形成树冠。更新修剪最好在采后1周内进行，留下来的主枝修剪不宜过重。更新修剪可恢复树势，延长结果期，产量也可大为提高。

二、花果管理

（一）疏花疏果

枇杷不但花穗多、每穗的花朵多，而且生理落果较少，若任其自然开花结果，结果量大，易出现大小年，此外，任其结果的树体，每个果穗上有20粒果左右，大大小小，参差不齐，商品性差。所以疏花疏果是保证连年稳产和果实整齐一致的关键措施。

（二）疏花穗

福建的枇杷主产区，一般在10月上旬至11月初，花穗已明显但尚未开花时进行疏花穗。通常一个小枝组上有4穗者，疏去1～2穗，有5穗者疏去2穗。先疏去叶片少、发育不好，或有病虫害的花穗，并掌握去外留内、去迟留早、去弱留强和树冠上部多疏的原则，疏去花穗总量的50%～60%。疏花穗一般用手从基部把花穗摘除，基部叶片尽量保留。

在我国有冻害的地方，很少疏花穗，常待冻害过后，结合疏果进行疏果穗。但在日本有冻害的地方，也有采用疏花穗的。日本早先进行过试验，结果表明：疏去总花穗的50%和25%，与不疏的相比，同年的产量略低一点（不超过4%），但大果率增加1倍多，中果率也多些，小果率少得多，而且次年的枝条开花率提高1～3倍。因此认定疏花穗的效果十分显著，现在日本果农多数采用疏50%花穗；一些谨慎的果农疏25%的花穗，另外25%留待疏果时疏。

（三）疏花蕾

疏花蕾有不同的做法，但都应考虑到最后便于套袋。有的摘除花穗的上半部；有的既摘除顶部，也摘除基部的2个支轴，只保留中部3～

4 个支轴；福建莆田有的果农完全采用因穗而异的疏法，依以后便于套袋而疏留。在无冻害的地方，要留的是早期开的花，这样的花发育成的果实较整齐并且大。在有冻害的地方，以留中晚期开的花为主，因为早花受冻害概率大，而且幼果较花蕾更不耐寒。所以，疏花蕾的时期宜确定在大多数花已开时为好。

（四）疏果与套袋

尽管上述的疏花蕾已去除了过多的花，但由于枇杷坐果率高，每穗上仍有 20 粒左右的幼果，仍然存在结果过多的问题。而且存在果实大小不一、熟期相异、品质受到影响等问题。所以，疏果是很重要的。

疏果时期以在残花落尽，幼果有蚕豆大小时为宜。

疏果时，先除去部分过多的果穗，然后逐穗疏果粒，将病虫果、畸形果、小果、过密果疏去。根据果穗的特点，并考虑到套袋的方便，决定果实的去留。大果型品种（如解放钟等）每穗留 3～4 粒，小果型品种留 5～8 粒，留下来的果必须大小一致。疏果时可以考虑树旺、枝粗、叶多的适当多留；反之，则少留。

疏果后即行套袋。套袋可防裂果和日灼，防病、虫、鸟危害，防果面出现锈斑，防果面毛茸和果粉脱落，使果实更具商品性。套袋时一穗一袋，袋角留有通气口，防止果实腐烂，也便于采前观察成熟度。套袋前进行必要的药剂处理，在喷药后 5d 内完成套袋。

三、树体保护

1. 防风　枇杷根系分布浅而窄，根冠比小，易被台风或强风吹倒。除了建防风林外，在多风的地区和季节还要给枇杷立支柱；挂果不均匀的，应对挂果重的侧枝立支柱支撑结果枝，加以保护。

2. 防旱　在结果晚期和花芽分化期若出现极度干旱，除了做好土壤的清耕覆盖外，可以适当给树体喷水或灌水。

3. 防寒　这是枇杷栽培的北缘地区的一项经常性工作。南亚热带地区一般无须防寒，但在个别的年份，如 1991—1992 年幼果期遇到突发的低温，随后温度又急剧回升，枇杷所受的冻害比北亚热带地区的更为惨重，所以，也要保持警惕。

防寒措施：①利用花期主动避过寒害。这是日本最普遍采用的方法。枇杷花期长至 2～3 个月，日本主要利用中期和后期花，大大减少受冻的可能。②增施有机肥和磷、钾肥，增强树体抗寒能力。③树干刷白，地面覆盖杂草或覆盖农用薄膜。④加温直接防寒。我国采用熏烟法，用湿草、树叶、杂柴、砻糠等，加250g氯化铵等发烟材料堆成堆，每667m² 五堆，在气温将骤降的夜晚燃烧，可使果园气温提高2℃。日本多采用重油加热器燃烧。⑤开花前扒土，露出骨干根，并晾7～10d，然后施肥盖土，可推迟花期15d。

此外，冬季如遇下雪，应及时摇去树冠上的积雪，以防冻伤幼果和树体。

四、植物生长调节剂的应用

1. 控梢 对生长过旺、徒长枝多发的枇杷树，可在夏梢萌发时期，喷施500～800mg/L的多效唑，控制枝梢生长。此外，多效唑还能促进山梨醇的合成，积累养分，有利于花芽分化和开花坐果。

2. 促进花粉萌发 枇杷的坐果率与花粉萌发率有关。在花期喷50m/L赤霉素或0.1～1mg/L生长素，外加0.1%硼砂和0.2%～1%硫酸锰，可以提高花粉萌发率。

3. 疏花疏果 喷布25mg/L萘乙酸或萘乙酰胺可以疏花疏果。喷洒的程度要控制好，以免把花果疏尽。

4. 保果 在留果太多的情况下，可以用生长调节剂增强树体的坐果能力。在果实豌豆般大小时，用10mg/L赤霉素喷洒，1周后重复一次，不但坐果好，而且果实大，可食率提高。

第五节　果实采收、贮藏

在果树生产的现代化进程中，一个重要的发展趋势是提高了对果品商品性的要求，为此，要求果农不但重视狭义的树体管理（也称树冠管理），而且重视果实的管理。枇杷果皮薄易损伤，采收、包装和运输均有一定的难度，因此，更应注重此环节。

一、采收

宜在晴天上午露水干后和下午起露前采收，阴雨天、大雾天不宜采收。枇杷完全成熟时，果面和种子充分着色，果肉组织软化，糖酸比最适宜。但在完全成熟时采收，也有一定的不足，此时，枇杷果只能保质2～3d，过熟果柄易碰落，影响外观品质，也不利运输和贮藏。为了外运销售，果农们希望早些采摘枇杷，为了不影响品质，只能提早1～2d采收，过早采摘，果肉的糖分难以完全转化，鲜食口感变差。

按规范进行疏果和套袋的果，采收时会方便一些，质量也更可靠。可以连袋一起整穗采收，一同运回包装场（运果的篮子或箱子底部应衬垫草纸或其他柔软材料）。在我国台湾地区的台东县，整个果穗采下后便被装进塑料包装袋，随即放入包装箱，采收过程更为简便，质量也更好。如疏果和套袋工作没做好，采收过程则要麻烦一些。但是，这最后一道田间工序是必须十分认真的，否则，枇杷果面的茸毛易脱落。

柔软多汁的果实易被碰伤，使商品性和贮运性降低，卖价大打折扣。

要备好采果梯、采果钩，盛果器具底部要垫草纸；采果工指甲要剪平；单果采摘时应手持果柄摘下，防止触摸果面，轻拿轻放；浅装轻运，以防碰压。

二、包装和贮运

采收过程中应顺带把个别的裂果和病虫果剔除掉，包装前进一步把落地果、受伤果拣出。然后分品种、分等级进行包装。

根据对每个等级的规定和允许误差，枇杷应符合下列基本要求：外观新鲜、完好，充分发育，具有各品种应有特征；无腐烂和变质果实，无严重刺伤、划伤、压伤、擦伤等机械损伤；无病虫伤、严重萎蔫、日烧、裂果及其他畸形果；洁净、无异味；无可见异物；无异常外来水分。在符合基本要求的前提下，新鲜枇杷分为特级、一级和二级（表14-2）。

表14-2　新鲜枇杷等级划分

要求	特级	一级	二级
果形	无畸形果，果形端正，大小均匀一致	无畸形果，果形较一致	无明显畸形果
果面色泽	具该品种固有色泽，色泽鲜艳，着色均匀，无锈斑	具该品种固有色泽，着色较好，锈斑面积不超过果面的5%	具该品种固有色泽，着色较均匀，锈斑面积不超过10%

（续）

要求	特级	一级	二级
果肉色泽	具该品种固有肉色	具该品种肉色	与该品种固有果肉色泽无明显差异
果面缺陷	不应有日烧、裂果、萎蔫及其他果面缺陷	无日烧、裂果、萎蔫及其他果面缺陷	允许有轻微萎蔫，无日烧，不得有明显裂果
损伤	无刺伤、划伤、压伤、擦伤等机械伤	可有轻微刺伤、划伤、压伤、擦伤等机械伤，无新鲜伤	可有轻微刺伤、划伤、压伤、擦伤等机械伤，无新鲜伤

注：等级的容许度范围按其重量计，特级允许有 5% 的产品不符合本等级的要求，但应符合一级的要求；一级允许有 8% 的产品不符合本等级的要求，但应符合二级的要求；二级允许有 10% 的产品不符合本等级的要求，但应符合基本要求。

贮运包装的容器用纸箱，箱容以小为宜，不要超过 10kg，近年各地产区基本上采用的箱容不超过 5kg。苏州和台湾等地枇杷采用纸质母子箱，先将果实逐个排列于 1kg 的小盒内，然后将 5 个或 10 个小盒装入一个母箱中。

运输过程中，枇杷果经不起摔跌震荡，所以长途运输宜选火车或船只作为运输工具，有条件的，尽可能采用低温（10℃）运输，以保证运到目的地后仍有好的外观和品质，运输时间控制在 48 h 内。

三、贮藏保鲜

果皮较厚的枇杷，其耐贮性相对要高于皮薄的枇杷，但不论果皮有多厚，果实的耐贮性总逊于柑橘等水果，货架寿命也短，即使采收很规范的鲜果，在常温下最多也只能保鲜 10d。因此为了延长销售期，必须做好贮藏保鲜工作。

大批量的常规贮藏保鲜方法现尚未报道。莆田果农小批量贮藏时采用的是缸贮。先在缸底部铺上一层松针，把鲜果轻轻放进去，贮藏 1 个月，外观仍很新鲜。

采用低温贮藏时，应注意通风和保持一定的湿度（可用塑料薄膜保湿），贮藏期可达 28~60d，果实品质基本不变，但贮藏过后的货架寿命只有 3~5d。

我国的研究表明，采用气调库低温保存（3℃±1℃，O_2 浓度保持在 2%～3%），枇杷贮藏寿命超过 40d，果实品质仍佳。美国采用聚乙烯包裹果实冷藏，果肉易变褐，果实风味变差。外国研究者采用杀菌剂 benomyl 处理，枇杷果在 16℃下贮藏 1 个月，好果率高。

总体而言，枇杷的贮藏保鲜工作是独特的，因为枇杷 3～4 月开始上市，是一年中最早上市的水果之一，因此越早上市价格越高，然后慢慢地走低。因此，贮藏保鲜 1 个月，效益可能反而更低了。这样，华南以及福建等地的早熟枇杷就很少有人去进行贮藏保鲜，反之，北缘的苏州和汉中、安康等地的迟熟枇杷就很值得进行贮藏保鲜。5 月下旬至 6 月采摘的枇杷能贮藏保鲜一段时间，有很好的效益。

第六节　病虫害防治

一、主要病害及其防治

（一）枇杷叶斑病

枇杷常见的叶斑病有灰斑病、斑点病和角斑病。各枇杷产区均有分布，是枇杷最主要和最常见的病害。遭受该病危害，轻则影响树势和产量，重则叶片僵化变小，造成早期落叶，使植株生长衰弱，影响抽发新梢。

1. 症状

（1）灰斑病。叶斑病中发病最多的一种，叶上病斑分慢性型、急性型两种。慢性型：叶片受害初呈淡黄色圆形斑点，后迅速扩大，病斑不规则，多呈圆形，中央呈灰白色或灰黄色，边缘为黑褐色环带，其上散生黑色小点。急性型：多在花期发生，使叶片边缘或尖端大片枯焦，并形成大量落叶。灰斑病除危害叶片外，还能侵害果实，造成果实腐烂，影响产量。此外，还可能危害枝干及根颈，造成根颈腐烂。

（2）斑点病。叶上病斑初期呈赤褐色小点，后扩大为圆形（沿叶缘发生时呈半圆形），中央灰黄色，外缘呈赤褐色或灰棕色。后期病斑上产生许多小黑点，有时呈轮纹状排列。

（3）角斑病。病斑初期呈赤褐色小点，后以叶脉为界，逐渐扩大，呈不规则的多角形。病斑赤褐色，周围有黄色晕环，后期中央稍有褪色，变灰黄色，其上产生黑色霉状小粒点。

2. 防治适期　春、夏、秋梢抽生期，病害发生初期。

3. 防治方法

（1）农业防治。加强肥培管理和合理修剪，增强树势，提高抗病力；及时排水，做好冬季清园工作。

（2）化学防治。可选用50％苯甲·多菌灵悬浮剂800～1 200倍液，或24％井冈·丙环唑可湿性粉剂1 000～1 500倍液，或25％丙环唑乳油500～750倍液喷雾防治。

（二）枇杷枝干腐烂病

1. 症状　枇杷的根颈、主干、主枝和侧枝均可发病，植株染病后，多发生在离地20～70cm枝干处。发病初期以皮孔为中心形成椭圆形瘤状突起，中央呈扁圆形开裂，病部逐渐扩大形成不规则病斑，病部和健部的交界处产生裂纹，病部表皮开裂，组织变褐，随后病斑向周围及木质部纵深扩展，病皮暗褐色、粗糙、易脱落，以后病斑沿凹痕（病皮脱落后形成凹痕）的边缘继续扩展，未脱落的病皮则连接成片，呈鳞片状开裂翘起。受害皮层坏死腐烂，严重时可达木质部，病部树皮呈不规则开裂，扒掉裂皮可见病部长有大量白色菌丝体，部分木质部腐烂，并缠绕枝干一周，受害植株随着病情加重，树势逐渐衰退，新枝少，落叶多，果实小而涩，当病部深入树干达1/2～2/3时，树体便倾斜或常被风刮断枯死。

2. 防治方法

（1）农业防治。做好果园排水工作，科学施肥，增强树势，避免造成树皮机械伤，及时处理病虫害、日灼等造成的伤口。冬季可用涂白剂进行枝干刷白，防止日照和昼夜温差引起裂皮。

（2）化学防治。

① 在发生枇杷枝干腐烂病的果园中，夏、秋季用50％醚菌酯水分散粒剂4 000倍液或40％腈菌唑可湿性粉剂6 000倍液喷1次。

② 经常巡视果园，发现枝干病皮时要刮除干净，并集中烧毁，病皮刮除处涂抹药膏，可用80％炭疽福美可湿性粉剂、20％三环唑增效超微可湿性粉剂，按1：1混合，直接涂抹在病部，再用宽透明胶带包扎，能有效控制该病的扩展。

（三）枇杷炭疽病

1. 症状　该病主要危害成熟果实，也可危害叶片。果实受害，先在果实表面产生淡褐色水渍状圆形病斑，后期果面出现凹陷，表面密生小黑点，排列成同心轮纹状，是病菌的分生孢子盘。潮湿时表面溢出粉红色黏物（分生孢子），病斑继续发展，致使果实腐烂或干缩成僵果。叶片受害，叶表面病斑圆形或近圆形，中间灰白色，边缘暗褐色，病斑长大可互连成大斑，后期病部生小黑点，是病菌的分生孢子盘。

2. 防治适期　春、夏、秋梢抽生初期或果实迅速转色期，病害发生初期。

3. 防治方法

（1）农业防治。及时排水，剪除过密枝，采后及时清除病果、病梢。

（2）化学防治。喷施 25%嘧菌酯悬浮剂 800～1 000 倍液或 2.25% 戊唑醇水乳剂 3 000～4 000 倍液，注意安全间隔期，每季最多喷施 3 次。

二、主要虫害及其防治

（一）枇杷瘤蛾

枇杷瘤蛾（*Melanographia flexilineata*）又叫枇杷黄毛虫，属鳞翅目灯蛾科。

1. 形态特征　成虫体灰色，有银光，散布暗褐色点；体长约 9mm，翅展 21～26mm；体灰白色有银光，散布暗褐色点，前翅近基部、中室中部、上角及下角各有一小簇竖鳞，中部有 3 条黑色曲折横纹，外缘上有 2 个排列整齐的黑色锯齿形斑。幼虫全体黄色，各体节从侧面到背面有瘤状突起 3 对，第三腹节亚背线上的一对为蓝黑色。腹足 4 对。

2. 危害特点　主要以幼虫取食危害，幼虫啃食枇杷嫩芽、幼叶、老叶，严重时，叶片全部啃食光，仅留叶脉。

3. 防治适期　卵孵化期或低龄幼虫盛发期，秋梢抽生期。

4. 防治方法

（1）人工捕捉。冬季挖去枝干上的越冬蛹；人工捕杀初龄幼虫。

（2）生物防治。有针对性地释放寄生蜂类（绒茧蜂）天敌；喷施 8 000IU/mg 苏云金杆菌 400～500 倍液。

（3）化学防治。5%高效氯氰菊酯乳油 1 000～2 000 倍液，每季最多喷施 2 次。

(二) 梨小食心虫

1. 形态特征 成虫长 4.6～6mm，翅展 10.6～15mm。体和前翅灰褐色，前翅密布灰白色鳞片，前缘约具 10 组白色短斜纹，在中室外缘附近有一较明显的大白点。翅端部约有 10 个黑斑，在黑斑的内外均有一条较底色深而不甚明显的月牙纹。后翅灰褐色，缘毛灰色。卵淡黄白色，扁椭圆形，中央隆起，周缘扁平。末龄幼虫体长 10～13mm，头部黄褐色，全体背面粉红色，腹面色较浅。前胸背板浅黄白色，臀板浅黄褐色。末端具深褐色臀栉 4～7 刺。

2. 危害特点 梨小食心虫在枇杷上以危害果实为主，也危害嫩梢、花穗和幼果穗。幼虫危害果实，多从萼筒钻入，也有从萼筒附近或两果相接处钻入的，果皮钻入处形成一个小黑点。因幼虫钻入时虫体很小，果实又正在发育膨大，所以小黑点比较难找。幼虫蛀食果实内的种核，堆积大量虫粪，并使果实内膜（内果皮）变黑，造成内膜与果肉粘连，严重影响果实产量和品质。梨小食心虫也危害枇杷的夏梢与秋梢，钻入中空的嫩梢吃食，幼虫老熟后，咬断嫩梢一侧，造成枝条枯萎折断。

3. 防治适期 卵孵化初期。

4. 防治方法

（1）农业防治。消灭越冬幼虫，及时清园；不宜与桃、李、梨等混栽。

（2）理化诱控。利用黑光灯或糖醋液诱杀成虫；每 667m² 悬挂 5% 梨小性迷向素饵剂 80～100g；实行果实套袋。

（3）药剂防治。喷施 2.5% 高效氯氟氰菊酯水乳剂 2 500～3 000 倍液或 16 000 IU/mg 苏云金杆菌 75～150 倍液。

第十五章
香　蕉

第一节　种类和品种

一、种类

香蕉属于芭蕉科（Musaceae）芭蕉属（*Musa*）。芭蕉属又包括南蕉组（Australimusa）、红花蕉组（Callimusa）、Rhodochlamys、菲蕉（Fei'i蕉）和真蕉组（Eumusa）共5个组。所有的栽培香蕉均属于其中的真蕉组，由尖叶蕉（也称阿加蕉，*Musa acuminata*）和长梗蕉（也称伦阿蕉，*M. balbisiana*）这两个亲本种间或种内杂交而来。来自尖叶蕉的染色体基因组用A代表，来自长梗蕉的用B代表，因此栽培香蕉可分为AA、AAA、AAB、AAAB、ABB、BBB、BB等组群。

目前，我国的香蕉分类系统不能与国际接轨。根据植株形态特征和经济性状，我国将栽培蕉分为四大类：香蕉（又称香牙蕉或华蕉）、大蕉、粉蕉和龙牙蕉，其中香蕉属AAA组群，大蕉和粉蕉属ABB组群，龙牙蕉属AAB组群。每大类中的不同品种或品系在假茎高度、假茎色泽、叶片性状、果实性状和幼苗性状等方面又有所差异。国际上则根据香蕉的食用方式将其分为三大类，即鲜食香蕉、煮食香蕉和大蕉，其中的大蕉是指AAB组中的大蕉亚组，相当于有棱角的龙牙蕉，包括法国大蕉和牛角大蕉，不同于我国分类系统中的大蕉（国外常归为煮食香蕉）。

二、品种

（一）香蕉

1. 巴西蕉　1987年从澳大利亚引入，目前为我国最重要的主要栽培品种，属中秆类型，假茎高度 2.2～3.3m，茎周较粗。叶片细长且较直立。果穗长大，果指长 19.5～26cm，单株产量 18.5～34.5kg。果实香味浓，含糖量 18.0%～21.0%，品质中上。该品种产量高、果梳形态佳、果指直、商品性高，但抗风力较弱，高感香蕉枯萎病 4 号生理小种。

2. 威廉斯 1912 年在澳大利亚新南威尔士州选出，1981 年从澳大利亚引入我国广东。该品种一直是澳大利亚主栽品种，目前在我国也有种植。假茎高度与巴西蕉的接近，通常 2.3～3.2m，但其茎周比巴西蕉的小。叶片长，稍直立。果穗较长，果指长 18～22.5cm，果形较直，排列紧凑，梳形整齐美观，香味浓郁，品质优。单株产量 20～30kg，丰产稳产。该品种抗风力较差，易感染花叶心腐病和香蕉枯萎病 4 号生理小种。此外，种苗变异率较高，因此幼苗期要特别注意筛除劣株。

3. 天宝蕉 原产中国福建，又称矮脚蕉、天宝矮蕉、本地蕉、度蕉。茎高 1.5～1.8m，茎周 50～60cm，叶片长椭圆形，叶片基部卵圆形，先端钝平，叶柄粗短。花苞表面紫红色杂有橙色斑纹，内部橙红色。花柱、花丝宿存。果指短小，果指长 15～20cm，弯月形，果皮薄，果肉浅黄白色，肉质柔软、味甜，香味浓，品质佳。产量较低，株产 10～20kg。抗风力强，抗寒及抗病性较差。从中选出的高种天宝蕉（又称天宝高脚蕉），假茎高 2.0～2.2m，叶片较宽大，叶柄较长，对环境适应性强，产量较高。

4. 泰国蕉 即"B9"，1988 年从泰国引入我国广东，现为广东茂名的主要栽培品种。假秆高度 2.3～3.5m，茎秆高而瘦弱，淡黄绿色，叶柄边缘紫红色，果梳距疏，梳数和果实数较少，果形较直，果指长 18.5～22.5cm，单株产量 18.5～34.0kg。品质优良，味香清甜，果实催熟后果皮金黄色，但抗风、抗寒能力较差，不宜在台风频繁发生的地区种植。

（二）大蕉

1. 顺德中把大蕉 也被称为中脚大蕉，原产于广东顺德。假茎高 2.3～3m，茎部粗壮，果穗长 0.55～0.75m，果指较长，果形直且起棱。成熟后的果皮颜色为淡黄色或土黄色，肉质柔滑，味道甜中带微酸，没有明显的香味。单株产量 12～23kg。该品种具有抗风、耐寒、耐瘠、耐病的特点。

2. 东莞高把大蕉 原产于广东东莞麻涌，是珠江三角洲地区主要的传统栽培品种之一，在中山地区被称为大叶青。假茎高 2.5～3m，茎粗壮。每穗 8～10 梳，每梳果指约 23 个，果指较长。果形微弯，品质优良。单株产量 15～30kg，具有较强的适应性，适合在各香蕉产区栽培。

（三）粉蕉

1. 广粉 1 号 由广东省农业科学院果树研究所从汕头市澄海农家粉蕉中优选而成，属大果粉蕉。植株粗壮，假茎高 2.8～4.2m，假茎周长 75～83cm，果指长 12～20cm，单果重 150～200g。单株产量 20～35kg。青果灰绿不被粉或少被粉，催熟后果实黄色、皮薄、肉乳白色、质滑、味浓甜。果实含可溶性固形物 26％以上、可滴定酸 0.34％。春植蕉生长周期为 15～17 个月。田间表现抗香蕉叶斑病、束顶病、黑星病和炭疽病，但易感枯萎病及卷叶虫病。

2. 糯米蕉 植株高大粗壮，假茎高 3～4.5m，中周可粗达 60～70cm。果梳和果数较多，梳距密，果指排列紧贴，果形较直或微弯，果柄较长，果皮薄，果指长 11～14cm，单果重 60～100g，味清甜可口，完熟时有微香，单株产量 10～25kg。

3. 牛奶蕉 零星分布于珠江三角洲，假茎高 3.2～4.5m，假茎黄绿色，株型似中山粉沙香，但果数较少，果指较长，果形似香蕉，果指长 14～18cm，单果重 100～180g，果皮稍厚，皮色灰绿，味甜少香，单株产量 15～25kg。

（四）龙牙蕉及其他优稀类型

1. 过山香 又称中山龙牙蕉（广东）、美蕉（福建）、象牙蕉（四川）、打里蕉（海南）。假茎高 2.2～4m，茎周 50～55cm。整株黄绿色。叶狭长，基部两侧呈不对称楔形；叶柄沟边缘的翼叶及叶片基部边缘为紫红色。花苞表面紫红色，被白色蜡粉。每穗 6～8 梳，每梳果指 19 个，果指长 9～14cm，果实生长前期常呈该品种特有的扭曲状，充分长成后果指饱满近圆形、略弯，软熟后皮薄、鲜黄色、肉质细腻、乳黄色，略带香气，品质优。单株产量 10～20kg。较耐花叶心腐病和叶斑病，但易感染枯萎病，也易感象鼻虫、卷叶虫，抗风性较差，抗寒力稍优于香蕉。冬季低温发育的果实后熟后有"生骨"现象。果实黄熟后果皮容易开裂，不耐贮运。喜排水良好的水田或缓坡地。生育期比香蕉长 1～2 个月。

2. 贵妃蕉 又称河口龙牙蕉。假茎高 2.5～3.5m，假茎青绿色、被黑斑，果指微弯，果端稍小、内弯，果柄短粗，单果重 70～130g，果指长 12～18cm，青果灰绿色，后熟深黄色，皮较厚，肉质软，可溶性固形物含量较低，但味极清甜，香味近香蕉，单株产量 10～20kg。该品种耐镰刀菌枯萎病，但易感香蕉假茎象鼻虫。

3. 贡蕉 引自马来西亚，即 Pisang Mas，属 AA 组群。我国零星栽种，又名米蕉。株高 2.3m 以上，茎周 50cm，叶柄基部有分散的褐色斑块。每穗 4～5 梳，每梳果指 17 个，果指短小而直，圆形无棱，长约 10cm。成熟果皮金黄色，果肉黄色、芳香细腻，品质优异。成片栽培时容易感染枯萎病。喜排水良好的沙壤土。

4. 金手指蕉（FIHA01） 又称孟加拉龙牙蕉，为洪都拉斯用夫人指蕉（Lady Fingers）与香蕉（*Musa* spp. AAA）杂交育成的四倍体蕉，属于 AAAA 组群。植株较瘦高，干高 2.8～4.5m，色黄绿，具有深浅不同的浅红紫痕，柄脉浅红紫色，吸芽更典型。果穗梳果数特多，果较短小，单果重 70～110g，果端小，十分饱满时也易裂果。果肉质软，味甜带酸，皮色艳黄。单株产量 15～25kg。生育期比香蕉长约 1 个月。抗叶斑病、枯萎病（生理小种 1 号和 4 号）、穿孔线虫病等多种病害病，但易感香蕉线条病毒病。抗寒性强，适于冷凉地区，为中美洲部分国家的主栽品种，在我国华南地区已试种成功，其果肉味甜带微酸。

第二节 建园和栽植

一、建园

（一）园地选择

选择适宜的种植田地是香蕉优质高产栽培的基础。香蕉属于热带亚热带果树，喜温、怕冻。年平均气温 20℃ 以上，最低月平均气温不低于 12℃，极端最低气温多年平均值在 2.6～6.2℃，阳光充足，冬季无霜或轻霜的区域为香蕉较理想的种植区。香蕉对土壤的要求不严，但若要获得高产，应选择交通方便、避风向阳、背北向南、土层深厚、土质肥沃疏松、排灌良好、保水保肥力强、土壤酸碱度微酸至中、地下水位较低的地方建立蕉园。香蕉叶片大，茎秆为假茎，易受到台风危害。除台风外，海南全境、广东雷州半岛与茂名市部分地区、广西南部与西南部、云南南部等都是冬春季无低温危害的香蕉最适栽培区。海南东部、广东、福建沿海地区台风频繁，商品蕉园需选择抗风或矮秆品种。

此外，蕉区应无枯萎病、叶斑病、束顶病及线虫病等严重病害。蕉园周围不宜种植香蕉病毒病中间寄主作物如茄科、葫芦科等蔬菜作物。有机香蕉的生产还要求土壤、空气和灌溉水达到相应的质量标准。

（二）园地规划

园地选择好后需对蕉园进行规划。除配套的房屋及电力系统外，蕉园最重要的是要建设完善的排灌和道路系统。有河流、水库及池塘的地方可充分利用这些水源，没有现成水源可利用的蕉园可开挖机井。灌溉系统安装需要考虑到地形设计，平地要设多级排水沟。山坡地以15°以下缓坡为宜。建议用微喷或滴灌方式进行灌溉，因为这两种方式不仅节水，更重要的是可以防止水土冲刷，减轻病害传播，提高肥料利用率等。道路布局时应根据蕉园的地形、走向来规划主干道与支路。主干道应允许大型车辆通过。长期蕉园还应进行防风林的规划与种植。

（三）整地和改土

园地规划好以后要对蕉园进行整地和改土。首先要清除、烧毁前作的残留物，并进行土壤消毒等作业。然后用大胶轮拖拉机进行二犁二耙。耕深35cm以上，耙平碎土。整好地后要开沟起畦、挖穴。坡园地种蕉需用开沟犁开沟，沟深30cm左右，畦的走向要与等高线相同，以便以后的灌溉、施肥及采收等作业。水田种蕉要起畦种植，较好的做法有双畦植法，即每两行香蕉开挖一条排水沟，沟宽30～40cm。香蕉种在畦上，以后结合培土逐渐加深排水沟以降低地下水位。

二、栽植

香蕉的种植方式包括矩形、三角形、双株和宽行窄株等多种方式。我国多采用矩形种植方式，机械化操作时多采用宽行窄株方式。

（一）栽植密度

栽植密度受到香蕉的种类和品种、土壤肥力状况、叶姿和栽植方式等多种因素的影响，但一般主要以高度来确定植株的栽植密度。香蕉品种越高大，株行距越大。在华南地区，因种植方式等其他因素不同，每667m² 种植高秆品种 105～165 株，中秆品种 125～190 株，矮秆品种 145～215 株。植株的高度等受土壤肥力状况、种植管理水平的影响，同一品种在肥水条件好的前提下植株相对较高大，故宜适当稀植。此外，还可参考叶面积指数（LAI）来确定种植的密度。矮秆品种 LAI 在 4.0～4.5 时有机物的积累量最大。相比单造蕉而言，多造蕉宜稀植；秋植蕉宜稍稀植，春植蕉适当密植。机械化耕作的蕉园，行距要适当加宽。值得一提的是，随着种植密度的加大，香蕉营养生长期与果实发育期会相应延长；组培苗第二造蕉也要比组培苗当代的高出许多。表 15 - 1 是当前主栽品种常用的种植密度。

表 15 - 1　香蕉主栽品种每 667m² 种植株数

（许林兵和杨护）

品　　种	珠江三角洲	粤　　西
巴西蕉	110～130	130～160
威廉斯	120～130	130～160
广东香蕉 2 号	125～135	140～170
广粉 1 号	100～110	120～130
贡蕉	140～160	180～220

（二）栽植时期

香蕉花芽分化属于不定期分化型，对气温没有严格的要求。因此，理论上香蕉一年四季都是可以种植的。香蕉主产区的蕉农主要选择春植（2～4 月）、夏植（5～7 月）或秋植（8～10 月）。春植蕉因种类、品种和蕉区气候条件而异，于当年 9 月至第二年春季抽蕾，第二年 2～6 月收反季蕉。反季节蕉一般风味较好、产量较低、价格也相对较高。夏秋植蕉第二年 5～6 月抽蕾，8～12 月收获正造蕉。正造蕉因花芽分化及果实生长发育期气温较高，果实生长发育快、生长发育期较短，果实品质相对较差而产量较高。春植蕉在管理水平较高的前提下次年可收获 2 造，秋植蕉只能在次年下半年收获 1 造。

具体选择何时种植主要根据市场、当地的气候条件以及香蕉抽蕾宜避开低温等要求而定。比如为避开夏秋季台风，海南岛 5 月定植，采收期可比内陆早 15～30d。而在广州等地区 5 月定植，则易在抽蕾期或果实发育期等对低温相对敏感的时期遭遇低温而出现短果、低产的现象，因而很少采用。7～8 月气温高，定植成活率较低。

大蕉春植春收，粉蕉和龙牙蕉春植夏秋收，秋植的粉蕉则要等到第三年春季采收。

(三) 蕉苗准备

首先要选择适合当地种植的优良品种，这是香蕉种植优质高产的关键。生产上，蕉苗采用吸芽苗或组培苗。吸芽苗选择球茎粗大、假茎高 1.0～1.5m、植株健壮无病虫害、根系发达的剑芽苗。组培苗选用品种纯正、无病毒、8 代以内变异率低于 3%、苗高 20cm 左右、5～15 片叶、茎粗壮、叶色青绿、无病虫害者。相比较而言，组培苗苗相整齐，生长期一致，易于管理，是目前我国香蕉生产上主要采用的种苗形式。

确定种植密度后，种植前 10～30d 按株行距挖种植穴，每穴放入腐熟农家肥 20kg、过磷酸钙 0.35～0.5kg、石灰 0.2kg，与土拌匀，表面再覆盖一层 10cm 左右无肥表土，以免蕉苗根系直接接触肥料导致灼伤。种植时，吸芽苗按大小分级，当天起苗当天植，入穴后用碎土压实，上盖一层松土，盖过球茎 2～5cm。组培苗将袋苗按株高、叶片数分级分别种植，小心撕去营养袋，带原袋土种入穴中，以碎土盖过原袋土 0.5～2cm 并稍压实，淋足定根水，阳光过强要注意遮阴护苗。

第三节　土肥水管理

一、土壤管理

(一) 土壤翻耕、培土

一般在早春回暖、新根发生前全园进行一次深耕。此时温度相对较低而湿度较大，植株新根发生尚少，伤根对植株的影响较小，如果深耕过早易遭受冷害，过迟则影响根群生长。深耕的深度一般平地蕉园以 15～20cm 为宜，山地蕉园根系较深，可耕深至 20～30cm。为防止伤根过度，一般距离植株 50cm 以内的范围，深耕深度宜稍浅。深耕时要同时挖除隔年残留的旧蕉头（球茎），以免妨碍根群和地下茎生长。深耕后结合施肥，可以促进新根迅速生长。

根据蕉园土壤的特点，必要时进行松土、培土。松土时可在整地时用机械或人工来破除地下的不透水层，深翻50～70cm，并适当加入作物秸秆、塘泥等有机物质进行改土。宿根蕉园一般4月以后不宜深耕，但在每年4～11月培泥土或腐熟土杂肥3～4次，使土层培高20～30cm。

（二）蕉园的间作与轮作

自然状况下香蕉通过吸芽繁殖后代，通常可以连续多年生长，周而复始。但种植一次收获2～3造后产量下降，病毒病等病虫害发生率提高，有毒物质积累，土壤理化结构恶化，球茎也易产生露头现象，如果施肥不当也会导致某些微量元素缺乏。且随着收获次数的增加，生长不一致的现象也越来越严重，所以通常种植1次，收获2～3次后砍除蕉株并重新种植。如果能与其他作物轮作，则可以克服上述问题。尤其是选择水旱轮作的话，效果更佳。应避免栽种茄科作物或番木瓜等与香蕉有共同病害的作物。宽窄行方式种植的蕉园，宽行内可间种豆科绿肥或蔬菜等短期作物。

（三）覆盖与杂草控制

香蕉生长前3～4个月，株行间空隙较大，容易滋生杂草，与香蕉争水争肥。控制杂草的方法有：

（1）人工除草或机械除草。

（2）蕉园覆盖。覆盖物可以是稻草等作物秸秆，也可以是塑料薄膜。覆盖不仅可以抑制杂草萌发阻止杂草生长，使土壤保持冷凉、湿润，而且以作物秸秆为覆盖材料腐烂时，还可以改善土壤理化性状，提高土壤肥力，而用黑色薄膜覆盖时可有效减少水分蒸发。

（3）种植覆盖作物。即通常所说的生草栽培。覆盖作物不仅可以控制杂草，增加土壤有机质，提高土壤肥力，还可以减少水土流失，吸引益虫及缓和地温变化。覆盖作物常用豆科作物，如白三叶、草木樨、苜蓿；豆科作物除了起到普通覆盖作物的功能外，还具有固氮功能。

（4）使用除草剂。使用效果易受气候条件和其他环境因素影响，并且如果施用不当，还会严重伤害植株和污染环境。

（四）旧蕉头挖除

刚收获的母株可保留假茎为新株提供养分，待母株残茎基本腐烂后（香蕉采收60～70d）及时挖除旧蕉头，并填上新土，以利于子代根系的生长，减少病虫害的发生。此外，喷洒EM菌、酵母菌或芽孢杆菌等可加速收获后假茎的分解。

二、施肥管理

香蕉植株高大，速生快长，故需肥量大。与其他许多果树相比，香蕉对肥料反应非常敏感，不耐瘠薄。

(一)肥料的种类及施肥时期

1. 香蕉的需肥特性　要想获得优质高产的香蕉，首先必须了解香蕉的需肥特性，并尽可能满足香蕉对肥料的需求。施肥主要应考虑果实带走的养分。据报道，若每公顷种植香蕉2000株，每株产香蕉25kg计算，香蕉果实带走的各种矿质营养见表15-2。

表15-2　每50t香蕉果实所带走的矿质营养

单位：kg

营养元素	重量	营养元素	重量
氮	189	钠	1.6
磷	29	锰	0.5
钾	778	铁	0.9
钙	101	锌	0.5
镁	49	硼	0.7
硫	23	铜	0.2
氯	75	铝	0.2

温馨提示

特别需要注意的是，香蕉对钾和钙的需求非常高而对磷的需求少，其中钾的消耗量达到氮的3.7倍之多。

因根系浅，对肥料反应敏感，因此要勤施薄施。一般一年中施基肥1次，追肥多次。基肥一般以有机肥、磷肥为主，有时也可加一些钾肥。在种植前施入定植穴，要与土壤拌匀，施肥深度至少在畦面30cm以下。一般苗期宜淋施，也可结合穴施、沟施；营养生长期以穴施、沟施为主；孕蕾期则以洞施为主，配合淋施；果实发育期以淋施为主，配合撒施及叶面喷施。

2. 肥料种类　单质肥料可选择硫酸铵、氯化铵、硝酸铵、尿素、过磷酸钙、硫酸钾、氯化钾、钙肥（生石灰或石灰石粉、硫酸钙、过磷酸钙）。复合肥最好选用高钾、高氮的专用复合肥。有机肥包括人畜粪尿、禽粪、动物废弃物、鱼肥、厩肥等动物有机肥及秸秆、绿肥、堆肥等植物性有机肥。优质有机肥每 2～3 年施一次即可。在有机质丰富，土壤 pH 稍高的蕉园香蕉枯萎病的发生率也较低。有机肥适量配合化学肥施用可达到增产、稳产和改善品质的三重目的。

3. 施肥时期、用量与次数　植物在不同的生长发育时期对肥料需要的数量和种类不同，香蕉也不例外。香蕉在定植后 3 个月对养分反应最为灵敏，施肥的增产效果常优于后期大量施肥，故种植成活或留定吸芽后就要开始施肥，大部分肥料在抽穗前施完。新植蕉园除在定植前施基肥外，在抽出 1～2 片新叶时进行第一次施肥，以后每隔 10～20d 施一次，一年施 9～14 次甚至更多。相比较而言，多造蕉比单造蕉施肥次数要多；单施无机肥比施有机肥次数要多；大蕉、粉蕉施肥次数可比香蕉少一半，龙牙蕉则与香蕉相近。香蕉的施肥总量除了受到土壤肥力状况等因素影响外，主要决定于产量。单位面积产量高，香蕉果实带走的养分就多，因此需要补充的肥料就多。高产蕉园每年每公顷施肥参考用量为氮肥 900～1 200kg、磷肥 270～360kg、钾肥 1 200～1 500kg。

（二）施肥方法

香蕉常用的施肥方法有沟施、淋施、穴施、洞施、撒施、喷施和灌施等。一般腐熟有机肥在定植前与土壤混匀当作基肥，或在行间离植株70cm 处沟施。化肥主要是穴施，在离茎秆 30cm 处挖 1～3 个深度 20～30cm 的穴，施后淋水。沙质土、肥力低的蕉园或多雨季节，施肥宜少量多次。排水不良、根系发育不良或台风后根系折断，影响养分吸收时，可配合根外追肥（喷施）。一些现代蕉园将施肥与滴灌技术结合起来，既节省人工成本，又大大减少养分流失。

三、水分管理

香蕉整个生育期的水分管理以润—湿—润为原则，雨季做好排水，防止蕉园渍水，旱季及时灌溉，使土壤保持适当水分，尤其是香蕉的需水临界期［从花芽分化前 1 个月（新植蕉 16 片叶期，宿根蕉 24 片叶期）至幼果期］。香蕉常用的浇灌方法有漫灌、浇灌、喷灌及滴灌等。采用漫灌时，一般要求每隔 10～15d 一次，灌溉量 1 275～2 500m³/hm²；采用沟灌时，一般每隔 5～7d 一次，灌水量 750～1 500m³/hm²；采用淋灌方式时，需每隔 2～4d 一次，全畦淋灌需水 525～975m³/hm²，穴面淋灌每株需水 35～75kg；采用喷灌时，每公顷设 9～12 个喷头，每次喷 5～6 h，每 7～14d 喷一次。采用滴灌时则每 2～4d 一次，每次 4 h。香蕉滴灌施肥技术水分利用效率最高，同时也可对浇灌量、浇灌时间、施肥量精确调节。滴灌与喷水带浇灌对比，香蕉的长势是一样的，但更省水、省肥、省工、省药、省电。各种灌溉方式的差异主要在于湿润的土壤范围不同，总体来说，植株需水量相当于每周 20～40mm 的降水量。最好借助土壤张力计量结果为灌溉提供依据。

四、香蕉水肥一体化滴灌技术

水肥一体化滴灌技术即通过滴灌系统施肥。滴灌用的肥料种类很多，选择的原则就是完全水溶。一般用尿素、氯化钾、硝酸钾、硫酸镁等。各种有机肥要沤腐后用上清液，鸡粪是最好的肥源。磷肥一般不从滴灌系统施入，常在定植时每株用 1kg 过磷酸钙撒在滴灌带下，不用覆土。施肥采用少量多次的原则。一般 3～5d 滴一次。同时一次滴灌面积约 2.67hm²，每次 2～3 h。水肥一体化滴灌技术比当前普遍采用的喷灌加人工施肥技术节省肥料 36% 以上，增产率可达 22.9%～62.4%。

第四节 花果管理

香蕉属于单性结实，一般开花即可顺利结果，不需要进行特别的保花保果处理。但需要注意的是花芽分化及抽蕾的时期对产量有很大的影响，尤其是要避免抽蕾遭遇冬季低温。此外，通常情况下要进行断蕾、疏果，并对断蕾后的果实进行套袋。

一、断蕾、疏果

受种类和品种、抽蕾时期等因素影响，香蕉每串果穗一般能抽出 5～12 梳的果梳。根据树体的大小、功能叶片数量、果穗的粗细等情况，生产上的留梳数一般为 6～8。头梳蕉果指数不足 10 个，尾梳蕉果指数不足 14 个者通常整梳去除。疏果后养分可相对集中供应给留下的果实，有利于其果指增长，并可提早 2～3d 成熟。在最后一梳果抽出后、花蕾开完

1～2梳雄花时，于末梳蕉果下端 10～15cm 处摘除雄花蕾，称为断蕾。疏果在抽蕾后 1 个月进行，在留足梳数及单果的基础上，断蕾越早越好。

温馨提示

　　注意断蕾、留梳及疏果时都必须空手操作，严禁使用小刀割除。断蕾宜在晴天 9:00～17:00 进行。

　　在疏果、留梳的同时应结合抹花。抹花的时机最好在果指尚未完全展开、手触花瓣易脱落时。在果指末端小花花瓣刚变褐、果指开始平展上弯时，选择晴天 10:00～17:00 进行抹花，雨天或早上露水未干时不宜抹花。抹花前，戴手套或剪指甲，在果梳中间垫报纸、牛皮纸或蕉叶，避免蕉液流淌到下面的果梳。抹花时，拇指和食指夹住花瓣中部，向上或向下扳断小花、花瓣及柱头，由下梳往上梳顺序进行。一穗果抹花两次，即在花果间产生离层或当第二、三梳果指上翘呈水平状时抹第一次花，在末疏果指上翘呈水平状时抹第二次花。

　　有的花蕾抽出的位置刚好在叶柄之上，如任其继续生长会将叶柄压断，而花蕾也因突然失去依托而折断。因此要及时校蕾，把妨碍花蕾下垂的叶片拨开或割掉。

二、果实套袋

　　果实套袋不仅可减少黑星病、花蓟马等病虫危害，还可减少叶片擦伤所造成的机械损伤；此外，对香蕉的果实进行套袋还有利于果实生长发育从而缩短果实生长时间，冬季还有防寒和增加果指长度的效果，夏秋季则免受日灼提高产量，改善果梳形状及提高一级果比例。由此可见，香蕉果实套袋可起到提高产量和品质的作用。

　　香蕉在抹花留梳完毕后要及时喷一次药防治病虫害，药液干后便可套袋。

　　1. 果袋选择　根据栽培的季节和套袋的作用选择果袋：冬、春蕉宜选用生皮纸袋、珍珠棉袋、不打孔的 PE 薄膜袋等保温或透光性强的果袋；夏、秋蕉宜选用牛皮纸袋、花纸袋、打孔的 PE 薄膜袋（每个袋均匀分布 1cm 径的孔 20～40 个）等透气或遮光的果袋；全年均可选用无纺布袋，用于收把塑形及果面保护。

2. 套袋时期　套袋一般在果指上弯、断蕾后的 10d 内完成。

3. 套袋方法　取无纺布袋，张开袋口，从下往上将整个果穗套入；上袋口距离头梳果的果柄 10cm 以上，下袋口覆盖末梳果。将纸袋或珍珠棉袋放入 PE 薄膜袋内，张开袋口，从下往上将整个果穗套入；上袋口应距离头梳果的果柄 25cm 以上，上部用绳在果轴处扎紧袋口，并做好记号和记录断蕾套袋时间。夏季套袋，PE 薄膜袋须打孔，并在果穗中上部向阳面加垫双层报纸、珍珠棉、牛皮纸、软质包装纸或无黑心病的蕉叶隔开袋子和果实，防止强日照灼伤果实。冬季套袋，PE 薄膜袋不需打孔；出现寒流前，可把下袋口扎紧，天气回暖再解开。套袋时动作要轻，避免蕉袋与果皮相互摩擦损伤果面。

第五节　树体管理

香蕉的树体管理主要包括吸芽管理、割叶、套袋、断蕾、抹花、疏果（包括疏果穗、疏果梳及疏果指）和收果后的残株处理，此外，还有防风和防寒等管理措施。

一、吸芽管理

蕉园如果没有选择重新种植组培苗的话，一般通过在母株生长仍旺盛时期选留适当位置的健壮剑芽来替代将来被砍除的母株，持续蕉园生产，并同时尽量使留下的吸芽维持整齐的株行距排列。

一株香蕉一般可同时产生 5～10 个吸芽，但只留 1 个，其余宜尽早挖除。5～7 月每 15d 除芽一次，3～4 月及 8～9 月每月除芽一次，10 月后气温比较低，不利于吸芽的生长，也不再挖除吸芽。

1. 秋冬蕉和龙牙蕉留吸芽　春植蕉应在 6 月留第一次吸芽，翌年 9～10 月收获秋冬蕉。秋植蕉则选留定植后第二年 5 月抽生的第二、三次健壮吸芽。宿根蕉应选留 5～6 月抽出的健壮、深度适中的第二、三次吸芽。过早过大的吸芽可切断吸芽的茎秆或损伤部分根系或适当多留几个弱芽，减肥控水，也可挖出重新种植于原位置上，以控制生长速度；对过迟过小的吸芽，可通过增施肥料、勤灌水加速生长。龙牙蕉留吸芽也采用秋冬蕉留吸芽法。

2. 春夏蕉留吸芽　一般到 6 月植株开始抽生吸芽；7～8 月吸芽盛

发，这时的芽体健壮；9 月后抽芽减少，芽体也变弱。所以春夏蕉留吸芽应在 8～9 月留第三至四次吸芽，对早留的吸芽同样可采用秋冬蕉留吸芽的措施调节其生长速度。

3. 多造蕉留吸芽 ①"四年五造蕉"，春植后当年 7 月留第一次、二次吸芽，第二、三、四次分别在第二年 4 月、第三年 3 月和 9～10 月各留第一次吸芽；②"三年四造蕉"，第一、二、三次分别在第一年 6 月、第二年 3 月和 9～10 月留吸芽；③"两年三造蕉"，第一、二次分别在第一年 5～6 月、11 月留吸芽。要生产多造蕉，关键是早留芽、留大吸芽，加强肥水管理，促进植株迅速生长。

4. 大蕉和粉蕉留吸芽 大蕉在每年 9 月留吸芽过冬，到第二年早春吸芽可高达 50cm，第三年上半年可收果。在华南地区，以上半年的大蕉产量、质量最佳。粉蕉比香蕉生长期长 1～2 个月，留吸芽应比香蕉早 1～2 个月，8 月留吸芽可在春季收果，3～4 月留吸芽则在秋季收果。

二、割叶

香蕉的整个生长发育期抽生 35～43 片叶，功能叶片的寿命一般为 130～180d，枯萎的叶片下垂倒贴向假茎，成为病虫滋生的最佳场所。因此要及时割除假茎基部枯萎的叶片。一般每月至少进行一次，最好每 2 周一次。此外，凡接触到或可能接触到果实的叶片和苞片也都从着生处割除，以免引起斑痕。一般每个时期健康功能叶维持在 10～15 片即可实现高产目标。

三、收果后的残株处理

香蕉虽然是多年生植株，但每一个香蕉植株只能结一次果。因此果实收获后的香蕉植株需要去除。但由于收果后的植株体内仍含有大量养分，且这些养分在果实收获后会回流到假茎和球茎中，继而转移至吸芽。因此，生产上一般采后在假茎 1.5m 高处砍断蕉株，经 60～70d 残茎腐烂时再挖去旧蕉头。

四、防风及台风灾害后管理

香蕉是大型草本植物，其茎秆由叶鞘抱紧而成，没有木质化，且叶片巨大、根系浅，因此极易遭受台风的影响而倒伏。我国沿海地区的香蕉生产经常遭受台风的影响而蒙受巨大损失。为了减轻台风的危害，应注意以下事项：①选地时宜选择背风向阳的蕉园；②选择矮秆抗风品种；③营造防风林，防风树种可选择水杉、桉树等；④立支柱防风。立支柱防风宜在抽蕾前或台风来临前进行，用粗壮的竹竿或木杆，背常年主导风向撑好绑稳，对于接近成熟的蕉株在台风来临前割去部分叶片。在风大、土层浅、根浅地区，幼苗栽种后即需立支柱。宽窄行方式种植时，可把两窄行间的蕉株用尼龙绳互相连接，连线处在花蕾抽出位置的下部。在没有严重台风的地区，如果出现蕉树倾斜或果穗较重时也必须立柱支撑。立支柱不仅可以避免植株倒伏，对防止果皮机械损伤和病虫害以及提高果穗质量也有一定的作用。

一旦蕉园遭受台风侵袭，要及时扶正倒伏的蕉苗并培土。大蕉株若未折断，可小心地连同支柱扶正，培土护根，经过1周植株稍恢复生长后，施以稀的肥料，干旱则灌水。砍除折断的植株，加快吸芽生长。无吸芽的，可砍去倒伏株的假茎上半部，重新把母株种下。进行一次全园喷药，防治病虫害。

五、防寒及冷害后的管理

香蕉起源于东南亚，性喜温湿，对低温冷害敏感。我国香蕉产区主要集中于广东、广西、福建、海南、云南等亚热带地区，冬季容易受到寒潮的袭击而发生冷害，给香蕉生产带来致命打击。即使没有严重寒潮发生的年份，由于冬季低温造成的冷害损失据估计也能达到10%以上。因此地处亚热带、热带与亚热带交接处的蕉园要从以下几个方面做好防寒工作。

1. 选择抗寒品种 相比较而言，大蕉和粉蕉的抗寒性明显高于香牙蕉，因此在纬度偏北、低温寒潮频发地区最好选择种植这些香蕉种类。香牙蕉中目前尚未选育出抗寒品种，部分品种对低温特别敏感，在选择时需特别注意。

2. 适时种植 抽蕾期的香蕉对低温最为敏感，其次是果实生长发育期（幼苗阶段不在田间）。香蕉一年四季都可以开花坐果，因而可通过适时种植新蕉苗或留芽，从而避免在冬季低温期间抽蕾开花。比如早春种植大苗，加强肥水管理，可在当年的冬季严寒来临之前收获。也可以采用秋植收获正造蕉，这样以 20 片叶左右的植株越冬，其耐寒性较强。

3. 防寒措施

（1）蕉园覆盖。利用稻草等对蕉园进行覆盖，不仅可以控制杂草生长、减少水土流失，冬季还有如给蕉园盖上了一层厚厚的棉被。

（2）果实套袋。果实套袋可防止病虫危害，减轻机械损伤。冬季套袋（可在寒潮期间扎紧下端的袋口）犹如人穿上了保暖衣。

此外还可以采取蕉园熏烟、蕉园灌水或喷水等措施缓解低温伤害。近年来，科研人员正在开发防寒剂，希望有一天可以应用于生产。所有防寒措施的基础是加强肥水管理、培育健壮植株越冬。

4. 冷害后的植株管理　对于冷害症状较轻、假茎未受害的植株，可以割除受伤害叶片和叶鞘，防止感染病害；若母株受害后还具有抽生新叶和抽蕾能力者，可除去头年秋季预留的吸芽，改留发育期较晚的小吸芽；孕蕾的植株遭受冷害后，可用利刀在假茎上部花穗即将抽出处（俗称"把头"）割一条浅的切口（长 15~20cm，深 3~4cm），帮助花穗从侧面切口处抽出。对地上部植株大部分遭受冷害而死亡者，应尽快砍去母株，促使吸芽迅速生长。受害的植株要尽早施速效氮肥。

第六节　病虫害防治

病虫害防治要贯彻"预防为主，综合防治"的植保方针，采用农业、生物、物理及化学等防治方法对病虫害进行防治，抓住病虫发生的关键时期，使用高效、低毒、低残留农药对病虫害进行处理。最后一次用药距采果 30d 以上。

一、主要病害及其防治

（一）香蕉镰刀菌枯萎病

1. 症状　香蕉镰刀菌枯萎病又称巴拿马病、黄叶病。最早在巴拿马大米歇尔（Gros Michel）品种上大面积发生，目前，是包括我国在内的全球香蕉产业面临的毁灭性病害。植株感病后，首先是下部叶片从叶缘处开始变黄，然后逐步向中脉扩展，叶片迅速变黄、凋萎、倒垂（黄化叶片从叶柄软处折断向下垂挂），严重时整株叶片干枯死亡，假茎外部近地面处有纵向裂缝。在维管束的纵切面中可观察到褐色条纹，横切面则呈黄红色或红棕褐色斑点或斑块状。

2. 病原　半知菌亚门尖孢镰刀菌古巴专化型（*Fusarium oxysporum* f. sp. *cubense*）。

3. 防治方法

（1）严格执行植物检疫制度。禁止从疫区向非疫区调运苗木，防止病害通过种苗远距离传播。培育无病种苗，在非疫区取种、在无香蕉种植历史的地块取组培苗栽培用土，组培苗培育过程全程保证无病原菌侵染。

（2）农业防治。栽培抗病品种，从而从根本上预防该病的严重发生。增施有机肥，增加土壤微生物活力，提高植株抗病能力。适当提高土壤 pH，抑制病原菌的繁育。病区内实行独立排灌，严禁带菌水流入无病蕉园。该病目前还没有理想的化学药剂防治，发病蕉园可通过与水稻、瓜菜、玉米、甘蔗等作物进行轮作，从而控制病害的严重发生。

（3）农具消毒。病区耕作用过的工具必须浸入 50％福尔马林药液消毒后才能用于无病蕉园耕作。

（4）铲除病株。蕉园一旦发现染病植株应及时铲除，病穴撒石灰消毒，附近植株则以 50％硫黄·多菌灵悬浮剂 500 倍液或 70％甲基硫菌灵可湿性粉剂 800 倍液淋灌根茎部，每周一次，连续 3～4 次。

（5）尽量减少一切可能伤根的行为，如改挖除吸芽为割除吸芽。

（二）香蕉叶斑病

香蕉叶斑病主要有黄叶斑病、黑叶斑病、煤纹病、灰纹病和缘枯病等，其中我国以黄叶斑病最为常见。

1. 症状　香蕉黄叶斑病也称褐缘灰斑病，是华南地区普遍发生的香蕉病害。该病通常老叶片最先感病，逐渐向上部叶片蔓延。初期在叶片上产生与叶脉平行的浅褐色条纹或近梭形的褐色小斑，随后发展成长椭圆形，病斑中部呈灰褐色，周缘呈暗褐色至黑褐色，外围有黄晕。感病叶片迅速早衰，局部或全叶黄化枯死。空气湿度较高时可观察到稀疏的灰色霉状物。

2. 病原　半知菌亚门香蕉尾孢菌（*Cercospora musae*）。

3. 防治方法

（1）农业防治。及时清除蕉园的病枯残叶以减少初侵染源；合理密植、及时除叶，从而保证蕉园良好的通风透光条件，降低蕉园湿度；合理施肥，切勿偏施氮肥，增施钾肥和有机肥，提高植株抗性；合理排灌，排水不良易造成蕉园湿度偏高而利于病害发生。

（2）化学防治。在叶片始见病斑时进行药剂防治，20～25d 喷 1次，重点保护新叶。可选用 25％丙环唑乳油 600～750 倍液，或 12.5％氟环唑悬浮剂 500～700 倍液，或 25％嘧菌酯悬浮剂 1 500～2 000 倍液等。使用三唑类药剂避免触及幼果。

（三）香蕉黑星病

1. 症状　香蕉黑星病也称黑斑病，广泛发生于我国各香蕉产区，主要危害叶片、果轴及未成熟青果。在叶片或中脉上散生近圆形或不定形突起小黑斑，斑中着生小黑点，周围淡褐色。严重时黑斑密布愈合成斑块，叶片变黄干枯，老叶比新叶片易感病。未成熟果指的受害症状与叶片相同，严重时可导致果肉硬化。

2. 病原　香蕉大茎点霉（*Macrophoma musae*）。

3. 防治方法

（1）农业防治。加强栽培管理，增施有机肥；做好排灌工作，尽量采取滴灌，降低蕉园湿度，创造不利于病原繁殖与传播的条件。搞好蕉园卫生，经常清除果园的病叶残株，降低病原基数。抽蕾挂果期用塑料薄膜套果，套袋前喷药 1～2 次，可有效减轻果实病害的发生。

（2）化学防治。在叶片始见病斑时进行药剂防治，20～25d 喷 1次，重点保护新叶。结果期，宜在香蕉抽蕾后苞片未开前进行第 1 次施药，然后每隔 5～7d 喷 1 次，连喷 2～3 次。断蕾后套袋护果，套袋前施药 1 次。喷施保果药时可结合防治蓟马和褐足胸叶甲。常用药剂有75％百菌清可湿性粉剂 800～1 000 倍液、25％戊唑醇乳油 750～1 000倍液、25％苯醚甲环唑乳油 1 000～1 500 倍液等，最好轮换使用。使用三唑类药剂避免触及幼果。

（四）球茎细菌性软腐病

1. 危害症状　感病初期，球茎出现褐色斑点，或在球茎与假茎交接处侧面感病首先腐烂，然后向其他方向扩展；或由球茎底部腐烂向上扩展，感病的球茎腐烂发臭，假茎维管束变褐色，假茎纵裂。感染后期的植株叶子抽生缓慢，心叶稍矮缩或黄化状，类似枯萎病的症状。

2. 病原　病原为欧氏软腐杆菌致病菌（*Erwinia carotovora*）。

3. 防治方法

（1）完善排灌系统，尽量采用滴灌方式进行灌溉，避免蕉园积水及病害随流水传播。

（2）及时清除田间重病株并烧毁，病穴撒石灰消毒或用 2% 漂白粉淋透植穴病土，至少半个月后方可补种。

（3）尽量避免因假茎基部及根系受伤而给病原的入侵创造条件。

（4）发病田块用过的农具要进行消毒。可用 10% 漂白粉或饱和石灰水浸泡锄、刀等劳动工具 5～10min。

（5）与水稻等非寄主作物轮作多年，可有效减少田间病原的基数，减轻病害的发生。

（6）化学防治。可选用 47% 春雷·王铜可湿性粉剂 800 倍液，或 88% 水合霉素可溶性粉剂 2 000 倍液，或 23% 络氨铜水剂 400 倍液等灌根，每株 1～2kg。

（五）香蕉花叶心腐病

1. 症状 典型症状是花叶和心腐。花叶症状主要出现在幼龄蕉苗上。叶片上出现与侧脉平行、长短不一的梭形黄绿色条纹。条纹由叶缘开始，向柄脉方向扩展，严重时，嫩叶可呈现严重黄化或黄色斑驳相间排列的花叶症状。心腐症状是病害进一步发展的结果，病株的心叶和假茎中心部分出现水渍状，顶叶黄化呈扭曲状，心叶不能正常伸展和张开，发病后期，心叶至假茎中部变黑腐烂，病株死亡。

2. 病原 黄瓜花叶病毒（*Cucumber mosaic virus*，CMV）。

3. 防治方法

（1）实行植物检疫，培育无病蕉苗如组培苗。

（2）蕉园附近和蕉园内尽量不种植 CMV 的其他寄主，避免交叉感染。

（3）及时挖除烧毁感病植株，并用肥皂水洗干净手。

（4）增施钾肥，切忌偏施氮肥，以增强植株的抗病性和耐病性。

（5）定期更新蕉园。种植组培苗后收获宿根蕉最好不要超过 2 次，可明显降低发病率。

（6）天气干旱时，及时喷施药剂防治蚜虫。可选用 10% 吡虫啉可湿性粉剂 500～1 000 倍液，或 25% 噻虫嗪水分散粒剂 1 500～2 000 倍液或 1.8% 阿维菌素微乳剂 1 000～1 500 倍液等。每 7d 施一次，连续施

2～3次，叶片正、背面均匀喷雾。

（六）香蕉束顶病

1. 症状　俗称蕉公、青筋。新植蕉株感病，新生叶片逐渐变小变窄，顶端蕉叶直立成束状，植株矮缩，故称束顶病。在柄脉和主脉处可观察到深绿色条纹，俗称"青筋"。病叶边缘褪绿变黄，病株生长缓慢但分蘖增多，且多不结果。抽蕾前后发病，叶片既不变小，也不黄化，但仍可在叶柄和中肋看到青筋。抽出的蕉果畸形、细小、无商品经济价值。抽蕾时发病，果实畸形细小无法发育长大，无经济价值。

2. 病原　香蕉束顶病毒（*Banana bunch top virus*，BBTV）

3. 防治方法

（1）培育无病种苗。

（2）及时挖除烧毁感病植株，病穴土用石灰消毒1周后再补种。

（3）发病率超过30％的蕉园宜与水稻等作物进行轮作，新植蕉园应远离发病严重的老蕉园。

（4）及时喷施药剂防治蚜虫。尤其是在3～4月和9～10月加强蚜虫的防治。可选用10％吡虫啉可湿性粉剂500～1 000倍液，或25％噻虫嗪水分散粒剂1 500～2 000倍液，或1.8％阿维菌素微乳剂1 000～1 500倍液等喷吸芽、植株"把头"及蕉园杂草，每7～10d喷一次，连喷3次。

二、主要害虫及其防治

（一）香蕉象鼻虫

香蕉象鼻虫又称香蕉象甲，根据危害的主要部位不同，又可分为香蕉假茎象鼻虫（*Odoiporus longicollis*）和球茎象鼻虫（*Cosmopolites sordidus*）两种。

1. 香蕉假茎象鼻虫

（1）危害特点。香蕉假茎象鼻虫是我国蕉区最重要的钻蛀性害虫，主要以幼虫蛀食香蕉的假茎、叶柄、花轴等部位，造成纵横交错的虫道，虫道口有无色透明的胶状物流出，虫道中可观察到虫粪的堆积。受害植株生长缓慢，茎秆细小，果实品质差，产量低，假茎易被折断。

（2）形态特征。香蕉假茎象鼻虫又可分为大黑带和双带两种。双带象鼻虫幼虫肥大，无足，后缘圆形，身体呈淡黄白色，头壳呈红褐色。成虫体背面暗红褐色，腹面近黑色，前胸背板两侧各具1条纵带条纹。

（3）防治方法。

① 农业防治。清洁蕉园，清除枯烂叶鞘，并对其进行暴晒和集中烧毁；挖除隔年旧蕉头，灌水浸泡7d以上，浸死幼虫和蛹；采用无虫种植材料如组培苗。

② 化学防治。选用3%辛硫磷颗粒剂穴施，或在受害株叶柄与假茎相接的凹陷处施药，每株5~10g。

2. 香蕉球茎象鼻虫

（1）危害特点。香蕉球茎象鼻虫又称香蕉象鼻虫。球茎象鼻虫幼虫蛀害蕉株近地面的球茎和根须，幼蕉受害心叶变黄，心叶卷缩变小，植株生长缓慢甚至全株枯死，严重时球茎腐烂死亡或蕉蕾无法抽出。

（2）形态特征。个体较假茎象鼻虫短小。幼虫黄白色，头朱红色至赤褐色，腹部较大，身体弯曲。成虫则全身呈黑色或黑褐色，具蜡质光泽，前胸背板长椭圆形，背板上布大刻点，中部有一光滑无刻点的直带纹。鞘翅粗糙，翅面有刻点，沟明显。

（3）防治方法。可参照假茎象鼻虫的防治。

（二）斜纹夜蛾

斜纹夜蛾（*Prodenia litura*）属于鳞翅目夜蛾科，是一种广泛分布的杂食性、暴发性害虫，危害的植物多达99个科290种。

1. 危害特点　幼虫白天匿藏在荫蔽处，夜间咬食香蕉的幼嫩心叶，使叶片穿孔残缺不全，甚至把心叶全吃光，并排泄粪便污染或引起病原感染。

2. 形态特征　老熟幼虫呈黄绿色至墨绿或黑褐色，从中胸至腹部第八节背面各有1对近半月形或三角形黑斑。蛹呈赤褐色至暗褐色。成虫全身暗褐色，前翅灰褐至褐色，有白色条纹，表面有许多明显的斑纹，前翅中部自前缘至后缘有一条灰白色阔带状斜纹（雌虫此纹呈散纹状），故称斜纹夜蛾。

3. 防治方法

（1）农业防治。清园并铲除蕉园杂草。

（2）理化防控。发现病叶，人工捕捉刚孵化幼虫；用糖醋酒液，加少量杀虫剂诱杀成虫。

（3）药剂防治。重点抓好香蕉中小苗期对三龄前幼虫的防治；对三龄前幼虫主要采取田间挑治，对四龄后幼虫则宜选择在傍晚前后进行全面喷药防治；在天敌成虫羽化高峰期应选择使用病毒制剂、微生物制剂或其他低毒药剂。选用 1.8％阿维菌素乳油 1 000～1 500 倍液，或斜纹夜蛾核型多角体病毒悬浮剂 800～1 000 倍液，或 2.5％高效氯氟氰菊酯乳油 750～1 500 倍液，或 5％鱼藤酮乳油 1 000～1 500 倍液，或 5％甲氨基阿维菌素苯甲酸盐微乳剂 1 500～2 500 倍液等喷施叶片。

（三）香蕉弄蝶

香蕉弄蝶（*Erionota torus*）的幼虫称卷叶虫，是华南地区的主要害虫之一。

1. 危害特点　幼虫吐丝将蕉叶结成苞，取食蕉叶，边吃边卷叶，光合叶面积下降，阻碍生长，影响产量和品质。

2. 形态特征　成虫茶褐色或黑褐色，触角顶端膨大，前翅中部有 3 个大小不一的近长方形黄斑。成熟幼虫淡绿色，体上覆盖有白色蜡粉，头棕色或黑色。蛹呈圆筒形，淡黄白色。卵馒头形，直径 1.9～2.1mm，顶端平坦，卵壳表面有放射状线纹。

3. 防治方法　选用斜纹夜蛾核型多角体病毒悬浮剂 800～1 000 倍液，或 0.3％苦参碱水剂 200～400 倍液，或 5％甲氨基阿维菌素苯甲酸盐微乳剂 1 500～2 500 倍液，或 200 g/L 氯虫苯甲酰胺悬浮剂 2 000～3 000 倍液等喷施叶片。

（四）香蕉花蓟马

蕉花蓟马（*Frankliniella parvula*）是一种主要危害香蕉花蕾和幼果的害虫。

1. 危害特点　香蕉花蕾一旦抽出，该虫立刻成群聚集，由花苞苞片后方膨大部分侵入，产卵于果轴、果指，导致果皮组织增生木栓化，形成颗粒突起的虫斑，影响果实外观及商品价值。

2. 形态特征　成虫体型微小而细长，橙黄色至浅褐色。复眼发达，在头顶上排列成三角形。触角 6～9 节，念珠状或棍棒状。锉吸式口器。前胸能活动，中、后胸愈合，前后翅较窄长，翅边缘密生缨状长毛，足跗节 1～2 节，跗节端部有泡囊。

3. 防治方法

（1）农业防治。做好蕉园清园工作，清除田间杂草，减少虫源；加强肥水管理，促使花蕾尽快抽出，并及时断蕾和对果实进行套袋。

（2）化学防治。植株出现护蕾叶时施药预防，5～10d 喷 1 次，套袋前喷 1 次护果；可结合黑星病防治同时施药。植株刚现蕾时，采用专业注射器进行花蕾注射施药防治蓟马，每株施药 1 次。选用 70％吡虫啉可湿性粉剂 3 000～5 000 倍液，或 1.8％阿维菌素微乳剂 1 000～1 500 倍液，或 60g/L 乙基多杀菌素悬浮剂 1 500～2 000 倍液，或 10％溴氰虫酰胺可分散油悬浮剂 1 500～2 000 倍液等喷施花蕾与果穗。选用 70％吡虫啉水分散粒剂 1 500～2 500 倍液，或 25％噻虫嗪水分散粒剂 1 000～1 500 倍液，或 22.4％螺虫乙酯悬浮剂 1 000～1 500 倍液，或 10％溴氰虫酰胺可分散油悬浮剂 800～1 500 倍液等注射花蕾。注射位置为蕾包尖以下 5～10cm，持续注射 15～20mL。

（五）香蕉交脉蚜

香蕉交脉蚜（*Pentalonia nigronervosa*）又称蕉蚜、黑蚜，在华南香蕉产区均有分布。

1. 危害特点　香蕉交脉蚜主要吸食香蕉心叶基部汁液，成蚜和若蚜群集在叶背和假茎上吸取汁液、分泌蜜露，严重时造成叶片卷缩萎蔫甚至枯死，并传播香蕉束顶病毒病和香蕉花叶心腐病，所以其危害性很大。

2. 形态特征　香蕉交脉蚜有翅蚜体长 13～17mm，身体深棕色，复眼红棕色，触角、腹管和足的腿节、胫节的前端呈暗红色，头部明显长有角瘤，触角 6 节，触角上有若干个圆形的感觉孔，腹管圆筒形。前翅大于后翅，翅脉上有许多小黑点，经脉与中脉部分交会，故此得名。

3. 防治方法

（1）农业防治。清除病株，香蕉交脉蚜传播病毒病，因此蕉园一旦有病株要及时彻底消灭蚜虫及感病植株；采用不带病虫的组培苗。

（2）化学防治。在香蕉中小苗生长期及香蕉束顶病及花叶心腐病发生较严重的区域或蕉园开展药剂防治。蚜虫防治可结合斜纹夜蛾、皮氏叶螨、冠网蝽等的防治协同进行。选用 10％吡虫啉可湿性粉剂 500～1 000 倍液，或 25％噻虫嗪水分散粒剂 1 500～2 000 倍液，或 2.5％溴氰菊酯乳油 1 000～2 000 倍液，或 10％高效氯氰菊酯乳油 3 000～4 000 倍液，或 1.8％阿维菌素微乳剂 1 000～1 500 倍液等喷施叶片、心叶和叶柄，重点喷施蚜虫聚生的吸芽和成年植株的把头处。

第七节　果实采收与贮藏

一、果实采收

（一）采收成熟度的确定

香蕉是一种后熟型的果实，其采收时间的确定通常根据以下两种方法来判断。

1. 根据果肉的饱满程度及果棱角的大小来判断　该方法既可靠又简单易行。随着果指生长发育进程的推进，香蕉果指棱角的明显程度与色泽均发生相应变化：棱角逐渐由锐变钝，最后呈近圆形，果皮绿色也逐渐变淡。一般以果穗中部果指的成熟度为准来判断果实的成熟度。如蕉果棱角仍较明显则为七成以下饱满度（成熟度）；蕉果圆满但尚能见棱角为八成饱满度；蕉果圆满无棱角则为九成以上饱满度。采收时的饱满度越高，收获的产量就越高，品质也越好，但越不耐贮藏。

2. 根据断蕾后的发育天数结合蕉果棱角的大小来判断　4~6月断蕾的蕉果一般需要65~90d达到成熟度七八成；7~8月断蕾的蕉果需要90~100d；9~10月断蕾的需要110~140d；冬季断蕾则需要150~180d；12月以后断蕾的蕉果，所需生长天数又逐渐缩短。

（二）适时采收

一般香蕉果指饱满度到六七成熟时催熟后基本可食，但如果饱满度超过九成，催熟后果皮易开裂。因此一般在饱满度七至九成之间采收。应根据市场对蕉指粗度的要求、运输距离远近、采收时期和预期贮藏时间长短等来确定采收的成熟度，即蕉指的饱满度。距离越远，运输所需要的时间越长，采收的饱满度越低。例如，采后用于远销和贮藏的香蕉，以七至八成的饱满度为宜；近销和就地销的以八成以上的饱满度采收为宜。1~3月采收以八成熟为宜，4~5月采收以七成半熟为宜，6~8月采收，成熟度为七成熟即可。

（三）采收方法及注意事项

采收是生产的最后一个环节，如果采收过程中碰压、撞击和摩擦香蕉果实，将直接影响外观，降低品质和商品价值，还会在催熟过程中产生更多的乙烯，从而影响其他果实，因此采收和搬运中均应轻采轻放、轻搬运，避免擦伤或机械损伤。人工采收时，两人一组，一人托住串，一人砍断果轴，砍后挂上吊运设备或装在垫有海绵的平板车上运走，采收过程要求果轴不着地、绝对避免果指机械伤。有条件的生产者多采用机械采收的方法。首先通过吊索把果穗运出蕉园，有的在采收时用起重吊臂勾住果穗，用做成双斜立面、加软垫的车厢把果穗运至加工场所。

此外，为延长香蕉贮藏期，减少贮藏过程中病害的发生，收前15d蕉园严禁灌水，排干蕉园畦沟内的积水。采收时机宜选择晴朗天气的11：00时之前，高温天气采收的果实温度太高不耐贮藏，浓雾天和下雨天也不宜采收香蕉，否则果梳易感染病菌而发生腐烂。

二、果实分级、包装与运输

采收后香蕉运回加工处理场后，通过一系列工艺处理后才能上升到商品。这些工艺流程大体为：果穗过秤→去除果指顶端残存的花器官→去轴落梳，剔除感染病虫害的果、伤果和参差不齐等不合格的蕉梳→洗涤→果梳修整后进行分级处理→防腐处理→晾干→包装与装箱→入库或发运。去轴落梳时用特制锋利的凹形落梳刀沿蕉梳与果穗轴连接处切下，用力适度，切口平滑。病虫果及伤果易在贮藏期间产生大量乙烯，造成其他好果提前成熟，因此必须淘汰病虫果及伤果。分级处理根据品质、果体大小将香蕉分成不同等级，以形成标准化处理流程。其中，品质包括了香蕉完好度（指香蕉不过熟、不软化、无病害、无过多昆虫叮咬或抓伤、无过多风刮伤和机械伤）、果形正常度（指香蕉不过分弯曲、直、变形或复合果）和成熟度。香蕉落梳后，放入清洁水池中清洗，用利刀将切口修整。如果梳蕉太大，可切干分把。剔除有病虫害、梳形不整齐、饱满度不合标准、有机械伤、裂开、畸形、"青熟"等不合要求的果实后用海绵清洗除蕉乳、污物，并去除残花。香蕉清洗后，使用有效浓度为 $450\sim800mg/L$ 的咪鲜胺和 $500\sim800mg/L$ 的异菌脲浸果1min，或者使用其他国家允许用于香蕉采后杀菌的药剂进行处理。咪鲜胺和异菌脲最大残留限量应符合 GB2763 的规定。经清洗、防腐保鲜药剂处理、晾干、过秤后按等级进行装箱。

外包装宜采用双瓦楞纸板箱包装，内包装使用聚乙烯薄膜袋。蕉梳果背朝上，紧密排齐，同时加入乙烯吸收剂与二氧化碳吸收剂，它们要用纱布或微孔薄膜袋包装，然后置于包装蕉果的聚乙烯袋内。纸箱包装具有保护性能好、易于搬运和堆放、有利于商品装潢等特点。

我国的香蕉主要销往东北、华东、华北、华中以及西北等地区，多数采用火车、汽车及船舶进行运输。汽车运输具有灵活、方便、快捷等特点，成为主要的运输工具。在运输过程中，温度需要控制在 13～15℃。温度太高，香蕉呼吸作用加强，乙烯释放量增加，提早成熟。温度太低则易出现冷害症状。因此在高温季节运输时需要有冷柜等降温设备，而冬季运输时需要有加温设备。夏季运输如无降温条件，应在包装箱内放置乙烯吸收剂以降低乙烯含量，留有通风散热通道，顶部有遮阳防雨设备，做到快装快运。冬季如无加温设备，可在车厢或船舱内及顶部铺设棉被等保温材料，并关闭车厢或船舱的门窗。

三、贮藏保鲜

香蕉的贮藏期长短与品种、栽培条件、成熟度、温湿度、病虫害、机械伤等因素都有密切关系。要想延长香蕉贮藏保鲜时间，必须从采前栽培技术着手，采后也要提供适宜的贮藏条件，采取一切可能的措施推迟呼吸高峰的出现，避免冷害的发生，减少乙烯的释放，从而最大限度延缓后熟期的到来，获得较长的贮藏寿命。

香蕉贮藏的条件主要包括温度、湿度及贮藏库中的气体成分与浓度等几个方面。

1. 贮藏温度　香蕉对低、高温都非常敏感，因此对温度的控制要求比较严格，目前一般采用的贮藏温度为 13～15℃，高于 15℃的温度会加速香蕉变软变黄。

2. 空气湿度　香蕉贮藏的最佳相对湿度为 90％～95％。湿度过高会导致贮藏期的病害发生严重，湿度过低则会加速果实失水。

3. 气体成分　适当控制贮藏环境中的 O_2、CO_2 和乙烯浓度有利于延长贮藏期，尤其是在气调贮藏过程中，特别需要控制好环境中的气体成分及其含量。O_2 和 CO_2 的适宜浓度分别为 2％～5％和 2％～8％。O_2 浓度太低易出现低氧伤害，甚至造成无氧呼吸即发酵，过高的 CO_2 浓度会使香蕉中毒，因此必须用消石灰等降低贮藏环境中 CO_2 的浓度。此外，控制贮藏环境中的乙烯对香蕉的贮藏至关重要。香蕉是一种典型的呼吸跃变型水果，在采后成熟过程中会释放乙烯，常温下迅速出现呼吸跃变，使果实内部组织发生一系列成熟与衰老的生理变化。因此，香蕉贮藏期间应严格控制乙烯的浓度。常用的方法有用高锰酸钾吸收、用臭氧发生器放出的臭氧分解乙烯等。O_2、CO_2、乙烯三者是互相影响互相制约的，控制好 O_2、CO_2、乙烯，也就延缓了香蕉呼吸高峰的到来，从而延长了贮藏期。

四、香蕉催熟

虽然香蕉可以自然成熟，但整梳果甚至同一根果指都会出现青黄不一的现象，风味也不均匀。为了美观、优质的香蕉果实，生产上一般用催熟剂对香蕉进行人工催熟。

1. 催熟温湿度　控制催熟时的温湿度是决定香蕉催熟成功与否的关键所在。温度超过 23℃，果实、果肉将先于果皮后熟，果肉品质较差，皮颜色差、暗淡，通常是灰绿色。如果温度超过 28℃会出现所谓"青皮熟"现象。另外，催熟时的空气相对湿度对颜色、新鲜度、耐运力等品质特性有重要的影响。湿度过高则果皮变"脆"，容易裂开，出现"掉指"（果指的蒂部断开）。如果湿度太低，在催熟过程中失水严重，颜色较差，伤斑显得更加突出。为避免出现上述情况，香蕉催熟温度以 14～21℃为宜，相对湿度以 90%～95%为宜，生产中应根据催熟预期成熟时间设定催熟温度（表 15 - 3）。

表 15 - 3　香蕉催熟控制温度

预期成熟时间 (d)	果肉温度（℃）					
	第1天	第2天	第3天	第4天	第5天	第6天
4	19	19	18	18	—	—
5	19	18	17	16	15	—
6	19	18	17	16	15	14

注：香蕉饱满度（肥瘦程度）为七成至七成五。按此计划控制温度，上市时果皮基本变黄，果指尖端带青绿色。高温季节采收的香蕉，进库后先将蕉果温度降至 15～17℃，然后催熟；经长期低温储运的香蕉或外界气温过低时，先将蕉果温度升至 17～19℃后再催熟。

2. 催熟剂及其使用方法　香蕉常用的催熟剂有乙烯气体和乙烯利溶液。其使用浓度因果实饱满度和催熟温度不同而异，具体方法参照表 15 - 4。

表 15 - 4　催熟剂使用方法

催熟温度（℃）	果实饱满度	乙烯气体（mg/L）	乙烯利溶液（mg/L）
17～18	六成五至七成	0.5	600
	七成以上	0.3	400
20	六成五至七成	0.4	500
	七成以上	0.2	300

第十六章
杧　果

第一节　种类和品种

一、种类

据相关资料记载，我国现有普通杧果（即栽培杧果，*Mangifera indica*）、泰国杧（*Mangifera siamensis*）、扁桃杧（*Mangifera persiciformis*）、冬杧（*Mangifera hiemalis*）、长柄杧果（*Mangifera longipes*）、林生杧（*Mangifera sylvatica*）、香杧果（*Mangifera odorata*）、锡兰杧果（*Mangifera zeylanica*）8 种，后面 7 个种与普通杧果有明显差异，食用价值不及普通杧果，但具有育种价值。

二、品种

（一）金煌杧

原产我国台湾地区，为白象牙与凯特杧杂交后代选育而成。现我国各主产区均有种植。果实 4～5 月成熟，果大，通常单果重约 500g，但大者可达 1～1.5kg。长卵形，果形指数约 2。果肩小，斜平，果腹深绿色，向阳面（或果肩）常呈淡红色。成熟时深黄色至橙黄色。果皮光滑，果肉组织细密，质地腻滑，无纤维感（未成熟的生理落果经后熟也有甜味），果汁少，含可溶性固形物 15.3%～16.5%、总糖 13.4%～14%、有机酸 0.07%、维生素 C 153mg/kg。

该品种生长势强，具有早果、丰产、稳产特点，中熟。种子扁薄，可食部分高，但甜度稍低。对低温阴雨抗性较强。挂果期必须套袋使果皮变成金黄色，商品价值才好。是优质的鲜食品种。

（二）贵妃杧（红金龙）

原产于我国台湾地区，1997 年引入海南。现全国各主产区均有种植。果实 4～5 月成熟，通常单果重 400～800g，但大者可达 1 500g。果实长卵形，果形指数约 1.74。果肩斜平，果腹红色，向阳面（或果肩）常呈玫瑰色，成熟时底色黄色，盖色紫红色。果面光洁、果粉多，果肉厚，橙黄色，组织疏松，质地软，无纤维，肉质细滑，多汁，含可溶性固形物 14%、有机酸 0.08%、维生素 C 110mg/kg。

该品种生长势较强，丰产稳产，果实外观美，风味品质上等，耐贮运和货架时间长，综合商品性好，是优质的鲜食品种。

（三）白象牙杧

原产于泰国，现我国各主产区均有种植。

果实 4～5 月成熟，一般单果重 350～400g。果实象牙形，果肩小、稍斜平，果背直或微弯，果腹突，果窝较深，果喙明显但较平，果顶略呈钩状，整个果实较圆厚，上部与下部差异较小，形状窈窕。成熟后果皮浅黄色或黄色，较光滑，果肉浅黄色或乳黄色，结构细密，纤维极少。

该品种生长势较强，中熟，高产，果实外观好较吸引人，果皮厚，耐贮运，货架寿命长，是优质的鲜食品种。

（四）台农 1 号

原产我国台湾，海南、广西栽培较多，其他主产区均有种植。

果实 3～5 月成熟，宽卵形，单果重 150～300g，单株产量 30～50kg 以上。果肩较小，腹肩凸起，背肩弯斜，果窝浅而明显，果喙大而钝。果皮成熟后粉红色或金黄色，光滑，密布白色斑点，并有分散的花纹。味香甜，皮厚，耐贮运。种子单胚。

该品种生长势强，适应性广，树体矮化，对炭疽病抗性强，较耐贮运，货架寿命长。结果较早，丰产、稳产、优质，是适合发展的早熟鲜食品种。

（五）凯特

原产美国，于 1947 年从 Mulgoba 实生树中选出的品种，在我国四川攀枝花和云南华坪等地栽培较多，其他省份有少量栽培。

果实 4～5 月成熟，果卵形，单果重 800～1 300g，果形指数 1.3。果腹凸出，腹肩有明显的沟，有"果鼻"。果皮较光滑，密布小斑点。

青果暗紫色，杂有暗紫色的晕，但在阳光充足的地方盖色粉红；成熟后底色黄绿，盖色鲜红。果肉黄色至橙黄色，组织细密，纤维极少，熟果香气怡人，果肉味甜、芳香，质地腻滑，纤维少，品质优。含可溶性固形物 15%～16%，可食部分 82.4%，种子仅占果重的 5.5%。

该品种早结、丰产、稳产、晚熟优质。低温阴雨年份仍有收成，以花期干旱、阳光充足的地方种植较好，产量较高，果实外观较鲜艳。

（六）金白花杧

原产泰国。在我国广西、云南和海南等地有栽培。

果实 5～6 月成熟，果实中等偏大，略呈梭状长椭圆形，果形指数 2.0～2.2。果肩小，近弧形，无果洼，腹肩凸起，果腹突出。果顶较尖小，果窝浅或无，果喙明显而钝。果皮光滑，有密花纹，成熟时金黄色，着色均匀，果粉中等。果肉金黄色至深黄色，味浓甜，芳香，质地腻滑，无纤维感。含可溶性固形物 19.8%、全糖 17.6%、有机酸 0.181%、维生素 C 260mg/kg，可食率 78.9%。

该品种具早结、产量中等、中熟、品质特优、外形美观等特点。但在多雨地区产量不理想。

第二节　建园和栽植

一、建园

（一）园地选择

选择园地时，注意杧果栽培的最适宜年均温度 20℃ 以上，最低月均温度 15℃ 以上，绝对最低温度 0.5℃ 以上，基本无霜日或霜日 1～2d，阳光充足，基本无台风危害。杧果可种在坡地上，也可种在平地上。一般南向坡光照充足，果树生长良好，果实色泽、风味佳。坡地果园的坡度应小于 20°，土层深厚，土质疏松，较肥沃，pH 6.5 左右，水源充足；平地果园要选择在地下水位低、排水方便、地势较开阔的地方建园。对于坡度较大的果园，水土保持工程较大，宜造林防水土流失。

（二）园地规划

包括小区划分、防护林营造、排灌系统设置、道路规划和辅助设施建造等。

1. 小区划分　小区面积 1.5～3hm²。划分长方形、近似长方形或长边沿等高线的小区。

2. 道路规划 主干道宽 4～6m，设在园地中部把果园分成若干大区，与园外道路相接；支道宽3～4m，设在小区之间与主道相连；便道可在每小区内，每隔 3～4 行果树，设一加宽行作为便道（加宽 1～2m）。

3. 排灌系统设置 排水沟分为直向排水沟和横向排水沟，直向排水沟除利用天然沟外，大型果园每隔100m设一条深宽 50cm×60cm 的直向排水沟，横向排水沟可结合主支道路两侧设置并与直向排水沟相连。坡度大于 15°的果园应在果园顶和果园山脚下各开一条环山拱沟，深 60cm，宽 100cm，果园要安装引水、提水系统。

4. 防护林营造 沿海台风区和冬春风害较严重区域，33hm² 以上的果园设置防护林。平地果园每隔400m，与道路、小区结合植 6 行树作为主林带，在主林带的侧向每隔700m植2行副林带。树种可选植马占相思、刚果桉等。株行距为 1.0m×2.0m。山地果园则在山顶分水岭上种植水源林，主风口或果园四周造防护林，防护林带内应种植蜜源植物。

5. 辅助设施建造 果园应规划建造管理用房、包装场、药物配制室、生活用水电设施等辅助设施。

（三）园地开垦和改土

平地果园开垦较简单，按一定的面积划分小区，规划好道路和防护林，按种植密度定植，挖种植沟或种植穴。

山坡地果园可开梯田或按等高线种植。开垦梯田时，可与挖种植沟结合起来。种植沟以宽 1.0m、深 0.8～1.0m 为好；利用生土筑梯田埂，表土回填种植沟。虽然挖种植沟比较耗工耗料，成本也较高，但改土效果好，对果树生长有利。在生产上按面宽 80cm、深 70cm、底宽 60cm 挖穴，要求定植前半年挖好。

挖好种植沟和穴后，可进行压青改土。具体方法是先压一层厚 15～20cm 的杂草或绿肥，再压一层约 30kg 猪牛粪或 50kg 堆肥，面上撒一层石灰粉和 1kg 磷肥，然后盖一层表土，如此重复 2～3 次，最后培高种植穴面 15～20cm，让杂草等有机物分解腐烂，穴土沉实后再种植，一般从挖穴到定植需要 3～6 个月。

二、栽植

1. 栽植时间 多在春、秋两季进行，以 3～5 月最好，此时气温平和，阴雨天多，湿度大，大风少，成活率高。营养袋育的苗，虽然随时都可以种，但是仍以春、秋两季为好。不管是裸根苗还是营养袋苗，种植时一定要避开枝梢生长期，在枝梢开始生长前或枝梢老熟以后种植为宜，否则成活率极低。

2. 栽植密度　应视品种、地势、土壤状况而定。树冠高大直立的品种应种植疏一些，如白象牙杧的株行距为 4m×5m。一般采用宽行窄株定植，推荐株行距 3m×（4～5）m 或 4m×（5～6）m。

3. 栽植方法　种植前，先挖开一个 30～40cm 深的穴，将袋装苗轻轻放入穴内，去除塑料袋。裸根苗需将根系分层自然伸展，分层盖回表土，轻轻压实，苗高以根颈高出地面 5cm 为准，再盖上一层约 10cm 的松土，并将土堆成内低外高、形如锅底的土堆，以便淋水。然后，用草覆盖树盘，淋足定根水。在风较大的地方，种植时要将芽接面迎向来风方向，并在树干旁立一支柱，绑住树干，以增强抗风力，以免强风吹倒植株。种植后，要加强淋水，勤施薄肥，随时检查成活情况，及时补苗，提高果园成林率及整齐度。

三、杧果高接换种技术

1. 嫁接前处理　换种前，对换种树要加强肥水管理。地上部分适当修剪，把病枝、枯枝、荫蔽枝、过密枝、交叉枝剪除；对于多年生的大树，应在春、秋季于离地面 1.2～1.5m 处，锯断主、侧枝（春锯秋嫁接，秋锯则在次春嫁接），留下部分小枝。锯口萌抽新梢后，每个锯口只留分布均匀的 2～3 条新梢，待新梢老熟后，其直径在 0.5cm 以上时，即可在新梢上嫁接。接前 15d，应停止施肥，可减慢树液流动，有利嫁接。

2. 嫁接时期　在树液即将流动时，即在新梢抽出前，砧木和接穗易剥皮时嫁接。高温、低温或雨天高接换种，成活率均较低，而春接（3～4 月）和秋接（8 月中旬至 9 月中旬），成活率可达 90% 以上。5 月高接换种虽可成活，但成活后发芽时正遇高温，易出现回枯现象；11月后高接的也可成活，但此时正遇干旱及温度逐渐下降，成活萌芽后遇低温，长势缓慢，甚至新梢会出现冻伤或冻死现象。

3. 嫁接方法　从结果优良的母树上选择树冠外围粗壮、无病虫害的老熟枝或木栓化枝作为接穗。嫁接方法有芽片贴接、单芽枝腹接和单芽切接法。未短截枝干的树，在离地面 1.0～1.5m 处的原枝条高接，采用芽片贴接或单芽枝腹接；已截枝干的新枝上，采用单芽切接法，也可用芽片贴接法。嫁接时，最好使用特薄的薄膜包扎。单层薄膜包接穗芽眼，成活后萌动芽可穿过薄膜生长，减少挑膜工序。

4. 嫁接后管理 嫁接成活后，不应过早解除薄膜，否则新梢会枯萎。一般在第一次新梢转绿时解绑最安全；过迟解绑，会影响砧木和接穗的增粗生长，并且会引起腐烂。芽枝腹接和芽片贴接的，应在接后30～40d，先剪去接口上 8～10cm 的枝梢，待新芽变为老熟枝梢后再解绑，并进行第二次剪砧，即剪至接口上方为宜。

第三节 土肥水管理

一、土壤管理

（一）土壤改良

在土壤瘠薄、结构不良、有机质含量低的地区，应进行土壤改良。一般采取深翻改土措施。

每年在植穴或树冠外围深翻、扩穴、压青。7～9 月绿肥作物旺盛生长，是深翻压青的好时机。深翻压青要有计划地进行，第一年在穴的东西两边深翻，第二年在南北两边，第三、第四年周而复始。一年扩两边穴，若干年后全园就都进行过一次以上深翻改土了。每次在植穴或树冠叶幕下挖长 80～150cm、深与宽各 40～50cm 的施肥沟，每条沟压入绿肥或青草 50kg，厩肥或土杂肥 10～20kg，过磷酸钙 0.5～1.0kg，再回填表土。施肥沟开始短些，随着树冠扩大而加长。实践表明，经深翻施有机肥的植株根群较发达，植株生长也旺盛，产量也较高。

（二）培土

培土具有增厚土层、保护根系、增加营养、改良土壤结构等作用。我国南方杧果种植地区高温多雨，土壤流失严重。因此加厚土层既保护了根系，又有施肥的作用。培土每年都要进行。土质黏重的果园，应培含沙质较多的疏松肥土；含沙质较多的果园，应培塘泥、河泥等黏重的土壤。培土的方法是把土块均匀地分布全园，经晾晒打碎，通过耕作把所培的土和原来的土壤逐步混合起来。培土的厚度要适宜，过薄起不到培土的作用，过厚不利于杧果树的生长发育。

（三）间作

间作物要有利于杧果树的生长发育。一般可间作花生、菠萝、豆类或绿肥等。在种植密度较高的果园，一般只能在定植当年间作作物，最好种绿肥。

（四）覆盖

在杧果树根圈盖草或利用间作物覆盖地面，可抑制杂草生长，增加土壤有机质，防止土壤板结，保持土壤团粒结构以增加通气性，还有减少蒸发和水土流失、防风固沙的作用，可缩小地面温度变化的幅度，改善生态条件，有利于杧果树的生长发育。盖草厚度为 5cm（干草厚度），盖草不应接触树干。

（五）中耕

中耕是在秋季对杧果园进行浅锄，使土壤保持疏松透气，促进微生物繁殖和有机物氧化分解，短期内可显著增加土壤氮素；中耕还能切断土壤毛细管，减少水分蒸发，增强土壤的保水能力。同时，还能消灭大量的杂草，减少病虫的滋生。中耕的深度一般为 20～40cm，过深伤根，对杧果生长不利；过浅则起不到中耕应有的作用。中耕时期，一般应在果实迅速增大下垂至采果后，可中耕 2～3 次。

二、施肥管理

（一）幼树施肥

1. 基肥　定植前 2～3 个月挖穴，施入绿肥、腐熟有机肥等，常规穴大小为 80cm×70cm×60cm，每穴施入绿肥 25kg、腐熟有机肥 20～30kg、磷肥 1kg、生石灰 0.5kg。之后第二年和第三年，每年 7～9 月结合土壤改良施有机肥，施肥量与之相同。

2. 追肥　在施足基肥的情况下，定植当年少施或不施化肥。

土壤为沙土，树龄 2 年，每梢一次肥，每次每株用量为尿素 100g＋硫酸钾 50g。春梢、夏梢、秋梢萌动前分别施一次有机肥，每株用量为有机肥 10kg＋钙镁磷肥 0.5kg。

土壤为壤土或轻黏土，树龄 2 年，3 月、5 月、7 月、9 月各施化肥一次，每次每株用量为尿素 200g＋硫酸钾 100g。春梢、夏梢、秋梢萌动前分别施一次有机肥，每株用量为有机肥 10kg＋钙镁磷肥 0.5kg。

土壤为沙土，树龄 3 年，每梢一次肥，每次每株用量为尿素 200g＋

氯化钾 100g。春梢、夏梢、秋梢萌动前分别施一次有机肥，每株用量为有机肥 15kg＋钙镁磷肥 0.5kg＋石灰 0.5kg。

土壤为壤土或轻黏土，树龄 3 年，3 月、5 月、7 月、9 月各施化肥一次，每次每株用量为尿素 250g 和氯化钾 150g。春梢、夏梢、秋梢萌动前分别施一次有机肥，每株用量为有机肥 15kg＋钙镁磷肥 0.5kg＋石灰 0.5kg。

建议用稀薄腐熟粪水或沤肥与化肥交替施用，减少化肥施用量，每株施用粪水 15～20kg。

（二）结果树施肥

推荐施肥量为每生产 100kg 果实，施用氮肥（N）2.58kg，氮（N）、磷（P_2O_5）、钾（K_2O）、钙、镁比例以 1.0∶0.4∶1.2∶0.5∶0.2 为宜。

1. 采果前后肥 在树两侧滴水线内侧挖宽 30cm、深 40cm 的沟各 1 条，每年交替，将树盘杂草填入沟底，推荐施肥量为每株施优质农家肥 20～30kg，三元复合肥 0.5～1.0kg，钙镁磷肥 0.5～1.0kg，尿素 0.25～0.50kg，钾肥 0.25～0.50kg，熟石灰 0.5～1.0kg。其中，尿素与复合肥于采果前 7d 施入，其他肥料在修剪后，结合深翻改土施入。

花芽分化前叶面喷 0.3％硼砂＋0.1％硫酸锌花芽分化后叶面喷 0.2％尿素＋0.2％磷酸二氢钾＋0.2％硼砂＋0.2 氯化钙＋50mg/kg 钼酸铵。

2. 谢花肥 开花后期至谢花时施用，每株推荐施肥量为三元复合肥 0.2～0.3kg，尿素 0.1～0.2kg。叶面喷施 0.2％尿素、0.2％～0.3％硼砂和 0.2％～0.3％磷酸二氢钾。

3. 壮果肥 谢花后 30～40d 施用，每株推荐施肥量为三元复合肥 0.3～0.5kg，氯化钾 0.5kg，花生饼肥 0.2～0.5kg，粪水 1～2 次，每次 15～20kg。

三、水分管理

水分是杧果生长健壮、高产、稳产、连年丰产和长寿的重要因素。必须适时进行灌水和排水，以满足杧果生长发育的需要。

1. 灌水 杧果每年对水分的需要量很大。新植的幼树根系浅，主根不发达，对水分的需求只能靠灌水。灌水的方法，先是锄松树盘的表土，等灌足水后，再盖上一层松土。

2. 排涝 土壤积水对杧果生长影响很大，首先是杧果根的呼吸作用受到抑制，其次是妨碍土壤中微生物的活动，从而降低土壤肥力。所以，在降水量大的产区应做好排水工作。

第四节　花果管理

一、植物生长调节剂的使用

使用植物生长调节剂时必须按规定的使用浓度、使用方法和使用时间，不应使用未经国家批准登记和生产的植物生长调节剂。

用作控梢促花的植物生长调节剂，推荐浓度为乙烯利 200～300mg/L，15％多效唑每平方米树冠土施 6～8g，叶面喷施 800～1 000mg/L。

用作保花保果用的植物生长调节剂，推荐浓度为赤霉素 50～100mg/L，萘乙酸 40～50mg/L。

植物生长调节剂进行叶面喷施时应加入中性洗衣粉、表面活性剂等提高药效。在收获前 1 个月应停止使用植物生长调节剂。

二、疏花、疏果

对末级梢开花率达 80％以上的树，保留 70％的末级梢着生花序，其余花序从基部摘除，对较大的花序剪除基部 1/3～1/2 的侧花枝。

谢花后至果实发育期，剪除不挂果的花枝以及妨碍果实生长的枝叶；剪除幼果期抽出的春梢、夏梢。

谢花后 15～30d，每条花序保留 2～4 个果，把畸形果、病虫果、过密果疏除，减少套袋后空袋数。

三、果实套袋

果实套袋在第二次生理落果结束后进行，一般在谢花后 40～50d 开始。一般红色果皮的品种用白色单层袋，黄色果皮的品种选用外黄内黑双层袋。套袋时期不可过迟，以免影响套袋效果。套袋前修剪，疏除病虫枝、交叉枝，使其通风透光，另外进行疏果，并剪去落果的果梗；套袋前果面喷施杀菌和杀虫混合剂及叶面肥 1～2 次。果实上药液干后再套袋，而且需在 2～3d 内作业完毕，不要间隔太久。套袋前，果袋用杀菌和杀虫混合剂浸泡消毒，晾干后使用。在下雨天或清晨果实露水未干时勿套袋。

套袋时封口处距果实基部果柄着生点 5cm 左右，封口扎紧。

采收时不要立即除袋，须连袋一起采下，待运至包装场分级包装时再除下，以防果实擦伤及果粉脱落。

红杧类品种应在果实着色后再套袋，套袋后在采收前15d去袋增色。

四、产期调节技术

杧果从开花到果实的成熟需110～130d，自然生长杧果的成熟期为4～9月或10月，不同的品种成熟期不同，调节杧果的成熟期，主要从以下几方面着手。

(一)采用生长调节剂提早花期

以海南杧果产期调节技术为例来说明。海南冬春季气温较高，低温时间短，杧果开花较难、不整齐，大部分杧果园都施用多效唑控梢促花，杧果花期可提前1～2个月。

1. 土施多效唑　在当年抽出的第二蓬新梢叶片转为古铜色时，即可土施多效唑，时间一般在6～7月。海南南部稍早，约在5月施；西北部较晚些，约在8月施。方法是距杧果树干40～50cm处开2条环形浅沟，或绕树冠开1条圈沟，沟深约15cm，将多效唑对水均匀淋于沟内，淋足水，盖土；每天淋水2次，连续3d；如不下雨，以后每5d淋水一次。土施多效唑后，前期浇足水很重要，这有利于杧果树的吸收。用药量要依据树冠大小来定，一般正常树树冠直径平均每米施多效唑10g（含量为15％的粉剂）；土施多效唑用量还与土壤肥力、树的壮弱、树叶量的多少有关，一般沙壤土少施，黏性土多施；长势弱、叶量少的树少施，长势壮、叶量多的树多施。

2. 控梢　叶片转浅绿色后即喷15％多效唑可湿性粉剂500～1 000mg/kg，均匀喷洒于叶片的正反面，所喷药液以刚好滴水为度，叶片变深绿老熟后用40％乙烯利（1 250～3 000倍液）加25％甲哌鎓叶面控梢，一般每10d喷一次，具体喷药次数及间隔期视控梢效果而定，一般控梢期内以不让新梢萌动抽梢为宜。与此同时，还可土施磷、钾肥控梢，每株树施硫酸钾0.5kg，过磷酸钙1～2kg，可混合施或与有机肥混合施。

3. 叶面促花　控梢80～100d后即可进行叶面促花，用1.8％复硝酚5 000倍液＋2％～3％硝酸钾＋1％硼砂＋6-苄氨基嘌呤50mg/kg，混匀后均匀喷于叶片正反面，所喷药液以刚好滴水为度，喷药后6h内下雨应补喷，每7d喷1次，连喷2～3次。

(二)通过品种搭配错开花期和成熟期

目前杧果品种种植比较单一,成熟期较为集中,加上杧果贮藏期较短,进入丰产期后,大量相同成熟期的果实集中上市,将会影响到果实的销售。因此,对于区域性种植的杧果来说,可通过搭配种植早、中、迟熟品种,错开杧果开花期、成熟期,调节杧果的上市期。如广西早、中、迟熟品种的组合之一为台农1号、红象牙、桂热82或圣心。

(三)推迟花期

杧果秋梢结果,花期集中在2～3月,这时往往遇到较长时间的低温阴雨天气,致使杧果产量不稳定。通过农业措施促使杧果抽发冬梢,结合药物处理,利用冬梢结果,能把花期向后推迟1个月,使杧果在受不良天气影响概率较小的4～5月开花,有利于结果,同时也推迟了产期。具体做法:①抽发二次秋梢后,在秋季加强果园的水肥管理,增施1～2次速效肥,天旱时灌溉,可促使冬梢11月中旬抽生,翌年1月老熟;②冬梢自然抽穗率低,必须用药物适时适量处理才能达到预期抽穗和提高抽穗率目的。在2～3月连续喷施多效唑200mg/L 3次,使冬梢抽穗率达90%,与秋梢抽穗率接近。用药物调控推迟产期一般采用"先抑后促"的方法。在11～12月花芽分化前连喷2～3次100～200mg/L赤霉素,翌年2～3月再土施多效唑,将花期推迟至6月以后,收果期在9～11月。

(四)提早或延迟采收

通过对果实喷药提早或延迟采收。在坐果后每月喷施1次75mg/L青鲜素(MH),能使采收季节推迟2周,并能增加单果重。杧果开始坐果后每月喷施1次25mg/L的萘乙酸(NAA),能使果实采收期提前2周,并能增加果实的类胡萝卜素含量,使果实色泽更加诱人。

第五节 整形修剪

我国杧果种植朝着省力高效的方向发展,从学习国外稀植到密植,再到适度稀植,整形修剪也从根据不同品种(或类型)培养成疏散分层形、圆头形、扇形向培养成圆头形、自然开心形简化树形转变。

一、树形

杧果不同品种有不同的树形。目前栽种的品种大致有以下2种类型。

1. 圆头形　树冠开展，株高与冠幅相近，自然生长下形成圆头形树冠，主干明显而短，分枝粗壮，疏密适度，椰香杧等大多数属这一类。在苗期，要强化一级枝，通过短截、修枝等措施，使一级枝成为强健的骨架，以期形成既开展、矮生，又不易下垂的树冠。

2. 自然开心形　树冠由三大主枝与若干副主枝组成；三大主枝错开分布于主干，直线延伸；每主枝上再分别培养 2~3 个副主枝。主干60~80cm 处短截，选留主干上错落分布的 3 个主枝，主枝角度与主干呈 70°，直线延长，主枝两侧培养较壮的侧枝，充分利用空间。该树形树冠开展、紧凑，内膛通风透光良好，成形早、结果早、丰产早，树形培育技术简单，便于掌握和操作。

二、不同年龄期树的修剪

（一）整形方法

1. 短截

（1）轻度。轻剪末级梢部分密节芽，或第二级梢密节芽上端剪去整条末级梢，一般中等以上枝条修剪使用此方法。

（2）中度。在末级梢或第二级梢密节芽下中度短截发枝 1~3 条，通常弱枝修剪使用此方法。

（3）重度。在第二级梢甚至第三级梢枝条基部小叶片处短截，发枝1~2 条，一般特别旺的枝条修剪使用此方法。

2. 疏剪　短截后抽发过多梢时或树冠过密时，将过密枝、过弱枝、重叠交叉枝从分枝基部剪除。发枝力强的品种应以疏枝为主，疏剪量占总末级梢数的 1/3，疏剪后促弱芽萌发。

3. 抹芽　与疏剪相似，但在幼梢期与轻度短截配合使用。

4. 摘心　在新梢未老熟前，将最嫩部摘除，与轻剪相同。

5. 拉枝　加大主枝与主干分枝角度，促均匀分布。

6. 修剪期和修剪量　在整个生长季节均施行。

（二）幼树期修剪

幼树期的修剪是为了培养好的树形，主要树形有以下两种：

1. 自然圆头形　多用摘心、抹芽、拉枝弯枝，而少用剪枝。

（1）定干。苗高 50~70cm 时摘心或剪顶，促分枝。

（2）主枝。留 3~4 个新梢作为主枝，其余抹去。

（3）树形培养。主枝长 40～50cm 时摘心，促发二级分枝，二级分枝留 2 条长至 30～40cm 时剪顶，促发三级分枝，以此类推，形成自然圆头形树形。

2. 自然开心形　定植当年在苗高 50～70cm 处定干，留 3～4 条长势相当的分枝作一级主枝，主枝与树干间夹角保持在 50°～70°，主枝长至 30～40cm 时摘心，留 3 条长势相当的分枝，其中 2 条作为副主枝、1 条作主枝延长枝，待延长枝长 30～40cm 时再留第 2 层副主枝，依此 2～3 年后便可形成有多次分枝的自然开心形树形。

（三）结果树修剪

采果后将结果枝短截 1～2 次梢，剪除徒长枝、干枯枝、下垂枝、交叉枝、病虫枝、衰老枝、重叠枝及位置不当的枝条。抽梢后，每个基枝保留 2～3 条方位适当、强弱适中的枝条，其余枝条予以抹除。经两年短剪后，第三年进行回缩重剪。修剪量控制在树冠枝叶量的 1/3～1/2，修剪在采果后 15 d 内完成，而同一小区应在 2～3 d 内完成。

（四）老树更新复壮

当杧果树树龄大，枝条衰老，产量下降，枝条易枯死，且枯死部分逐年下移，内膛空虚时，需要更新；或因天牛等病虫危害，导致枝枯叶落、露出残桩的杧果树，需要更新。

1. 轮换更新　在同一株树上对 4～8 年生枝进行分期分批回缩，更新时间在春、秋季，海南在秋、冬季，对密闭、衰老的果园采取隔行或隔株回缩。

2. 主枝更新　对进一步衰老的植株在 3～5 级枝上进行回缩。切口用泥或塑料薄膜封闭，并将枝干涂白，在更新前用利铲切断与主枝更新部位相对应的根系，并挖深沟施有机肥。更新时间在每年的 3～8 月。

3. 主干更新　在主干 50～100cm 处锯断，具体做法与主枝更新相同。

第六节　病虫害防治

一、主要病害及其防治

（一）杧果炭疽病

1. 症状　危害杧果的苗木、嫩梢、嫩叶、花穗、幼果和成熟果实，严重时引起落花、落果、落叶、枯穗、枯梢，果实变质腐烂。在叶上，初期出现褐色小斑点，周围有黄晕。病斑扩大后成圆形或不规则，黑褐色，数个病斑融合后形成大斑，使叶片大部分枯死。嫩叶受害后病斑突起，有时穿孔，叶片扭曲。花序感病后产生黑褐色小点，扩展形成圆形或条形斑，多在花梗上。严重时整个花序变黑干枯，花蕾脱落，杧果全部或部分不开花。未熟的果实感病后，产生黑褐色小斑点。若果柄、果蒂部分感病，则果实很快脱落。较大青果受侵染后常产生红点，但通常不会产生典型的坏死病斑，成熟的果实感病后，果面变黑，果肉初期变硬，后变软腐。潮湿的天气下，产生淡红色孢子堆。在嫩枝上产生黑色病斑，病斑扩展，形成回枯症状，病部产生小黑点。

2. 病原　病原为炭疽菌属胶孢炭疽菌（*Colletotrichum gloeosporioides*，主要病原）和尖孢炭疽菌（*Colletotrichum acutatum*，次要病原）。

3. 防治方法

（1）农业防治。结合修剪除去病枝、病叶，边同落地的枯枝落叶一起集中烧毁，树体喷洒 1∶2∶100 的波尔多液 2～3 次，减少侵染源。

（2）化学防治。修剪、暴雨或台风后应及时对植株喷施 1％等量式波尔多液。重点做好嫩梢期、花期及挂果期的病害防治工作。在嫩梢期、花期及小果期（第二次生理落果前），干旱天气每 10～15d 喷药 1 次，潮湿天气每 7～10d 喷药 1 次。在第二次生理落果后每月喷药保护 1～2 次。避免高温施药及控制好施药浓度。药剂可选用 70％甲基硫菌灵可湿性粉剂 800～1 200 倍液，或 50％醚菌酯水分散粒剂 2 500～3 000 倍液，或 80％代森锰锌可湿性粉剂 600～800 倍液，或 10％苯醚甲环唑水分散粒剂 1 500～2 000 倍液等。

（二）杧果细菌性黑斑病

1. 症状　嫩叶感病后，最初出现水渍状小点，后扩大成不规则黑褐色斑，常受叶脉限制，呈多角形病斑，周围有黄晕；嫩茎感病后失色、变黑、皮开裂、流胶；果实感病后开始出现水渍状小斑点、流胶，后扩大呈圆形或不规则黑褐色斑病，呈小粒状突起、质硬，中央常有裂缝，边缘有黄晕。病害严重时，引起大量落叶和落果。

2. 病原　病原为黄色单胞菌科黄单胞菌属细菌野油菜黄单胞菌杧果致病变种（*Xanthomonas campestris* pv. *mangiferaeindicae*）。

3. 防治方法

（1）农业防治

① 做好防风工作。营造防风林或杧果园建在林地之中，减少台风暴雨侵袭，可减轻发病。

② 做好果园清洁。收果后结合修剪，剪除病枝叶并把地面上的病枝、病叶、落果收集烧毁。在发病季节，随时注意剪除病枝、病叶。果园修剪后，应尽快用波尔多液喷施，以封闭枝条上的伤口。每次大风暴雨后此病严重流行，因此应在每次下过暴雨后喷一次 1%波尔多液。

③ 搞好田园卫生，适时套袋保护果实。

（2）化学防治。在嫩梢和幼果期喷药保护嫩梢、幼果，台风或暴雨前后及时喷药保护。防治药剂有 53.8%氧氯化铜干悬浮剂 800～1 000 倍液、47%春雷霉素·王铜可湿性粉剂 600～800 倍液、70%敌磺钠可溶性粉剂 300～500 溶液等，注意药剂轮换使用，避免产生抗药性。

（三）杧果枝干流胶病

1. 症状　感病部位流出胶滴，初为乳白色，后转为棕褐色，剥开病部外皮，可见形成层和邻近组织变成褐色至黑色条纹，条纹在皮层内上下扩展，形成纵向黑色条斑，树皮破损，枝条枯萎。幼苗多在芽接口和伤口处感病，组织坏死，造成接穗死亡。

2. 病原　病原为拟茎点霉属杧果拟茎点霉（*Phomopsis mangiferae*）。

3. 防治方法

（1）农业防治。结合修枝整形，清除发病组织，刮除病组织后，涂抹 10%波尔多液或铜素杀菌剂的糊剂。

（2）化学防治。选用 25%丙环唑乳油 1 000 倍液、50%多菌灵可湿性粉剂 800～1 000 倍液或 15%三唑酮可湿性粉剂 800 倍液喷雾保护新梢，每隔 10d 喷 1 次，连喷 2～3 次。

（四）杧果露水斑病

1. 症状　该病主要危害果实和嫩梢，果实上的病斑初呈暗黑色或灰黑色霉斑，圆形或近圆形，直径 2～15mm，病斑处的果皮呈现油渍状，病斑逐渐扩展，并相互愈合，严重时全果变为污黑色，后期病部表皮出现粗糙龟裂，但病部局限于表皮，不危害果肉。新抽的枝条在老熟后表面产生相似的病斑。

2. 病原　病原为枝状芽枝霉（*Cladosporium cladosporioides*）。

3. 防治方法

（1）农业防治。保持果园通风透光，清洁果园，铲除杂草，增施有机肥、磷钾肥，避免过量施用化学氮肥；通过催花、修枝或抹花技术调整果实生育期，避免采摘期处于多雨潮湿的季节。

（2）化学防治。高温高湿季节为易感病时期，可选用50％多菌灵可湿性粉剂700～1 000倍液、80％代森锰锌可湿性粉剂600～800倍液，或10％苯醚甲环唑水分散粒剂1 500～2 000倍液等药剂，间隔10～15d喷药，喷雾要均匀，连续使用2～3次。

二、主要害虫及其防治

（一）茶黄蓟马

茶黄蓟马（*Scirtothrips dorsalis*）属缨翅目蓟马科。

1. 危害特点　成虫和幼虫均危害花，吸食花的汁液，严重时受害花蕾干枯，影响开花和坐果。

2. 形态特征　雌成虫体长0.8～1.1mm，近黄或橙黄色，腹部第2～7节背面各有一囊状暗褐色斑纹。初孵若虫半透明状，乳白色，随后体色逐渐由浅黄转至橙黄色或橙红色，复眼红色。三龄若虫（预蛹）体扁短，橙红色，蛹体橙红色。雌成虫产卵于叶背叶肉内，卵长椭圆形，乳白色，半透明。

3. 防治方法

（1）农业防治。同一品种集中种植，加强树体管理促进叶片老化。

（2）物理防治。在果园内以1∶1的比例悬挂黄色和蓝色的诱虫板进行诱杀。

（3）化学防治。在嫩梢期、花期和幼果期及时施药进行防治。在嫩梢期，虫口密度大或出现受害状时进行施药防治，施药1～2次，每隔7～10d施1次；花蕾期和谢花期施药1～2次；开始坐果至第二次生理落果前施药2～3次。可根据虫情调整施药次数。选用60g/L乙基多杀菌素悬浮剂1 500～2 500倍液，或10％氟啶虫酰胺水分散粒剂1 500～2 500倍液，或10％烯啶虫胺水剂2 500～3 000倍液，或5.7％甲氨基阿维菌素苯甲酸盐微乳剂1 000～1 500倍液，或70％吡虫啉水分散粒剂2 000～2 500倍液等喷施嫩梢、嫩叶、花穗和幼果。

（二）杧果扁喙叶蝉

杧果扁喙叶蝉（*Idiocerus incertus*）又称杧果短头叶蝉、杧果褐叶蝉。

1. 危害特点 以成虫、若虫聚集于杧果花芽、花穗、嫩梢、嫩叶和幼果上刺吸组织汁液，致使被害叶片畸形乃至脱落，幼芽、花穗枯萎，幼果脱落，严重影响杧果的生长和产量。雌成虫在花芽、花梗、叶芽、嫩梢及幼叶叶片主脉上产卵，亦使这些部位受害。此外，虫体排出的蜜露还可引致煤烟病的发生，致使枝、叶及果实表面呈污黑色，影响杧果树的长势及果实的品质。

2. 形态特征 成虫体长 4～5mm，体宽短，长盾形。头部短而阔，前翅青铜色，半透明，前缘中区黄色，后方和翅端各有 1 个长形黑斑。卵长椭圆形，微弯，长约 1mm，初生乳白色，半透明，后变土黄色。末龄若虫体长 4～5mm，土黄色，头大，腹部黑色，背面前方有 1 个大黄斑。

3. 防治方法

(1) 农业防治。加强栽培管理，合理修剪枝条，也可用生长调节剂控梢使新梢期一致，减少叶蝉的食料桥梁。

(2) 化学防治。盛蕾期、幼果期、秋梢期是防治关键时期，用 25％噻嗪酮可湿性粉剂 1 000～1 500 倍液、70％吡虫啉水分散粒剂 3 000～4 000 倍液、10％溴虫腈悬浮剂 800～1 000 倍液等喷雾。上述药剂可轮换使用。

(3) 生物防治。果园中的蜘蛛、猎蝽、螳螂、捻翅虫和某些卵寄生蜂都是叶蝉的天敌，注意保护利用。

（三）杧果叶瘿蚊

杧果叶瘿蚊（*Erosomyia mangicola*）又称杧果瘿蚊。

1. 危害特点 以幼虫咬破嫩叶表皮钻食叶肉，甚至危害嫩梢、叶柄和主脉。被害处呈浅黄色斑点，近而变为灰白色，最后变为褐色而穿孔破裂。严重时，叶片卷曲，枯萎脱落。伤口容易感染炭疽病等病害。

2. 形态特征 雄成虫体长约 1mm，草黄色；足黄色，翅透明；触角 14 节，第五节基球部半球形，端球部球形，基球部和端球部各有 10 个左右的轮生环丝。雌成虫体长 1.2mm，草黄色；触角 14 节，各节有 2 排轮生刚毛。卵椭圆形，一端稍大，无色，长约 2mm、宽约 0.6mm，有明显体节。蛹椭圆形，黄色，长约 1.4mm，外面有一层黄褐色薄膜包囊。

3. 防治方法

（1）农业防治。注意修枝整形，保持良好的通风透光条件，适时清园松土，破坏其化蛹场所。

（2）化学防治。在新梢抽出期，喷施 10% 顺式氯氰菊酯乳油 1 500 倍液或 10% 联苯菊酯乳油 2 000～3 000 倍液于嫩叶及树下地面。

（四）杧果切叶象甲

切叶象甲（*Deporaus marginatus*）又名剪叶象甲、切叶虎等。

1. 危害特点 成虫咬食嫩叶上表皮，留下下表皮，使叶片卷缩、干枯；雌虫在嫩叶上产卵后，在近基部横向咬断，留下刀剪状的叶基部。

2. 形态特征 成虫体长 4～5mm，红黄色，有白色绒毛；喙、复眼、触角黑色；鞘翅黄白色，周缘黑色，每个鞘翅上有 10 行纵列的粗密深刻点，刻点上着生白色毛；腹部膨大，腹端露出鞘翅之外。卵长椭圆形，长约 0.8mm，宽约 0.3mm，表面光滑，初产时白色，后变淡黄色，腹部各节内侧各有 1 对小肉刺。蛹长约 3.5mm，宽约 1.7mm，离蛹，淡黄色，老熟时黄褐色，头部有乳状突起，末节具有肉刺 1 对。

3. 防治方法

（1）农业防治。结合除草、施肥、控冬梢时松翻园土，破坏化蛹场所。及时收拾并烧毁地面被咬断的嫩叶，消灭虫卵、幼虫。

（2）化学防治。重点做好嫩梢期喷药防治。在嫩梢期，每梢平均有成虫 3～5 头时，应及时进行喷药防治，施药 1～2 次，间隔 7～10d 施 1 次。危害严重的果园，嫩梢期应在树冠滴水线内撒施药剂。选用 4.5% 高效氯氰菊酯水乳剂 1 000 倍液，或 2.5% 溴氰菊酯微乳剂 1 500～2 000 倍液，或 10% 联苯菊酯乳油 2 000～2 500 倍液等喷洒嫩梢。

（五）脊胸天牛

1. 危害特点 脊胸天牛（*Rhytidodera bowringii*）幼虫钻蛀枝条和树干，使枝条枯干，刮大风时常造成断枝或树干倒折。

2. 形态特征 成虫体长 25～35mm，宽 5～8mm，褐色至棕褐色，体狭长，两侧平行；翅面粗糙，有灰白色的短绒毛和金黄色绒毛组成的长条斑纹，排成断续的 5 纵行。卵长圆筒形，长约 1mm，青灰色或黄褐色，表面粗糙，无光泽。老熟幼虫体长 46～63mm，圆筒形，乳白色，被稀疏的褐色绒毛。蛹长 43～47mm，初黄白色，后变淡黄褐色。

3. 防治方法

（1）农业防治。树冠秋剪时，剪除受害枝条并集中烧毁。在成虫刚羽化补充营养取食阶段，进行人工捕捉；幼虫期用铁丝捕刺或钩杀。

（2）物理防治。在成虫羽化盛期，安装黑光灯诱杀。

（3）化学防治。

① 树冠喷药。在成虫补充营养取食阶段喷药毒杀。可选用的农药有 2.5％溴氰菊酯微乳剂 1 500～2 000 倍液，成虫发生期 7～10d 喷 1 次，续喷 2～3 次。

② 虫孔注药。用注射器将 2.5％溴氰菊酯微乳剂 10 倍液直接注入虫孔内或用脱脂棉蘸药液塞入虫孔内，然后用湿泥堵住孔洞。

第七节　果实采收与贮藏

一、果实采收

（一）采收成熟度的确定

杧果要适时采收，如采收过早，果实风味淡，极易失水，使果皮皱缩；如采收过晚，果实自然脱落，后熟加快，不耐运输。确定杧果采收成熟度的方法很多，一般有如下几种：

（1）根据果实外观。当果实已停止增大，果实饱满，两肩浑圆，果皮颜色具有本品种特有的色泽，果实已基本成熟。

（2）根据整棵果树成熟状况。一棵树已有自然成熟果落果或有果实蝇和吸果夜蛾危害果实时，即可采收。

（3）根据果实内果肉果核情况。切开果实，种壳变硬，果肉微黄或浅黄色，再经 7～10d 果皮不皱缩，便可采收。

（4）根据果实的密度。根据测定，杧果密度如低于 $1.015 g/cm^2$ 时，尚未成熟；如在 $1.02 g/cm^2$ 或更高时，即可采收。可以将果实放在水中出现半下沉或下沉，即已成熟。

（5）按果实发育期天数。不同品种之间的差别很大，从谢花至成熟在 90～150d，早中熟品种需 90～120d，晚熟品种需 120～150d。

判断杧果最适宜采收成熟度时，最好是将这几种方法结合起来用。

（二）采收时间

采收宜在晴天 9:00 以后，果实无露水时采收，雨天不宜采收，雨天采收的果实均不耐贮藏，且易感染炭疽病和蒂腐病。如遇台风，应在台风前采收。

（三）采收要求

应进行无伤采果，整个采收过程中严防机械损伤，采收时要轻拿轻放轻搬。采收时工人应戴手套，用枝剪或果剪逐个剪下，禁止用力摇落或用竹竿打落，手摘不到的杜果，可用带袋的竹竿采果。采用"一果二剪法"：第一剪留果柄长约 5cm，第二剪留果柄长 0.3～0.5cm，防止因乳汁流出污染果皮而引起腐烂，如仍有乳汁流出，则应将果柄朝下，放置 1~2h 后再装筐。果实采后迅速移至阴凉处散热，剔除病、虫、伤果。在果园装果用的容器应用软物衬垫。果实放置时，果柄向下，每放一层果实垫一层干净柔软的衬垫物，避免乳汁相互污染果面。所用采收工具要清洁、卫生、无污染，采收和搬运过程中避免暴晒、雨淋。采收的果实不能放在阳光下，应放在阴凉的地方。

二、果实分级

所有级别的杜果，除各个级别的特殊要求和容许度范围外，应满足下列要求：果实发育正常，无裂果；新鲜、未软化；果实无生理性病变，果肉无腐坏、空心等；无坏死组织，无明显的机械伤；基本无病虫害、冷害、冻害；无异常的外部水分，冷藏取出后无收缩；无异味；发育充分，有合理的采收成熟度；带果柄，长度不能超过 1cm。等级在符合基本要求的前提下，杜果可划分为一级、二级、三级，各等级杜果应符合表 16-1 的规定。

表 16-1　杜果分级指标

指标	一级	二级	三级
果形	具有该品种特征，无畸形，大小均匀	具有该品种特征，无明显变形	具有该品种特征，允许有不影响产品品质的果形变化
色泽	果实色泽正常，着色均匀	果实色泽正常，75%以上果面着色均匀	果实色泽正常，35%以上果面着色均匀

（续）

指标	一级	二级	三级
缺陷	果皮光滑，基本无缺陷，单果斑点不超过 2 个，每个斑点直径≤2.0mm	果皮光滑，单果斑点不超过 4 个，每个斑点直径≤3.0mm	果皮较光滑，单果斑点不超过 6 个，每个斑点直径≤3.0mm

三、包装

包装材料要求卫生、无毒、无污染、透气。内包装材料可用薄绵软纸、硫酸纸、泡沫网、乙烯薄膜袋等。外包装容器要求坚固、耐压、透气，保证杧果进行适宜处理、运输和贮藏，要求不能有异物和异味，不会对产品造成污染，可用瓦楞纸板箱和塑料框，瓦楞纸板的性能要符合国家规定。

经洗涤、热水处理或杀菌处理的杧果晾干后进行包装。内包装需单果包装，同一包装箱内的果实产地和品种一致，重量和大小均匀。果箱内果实不宜堆集过厚，一般放 1～2 层为宜。包装内可见部分的果实应和不可见部分的果实相一致。包装箱内杧果应与标注的等级规格一致。在纸箱上可以设计自己的商标，并可印上品种、等级、毛重、净重、包装日期及收货人、供应单位或姓名、住址、电话等，商标要符合国家规定，标签要符合相应的规定。礼品包装用的纸箱一般为手提式纸箱，要精心设计外观，力求做到精美、醒目、方便，每个果实上贴上精美的商标可起到美化的作用。净重以 3～5kg 为宜，每箱装 12～20 个杧果。

四、运输

短距离运输可用卡车等一般的运输工具；长距离运输要求有调温、调湿、调气设备的集装箱运输。运输工具通风良好，卫生条件良好，无毒、无不良气味。果实运输时注意箱子要坚固透气，重量一般不超过 7.5～10kg，箱内应有纸插板，将杧果隔开，并起一定的支撑作用，保护产品，纸箱内最多只能装 2 层杧果，运输温度为 10～13℃。

五、杧果贮藏保鲜方法

（一）低温贮藏

杧果的适宜后熟温度为 21～24℃，高于或低于这个范围均难得到良好结果。温度超过这个范围，会使后熟的果实风味不正常；所以所采用的低温应逐步下降。具体方法：将杀菌处理后分级包装后的杧果，在 15 h 内移入冷库，在 20℃的环境下散热 1～2d，然后转入 15℃存放 1～2d，再在 13℃（不同品种耐低温性有所不同，最低安全温度为 9～13℃，低于这个温度时，一般品种易受冷害）条件下冷藏，相对湿度保持 85％～90％。这样可以明显推迟后熟过程，保鲜 20d 左右。冷藏后，需再放到温度 21～24℃下成熟 2～3d，使其甜味增加，品质改善。

（二）常温贮藏

对于就近销售的杧果，可以进行常温贮藏。其优点是成本低，设备简单，其缺点是贮藏效果比较差。在保鲜处理的条件下，常温贮藏的寿命为 15～20d。为提高常温的效果，应注意下列几个方面的问题。

1. 贮藏环境　宜选择通风阴凉处建贮藏库。在贮藏期间，如因果实散热而使室温增加，应安置抽风机或鼓风设备。

2. 果箱环境　贮藏用的箱必须清洁无菌，箱缘打孔，以便散热和气体交流；箱内必须保持干燥，避免湿物进入果箱；热处理后，需待果实冷却，果皮已无附着水分时方能包果装箱。

3. 经常检查　贮藏 7～8d 后即应开箱检查，拣除病果、烂果和过熟果，避免其侵染健康无病果。

选择通风良好，温度相对恒定、波动幅度小于 4℃，相对湿度较大的房屋作为库房。在室温 30℃±2℃，相对湿度 60％～80％条件下，紫花杧果采后 5～7d 即达到可食程度。常温贮藏的果实，宜在采后 15d 内售完，否则商品价值大大降低。

（三）气调贮藏

在温度 13℃和相对湿度 85％～90％条件下，用 0.03～0.04mm 厚的聚氯乙烯薄膜袋包装，控制 5％O_2 和 5％～8％CO_2 的气体指标，进行气调冷藏，可以进一步将贮藏保鲜期推迟到 30d 左右。但应注意贮藏结束时应去掉聚乙烯薄膜小袋，以防止发生 CO_2 伤害。贮藏中若 O_2 含量达 8％左右、CO_2 达 6％左右效果较好，若 CO_2 含量超过 15％，杜果不能正常转色和成熟。另外，在贮藏杜果的薄膜袋中放些乙烯吸收剂——高锰酸钾载体，可以提高贮藏效果。

（四）涂抹保鲜贮藏

在水果表面涂层处理形成一层半透膜可选择性地控制 O_2、CO_2 和水蒸气的渗透，延缓其采后生理活动；另外也限制了昆虫和微生物的入侵，且涂层法比其他贮藏法成本低、操作简单。使用蔗糖酯、羧甲基纤维素的盐类和单酰甘油、二酰甘油混合制备乳化液，涂层处理可延缓杜果的后熟。

第十七章
火 龙 果

第一节　种类和品种

一、种类

生产上栽培的火龙果主要分为三类。

1. 红皮白肉型　果实椭圆形，果面鳞片长。单果重 405.4g，最大单果重 600g，可溶性固形物 11%～13%，果肉带酸，予人清甜的口感，自花授粉，开花期比红皮红肉型晚，结束产期比红皮红肉型早，产期比红皮红肉型短 2～3 个月，但抗溃疡病能力比红皮红肉型强。

2. 红皮红肉型　果实近圆或卵圆形，一般果面鳞片短而稀。平均单果重 400g，最大单果重 600g，可溶性固形物 16%～18%，甜度较高，但果肉较软，不具脆感；有自然授粉品种和人工授粉品种，人工授粉品种种植时需要配置授粉品种。市场消费受欢迎程度比红皮白肉型高。

3. 黄皮白肉型　果实椭圆形，果面具细刺。平均单果重 200g，最大单果重超过 400g，可溶性固形物超过 18%，味甜，口感甚佳。开花期主要在 5 月（90～100d 成熟）两期及 10 月（140～150d）两期，果实生长发育期长于红皮白肉型和红皮红肉型，在春夏之交或中秋气温变化较大时才能促成花芽。由于果小且果皮带刺，种植户及消费者有被刺伤之感觉，管理不便，较少做商业栽培。

二、品种

1. 白玉龙　果实属红皮白肉型，为我国台湾地区选育，后火龙果种植区域均有引种栽培。

果皮红色，其上着生鳞片14枚。果肉白色，单果重405.4g，果实椭圆形，果形指数1.39。果皮厚0.25cm，可食率80.4%，果实含水量83.05%，总糖8.41%，总酸0.24%，每100g果肉含维生素C 5.0mg，可溶性固形物11.7%。

从广东省湛江地区2005年和2006年的结果物候期看，第一批果成熟为6月下旬，10月底至11月初为最后一批果的采收期。每批果从现蕾至果实成熟的生育期为35～40d，可自然授粉，每年可采收15批果。2006年8月采收的果实在常温下仅能贮藏7d，在4℃冰箱贮藏的条件下，果实可贮藏22d；2006年11月采收的果实在常温下只能贮藏11d，在4℃冰箱贮藏的条件下，果实可贮藏32d。白玉龙火龙果产量高、抗病性强、口感好，是红皮白肉类型的优良品种。

2. 大红 台湾引进，自花授粉。果实椭圆球形，果皮红色，鳞片红色，果皮厚度0.25～0.35cm，不易裂果，果肉颜色深红，单果重350～800g，平均单果重427.4g，可溶性固形物含量18%～22%，可食率79.67%，肉质细腻清甜；自然授粉结实率90%以上，自4月中旬出花蕾直到12月初最后一批花谢，一共开16批花左右。大红果夏季在树上挂15d以上而不会裂果（冬季可挂2个月）。夏季从现蕾至开花需15～16d，从开花至成熟需28～32d。

3. 越南H14 越南南方果树研究院于2002—2005年以平顺白肉火龙果作母本、哥伦比亚红肉火龙果作父本杂交选育而成，自花授粉。该品种为越南主栽的有鳞无刺红龙果品种。枝蔓细长黄绿色，对溃疡病的抗耐性较弱；果实长椭圆形，鳞片青绿多翻卷，果皮桃红色，果皮较厚，果肉淡红色，肉质细腻清甜，草腥味明显。单果重375～860g，可溶性固形物含量16.0%～19.8%。全年可开花，周年3～4次，谢花后29～32d果实成熟，在谢花后31～32d收获，营养成分最好。

4. 玉龙1号 广西壮族自治区农业科学院育成的新一代优质白肉品种，于2021年申请植物新品种保护，自花授粉。果实长圆球形，鳞片长，单果重350～750g，可溶性固形物18.0%～21.5%，草腥味极微，肉质细腻，综合口感风味优。产期5～11月，耐贮运。适于广西、云南、海南和广东等产区种植。

第二节　建园和栽植

一、建园

（一）园地选择

规模化建园应尽可能选择适宜生态区，相对集中连片。建园前必须做好包括地形、地貌、土壤、气象、园艺资源、社会经济因素和市场前景等资料的收集工作。在此基础上，邀请有关专业人员对建园地环境适应性、规划可行性、技术措施科学性、产生效益的可靠性进行充分论证。

宜选择年平均气温 21～25℃，最冷月平均气温 13℃以上，水源充足，交通方便，周边无污染源的地区建园；园地土壤 pH5.0～7.0，且透气性良好，地下水位在地面 1m 以下；园地坡度宜小于 15°。园地环境质量应符合 NY 5023 的规定。

（二）园地规划

园地规划应遵循下列原则：①合理利用土地，寸土必争。②对土地的利用进行合理布局，利用机械作业，节省劳动力。③充分利用现有条件，尽量节省投资，并充分考虑发展需要。大型果园要考虑功能区的划分、功能定位和防护林的建设。道路、作业区、排灌系统建设按 NY/T 5256 规定执行。6°～15°的坡地应采取等高线种植。水田应起垄种植，做到渠道畅通、排水快速。

二、栽植

（一）品种选配

选择适应当地气候、土壤条件，优质、高产、抗逆性较强，适合市场需求的主栽品种，对需要人工授粉的主栽品种，须选择花粉量多、花粉萌发率高、商品性好的授粉品种，授粉品种与主栽品种的比例为 1∶10。

白肉火龙果是红肉火龙果的优良授粉品种，但红肉火龙果比白肉火龙果早开两批花，最后一批果实开花比白肉火龙果迟。选择授粉品种时，必须注意授粉品种的合理搭配，保障授粉时有足够的花粉。

（二）栽植

火龙果一年中 3～11 月均可种植，3～4 月为最适种植期。苗木要求品种纯正，插条新芽萌发，根系发达，无病虫害。每条水泥柱支撑3～4株火龙果苗，每 667m^2 333～444 株。定植深度为 4～5cm，以火龙果茎较平的一面贴近水泥柱。定植后浇透定根水。种植后保持土壤湿润，防止水分过多引发病害和烂根。

（三）立柱与施基肥

各地栽培火龙果采用的架式有棚架、篱架、单柱等，支撑物的材质包括竹、木、水泥柱，架的高度也各异。经过多年的实践，火龙果种植宜采用单柱式水泥柱。水泥柱长×宽为 0.1m×0.1m，地面高度 1.2～1.4m，地下长度 0.4～0.5m，确保稳固；水泥柱顶部宜嵌入直径 45cm的圆形混凝土预制圈，混凝土预制圈厚 4cm，中间孔口嵌入水泥柱，火龙果主茎从四面孔口攀上顶部，固定在预制圈上。整地后，按水泥柱行间距 3.0m，柱间距 2.0m 立柱。上述水泥柱架式有利于火龙果茎紧密攀附，修剪、喷药、采收等管理方便，能强有力抵御台风的袭击。

火龙果茎肉质，容易受到外力伤害，为了促使火龙果茎生长健壮，施用有机肥具有特殊的作用。距水泥柱四周 30cm 外挖深 25cm、宽40cm 的围沟，施入腐熟有机肥。推荐用量为每 667m^2 施入花生麸50kg、过磷酸钙 75kg、鸡粪 1 000kg 或花生麸 50kg、过磷酸钙 75kg、猪牛栏肥 2 000kg。有机肥种类较多，各地土壤肥力水平也不同，施肥量可根据土壤分析结果等酌情施用。

第三节　土肥水管理

一、土壤管理

（一）扩穴

定植穴是局部改良果园土壤的第一步。定植后应结合施基肥，逐年向定植穴外扩穴改土。根据火龙果根系分布浅的特点，即在树冠两侧挖深 30～40cm、宽 40～50cm 的半圆形或长方形沟，分层埋入绿肥、堆肥，翌年在树冠另两侧如上法扩穴改土。3～4 年内要完成全园的扩穴改土工作。扩穴改土每穴需堆肥 20kg、稻草 4～6kg、饼肥 1.5kg、钙镁磷肥 1.5kg、石灰 0.5kg。一层土一层肥，以促进土壤熟化。扩穴改土后，由于土壤有效养分和团粒结构都得到改善，穴内新根密布，树势生长良好。

（二）培土

火龙果对空气需求量大，由于耕作和雨水淋溶，使其根系容易外露。一旦发现根系外露，要及时取畦沟里面的土或客土将根系覆盖，以免损伤根系。

（三）翻耕

选择清耕方式的果园，每年果实采收完毕，即可进行翻耕。深翻熟化土壤，深翻可改良土壤的理化性状，促进土壤团粒结构的形成，尤其对改良土壤深层理化性状效果更显著。经过深翻后，能增强土壤的透水性和保水能力。深翻后土壤中的水分和空气条件得到改善，土壤中的微生物数量增加，从而提高了土壤熟化程度，使难溶性营养物质转化为可溶性养分，相应地提高了土壤肥力。如果深翻结合施肥，土壤中的有机质、氮、磷、钾含量都会有明显的提高。所以，深翻只有结合水、肥管理，才能充分发挥改良土壤的作用。火龙果深翻深度以 40~50cm 为宜。黏性土壤深翻深度应较深，沙质土壤可稍浅。果园下层为半风化的岩石、沙砾时深翻深度应加深。下层有黄淤土、白干土或胶泥板时，深翻深度则以打破这层土为宜，以利渗水。常见的深翻方法如上述扩穴法外，还有隔行或隔株深翻、全园深翻法，深翻应结合清园。

（四）间作

果园间作不应以直接的经济收入为目的。通过间作覆盖果园，可减少冲刷。在火龙果种植的第 1~2 年，种植绿肥如肥田萝卜、乌绿豆、花生等，可增加土壤有机质，提高土壤肥力。间种首先要注意选好合适的作物。通常要求这些作物能够提高土壤肥力，产量高，耗肥少，与火龙果没有共同的病虫害；植株矮小，无攀缘性；根系浅，不与火龙果争夺水肥。

二、施肥管理

（一）基肥

火龙果是多年生作物，基肥包括种植前施用的肥料和果实采收结束后施用的肥料。基肥的施用有利于土壤的改良，保障植株有良好的根际环境，以及满足新茎生长对营养的需求。基肥的种类主要包括动物粪便、饼肥、植物秸秆、无机磷肥、无机钾肥、石灰等，以有机肥为主。施肥量与追肥量有密切关系，应根据土壤已有肥力和火龙果生长发育的需求来确定。火龙果种植前推荐施用的基肥种类和施肥量是湛江地区 pH 4.2 的砖红壤所用的经验数据，各地应视具体情况予以修正。

火龙果基肥施用的方法同其他果树施肥方法基本相同，包括：

（1）环状沟施肥。在树冠外围挖一条宽 20～30cm、深 15～30cm 的环形沟，然后将表土与基肥混合施入。

（2）条状沟施肥。在果园行间或株间，靠近树冠滴水线挖 1～2 条宽 40cm、深 30～40cm 的长条形沟，然后施肥覆土。

（3）穴施。在树冠滴水线下，均匀挖 3～4 个深 30cm、宽 30cm、长 40cm 的坑，将肥施入。

（二）追肥

未结果的幼年树追肥应做到勤施薄施，并以水溶肥为主。苗木成活后，每隔 15d 追肥一次，推荐每株穴施 4%～5% 腐熟鸡粪水肥或 3% 腐熟花生麸水肥 0.75kg；施两次有机肥后，间施一次化肥，每株施 1% 尿素水肥 0.75kg。

进入结果期后，宜每次采果前追肥一次。推荐每株穴施 10% 腐熟鸡粪水肥或 8% 腐熟花生麸水肥 1kg；施一次有机肥后，间施一次化肥，每株施复合肥 100g、尿素 50g。

追肥量最好根据火龙果正常生长发育的营养临界值决定。也可以根据果实产量和修剪出园的枝条带走的营养元素作为施肥量的参考。表17-1 是 1 000kg 果实和茎所带走的主要矿质元素含量，可供生产者参考。

表 17-1　1 000kg 离体果实和茎带走的主要矿质元素含量

器官	氮（kg）	磷（kg）	钾（kg）	钙（kg）	镁（kg）	硫（kg）	锌（g）	硼（g）	铁（g）
果实	2.04	0.42	4.25	0.65	0.53	0.27	5.34	1.76	12.01
茎	1.47	1.01	1.83	3.98	0.96	0.37	5.25	1.62	10.12

追肥方法包括：

（1）土壤打眼施肥。在树冠滴水线钻眼 3～4 个，直径 10cm，深 20cm，将稀释好的肥料灌入洞眼内，让肥水慢慢渗透。

（2）水肥一体化。滴灌时，将肥料溶解于水中，伴随浇水将肥料施入。不少生产者在下雨前将无机肥料均匀撒施在树冠下，如果施肥时天不下雨，施肥后辅以浇水。这种方法节省人工，但肥料浪费大，不宜采用。

三、水分管理

（一）灌水

火龙果是肉质根和肉质茎，根系分布浅，没有叶片蒸腾，抗旱性相对较强。水分不足的情况下，不会引起火龙果死亡，但会影响植株的健康生长发育和开花结果。因此，火龙果的灌溉必须做到土壤湿润，保障火龙果正常生长，不引起烂根和引发病害。

节水灌溉的方法很多，根据火龙果生长特性，宜采用：

（1）滴灌。该方法具有节水、节能、水肥同步、操作方便、适应性强等优点。

（2）小管出流灌溉技术。利用管网把压力水输送分配到田间，用塑料小管与末级输配水管道连接，使灌溉水流入环绕每株果树的环沟或树行格沟，浸润沿沟土壤，适时适量提供火龙果所需的水分。该方法的管道不易堵塞，水质净化处理简单，施肥方便，节水效果显著，适应性强，对各种地形均适用。

（3）浇灌。在树冠滴水线四周挖穴或环状沟，用水管人工浇水后覆土，不要将水浇到植株上。该法在不具备管网条件下采用。

（二）排水

排水不良，火龙果根系的呼吸作用受到抑制，并且土壤通气不良妨碍微生物活动，特别是好气细菌的活动，从而降低土壤肥力。如土壤排水不良，黏土中施用的硫酸铵等化肥或未腐熟的有机肥进行无氧分解，易使土中产生一氧化碳或甲烷、硫化氢等有害物质。

多雨季节或一次降雨过大造成果园积水，应挖明沟排水。在河滩地或低洼地建果园，雨季时地下水位高于果树根系分布层，则必须设法排水。土壤黏重、渗水性差或在根系分布区下有不透水层时，由于黏土土壤孔隙小，透水性差，易积涝成害，必须搞好排水设施。盐碱地果园下层土壤含盐高，会随水的上升而到达表层，造成土壤次生盐渍化。因此，必须利用灌水淋洗，使含盐水向下层渗漏，汇集排至园外。

果园应建好排水系统。一般管理果园做到畦沟连围沟，围沟连园外排水沟，沟沟畅通，保障园中无积水。有条件的果园可建明沟排水与暗沟排水两种系统。明沟排水是在地面挖成的沟渠，广泛应用于地面和地下排水。地面浅排水沟通常用来排除地面的灌溉贮水和雨水。暗管排水多用于汇集排出地下水。在特殊情况下，也可用暗管排泄雨水或过多的地面灌溉贮水。

第四节　花果管理

一、人工授粉

1. 花粉采集　头戴矿工灯，开花当日晚上采集授粉品种含苞待放花朵或初开花朵的雄蕊置于玻璃器皿内，花粉黄色。如果没有授粉品种，则可采集主栽品种自身花粉。

2. 授粉　21:00 左右开花后至次日 10:00 前用毛笔或鸡毛扎成的刷子蘸上花粉，将其涂抹到主栽品种花朵的柱头上，因火龙果花朵柱头多，柱头裂片长，授粉的毛笔要深入柱头内部进行授粉，保证授粉充分。

二、保花保果

火龙果在正常条件下的坐果率比较高，没有必要利用植物生长调节剂进行保花保果。火龙果保花保果应主要落实在栽培技术措施上。

1. 加强肥水管理　肥水管理措施主要包括：

（1）合理施肥。以有机肥为主，化肥为辅；重施基肥，适量追肥；注重氮、磷、钾肥的配合施用并重视施用微肥，不施果树敏感的肥料。

（2）科学灌溉。开花和坐果期是果树需水量较多的时期，如果土壤缺水，应及时灌溉，可结合施肥一并进行。灌水时间应选择傍晚或早上，不要在中午高温烈日下进行。如果雨水多则应及时排水。

2. 加强病虫防治　病虫防治应掌握两个原则：

（1）抓住防治关键时期。根据病虫害发生发展规律，抓住防治关键时期及时用药防治，减少病虫危害。

（2）合理使用农药。①选择低毒高效农药；②按农药使用说明配制浓度，浓度不能过大；③注重防治方法，喷药不宜在雨天或高温进行，不施果树敏感的农药。

3. 疏花疏果　火龙果是单花，据多年观察，花蕾初期看不出花的

异质性，如发现有萎蔫黄化倾向的花蕾，应立即疏除。开花后疏除发育
不良的畸形果、病果；为了保证果实足够大，结果比较多的批次每茎选
留1个果；结果比较少的批次，每茎选留 2 个果，以保障有足够的
产量。

三、果实套袋

坐果后，宜用厚 0.02～0.04mm、无色透明的聚乙烯塑料袋将果实
套住。套袋前对果园喷施一次防治病虫害的药剂。

第五节　整形修剪

整形是根据火龙果内在生长发育的规律和外界条件，运用修剪技术，
培养具有丰产、稳产、优质的树体结构和群体结构。修剪是运用技术手
段，控制枝条的长势、方位、数量，形成一定的形状，具有调节营养生
长和生殖生长，协调地上部分和地下部分生长，实现树体更新，减少病
虫害等功能。通过修剪实现整形，通过整形规范修剪，两者密不可分。

一、与整形修剪有关的术语

与火龙果整形修剪有关的术语主要有：

（1）主茎。从火龙果植株地面处至水泥柱顶部的茎段。

（2）分枝茎。主茎顶部分生的茎。

（3）截顶。当火龙果主茎长到水泥柱顶部时，将茎顶部剪除，使其
分枝。

（4）除萌。将火龙果主茎上萌生的芽除掉。

（5）抹芽。除去初生的嫩芽。

（6）疏枝。从基部剪除一年生或多年生茎。

（7）绑缚。用包装绳将茎绑缚在支撑架上。

二、树形或架式结构特点

火龙果的树形随架式而定。火龙果的架式有多种，下面分述常用的
四种。

1. 棚架　棚架多用钢管、水泥柱、毛竹、圆木作为架材，但毛竹、

圆木寿命有限，不宜使用。棚架地面高度 1.8m 以上，棚架下面可自由走动，适合休闲果园和房前屋后采用。过低和过高棚架管理均不方便。

2. 篱架 采用 10cm×10cm 水泥柱作为支柱，地面高度 1.4m，支柱间用 3 层 8 号铁丝相连，常年风向为行的方向。篱架引起分枝茎交错，给修剪、采果带来困难。

3. 单柱 采用 10cm×10cm 水泥柱，柱与柱之间独立，地面高度 1.2～1.4m，喷药、修剪、采果方便，但柱顶枝茎密集，不利于通风透光，绑缚不当，植株容易从支撑柱上下滑。

4. 冠状单柱 即在单柱顶部套上直径 45cm 混凝土预制圈，混凝土预制圈厚 4cm，中间孔口嵌入水泥柱，火龙果主茎从四面孔口攀上顶部，固定在预制圈上。这种架势管理方便，通风透光良好，植株与柱结合牢固，值得推广，但一次性投入较高。

连排式架又称篱壁式架，是目前平地与缓坡地火龙果园常采用的架式，宜与"蔓 N 枝标准植株"整枝模式进行配套实施，N 可以取常用的单行篱栽，树冠株间枝幕相连，行间保持适当较宽的间距。该模式一般种植密度较大（株距 10～40cm），同一行的植株与植株是相互独立的，单株整形，群体枝幕是连续的（图 17-1、图 17-2）。

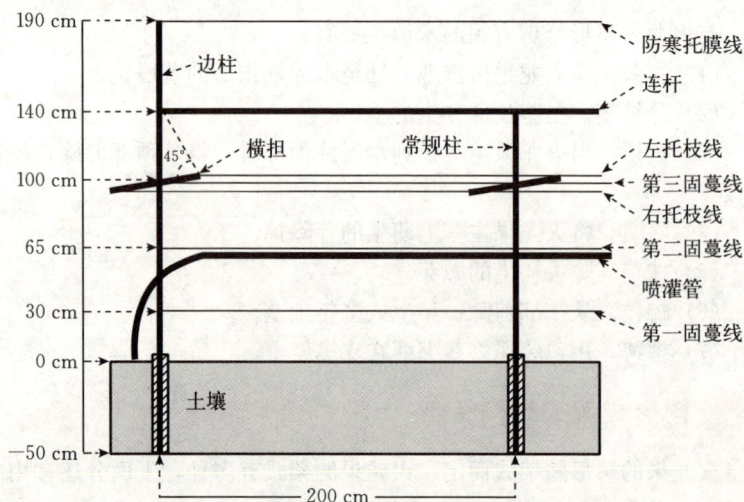

图 17-1 连排式架示意

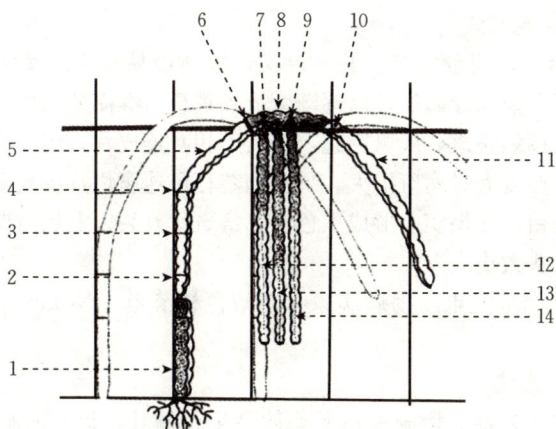

图 17-2　"一蔓 6 枝标准植株"树形

1. 种茎/苗　2. 第一道绑蔓　3. 第二道绑蔓　4. 第三道绑蔓　5. 主蔓

6. 第四道绑蔓（上架绑蔓）　7. 第一位刺座　8. 第二位刺座　9. 第三位刺座

10. 第五道绑蔓（弯腰绑蔓）　11. 主蔓　12. 一位枝　13. 二位枝　14. 三位枝

三、不同年龄期树的修剪

火龙果修剪是劳动密集型技术工作，必须全年开展修剪工作。

1. 幼年植株修剪　植株从地面沿水泥柱攀缘生长到水泥柱顶部这一段，只保留一个主茎，并用塑料条或布绳捆缚，助其固定到水泥柱上。当植株超过水泥柱高时截顶，使其萌生 3～4 个分枝。

2. 结果植株修剪　最后一批果实采收后，剪除衰老茎、细弱茎、病虫茎、触地茎，促发新茎。3～4 月，疏除部分新茎，特别要疏除成熟茎中上部萌生的新茎，使茎抽生处聚集在水泥柱周围，利于更新修剪，并使茎分布均匀合理，通过修剪宜每株保留 55～60 枝末级茎。抹除开花结果期间萌发的新芽，以利保花保果。防止溃疡病的侵染，及时治疗或剪除腐烂茎。

第六节　病虫害防治

一、主要病害及其防治

危害火龙果的病害较多，下面介绍几种危害严重的病害。

（一）火龙果溃疡病

1. 症状　该病危害茎、花、果实，嫩芽最易感病。发病初期茎上出现近圆形凹陷褪绿病斑，后逐渐变成橘黄色，继而分别形成典型的褐色和黑色溃疡病病斑，病斑突起，扩大后相互连成片，部分病斑边缘形成水渍状，湿度大时病斑扩大，果实和茎秆迅速腐烂，空气干燥时腐烂病茎干枯发白，在果实上形成黑色溃疡病病斑，开裂。发病后期在溃疡病斑上形成针头大小黑点。

2. 病原　火龙果溃疡病病原为新暗色柱节孢（*Neoscytali diumdimidiatum*）。

3. 防治方法

（1）农业防治。增施有机肥，使茎生长健壮，提高对病原的抵抗力。及时清理病茎、病果等残留物，防止病菌的传播。加强修剪，注重开花结期修剪，抹除开花结果期萌发的嫩芽，减少病害的寄主。剪除老茎、病茎、细弱茎，使其通风透光。注意果园开沟排水，降低果园湿度。

（2）化学防治。目前没有特效农药治愈火龙果溃疡病。对历年发病的果园，果实采收结束后，使用石硫合剂、甲基硫菌灵等全园喷施2～3次，在下雨、台风过后要抓紧用药，注意轮流使用不同的药物品种，提高用药效果。

（二）火龙果茎腐病

1. 症状　感染火龙果的病原真菌有多种，其中以镰刀菌感染茎部，造成茎部腐烂的现象颇为常见。发病初期在三角柱状枝条一面出现黄色不规则病斑，病斑微凸，边界不明显，病斑逐渐向周边扩展并出现湿腐症状。湿腐病斑中央褐色，边缘黄色，病健交界处形成一条黄褐色扩展带，向三角柱边缘扩展速度快于向中心木质部扩展，故病斑多呈半月形。部分病斑受外界条件及杀菌剂影响，扩展速度出现快慢交替现象，呈现特殊轮纹状。发病严重时，枝条病部多肉组织全部腐烂，仅存中心木质化组织。该病还可危害火龙果花及果实，花苞受害初期出现略突起的红褐色斑点，湿度较大时在开花前即出现湿腐症状，导致落花；果实受害造成果腐。

2. 病原　主要由3种镰刀菌感染，分别为 *Fusarium semitechtum*、*F. oxysporum*、*F. moniliforme* 所引起。

3. 防治方法

（1）果园通风透光。保持良好的通风环境，使病菌孢子无法利用茎表皮残留的水分萌发，茎部修剪后用广谱性杀菌剂喷施保护切口，防止感染。若有交叉，应适当调整肉质茎的方位，避免交叉磨伤。

（2）化学防治。目前没有特效农药可以治愈茎腐病，可用竹刀将腐烂的茎肉刮除后用杀菌剂涂抹伤口；全园用53%腐绝快得宁可湿性粉剂2 500倍液喷洒。

（三）火龙果炭疽病

1. 症状　肉质茎、花、幼果容易被感染，受害部位产生坏死病斑，开始较小，后迅速扩展，呈浅褐色至暗褐色，形状大多不规则，有时能使叶片大部或全部枯死。病斑上有时出现不明显轮纹，黑色子实体顺轮纹形成，高湿度下出现淡红色至橘红色分生孢子堆。

2. 病原　病原有胶孢炭疽菌（*Colletotrichum gloeosporioides*）、盘长孢属真菌（*Gloeosporium* sp.）等。

3. 防治方法

（1）科学施肥。增加锌、硼、铁、锰、钼、铜等微量元素，适当增施硫、硅、镁、钙等中量元素。增强火龙果植株的抗性。

（2）化学防治。可在花果期选择450g/L咪鲜胺水乳剂2 000倍液，或70%甲基硫菌灵可湿性粉剂800倍液，或10%苯醚甲环唑水分散粒剂1 000~2 000倍液，或50%多菌灵粉剂600~800倍液全园喷雾。发病期用多菌灵和代森锌等杀菌剂交替喷2~3次。视病情隔10d左右防治1次，共2~3次。

（四）火龙果黑斑病

1. 症状　茎表常先褪色变淡，呈灰绿色，后茎表面密生黑色细小斑点，自上表皮长出分生孢子梗及分生孢子，分生孢子多胞，常一端略粗钝圆状，另一端较细，在多胞中央的细胞常有分隔。或在火龙果茎脊发病。病斑后期呈现黑色，故称黑斑病。

2. 病原　黑斑病系由链格孢菌（*Alternaria* sp.）引起，病菌以分生孢子随风散落火龙果的果实表皮。

3. 防治方法

（1）农业防治。加强果园管理，平时应加强栽培管理，勿施过多氮肥，增施磷、钾肥，注意通风透光。

（2）化学防治。在发病前，每5~7d喷1次65％代森锰锌可湿性粉剂800倍液，连喷3~4次，可有效防止病害蔓延。发病初期，可喷50％多菌灵500倍液、70％甲基硫菌灵800倍液或75％百菌清600~800倍液防治，5~7d喷一次，连喷3~4次，防治效果明显。

（五）火龙果茎枯病

1. 症状　植株棱茎边上形成灰白色的不规则病斑，上生许多小黑点，病斑凹陷，并逐渐干枯，最终形成缺口或孔洞，多发生于中下部茎节。

2. 病原　目前有3种病原可引起上述症状：色二孢（*Diplodia* sp.）、壳二孢（*Ascochyta* sp.）、茎点霉（*Phoma* sp.）。

3. 防治方法

（1）保护无病区。严格控制无病区向有病区调种、引种，选育无病种苗。

（2）农业防治。加强肥水管理，侧重避免漫灌和长期喷灌，漫灌造成根系长期缺氧而死亡，喷灌造成果园湿度增大，有利于病害的发生，最好采用滴灌技术，起垄栽培，施用腐熟有机肥，增施钾肥，提高植株抗病性。

（3）化学防治。可采用波尔多液、甲基硫菌灵、代森锰锌、多菌灵和石硫合剂等进行喷雾，15~20d喷1次，共喷2~3次。繁殖的种苗可用50mg/L的多菌灵可湿性粉剂药液浸10min，再进行定植；而繁殖的苗圃可喷波尔多液，10~15d喷1次，共喷2次。

（六）火龙果病毒病

1. 症状　田间感病症状多出现在三棱茎表皮，常有褪色斑点，呈淡黄绿色，有嵌纹及绿岛型病斑或环型病斑等，容易受其他菌类感染腐烂。

2. 病原　火龙果病毒病有仙人掌X病毒（*Cactus virus X*，CVX）等引起。

3. 防治方法　除采用血清查除繁殖苗是否带有病毒外，利用病毒病表现症状将可疑的种苗除去，一旦植株发生病毒病，要避免共用刀具进行全园的修剪。

二、主要虫害及其防治

（一）小黄家蚁

全世界蚂蚁上万种，我国有600多种，但危害火龙果的主要是小黄家蚁（*Monomorium pharaonis*）。

1. 形态特征 小黄家蚁在国内分布于辽宁、河北、北京至广东、海南等沿海各省份。体小型，3～4mm。全身淡黄色至红色，腹部较膨大，黑色。种群中只有雄蚁、雌蚁和工蚁三个品级。小黄家蚁一般选择在室内接近食物、水源的隐蔽缝隙中筑巢。食性杂，种群巨大，可达数百万只，一个窝巢中雌蚁有上千只。

2. 防治方法

（1）毒饵。取麦麸5kg放进锅内炒香，将50%辛硫磷500倍液喷洒在麦麸上，充分搅拌均匀，再用蜂蜜0.5kg对水1.5kg洒在上面，即成毒饵，把其撒在蚂蚁途经的地方，可起到灭蚁的作用。

（2）喷雾。用5.7%氟氯氰菊酯乳油1 500倍液或2.5%高效氯氟氰菊酯乳油800倍液等喷雾，可达到理想的防治效果。

（3）在蚂蚁行走的路线上和蚂蚁身上喷撒灭白蚁粉剂，使蚂蚁携带药粉后相互传播，从而达到使全巢蚂蚁死亡的目的。

（二）江西巴蜗牛

江西巴蜗牛（*Bradybaena kiangsinensis*）为巴蜗牛科巴蜗牛属的动物，俗名蜒蚰螺、天螺、水牛，是中国的特有物种。

1. 危害特点 一般以成年蜗牛危害火龙果茎、花、果实、根，尤喜啃食幼芽和花果表皮，被啃食处形成缺刻或凹陷。

2. 形态特征 贝壳较大，壳质厚，坚固，呈圆球锥形，壳高28mm，宽30mm，有6～6.5个螺层，顶部几个螺层增长缓慢，略膨胀，体螺层增长迅速，特别膨大，壳顶尖，缝合线深。壳面呈黄褐色或琥珀色，有光泽，并具有稠密而细致的生长线和皱褶，体螺层周缘有一条红褐色色带环绕。壳口呈椭圆形，口缘完整而锋利，略外折；轴缘在脐孔处外折，略遮盖脐孔；脐孔呈洞穴状。

3. 防治方法

（1）清洁种植区。及时铲除田间、圩埂、沟边杂草，开沟降湿，中耕翻土，每667m² 撒石灰50kg，以恶化蜗牛生长、繁殖的环境。

（2）消灭成蜗。春末夏初，尤其在5～6月蜗牛繁殖高峰期之前，及时消灭成蜗。①放养鸡鸭取食蜗牛，注意需要在未施用农药时进行。②人工拾蜗。田间作业时见蜗拾蜗，或以草、菜诱集后拾除。

（3）化学防治。在蜗牛群体较大，且即将进入危害始盛期时，采用化学药剂防治蜗牛。用多聚甲醛 300g、蔗糖 50g、5％砷酸钙 300g 和米糠 400g（先在锅内炒香），拌和成黄豆大小的颗粒，撒入果园进行诱杀；每 667m² 用 6％密达杀螺粒剂 0.5～0.6kg 或 3％灭蜗灵颗粒剂 1.5～3kg，拌干细土 10～15kg 均匀撒施于田间，在蜗牛喜欢栖息的沟边、湿地适当重施，以最大限度减轻蜗牛危害。

（三）尺蠖

尺蠖是指鳞翅目尺蛾科的幼虫，遍布世界。

1. 危害特点 主要以幼虫啃食嫩梢，使其形成缺刻或破坏生长点。

2. 防治方法

（1）人工捕杀。每天 9：00 前人工捕杀静栖在火龙果园周围树干、丛间的成虫，效果很好。结合耕作深埋或拣除虫蛹，烧杀产在水泥柱裂缝中的卵堆。

（2）化学防治。可选用 20％氰戊菊酯乳油 3 000 倍液，或 1.8％阿维菌素乳油 1 000～2 000 倍液，或 25％溴氰菊酯乳油 2 000～2 500 倍液等药剂喷雾。老熟幼虫抗药性很强，不易用药杀死，可于其入土化蛹时在树冠周围表土撒施 3％辛硫磷。

（四）堆蜡粉蚧

堆蜡粉蚧（*Nipaecoccus vastalor*），属同翅目粉蚧科。主要分布于我国广东、广西、福建、台湾、云南、贵州、四川以及湖南、湖北、江西、浙江、陕西、山东、河北的局部地区。

1. 危害特点 该虫主要危害新梢，附着于茎棱边缘，光照不足或照不到的蔓茎常发生，以啄状口吻插入茎肉吸收营养。

2. 形态特征 雌成虫体近扁球状，紫黑色，体背被较厚蜡粉，体长约 2.5mm，雄成虫紫褐色，翅 1 对，腹端有白色蜡质长尾刺 1 对。卵囊蜡质、绵团状，白中稍微黄；卵椭圆形，产于卵囊内。若虫体形与雌成虫相似，紫色，初孵时体表无蜡粉，固定取食后，开始分泌白色粉状物覆盖在体背与周缘。

3. 防治方法

（1）苗木检疫。注意选择无虫健康苗木。

（2）剪除虫枝。冬季及发病初期剪除、销毁介壳虫危害严重的枝条。

（3）药剂防治。若虫盛发期喷药，此时体表尚未形成介壳。可选择50%辛硫磷乳油 800～1 000 倍液，或 25%噻嗪酮可湿性粉剂 1 500～2 000 倍液，或 10%克蚧灵乳油 800～1 200 倍液喷雾，每隔 7～10d 喷 1次，连喷 2～3 次。

第七节　果实采收与贮藏保鲜

一、果实采收

果实采收是果品田间生产的最后环节，采收质量的好坏直接影响到果品的商品性和贮藏性，生产者应充分重视。

1. 采收时间　火龙果采收时间影响火龙果贮藏期限和保鲜效果。过早或过迟采收均会造成不良影响。过早采收，果实内营养成分还未转化完全，影响果实的产量和品质。过迟采收，则果质变软，不利运输和贮藏。供贮存的果实和远距离运输的果实可比当地鲜销果实早采，而当地鲜销果实和加工用果，可在充分成熟时采收。供贮存的果实和远距离运输的果实具体采收物候期是果面见红色，当地鲜销果实和加工用果采收物候期是果面全红。

2. 采收方法　由于不同批次火龙果同时生长发育，火龙果必须及时采收。采收最好在温度较低的晴天早晨、露水干后进行，如遇下雨，则必须保证果面无雨水再采收。果筐内应衬垫麻布、纸、草等物，尽量减少果实的机械损伤。火龙果果实在茎上不显现果柄，采收时宜采用"两剪法"，第一剪连部分茎将果实剪下，这样不伤及果肩，第二剪将果肩上残留的茎剪除，以利存放。火龙果是肉质果皮，容易受伤，采收时必须轻拿轻放。

二、果实分级

1. 按品种分级　不同品种火龙果果形不同，果面鳞片特征有差异，重量分级不要将不同品种混合，应按品种分开分级，使分级后的商品果重量、果形整齐一致。

2. 按重量分级　重量分级多采用重量分选机械，目前广东省湛江地区按 100～200g、200～300g、300～400g、400g 以上分为 4 个等级分级。各地可根据市场需要和品种特性，自行设定分级标准。

三、包装

宜采用内包装加外包装。内包装是单果包装，包装材料可根据需要选用保鲜膜和泡沫网袋。外包装是硬纸盒，里面用硬纸板隔成小格子，一个格子装 1 个，一共 2～3 层。外包装的大小可根据单件重量进行设计。要求产品包装的容器如塑料箱、泡沫箱、纸箱等须按产品的大小规格设计，同一规格应大小一致，整洁、干燥、牢固、透气、美观无污染、无异味，内壁无尖突物，无虫蛀、腐烂、霉变等，纸箱无受潮、离层现象。每批产品所用的包装单位净含量应一致。每一包装上应标明名称、商标、生产单位、产地、日期等。

四、运输

目前国内水果运输方式有公路运输、铁路运输和空运。在三种运输方式中，火龙果宜用高速公路运输，既快捷又方便。为保证运输过程中水果的新鲜度，最好采用冷藏车运输。冷藏车的温度调至 10～12℃ 为宜。

五、贮藏保鲜

低温贮藏保鲜是目前火龙果贮藏保鲜的最佳方法。低温保鲜应采取冷链的方式，田间采收后在 12～15℃ 条件下预冷，冷藏车运输温度为 10～12℃，冷库贮藏温度为 3～6℃、相对湿度为 75％～90％，货架零售温度为 18～20℃。